내가 뽑은 원픽! 최신 출제경향에 맞춘 최고의 수험서

2024

신재생에너지 발전설비(태양광) 기능사 필기

박문환 저

PREFACE

New and Renewable Energy

화석연료의 고갈이라는 인류가 당면한 과제를 해결하고 화석연료 사용으로 인한 환경문제 등을 극복하기 위한 방안으로 신 · 재생에너지에 관한 연구가 꾸준히 진행되고 있다. 선진국인 미국, 독일, 일본 등에서는 정부 주도하에 신 · 재생에너지에 대한 R&D가 지속적으로 진행되고 있고 우리나라도 신 · 재생에너지에 대한 연구 · 개발에 박차를 가하고 있는 실정이다.

이처럼 대체에너지 개발과 환경문제 등에 보다 활발한 연구, 개발, 관리가 필요한 시점에서 이 분야의 전문기술인력 확보가 절실하여 최근 신 · 재생에너지 발전설비(태양광)에 대한 자격증 제도를 도입하여 실시해 오고 있다.

이 책은 자격시험 준비를 위한 것으로서 산업인력관리공단의 출제기준에 따라 전체 내용을 구성하였고, 각 섹션마다 실전예상문제풀이를 통해 내용을 다시 한 번 정리할 수 있도록 하였으며, 최종적으로 CBT 대비 모의고사를 풀어봄으로써 시험에 충분히 대비할 수 있도록 하였다.

끝으로 이 책에 참고자료가 되었던 국내외 여러 도서의 저자들과 많은 도움을 주신 주경야독과 예문사에 감사의 마음을 전한다.

박문환 배상

출제기준

신재생에너지발전설비기능사(태양광)(필기)

직무 분야	환경 · 에너지	중직무 분야	에너지 · 기상	자격 종목	신재생에너지 발전설비기능사(태양광)	적용 기간	2022.1.1. ~2024.12.31.
직무내용 : 신재생에너지설비에 대한 공학적 기초이론 및 숙련기능 등을 가지고 태양광발전설비를 시공, 운영, 유지 및 보수하는 업무 등을 수행							
필기검정방법	객관식	문제수	60	시험시간	1시간		

필기과목명	문제수	주요항목	세부항목	세세항목
태양광 발전설비	60	1. 신재생에너지 개요	1. 신재생에너지 원리 및 특징	1. 태양광 2. 풍력 3. 수력 4. 연료전지 5. 지열 6. 태양열 7. 기타 신재생에너지
		2. 태양광발전 시스템 개요	1. 태양광발전 개요	1. 태양광발전의 정의 2. 태양광발전의 역사 3. 태양광발전의 특징 4. 태양광발전의 원리 5. 태양광발전의 시장전망 6. 태양일조(일사)량
			2. 태양광발전 시스템 정의 및 종류	1. 태양광발전 시스템 정의 2. 태양광발전 시스템 분류
			3. 태양전지	1. 태양전지 구조 및 동작원리 2. 태양전지의 변환효율 3. 태양전지 특성의 측정법 4. 태양전지 종류와 특징
			4. 태양광 시스템 구성요소	1. 태양광 모듈 및 어레이 2. 태양광 인버터 3. 전력저장 장치 4. 연계시스템의 종류

필기과목명	문제수	주요항목	세부항목	세세항목
		3. 태양광 모듈	1. 태양광 모듈 개요	1. 태양광 모듈의 특성 2. 태양광 모듈의 구조 3. 기능별 태양광 모듈
			2. 태양광 모듈의 설치 유형	1. 일반부지 2. 건축물 3. 수상
		4. 태양광 인버터	1. 태양광 인버터의 개요	1. 태양광 인버터의 역할 2. 태양광 인버터의 원리 3. 태양광 인버터의 종류 및 특징
			2. 태양광 인버터의 기능	1. 자동운전 정지기능 2. 최대전력 추종제어기능 3. 단독운전 방지기능 4. 자동전압 조정기능 5. 직류 검출기능 6. 직류 지락 검출기능 7. 계통연계 보호장치
		5. 관련기기 및 부품	1. 바이패스 소자와 역류방지 소자	1. 바이패스 소자 2. 역류방지 소자
			2. 접속함	1. 태양전지 어레이 측 개폐기 2. 주개폐기 3. 피뢰소자 4. 단자대 5. 수납함
			3. 교류 측 기기	1. 분전반 2. 차단기 3. 변압기 4. 적산전력량계 5. 보호계전기
			4. 축전지	1. 계통연계 시스템용 축전지 2. 독립형 시스템용 축전지 3. 축전지의 설계
			5. 낙뢰 대책	1. 낙뢰 개요 2. 뇌서지 대책 3. 피뢰소자의 선정

출제기준

필기과목명	문제수	주요항목	세부항목	세세항목
		6. 태양광발전 시스템 시공	1. 태양광발전 시스템 시공 준비	1. 태양광발전 시스템의 시공 절차 2. 태양광발전 시스템 시공 시 필요한 장비 목록 3. 태양광발전 시스템 관련기기 반입 및 검사 4. 태양광발전 시스템 시공안전대책 5. 시공체크리스트
			2. 태양광발전 시스템 구조물 시공	1. 구조물 유형별 시공 2. 구조물 유형별 태양광 어레이 설치
			3. 배관 · 배선공사	1. 태양광 모듈과 태양광 인버터 간의 배관 · 배선 2. 태양광 인버터에서 분전반 간의 배관 · 배선 3. 태양광 어레이 검사 4. 케이블 선정 및 단말처리 5. 방화구획 관통부의 처리
			4. 접지공사	1. 접지공사의 종류 및 적용 2. 접지공사의 시설방법 3. 접지저항의 측정
		7. 태양광발전 시스템 운영	1. 운영 계획 및 사업개시	1. 일별, 월별, 연간 운영계획 수립 시 고려요소 2. 사업허가증 발급방법 등
			2. 태양광발전 시스템 운전	1. 태양광발전 시스템 운영체계 및 절차 2. 태양광발전 시스템 운전조작 방법 3. 태양광발전 시스템 동작원리 4. 태양광발전 시스템 운영 점검사항 5. 태양광발전 시스템 계측
		8. 태양광발전 시스템 품질관리	1. 성능평가	1. 성능평가 개념 2. 성능평가를 위한 측정요소
			2. 품질관리 기준	1. 신재생에너지관련 KS제도 2. IEC 기준 규격

필기과목명	문제수	주요항목	세부항목	세세항목
		9. 태양광발전 시스템 유지보수	1. 유지보수 개요	1. 유지보수 의의 2. 유지보수 절차 3. 유지보수 계획 시 고려사항 4. 유지보수 관리 지침
			2. 유지보수 세부내용	1. 발전설비 유지관리 2. 송전설비 유지관리 3. 태양광발전 시스템 고장원인 4. 태양광발전 시스템 문제진단 5. 고장별 조치방법 6. 발전형태별 정기보수 7. 발전형태별 긴급보수 8. 모니터링 시스템 운영
		10. 태양광발전 설비 안전관리	1. 위험요소 및 위험관리방법	1. 태양광발전 시스템의 위험요소 및 위험관리방법
			2. 안전관리 장비	1. 안전장비 종류 2. 안전장비 보관요령
		11. 관련 법규	1. 신재생에너지 관련 법	1. 신에너지 및 재생에너지 개발 · 이용 · 보급 촉진법, 시행령, 시행규칙
			2. 전기 관계 법규	1. 전기사업법, 시행령, 시행규칙 2. 전기공사업법, 시행령, 시행규칙 3. 전기설비 기술기준 및 한국전기설비규정(KEC)

CBT 웹 체험 Preview

한국산업인력공단(www.q-net.or.kr)에서는 실제 컴퓨터 필기시험 환경과 동일하게 구성된 자격검정 CBT 웹 체험을 제공하고 있습니다. 또한, 예문사 홈페이지(http://yeamoonsa.com)에서도 CBT 형태의 모의고사를 풀어볼 수 있으니 참고하여 활용하시기 바랍니다.

수험자 정보 확인

시험장 감독위원이 컴퓨터에 나온 수험자 정보와 신분증이 일치하는지를 확인하는 단계입니다. 수험번호, 성명, 주민등록번호, 응시종목, 좌석번호를 확인합니다.

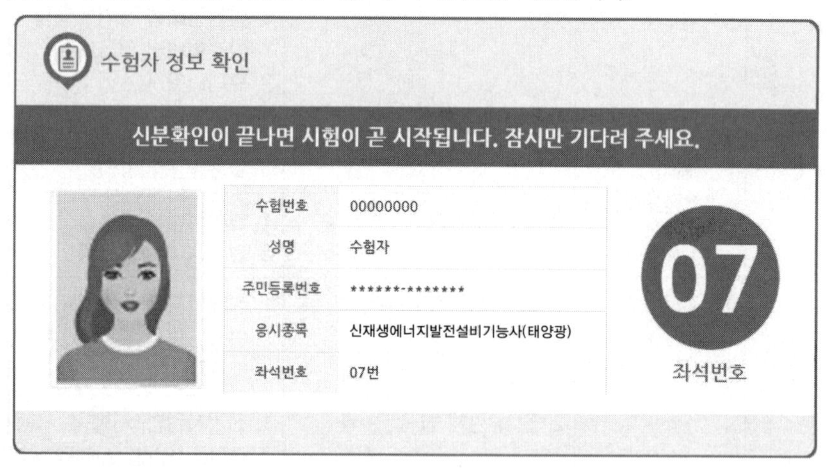

안내사항

시험에 관련된 안내사항이므로 꼼꼼히 읽어보시기 바랍니다.

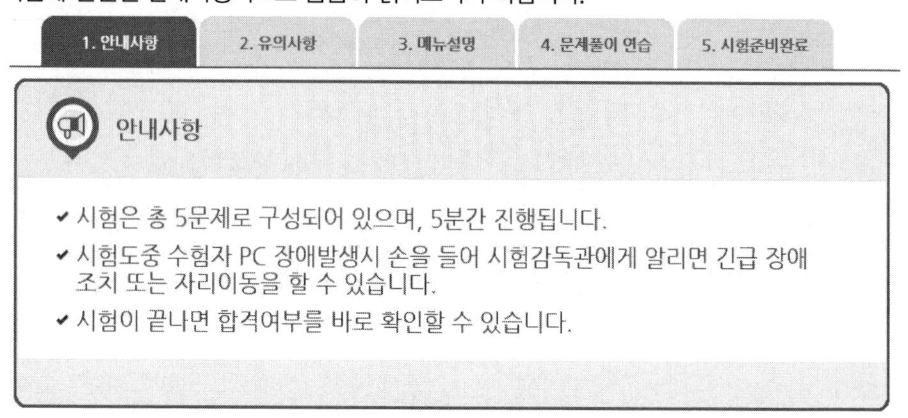

유의사항

부정행위는 절대 안 된다는 점, 잊지 마세요!

유의사항 - [1/3]

- **다음과 같은 부정행위가 발각될 경우 감독관의 지시에 따라 퇴실 조치되고, 시험은 무효로 처리되며, 3년간 국가기술자격검정에 응시할 자격이 정지됩니다.**

✔ 시험 중 다른 수험자와 시험에 관련한 대화를 하는 행위
✔ 시험 중에 다른 수험자의 문제 및 답안을 엿보고 답안지를 작성하는 행위
✔ 다른 수험자를 위하여 답안을 알려주거나, 엿보게 하는 행위
✔ 시험 중 시험문제 내용과 관련된 물건을 휴대하여 사용하거나 이를 주고받는 행위

다음 유의사항 보기 ▶

문제풀이 메뉴 설명

문제풀이 메뉴에 대한 주요 설명입니다. CBT에 익숙하지 않다면 꼼꼼한 확인이 필요합니다. (글자크기/화면배치, 전체/안 푼 문제 수 조회, 남은 시간 표시, 답안 표기 영역, 계산기 도구, 페이지 이동, 안 푼 문제 번호 보기/답안 제출)

문제풀이 메뉴 설명

- **아래 문제풀이 기능 설명을 유의해서 읽고 기능을 숙지해 주십시오.**

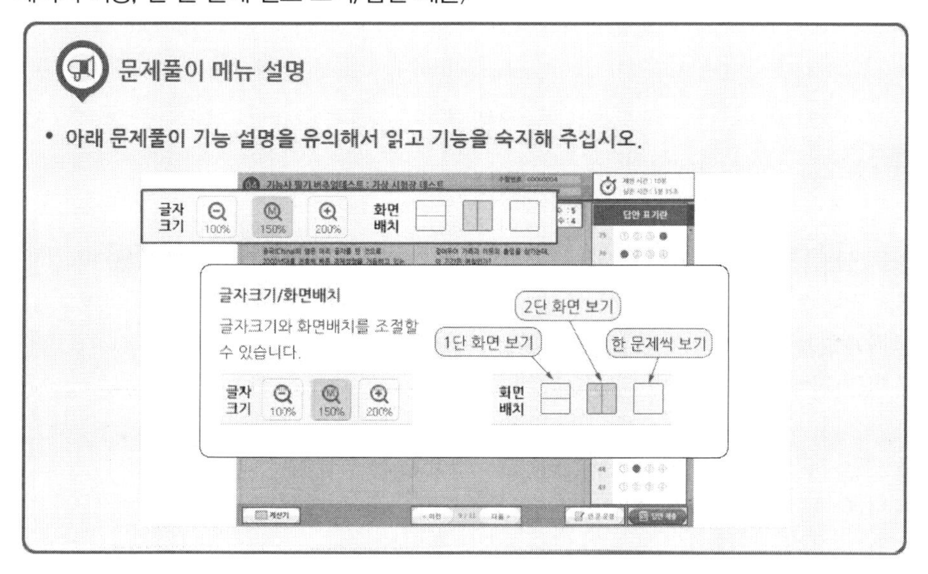

시험준비 완료!

이제 시험에 응시할 준비를 완료합니다.

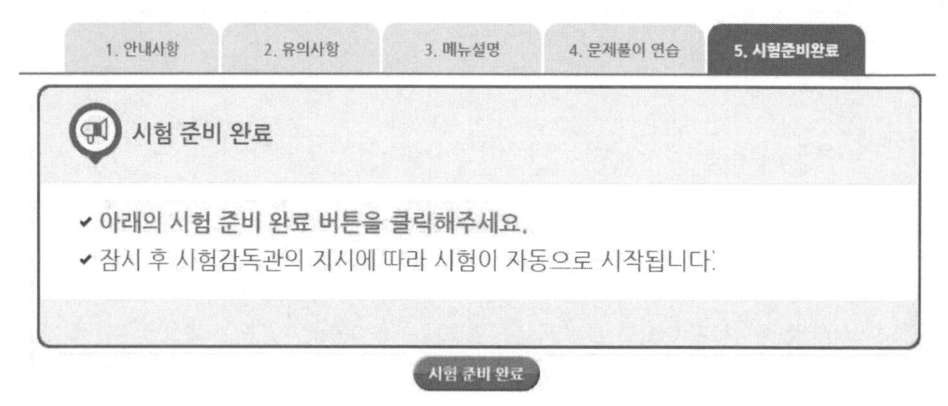

시험화면

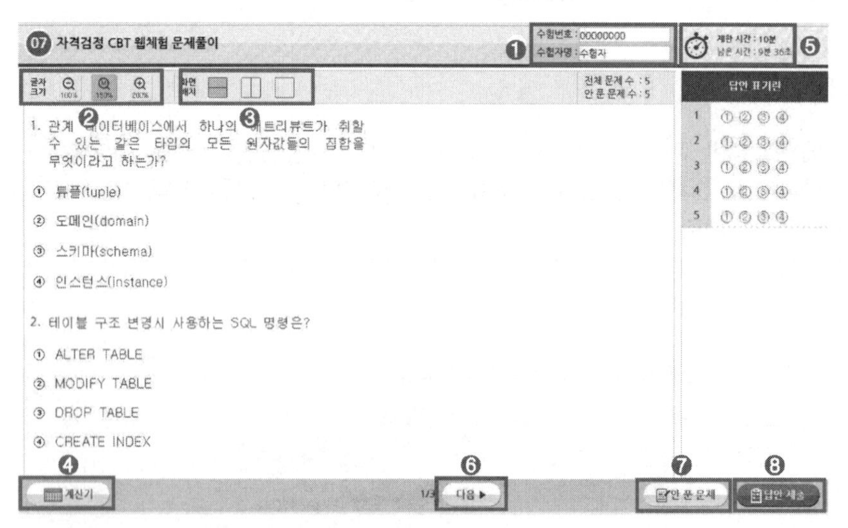

❶ 수험번호, 수험자명 : 본인이 맞는지 확인합니다.
❷ 글자크기 : 100%, 150%, 200%로 조정 가능합니다.
❸ 화면배치 : 2단 구성, 1단 구성으로 변경합니다.
❹ 계산기 : 계산이 필요할 경우 사용합니다.
❺ 제한 시간, 남은 시간 : 시험시간을 표시합니다.
❻ 다음 : 다음 페이지로 넘어갑니다.
❼ 안 푼 문제 : 답안 표기가 되지 않은 문제를 확인합니다.
❽ 답안 제출 : 최종답안을 제출합니다.

답안 제출

문제를 다 푼 후 답안 제출을 클릭하면 다음과 같은 메시지가 출력됩니다.
여기서 '예'를 누르면 답안 제출이 완료되며 시험을 마칩니다.

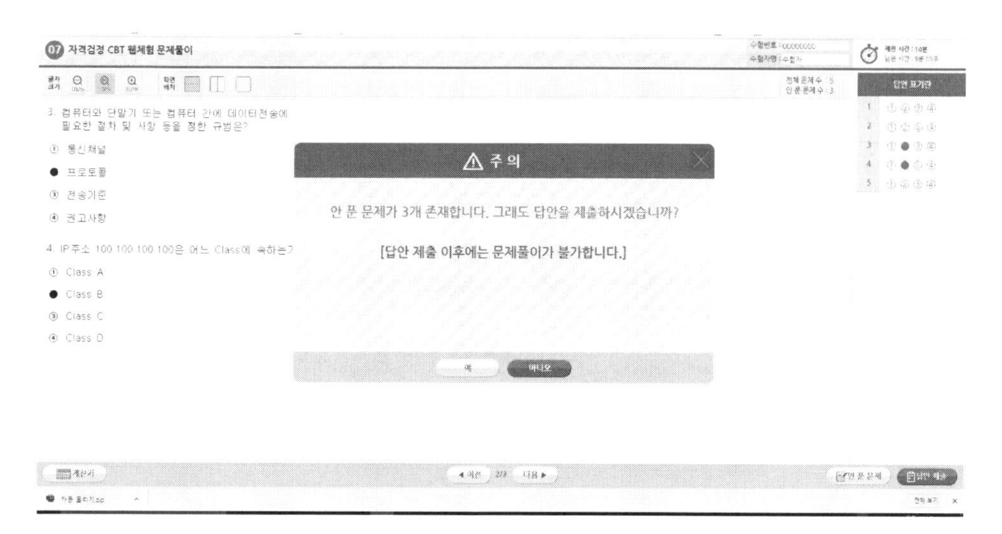

알고 가면 쉬운 CBT 4가지 팁

1. 시험에 집중하자.
기존 시험과 달리 CBT 시험에서는 같은 고사장이라도 각기 다른 시험에 응시할 수 있습니다. 옆 사람은 다른 시험을 응시하고 있으니, 자신의 시험에 집중하면 됩니다.

2. 필요하면 연습지를 요청하자.
응시자의 요청에 한해 시험장에서는 연습지를 제공하고 있습니다. 연습지는 시험이 종료되면 회수되므로 필요에 따라 요청하시기 바랍니다.

3. 이상이 있으면 주저하지 말고 손을 들자.
갑작스럽게 프로그램 문제가 발생할 수 있습니다. 이때는 주저하며 시간을 허비하지 말고, 즉시 손을 들어 감독관에게 문제점을 알려주시기 바랍니다.

4. 제출 전에 한 번 더 확인하자.
시험 종료 이전에는 언제든지 제출할 수 있지만, 한 번 제출하고 나면 수정할 수 없습니다. 맞게 표기하였는지 다시 확인해보시기 바랍니다.

CBT 모의고사 이용 가이드

• 인터넷에서 [예문사]를 검색하여 홈페이지에 접속합니다.
• PC, 휴대폰, 태블릿 등을 이용해 사용이 가능합니다.

STEP 1 회원가입 하기

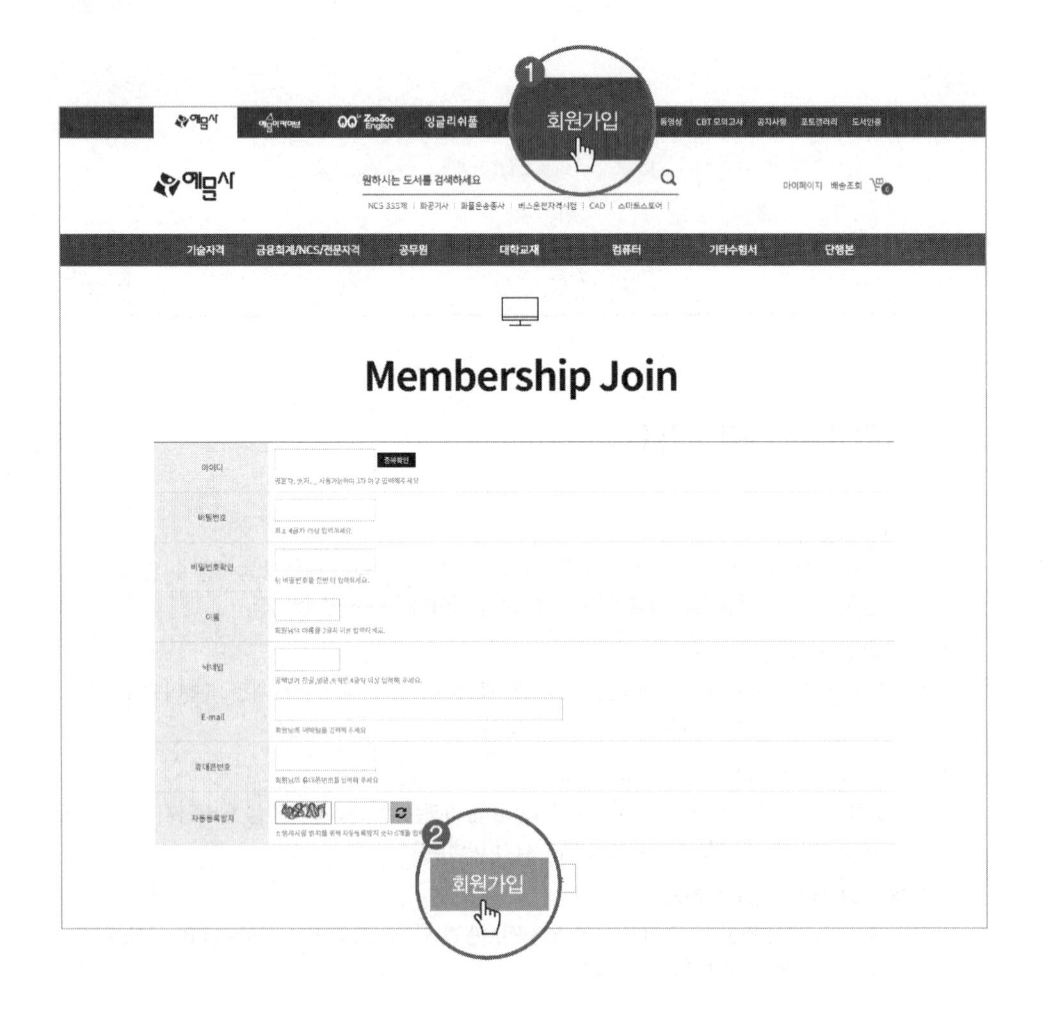

1. 메인 화면 상단의 [회원가입] 버튼을 누르면 가입 화면으로 이동합니다.
2. 입력을 완료하고 아래의 [회원가입] 버튼을 누르면 **인증절차 없이 바로 가입**이 됩니다.

STEP 2 시리얼 번호 확인 및 등록

1. 로그인 후 메인 화면 상단의 [CBT 모의고사]를 누른 다음 **수강할 강좌를 선택**합니다.
2. 시리얼 등록 안내 팝업창이 뜨면 [확인]을 누른 뒤 **시리얼 번호를 입력**합니다.

STEP 3 등록 후 사용하기

1. 시리얼 번호 입력 후 [마이페이지]를 클릭합니다.
2. 등록된 CBT 모의고사는 [모의고사]에서 확인할 수 있습니다.

이책의 차례

이론

CONTENTS

CBT 대비 모의고사

NEW AND RENEWABLE ENERGY EQUIPMENT CRAFTMAN

이론

001 신재생에너지 개요

01 신재생에너지 원리 및 특징

1 신재생에너지의 원리 및 종류

1. 신재생에너지의 정의

기존의 화석연료를 액체 또는 기체로 변환시켜서 이용하거나 햇빛 · 물 · 바람 · 지열 · 생물 유기체 등 재생 가능한 에너지를 변환시켜 이용하는 에너지를 신재생에너지라고 한다.

2. 신재생에너지의 종류

우리나라는 「신에너지 및 재생에너지 개발 · 이용 · 보급촉진법」에 의거 "신에너지"와 "재생에너지"를 다음과 같이 구분하고 있다.

1) 신에너지

기존의 화석연료를 변환시켜 이용하거나 수소 · 산소 등의 화학 반응을 통하여 전기 또는 열을 이용하는 에너지로서 다음 각 목의 어느 하나에 해당하는 것을 말한다.

① 수소에너지
② 연료전지
③ "석탄을 액화 · 가스화한 에너지 및 중질잔사유를 가스화한 에너지"로서 대통령령으로 정하는 기준 및 범위에 해당하는 에너지
④ 그 밖에 "석유 · 석탄 · 원자력 또는 천연가스가 아닌 에너지"로서 대통령령으로 정하는 에너지

2) 재생에너지

햇빛 · 물 · 지열 · 강수 · 생물유기체 등을 포함하는 재생 가능한 에너지를 변환시켜 이용하는 에너지로서 다음 각 목의 어느 하나에 해당하는 것을 말한다.

① 태양에너지(태양광)
② 풍력
③ 수력
④ 해양에너지(조력발전, 조류발전, 파력발전, 온도차발전)

⑤ 지열에너지
⑥ 생물자원을 변환시켜 이용하는 "바이오에너지"로서 대통령령으로 정하는 기준 및 범위에 해당하는 에너지
⑦ 폐기물에너지로서 대통령령으로 정하는 기준 및 범위에 해당하는 에너지
⑧ 그 밖에 석유 · 석탄 · 원자력 또는 천연가스가 아닌 에너지로서 대통령령으로 정하는 에너지

3. 신재생에너지의 특징

① 공공의 미래에너지 : 시장 창출 및 경제성 확보를 위한 장기적인 개발보급정책 필요
② 환경친화형 청정에너지 : 화석연료 사용에 의한 CO_2 발생이 거의 없음
③ 비고갈성 에너지 : 태양광 · 풍력 등 재생가능 에너지원으로 구성
④ 기술에너지 : 연구개발에 의해 에너지자원 확보 가능

4. 태양광발전(Photovoltaic)

① 태양의 빛 에너지를 전기에너지로 변환하여 전기를 생산하는 기술
② 햇빛을 받으면 광전효과에 의해 전기를 발생하는 태양전지를 이용한 발전방식

5. 풍력발전

1) 원리

자연의 바람으로 풍차를 돌리고 이것을 기어 등을 이용하여 속도를 높여 발전기를 돌려 전기를 생산하는 발전방식. 즉, 공기의 운동에너지를 날개에 의해 기계적 에너지로 변환시켜 발전하는 청정발전기술이다.

2) 풍력발전의 구성

타워, 날개(회전자), 발전기통(Nacelle)

3) 풍력발전의 특징

① 장점
㉠ 연료비가 거의 없고, 대부분 무인 원격 운전되므로 유지보수비용이 적다.
㉡ 바람의 운동에너지를 이용으로 화석연료와 대응한 가격경쟁력을 확보할 수 있는 유일한 대체에너지이다.
㉢ 건설 및 설치기간이 짧다.
㉣ 설치 높이가 높아 지상 토지를 농사, 목축 등과 같은 용노로 활용할 수 있다.

② 단점

㉠ 풍력발전이 가능한 바람의 속도는 4[m/s] 이상이 필요하므로 경제성을 확보할 수 있는 장소가 제한적이다.

㉡ 방해물 등의 자연환경 변화에 매우 민감할 수 있다.

㉢ 설비 이용률이 타 발전원에 비해 낮을 수 있다.(실질적인 효율이 20~40%)

㉣ 소음이 발생하므로 인가와의 적당한 이격거리가 필요하다.

6. 수력발전

1) 수력발전의 원리

① 물의 유동 및 위치에너지를 이용하여 전기를 생산하는 발전방식

② 물이 가지고 있는 위치, 압력, 속도에너지를 수차를 이용하여 기계적 에너지로 바꾸고 수차에 직결된 발전기로 전기에너지를 변환시키는 것이 수력발전이다.(hydro-power generator)

2) 수력발전방식의 특징

① 다른 에너지원에 비해 이산화탄소 배출량이 적은 청정에너지로 지구온난화 방지에 적합한 에너지

[발전원별 1[kWh]당 CO_2 배출량]

구분	1[kWh]당 CO_2 배출량[g-CO_2/kWh]
석탄 화력	975.2
석유 화력	742.1
LNG 화력	607.6
LNG	518.8
원자력	28.4
태양광	53.4
풍력	29.5
지열	15.0
수력	11.3

② 발전설비가 비교적 간단하여 단기간 건설이 가능하고, 유지관리가 용이하다.

③ 수력은 3~5분의 짧은 시간에 발전이 가능하기 때문에 전력수요의 변화에 가장 민첩하게 대응할 수 있어, 유입식은 기저전력 공급용으로 사용하고 조정지식, 저수지식, 양수식은 첨두부하 공급용으로 사용이 가능하다.

④ 수력발전은 효율이 80~90[%] 정도로 에너지변환효율이 높다.

3) 수력발전방식의 종류

분류 항목	종류
물이 이용방식	유입식, 저수식, 조정지식, 양수식
구조	수로식, 댐식, 댐수로식
낙차	저낙차, 중낙차, 고낙차

① 물의 이용방식에 따른 분류

㉠ 유입식 : 하천의 자연 유량을 그대로 이용하는 발전소로서 도중에 저수지 또는 조정지가 없는 수로식 발전소로 최대 사용 수량 이상의 유량은 발전에 이용되지 못하고 방류된다.

㉡ 조정지식 : 수 시간 또는 수일간의 부하 변동에 대처할 수 있는 조정지 용량을 가진 발전소로 국내 발전소는 대부분 조정지식이다.

㉢ 저수지식 : 계절적인 하천의 유량 변화를 큰 저수지로 조정한 후 발전에 이용하는 발전소이다.

㉣ 양수식 : 심야 또는 휴일의 잉여전력을 이용하여 펌프로 상부조정지 또는 저수지에 양수하여 담수하고, 첨두부하 시에 발전하여 피크부하에 대응하는 발전소이다.

② 구조에 따른 분류

㉠ 수로식 : 하천의 구배 및 굴곡 등의 지형을 이용하여 완만한 수로를 시설하여 낙차를 얻는 방식으로 댐이 없기 때문에 유입량 조절이 불가하고 유입량에 따라 출력이 좌우된다.

㉡ 댐식 : 하천을 가로질러 댐을 만들어 상류수위를 높여 낙차를 얻는 방식으로 구배가 완만하고 유량이 풍부한 하천의 중 · 하류에 설치된다.

㉢ 댐수로식(터널식) : 수로식과 댐식 두 방식을 혼합한 방식으로 부하 급변으로 인하여 물을 차단할 경우 수격작용에 의한 수압상승에 대해 수압관이나 압력터널을 보호하기 위한 조압수조가 필요한 방식이다.(하천의 형태가 오메가[Ω]인 지점)

③ 설비용량에 따른 분류

㉠ Micro hydropower : 100[kW] 미만

㉡ Mini hydropower : 100~1,000[kW]

㉢ Small hydropower : 1,000~10,000[kW]

④ 낙차에 따른 분류

㉠ 저낙차(Low head) : 2~20[m]

㉡ 중낙차(Medium head) : 20~150[m]

㉢ 고낙차(High head) : 150[m] 이상

7. 해양에너지

1) 원리

해양에너지는 해양의 조수 · 파도 · 해류 · 온도차 등을 변환시켜 전기 또는 열을 생산하는 기술이다. 전기를 생산하는 해양에너지의 종류는 조력발전, 조류발전, 파력발전, 온도차발전 등이 있다.

① 조력발전 : 조석간만의 차를 동력원으로 해수면의 상승하강운동을 이용하여 전기를 생산하는 발전방식

② 파력발전 : 파랑에너지를 에너지변환장치를 통하여 기계적 회전운동으로 변화시킨 후 전기에너지로 변환시키는 것이 파력발전이다.

③ 조류발전 : 조수간만에 의해 발생하는 해수의 흐름을 이용하여 발전하는 방식

④ 온도차발전 : 해양표면층(25~30℃)과 심해 500~1,000m 정도 온도(4~7℃)의 온도차를 이용하여 열에너지를 기계적 에너지로 변환시켜 발전하는 방식

8. 지열발전

① 지구의 중심인 내핵은 3,900[℃]이고 외핵은 2,500[℃], 멘틀 2,000[℃]

② 일반적으로 땅속의 온도는 100m 깊어질 때마다 대략 2.5[℃]씩 증가

③ 지형과 지역에 따라 차이는 있지만 천부지열(지표면 가까운 땅속) 온도는 대략 10~20[℃], 심부지열(지중 1~2[km]) 40~400℃ 온도 범위에 있어 직접적인 난방 전력생산 히트펌프를 통한 난방과 냉방, 제조용 열 등으로 이용된다.

9. 바이오에너지

① 바이오매스(Biomass, 유기성 생물체 총칭)를 직접 또는 생 · 화학적, 물리적 변환과정을 통해 액체, 가스, 고체연료나 전기 · 열에너지 형태로 이용되는 에너지원을 말한다.

② 바이오매스(Biomass)는 생물체량이라 하는 생태학 용어로서 살아 있는 동물 · 식물 · 미생물의 유기량을 의미한다.

③ 광합성에 의해 생성된 각종 생물자원, 유기성 폐기물 등의 유기물질을 미생물 전환에 의해 연료용 가스와 액체 연료를 생산하여 공급하는 기술과 이를 전력으로 전환하여 이용하는 기술이다.

10. 폐기물에너지

사업장 또는 가정에서 발생되는 가연성 폐기물 중 에너지 함량이 높은 폐기물을 열분해에 의한 오일화 기술, 성형고체연료의 제조기술, 가스화에 의한 가연성 가스 제조기술 및 소각에 의한 열회수 기술 등의 가공 · 처리방법을 통해 고체연료, 액체연료, 가스연료, 폐열 등을 생산하고,

이를 산업생산활동에 필요한 에너지로 이용하는 재생에너지원의 하나이다.(우리나라 신재생에너지 발전량의 80% 정도 차지)

1) 폐기물에너지의 종류

① 성형고체연료(RDF ; Refuse Derived Fuel)
종이, 나무, 플라스틱 등의 가연성 폐기물을 파쇄, 분리, 건조, 성형 등의 공정을 거쳐 제조된 고체연료를 성형고체연료라고 한다.

② 폐유 정제유
자동차 폐윤활유 등의 폐유를 이온정제법, 열분해 정제법, 감압증류법 등의 공정으로 정제하여 생산된 재생유

③ 플라스틱 열분해 연료유
플라스틱, 합성수지, 고무, 타이어 등의 고분자 폐기물을 열분해하여 생산되는 청정 연료유

④ 폐기물 소각열
가연성 폐기물 소각열 회수에 의한 스팀 생산 및 발전, 시멘트 킬른 및 철광석 소성로 등의 열원으로 이용

11. 연료전지

1) 연료전지(fuel cells)는 수소와 산소의 화학반응으로 생기는 화학에너지를 직접전기에너지로 변환시키는 기술

2) 발전효율은 40～80[%] : 전기에너지 40～50[%], 열효율 30[%] 이상

3) 원리 : 연료전지는 수소와 공기 중 산소가 전기화학 반응에 의해 직접전기를 생산. 공기극, 즉 산소가 공급하는 쪽에서 산소이온과 수소이온이 만나 반응생성물인 물을 생성하면서 전기와 열이 발생한다.

$$H_2 + \frac{1}{2}O_2 \rightarrow H_2O + \text{전기열}$$

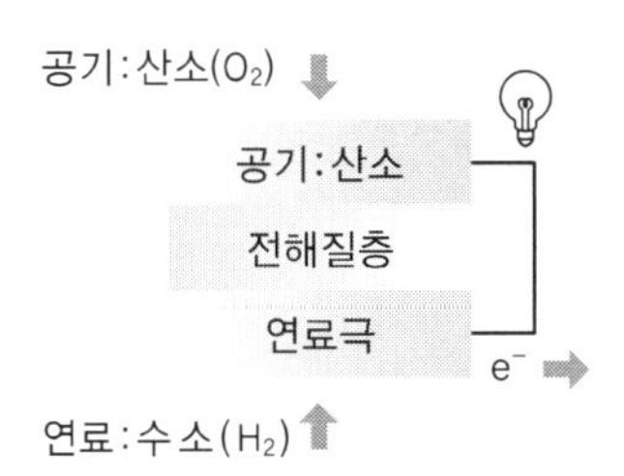

4) 연료전지 발전시스템 구성도

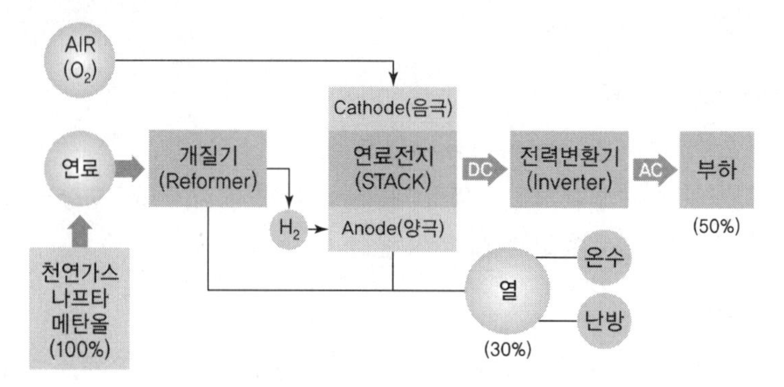

화석연료에서 수소가 발생되어 공기 중의 산소와 연료전지를 통해 반응 30%의 열이 발생되고 온수와 난방에 이용되고, 전력변환장치를 통해 직류를 교류로 변환한다.

5) 연료전지의 특징

① 장점

- 발전효율이 높다.(열병합 발전 시 효율 80[%] 정도)
- 환경친화적이다.(공해물질 배출이 없다.)
- 소음이 적다.
- 다양한 연료 사용이 가능하다.(석탄 · 석유 · 천연가스(LNG), 나프타, 메탄올 등)
- 도심 부근에 설치가능 : 송배전 설비 및 전력손실이 적다.

② 단점

- 발전소 건설비용이 높다.
- 연료전지의 수명과 신뢰성 향상의 기술적 개발이 필요하다.

12. 석탄액화가스화 및 중질잔사유 가스화

석탄 · 중질잔사유 등의 저급원료를 고온 · 고압의 가스화 장치에서 수증기와 함께 한정된 산소로 불완전연소 및 가스화시켜 일산화탄소와 수소가 주성분인 합성가스를 만들어 정제된 가스를 사용하여 발전하고 수소 및 액화연료를 생산할 수 있다.

1) 석탄(중질잔사유) 가스화

가스화복합발전기술(IGCC ; Integrated Gasification Combined Cycle)

석탄중질잔사유 등의 저급연료를 고온 · 고압의 가스화기에서 수증기와 함께 한정된 산소로 불완전연소 및 가스화시켜 일산화탄소와 수소가 주성분인 합성가스를 만들어 정제공정을 거친 후 가스터빈 및 증기터빈을 구동하여 발전하는 신기술이다.

13. 수소에너지(hydrogen energy)

① 수소에너지란 수소를 연소시켜 얻는 에너지로 수소를 태우면 같은 무게의 가솔린보다 4배 많은 에너지 방출

② 수소는 연소 시 산소와 결합하여 다시 물로 환원되므로 배기가스로 인한 환경오염이 없다.

③ 수소에너지기술은 물 · 유기물 · 화석연료 등의 화합물 형태로 존재하는 수소를 분리 생산하여 이용하는 기술

14. 태양열 발전

① 태양의 열에너지를 변환시켜 전기를 생산하거나 에너지원으로 사용하는 설비

② 태양열발전시스템은 집광열 → 축열 → 열전달 → 증기발생 → 터빈(동력) → 발전으로 구성

001 실전예상문제

01 신에너지 및 재생에너지 개발 · 이용 · 보급 촉진법에 따른 바이오에너지 등의 기준 및 범위에 관한 설명 중 에너지원의 종류와 그 범위가 잘못 연결된 것은?

① 석탄을 액화 · 가스화한 에너지－증기공급용 에너지
② 중질잔사유를 가스화한 에너지－합성가스
③ 바이오에너지－동물 · 식물의 유지를 변환시킨 바이오디젤
④ 폐기물에너지－쓰레기매립장의 유기성 폐기물을 변환시킨 매립지가스

풀이 '폐기물관리법'에 따른 폐기물 중에서 에너지 생물 기원의 유기성 폐기물은 제외된다.

02 신재생에너지 중 재생에너지의 특징이 아닌 것은?

① 시설투자가 적은 에너지이다.
② 친환경 청청에너지이다.
③ 기술주도형 자원이다.
④ 비고갈 에너지이다.

풀이 신재생에너지의 특징은 공공의 미래에너지, 환경친화형 청정에너지, 비고갈성 에너지, 기술에너지, 시설 투자가 많은 에너지이다.

03 다음의 보기 중 우리나라에서 신재생에너지로 분류되는 에너지를 모두 고른 것은?

ⓐ 태양광발전	ⓒ 수소에너지
ⓑ 수력	ⓓ 천연가스

① ⓐ, ⓑ　　② ⓐ, ⓑ, ⓒ
③ ⓐ, ⓑ, ⓓ　　④ ⓐ, ⓑ, ⓒ, ⓓ

풀이
- 재생에너지 : 태양(태양광, 태양열), 바이오, 풍력, 수력, 해양, 폐기물, 지열
- 신에너지 : 연료전지, 석탄액화가스화 및 중질잔사유 가스화, 수소에너지

04 신에너지 및 재생에너지 개발 · 이용 · 보급촉진법 제2조의 규정에 의한 재생에너지가 아닌 것은?

① 수소에너지　　② 태양광
③ 바이오　　④ 폐기물

풀이
- 재생에너지 : 태양광, 태양열, 바이오, 풍력, 수력, 해양, 폐기물, 지열
- 신에너지 : 연료전지, 석탄액화가스화 및 중질잔사유 가스화, 수소에너지
- 폐기물에너지 : 사업장 또는 가정에서 발생되는 가연성 폐기물을 에너지로 이용

05 신재생에너지의 설명 중 올바른 것은?

① 수소에너지는 신에너지와 재생에너지 중 재생에너지에 속한다.
② 수력발전은 표층과 심층의 해수온도차를 이용한 것이다.
③ 해양에너지는 조력, 수력, 해양온도차 발전 등이 있다.
④ 폐기물에너지는 가연성 폐기물에서 발생되는 발열량을 이용한 것이다.

풀이 ① 수소에너지는 신에너지이다.
② 표층과 심층의 해수온도차를 이용한 것은 해양에너지(온도차 발전)이다.
③ 해양에너지는 조력, 조류, 해양온도차, 파력발전이 있다.

06 햇빛 · 물 · 지열(地熱) · 강수(降水) · 생물유기체 등을 포함하는 재생 가능한 에너지를 변환시켜 이용하는 에너지에 해당하지 않은 것은?

① 해양에너지　　② 지열에너지
③ 수소에너지　　④ 태양에너지

정답 01 ④ 02 ① 03 ② 04 ① 05 ④ 06 ③

풀이 햇빛 · 물 · 지열(地熱) · 강수(降水) · 생물유기체 등을 포함하는 재생 가능한 에너지를 재생에너지라고 하며, 재생에너지의 종류는 태양, 풍력, 수력, 해양, 지열, 바이오, 폐기물 에너지이다.

07 신에너지에 속한 것은?

① 지열 ② 연료전지
③ 태양광 ④ 수력

08 재생에너지의 장점에 대한 일반적인 설명으로 틀린 것은?

① 대부분의 재생에너지는 매우 저렴한 비용으로 얻을 수 있다.
② 대부분의 재생에너지는 공해가 적거나 거의 없다.
③ 재생에너지원은 지속적으로 존재하며 고갈되지 않는다.
④ 재생에너지원은 지역적으로 개발되는 특성을 가진다.

풀이 재생에너지(태양, 풍력, 수력, 해양, 지열, 바이오, 폐기물)는 환경친화적 에너지이지만, 시설비가 매우 높은 편이다.

09 태양광 발전의 단점으로 맞는 것은?

① 초기 투자비와 발전단가가 높음
② 에너지원의 청정, 무제한
③ 유지보수가 용이하고, 무인화 가능
④필요한 장소에서 필요량 발전 가능

풀이 ① 전력생산량의 지역별 일조(일사)량에 의존
② 초기 투자비와 발전단가가 높음
③ 에너지 밀도가 낮아 넓은 설치면적이 필요

10 신에너지 및 재생에너지 개발 · 이용 · 보급 촉진법 시행령 별표1의 폐기물에너지 중 화석연료로부터 부수적으로 발생하는 가스의 명칭은?

① 합성가스 ② 보조가스
③ 부생가스 ④ 천연가스

풀이 화석연료로부터 부수적으로 발생하는 가스를 부생가스라고 한다.

11 신재생에너지의 특징이 아닌 것은?

① 비고갈성 에너지
② 공공 미래에너지
③ 환경친화형 청정에너지
④ 시설 투자비가 적은 에너지

풀이 신 · 재생에너지는 공공 미래에너지, 환경친화형 청정 에너지, 비고갈성 에너지, 기술 에너지이다.

12 신재생에너지 설비 중 수소와 산소의 전기화학 반응을 통하여 전기 또는 열을 생산하는 설비는 무엇인가?

① 연료전지 설비 ② 산소에너지 설비
③ 전기에너지 설비 ④ 수소에너지 설비

13 신에너지 및 재생에너지 개발 · 이용 · 보급 촉진법에서 신 · 재생에너지 설비가 아닌 것은?

① 석유에너지 설비 ② 태양에너지 설비
③ 바이오에너지 설비 ④ 폐기물에너지 설비

풀이 신재생에너지는 신에너지와 재생에너지 두 가지로 나누어진다.
- 신에너지 : 연료전지, 석탄액화가스화, 수소에너지
- 재생에너지 : 태양광, 태양열, 지열, 풍력, 바이오, 수력, 폐기물에너지, 해양에너지

14 신재생에너지 분류에 포함되지 않는 것은?

① 태양열 ② 바이오매스
③ 원자력 ④ 풍력

정답 07 ② 08 ① 09 ① 10 ③ 11 ④ 12 ① 13 ① 14 ③

풀이 신재생에너지는 신에너지와 재생에너지 두 가지로 구성되며, 이 중 정부 육성 중점 3대 에너지원은 태양광, 풍력, 수소에너지이다.
- 신에너지 : 연료전지, 석탄액화가스화, 수소에너지
- 재생에너지 : 태양광, 태양열, 지열, 풍력, 바이오, 수력, 폐기물에너지, 해양에너지

15 다음 중 신에너지 및 재생에너지원에 해당하는 것은?

① 석유　② 천연가스
③ 지열　④ 석탄

풀이
- 신에너지 : 연료전지, 석탄액화 가스화 및 중질잔사유 가스화, 수소에너지(3개 분야)
- 재생에너지 : 태양광, 태양열, 바이오, 풍력, 수력, 해양, 폐기물, 지열(8개 분야)

16 다음 중 신에너지 및 재생에너지원에 해당하는 것은?

① 석유　② 천연가스
③ 석탄　④ 지열

풀이 신 · 재생 에너지의 정의
기존의 화석연료를 변환시켜 이용하거나 햇빛 · 물 · 지열(地熱) · 강수(降水) · 생물유기체 등을 포함하는 재생 가능한 에너지를 변환시켜 이용하는 에너지로서 태양, 풍력, 바이오, 수력, 연료전지, 액화 · 가스 석탄, 중질잔사유, 해양에너지, 폐기물, 지열, 수소, 그 밖에 석유 · 석탄 · 원자력 또는 천연가스가 아닌 에너지로서 대통령령으로 정하는 에너지이다.

17 다음 중 신에너지에 속하지 않는 것은?

① 연료전지
② 수소에너지
③ 바이오에너지
④ 석탄을 액화 · 가스화한 에너지

풀이
- 신에너지(3종류) : 연료전지, 석탄액화 가스화 및 중질잔사유 가스화, 수소에너지
- 재생에너지(8종류) : 태양광, 태양열, 풍력, 수력, 지열, 바이오, 해양(조력, 파력), 폐기물

18 다음 중 재생에너지에 해당하지 않는 것은?

① 풍력　② 지열에너지
③ 태양에너지　④ 수소에너지

풀이
- 신에너지 : 연료전지, 수소에너지, 석탄을 액화가스화 에너지 및 중질잔사유를 가스화한 에너지
- 재생에너지 : 태양에너지, 풍력, 수력, 해양에너지, 지열, 바이오, 폐기물에너지

19 태양광 설비에 대한 설명으로 가장 옳은 것은?

① 태양의 빛에너지를 변화시켜 전기를 생산하거나 채광에 이용하는 설비
② 바람의 에너지를 변환시켜 전기를 생산하는 설비
③ 수소와 산소의 전기화학반응으로 전기 또는 열을 생산하는 설비
④ 태양의 열에너지를 변화시켜 전기를 생산하거나 에너지원으로 이용하는 설비

풀이
- 태양광 설비 : 태양의 빛에너지를 변환시켜 전기를 생산하거나 채광에 이용하는 설비
- 태양열 설비 : 태양의 열에너지를 변환시켜 전기를 생산하거나 에너지원으로 이용하는 설비

20 태양광 발전에 관한 설명으로 틀린 것은?

① 출력이 날씨에 제한을 받는다.
② 출력이 수요변동에 대응할 수 없다.
③ 태양의 열에너지를 이용하여 발전한다.
④ 발전시 소음을 내지 않는다.

풀이 태양광 발전은 태양의 광에너지를 이용하고, 태양열 발전은 태양의 열에너지를 이용한다.

정답 15 ③ 16 ④ 17 ③ 18 ④ 19 ① 20 ③

21 태양의 빛을 이용하는 발전방식의 PN접합에 의한 발전원리에 의한 발전순서로 적합한 것은?

① 광흡수 → 전하분리 → 전하수집 → 전하생성
② 전하생성 → 광흡수 → 전하분리 → 전하수집
③ 광흡수 → 전하생성 → 전하분리 → 전하수집
④ 전하생성 → 전하분리 → 광흡수 → 전하수집

풀이 태양광의 발전원리 순서는 광흡수 → 전하생성 → 전하 분리 → 전하수집이다.

22 태양광 설비에 대한 설명으로 가장 옳은 것은?

① 태양의 열에너지를 변화시켜 전기를 생산하거나 에너지원으로 이용하는 설비
② 바람의 에너지를 변환시켜 전기를 생산하는 설비
③ 수소와 산소의 전기화학반응으로 전기 또는 열을 생산하는 설비
④ 태양의 빛에너지를 변화시켜 전기를 생산하거나 채광에 이용하는 설비

풀이 ① 태양열설비, ② 풍력설비, ③ 연료전지 설명이다.

23 태양광을 이용한 발전시스템의 특징 및 구성에서 태양광발전의 장점이 아닌 것은?

① 에너지원이 무한하다.
② 설비의 보수가 간단하고 고장이 적다.
③ 장수명으로 20년 이상 활용이 가능하다.
④ 넓은 설치면적이 필요하다.

풀이 태양과 발전시스템의 장단점

장점	단점
• 에너지원이 깨끗하고, 무한함 • 유지보수가 쉽고, 유지비용이 거의 들지 않음 • 무인화가 가능 • 긴 수명(20년 이상)	• 전기생산량이 일사량에 의존 • 에너지 밀도가 낮아 큰 설치 면적 필요 • 설치장소가 한정적이고 제한적 • 비싼 반도체를 사용한 태양전지를 사용 • 초기투자비가 많이 들어 발전단가가 높음

24 태양광 발전의 장점으로 맞는 것은?

① 전력생산량의 지역별 일조(일사)량에 의존한다.
② 에너지 밀도가 낮아 넓은 설치면적이 필요하다.
③ 설치장소가 한정적이고, 시스템 비용이 고가이다.
④ 모듈 수명이 장수명(20년 이상)이다.

풀이 장점

- 햇빛이 있는 곳이면 어느 곳에서나 간단히 설치할 수 있다.
- 한번 설치해 놓으면 유지비용이 거의 들지 않는다.
- 태양전지(Cell) 숫자만큼 전기를 생산한다.
- 무소음 / 무진동으로 환경오염을 일으키지 않는다.
- 수명이 20년 이상으로 길다.

25 태양광발전시스템의 장점으로 옳지 않은 것은?

① 햇빛이 있는 곳이면 어느 곳에서나 간단히 설치할 수 있다.
② 한번 설치해 놓으면 유지비용이 거의 들지 않는다.
③ 무소음 및 무진동으로 환경오염을 일으키지 않는다.
④ 낮은 에너지 밀도로 다량의 전기를 생산할 때는 많은 공간을 차지한다.

풀이 ④는 태양광발전설비시스템의 단점이다.

26 다음은 태양광발전의 특징에 대한 설명이다. 적합하지 않는 것은?

① 한번 설치해 놓으면 유지비용이 거의 들지 않는다.
② 무소음 / 무진동으로 환경오염을 일으키지 않는다.
③ 햇빛이 있는 곳이면 어느 곳에서나 간단히 설치할 수 있다.
④ 높은 에너지 밀도로 다량의 전기를 생산할 수 있는 최적의 발전설비이다.

풀이 낮은 에너지 밀도로 다량의 전기를 생산할 때는 많은 공간을 차지한다.

정답 21 ③ 22 ④ 23 ④ 24 ④ 25 ④ 26 ④

27 연료전지에 대한 설명이다. 틀린 것은?

① 수소와 산소의 전기화학적 반응을 통해 전기를 생산
② 배터리(Battery)와 같은 에너지 저장장치
③ 발전효율이 높음
④ 다양한 분야에서 응용이 가능

풀이 연료전지는 수소와 산소의 전기화학적 반응을 통해 전기를 생산하는 발전시스템으로, 배터리와 같은 에너지 저장장치는 아니다.

28 연료전지에 의한 발전시스템의 특징이 아닌 것은?

① 발전효율이 낮다.
② 환경성이 높고 저소음, 저공해 발전시스템이다.
③ 폐열 이용이 가능하고 종합에너지 효율이 높다.
④ 천연가스, 메탄올, LPG 가스 등 다양한 연료의 사용이 가능하다.

풀이 연료전지의 특징

- 기존 화석연료를 이용하는 발전에 비하여 발전효율이 높다. 열병합발전을 하는 경우 효율이 80[%] 정도이다.
- 환경보존에 기여한다. 질소산화물(NOx)과 유황산화물(SOx)의 배출량이 석탄 화력발전에 비하여 매우 낮으며, 소음도 낮아 입지 선정이 용이하다.
- 전력수요량에 따라서 전극 모듈의 조립이 용이하며, 건설기간도 짧다.
- 발전효율이 설비규모(대규모, 소규모)의 영향을 받지 않는다.
- 전력수요의 변화가 25~100[%]에서도 발전효율이 일정하다.
- 나프타, 등유, LNG, 메탄올 등 연료의 다양화가 가능하다.
- 연료만 공급되면 연속발전이 가능하다.

29 연료전지의 종합반응 결과물이 아닌 것은?

① 전력 ② 열
③ 물 ④ 수소

풀이 연료전지의 종합반응의 결과물은 전력, 열, 물이며, 수소는 연료전지의 연료에 해당된다.

30 온실가스에 해당되지 않는 것은?

① 질소(N_2) ② 메탄(CH_4)
③ 육불화황(SF_6) ④ 이산화탄소(CO_2)

풀이 저탄소 녹색성장 기본법 제2조(정의)
"온실가스"란 이산화탄소(CO_2), 메탄(CH_4), 아산화질소(N_2O), 수소불화탄소(HFCs), 과불화탄소(PFCs), 육불화황(SF_6) 및 그 밖에 대통령령으로 정하는 것으로 적외선 복사열을 흡수하거나 재방출하여 온실효과를 유발하는 대기 중의 가스 상태의 물질을 말한다.

31 온실가스의 종류가 아닌 것은?

① 메탄 ② 질소
③ 아산화질소 ④ 수소불화탄소

풀이 온실가스의 종류에는 이산화탄소(CO_2), 메탄(CH_4), 아산화질소(N_2O), 수소불화탄소(HFCs), 과불화탄소(PFCs), 육불화황(SF_6), 삼불화질소(NF_3)가 있다.

32 다음에 설명으로 목질계 바이오매스는?

목재 가공과정에서 발생하는 건조된 목재 잔재를 압축하여 생산하는 작은 원통 모양의 표준화된 목질계 연료이다.

① 목질 브리켓 ② 목질칩
③ 목질 펠릿 ④ 목탄

풀이
- 목질 펠릿 : 톱밥이나 목피 및 폐목재를 균일하게 파쇄하고 압축하여 생산하는 원통 모양의 표준화된 목질계 연료로 크기는 지름 6~15[mm], 길이 32[mm] 이하로 제한하는 목질계 연료(고위발열량)
- 목재 브리켓 : 유해물질에 의해 오염되지 않은 목재를 파쇄하고 압축하여 생산하는 원통형, 직사각형, 직육면체, 굴곡 있는 원통형 등 여러 모양으로 만들어진 목질계 연료(저위발열량)

정답 27 ② 28 ① 29 ④ 30 ① 31 ② 32 ③

- 목질(우드) 칩 : 뿌리, 가지, 임목 부산물을 분쇄하여 제조된 목질계 연료
- 목탄 : 나무 따위의 유기물을 불완전 연소시켜서 만든 목질계 연료

33 풍차의 형식 중 현재 풍력발전시장에서 가장 널리 채택되고 있는 것은?

① 프로펠러　　② 다리우스
③ 사보니우스　　④ 파네몬

풀이 풍력발전시장에서 가장 널리 채택되고 있는 풍차형식은 프로펠러이다.

34 수력발전에서 사용되는 수차가 아닌 것은?

① 카플란　　② 허브로터
③ 프란시스　　④ 펠톤

풀이 수력발전에 사용하는 수차의 종류
- 저낙차 : 2~20m(카플란, 프란시스 수차)
- 중낙차 : 20~150m(프로펠러, 카플란, 프란시스 수차)
- 고낙차 : 150m 이상(펠톤 수차)

35 반동수차의 종류가 아닌 것은?

① 펠톤 수차　　② 카플란 수차
③ 프로펠러 수차　　④ 프란시스 수차

풀이 1) 충동수차 : 펠톤수차
2) 반동수차 : 카플란 수차, 프란시스 수차, 프로펠러 수차, 사류 수차 등

36 다음 중 수평축 풍력발진시스템은?

① 사보니우스형　　② 다리우스형
③ 파워타워형　　④ 프로펠러형

풀이 1) 수평축 풍력발전 : 프로펠러형, 더치형, 세일윙형, 플레이트형
2) 수직축 풍력발전 : 다리우스형, 사보니우스형, 크로스 플로우형, 패들형

37 다음은 어느 신재생에너지에 대한 설명으로 적합한 발전 방식은?

바닷물이 가장 높이 올라왔을 때 댐을 만들어 물을 가두었다가 물이 빠지는 힘을 이용하여 발전기기를 돌리는 방식이다.

① 조류발전　　② 조력발전
③ 파력발전　　④ 해류발전

풀이 1) 조력발전 : 바닷물이 밀물(가장 높이 올라왔을 때) 시에 물을 가두어 두었다가 썰물(가장 많이 빠졌을 때) 시에 터빈을 돌려 발전하는 방식
2) 조류발전 : 조수간만에 의해 발생되는 해수의 흐름을 이용하여 발전하는 방식
3) 파력발전 : 파랑에너지를 에너지 변환장치를 통하여 기계적인 회전운동 또는 축 방향 운동에너지로 변화시킨 후, 전기에너지로 변환시키는 발전방식

38 수소냉각식 발전기 안의 수소 순도가 몇 % 이하로 저하한 경우에 이를 경보하는 장치를 시설하여야 하는가?

① 65　　② 75
③ 85　　④ 95

풀이 전기설비 기술기준의 판단기준 제51조(수소냉각식 발전기 등의 시설) 제3항에 의거 발전기 안 또는 조상기 안의 수소의 농도가 85% 이하로 저하한 경우에 이를 경보하는 장치를 시설할 것

39 전기의 수요는 시간에 따라 변화하고, 재생에너지원에 의해 발생되는 전력 또한 시간에 따라 변화하는 특징이 있다. 다음의 에너지원 중 피크부하에 가장 잘 대응할 수 있는 것은?

① 풍력에너지　　② 태양에너지
③ 수력에너지　　④ 파력에너지

정답 33 ① 34 ② 35 ① 36 ④ 37 ② 38 ③ 39 ③

풀이 피크부하에 대응하기 위해서는 발전이 안정적으로 지속가능하고 기동시간이 짧아야 한다. 풍력, 태양, 파력에너지는 간헐적 발전으로 피크부하에 대응이 불가능하고, 수력에너지는 안정적으로 지속가능한 발전으로 기동시간이 1~10분 정도로 짧아 피크부하에 가장 잘 대응할 수 있다.

40 고강도 재료로 만들어진 회전체에 운동에너지 상태로 저장한 후 필요 시 발전기를 작동시켜 전기에너지로 변환하는 저장시스템은 무엇인가?

① CAES ② NaS
③ LiB ④ Flywheel

풀이 ① GAES(압축공기 저장) : 심야 경부하 시 잉여전력으로 압축공기를 만들어 지하공동에 저장하였다가, 피크 부하 시에 연료와 함께 연소시켜서 가스터빈으로 발전하는 방식
② NaS(나트륨황전지) : 음극재료로 나트륨, 양극재료로 유황을 사용하고, 전해질로 고체전해질(베타알루미나 세라믹스)을 사용하는 2차 전지
③ LiB(리튬이온전지) : 방전 시 리튬이온이 음극에서 양극으로 이동하고, 충전 시 리튬이온이 양극에서 음극으로 이동하여 재사용이 가능한 2차 전지
④ Flywheel(플라이휠) : 고강도 재료로 만들어진 회전체에 운동에너지 상태로 저장한 후 필요 시 발전기를 작동시켜 전기에너지로 변환하는 에너지 저장장치

정답 40 ④

002 태양광발전시스템의 개요

01 태양광발전 개요

1 태양광발전의 정의

태양광발전은 태양의 빛에너지를 직접 전기에너지로 변환시키는 기술이다.

2 태양광발전의 역사

① 1839년 에드몬드 베크렐(프랑스)이 최초로 광기전력(Photovoltaic effect)을 발견

② 1887년 독일 헤르츠(Hertz)가 자외선에 의한 광전효과 발견

③ 1940~1950년대 초 폴란드의 쵸크랄스키에 의해 고순도 단결정 실리콘을 제조할 수 있는 쵸크랄스키 공정(Czochralski process)이 개발됨

3 태양광발전 원리

1. 광기전력 효과

① 1939년 에드몬드 베크렐의 광기전력실험을 통해 빛이 전기로 바뀌는 광기전력 효과(Photovoltaic effect)를 세계 최초로 발견하였다.

② 어떤 종류의 반도체에 빛을 조사하면, 조사된 부분과 조사되지 않은 부분 사이에 전위차(광기전력)를 발생시키는 현상으로 태양전지에 이용된다.

2. 광전효과

광전효과는 빛의 진동수가 어떤 한계 진동수보다 높은 빛이 금속에 흡수되면 전자가 생성되는 현상을 말하는 것으로 태양전지의 기본원리이다.

3. 태양광발전의 원리

태양전지는 태양에너지를 전기에너지로 변환시켜 주는 반도체 소자로서 P형 반도체와 N형 반도체의 PN 접합형태를 가진다(Diode와 동일한 구조). 즉, 태양전지는 실리콘(Si)에 5가 원소를 도핑시킨 n형 반도체와 3가 원소를 도핑시킨 p형 반도체로 이루어진 p-n 접합구조로 되어 있다.

1) 진성 반도체

① 반도체 물질로 쓰이는 실리콘(Si) 한 가지 원소로 단결정이 만들어진다.

② 도핑(Doping) : 실리콘이나 게르마늄에 불순물(Dopant)을 첨가하여 저항을 감소시키는 것을 도핑(Doping)이라고 하며, 도핑을 통해 P형 반도체와 N형 반도체를 만든다.

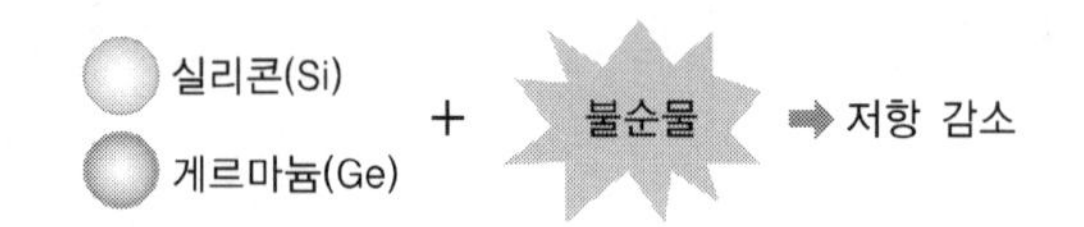

2) P형 반도체

① 정공의 수를 증가시킴으로써 전도성을 높여 저항 감소

② 정공의 수를 증가시키기 위해서는 알루미늄(Al), 붕소(B), 갈륨(Ga) 등 3가 원소를 첨가하며, 이러한 불순물 원자를 억셉터(Acceptor)라 한다.

③ 진성반도체 실리콘에 억셉터인 붕소를 첨가하면 정공(Hole)이 만들어져 P형 반도체가 된다.

④ 불순물 반도체는 진성반도체보다 전도성이 높아 반도체소자로 많이 사용된다.

3) N형 반도체

① 자유전자 밀도가 정공 밀도보다 높은 반도체를 n형 반도체라 한다.

② 자유전자 밀도를 높게 하기 위해서는 인(P), 비소(As), 안티몬(Sb)과 같은 5가 원소를 첨가하면 전자를 잃고 이온화된 불순물 원자가 되는데, 이를 도너(Donor)라 한다.

4) P.N Junction(PN접합)

P형 반도체와 N형 반도체를 정밀하게 접합한 것

4. 정방향(순)바이어스

P형 반도체 부분에 (+)전압을 걸어주고, N형 반도체 부분에 (−)전압을 걸어주는 경우를 정방향(순) 바이어스라 한다.

5. 역방향 바이어스

P형 반도체에 (−)바이어스를 가하고, N형 반도체에 (+)바이어스를 가하는 것은 역방향 바이어스로 공핍층이 넓어지고 공핍층 내부전기장이 증가하여 부도체와 같은 특성을 나타낸다.

6. 광기전력효과(Photovoltaic effect)에 의해 전기 발생

① 외부에서 빛이 태양전지에 입사되며 P형 반도체 내부에 전자−정공 쌍이 생성

② 전자−정공이 전기장에 의해 전자는 N층으로, 정공은 P층으로 이동함

③ PN접합 사이에 기전력이 발생하여 전기를 발생시킴

④ 태양전지 외부에 도선을 연결하여 전기부하를 걸면 전류가 (+)에서 (−) 쪽으로 흐르게 된다.

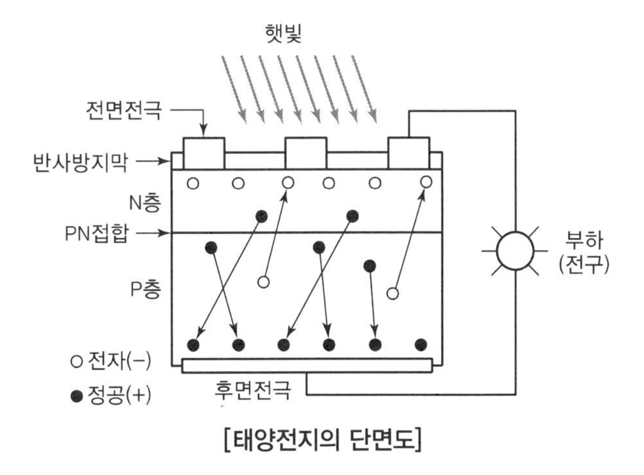

[태양전지의 단면도]

7. 태양광발전의 과정

① 태양광 흡수 : 태양광이 태양전지 내부로 흡수

② 전하 생성 : 태양에너지에 의해 태양전지 내부에서 전자(election)와 정공(Hole)의 쌍이 생성된다.

③ 전하 수집 : 생성된 전자−정공 쌍은 PN접합에 발생한 전기장에 의해 전자는 N형 반도체로 이동하고 정공은 P형 반도체로 이동해서 각각의 표면에 있는 전극에서 수집된다. 즉, 광 흡수 → 전하 생성 → 전하 분리 → 전하 수집이다.

4 태양광발전의 특징

1. 태양

① 지구로부터 1억 5천만km 떨어진 곳에 위치

② 크기 : 지구의 109배

③ 수명 : 약 50억년 예측

④ 표면온도 : 6,000℃

⑤ 중심부 온도 : 1,500만℃

2. 태양에너지

① 초당 3.8×10^{23}[kW]의 에너지를 우주로 방출

② 지표면 $1m^2$당 1,000[W]의 에너지를 지구로 방출

3. 태양에너지(태양광발전)의 장단점

1) 장점

① 태양에너지는 무한한 양이다.(반영구적인 에너지)

② 태양에너지는 무공해 에너지이다.(친환경)

③ 지역적인 편재성이 없다.(태양빛 있는 곳이라면 어디나 이용가능한 에너지)

④ 유지보수가 용이, 무인화 가능

⑤ 장 수명 : 20년 이상

2) 단점

① 전력생산량이 지역별 일사량에 의존한다.

② 설치장소가 한정적이고, 시스템 비용이 고가이다.

③ 초기 투자비와 발전단가가 높다.

④ 에너지의 밀도가 낮다.
태양에너지는 지구 전체에 넓고 얇게 퍼져 있어 한 장소에 비춰주는 에너지양이 매우 적다.

⑤ 태양에너지는 간헐적이다.
야간이나 흐린 날에는 이용할 수 없다.

5 태양복사에너지

1. 태양광 스펙트럼의 영역

1) 태양의 빛을 분광기를 통해 보았을 때 생기는 빛깔의 띠를 스펙트럼이라 한다.

2) 태양광 스펙트럼의 파장대별 영역

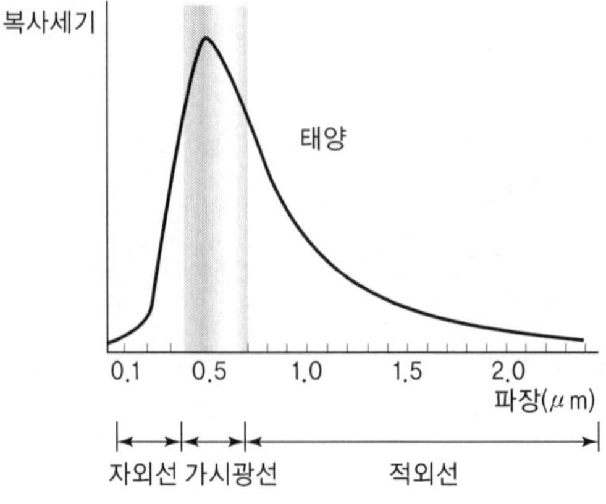

[태양 스펙트럼의 파장대별 에너지 밀도]

① 자외선 영역(0~380mm) : 에너지 비율 5[%]
② 가시광선 영역(380~760mm) : 에너지 비율 46[%]
③ 적외선 영역(760mm 이상) : 에너지 비율 49[%]

3) 태양광 스펙트럼 중 가시광선 영역이 에너지 밀도가 높으므로 태양전지 설계에서 에너지로 변환하는 영역으로 사용된다. 때문에 태양광 스펙트럼 중 적외선(장파장)의 손실비중이 가장 크다.

2. 대기질량정수(AM ; Air mass)

대기질량정수는 AM0, AM1, AM1.5로 구분된다.

1) AM0 스펙트럼

① 대기 외부, 즉 우주에서의 태양 스펙트럼을 나타내는 조건
② 5,800K 흑체에 근사한 스펙트럼을 가짐
③ 인공위성 또는 우주 비행체가 노출되는 환경

2) AM1 스펙트럼

① 태양이 천정에 위치할 때의 지표상의 스펙트럼
② 5,800K 흑체에 근사한 스펙트럼을 가짐

3) AM1.5 스펙트럼(우리나라 중위도에 위치)

① 지상의 누적 평균일조량에 적합
② 태양전지 개발 시 기준값으로 가장 많이 사용
③ 일조강도 : 1,000[W/m^2](=100[mW/cm^2])

4) 지표면에서 태양을 올려보는 각(θ)과 AM(air mass) 값

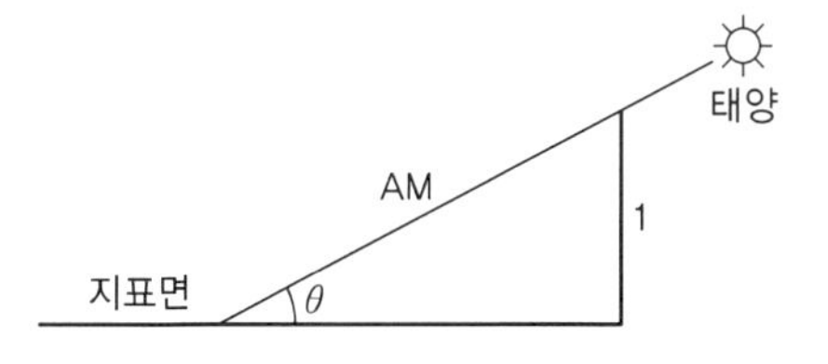

- $\theta = \sin^{-1}\left(\frac{1}{\mathrm{AM}}\right)$
- $\mathrm{AM} = \frac{1}{\sin(\theta)}$

02 태양광발전시스템의 정의 및 종류

1 태양광발전시스템의 정의

태양전지를 이용하여 전력을 생산, 이용, 계측, 감시, 보호, 유지관리 등을 수행하기 위해 구성된 시스템이다.

1. 태양광발전시스템의 구성

① 태양전지 어레이 : 일사량에 의존하여 직류전력을 발전하는 장치
태양전지 모듈과 이것을 지지하는 구조물을 총칭

② 축전지 : 발전한 전기를 저장하는 전력저장 장치

③ 인버터 : 직류(DC)를 교류(AC)로 변환하는 장치

④ 전력조절장치(PCS ; Power Conditioning System)
인버터+직류전력조절장치+계통연계장치, 즉 인버터기능과 전력품질 및 보호기능을 갖는 것

⑤ 주변장치(BOS ; Balance of System)
시스템 구성기기 중에서 태양광발전 모듈을 제외한 가대, 개폐기, 축전지 출력조절기, 계측기 등을 통틀어 부르는 말이다.

㉠ 태양전지 어레이(PV array)
㉡ 직류전력 조절장치(DC power conditioner)
㉢ 축전지(battery storage)
㉣ 인버터(inverter)
㉤ 계통연계제어장치

2 태양광발전시스템의 종류

태양광발전시스템은 상용 전력계통(한전)과 연계 유무에 따라 독립형(Stand-alone)과 계통 연계형(Grid-connected)으로 분류하고 풍력발전, 디젤발전 등과 결합된 하이브리드(Hybrid)형이 있다.

1. 독립형 시스템(Stand-alone system)

1) 독립형 태양광발전시스템의 구성

태양전지
(Solar Cell)
DC/AC
파워컨디셔너
AC
부하
축전지
(Battery)

[독립형 태양광발전시스템의 구성]

2) 적용방식

독립형 시스템은 상용계통과 직접 연계되지 않고 분리된 방식

3) 용도

오지, 유 · 무인 등대, 중계소, 가로등, 무선전화, 도서지역의 주택 전력공급용이나 통신, 양수펌프, 백신용 약품의 냉동보관, 안전표지, 제어 및 항해 보조도구 등 소규모 전력공급용으로 사용된다.

4) 특징

이 시스템은 야간 혹은 우천 시에 태양광발전시스템의 발전을 기대할 수 없는 경우에 발전된 전력을 저장할 수 있는 충 · 방전 장치 및 축전지 등의 축전장치를 접속하여 태양광 전력을 저장하여 사용하는 방식이다.

2. 계통연계형 시스템(Grid-connected system)

1) 계통연계형 태양광발전시스템의 구성

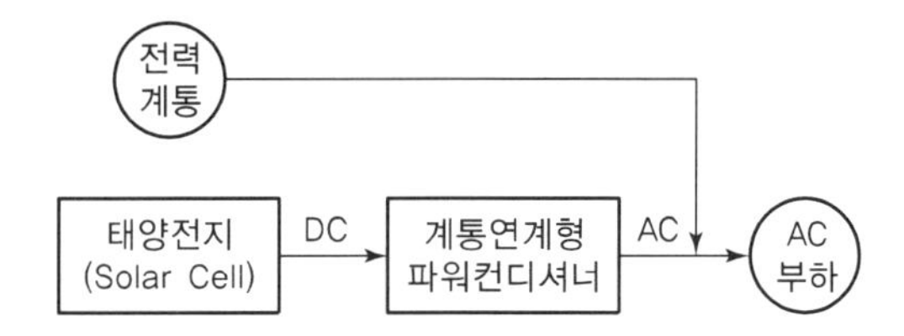

2) 적용방식

① 계통연계형 시스템은 태양광발전시스템에서 생산된 전력을 전력계통으로 역송 유무에 따라 단순병렬과 역송병렬로 구분된다.

② 단순병렬 계통연계형 시스템은 건축물 또는 주택의 부하설비 용량에 비하여 태양광발전시스템의 발전량이 상대적으로 적은 경우에 적용되며 일반적으로 정부지원금을 받아 시공하는 태양광발전시스템이 해당되며, 영여전력의 판매가 불가한 시스템이다.

③ 역송병렬 계통연계형 시스템은 태양광 발전사업을 위해 설치된 태양광발전시스템으로 생산된 전력을 한전 또는 전력거래소에 판매를 주목적으로 시공하는 태양광발전시스템

④ 설비용량에 따른 계통연계방식 기준

연계 구분	연계계통의 전기방식
저압 한전계통 연계	교류 단상 220[V] 또는 교류 삼상 380[V] 중 기술적으로 타당하다고 한전이 정한 한 가지 전기방식
특고압 한전계통 연계	교류 삼상 22,900[V]

3. 하이브리드형 시스템(Hybrid system)

1) 하이브리드형 태양광발전시스템의 구성

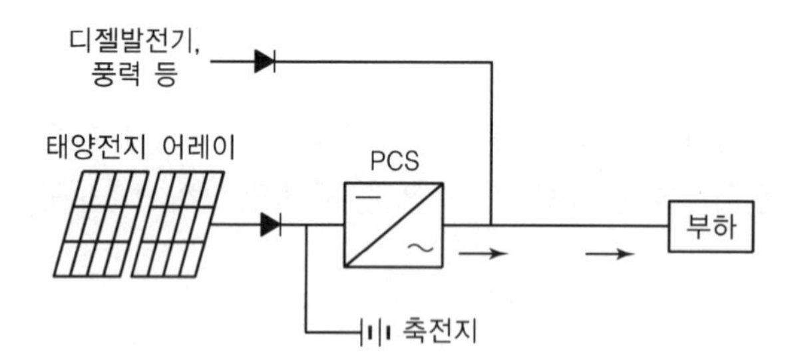

2) 적용방식

① 하이브리드형 시스템은 태양광발전시스템에 풍력발전, 열병합발전, 디젤발전 등 타 에너지원의 발전시스템과 결합하여 전력을 공급하는 시스템이다.

② 하이브리드형 시스템은 시스템 구성 및 부하종류에 따라 계통연계형 및 독립형 시스템에 모두 적용 가능

3 태양광 어레이의 형태에 따른 분류

1. 고정식 태양광발전시스템

설치경사각을 연평균 가장 발전효율이 높은 각으로 고정하여 설치

2. 추적식 태양광발전시스템

태양의 직사광선이 항상 태양전지판의 전면에 수직으로 입사할 수 있도록 어레이의 경사각을 움직이는 방식. 고정식에 비해 30~40% 정도 발전량이 높다.

3. 추적방향에 따른 분류

① 단방향 추적식 : 상하, 좌우 중 한 방향으로 추적

② 양방향 추적식 : 상하, 좌우 모든 방향으로 추적

4. 추적방식에 따른 분류

1) 감지식 추적법(Sensor Tracking)

센서를 이용하여 태양을 추적하는 방식

2) 프로그램 방식

태양의 연중 이동궤도를 추적하는 프로그램을 설치하여 연, 월, 일에 따라 태양의 위치를 추적하는 방식

3) 혼합식 추적법

주로 프로그램 추적법을 중심으로 운영되고, 설치위치에 따라 발생하는 편차를 감지부를 이용하여 보정하는 방식

4) 어레이 지지방식에 따른 효율비교

추적형 > 반고정형 > 고정형 > 건축물 일체형

03 태양전지

1 태양전지의 원리

태양전지는 빛에너지를 흡수하여, 전기에너지의 근원인 전하(전자, 정공)를 생성한다. 생성된 전기입자(전하)는 음극성 전자와 양극성 정공으로 이루어지며, 태양전지 내에서 영원히 존재할 수 없어 소멸되기 전에 전자와 정공을 분리해야 한다. 전자와 정공이 분리되면 외부 전극으로 전자와 정공을 수집해서 전기로 사용이 가능하다. 즉, 빛에너지 흡수 → 전하 생성 → 전하 분리 → 전하 수집의 과정으로 태양전지는 전기를 생산하게 된다.

2 태양전지의 변환효율

1. 태양전지 변환효율

태양광을 전기에너지로 바꾸어 주는 태양 전지의 성능을 결정하는 중요한 요소 가운데 하나이다. 같은 조건 하에서 태양전지 셀에 태양이 조사가 되었을 시에 태양광에너지가 전기에너지를 얼마만큼 발생을 시키는가를 나타내는 양, 즉 퍼센트(%)를 말한다.

2. 태양전지 변환효율(광전변환효율)(η)

$$\eta = \frac{P_m}{P_{input}} = \frac{I_m \cdot V_m}{P_{input}} = \frac{V_{oc} \cdot I_{sc}}{P_{input}} \cdot FF \qquad \eta = \frac{P_m(I_m \times V_m)}{\text{면적} \times 1,000[\text{W/m}^2]}$$

여기서, P_{input} : 태양에너지로부터 입사된 환상전력

$P_{input} = E \times A$ = 표준일조강도[W/m²] × 태양전지면적[m²]

E : 표준일조강도[W/m²](=1,000W/m²)

A : 태양전지면적[m²](가로×세로)

P_m : 최대 출력

FF : 충진율

V_m : 최대출력일 때의 전압

I_m : 최대출력일 때의 전류

V_{oc} : 개방전압

I_{sc} : 단락전류

1) 태양전지의 충진율(FF ; Fill Factor, 곡선인자)

태양전지의 충진율은 개방전압과 단락전류의 곱에 대한 출력의 비로 정의된다.

$$FF = \frac{I_m \cdot V_m}{I_{sc} \cdot V_{oc}} = \frac{P_{max}}{I_{sc} \cdot V_{oc}}$$

① 충진율은 최적 동작전류 I_m과 최적 동작전압 V_m이 I_{sc}와 V_{oc}에 가까운 정도를 나타낸다.

② 충진율은 태양전지 내부의 직·병렬 저항으로부터도 영향을 받는다.

③ 일반적으로 실리콘 태양전지의 개방전압은 약 0.6[V]이고 충진율은 약 0.7~0.8로 보고 또한 GaAs의 개방전압은 약 0.95[V]이고, 충진율은 약 0.78~0.85이다.

④

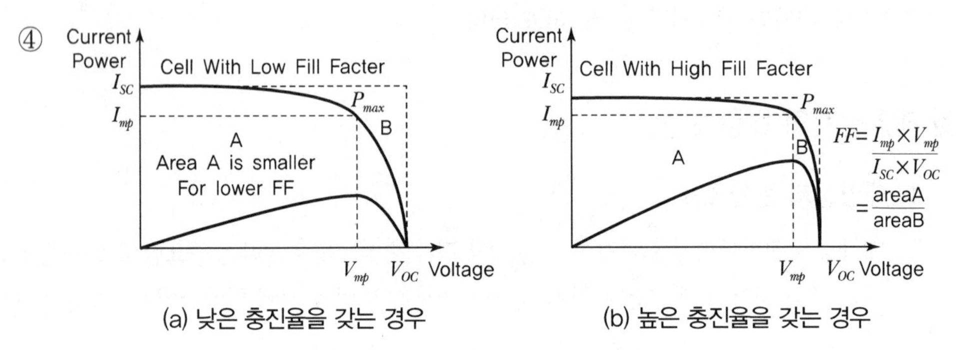

(a) 낮은 충진율을 갖는 경우 (b) 높은 충진율을 갖는 경우

[전압에 따른 태양전지의 출력전류와 전력곡선]

3 태양전지의 기본단위 – 셀(Cell)

① 실리콘 계열에는 단결정과 다결정의 셀로 구분된다.
② 셀은 만드는 잉곳의 크기에 따라 5인치와 6인치로 나눈다.
③ 5인치 규격은 mm 단위로 125×125와 6인치 규격은 mm 단위로 156×156의 크기가 있다.
④ 통상적으로 현재는 6인치 셀을 많이 사용한다.

4 태양전지소자의 시험항목 및 평가기준

시험항목	평가기준
1. 육안 외형 및 치수 검사	• 셀 : 깨짐, 크랙이 없는 것 • 치수는 156mm 미만일 때 제시한 값 대비 ±0.5mm • 두께는 제시한 값 대비 ±40μm
2. 전류–전압 특성시험	출력의 분포는 정격출력의 ±3% 이내
3. 온도계수시험	평가기준 없음(시험결과만 표기)
4. 스펙트럼 응답특성시험	평가기준 없음(시험결과만 표기)
5. 2차 기준 태양전지 교정시험	• 신규 교정 시험 • 재교정 시 초기 교정값이 5% 이상 변화하면 사용 불가 • 인증 필수시험항목이 아닌 선택 시험항목

표시사항

일반사항 : 내구성이 있어야 하며 소비자가 명확히 인식할 수 있도록 표시하여야 한다.
인증설비에 대한 표시는 최소한 다음 사항을 포함하여야 한다.

- 업체명 및 소재지
- 설비명 및 모델명
- 정격 및 적용조건
- 제조연월일
- 인증부여번호
- 신재생에너지 설비인증표지

5 단락전류

단락전류(short circuit current)는 태양전지 양단의 전압이 "0"일 때 흐르는 전류를 의미한다. 단락전류는 태양전지로부터 끌어낼 수 있는 최대 전류이다.

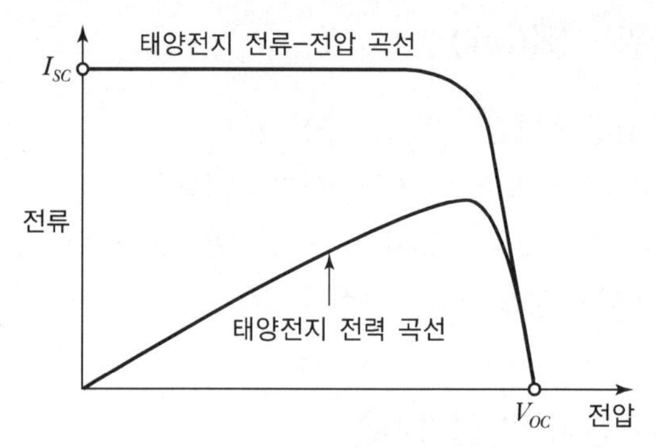

[태양전지 전류 – 전압 곡선에서의 단락전류]

단락전류는 다음 같은 요소들에 의해 영향을 받는다.

① 태양전지의 면적
② 입사광자 수(입사광원의 출력)
③ 입사광 스펙트럼
④ 태양전지의 광학적 특성(빛의 흡수 및 반사)
⑤ 태양전지의 수집확률

6 개방전압

개방전압(open circuit voltage)은 전류가 "0"일 때 태양전지 양단에 나타나는 전압으로 태양전지로부터 얻을 수 있는 최대 전압에 해당한다.

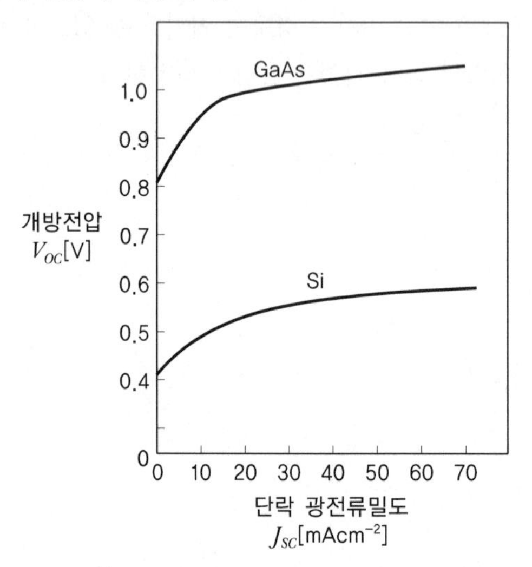

[Si 및 GaAs의 개방전압과 단락전류의 관계]

7 태양전지의 종류

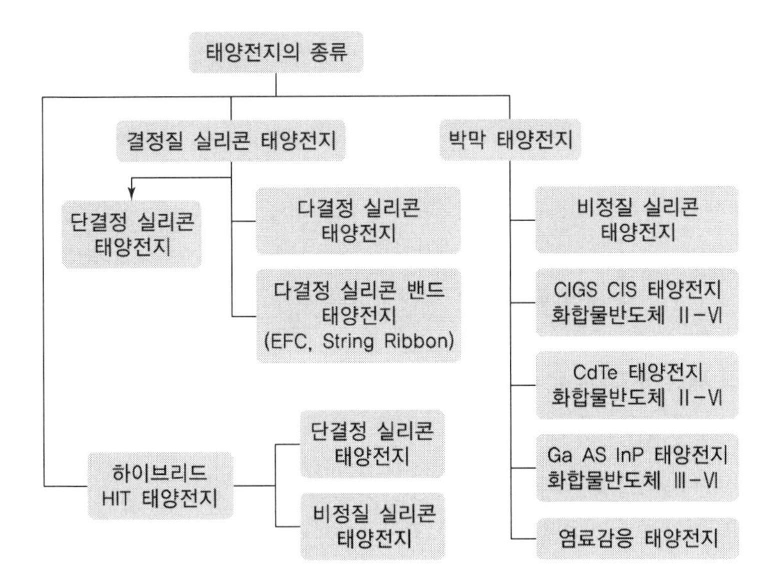

1. 태양전지의 소재의 형태에 따른 분류

결정질 실리콘 태양전지와 박막 태양전지로 구분된다.

1) 결정질 실리콘 태양전지(기판형)

- 태양전지 전체 시장의 80% 이상을 차지
- 결정질 실리콘 태양전지는 실리콘 덩어리(잉곳)를 얇은 기판으로 절단하여 제작
- 실리콘 덩어리의 제조방법에 따라 단결정과 다결정으로 구분

2) 박막 태양전지

- 얇은 플라스틱이나 유리 기판에 막을 입히는 방식으로 제조
- 접합 구조에 따라 단일접합, 이중 또는 삼중의 다중접합 태양전지 등으로 구분할 수 있다.
- 결정질보다 두께가 얇다.
- 결정질보다 변환효율이 낮다.
- 결정질보다 온도특성이 강하다.
- 동일용량 설치 시 결정질보다 박막형이 면적을 많이 차지한다.(효율이 낮으므로 면적을 많이 차지)

2. 태양전지에 이용되는 반도체 재료

결정질 및 비정질	실리콘계	단결정 실리콘(single-crystalline silicon)
		다결정 실리콘(multi-crystalline silicon)
		비정질 실리콘(amorphous silicon)
Compound semiconductor	Ⅲ-Ⅴ족 화합물계	GaAs, InP, GaAlAs, GaP, GaInAs 등
	Ⅱ-Ⅵ족 화합물계	$CuInSe_2$, CdS, CdTe, ZnS 등
화합물 또는 적층형	화합물/Ⅵ족 계열	GaAs/Ge, GaAlAs/Si, InP/Si 등
	화합물/화합물 계열	GaAs/InP, GaAlAs/GaAs, GaAs/$CuInSe_2$ 등

3. 태양전지의 재료에 따른 분류

1) 실리콘 태양전지

- 실리콘의 제조방법에 따라 단결정과 다결정으로 분류된다.
- 단결정 태양전지의 효율이 높지만 최근에는 다결정 실리콘 재료 생산기술이 크게 진보하여 생산량이 증가하고 있다.
- 박막형 태양전지는 수소화된 비정질의 아몰퍼스상을 기본 태양전지와 박막을 다시 결정화한 다결정 실리콘 박막태양전지로 분류된다.

① 단결정(Single crystal) 실리콘 태양전지

㉠ 단결정은 순도가 높고 결정결함밀도가 낮은 고품위의 재료이다.
㉡ 단단하고 구부러지지 않는다.
㉢ 무늬가 다양하지 못하다.
㉣ 검은색이다.
㉤ 제조에 필요한 온도는 1,400[℃]이다.
㉥ 집광장치를 사용하지 않는 경우 효율은 약 24[%]이다.
㉦ 집광장치를 사용한 경우 효율은 약 28[%] 이상이다.
㉧ 도달한계효율은 약 35[%]이다.

② 다결정(poly crystal) 실리콘 태양전지

㉠ 저급한 재료를 저렴한 공정으로 처리
㉡ 현재 다결정 태양전지 생산량이 단결정 생산량을 넘어섰다.
㉢ 전지효율은 약 18[%]이다.
㉣ 도달한계효율은 약 23[%]이다.

③ 단결정과 다결정 실리콘 셀의 특성 비교

구분	단결정 실리콘 셀	다결정 실리콘 셀
제조방법	복잡하다.	단결정에 비해 간단하다.
실리콘순도	높다.	단결정에 비해 낮다.
효율	높다.	단결정에 비해 낮다.
한계효율	약 35[%]	약 23[%]
원가	고가	단결정에 비해 저가이다.
특징	변환효율은 높으나 가격이 고가이다.	단결정에 비해 효율은 낮으나, 가격이 저렴하다.

④ 단결정 및 다결정 태양전지 셀(Cell)의 제조과정

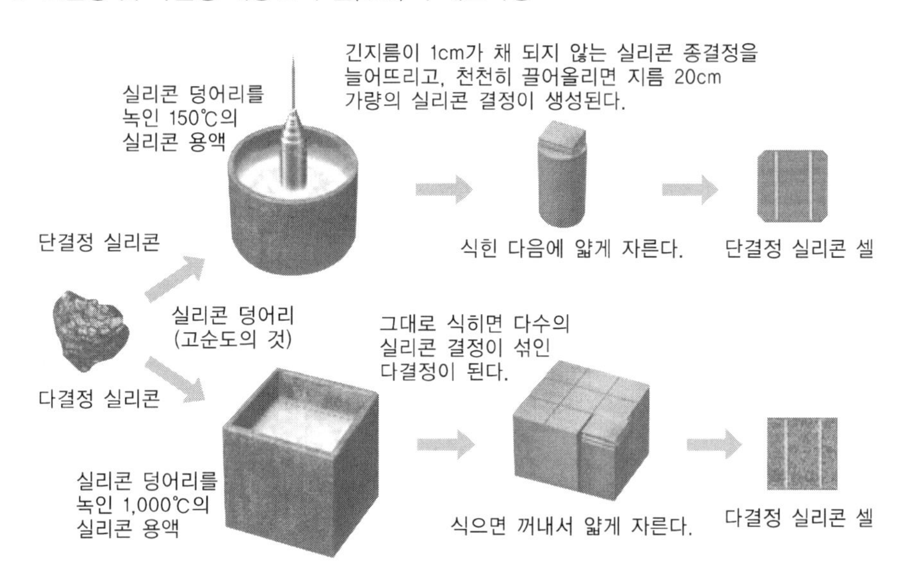

- 단결정 태양전지 제조공정
  폴리실리콘(실리콘덩어리) → Czochralski 공정(실리콘용액 사각절단) → 웨이퍼슬라이싱(웨이퍼절단) → 인도핑 → 반사 방지막 → 전/후면 전극 → 단결정 셀
- 다결정 태양전지 제조공정
  폴리실리콘 → 방향성고결(주조결정) → 블록 → 웨이퍼슬라이싱 → 인도핑 → 반사 방지막 → 전/후면 전극 → 다결정 셀

2) 비정질 실리콘 태양전지

비정질 실리콘 태양전지는 결정화가 되지 못한 실리콘이다. 태양전지는 결정의 반도체 기술을 이용하기 때문에 명백한 밴드갭이 존재하지 않는 비정질 재료는 태양전지가 되지 못한다.

3) CIGS 또는 CIGSS 태양전지

① 직접 천이형 반도체로서 2.42[eV]의 에너지 밴드갭을 갖는다.

② 전하 수집을 위하여 ZnO 위에 Al 또는 Al/Ni 재질의 금속전극을 형성한다.

③ GIGS 태양전지는 우수한 내방사선 특성을 갖는다.

④ 장기간 사용해도 효율의 변화가 거의 없는 안정된 특성을 갖는다.

4) CdTe 태양전지

① CdTe는 Ⅱ-Ⅵ족 화합물 반도체 중에서 대표적으로 산업화된 재료로 직접 천이형 에너지대 구조에 의하여 광흡수계수가 매우 크므로, 두께 2[μm] 정도의 얇은 박막층으로 태양전지가 만들어진다.

② CdTe 태양전지의 특징
에너지 밴드갭이 1.45[eV]로, 태양에너지를 효과적으로 이용할 수 있는 최적 이론값에 가까운 금지대 폭을 가지고 있다.

5) GaAs계 태양전지

Ⅲ-Ⅴ족 화합물 반도체를 기반으로 하는 태양전지는 40[%] 이상의 고효율 태양전지를 만들 수 있는 것으로 기대되는 태양전지 재료이다.

GaAs

① Ⅲ-Ⅴ족 화합물 반도체의 대표적인 태양전지이다.

② 에너지 밴드갭이 1.4[eV]로서 단일전지로는 최대효율을 낼 수 있는 최적의 밴드갭 특성을 가진다.

③ 직접 천이형으로 우수한 광 흡수율을 가지고 있으며, 이종 접합형 GaAs 태양전지이다.

6) 적층형 태양전지

① Si → GaAs → AlGaAs 순서로 적층한다.

② 실리콘 계열은 실리콘 층으로 적층을 하고, GaAs는 이들 재료를 중심으로 적층해야 한다.

7) 염료감응형 태양전지

염료감응형 태양전지는 나노 크기의 염료의 산화환원반응을 이용하여 전기를 생산하는 태양전지이다.

① 광 변환효율은 약 15[%] 정도이고 단가가 매우 저렴하다.

② 광이 입사하는 면은 투명유리와 이 위에 증착된 투명 전도막으로 이루어져 있다.

③ 투명 전도막 위에 단분자의 염료 고분자로 코팅되어 있으며, 이 물질은 나노 크기의 다공질 이산화 티타늄 입자로 형성되어 있다.
④ 반대편 전극은 백금이나 투명 박막이 코팅된 투명 유리를 사용한다.
⑤ 두 전극 사이에는 약 50~100[μm] 크기의 공간에 산화환원용 전해질 용액이 채워져 있다.
⑥ 색이나 형상을 다양하게 할 수 있어 패션, 인테리어 분야에 이용할 수 있다.

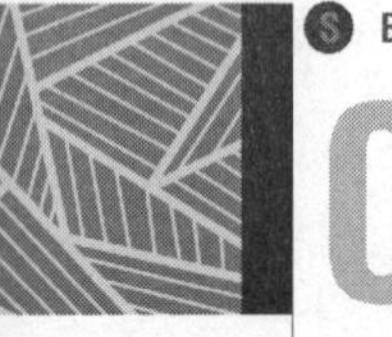

002 실전예상문제

01 태양광발전시스템을 분류하는 방법으로 일반적인 기준이 아닌 것은?

① 부하의 형태 ② 계통연계 유무
③ 축전지의 유무 ④ 태양전지의 종류

풀이 태양광발전시스템을 분류하는 방법은 계통연계 유무, 축전지의 유무, 부하의 형태(직류, 교류)에 따라 분류된다.

02 태양전지의 발전원리로 옳은 것은?

① 쇼트키 효과 ② 광전 효과
③ 조셉슨 효과 ④ 푸르키네 효과

풀이 태양전지의 발전원리
"빛의 진동수가 어떤 한계 진동수보다 높은 빛이 금속에 흡수되어 전자가 생성되는 현상"을 광전효과라고 한다.

03 태양전지의 발전원리로 적당한 것은?

① 열전효과 ② 광기전력효과
③ 계통효과 ④ 광흡수효과

04 내부 광전효과를 활용하는 노출계, 광 검지기 중 적외선용으로 사용되는 소자는?

① PbS ② CdS
③ CdSe ④ AgCu

풀이 적외선용으로는 PbS(황화납), PbSe(셀렌화납) 등이 있다.

05 태양전지 어레이(Array)의 구성요소가 아닌 것은?

① 모듈 ② 인버터
③ 케이블 ④ 구조물

풀이 태양전지 어레이(Array)는 모듈, 케이블(전선), 구조물(가대)로 구성된다.

06 다음 설명의 ( ) 안에 알맞은 내용은?

> "( )(이)라는 자연조건은 태양광 출력을 수시로 변동하게 하는 가장 직접적인 요소이다."

① 풍속 ② 일사량
③ 습도 ④ 강우량

풀이 태양전지의 출력은 일사량에 의해 직접적으로 변화한다.

07 다음은 태양전지의 원리를 설명한 것이다. 괄호 안에 들어갈 적당한 용어는?

> 태양전지는 금속 등 물질의 표면에 특정한 진동수의 빛을 쪼여주면 전자가 방출되는 현상인 ( )의 원리를 이용한 것으로 빛에너지를 전기에너지로 전환시켜 준다.

① 전자기 유도효과 ② 압전효과
③ 열기전 효과 ④ 광기전 효과

풀이 광기전 효과 : 어떤 종류의 반도체에 빛을 조사하면 조사된 부분과 조사되지 않은 부분 사이에 전위차(광기전력)를 발전시키는 현상

08 다음은 광기전력 효과의 특징에 대한 설명이다. 적합하지 않은 것은?

① 광기전력 효과를 크게 하기 위해서는 장벽에서 전위(Potential) 변화가 커야 한다.
② 전하의 운반자(Carrier)의 이동거리가 길어야 한다.
③ 광기전력 효과의 반응시간은 광전자 방출처럼 순간적이지 않고 비교적 짧다.
④ 복사에너지를 비교적 높은 효율의 전류로 바꾼다.

풀이 전하의 운반자(carrier)의 이동거리가 짧아야 한다.

정답 01 ④ 02 ② 03 ② 04 ① 05 ② 06 ② 07 ④ 08 ②

09 그림은 태양광 발전설비 단위를 나타낸 것이다. 올바른 것은?

㉠	㉡	㉢

① ㉠ 셀 ㉡ 어레이 ㉢ 모듈
② ㉠ 모듈 ㉡ 어레이 ㉢ 셀
③ ㉠ 모듈 ㉡ 셀 ㉢ 어레이
④ ㉠ 셀 ㉡ 모듈 ㉢ 어레이

10 태양복사에 대한 설명으로 틀린 것은?

① 태양고도가 수직일 때 AM=1이다.
② 대기 중의 분자들에 의한 흡수로 태양복사가 감소한다.
③ 대기 중의 오염물질에 의한 미(Mie) 산란은 위치에 따라 심하게 변한다.
④ 태양복사의 흡수와 레일리(Rayleigh) 산란은 태양고도가 높을수록 증가한다.

풀이
- 레일리(Rayleigh) 산란 : 전자기파가 파장보다 매우 작은 입자에 의하여 탄성 산란되는 현상이다. 단파장 빛에서 유효하며 태양고도와는 무관하다.
- 미(Mie) 산란 : 입자의 크기가 빛의 파장과 비슷할 경우 일어난다. 빛의 파장보다는 입자의 밀도, 크기에 따라서 반응하며, 안개 및 먼지에 의한 산란으로 위치에 따라 심하게 변한다.

11 태양의 빛에너지를 변환시켜 전기를 생산하거나 채광(採光)에 이용하는 설비는?

① 풍력 설비　② 태양광 설비
③ 태양열 설비　④ 바이오에너지 설비

풀이 신재생에너지법 시행규칙 제2조(신 · 재생에너지 설비)
태양광 설비 : 태양의 빛에너지를 변환시켜 전기를 생산하거나 채광(採光)에 이용하는 설비

12 금속표면에 파장이 짧은 빛을 비추면 전자가 튀어나오는 현상을 무엇이라 하는가?

① 제벡효과　② 광전효과
③ 펠티어효과　④ 열전효과

풀이
- 열전효과에는 제백효과와 펠티어효과가 있다.
- 제백효과 : 서로 다른 두 종류의 금속을 접촉하여 두 접점의 온도를 다르게 하면 온도차에 의해 열기전력이 발생하고 미소 전류가 흐르는 현상
- 펠티어효과 : 두 종류의 금속을 접촉하여 전류를 흘리면 접합부에서 열의 발생과 흡수현상이 생기는 현상
- 반도체의 PN접합에 빛을 비추면 광전효과에 의해 전기가 생산된다.

13 태양광발전의 기본원리로서 1839년 Edmond Bequerel에 의해 최초로 발견된 현상은?

① 광전도 효과　② 광자기장 효과
③ 광기전력 효과　④ 광흡수 효과

풀이 1839년 에드몬드 베크렐(Edmond Bequerel)은 빛이 전기로 바뀌는 광기전력 효과(Photovoltaic effect)를 세계 최초로 발견하였다.

14 광전관에 응용되며, 빛의 검출, 측정에 널리 이용되는 광전효과는?

① 광이온화　② 내부 광전효과
③ 외부 광전효과　④ 광기전력 효과

풀이 광전관에 응용되며, 빛의 검출, 측정에 널리 이용되는 광전효과는 외부 광전효과이다.

15 일정한 파장을 갖는 빛이 조사되는 경우, 물질에 "투과한 빛의 세기는 두께에 따라 지수 함수적으로 감소한다."는 법칙은?

① Beer-Lambert 법칙
② Snell's 법칙
③ Malus 법칙
④ Stefan-Boltzmann 법칙

정답 09 ④ 10 ④ 11 ② 12 ② 13 ③ 14 ③ 15 ①

16 같은 발전용량을 생산하기 위해 태양광 전지의 재료의 종류 중 가장 큰 대지 또는 지붕 면적이 필요한 재료는?

① CIS
② 단결정
③ 다결정
④ 비정질 실리콘

풀이 효율이 가장 낮은 것을 사용할 때 가장 큰 면적이 필요하다.
태양전지 재료의 효율 : 단결정 > 다결정 > 화합물(cis) > 비정질 실리콘

17 다결정 실리콘 태양전지에 대한 설명이다. 틀린 것은?

① 단결정에 비하여 재료가 저가이고, 공정처리가 단순하다.
② 전 세계 태양전지 생산량이 단결정 생산량을 넘어섰다.
③ 현재 전지 최고효율은 10[%] 미만이다.
④ 도달한계효율은 약 23[%]이다.

풀이 현재 다결정 실리콘의 태양전지의 최고 효율은 약 18[%] 정도이다.

18 태양전지 셀의 종류에서 박막형의 특징이 아닌 것은?

① 결정질 전지보다 얇다.
② 결정질보다 변환 효율이 낮다.
③ 동일 용량 설치 시 결정질보다 박막형이 면적을 적게 차지한다.
④ 온도 특성이 강하다.

풀이 박막형은 결정질보다 변환효율이 낮으므로 동일 용량 설치 시 결정질보다 박막형이 면적을 많이 차지한다.

19 박막형 태양전지의 특징이 아닌 것은?

① 결정질 태양전지보다 1/10~1/100 얇다.
② 효율이 낮다.(모듈의 경우 약 7[%] 정도)
③ 결정질 태양전지에 비해 효율이 높다.
④ 온도특성이 강하다.

풀이 효율은 결정질에 비하여 낮은 편이나 온도 특성이 좋아 사막 등지에 적용한다.

20 아몰퍼스 실리콘 태양전지의 특징 중 틀린 것은?

① 실리콘 부족의 우려가 없다.
② 구부러지기 쉽다.
③ 제조에 필요한 온도는 200[℃] 정도로 낮다.
④ 여름철에는 출력이 결정질 실리콘에 비해 적다.

풀이 아몰퍼스 실리콘 태양전지의 출력은 계절에 무관하게 결정질 실리콘 태양전지에 비해 적다.

21 결정계 모듈에서 표면온도와 출력과의 관계로 맞는 것은?

① 모듈의 표면온도가 높아지면 출력이 증가
② 모듈의 표면온도가 높아지면 출력이 감소
③ 모듈의 표면온도가 낮아지면 출력이 감소
④ 모듈의 표면온도가 높거나 낮거나 출력에 영향이 없다.

풀이 결정계 모듈은 모듈의 표면온도가 높아지면 출력이 감소한다.

22 실리콘 태양전지 모듈의 출력 특성에 대한 설명이다. 틀린 것은?

① 표면온도가 높아지면 출력이 상승하는 정(+) 온도 특성을 가진다.
② 방사조도가 동일하면 여름철에 비해 겨울철이 출력이 크다.
③ 방사조도가 동일하고 모듈 온도가 상승한 경우 개방전압, 최대출력도 저하한다.

정답 16 ④ 17 ③ 18 ③ 19 ③ 20 ④ 21 ② 22 ①

④ 모듈 온도가 동일하고 방사조도가 변화할 경우 단락전류가 방사조도에 비례하는 특성을 나타낸다.

풀이 1) 실리콘 결정질 태양전지는 셀의 표면온도가 상승하면, 출력과 전압은 감소하는 부(−) 특성, 전류는 증가하는 정(+) 특성을 갖는다.
2) 단락전류는 방사조도에 비례하는 특성을 갖는다.

23 박막 실리콘 태양전지 설명 중 틀린 것은?

① 재료는 인듐을 사용한다.
② 실리콘의 사용량이 적어 저렴하다.
③ 아몰퍼스 실리콘 박막을 적층한 방식이다.
④ 텐덤형 실리콘 태양전지의 변환효율은 12[%] 정도이다.

풀이 박막 실리콘 태양전지의 재료는 실리콘(Si)을 사용한다.

24 다음 중 결정질 태양전지의 에너지 손실에서 가장 큰 부분은?

① 전면 접촉으로 초래된 반사와 차광
② 공간 전하 영역에서의 전지의 전위차
③ 장파장 복사에서 너무 낮은 광자 에너지
④ 단파장 복사에서 너무 높은 광자 에너지

풀이 실리콘 결정질 태양전지의 에너지 손실
장파장 과잉 에너지(약 32[%]) > 단파장 투과(약 24[%] > 전압인자 손실(약 16[%] 〉 반사와 차광(약 3~6[%])

25 단결정 실리콘 태양전지의 특징이 아닌 것은?

① 제조에 필요한 온도는 약 1,400[℃]이다.
② 단단하고, 구부러지지 않는다.
③ 무늬가 다양하다.
④ 색이 검은색이다.

풀이 단결정 실리콘 태양전지는 무늬가 다양하지 못하다.

26 아몰퍼스 실리콘 태양전지 모듈에 비해 고전압, 저전류의 특성을 가진 태양전지는?

① 단결정 실리콘 태양전지
② CIGS 태양전지
③ 다결정 실리콘 태양전지
④ 유기 태양전지

풀이 CIS/CIGS 태양광 모듈의 특징

- 박막형 화합물 태양전지 중에서 현재 가장 우수하다고 평가받고 있다.
- 재료는 구리(Cu) 인듐(In), 갈륨(Ga), 셀렌(Se)의 화합물이다.
- 변환효율은 약 11%로 단결정 실리콘 18%, 다결정 실리콘 15%에 비해 성능이 떨어진다.
- 공정이 간단하고 제조 시 전력 사용량이 반 정도로 결정질 실리콘에 비해 저렴하게 생산할 수 있다.
- 1eV 이상의 직접천이형 에너지밴드를 갖고 있고, 광흡수계수가 반도체 중에서 가장 높고 광학적으로 매우 안정하여 태양전지의 광흡수층으로 매우 이상적이다.
- 아몰퍼스 실리콘 태양전지 모듈에 비해 고전압, 저전류 특성을 지닌다.

27 지표면에서의 태양 일조강도가 영향을 줄 수 있는 대기효과에 대한 설명으로 틀린 것은?

① 대기에서 흡수, 반사, 산란으로 인하여 태양복사가 감소한다.
② 태양복사가 감소하는 주원인은 공기분자, 먼지입자, 또는 오염물질에 의한 흡수이다.
③ 최대 일사량은 구름이 조금 낀 맑은 날에 발생한다.
④ 오염물질에 의한 산란은 구름 상태와 태양의 고도에 따라 심하게 변한다.

풀이 공기분자, 먼지입자, 구름, 오염물질 등은 대기에서의 국부적인 변화의 원인으로 입사에너지, 스펙트럼, 방향성에 추가적인 영향을 미치며, 태양복사가 감소하는 주원인은 아니다.

정답 23 ① 24 ③ 25 ③ 26 ② 27 ②

28 태양광발전에 관한 설명으로 틀린 것은?

① 출력이 날씨에 제한을 받는다.
② 출력이 수요변동에 대응할 수 없다.
③ 태양의 열에너지를 이용하여 발전한다.
④ 발전 시 이산화탄소를 배출하지 않는다.

풀이 태양광발전은 태양의 광에너지를 이용하고, 태양열발전은 태양의 열에너지를 이용한다.

29 태양광발전에 영향을 주는 인자끼리 바르게 묶인 것은?

① 전압-온도, 전류-풍량
② 전압-온도, 전류-일사량
③ 전압-풍량, 전류-일사량
④ 전압-일사량, 전류-온도

풀이 태양광발전에 영향을 주는 인자로 전압은 온도에 반비례하고, 전류는 일사광에 비례한다.

30 태양전지 모듈의 최적 동작점을 나타내는 특성곡선에서 일사량의 변화에 따라 변화하는 요소는 무엇인가?

① 전류-저항　　② 전압-전류
③ 전류-온도　　④ 전압-온도

풀이 전류-전압곡선에 따라 최적의 동작점을 찾을 수 있다.

31 태양전지의 손실인자 중 손실 비중이 가장 큰 것은?

① 반사 손실　　② 단파장 손실
③ 장파장 손실　　④ PN접합 손실

풀이 태양전지의 손실인자 중 손실비중이 가장 큰 것은 장파장 손실이다.

32 모듈의 V-1 곡선에서 일사량의 변화에 따라 변화하는 것은?

① 전압-전류　　② 전압-저항
③ 전류-온도　　④ 전압-온도

풀이 모듈의 V-I 곡선에서 일사량 변화에 따라 전압-전류가 변화한다.

33 태양광 스펙트럼 중 0.2~0.3[nm] 영역에서 대기 외부와 지표상의 스펙트럼이 차이가 나는 이유는?

① 산란　　② 반사
③ 대기층 흡수　　④ 오존층 흡수

풀이 0.2~0.3[nm] 영역에서 대기 외부와 지표상의 스펙트럼이 차이가 나는 이유는 오존층에 의해 단파장이 흡수되기 때문이다.

34 다음 중 지구 대기의 영향을 받지 않는 우주에서의 태양복사에너지 대기질량(AM)은 무엇인가?

① AM0　　② AM1
③ AM2　　④ AM3

풀이 우주에서의 대기질량은 AM 0이고, 표준시험 조건의 대기질량은 AM 1.5이다.

35 대기질량정수 AM1.5 스펙트럼에 대한 설명이다. 틀린 것은?

① 지상의 누적 평균일조량에 적합하다.
② 강도는 100[mW/cm^2]이다.
③ 태양전지 개발 시 기준 값으로 가장 많이 사용된다.
④ 인공위성 또는 우주 비행체가 노출되는 환경이다.

풀이 인공위성 또는 우주 비행체가 노출되는 환경은 AM0 스펙트럼이다.

정답 28 ③ 29 ② 30 ② 31 ③ 32 ① 33 ④ 34 ① 35 ④

36 태양광발전에 이용되는 태양전지 구성요소 중 최소단위는?

① 셀　　② 모듈
③ 어레이　　④ 파워컨디셔너

풀이 셀 < 모듈 < 어레이

37 태양전지 셀의 그림기호는?

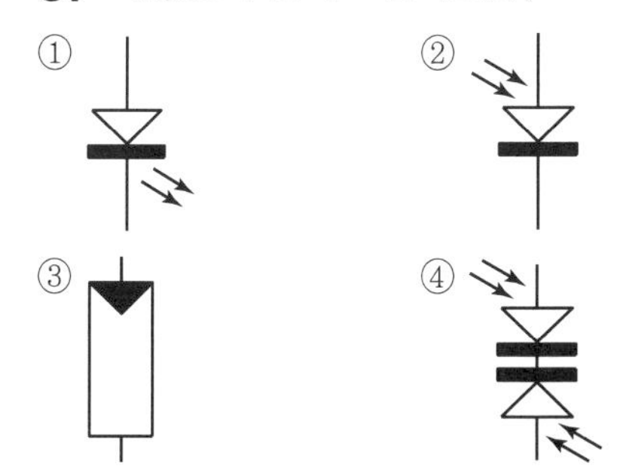

풀이 ① 발광다이오드
② 광(수광) 다이오드
셀과 모듈의 기호는 2가지 혼용

38 태양광발전에 이용되는 태양전지 구성요소 중 최소단위는?

① 셀　　② 모듈
③ 어레이　　④ 파워컨디셔너

풀이
- 셀(Cell) : 태양전지의 최소단위
- 모듈(Module) : 셀(Cell)을 내후성 패키지에 수 십 장 모아 일정한 틀에 고정하여 구성된 것
- 스트링(String) : 모듈(Module)의 직렬연결 집합
- 어레이(Array) : 스트링(String)을 포함하는 모듈의 집합

39 다음 그림이 설명하고 있는 전지의 종류는?

① 2차 전지　　② 연료 전지
③ 태양 전지　　④ 리튬 전지

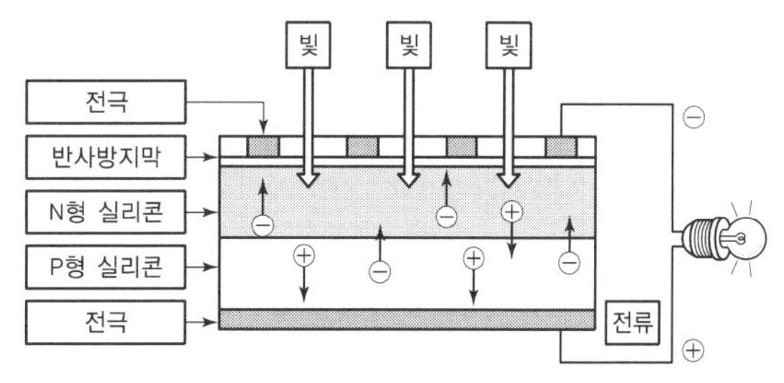

풀이 그림은 실리콘 태양전지의 발전원리를 나타낸 것이다.

40 태양전지 모듈의 기대 수명은 몇 년 이상으로 하는가?

① 5년　　② 10년
③ 20년　　④ 30년

풀이 태양전지의 기대 수명은 20년 이상

41 실리콘 태양전지의 EHP 생성에 필요한 경제적 두께[μm]는?

① 약 50　　② 약 80
③ 약 100　　④ 약 200

풀이 전하 생성에 필요한 실리콘 태양전지의 두께는 약 100[μm]

42 태양광발전의 핵심요소기술로서 틀린 것은?

① 회전체 작동기술
② 전력변환장치(PCS) 기술
③ 태양전지 제조기술
④ BOS(Balance Of System) 기술

풀이 태양전지는 태양의 빛에너지를 전기에너지로 직접 변환하는 전지로 회전체가 없다.

정답 36 ① 37 ③ 38 ① 39 ③ 40 ③ 41 ③ 42 ①

43 다음은 태양전지의 원리를 설명한 것이다. ( ) 안에 들어갈 적당한 용어는?

> 태양 전지는 금속 등 물질의 표면에 특정한 진동수의 빛을 쪼여주는 전자가 방출되는 현상인 ( )의 원리를 이용한 것으로 빛에너지를 전기에너지로 전환시켜 준다.

① 전자기 유도 효과 ② 압전 효과
③ 열기전 효과 ④ 광기전 효과

44 태양광발전시스템에서 태양전지 어레이의 전기적 구성요소가 아닌 것은?

① 바이패스 다이오드
② 접속함
③ 역류방지 다이오드
④ 파워컨디셔너

풀이 태양전지 어레이의 전기적 구성요소는 ① 태양전지 모듈의 직렬 집합체로서의 ② 역류방지 다이오드 ③ 바이패스 다이오드 ④ 접속함이다.

45 태양전지 셀 또는 모듈의 성능 측정용 Solar simulator의 Class A 등급의 조사강도면 내 균일성 및 안정성의 허용범위는?

① ±0.5[%] ② ±1.0[%]
③ ±1.5[%] ④ ±2.0[%]

풀이 Solar simulator의 조사강도면 내 균일성 및 안정성의 허용범위는 Class A등급은 ±2.0[%], Class B등급은 ±5.0[%], Class C등급은 ±10.0[%]

46 다음에서 설명하는 태양전지는 무엇인가?

> • 색소가 붙은 산화티타늄 등의 나노입자를 한쪽의 전극에 칠하고 또 다른 쪽 전극과의 사이에 전해액을 넣은 구조이다.
> • 색이나 형상을 다양하게 할 수 있어 패션, 인테리어 분야에도 이용할 수 있다.

① 유기 박막 태양전지
② 수형 실리콘 태양전지
③ 갈륨 비소계 태양전지
④ 염료 감응형 태양전지

풀이 결정질 및 비정질 박막 실리콘의 1세대와 CIGS(구리 · 인듐 · 갈륨 · 셀레늄 화합물), CdTe(카드뮴 텔룰라이드) 등 2세대 화합물 반도체 이어 3세대 태양전자로 떠오르고 있는 유기물계 태양전지는 크게 염료감응형과 유기 태양전지로 구분된다.

47 태양전지 모듈 뒷면에 기재된 전기적 출력 특성으로 틀린 것은?

① 최대출력(P_{mpp})
② 개방전압(V_{oc})
③ 단락전류(I_{sc})
④ 온도계수(T_D)

풀이 태양전지 모듈 뒷면에 기재된 전기적 출력특성과 같다.

- 최대출력($P_{\max}$) : 최대출력 동작전압(V_{pmax})× 최대출력 동작전류(I_{pmax})
- 개방전압(V_{oc}) : 태양전지 양극 간을 개방한 상태의 전압
- 단락전류(I_{sc}) : 태양전지 양극 간을 단락한 상태에서 흐르는 전류
- 최대출력 동작전압(V_{pmax}) : 최대출력 시의 동작전압
- 최대출력 동작전류(I_{pmax}) : 최대출력 시의 동작전류

48 결정질 실리콘 태양광발전 모듈이 성능시험 중 외관검사 시 몇 [lx] 이상의 광 조사상태에서 검사를 해야 하는가?

① 300 ② 500
③ 800 ④ 1000

정답 43 ④ 44 ④ 45 ④ 46 ④ 47 ④ 48 ④

49 다결정 실리콘 태양전지에 관한 설명으로 옳은 것은?

① 외관이 균등하다.
② 단결정 대비 효율이 높다.
③ 단결정 대비 가격이 싸다.
④ 형태는 대부분이 원형으로 제조된다.

풀이 단결정 모듈과 다결정 모듈의 특징

구분	단결정 실리콘 셀	다결정 실리콘 셀
외관	원형이며, 균등하다.	사각이며, 균등하지 못하다.
형상 변화	어렵다.	단결정에 비해 쉽다.
효율	높다.	단결정에 비해 낮다.
증가	고가	단결정에 비해 저가

50 위도가 36.5[°]일 때, 동지 시 남중고도는?

① 45°　② 40.5°
③ 35°　④ 30°

풀이 절기별 태양의 남중고도

- 춘 · 추분 시 남중고도=90°－위도
- 하지 시 남중고도=90°－위도＋23.5°
- 동지 시 남중고도=90°－위도－23.5°

∴ 동지 시 남중고도=90°－36.5°－23.5°
=30°

51 일사량 센서의 올바른 설치 방법은?

① 모듈의 경사각과 동일하게 설치한다.
② 모듈의 방위각과 동일하게 설치한다.
③ 지붕의 경사각과 동일하게 설치한다.
④ 수평면과 동일하게 설치한다.

풀이 일사량 센서는 모듈에 조사되는 빛의 양을 측정하므로 모듈의 경사각과 동일하게 설치해야 한다.

52 태양전지 모듈의 방위각은 그림자의 영향을 받지 않는 곳에 어느 방향 설치가 가장 우수한가?

① 정남향　② 정북향
③ 정동향　④ 정서향

풀이 모듈의 방위각은 정남향으로 하고 경사각은 위도에 따라 결정된다.

53 독립형 태양광발전시스템에 사용하는 축전지가 갖추어야 할 요건이 아닌 것은?

① 유지보수비용이 저렴해야 한다.
② 충분히 긴 수명이어야 한다.
③ 낮은 충전전류로 충전될 수 있어야 한다.
④ 높은 자기방전성능으로 갖추어야 한다.

풀이 축전지는 대기상태에서 자연적으로 소모되는 자기방전은 낮아야 한다.

54 태양광발전시스템 종류 중 낙도, 산중 등 전력계통과 연계할 수 없는 경우 사용하는 방식은?

① 계통연계형　② 독립형
③ 추적식　④ 고정식

풀이 전력계통과 연계할 수 없는 경우 사용하는 방식은 독립형이라 한다.

55 독립형 태양광발전시스템의 주요 구성장치가 아닌 것은?

① 인버터　② 태양전지 모듈
③ 충방전 제어기　④ 송전설비 및 배전시스템

풀이 독립형 태양광 발전시스템의 주요 구성장치

- AC(교류) 부하 : 모듈, 접속함, 인버터, 충 · 방전 제어기, 축전지
- DC(직류) 부하 : 모듈, 접속함, 충 · 방전 제어기, 축전지 송전설비 및 배전시스템은 계통연계형 태양광발전시스템의 구성장치이다.

정답 49 ③　50 ④　51 ①　52 ①　53 ④　54 ②　55 ④

56 독립형 태양광발전시스템에 대한 설명이다. 틀린 것은?

① 독립형은 전력회사의 전기를 공급받을 수 없는 도서지방, 깊은 산속 또는 등대와 같은 특수한 장소에 적합한 설비이다.
② 독립형은 전력공급에 중단이 없도록 축전지, 비상발전기와 함께 설치한다.
③ 독립형은 운전유지 보수비용이 계통 연계형에 비하여 저렴하고, 보수가 간편하다.
④ 섬이나 특수지역 또는 특수한 목적에만 사용될 뿐으로 일반화되어 있지 않는 편이다.

풀이 충 · 방전이 계속되는 운전특성상 납축전지의 경우 2~3년마다 한 번씩 축전지 전체를 교체하여야 하므로 유지보수비가 많이 든다.

57 독립형 인버터의 필요한 조건이 아닌 것은?

① 축전지 전압 변동에 대한 내성
② 양방향 동작(충전, 방전 기능)
③ 정현파 교류 및 고조파가 낮아야 한다.
④ 교류 측으로 직류의 역류가 많아야 한다.

풀이 교류 측으로 직류를 유출하지 않아야 한다.

58 주택용 독립형 태양광발전시스템의 주요 구성요소가 아닌 것은?

① 태양전지 모듈 ② 충방전 제어기
③ 축전지 ④ 배전시스템

풀이 주택용 독립형 태양광발전시스템의 주요 구성요소는 태양전지 모듈, 방전 제어기, 축전지, 인버터이다.

59 다음 ( ) 안의 내용으로 옳은 것은?

> 태양광발전시스템은 상용 전력계통과 연계 유무에 따라 독립형과 ( )으로 구분한다.

① 계통 연계형 ② 병렬 연계형
③ 복합 연계형 ④ 단독 연계형

풀이 태양광발전시스템은 상용 전력계통과 연계 유무에 따라 독립형과 계통 연계형으로 구분한다.

60 독립형 태양광발전시스템을 풍력발전기와 연계하여 사용하는 방식은?

① 계통연계형 ② 독립형
③ 하이브리드형 ④ 병용식

풀이 독립형 태양광발전시스템과 다른 발전설비를 연계하여 사용하는 것을 하이브리드형이라 한다.

61 수상태양광발전설비에 대한 설명으로 잘못된 것은?

① 수상태양광발전설비 모듈과 함께 인버터를 설치한다.
② 상부에 설치된 자재 및 작업자의 총량을 고려한 부력을 가져야 한다.
③ 홍수, 태풍, 주위 변화 등에도 안전성을 유지하기 위해 계류장치를 사용한다.
④ 수상에 설치되는 발전설비는 수중생태 등의 환경에 대한 고려가 있어야 한다.

풀이 모듈은 수상에 설치하고, 중량물인 인버터는 지상에 설치한다.

62 창문 상부 등 건물 외부에 가대를 설치하고 그 위에 태양광 모듈을 설치한 형태는?

① 경사 지붕형 ② 벽 건재형
③ 루버형 ④ 차양형

풀이 차양형 : 창문 상부 등 건물 외부에 가대를 설치하고, 그 위에 태양광 모듈을 설치한 형태

정답 56 ③ 57 ④ 58 ④ 59 ① 60 ③ 61 ① 62 ④

63 주택 등 소규모 태양광발전소의 구성 요소가 아닌 것은?

① 스트링 차단기　　② 인버터
③ 분전함　　④ 송전설비

풀이 주택 등 소규모 태양광발전소의 구성요소
- 태양전지 어레이
- 스트링 차단기
- 접속함
- 주차단기
- 인버터

64 풍력발전기와 독립형 태양광발전시스템을 연계하여 발전하는 방식은?

① 추적식　　② 독립형
③ 계통연계형　　④ 하이브리드형

풀이 태양광발전시스템과 다른 발전원(풍력, 연료전지 등)이 연계하여 발전하는 방식을 하이브리드형이라고 한다.

65 주택용 태양광발전시스템 시공 시 유의할 사항으로 옳지 않은 것은?

① 지붕의 강도는 태양전지를 설치했을 때 예상되는 하중에 견딜 수 있는 강도 이상이어야 한다.
② 가대, 지지기구, 기타 설치부재는 옥외에서 장시간 사용에 견딜 수 있는 재료를 사용해야 한다.
③ 지붕구조 부재와 지지기구의 접합부에는 적절한 방수처리를 하고 지붕에 필요한 방수성능을 확보해야 한다.
④ 태양전지 어레이는 지붕 바닥면에 밀착시켜 빗물이 스며들지 않도록 설치하여야 한다.

풀이 주택용 태양광발전시스템 시공 시 태양전지 어레이는 발열로 인한 출력감소를 억제하기 위하여 지붕 바닥면으로부터 5~10[cm] 이격시켜 설치하여야 한다.

66 태양전지의 변환효율로 옳은 것은?

① $\dfrac{\text{출력 전기에너지}}{\text{입사 태양광에너지}} \times 100$

② $\dfrac{\text{인버터 출력 전기에너지}}{\text{인버터 입력 전기에너지}} \times 100$

③ $\dfrac{\text{출력 전기에너지}}{\text{출력 태양광에너지}} \times 100$

④ $\dfrac{\text{입사 태양광에너지}}{\text{태양 발생에너지}} \times 100$

풀이 태양전지의 변환효율

$$= \frac{\text{출력 전기에너지}}{\text{입사 태양광에너지}} \times 100[\%]$$

67 다음 중 발전효율이 가장 높은 태양전지는?

① Organic 태양전지
② Perovskite 태양전지
③ HIT 태양전지
④ CIGS 태양전지

풀이 실리콘 계열의 HIT(Hetero-junction with Intrinsic Thin)효 변환효율이 25[%] 정도로 가장 높다.

68 태양전지의 변환효율에 영향을 주는 요인이 아닌 것은?

① 방사조도　　② 표면온도
③ 기압　　④ 분광분포(Air mass)

풀이 태양전지의 변환효율에 영향을 주는 요인은 방사조도, 분광분포(스펙트럼), 표면온도 등이다.

69 다음은 태양전지의 변환효율(η)을 나타낸 것이다. 틀린 것은?

① $\eta = \dfrac{P_{max}}{P_{input}}$　　② $\eta = \dfrac{V_m \cdot I_m}{P_{input}}$

③ $\eta = \dfrac{V_{oc} \cdot I_{sc}}{P_{input} \cdot FF}$　　④ $\eta = \dfrac{V_{oc} \cdot I_{sc}}{P_{input}} \cdot FF$

정답 63 ④　64 ④　65 ④　66 ①　67 ③　68 ③　69 ③

풀이 태양전지의 변환효율

$$\eta = \frac{P_{\max}}{P_{input}} = \frac{I_m \cdot V_m}{P_{input}} = \frac{V_{oc} \cdot I_{sc}}{P_{input}} \cdot FF$$

70 태양전지의 효율은 설치된 출력의 실제적 이용 상태를 말하는 것으로, 실제 100[W]의 일사량에서 효율이 15[%], 태양전지의 출력이 15[W]이면 변환효율은 몇 [%]가 되는가?

① 10 ② 15
③ 20 ④ 25

풀이 태양전지의 효율은 표준시험 조건에 따라 측정된 효율을 나타내므로 동일 태양전지에서 일사량 변화에 따라 출력이 변화하여도 변환효율의 변화는 없다.

71 태양전지 변환효율(η)과 직접적인 관계가 없는 것은?

① 태양전지 면적 ② 단락전류
③ 주변온도 ④ Fill Factor

풀이 태양전지 변환효율(η)

$$= \frac{P_{\max}}{E \times A} \times 100[\%] = \frac{V_{mpp} \times I_{mpp}}{E \times A} \times 100[\%]$$

$$= \frac{V_{oc} \times I_{SC}}{E \times A} \times FF \times 100[\%]$$

단, $P_{\max}$: 최대출력[Wp]
E : 일조강도[W/m^2]
A : 태양전지 면적[m^2]
V_{mpp} : 최대 출력 시 전압[V]
I_{mpp} : 최대 출력 시 전류[A]
V_{oc} : 개방전압[V]
I_{sc} : 단락전류[A], FF(Pill Factor) : 충진율

72 태양광 모듈의 크기가 가로 0.53[m], 세로 1.19[m]이며, 최대출력 80[W]인 이 모듈의 에너지 변환효율[%]은?(단, 표준시험 조건일 때)

① 15.68[%] ② 14.25[%]
③ 13.65[%] ④ 12.68[%]

풀이 $\eta = \frac{P}{P_{input}} \times 100[\%]$

$$= \frac{\text{출력}}{1000 \times (\text{가로} \times \text{세로})} \times 100$$

$$= \frac{80}{1{,}000 \times (0.53 \times 1.19)} \times 100 = 12.68[\%]$$

여기서, P_{input}
=표준일조강도[W/m^2]×태양전지면적[m^2]

73 태양광발전설비 용량 2[MWp], 일일 평균발전시간이 4.2시간인 경우 연간발전량은 몇 [MWh]인가?(단, 1년은 365일, 효율은 100[%]로 한다.)

① 5,037 ② 3,066
③ 1,096 ④ 650

풀이 연간발전량=발전 설비용량×1일 평균발전시간
×365일×효율
=2[MWp]×4.2[h/day]×365[day]×1
=3,066[MWh]

74 태양전지 모듈에 수직으로 빛이 입사하여 발전단자의 출력전압이 40V, 전류가 4.5A의 출력값을 나타내고 있다. 표준시험 조건에서 태양전지 모듈에 입사한 태양에너지가 1,000W/m^{2}일 때 모듈의 효율은 몇 %인가?(모듈의 크기는 가로 1m, 세로 1m)

① 8.9% ② 11.3%
③ 18.0% ④ 19.8%

풀이 변환효율(η)

$$= \frac{P}{E \times S} \times 100 = \frac{40 \times 4.5}{1{,}000 \times 1} \times 100 = 18\%$$

75 태양전지 모듈의 가로가 1.6[m] 세로가 1[m]이고, 변환효율이 10[%]인 경우 충진율[FF]은?(단, $V_{oc} = 40$[V], $I_{sc} = 8$[A]이고, 표준시험조건이다.)

정답 70 ② 71 ③ 72 ④ 73 ② 74 ③ 75 ①

① 0.50 ② 0.65
③ 0.70 ④ 0.80

풀이 $FF = \frac{P_{\max}}{V_{oc} \times I_{sc}} = \frac{1{,}000 \times 1.6 \times 1 \times 0.1}{40 \times 8} = 0.50$

※ $P_{\max} = 1{,}000 \times$ 면적[A] × 효율(η)

76 방사조도가 1,000[W/m^2]이고, 태양전지의 출력이 36[W]일 때, 태양전지의 광전변환효율[%]은?(단, 태양전지의 면적은 0.5[m^2]이다.)

① 1.8 ② 3.6
③ 7.2 ④ 9.6

풀이 태양전지의 광전변환효율(η)

$$\eta = \frac{\text{출력}(P_{\max})}{\text{방사조도}(E) \times \text{면적}(A)} \times 100[\%]$$

$$= \frac{36}{1{,}000 \times 0.5} \times 100 = 7.2[\%]$$

77 태양광 모듈의 크기가 가로 0.53m, 세로 1.19m이며, 최대출력 80W인 이 모듈의 에너지 변환효율(%)은?(단, 표준시험조건일 때)

① 15.68% ② 14.25%
③ 13.65% ④ 12.68%

풀이 변환효율 $\eta = \frac{P}{E \times S} \times 100$

$$= \frac{80}{1{,}000 \times 0.53 \times 1.19} \times 100$$

$= 12.68\%$

표준시험조건의 표준일조강도는 1,000[W/m^2]

78 실리콘 태양전지의 개방전압(V_{oc})과 충진율(Fill Factor, FF)은?

① V_{oc}는 0.4[V], FF=0.7~0.8
② V_{oc}는 0.6[V], FF=0.7~0.8
③ V_{oc}는 0.95[V], FF=0.78~0.85
④ V_{oc}는 1.06[V], FF=0.9~1.0

풀이 실리콘 태양전지의 V_{oc}는 0.6[V], FF=0.7~0.8이고, GaAs의 V_{oc}는 0.95[V], FF=0.78~0.85

79 실리콘 태양전지 중 변환효율이 가장 높은 것은?

① 아몰퍼스 Si ② 박막 Si
③ 다결정 Si ④ 단결정 Si

풀이 실리콘 태양전지의 변환효율
단결정 > 다결정 > 박막 > 아몰퍼스

80 태양광 발전시스템의 발전효율을 극대화하기 위한 시스템은?

① 건물일체형 시스템 ② 추적형 시스템
③ 반고정형 시스템 ④ 고정형 시스템

풀이 태양광발전시스템의 발전효율을 극대화하기 위하여 태양을 상 · 하 · 좌 · 우로 추적하는 시스템을 추적형 시스템이라고 한다.

81 인버터의 효율 중에서 모듈 출력이 최대가 되는 최대전력점(MPP ; Maximum Power Point)을 찾는 기술에 대한 효율은 무엇인가?

① 변환효율 ② 추적 효율
③ 유로효율 ④ 최대 효율

풀이 인버터는 태양전지 출력(최대 전력)의 크기가 시시각각(온도, 일사량) 변함에 따라 태양전지 최대 전력점을 추적제어한다. 이때의 태양전지 효율을 추적효율이라고 한다.

- 최대효율 : 전력변환(AC → DC, DC → AC)을 행하였을 때, 최고의 변환효율을 나타내는 단위를 말한다(일반적으로 75%에서 최고).

$$\eta_{MAX} = \frac{AC_{power}}{DC_{power}} \times 100\%$$

정답 76 ③ 77 ④ 78 ② 79 ④ 80 ② 81 ②

82 분산형 전원 계통 연계기술기준에 따라 저압 배전선로 일반선로에 연계 가능한 용량은 한전 변압기 정격용량의 몇 [%] 이하인가?

① 15　② 25
③ 75　④ 85

풀이 저압 일반선로에 연계 가능 용량은 한전 배전용 변압기 정격용량의 25[%] 이하

83 주택 등 소규모 태양광발전소의 구성요소가 아닌 것은?

① 송전설비　② 인버터
③ 분전함　④ 스트링 차단기

풀이 소규모의 태양광 발전소(주택용, 공공용 등)는 저압회로에 직접 연결하므로 분전반 등 간단한 설비로 충분하지만, 대용량 발전사업자용의 경우 별도로 변전실을 마련하고 그 곳에 특별고압 승압용 송변전설비 등을 갖추어야 하기 때문에 복잡해진다.

연계구분	사용선로 및 연계설비 용량		전기방식
저압 배전선로	일반 또는 전용선로	100kW 미만	단상 220V 또는 380V
특별고압 배전선로	일반 또는 전용선로	100kW 이상 ~ 20,000kW 미만	3상 22.9kV
송전선로	전용선로	20,000kW 이상	3상 154kV

84 분산형 전원 계통 연계기술기준에 따라 저압배전선로에 연계 가능한 태양광발전설비의 최대 용량 [kW]은?

① 20[kW] 이하　② 50[kW] 이하
③ 80[kW] 이하　④ 100[kW] 미만

풀이 저압 배전선로에 연계하는 태양광발전시스템의 용량은 100[kW] 미만

85 경사형 지붕에 태양전지 모듈을 설치할 때 유의하여야 할 사항으로 옳지 않은 것은?

① 태양전지 모듈을 지붕에 밀착시켜 부착해야 한다.
② 모듈 고정용 볼트, 너트 등은 상부에서 조일 수 있어야 한다.
③ 가대나 지지철물 등의 노출부는 미관과 안전을 고려해 최대한 적게 한다.
④ 태양전지 모듈은 한 장씩 쉽게 교체할 수 있어야 한다.

풀이 태양전지 모듈의 설치 시 유의사항

- 정남향이고, 경사각은 30~45°가 적절하다.
- 태양전지 모듈의 온도가 상승함에 따라 변환효율은 약 0.3~0.5% 감소한다.
- 후면 환기가 없는 경우 10%의 발전량 손실, 자연통풍 시 이격거리는 10~15cm이다.
- 모듈 고정용 볼트, 너트 등은 상부에서 조일 수 있어야 한다.
- 가대나 지지철물 등의 노출부는 미관과 안전을 고려해 최대한 적게 한다.
- 태양전지 모듈은 한 장씩 쉽게 교체할 수 있어야 한다.

86 태양전지에서 단락전류에 직접적인 영향을 미치는 요소가 아닌 것은?

① 태양전지의 면적
② 주위 온도
③ 입사광 스펙트럼
④ 태양전지의 수집확률

풀이 태양전지에서 단락전류에 직접적인 영향을 미치는 것

- 태양전지의 면적
- 입사광자 수
- 입사광 스펙트럼
- 태양전지의 광학적 특성
- 태양전지의 수집확률 등

정답 82 ② 83 ① 84 ④ 85 ① 86 ②

87 태양전지 모듈 뒷면에 기재된 전기적 출력 특성으로 틀린 것은?

① 온도계수(T_0)
② 개방전압(V_{oc})
③ 단락전류(I_{sc})
④ 최대출력(P_{mpp})

풀이 태양전지 모듈의 전기적 출력 특성
- 최대출력(P_{max}) : 최대출력 동작전압(V_{max})×최대출력 동작전압(I_{max})
- 개방전압(V_{oc}) : 태양전지 양극 간을 개방한 상태의 전압
- 단락전류(I_{sc}) : 태양전지 양극 간을 단락한 상태에서 흐르는 전류
- 최대출력 동작전압(V_{max}) : 최대출력 시의 동작전압
- 최대출력 동작전류(I_{max}) : 최대출력 시의 동작전류

88 계통연계형 태양광발전시스템에 축전지를 부가함으로써 얻을 수 있는 효과가 아닌 것은?

① 상용 계통 정전 시 부하에 전원공급
② 발전전력 급변 시의 버퍼
③ 고조파의 유출방지
④ 피크 시프트

풀이 고조파의 유출방지는 상용주파 절연방식의 파워컨디셔너를 사용함으로써 얻을 수 있는 효과이다.

89 태양전지 모듈이 전류-전압 특성이 개방전압 150V, 최대출력 동작전압 100V, 단락전류 100A, 최대출력 동작전류 50A일 때 최대출력(P_{mpp})은?

① 5,000 ② 7,500
③ 10,000 ④ 15,000

풀이 모듈의 최대출력
=최대출력 동작전압×최대출력 동작전류
=100V×50A=5,000W

90 PN접합 다이오드의 순 바이어스란?

① 인가전압의 극성과는 관계가 없다.
② 반도체의 종류에 관계없이 같은 극성의 전압을 인가한다.
③ P형 반도체에 +, N형 반도체에 −의 전압을 인가한다.
④ P형 반도체에 −, N형 반도체에 +의 전압을 인가한다.

풀이 1) 순 바이어스 : P형 반도체에 +, N형 반도체에 −의 전압을 인가
2) 역 바이어스 : P형 반도체에 −, N형 반도체에 +의 전압을 인가

91 PN접합 다이오드의 P형 반도체에 (+)바이어스를 가하고, N형 반도체에 (−)바이어스를 가할 때 나타나는 현상은?

① 공핍층의 폭이 작아진다.
② 전류는 소수 캐리어에 의해 발생한다.
③ 공핍층 내부의 전기장이 증가한다.
④ 다이오드는 부도체와 같은 특성을 보인다.

풀이 P형 반도체에 (+)바이어스를 가하고, N형 반도체에 (−)바이어스를 가하는 것은 정방향(순) 바이어스라고 하며, 이때 공핍층의 폭이 작아져 전류가 흐를 수 있도록 한다.

92 PN접합구조의 반도체 소자에 빛을 조사할 때, 전압차를 가지는 전자와 정공의 쌍이 생성되는 효과는?

① 광이온화효과 ② 광기전력효과
③ 광전하효과 ④ 핀치효과

풀이 광기전력 효과 : PN 접합구조의 반도체 소자에 빛을 조사할 때, 전압차를 가지는 전자와 정공의 쌍이 생성되는 효과이다.

정답 87 ① 88 ③ 89 ① 90 ③ 91 ① 92 ②

93 태양전지의 효율적인 반응을 위한 에너지 밴드갭(eV)은?

① 0~0.5 ② 0.5~1.0
③ 1~1.5 ④ 1.5~2

풀이 태양전지의 효율적인 반응을 위한 에너지 밴드갭(eV)은 1.0~1.5[eV]이다.

94 궤도전자가 강한 에너지를 받아서 원자가 궤도를 이탈하여 자유전자가 되는 것은?

① 방사 ② 전리
③ 공진 ④ 여기

풀이
- 전리 : 외부의 어떤 힘으로 인하여 궤도전자가 핵의 구속력으로부터 벗어나 자유전자가 되는 것
- 여기 : 원자 내의 궤도 전자가 핵의 구속력 범위 내에서 에너지가 높은 궤도로 이동하는 것

95 실리콘(Si)에 억셉터(Acceptor) 불순물을 첨가하여 만든 반도체는?

① 진성 반도체 ② P-N접합 다이오드
③ P형 반도체 ④ N형 반도체

풀이 1) N형 반도체는 도너(인, 비소, 안티몬)와 같은 불순물을 첨가하여 만든다.
2) P형 반도체는 억셉터(알루미늄, 붕소, 갈륨)와 같은 불순물을 첨가하여 만든다.

96 P형 반도체를 만들기 위해 진성 반도체에 첨가하는 3가 원소가 아닌 것은?

① B ② Al
③ Ga ④ P

풀이 P형 반도체를 만들기 위해 진성 반도체에 첨가하는 3가 원소는 B, Al, Ga 등이 있으며, N형 반도체를 만들기 위해 진성 반도체에 첨가하는 5가 원소는 P, As, Sb 등이 있다.

97 축전지의 기대 수명에 직접적인 영향을 미치는 요소 중 영향이 제일 적은 것은?

① 사용 장소의 습도 ② 방전 심도
③ 방전 횟수 ④ 사용 장소의 온도

풀이 축전지의 기대 수명에 직접적인 영향을 미치는 요소는 방전심도, 방전 횟수, 사용 장소의 온도이다.

98 태양전지에 입사되는 광양자 수에 비례하여 생성되어 최종 수집되는 캐리어 수의 비를 무엇이라 하는가?

① 수집확률 ② 양자효율
③ 단락전류 ④ 개방전압

풀이 양자효율

$$= \frac{\text{최종 수집되는 캐리어 수}}{\text{태양전지에 입사되는 광양자 수}}$$

99 화합물 반도체 태양전지의 특징이 아닌 것은?

① 고가이지만 고효율이다.
② 군사용, 우주용 등으로 사용된다.
③ 간접 천이형이다.
④ 광흡수효율이 높다.

풀이 화합물 반도체 태양전지는 직접 천이형이다.

100 병렬저항 역할을 하는 누설전류를 줄이는 방법이 아닌 것은?

① 격자결함이 적은 재료를 사용한다.
② 도전성이 우수한 은(Ag)을 전극재료로 사용한다.
③ 열처리 등에 의하여 격자 내에 존재하는 기포와 전위를 최소화해야 한다.
④ 태양전지의 측면의 누설전류를 차단하고, 측면과 표면 등의 오염에 유의해야 한다.

풀이 도전성이 우수한 은(Ag)을 전극재료를 사용하는 것은 직렬저항을 저감하기 위한 방법이다.

정답 93 ③ 94 ② 95 ③ 96 ④ 97 ① 98 ② 99 ③ 100 ②

101 태양전지의 직 · 병렬 저항에 대한 설명으로 틀린 것은?

① 태양전지는 병렬저항보다는 직렬저항으로 인하여 큰 출력 손실 발생한다.
② 시판되는 태양전지의 직렬저항은 0.5[Ω] 이하이다.
③ 시판되는 태양전지의 병렬저항은 1[kΩ]보다 상당히 크다.
④ 낮은 병렬저항은 누설전류를 발생시키고, P-N접합의 광생성 전류와 전압을 감소시킨다.

풀이 태양전지는 직렬저항보다는 병렬저항으로 인하여 큰 출력 손실이 발생한다.

102 태양전지에서 직렬저항 성분이 아닌 것은?

① 기판 자체 저항
② 표면층의 면 저항
③ 금속전극 자체의 저항
④ 접합의 결함에 의한 누설 저항

풀이 태양전지에서의 병렬저항 요소
- 측면의 표면 누설저항
- 접합의 결함에 의한 누설저항
- 전위 또는 결정입계에 따라 발생하는 누설저항
- 결정이나 전극의 미세균열에 의한 누설저항

103 독립형 태양광발전시스템에서 가장 많이 사용되는 축전지는?

① 니켈카드뮴 축전지
② 납축전지
③ 리튬이온전지
④ 니켈금속 하이브리드

풀이 독립형 시스템용 축전지에는 가격이 저렴하고 제작이 쉬운 납축전지를 주로 사용한다. 축전지의 기대 수명은 방전심도, 방전횟수, 사용온도에 의해 크게 변한다.

정답 101 ① 102 ④ 103 ②

003 태양광 모듈

01 태양광 모듈의 개요 및 설치 유형

1 태양전지의 개요

태양전지는 태양의 빛에너지를 전기에너지로 변환하는 기능을 가진 최소단위인 태양전지 셀(Cell)이 기본이 된다.

셀 한 개에서 생기는 전압은 0.6[V] 정도이고 발전용량은 1.5[W] 정도이다.

태양전지셀은 10~15[cm] 각 판상의 실리콘에 PN접합을 한 반도체의 일종으로 36장, 60장, 72장, 88장, 96장을 직렬로 접속하여 모듈 형태로 제작하여 이용한다.

① 셀(Cell) : 태양전지의 최소단위

② 모듈(Module) : 셀(Cell)을 내후성 패키지에 수 십장 모아 일정한 틀에 고정하여 구성된 것

③ 스트링(String) : 모듈(Module)의 직렬연결 집합단위

④ 어레이(Array) : 스트링(String), 케이블(전선), 구조물(가대)을 포함하는 모듈의 집합단위

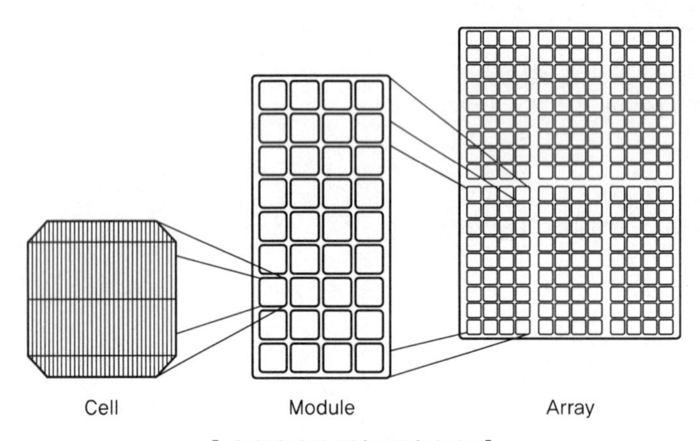

[태양전지의 셀/모듈/어레이]

2 태양광 모듈의 전류-전압(I -V) 특성곡선

태양전지 모듈(PV Module)에 입사된 빛에너지를 전기적 에너지로 변환하는 출력특성을 태양전지 전류-전압(I -V) 특성곡선이라 한다.

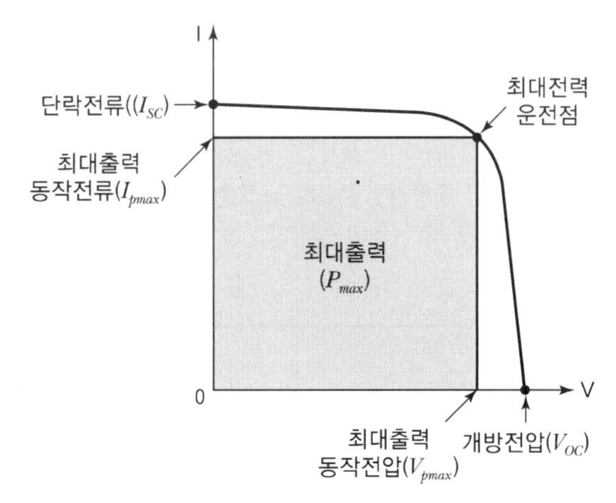

[태양전지 모듈의 전류–전압 특성곡선]

1. 태양광 모듈의 (I – V) 특성지표

1) 표준시험조건(STC ; Standard Test Condition)에서 각각 다음과 같은 의미를 가지고 있다.
   - 최대출력($P_{\max}$) : 최대출력 동작전압(V_{pmax})×최대출력 동작전류(I_{pmax})
   - 개방전압(V_{oc}) : 태양전지 양극 간을 개방한 상태의 전압
   - 단락전류(I_{sc}) : 태양전지 양극 간을 단락한 상태에서 흐르는 전류
   - 최대출력 동작전압(V_{pmax}) : 최대출력 시의 동작전압
   - 최대출력 동작전류(I_{pmax}) : 최대출력 시의 동작전류

2) 표준시험조건(STC ; Standard Test Condition)은 다음과 같다.
   ① 소자 접합온도 25[℃]
   ② 대기질량지수 AM 1.5
   ③ 조사강도 1,000[W/m^2]

3) 공칭 태양광발전전지 동작온도(NOCT ; Nominal Operating photovoltaic Cell Temperature)는 다음 조건에서 모듈을 개방회로로 하였을 때 도달하는 온도이다.
   ① 표면에서의 일조강도 : 800[W/m^2]
   ② 공기온도(T_{Air}) : 20[℃]
   ③ 풍속 : 1[m/s]
   ④ 모듈 지지방법 : 후면을 개방한 상태(Open Back Side)

   공칭 태양광발전전지 동작온도(NOCT)가 주어졌을 때 셀의 온도(T_{cell}) 계산식은 다음과 같으며, 셀의 온도(T_{cell})는 주위 온도가 높을 때, 인버터의 최저 동작전압에 모듈의 최소 직렬 수량 산정 시 사용된다.

$$T_{cell} = T_{Air} + \left\{ \left(\frac{NOCT - 20}{800} \right) \times S \right\} [℃]$$

여기서, T_{Air} : 공기온도(주위 온도)[℃]
$NOCT$: 공칭 태양광발전전지 동작온도[℃]
S : 일조강도[W/m^2](주어지지 않으면, 표준일조 강도 1,000[W/m^2] 적용)

3 모듈의 단면구조

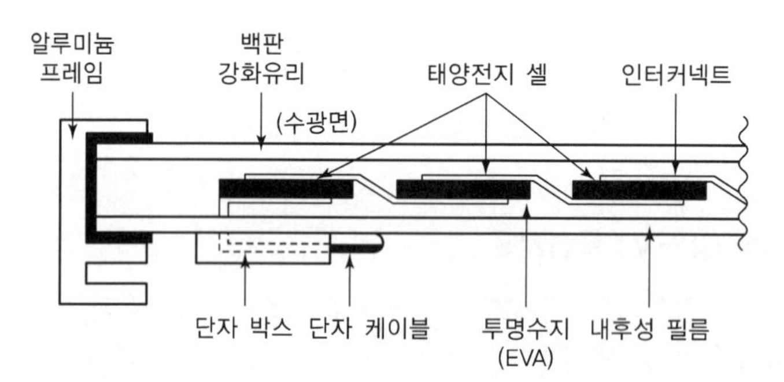

① 태양전지 셀은 인터커넥트라고 하는 셀 접속 금속부품에 의해 셀의 표면전극과 인접하는 셀의 이면 전극이 순차적으로 직렬 접속한다.
② 직렬 접속된 셀 군은 강화유리상에서 투명수지에 매립되며 뒷면에는 필름이 부착된다.
③ 주변을 알루미늄 프레임으로 고정하여 태양전지 모듈이 완성된다.
④ 태양전지 모듈과 다른 태양전지 모듈은 단자 박스의 경유로 케이블 접속된다.
⑤ 모듈의 단면구조도에서 인터 커넥트 표면과 뒷면이 번갈아가며 직렬 접속된 태양전지 셀이 유리와 뒷면 필름 사이에 배치되는 것을 알 수가 있다.

4 어레이의 설치 높이

어레이를 지표면에 설치하는 경우 강우 시에 모듈 표면으로 흙탕물이 튀는 것을 방지하기 위해 지면으로부터 0.6[m] 이상 높이에 설치해야 한다.

5 기대수명

태양전지 모듈은 안전성, 내구성 확보를 위해 연구 개발 및 설계되고 있으며, 20년 이상의 내용연수가 기대된다. 이를 기대수명이라고 한다.

6 PV 인증에 대하여

태양전지 모듈의 안전성, 성능, 신뢰성의 유지 · 확인을 목적으로 한 국제적인 인증제도가 마련되고 있다. 국제표준 및 한국산업표준(KS)에 적합한 제품을 인증하는 것이다.

7 모듈의 설치 경사각도 및 방향

1. 최적 효율 경사각도 및 방향

① 최적 경사각도 : 태양전지 모듈과 태양광선의 각도가 90°가 될 때

② 최적 방위각(방향) : 정남향
그림자의 영향을 받지 않는 곳에 정남향 설치를 원칙으로 하되 건축물의 디자인 등에 부합되도록 현장여건에 따라 설치한다.

8 일사시간 및 음영특성

① 장애물로 인한 음영에도 불구하고 일사시간은 1일 5시간 이상이어야 한다.

② 단, 전기줄, 피뢰침, 안테나 등 경미한 음영은 장애물로 보지 아니한다.

③ 태양광 모듈 설치열이 2열 이상일 경우 앞열은 뒷열에 음영이 지지 않도록 설치하여야 한다.

④ 모듈의 깔기에 따른 출력변화

㉠ 가로깔기 :

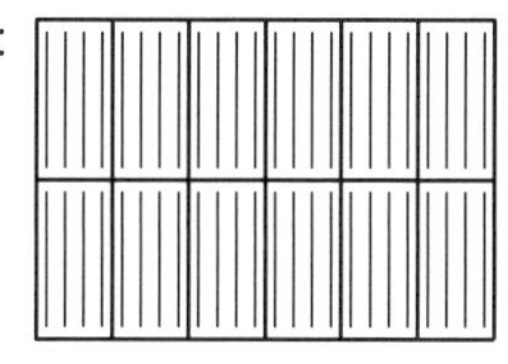

- 모듈의 긴 쪽이 상하가 되도록 설치
- 세정효과가 큼

㉡ 세로깔기 :

- 모듈의 긴 쪽이 좌우가 되도록 설치
- 발전량 효과가 큼

9 태양광 모듈의 설치용량

설치용량은 사업계획서상에 제시된 설계용량 이상이어야 하며 설계용량의 110%를 초과하지 않아야 한다.

10 모듈 뒷면 표시사항

KS C IEC 표준에 기초하여 다음 항목이 모듈의 뒷면에 표시되어 있다.

① 제조업자명 또는 그 약호
② 제조연월일 및 제조번호
③ 내풍압성의 등급
④ 최대 시스템 전압(H 또는 L)
⑤ 어레이의 조립형태(A 또는 B)
⑥ 공칭 최대출력($P_{\max}$)(W_p)
⑦ 공칭 개방전압(V_{oc})[V]
⑧ 공칭 단락전류(I_{sc})[A]
⑨ 공칭 최대출력 동작전압(V_{pmax})[V]
⑩ 공칭 최대출력 동작전류(I_{pmax})[A]
⑪ 역내전압[V] : 바이패스 다이오드의 유무(Amorphous계만 해당)
⑫ 공칭 중량[kg]
⑬ 크기 : 가로×세로×높이[mm]

11 태양전지 모듈의 등급별 용도

1. A등급(Class A)

① 접근제한 없음, 위험한 전압, 위험한 전력용
② 직류 50[V] 이상 또는 240[W] 이상으로 동작하는 것으로, 일반인의 접근이 예상되는 곳에 사용된다.

2. B등급(Class B)

① 접근제한, 위험한 전압, 위험한 전력용
② 울타리나 위치 등으로 공공의 접근이 금지된 시스템으로 사용이 제한된다.

3. C등급(Class C)

① 제한된 전압, 제한된 전력용

② 직류 50[V] 미만이고, 240[W] 미만에서 동작하는 것으로, 일반인의 접근이 예상되는 곳에 사용된다.

12 태양전지 모듈의 시공 · 설치방법에 따른 온도상승과 에너지 감소율

태양전지 모듈에 자연통풍을 적용한다면 최소 10~15[cm]의 이격공간을 확보해야 한다.
후면통풍이 없을 때의 출력감소는 10[%] 정도이다.

13 태양전지 모듈의 설치방식에 따른 분류

1. 일반부지에 설치하는 유형

1) 고정형으로 설치

설치경사각을 연평균 가장 발전효율이 높은 각으로 고정하여 설치

2) 반고정형으로 설치

태양전지 어레이 경사각을 계절 또는 월별에 따라 상하로 경사각을 변화시켜 주는 방식

3) 추적식으로 설치

① 추적 방향에 따른 분류

- 단방향 추적식 : 태양전지 어레이를 상하 또는 좌우 중 한 방향으로 추적
- 양방향 추적식 : 태양전지 어레이를 상하 좌우 모든 방향으로 추적

② 추적 방식에 따른 분류

- 감지식 : 센서를 이용하여 태양을 추적
- 프로그램 방식 : 태양의 연중 이동궤도를 추적하는 프로그램을 설치하여 연월일에 따라 태양의 위치를 추적하는 방식
- 혼합식 추적법 : 주로 프로그램 추적법을 중심으로 운영되고 설치위치에 따라 발생하는 편차를 감지부로 보정하는 방식

2. 건축물에 설치하는 유형

건축물에 설치하는 태양전지는 설치부위, 설치방식, 부가기능 등의 차이에 따라 분류되며, 시공 · 설치 관련 분류는 설치되는 부위에 따라 지붕, 벽, 기타로 분류하며 각각에 대하여 설치방식과 부가적인 기능이 있다.

설치 방식	설치 부위	부가 기능
지붕	지붕 설치형	경사 지붕형
		평 지붕형
	지붕 건재형	지붕재 일체형
		지붕재 형
	아트리움 지붕 및 천장	
벽	벽 일체형	
	벽 건재형	
기타	창재형	
	차양형	

1) 경사 지붕형

① 최적의 경사각을 지닌 남향의 경사지붕은 태양전지를 설치하기에 이상적이고 유럽의 전통 주택에서 가장 많이 이용되는 형식이다.

② PV-기술 특성상 일체화를 위해 다음과 같이 특별한 지붕이 적절하다.

㉠ 가능한 넓고, 균일하며, 평평하고, 남향을 향한 경사진 지붕

㉡ PV-모듈의 최대 출력을 가져올 수 있는 지붕 경사각(20~40°)

㉢ 지붕형태에 의해 부분적으로나 전체적으로 그림자가 생기지 않을 것(예 돌출 부위)

㉣ PV-어레이가 설치되는 장소에 굴뚝, 환기구 및 환기배관, 안테나, 기둥, 지붕창 등과 같은 구조물에 대해 그늘이지지 않을 것

2) 평지붕형

① 평지붕은 태양광발전에 매우 적절한 장소이다.

② 대부분 평지붕은 사용되지 않고, 마감처리가 잘 되어 있어 그림자가 지지 않는 공간을 제공하고 있다. 따라서 이 장소는 추가적 용도로 사용되기에 적합하다. 여기서 태양전지 발전부는 설치방향과 관계하여 어떠한 제한도 받지 않으므로 전력생산을 위한 최적의 배치가 가능하다.

③ 평지붕에 태양전지 모듈을 설치할 때, 설치위치, 배치 및 적절한 태양전지 통합형식에 영향을 미치는 요소는 다음과 같다.

㉠ 견딜 수 있는 하중

㉡ 지붕의 구성(통풍이 되는/안 되는 구조, 녹화지붕 등)

㉢ 지붕의 용도(디딜 수 있는/없는, 체류공간의 사용용도 등)

㉣ 태양전지 통합화의 시점(신축 또는 기존)

㉤ 그림자에 의한 방해 요인(안테나, 환기용 개구부, 인접 건물 등)

3) 아트리움 지붕 및 천창

수직 파사드에 비해 천창은 태양전지 이용 면에서 일사조건이 많이 이롭다. 천장이 남향으로 경사져 있다면 더욱 좋다. 전형적으로 아트리움, 온실, 외기로부터 피할 수 있도록 제공되는 지하철 입구 또는 건물 로비공간에 많이 적용된다.

① 머리 윗부분에 설치되는 태양전지 판유리는 이중유리-모듈 구조로 설치

② 건물 내부 쪽에 위치하는 유리는 강화접합유리 사용

③ 단열유리가 적용된 태양전지 천창유리에 대해서는 붕괴방지를 위해 접합안전유리 사용

④ 빗물의 배수가 용이하도록 하며 오염물이 쌓이는 것을 방지하기 위해 구배가 진 구조물 사용

⑤ 계획단계에서 상부 유리의 청소 가능성에 대한 방법 수립(60° 이하이면 태양전지에 오염물이 쌓일 수 있음)

4) 벽(입면) 일체형

외피 마감재의 후면 통풍이 되는 소위 Cold-파사드는 통풍이 가능하므로 태양전지 설치가 유리하다. 기존의 외장재를 PV-유리모듈로 교체하거나 또는 비정질 태양전지 모듈이 접착된 금속판으로 대체 가능하다.

① 구조적 유의사항

㉠ 전형적인 유리와는 달리 태양전지 유리 파사드는 일사를 흡수하여 심하게 가열되고 파사드에 열적 부하로 작용하여 고정장치에 더욱 많은 부담을 줄 수 있다.

㉡ 고정과정에서 상이한 건축자재의 서로 다른 열팽창에 대하여 고려하고 이를 위한 충분한 여유공간을 미연에 확보해야 한다.

㉢ 정역학적으로 하중을 받는 유리 고정장치와 이에 속하는 유리를 제외하고, 어떠한 경우라도 태양전지 모듈에 물리적 하중이 가해져서는 안 된다.

② 모듈방식

㉠ G2G(Glass To Glass)

- 전면과 배면 기판이 모두 유리로 구성된 투과형 BIPV-모듈
- 창호나 커튼월에서 주로 비전(Vision) 부위에 설치

㉡ G2T(Glass To Tedlar)

- 전면은 유리, 배면은 불투명한 불소수지(Tedlar)로 구성된 국내 기성형(불투명) 태양전지 모듈 스팬드럴 부위에 설치하거나 외벽마감재 대신 사용
- 모듈 뒤판이 불투명하여 배신 및 부품이 보이지 않지만 벽체와 일체식으로 공사가 마무리되면 시공 후 확인 및 보수작업에 어려움 발생

③ 고정차양형

차양시스템은 여름의 과도한 일사로부터 사람과 건물을 보호해 주는 역할을 한다. 또한 현휘(눈부심)에 대한 보호, 자연광의 모듈화, 건물 외피의 냉각 등과 같은 장점을 갖고 있다. 이 시스템은 일반적으로 파사드에 장착되어 있는 콘솔(까치발로 버틴 선반)에 고정된다. 그리고 콘솔에 전달된 하중은 파사드 구조가 받는다.

① 파사드 전면에 태양전지 모듈 전력생산량이 가장 많은 경사각을 갖고 있다.
② 차양의 깊이와 투명한 정도에 따라 건물 실내에 비치는 자연광이 다양해진다.
③ 결정질 태양전지 모듈은 전지의 조밀도에 따라 강한 빛과 그림자 대비를 이룬다. 이 때문에 작업에 방해를 줄 수 있어 빛을 확산시키는 박막층 모듈 구성이나 반투명성 박막 모듈을 사용할 수 있다.

파사드에 설치되는 태양전지 차양은 파사드와 간격을 두어 더운 공기가 위쪽으로 상승하여 건물외피에 냉각효과가 생기도록 한다. 반대로 파사드와 태양전지 차양의 간격이 없어 차양 아래에 더운 공기가 정체하지 않도록 유의해야 한다.

④ 가동차양형

건물에 통합된 가변형 태양전지 차양시스템은 수평축을 따라 위/아래로 또는 수직축을 따라 좌/우로 태양방위와 고도에 따라 태양전지 모듈의 방위각이나 경사각을 조절할 수 있다.

① 가동차양형은 개별 창호의 상부 내지 건물 전체를 위한 차양기능을 수행하고 전기모터를 설치하여 자동으로 동작할 수 있도록 한다.
② 모터는 일간 및 연간 변동에 대해 시뮬레이션하여 태양전력생산이 최대가 되도록 한다. 그러나 구름이 낀 하늘이나 실제 일광 상황, 그리고 사용자의 개인적 요구를 고려하지 못한다는 단점이 있다.
③ 차양장치로서의 역할에서 태양전지 모듈이 차양의 기능을 만족시키지 못하는 경우도 발생한다.

5) 건물일체형 태양광발전(BIPV ; Bilding Integrated Photovoltaic) 시스템

BIPV시스템은 건축자재＋태양광발전시스템의 개념으로

① 건축재료와 발전기능을 동시에 발휘
② 태양광발전시스템 설계 시 건축설계자와 사전협의가 필요하다.
③ 태양전지 모듈을 지붕 파사드 · 블라인드 등 건물 외피에 적용한다.
④ 실리콘 태양전지에 비해 가격이 고가이고 효율이 낮아 적용실적은 낮다.

3. 수상에 설치하는 유형

1) 수상에 설치하는 시스템 유휴수면 위에 태양광 발전설비를 설치하는 것

2) 구성요소

① 구조체(Float) : 태양광 모듈을 설치할 수 있는 수상 부유체
② 계류장치 : 수위변동에 응동하면서 남향을 유지할 수 있도록 지지하는 장치
③ 태양광설비 : 구조체 위에 설치하는 태양광 어레이 접속함 등
④ 수중케이블 : 발전된 전력을 전기실까지 전송하는 전송로

3) 수상태양광의 장단점

① 장점
㉠ 국토의 효율적 이용 : 산지 및 농지 개발훼손 없이 개발 가능
㉡ 고효율 발전 : 수면위 냉각효과로 육상 태양광 비교하여 효율 상승
㉢ 생태보호 : 그늘형성으로 수상태양광 하부어류 개체수 증가 및 조류발생 억제

② 단점
㉠ 육상 태양광발전에 비해 설치비용 증가(약 20%)
㉡ 오염발생 시 어류 및 농산물에 악영향
㉢ 소규모 저수지 준설작업불가
㉣ 육상태양광 발전에 비해 운영 및 유지보수비 증가(약 50%)

14 태양전지 모듈의 검사

1. 출하 검사

① 전기적 특성검사
② 구조 및 조립시험
③ 절연저항시험
④ 강박시험
⑤ 내전압검사

2. 신뢰성 검사

① 내풍압검사
② 내습성 검사
③ 내열성 검사
④ 온도 사이클 테스트
⑤ 염수분무시험
⑥ 자외선(UV) 피복시험

003 실전예상문제

01 태양전지 모듈의 공칭최대출력은 표준시험 조건을 고려하여 측정한다. 다음 중 KSC에 규정된 표준시험조건을 올바르게 나타낸 것은?

일사강도	에어매스(AM)	태양전지 온도
㉠	㉡	㉢

① ㉠ 500[W/m^2] ㉡ 1.0 ㉢ 25[℃]
② ㉠ 500[W/m^2] ㉡ 1.5 ㉢ 20[℃]
③ ㉠ 1000[W/m^2] ㉡ 1.5 ㉢ 25[℃]
④ ㉠ 1000[W/m^2] ㉡ 1.0 ㉢ 20[℃]

풀이 표준시험 조건(STC ; Standard Test Condition)
- 소자 접합온도 25[℃]
- 대기질량지수 AM 1.5
- 조사강도 1,000[W/m^2]

02 태양전지 모듈의 표준시험 조건(STC ; Stand-ard Test Conditions)으로 맞는 것은?

① 모듈 표면온도 20[℃], 분광분포 AM 1.0, 방사조도 1,500[W/m^2]
② 모듈 표면온도 20[℃], 분광분포 AM 1.5, 방사조도 1,000[W/m^2]
③ 모듈 표면온도 25[℃], 분광분포 AM 1.0, 방사조도 1,500[W/m^2]
④ 모듈 표면온도 25[℃], 분광분포 AM 1.5, 방사조도 1,000[W/m^2]

03 태양전지 모듈의 표준시험에 사용되는 대기질량지수(AM)는?

① 0.0 ② 0.5
③ 1.0 ④ 1.5

풀이 태양전지 모듈의 표준시험에 사용되는 대기질량지수(AM)는 1.5이다.

04 태양전지의 표준시험(STC) 조건으로 적합하지 않은 것은?

① 수광조건은 대기질량정수(AM) 1.5의 지역을 기준으로 한다.
② 어레이 경사각은 30°를 기준으로 한다.
③ 빛의 일조강도는 1,000W/m^2 기준으로 한다.
④ 모든 시험의 기준온도는 25℃로 한다.

풀이 태양전지의 표준시험(STC) 조건의 에너지 밀도는 1m^{2}당 1,000W, 모듈 표면의 온도는 25℃, 대기질량정수는 AM 1.5이다.

05 태양전지 모듈의 표준시험 조건에서 전지온도는 25℃를 기준으로 하고 있다. 허용오차 범위로 옳은 것은?

① 25±0.5℃ ② 25±1℃
③ 25±2℃ ④ 25±3℃

풀이 태양광 모듈의 성능평가를 위한 표준검사 조건(STC ; Standard Test Condition)
- 1,000W/m^2 세기의 수직 복사 에너지
- 허용오차 ±2℃의 25℃의 태양전지 표면온도
- 대기질량정수 AM=1.5

06 공칭 태양전지 동작온도(NOCT ; Norminal Operating Cell Temperature)에서의 모듈의 성능 측정 시 적용되는 기준 분광 방사조도[W/m^2]는?

① 500 ② 800
③ 1,000 ④ 1,100

07 태양전지 또는 태양광발전시스템의 성능을 시험할 때 표준시험 조건(Standard Test Con-ditions)에서 적용되는 기준온도는?

① 18℃ ② 20℃
③ 22℃ ④ 25℃

정답 01 ③ 02 ④ 03 ④ 04 ② 05 ③ 06 ② 07 ④

풀이 태양전지 표준시험 조건(STC)
입사조도 1,000W/m², 온도 25℃, 대기질량정수 AM 1.5

08 태양전지의 표준시험(STC) 조건으로 적합하지 않은 것은?

① 수광조건은 대기질량정수(AM) 1.5의 지역을 기준으로 한다.
② 어레이 경사각은 45°를 기준으로 한다.
③ 빛의 일조강도는 1,000[W/m²]을 기준으로 한다.
④ 모든 시험의 기준온도는 25[℃]로 한다.

풀이 표준시험 조건(STC ; Standard Test Condition)
- 소자 접합온도 25[℃]
- 대기질량 지수 AM 1.5
- 조사강도 1,000[W/m²]
- 경사각 조건은 없으며, 시험광원과 모듈의 표면은 수직이어야 한다.

09 단결정 실리콘과 다결정 실리콘에 대한 설명이다. 다음 중 옳은 것은?

① 단결정에 비해 다결정의 순도가 높다.
② 단결정에 비해 다결정의 효율이 낮다.
③ 단결정에 비해 다결정의 원가가 높다.
④ 단결정에 비해 다결정의 제조공정이 복잡하다.

풀이 단결정 모듈과 다결정 모듈의 특징

구분	단결정 실리콘 셀	다결정 실리콘 셀
제조 방법	복잡하다.	단결정에 비해 간단하다.
실리콘 순도	높다.	단결정에 비해 낮다.
제조 온도	높다.	단결정에 비해 낮다.
효율	높다.	단결정에 비해 낮다.
원가	고가	단결정에 비해 저가

10 태양광발전시스템의 단결정 모듈의 특징으로 틀린 것은?

① 발전효율이 매우 우수하다.
② 제조공정이 간단하다.
③ 제조 온도가 높다.
④ 형상 변화가 어렵다.

11 다결정 실리콘 태양전지의 제조되는 공정 순서가 바르게 나열된 것은?

① 실리콘 입자 → 잉곳 → 웨이퍼슬라이스 → 셀 → 태양전지 모듈
② 실리콘 입자 → 웨이퍼슬라이스 → 잉곳 → 셀 → 태양전지 모듈
③ 잉곳 → 실리콘 입자 → 셀 → 웨이퍼슬라이스 → 태양전지 모듈
④ 잉곳 → 실리콘 입자 → 웨이퍼슬라이스 → 셀 → 태양전지 모듈

풀이
- 단결정 실리콘태양전지 모듈 제조공정
  실리콘 입자 → 도가니에서 실리콘 입자를 1,450[℃]로 용해(초크랄스키 공정) → 잉곳 생산 → 사각 절단 → 웨이퍼 슬라이스 → 인 확산 → 반사방지막 코팅 → 셀 → 모듈
- 다결정 실리콘태양전지 모듈 제조공정
  실리콘 입자 → 도가니에서 실리콘 입자를 1,450[℃]로 용해(주조공정) → 잉곳 생산 → 블록화 절단 → 웨이퍼 슬라이스 → 인 확산 → 반사방지막 코팅 → 셀 → 모듈

12 태양전지 모듈(module)의 구성 재료의 순서가 옳게 나열된 것은?

① EVA–태양전지–강화유리–Back Sheet–EVA
② EVA–강화유리–태양전지–EVA–Back Sheet
③ 강화유리–EVA–태양전지–EVA–Back Sheet
④ 강화유리–태양전지–EVA–Back Sheet–EVA

정답 08 ② 09 ② 10 ② 11 ① 12 ③

풀이 태양전지 모듈의 구성 재료의 순서는 다음 그림과 같다.

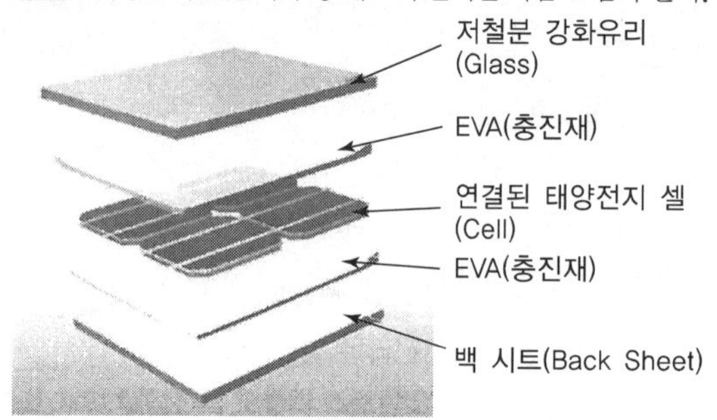

13 그림은 결정질 태양전지 모듈의 단면도를 나타낸 것이다. 다음 중 태양전지 모듈 구성 요소로 틀린 것은 무엇인가?

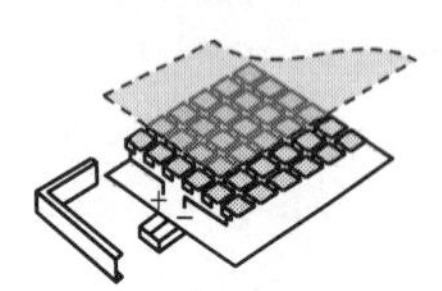

① 분전함 ② 백 시트(Back Sheet)
③ EVA ④ 프레임

풀이 그림과 같이 결정질 태양전지의 구성요소는 프레임(Frame), EVA(충진재), 백 시트(후면필름), 셀(Cell), 출력 단자함, 커버 글라스(Cover Glass : 저철분 강화유리) 구성된다.

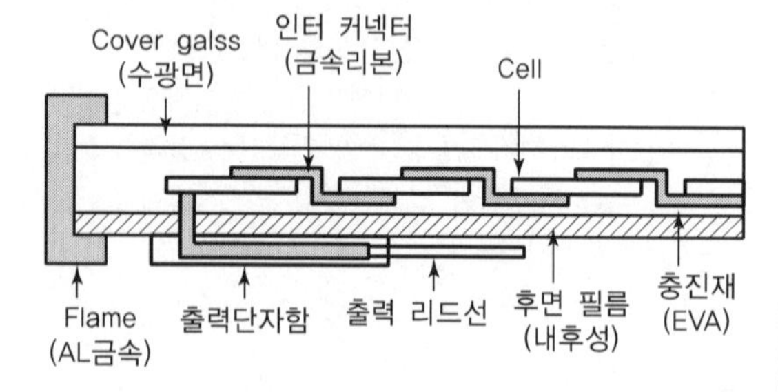

14 아래 표에서 설명하는 태양전지는 무엇인가?

> ㉠ 색소가 붙은 산화티타늄 등의 나노입자를 한쪽의 전극에 칠하고 또 다른 쪽 전극과의 사이에 전해액을 넣은 구조이다.
> ㉡ 색이나 형상을 다양하게 할 수 있어 패션, 인테리어 분야에도 이용할 수 있다.

① 유기 박막 태양전지
② 구형 실리콘 태양전지
③ 갈륨 비소계 태양전지
④ 염료 감응형 태양전지

풀이 염료 감응형 태양전지는 나노 크기의 염료의 산화환원반응을 이용하여 전기를 생산하는 태양전지

15 결정계 태양전지 모듈의 온도가 상승될 때 나타나는 특성은?

① 개방전압이 상승한다.
② 최대출력이 저하한다.
③ 방사조도가 감소한다.
④ 바이패스전압이 감소한다.

풀이 결정계 태양전지 모듈의 온도가 상승하면 개방전압과 최대출력은 저하하고, 단락전류는 미미한 상승을 한다.

16 태양전지 모듈 뒷면의 사양서에 표시되는 것이 아닌 것은?

① P_{max} ② V_{oc}
③ V_{max} ④ P

풀이 태양전지 모듈(250W) 뒷면 사양서에 표기되는 것

- 제조업자 명 또는 그 약호
- 제조연월일 및 제조번호 또는 제조번호를 알 수 있는 제조번호
- Nominal Peak Power(P_{max})
- Open Circuit Voltage(V_{oc})
- Short Circuit Current(I_{sc})
- Maximum Power Voltage(V_{max})
- Maximum Power Current(I_{max})

STC : 1,000W/m2, AM1.5, 25[℃]

정답 13 ① 14 ④ 15 ② 16 ④

17 결정계 태양광 모듈의 뒷면에 표시하여야 할 사항이 아닌 것은?

① 제조 연월일 또는 제조번호
② 내풍압성의 등급
③ 공칭 최대출력[W_p]
④ 역내전압[V]

풀이 역내전압의 표기는 아몰퍼스계 태양전지만 해당된다.

18 태양광발전시스템 모듈의 고장으로 틀린 것은?

① 핫 스팟 ② 백화현상
③ 부스바 과열 ④ 프레임 변형

풀이 모듈의 부스바는 단락전류에 충분히 견딜 수 있도록 설계되어 있어 과열이 발생하지 않는다.

19 태양전지 모듈의 후면 환기로 인한 발전량 손실을 없애기 위하여 자연통풍 적용 시 최소 이격공간은?

① 5~10[cm] ② 10~15[cm]
③ 15~20[cm] ④ 20~25[cm]

풀이 태양전지 모듈에 자연 통풍을 적용하고자 한다면 최소 10~15[cm]의 이격공간을 확보하여야 한다.

20 결정질 태양전지 모듈이 시리즈 인증은 기본모델(시리즈 기본모델)의 정격출력의 몇 [%] 범위 내의 모델에 대하여 적용하는가?

① 3[%] ② 5[%]
③ 7[%] ④ 10[%]

풀이 모듈의 시리즈 인증은 기본모델(시리즈 기본모델)의 정격출력의 10[%] 범위 내의 모델에 대하여 적용한다.

21 결정질 태양전지 모듈의 인증제품에 대한 최소한의 표시항목의 아닌 것은?

① 업체명 및 소재지
② 제품명 및 모델명
③ 정격 및 적용조건(최대시스템 전압 포함)
④ 제조원가 및 공급가격

풀이 결정질 태양전지 모듈의 표시항목
- 업체명 및 소재지
- 제품명 및 모델명
- 정격 및 적용조건
- 제조연월일
- 인증부여번호
- 기타사항
- 신재생에너지 설비인증표지

22 태양전지 모듈의 I－V 특성곡선에서 일사량에 따라 가장 많이 변화하는 것은?

① 저항 ② 온도
③ 전압 ④ 전류

풀이 일사량(방사조도)에 따라 가장 많이 변화하는 것은 그림(a)에서와 같이 전류이다.

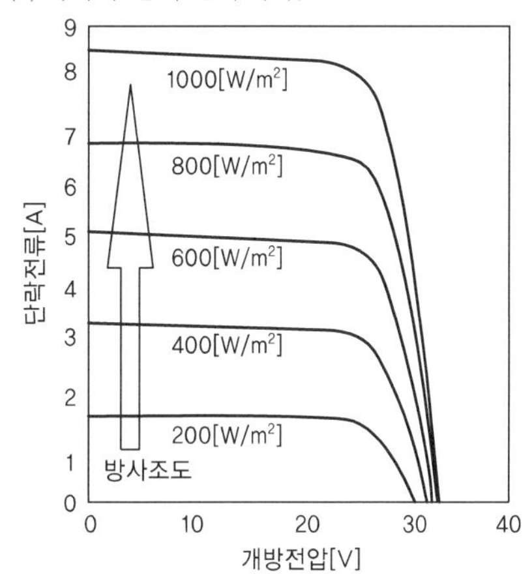

(a) 셀의 표면온도(25[℃]) 일정 시

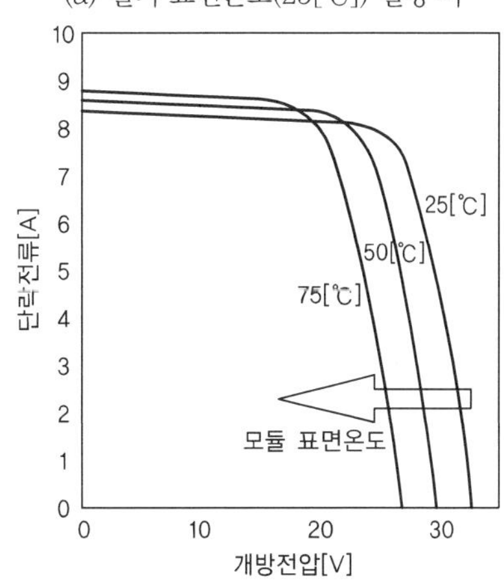

(b) 일조강도(1,000[W/m²]) 일정 시

정답 17 ④ 18 ③ 19 ③ 20 ④ 21 ④ 22 ④

23 결정계 태양전지 모듈의 온도가 상승될 때 나타나는 특성은?

① 개방전압이 상승한다.
② 최대출력이 저하한다.
③ 방사조도가 감소한다.
④ 바이패스전압이 감소한다.

풀이 결정계 태양전지 모듈의 온도가 상승하면 개방전압과 최대출력은 저하하고, 단락전류는 미미한 상승을 한다.

24 태양전지 모듈이 충분히 절연되었는지 확인하기 위한 습도 조건은?

① 상대습도 75% 미만
② 상대습도 80% 미만
③ 상대습도 85% 미만
④ 상대습도 90% 미만

풀이
- 절연시험 : 태양광발전 모듈에서 전류가 흐르는 부품과 모듈 테두리나 모듈 외부와의 사이가 충분히 절연되어 있는지를 보기 위한 시험으로, 상대 습도가 75%를 넘지 않는 조건에서 시험한다.
- 내습성시험 : 고온 · 고습 상태에서 사용 및 저장하는 경우의 태양전지 모듈의 적성을 시험한다. 태양모듈의 출력단자를 개방상태로 유지하고 방수를 위하여 염화비닐제의 절연테이프로 피복하여, 85±2℃, 상대습도 85±5%로 1,000시간 시험한다. 최소 회복시간은 2~4시간 이내이며, 외관 발전성능시험, 절연저항시험을 반복한다.

25 다음은 태양전지의 출력온도 특성에 대한 설명이다. 틀린 것은?

① 결정계 태양전지의 온도에 따른 출력감소율은 약 −0.45[%/℃]이다.
② 아몰퍼스계 태양전지의 온도에 따른 출력감소율은 약 −0.25[%/℃]이다.
③ 결정계 태양전지는 초기 열화에 의한 변화효율의 저하가 심하게 생긴다.
④ 아몰퍼스계 태양전지는 초기열화에 의한 변화효율의 저하가 생긴다.

풀이 아몰퍼스계 태양전지만이 초기열화에 의한 변환효율의 저하가 심하게 생긴다.

26 태양전지 모듈의 전기기기 공사에서 시공 전과 완료 후에 확인하기 위한 체크리스트에 포함되지 않아도 되는 것은?

① 어레이 설치방향
② 피뢰소자의 배치 유무
③ 모듈용량
④ 모듈 개방전압

풀이 **태양광발전시스템 전기시공 체크리스트**
어레이 설치방향, 기후, 시스템 제조회사명, 용량, 연계 여부, 모듈번호표, 직렬 병렬 등이 있다.

27 태양광 발전량의 제한요인에 관한 설명으로 옳은 것은?

① 우리나라 일사량은 전 지역에 동일하다.
② 계절 중 겨울에 발전량이 가장 많다.
③ 태양광이 모듈표면에 20℃로 쬐일 때 발전량이 최대이다.
④ 태양전지 어레이를 정남향으로 배치 시 발전량이 최대이다.

풀이 ① 일사량은 지역에 따라 다르다.
② 계절 중 봄, 가을의 발전량이 가장 많다.
③ 태양광이 모듈표면에 25℃로 쬐일 때 발전량이 최대이다.

28 태양광 모듈 어레이 설치 후 확인 점검 시 사용하는 기기로만 짝지어진 것은?

① 교류전압계, 교류전류계
② 교류전압계, 직류전류계
③ 직류전압계, 직류전류계
④ 직류전압계, 교류전류계

풀이 어레이출력은 직류이다. 따라서 직류전압계와 직류전류계가 필요하다.

정답 23 ② 24 ① 25 ③ 26 ② 27 ④ 28 ③

29 태양전지 모듈의 배선이 모두 끝난 후 실시하는 어레이 검사항목이 아닌 것은?

① 전압극성 확인　　② 단락전류 측정
③ 비접지의 확인　　④ 개방전류 확인

풀이 개방전압은 측정할 수 있지만, 개방전류라는 용어는 존재할 수 없는 용어이다.

30 태양전지 모듈 및 어레이 설치 후 확인 및 점검사항이 아닌 것은?

① 비접지 확인　　② 개방전류 측정
③ 전압극성의 확인　　④ 모듈전압의 확인

풀이 태양전지 어레이 배선이 끝나면 극성 및 전압, 단락전류, 비접지를 확인하며, 개방전류라는 용어는 없다.

31 태양전지 모듈의 전류-전압특성이 개방전압 150[V], 최대출력 동작전압 100[V], 단락전류 100[A], 최대출력 동작전류 50[A]일 때 최대출력(P_{mpp})은?

① 4,000　　② 5,000
③ 7,500　　④ 15,000

풀이 최대출력(P_{mpp})
=최대출력 동작전압×최대출력 동작전류
=100×50=5,000[W]

32 다음 〈보기〉에서 태양광 모듈의 설치가 가능한 위치를 모두 나타낸 것은?

ⓐ 유리창
ⓑ 경사지붕
ⓒ 벽
ⓓ 평면지붕

① ⓐ, ⓑ, ⓒ　　② ⓐ, ⓒ, ⓓ
③ ⓑ, ⓒ, ⓓ　　④ ⓐ, ⓑ, ⓒ, ⓓ

풀이 건축물에서 태양광 모듈의 설치 가능한 위치는 보기 항목 모두이다.

33 지붕에 설치하는 태양광발전 형태로 틀린 것은?

① 창재형
② 지붕설치형
③ 톱라이트형
④ 지붕건재형

풀이 창재형은 창에 설치하는 것으로, 지붕에 설치하는 태양광발전 형태가 아니다.

34 아트리움 지붕 및 천장에 설치되는 BIPV 적용 시 고려사항이 아닌 것은?

① BIPV-판유리는 이중유리-모듈구조로 설치
② 건물 내부 쪽에 위치하는 유리는 강화접합유리를 사용
③ 단열유리가 적용된 PV-천장유리에 대해서는 붕괴 방지를 위해 접합안전유리를 사용
④ 구배를 고려할 필요가 없어 모든 곳에 적용할 수 있다.

풀이 오염물이 쌓이는 것을 방지하기 위해 구배진 구조물을 해야 한다.

35 평지붕에 PV-모듈을 설치할 때, 설치위치, 배치 및 적절한 PV-통합형식에 영향을 미치는 요소가 아닌 것은?

① 견딜 수 있는 하중
② 지붕의 색
③ 지붕의 용도(디딜 수 있는 / 없는, 체류공간의 사용용도 등)
④ 지붕의 구성(통풍이 되는 / 안 되는 구조, 녹화 지붕 등)

풀이 지붕의 색채는 영향을 미치지 않는다.

정답 29 ④ 30 ② 31 ② 32 ④ 33 ① 34 ④ 35 ②

36 경사 지붕형 태양광발전시스템의 설치를 위한 지붕의 요건으로 적합하지 않은 것은?

① 가능한 넓고, 균일하며, 평평하고, 남향을 향한 경사진 지붕
② PV-모듈의 최대 출력을 가져올 수 있는 지붕 경사각(20°~40°)
③ 지붕형태에 의해 부분적으로나 전체적으로 그림자가 생기지 않을 것
④ 모듈에 의해 단열성능이 뛰어난 구조의 지붕

풀이 단열성능이 뛰어난 구조의 지붕은 통풍효과가 감소하여 온도에 의한 출력이 감소한다.

37 태양광 발전시스템의 어레이 설치 종류가 아닌 것은?

① 양축식 ② 일자식
③ 단축식 ④ 고정식

풀이 어레이 설치 종류에는 고정식, 고정가변식, 추적식(단축식, 양축식)이 있다.

38 지상용 태양광발전시스템의 태양전지 어레이 설치방식에서 발전량을 가능한 최대로 발전하기 위한 설치방식은?

① 경사가변형의 반고정식
② 경사 고정식
③ 단축 추적식
④ 양축 추적식

풀이 발전량 비교
경사 고정식 < 경사가변형의 반고정식 < 단축 추적식 < 양축 추적식

39 태양광발전시스템에서 태양전자판에 항상 태양의 직달 일사량이 최대가 되도록 태양을 추적하는 방식 중 가장 이상적인 추적 방식은?

① 감지식 추적법 ② 혼합식 추적법
③ 프로그램 추적법 ④ 단독식 추적법

풀이 혼합식 추적법은 프로그램 추적식과 감지식 추적법을 혼합하여 추적하는 방식으로 가장 이상적인 추적 방식이다.

40 지상용 태양광발전시스템의 태양전지 어레이 설치방식에서 발전량이 최소가 되는 설치방식은?

① 경사가변형의 반고정식
② 경사 고정식
③ 양축 추적식
④ 단축 추적식

풀이 설치방식에 따른 발전효율
경사 고정식 < 경사가변형의 반고정식 < 단축 추적식 < 양축 추적식

41 태양광발전시스템의 어레이 지지방식 중 도서지역에서 설치 시 표준이 되는 방식은?

① 추적형 어레이 방식
② 반고정형 어레이 방식
③ 고정형 어레이 방식
④ 단축 어레이 방식

풀이 어레이 지지방식에는 추적식 어레이 방식, 반고정형 어레이 방식, 고정형 어레이 방식이 있으며, 국내 도서지역 표준은 고정형 어레이 방식이다.

42 태양전지 모듈의 기대수명은 몇 년 이상으로 하는가?

① 2년 ② 10년
③ 15년 ④ 20년

풀이 결정질 태양전지의 기대수명은 20년 이상이다.

정답 36 ④ 37 ② 38 ④ 39 ② 40 ② 41 ③ 42 ④

43 연료전지 및 태양전지 모듈의 절연내력에 대한 설명 중 ( ) 안에 들어갈 내용으로 옳은 것은?

> 연료전지 및 태양전지 모듈로 최대사용전압의 (ⓐ)의 직류전압 또는 1배의 교류전압(500[V] 미만으로 되는 경우에는 500[V])을 충전부분과 대지 사이에 연속하여 (ⓑ)간 가하여 절연내력을 시험하였을 때 견디는 것

① ⓐ : 1.5배, ⓑ : 10분 ② ⓐ : 1.5배, ⓑ : 15분
③ ⓐ : 2배, ⓑ : 10분 ④ ⓐ : 2배, ⓑ : 15분

풀이 전기설비기술기준의 판단기준 제15조(연료전지 및 태양전지 모듈의 절연내력)
연료전지 및 태양전지 모듈로 최대사용전압의 1.5배의 직류전압 또는 1배의 교류전압(500[V] 미만으로 되는 경우에는 500[V])을 충전부분과 대지 사이에 연속하여 10분간 가하여 절연내력을 시험하였을 때 견디는 것

44 태양전지 모듈은 최대사용전압 몇 배의 직류전압을 충전부분과 대지 사이에 연속하여 10분간 가하여 절연내력을 시험하였을 때 이에 견디어야 하는가?

① 0.92 ② 1
③ 1.25 ④ 1.5

풀이 전기설비 기술기준 및 판단기준 제15조(연료전지 및 태양전지 모듈의 절연내력)
연료전지 및 태양전지 모듈로 최대사용전압의 1.5배의 직류전압 또는 1배의 교류선압(500[V] 미만으로 되는 경우에는 500[V]을 충전부분과 대지 사이에 연속하여 10분간 가하여 절연내력을 시험하였을 때 견디어야 한다.

45 태양전지 모듈의 단락전류를 측정하는 계측기는?

① 저항계 ② 전력량계
③ 직류 전류계 ④ 교류 전류계

풀이 태양전지 모듈 검사 내용
- 전압 극성 확인 : 멀티테스터, 직류전압계로 확인
- 단락전류 측정 : 직류전류계로 측정
- 비접지 확인(어레이)

46 결정질 태양전지 모듈의 절연내력시험 및 절연저항 측정시험 시 인가전압 상승률은?

① 100[V/s] ② 300[V/s]
③ 500[V/s] ④ 700[V/s]

풀이 결정질 태양전지 모듈의 절연시험
- 절연내력시험은 최대 시스템 전압의 2배에 1,000[V]를 더한 것과 같은 전압을 최대 500[V/s] 이하의 상승률로 태양전지 모듈의 출력단자와 패널 또는 접지단자(프레임)에 1분간 유지한다.(단, 최대 시스템 전압이 500[V] 이하일 때 인가전압은 500[V]로 한다.
- 절연저항시험은 시험기 전압을 500[V/s]를 초과하지 않는 상승률로 500[V] 또는 모듈 시스템의 최대 전압이 500[V]보다 큰 경우 모듈의 최대시스템 전압까지 올린 후 이 수준에서 2분간 유지한다.

47 태양전지의 후면 환기가 되지 않는 경우에 발생되는 발전량 손실은?

① 약 2[%]
② 약 5[%]
③ 약 10[%]
④ 약 15[%]

풀이 모듈 후면 환기가 되지 않는 경우 발전량 손실은 약 10[%] 정도이다.

48 태양전지 모듈의 절연내력시험을 교류로 실시할 경우 최대사용전압이 380[V]이면 몇 [V]로 해야 하는가?

① 380 ② 500
③ 1,000 ④ 1,500

정답 43 ① 44 ④ 45 ③ 46 ③ 47 ③ 48 ②

풀이 태양전지 모듈의 절연내력시험은 태양전지 어레이의 개방전압을 최대 사용전압으로 간주하여 최대사용전압의 1.5배의 직류전압이나 1배의 교류전압을 10분간 인가하여 절연파괴 등의 이상이 발생하지 않아야 한다.(단, 교류전압이 500[V] 미만일 때에는 500[V]로 한다.)

49 태양광 모듈의 수명에 영향을 미치는 요인과 가장 관계가 적은 것은?

① 태양광에 의한 열화
② 기상환경에 의한 열화
③ 열에 의한 열화
④ 기계적 충격에 의한 열화

풀이 태양광 모듈은 옥외에서 약 20년 이상 장기간 사용되므로 자외선, 온도변화, 습도, 바람, 적설, 우박 등에 의한 기계적 스트레스, 염분, 기타 부식성 가스 또는 모래, 분진 등의 영향을 받는다. 태양광 모듈 수명에 미치는 영향은 크게 기상환경에 의한 열화, 열에 의한 열화, 기계적 충격에 의한 열화로 분류할 수 있다.

50 스트링(string)이란?

① 단위시간당 표면의 단위면적에 입사되는 태양에너지
② 태양전지 모듈이 전기적으로 접속된 하나의 직렬군(群)
③ 태양전지 모듈이 전기적으로 접속된 하나의 병렬군(群)
④ 단위시간당 표면의 총면적에 입사되는 태양에너지

풀이 스트링(string)이란 태양전지 모듈이 전기적으로 접속된 하나의 직렬 군(群)이다.

51 태양광발전설비에서 1스트링(string)의 직렬 매수 산정식에 해당하는 것은?(단, 주변 온도를 고려하지 않은 경우이다.)

① $\dfrac{\text{인버터의 교류입력전류}}{\text{모듈최대출력동작전류}}$

② $\dfrac{\text{인버터의 직류입력전압}}{\text{모듈최대출력동작전압}}$

③ $\dfrac{\text{인버터의 직류입력전압}}{\text{모듈최대출력동작전류}}$

④ $\dfrac{\text{인버터의 직류입력전류}}{\text{모듈최대출력동작전류}}$

풀이 1) 온도를 무시한 모듈의 1 스트링(String)의 직렬 매수

$$= \frac{\text{인버터의 직류입력전압}}{\text{모듈최대출력동작전압}}$$

2) 셀의 온도를 고려한 최대 직렬수

$$= \frac{\text{인버터의 최고입력전압}}{\text{최저온도일 때의 개방전압}}$$

3) 셀의 온도를 고려한 최소 직렬수

$$= \frac{\text{인버터의 최저입력전압}}{\text{최고온도일 때의 운전전압}}$$

52 태양전지 모듈의 배선작업이 끝난 후 확인하여야 하는 사항이 아닌 것은?

① 각 모듈의 극성 확인
② 전압 확인
③ 단락전류 측정
④ 전력량계 동작 확인

풀이 모듈의 배선작업이 끝난 후에 모듈의 극성 · 전압 확인, 단락전류 측정

53 태양전지 모듈 간의 배선작업이 완료된 후 확인하여야 할 사항으로 틀린 것은?

① 전압 및 극성의 확인
② 일사량 및 온도의 확인
③ 비접지의 확인
④ 단락전류의 확인

풀이 태양전지 모듈의 설치가 완료된 후에는 전압 및 극성, 단락전류, 비접지를 확인한다.

- 전압 극성 : 멀티테스터, 직류전압계로 사용
- 단락 전류 : 직류전류계로 측정

정답 49 ① 50 ② 51 ② 52 ④ 53 ②

54 태양광발전모듈의 고장원인이 아닌 것은?

① 제조결함 ② 시공불량
③ 동결파손 ④ 새의 배설물

풀이 태양광발전모듈은 물과 같은 액체를 사용하지 않으므로 동결 파손이 고장원인이 되지는 않는다.

55 동작 불량의 스트링이나 태양전지 모듈의 검출 및 직렬 접속선의 결선 누락사고 등을 검출하기 위한 측정으로 옳은 것은?

① 단락전류 측정 ② 개방전압 측정
③ 절연저항 측정 ④ 정격전류 측정

풀이
- 개방전압 : 동작 불량의 스트링이나 태양전지 모듈의 검출 및 직렬 접속선의 결선 누락사고 등을 검출하기 위한 측정
- 절연저항 : 모듈의 절연상태 확인을 위한 측정
- 단락전류 : 모듈의 오염, 크랙, 음영에 의한 전류감소 등을 확인하기 위한 측정

56 태양전지 어레이의 동작 불량 스트링이나 태양전지 모듈의 검출 및 직렬 접속선의 결선누락사고, 잘못 연결된 극성 등을 검출하기 위해 측정하는 것은?

① 누설전류 ② 개방전압
③ 접지저항 ④ 절연저항

풀이 개방전압의 측정 목적은 동작 불량 스트링이나 태양전지 모듈의 검출 및 직렬 접속선의 결선누락사고, 잘못 연결된 극성 등을 검출하기 위해서 측정한다.

57 태양광발전 모듈의 고장원인으로 제조공정상 불량이 아닌 것은?

① 핫 스팟(Hot spot) ② 적화현상
③ 백화현상 ④ 프레임 변형

풀이 프레임 변형은 출하 후 물리적 힘에 의해 발생된다.

58 다음의 괄호 안에 알맞은 내용은?

> (   )(이)라는 자연조건은 태양광 출력을 수시로 변동하게 하는 가장 직접적인 요소이다.

① 풍속 ② 습도
③ 일사량 ④ 강우량

풀이 태양광발전의 출력은 일사량에 의존하며, 온도에도 많이 좌우된다.

59 접속반에 입력되는 태양전지 모듈의 공칭스트링 전압이 512[V]이고 모듈의 공칭전압은 32[V]이다. 이때 하나의 스트링에는 몇 개의 모듈이 직렬로 연결되어야 하는가?

① 12개 ② 16개
③ 18개 ④ 20개

풀이 모듈 직렬 수

$$= \frac{\text{스트링 공칭전압}}{\text{모듈 공칭전압}} = \frac{512}{32} = 16[\text{개}]$$

60 결정질 태양전지 모듈의 최대출력결정시험 시 시료의 매수기준은?

① 3매 ② 6매
③ 9매 ④ 11매

풀이 표준시험 조건(STC)에서 최대출력결정시험의 시료는 9매를 기준으로 한다.

61 인버터 직류 입력 전압이 300[V]이고, 모듈 최대출력동작전압이 20[V]인 경우 태양전지 모듈 직렬 매수는?

① 15 ② 16
③ 17 ④ 18

풀이 태양전지 모듈에 대한 온도, 출력감소율 등이 주어지지 않은 경우는 인버터의 입력전압을 모듈 최대 동작전압으로 나누어 모듈의 직렬 매수를 계산한다.

$$\text{모듈의 직렬 매수} = \frac{300}{20} = 15$$

정답 54 ③ 55 ② 56 ② 57 ④ 58 ③ 59 ② 60 ③ 61 ①

62 태양전지 어레이의 출력 확인 방법이 아닌 것은?

① 단락전류의 확인
② 절연저항의 측정
③ 모듈의 정격전압 측정
④ 모듈의 정격전류 측정

풀이 절연저항의 측정은 인체감전 및 화재예방을 위한 것으로, 태양전지 어레이의 출력 확인 방법이 아니다.

63 태양전지 모듈 간의 직 · 병렬 배선에 대한 설명으로 틀린 것은?

① 태양전지 셀의 각 직렬군은 동일한 단락전류를 가진 모듈로 구성해야 한다.
② 태양전지 모듈 간의 배선은 단락전류에 충분히 견딜 수 있도록 2.5[mm^2] 이상의 전선을 사용하여야 한다.
③ 케이블이나 전선은 모듈 이면에 설치된 전선관에 설치되어야 하며. 이들의 최소 굴곡반경은 각 지름의 4배 이상이 되도록 하여야 한다.
④ 1대의 인버터에 연결된 태양전지 셀 직렬군이 2병렬 이상인 경우에는 각 직렬군의 출력전압이 동일하게 형성되도록 배열해야 한다.

풀이 케이블이나 배관의 최소 굴곡반경은 각 지름의 6배 이상이 되도록 하여야 한다.

64 태양광 모듈의 최대출력(P_{max})의 의미는?

① $V \times I$
② $V_{oc} \times I_{sc}$
③ $V_{oc} \times I_{mpp}$
④ $V_{mpp} \times I_{mpp}$

풀이 태양광 모듈의 최대출력(P_{max}) = $V_{mpp} \times I_{mpp}$이다.

65 태양전지를 가정에서 전력용으로 사용하기 위해서는 전압, 전류를 고려하여야 하는데, 괄호 안에 들어갈 내용으로 옳은 것은?

> 전압을 증가시키기 위해서는 (㉠)로 연결하고
> 전류를 증가시키기 위해서는 (㉡)로 연결한다.

① ㉠ 직렬, ㉡ 직렬
② ㉠ 병렬, ㉡ 병렬
③ ㉠ 직렬, ㉡ 병렬
④ ㉠ 병렬, ㉡ 직렬

풀이 전압을 증가시키기 위해서는 태양전지를 직렬로 연결하고 전류를 증가시키기 위해서는 태양전지를 병렬로 연결하여 사용한다.

66 결정계 태양전지 모듈이 온도가 떨어질 때 나타나는 특성은?

① 개방전압이 상승한다.
② 최대출력이 저하한다.
③ 운전전류가 증가한다.
④ 단락전류가 증가한다.

풀이 결정계 태양전지 모듈의 온도가 떨어지면 개방전압과 최대출력은 상승하고, 단락전류와 운전전류는 감소한다.

67 태양전지 모듈의 바이패스 다이오드 소자는 대상 스트링 공칭 최대출력 동작전압의 몇 배 이상 역내압을 가져야 하는가?

① 1.0배　② 1.5배
③ 2.0배　④ 2.5배

풀이 모듈의 바이패스 다이오드 소자의 역내전압은 대상 스트링 공칭 최대출력 동작전압의 1.5배 이상이어야 한다.

정답 62 ② 63 ③ 64 ④ 65 ③ 66 ① 67 ②

68 다음은 태양광 모듈에 접속된 다이오드를 연결한 것이다. 다이오드의 명칭은 무엇인가?

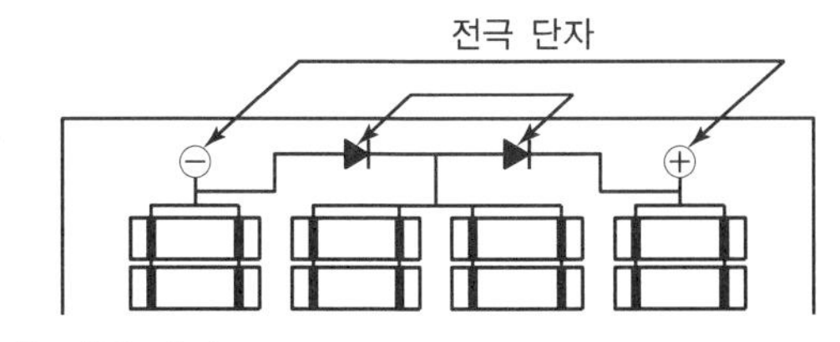

① 정류 다이오드
② 제어 다이오드
③ 바이패스 다이오드
④ 역전압 방지 다이오드

풀이 바이패스 다이오드는 모듈을 구성하는 일부 셀에 음영이 진 경우 발생할 수 있는 열점(Hot spot) 및 출력 저감을 방지하기 위해 모듈 후면 단자함에 부착된다.

69 바이패스 소자의 역내 전압은 셀의 최대 출력 전압의 몇 배 이상이 되도록 선정해야 하는가?

① 0.7
② 1.0
③ 1.5
④ 2.0

풀이 바이패스 소자의 역내 전압은 셀의 최대 출력전압의 1.5배 이상이 되도록 선정해야 한다.

70 태양전지 모듈의 일부 셀에 음영이 발생하면 그 부분은 발전량 저하와 동시에 저항에 의한 발열을 일으킨다. 이러한 출력저하 및 발열을 방지하기 위해 설치하는 다이오드는?

① 역저지 다이오드
② 발광 다이오드
③ 바이패스 다이오드
④ 정류 다이오드

풀이 • 바이패스 다이오드
오염이 생긴 셀은 전기적으로 부하가 되어 역전류 방향의 전류를 소비한다. 또한 셀의 재료가 손상되는 한계까지 가열되어 열점(Hot Spot)을 만들고 이때 오염된 모듈의 셀을 통해 역전류가 순간적으로 흐른다. 이러한 현상으로 셀이 파괴되면 그 셀에 직렬 연결된 스트링은 모두 발전을 못하게 된다. 만약 모듈마다 바이패스 다이오드를 설치한다면 고장이 난 모듈을 우회하여 나머지 모듈들은 정상적으로 발전을 하게 된다.
• 역전류 방지 다이오드
발전된 전기나 축전지 혹은 계통상의 전기가 태양광 모듈로 거꾸로 들어오는 것을 방지할 목적으로 설치한다.

71 결정계 태양전지 모듈의 구성요소가 아닌 것은?

① 역류방지 다이오드
② 인터 커넥터
③ 충진재(EVA)
④ 표면재(강화유리)

풀이 역류방지 다이오드는 접속함에 설치된다.

72 태양광발전시스템의 태양전지 모듈 설치 시 고려사항이 아닌 것은?

① 모듈의 직렬매수는 인버터의 입력전압 범위에서 선정한다.
② 모듈의 접지는 전기적 연속성이 유지되지 않아야 하므로 생략한다.
③ 모듈의 설치는 가대의 하단에서 상단으로 순차적으로 조립한다.
④ 모듈과 가대의 접합 시 전식 방지를 위해 개스킷을 사용하여 조립한다.

풀이 모듈의 접지는 모듈이나 패널을 하나 제거하더라도 태양광 전원회로에 접속된 접지도체의 전기적 연속성은 유지되어야 한다.

73 태양광 발전시스템의 태양전지 어레이 설치 시 준비 및 주의사항으로 틀린 것은?

① 가대 및 지지대는 현장에서 직접 용접하여 견고하게 설치한다.
② 태양전지 어레이 기포면 수평기, 수평줄을 확보한다.
③ 너트의 풀림방지는 이중너트를 사용하고 스프링 와셔를 체결한다.

정답 68 ③ 69 ③ 70 ③ 71 ① 72 ② 73 ①

④ 지지대 기초 앵커볼트의 유지 및 매립은 강제 프레임 등에 의하여 고정하는 방식으로 한다.

풀이 가대 및 지지대는 현장에서 직접 용접하지 않아야 한다. 현장 용접 시 용접부위의 부식이 발생할 수 있다.

74 태양전지 어레이를 설치하기 위한 기초의 요구 조건으로 틀린 것은?

① 허용 침하량 이상의 침하
② 설계하중에 대한 안정성 확보
③ 현장여건을 고려한 시공 가능성
④ 환경변화, 국부적 지반 쇄굴 등에 대한 저항

풀이 태양전지 어레이를 설치하기 위한 기초의 요구 조건은 허용 침하량 이하의 침하이어야 한다.

75 태양전지 모듈이 시공기준에 대한 설명으로 틀린 것은?

① 전기줄, 피뢰침, 안테나 등의 미약한 음영도 장애물로 본다.
② 태양전지 모듈 설치열이 2열 이상인 경우 앞열은 뒷열에 음영이 지지 않도록 설치하여야 한다.
③ 장애물로 인한 음영에도 불구하고 일조시간은 1일 5시간(춘계(3~5월), 추계(9~11월)기준) 이상이어야 한다.
④ 설치용량은 사업계획서상의 모듈 설계용량과 동일하여야 하나 동일하게 설치할 수 없는 경우에 한하여 설계용량의 110[%] 이내까지 가능하다.

풀이 전기줄, 피뢰침, 안테나 등 경미한 음영은 장애물로 보지 아니한다.

76 태양전지 모듈의 배선을 지중으로 시공하는 경우의 설명으로 틀린 것은?

① 지중배선과 지표면의 중간에 매설표시 시트를 포설한다.
② 지중배관 시 중량물의 압력을 받는 경우 0.6[m] 이상의 깊이로 매설한다.
③ 지중매설배관은 배선용 탄소강 강관, 내충격성 경화비닐 전선관을 사용한다.
④ 지중전선로의 매설개소에는 필요에 따라 매설 깊이, 전선방향 등을 지상에 표시한다.

풀이 지중배관 시 중량물의 압력을 받는 경우 1.2[m] 이상의 깊이로 매설한다.

77 태양광 모듈의 단면은 여러 층으로 이루어져 있다. 이러한 층을 이루는 재료 중에 태양전지를 외부의 습기와 먼지로부터 차단하기 위하여 현재 가장 일반적으로 사용하는 충진재는?

① Glass ② EVA
③ Tedlar ④ FRP

78 주택용 태양광발전시스템 시공 시 유의할 사항으로 옳지 않은 것은?

① 지붕의 강도는 태양전지를 설치했을 때 예상되는 하중에 견딜 수 있는 강도 이상이어야 한다.
② 가대, 지지기구, 기타 설치부재는 옥외에서 장시간 사용에 견딜 수 있는 재료를 사용해야 한다.
③ 지붕구조 부재와 지지기구의 접합부에는 적절한 방수처리를 하고 지붕에 필요한 방수성능을 확보해야 한다.
④ 태양전지 어레이는 지붕 바닥면에 밀착시켜 빗물이 스며들지 않도록 설치하여야 한다.

풀이 태양전지 모듈의 온도상승으로 인한 효율저하를 방지하기 위해 지붕 바닥면은 10~15cm 이상의 간격을 두는 것이 좋다.

79 지붕에 설치하는 태양전지 모듈의 설치방법으로 틀린 것은?

① 시공, 유지보수 등의 작업을 하기 쉽도록 한다.
② 온도상승을 방지하기 위해 지붕과 모듈 간에는 간

정답 74 ① 75 ① 76 ② 77 ② 78 ④ 79 ④

격을 둔다.

③ 모듈 고정용 볼트, 너트 등은 상부에서 조일 수 있어야 한다.

④ 태양전지 모듈의 설치방법 중 세로 깔기에서는 모듈의 긴 쪽이 상하가 되도록 한다.

풀이 태양전지 모듈의 설치방법 중 가로 깔기는 모듈의 긴 쪽이 상하가 되도록 하는 것이며, 세로 깔기는 모듈의 긴 쪽이 좌우가 되도록 하는 것이다.

80 다음은 직병렬 어레이 회로를 나타내고 있다. 그림에서 음영 발생으로 흑색 부분 모듈 출력값이 85W를 나타내고 있을 때 각 회로에서의 총 출력값은 얼마인가?

㉠

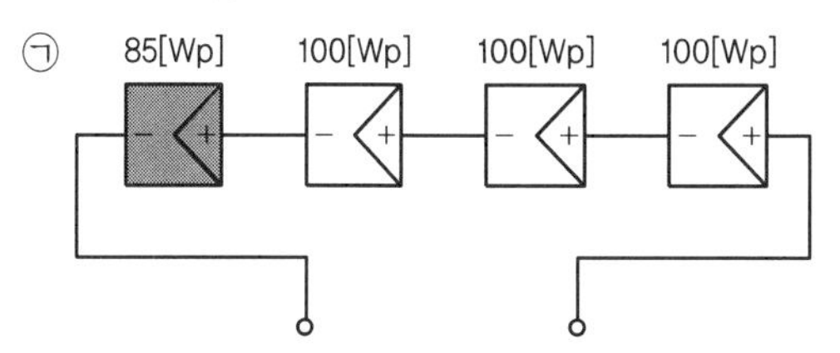

㉡

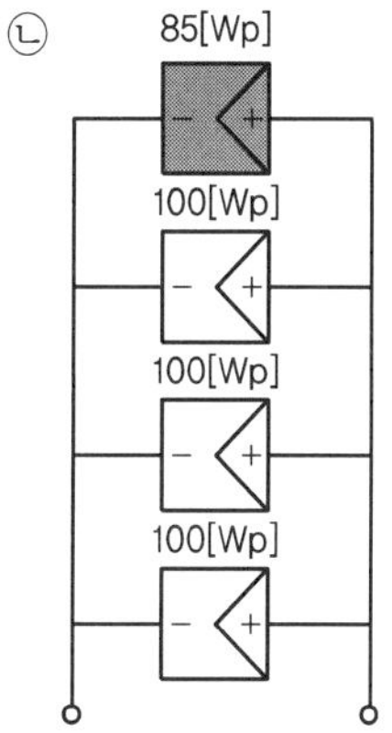

① ㉠ 385W, ㉡ 385W ② ㉠ 340W, ㉡ 385W
③ ㉠ 385W, ㉡ 340W ④ ㉠ 85W, ㉡ 385W

풀이 ㉠ 직렬연결모듈 : 음영이 생긴 모듈의 출력만큼의 전류만 흐른다. 85×4=340W
㉡ 병렬연결모듈 : 모듈별 출력이 발전된다. 85+100+100+100=385W

81 그림의 회로는 축전지 회로 구성을 나타낸 것이다. 축전지 전체 출력단자 A와 B 사이의 전압 축전지 용량은 각각 얼마인가?(단, 1개의 축전지 용량은 12[V], 150[Ah]이다.)

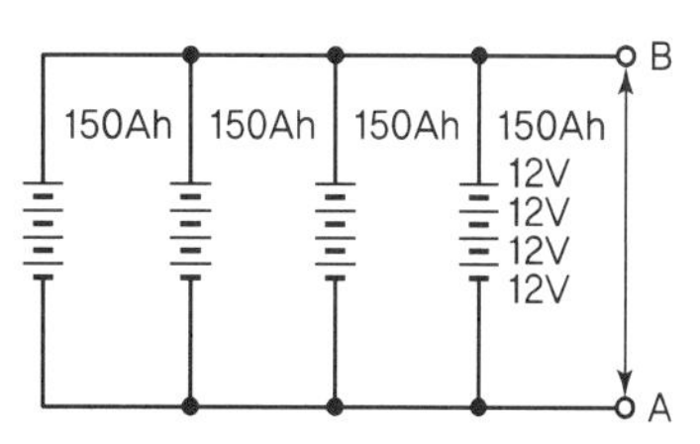

① DC 48[V], 150[Ah] ② DC 24[V], 150[Ah]
③ DC 48[V], 600[Ah] ④ DC 24[V], 600[Ah]

풀이 배터리 및 모듈의 직렬연결 시에는 전압이 가산되고, 병렬연결 시에는 전류가 가산된다.
- 전압(V) = 12[V]×4=48[V]
- 전류(I) =150[Ah]×4=600[Ah]

82 그림은 PV(Photovoltaic) 어레이의 구성도를 나타낸 것이다. 전류 I[A]와 단자 A, B 사이의 전압 [V]은?

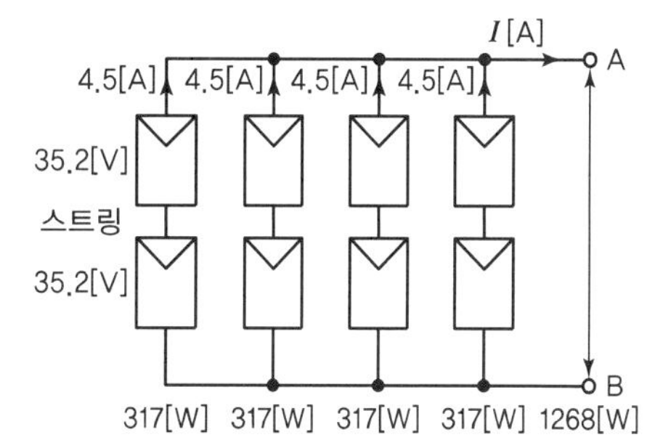

① 4.5[A], 35.2[V] ② 4.5[A], 70.4[V]
③ 18[A], 35.2[V] ④ 18[A], 70.4[V]

풀이 직렬연결은 전압이 상승하고, 병렬연결은 전류가 상승하다.
- 전류=4.5[A]×4개 병렬=18[A]
- 전압=35.2[V]×2개 직렬=70.4[V]

정답 80 ② 81 ③ 82 ④

83 표준시험 조건(STC)에서 직류 전원 케이블 굵기 산정에 필요한 최대 발생전류는 약 몇 A인가? (단, 태양광발전시스템 어레이 단락전류는 6.83A 이다.)

① 7.51A ② 8.54A
③ 10.25A ④ 13.66A

풀이 직류 전원 케이블 굵기 산정에 필요한 최대 발생전류는 단락전류의 1.25배이다.
$6.83 \times 1.25 = 8.5375 \fallingdotseq 8.54[A]$

84 일조강도가 $1,000[W/m^2]$, 모듈의 최대출력이 310[Wp], 모듈의 크기가 1,960×980[mm]일 때 이 모듈의 효율[%]은?

① 15.14 ② 15.76
③ 16.14 ④ 16.76

풀이 모듈의 효율

$$\eta = \frac{\text{모듈의 최대출력}}{\text{표준일조강도} \times \text{면적}} \times 100[\%]$$

$$= \frac{310}{1,000 \times 1.96 \times 0.98} \times 100 = 16.14[\%]$$

85 태양광발전시스템의 태양전지 어레이의 접지저항 값은 몇 Ω 이하인가?

① 10 ② 30
③ 50 ④ 100

풀이 태양전지 어레이의 접지공사는 제3종 접지공사로 접지저항 값은 100Ω 이하이다.

86 태양전지 모듈 시공 시의 안전대책에 대한 고려사항으로 적절하지 않은 것은?

① 절연된 공구를 사용한다.
② 강우 시에는 반드시 우비를 착용하고 작업에 임한다.
③ 안전모, 안전대, 안전화, 안전허리띠 등을 반드시 착용한다.
④ 작업자는 자신의 안전확보와 2차 재해방지를 위해 작업에 적합한 복장을 갖춰 작업에 임해야 한다.

풀이 강우 시에는 인체감전 우려가 있으므로 작업을 금지한다.

87 어레이의 고장 발생 범위 최소화와 태양전지 모듈의 보수점검을 용이하게 하기 위하여 설치하는 것은?

① 축전지 ② 접속함
③ 보호계전기 ④ 서지보호장치

정답 83 ② 84 ③ 85 ④ 86 ② 87 ②

004 태양광 인버터

01 인버터의 개요

어레이에서 발전된 전력은 직류이기 때문에 부하기기에 필요한 교류전력으로 변환한다. 이러한 역할을 하는 PCS는 태양전지 어레이 출력이 항상 최대전력점에서 발전할 수 있도록 최대전력점추종(MPPT ; Maximum Power Point Tracking) 제어기능을 가져야 하며 계통과 연계되어 운전되기 때문에 계통사고로부터 PCS를 보호하고 태양광발전시스템 고장으로부터 계통을 보호하는 기능을 가지고 있어야 한다.

이 때문에 전력조절기능을 갖춘 계통연계형 인버터를 PCS(Power Conditioning System)라고 한다.

02 인버터의 원리

① 인버터는 트랜지스터와 IGBT(Insulated Gate Bipolar Transistor), MOSFET 등의 스위칭 소자로 구성된다.

② 스위칭 소자를 정해진 순서대로 on-off를 규칙적으로 반복함으로써 직류입력을 교류출력으로 변환한다.

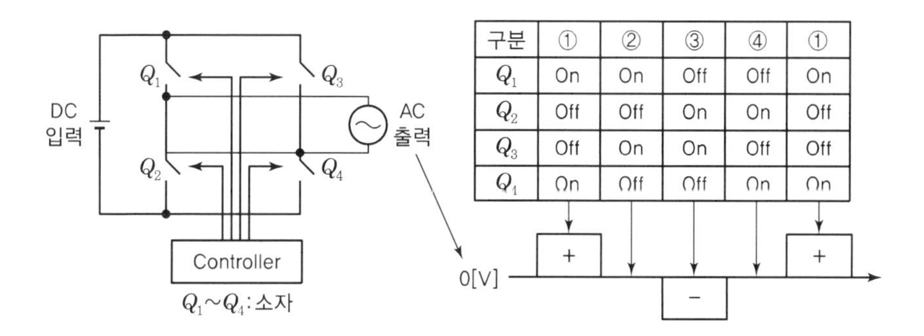

구분	①	②	③	④	①
Q_1	On	On	Off	Off	On
Q_2	Off	Off	On	On	Off
Q_3	Off	On	On	Off	Off
Q_4	On	Off	Off	On	On

③ 단순히 on-off만으로 직류를 교류로 변환하게 되면 다수 고조파가 교류출력에 포함되어 전력계통 및 부하기기에 악영향을 끼치므로, 약 20[kHz]의 고주파 PWM(Pulse Width Modulation)

제어방식을 이용하여 정현파의 양쪽 끝에 가까운 곳은 전압 폭을 좁게 하고, 중앙부는 전압 폭을 넓혀 1/2 Cycle 사이에 같은 방향(정 또는 부)으로 스위칭 동작을 해서 그림 같은 구형파의 폭을 만든다. 이 구형파는 L−C 필터를 이용해 파선형태로 나타낸 정현파 교류를 만든다.

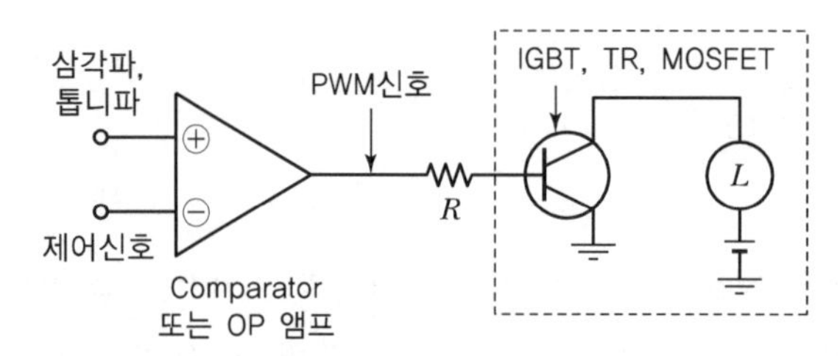

[제어(Controller)부 고조파 PWM(Pulse Width Modulation 제어방식)]

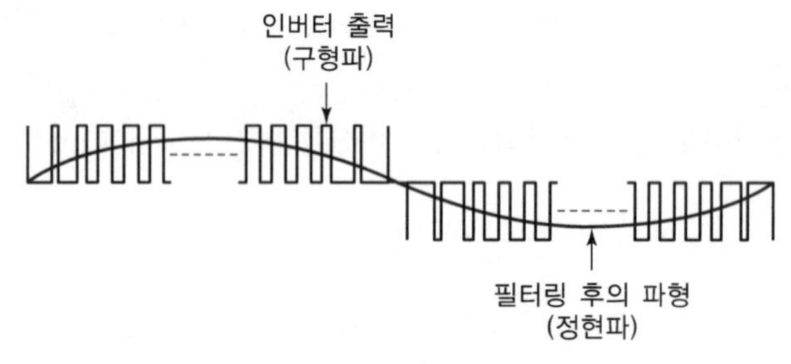

[PWM 인버터의 출력 파형]

03 인버터의 기본기능

태양광 어레이로부터 입력받은 DC전력을 AC전력으로 변환시키는 기능

04 파워컨디셔너 시스템

1 파워컨디셔너 시스템(PCS ; Power Conditioner System)

파워컨디셔너는 태양전지에서 발전된 직류전력을 교류전력으로 변환하고, 교류부하에 전력을 공급함과 동시에 잉여전력을 한전 계통으로 역송전하는 장치이다.

2 파워컨디셔너의 기능(역할)

1. 자동전압조정기능

태양광발전시스템을 한전계통에 접속하여 역송 병렬운전을 하는 경우 전력 전송을 위한 수전점의 전압이 상승하여 한전의 전압 유지범위를 벗어날 수 있으므로 이를 방지하기 위하여 자동전압 조정기능을 부가하여 전압의 상승을 방지하고 있다. 자동전압 조정기능에는 진상무효전력제어기능과 출력제어기능이 있으며, 가정용으로 사용되는 3[kW] 미만의 것에는 이 기능이 생략된 것도 있다.

1) 진상무효전력제어

앞선 전류의 제어는 역률 80[%]까지 실행되고, 이로 인한 전압상승의 억제효과는 최대 2~3[%] 정도가 된다.

2) 출력제어

진상무효전력제어방식에 의한 전압상승억제가 한계에 달하고 계속해서 한전계통의 전압이 상승하는 경우에는 태양광발전시스템의 출력을 제한하여 파워컨디셔너의 출력 전압의 상승을 방지하기 위해서 동작한다.

2. 자동운전, 자동정지 기능

새벽에 태양전지 어레이에 일조량이 확보되어 파워컨디셔너의 DC 입력전압의 최저 전압 이상이 되면 자동적으로 운전을 개시하여 발전을 시작하고, 일몰 시에도 발전이 가능한 파장범위까지 발전을 하다가 파워컨디셔너의 최저 DC 입력전압 이하가 되면 자동으로 운전을 정지한다.

3. 계통연계 보호장치

1) 한전계통과 병력운전되는 저압연계시스템 보호장치 설치

과전압 계전기(OVR), 저전압 계전기(UVR), 과주파수 계전기(OFR), 저주파수 계전기(UFR)

2) 한전계통과 병렬 운전되는 특고압 연계의 보호계전기 설치장소

지락과전류 계전기(OCGR)를 수용가 특고압 측에 특고압 연계의 보호계전기의 설치장소는 태양광발전소 구내 수전점(수전보호 배전반)에 설치함을 원칙으로 하고 있다.

3) 보호계전기의 검출레벨과 동작시한

계전기기	기기번호	용 도	검출 레벨	동작 시한
유효전력 계전기	32P	유효전력 역송방지	상시병렬운전 발전상태에서 전력계통 동요 시 및 외부 사고 시 오동작하지 않는 범위 내에서 최솟값	0.5~2.0초
무효전력 계전기	32Q	단락사고 보호	배후계통 최소조건하에서 상대 단 모선 2상 단락 사고 시 유입 무효전력의 1/3 이하	0.5~2.0초 (외부사고 시 오동작하지 않도록 보호협조 정정)
부족전력 계전기	32U	부족전력 검출	상시 병렬운전 발전상태에서 전력계통 동요 시 및 외부사고 시 오동작하지 않는 범위 내에서 최솟값, 계전기의 동작은 발전기의 운전상태에서만 차단기가 트립(Trip)되도록 한다.	0.5~2.0초
과전압 계전기	59	과전압 보호	• 순시형 : 정격전압의 150[%] • 반한시형 : 정격전압의 115[%]	순시 정정치의 120[%]에서 2.0초
저전압 계전기	27	사고검출 또는 무전압 검출	정격전압의 80[%]	Supervising용 0.2~0.3초
주파수 계전기	81O 81U	주파수 변동 검출	• 고주파수 : 63.0[Hz] • 저주파수 : 57.0[Hz]	0.5초 1분
과전류 계전기	50/51	과전류 보호	• 순시 : 단락보호 • 한시 : 150[%]에서 과부하보호 및 후비보호	TR 2차 3상 단락 시 0.6초 이하

4) 연계 계통 이상 시 태양광발전시스템의 분리와 투입

① 단락 및 지락 고장으로 인한 선로보호장치 설치

② 정전 복전 후 5분을 초과하여 재투입

③ 차단장치는 한전 배전계통의 정전 시에는 투입 불가능하도록 시설

④ 연계 계통 고장 시에는 0.5초 이내 분리하는 단독운전 방지장치 설치

4. 최대전력 추종제어기능(MPPT)

파워컨디셔너는 태양전지 어레이에서 발생되는 시시각각의 전압과 전류를 최대 출력으로 변환하기 위하여 태양전지 셀의 일사강도-온도 특성 또는 태양전지 어레이의 전압-전류 특성에 따라 최대 출력운전이 될 수 있도록 추종하는 기능을 최대전력추종(MPPT ; Maximum Power Point Tracking)제어라고 한다.

제어방식에는 직접제어식과 간접제어식이 있다.

1) 직접제어방식

센서를 통해 온도, 일사량 등의 외부조건을 측정하여 최대 전력 동작점이 변하는 파라미터(온도, 일사량)를 미리 입력하여 비례제어하는 방식

① 장점 : 구성 간단, 외부상황에 즉각적 대응 가능
② 단점 : 성능이 떨어진다.

2) 간접제어방식

① P&O(Perturb & Observe) 제어
㉠ 태양전지 어레이의 출력전압을 주기적으로 증가·감소시키고, 이전의 출력전력을 현재의 출력전력과 비교하여 최대전력 동작점을 찾는 방식이다.
㉡ 간단하여 가장 많이 채용되는 방식이다.
㉢ 최대 전력점 부근에서 Oscillation이 발생하여 손실이 생긴다.
㉣ 외부 조건이 급변할 경우 전력손실이 커지고 제어가 불안정하게 된다.

② Incremental Conductance(IncCond) 제어
㉠ 태양전지 출력의 컨덕턴스와 증분 컨덕턴스를 비교하여 최대 전력 동작점을 추종하는 방식이다.
㉡ 최대 전력점에서 어레이 출력이 안정된다.
㉢ 일사량이 급변하는 경우에도 대응성이 좋다.
㉣ 계산량이 많아서 빠른 프로세서가 요구된다.

③ Hysterisis-Band 변동제어
㉠ 태양전지 어레이 출력전압을 최대 전력점까지 증가시킨 후, 임의의 Gain을 최대전력점에서 전력과 곱하여 최소 전력값을 지정한다.
㉡ 지정된 최소 전력값은 두 개가 생기므로 최대 전력을 기준으로 어레이 출력전압을 증가 혹은 감소시키면서 매 주기 동작한다.
㉢ 어레이 그림자 영향 혹은 모듈의 특성으로 인하여 최대전력점 부근에서 최대전력점이 한 개 이상 생기는 경우 최대전력점을 추종할 수 있다.

5. 단독운전 방지기능

1) 태양광발전시스템이 한전계통과 연계되어 발전을 하고 있는 상태에서 한전계통의 정전이 발생한 경우 태양광발전시스템은 정전으로 분리된 계통에 전력을 계속 공급하게 되는 운전상태를 단독운전이라 한다.

2) 단독운전 시 보수점검자에게 감전 등의 안전사고 위험이 있으므로 태양광발전시스템을 정지시켜야 한다.

3) 분리된 구간의 부하용량보다 태양광발전시스템의 용량이 큰 경우 단독운전상태에서 전압계전기(OVR, UVR), 주파수계전기(OFR, UFR)에서는 보호할 수 없으므로 단독운전방지기능을 설치하여 안전하게 정지할 수 있도록 한다.

4) 파워컨디셔너에는 수동적 · 능동적 2종류의 단독운전 방지기능이 내장되어 있다.

① 수동적 방식(검출시간 0.5초 이내, 유지시간 5～10초)

종별	개요
1. 전압위상 도약검출방식	• 단독운전 시 파워컨디셔너 출력이 역률1에서 부하의 역률로 변화하는 순간의 전압위상의 도약을 검출한다. • 단독운전 시 위상변화가 발생하지 않을 때에는 검출할 수 없지만, 오동작이 적고 실용적이다.
2. 제3고조파 전압급증 검출방식	• 단독운전 시 변압기의 여자전류 공급에 따른 전압 변동의 급변을 검출한다. • 부하가 되는 변압기로 인하여 오작동의 확률이 비교적 높다.
3. 주파수 변화율 검출방식	단독운전 시 발전전력과 부하의 불평형에 의한 주파수의 급변을 검출한다.

② 능동적 방식(검출시한 0.5～1초)

종별	개요
1. 주파수 시프트 방식	파워컨디셔너의 내부발전기에 주파수 바이어스를 주었을 때, 단독운전 발생 시 나타나는 주파수 변동을 검출하는 방식이다.
2. 유효전력 변동방식	파워컨디셔너의 출력에 주기적인 유효전력 변동을 주었을 때, 단독운전 발생 시 나타나는 전압, 전류, 또는 주파수 변동을 검출하는 방식으로 상시 출력의 변동 가능성이 있다.
3. 무효전력 변동방식	파워컨디셔너의 출력에 주기적인 무효전력 변동을 주었을 때 단독운전 발생 시 나타나는 주파수 변동 등을 검출하는 방식이다.
4. 부하변동방식	파워컨디셔너의 출력과 병렬로 임피던스를 순간적 또는 주기적으로 삽입하여 전압 또는 전류의 급변을 검출하는 방식이다.

6. 직류검출기능

① 파워컨디셔너는 직류를 교류로 변환하기 위하여 반도체 스위칭 소자(MOSFET, IGBT)를 고주파수로 스위칭하기 때문에 소자의 불규칙 분포 등에 의해 그 출력에는 적지만 직류분이 리플(Ripple) 형태로 포함된다.

② 교류 성분에 직류분을 함유하는 경우 주상변압기의 자기포화로 인한 고조파 발생, 계전기 등의 오 · 부작동 등 한전계통 운영에 문제를 야기하게 된다.

③ 이를 방지하기 위해서 무변압기방식의 파워컨디셔너에서는 파워컨디셔너의 정격교류 최대 출력전류의 직류성분 함유율을 분산형 배전계통 연계기술 가이드라인에서는 0.5[%] 초과하지 않도록 유지할 것을 규정하고 있다.

7. 직류지락검출기능

① 무변압기방식의 파워컨디셔너에서는 태양전지 어레이의 직류 측과 한전 계통의 교류 측이 전기적으로 절연되어 있지 않기 때문에 태양전지 어레이의 직류 측 지락사고에 대한 대책이 필요하다.

② 태양전지 어레이의 직류 측에서 지락사고가 발생하면 지락전류에 직류성분이 중첩되어 일반적으로 사용되고 있는 누전차단기는 이를 검출할 수 없는 상황이 발생한다.

③ 이런 상황에 대비하여 파워컨디셔너의 내부에 직류 지락검출기를 설치하여, 태양전지 어레이 측 직류지락사고를 검출하여 차단하는 기능이 필요하다. 일반적으로 직류 측 지락사고 검출 레벨은 100[mA]로 설정되어 운전되고 있다.

3 파워컨디셔너 선정 시 점검(Check point) 사항

1. 태양광발전시스템에 적용하고 있는 파워컨디셔너의 용량

① 소용량 : 10[kW] 미만

② 공공산업시설용, 발전사업용 : 10~1,000[kW]

2. 파워컨디셔너 선정 시 반드시 확인하여야 할 사항

① 파워컨디셔너 제어방식 : 전압형 전류제어방식

② 출력 기본파 역률 : 95[%] 이상

③ 전류 왜형률 : 총합 5[%] 이하, 각 차수마다 3[%] 이하

④ 최고효율 및 유러피언 효율이 높을 것

3. 태양광 유효이용에 관한 점검사항

① 최대전력 변환효율이 높을 것

② 최대전력 추종제어(MPPT)에 의한 최대전력의 추출이 가능할 것

③ 야간 등의 대기손실이 적을 것

④ 저부하 시의 손실이 적을 것

4. 전력품질 공급 안정성에 관한 점검사항

① 잡음발생 및 직류유출이 적을 것

② 고조파의 발생이 적을 것

③ 기동 정시가 안정적일 것

4 태양광발전시스템의 효율 종류

효율의 종류에는 최고효율 · 유러피언효율 · 추적효율이 있다.

1. 최고 효율

전력변환(직류 → 교류, 교류 → 직류)을 행하였을 때, 최고의 변환효율을 나타내는 단위

$$\eta_{\max} = \frac{AC_{power}}{DC_{power}} \times 100[\%]$$

2. 추적효율

태양광발전시스템용 파워컨디셔너가 일사량과 온도변화에 따른 최대 전력점을 추적하는 효율

$$\text{추적효율} = \frac{\text{운전최대출력}[\text{kW}]}{\text{일조량과 온도에 따른 최대출력}[\text{kW}]} \times 100[\%]$$

3. 유러피언 효율(European Efficiency)

변환기의 고효율 성능척도를 나타내는 단위로서 출력에 따른 변환효율에 비중을 두어 측정하는 단위(예 : 각 출력 5[%]/10[%]/20[%]/30[%]/50[%]/100[%]에서 효율을 측정하여 그 비중(계수)을 0.03/0.06/0.13/0.10/0.48/0.20 두어 곱한 값을 합산하여 계산한 값)

$$\eta_{EURO} = 0.03 \cdot \eta_{5\%} + 0.06 \cdot \eta_{10\%} + 0.13 \cdot \eta_{20\%} + 0.10 \cdot \eta_{30\%} + 0.48 \cdot \eta_{50\%} + 0.20 \cdot \eta_{100\%}$$

총 Euro 효율을 구하기 위한 출력 전력별 비중(계수)은 다음 표와 같다.

출력전력(%)	5	10	20	30	50	100
출력별 비중(계수)	0.03	0.06	0.13	0.10	0.48	0.20

5 파워컨디셔너의 종류

1. 파워컨디셔너는 전류(Commutation)방식, 제어방식, 절연방식에 따라 분류할 수 있다.
   ① 전류방식 : 자기전류(Self Commutation)
   강제전류(Line Commutation)
   ② 제어방식 : 전압제어형, 전류제어형
   ③ 절연방식 : 상용주파절연방식, 고주파절연방식, 무변압기방식

2. 파워컨디셔너의 절연(회로)방식

계통연계용 파워컨디셔너의 직류 측과 교류 측의 절연방법에 따른 회로방식에는 상용주파절연

방식, 고주파절연방식, 무변압기방식이 있으며 전기설비 기술기준의 판단기준 제281조(저압 계통연계 시 직류유출방지 변압기 시설)에 적합한 파워컨디셔너 회로방식을 선정하여야 한다.

파워컨디셔너의 절연방식에 따른 분류

태양광발전시스템의 직류 측과 교류 측(상용전원 전력계통)과의 절연방식에 따른 파워컨디셔너의 종류 및 회로도 특징은 다음과 같다.

구분	회로도	특징	
상용주파 절연방식	DC→AC / PV / 인버터 / 상용주파 변압기	태양전지의 직류출력을 상용 주파의 교류로 변환한 후 상용주파 변압기로 절연한다.	
		장점	1. 주 회로와 제어부를 가장 간단히 구성할 수 있다. 2. 변압기로 절연이 되어 계통과의 안정성이 확보된다. 3. 3[Φ] 10[kW] 이상의 파워컨디셔너에 적용된다.
		단점	1. 변압기 때문에 효율이 떨어진다. 2. 사이즈와 무게가 커진다.
고주파 절연방식	DC→AC / AC→DC / DC→AC / PV / 고주파 인버터 / 고주파 변압기 / 인버터	태양전지의 직류출력을 고주파 교류로 변환한 후 소형의 고주파 변압기로 절연하고, 그 후 직류로 변환하고 다시 상용주파의 교류로 변환한다.	
		장점	1. 한전계통과 전기적으로 절연되어 안정성이 높다. 2. 저주파 절연 변압기를 사용하지 않기 때문에 고효율화, 소형경량화, 상용주파 절연방식에 비해 저렴하다.
		단점	많은 파워 소자를 사용하며 구성이 복잡하다.
무변압기 방식	PV / 컨버터 / 인버터	태양전지의 직류 DC/DC 컨버터로 승압 후, DC/AC 인버터로 상용주파수의 교류로 변환한다.	
		장점	1. 변압기를 사용하지 않기 때문에 고효율, 소형 경량화에 가장 유리하다. 2. 시스템 구성에 필요한 전력용 반도체 소자가 가장 적기 때문에 저가의 시스템 구현에 적합하다.
		단점	1. 변압기를 사용하지 않기 때문에 안정성에서 불리하다. 2. 안정성 확보를 위해 복잡한 제어가 요구된다.

6 파워컨디셔너 시스템 방식

1. 태양광시스템의 설치조건에 따라 계통연계형 인버터 설치 유형

1) 인버터 시스템 구성방식에 따른 분류

① 전압방식에 따른 분류

- 저전압병렬방식
- 고전압방식

② 인버터의 대수 및 연결에 따른 분류

- 중앙집중식
- 마스터 슬레이브
- 병렬운전방식
- 모듈인버터
- 서브어레이와 스트링인버터

㉠ 저전압병렬방식

㉮ 구조(중앙집중식 인버터의 저전압방식)

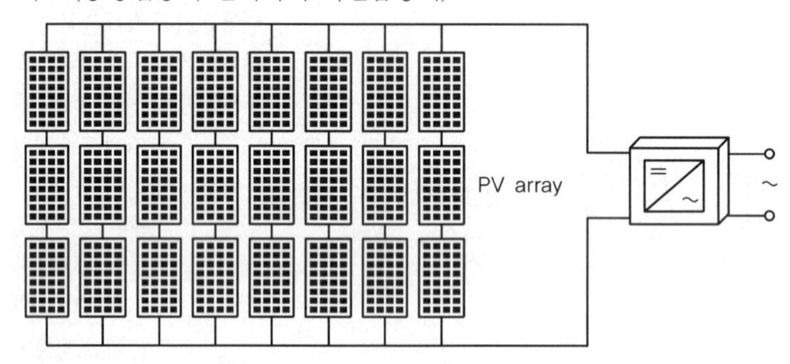

㉯ 특징

- 모듈 3~5개 직렬 연결
- DC 120V 이하
- 보호등급 Ⅲ 적용

㉰ 장점

- 음영을 적게 받는다.
- 고장 시 해당 스트링만 교체

㉱ 단점

- 중앙집중형일 때 높은 전류 발생
- 저항손을 줄이기 위해 굵은 케이블 간선 사용

㉲ 적용 : 건물일체형 태양광발전시스템에 적용

㉡ 고전압방식

㉮ 구조(중앙집중형 인버터의 고전압방식)

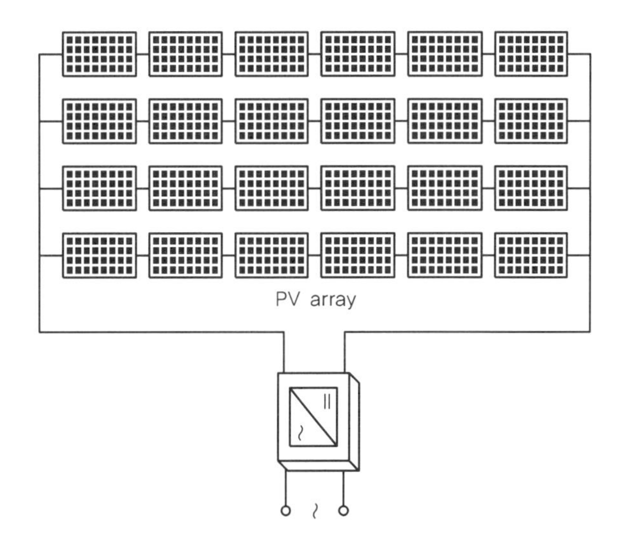

㉯ 특징

- DC 120V 초과
- 보호등급 II 적용

㉰ 장점

- 케이블의 사이즈(굵기)가 작아짐
- 전압강하가 줄어듦

㉱ 단점 : 긴 스트링으로 음영손실 발생 가능성 증가

㉲ 적용 : 국내에서는 고전압방식 주로 채용

㉢ 중앙집중식

㉮ 특징 : 다수의 스트링에 한 개의 인버터 설치

㉯ 장점

- 투자비 절감
- 설치면적 최소화
- 간편한 유지관리

㉰ 단점

- 고장 시 시스템 전체 동작 불가
- 낮은 복사량일 때 효율 저하
- 고장 시 높은 A/S 비용

㉣ 마스터 슬레이브(Master-slave) 방식

㉮ 구조(중앙집중형 인버터가 있는 마스터 슬레이브 방식)

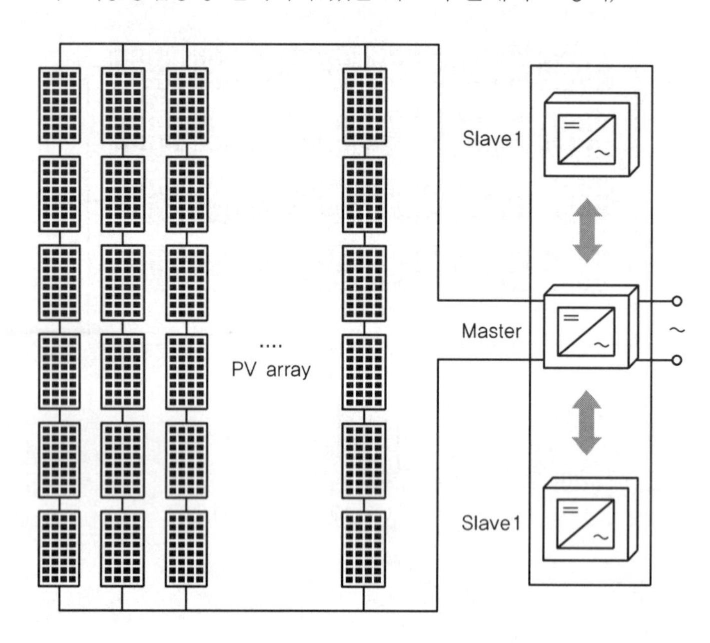

㉯ 특징 : 하나의 마스터에 2~3개의 슬레이브 인버터로 구성

㉰ 장점 : 인버터 1대의 중앙집중식보다 효율이 높음

㉱ 단점 : 인버터 1대 설치 시보다 시설 투자비 증가

㉤ 병렬운전방식

㉮ 구조(인버터 병렬운전방식)

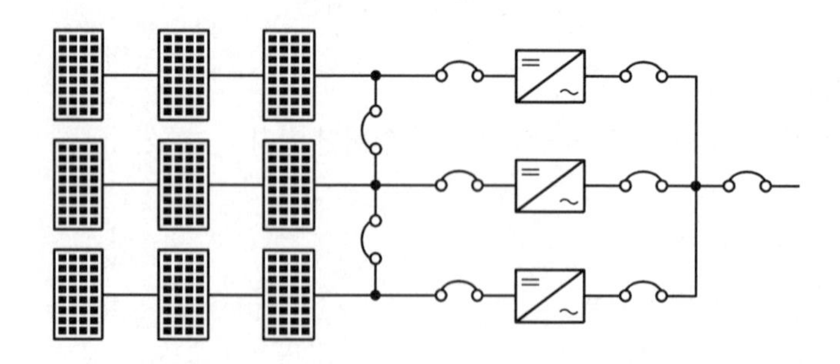

㉯ 특징 : 인버터 입력부분을 병렬로 연결

㉰ 장점

- 인버터 효율 증가 및 수명 연장
- 백업(Backup) 유리

㉱ 단점 : 보호방식 복잡

㉥ 모듈 인버터방식(AC 모듈)

㉮ 구조

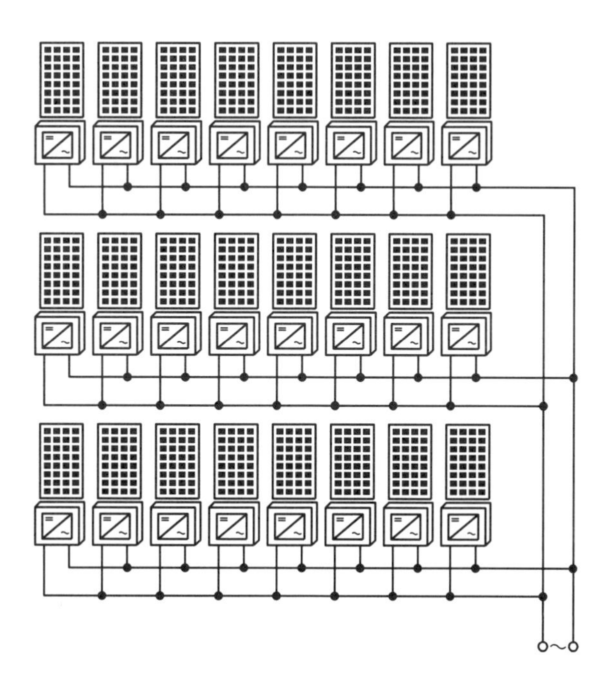

㉯ 특징 : 모듈 하나마다 별개의 인버터 설치

㉰ 장점

- 최대 효율 및 MPP 최적 제어 가능
- 시스템 확장 유리

㉱ 단점 : 투자비가 가장 비싸다.

㉦ 서브어레이와 스트링 인버터 방식(분산형 인버터 방식)

㉮ 구조

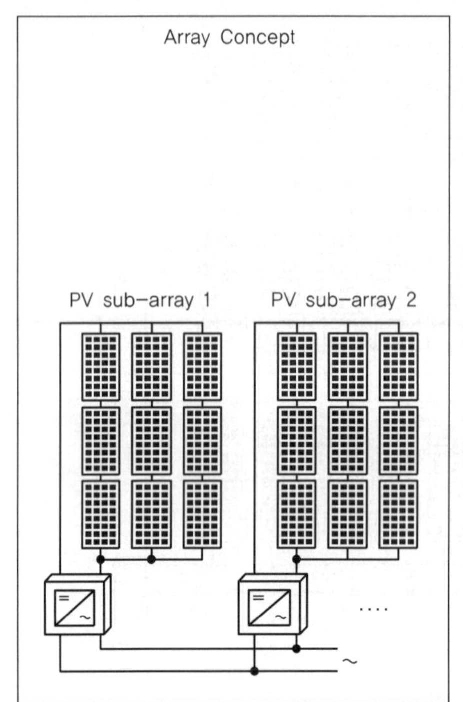

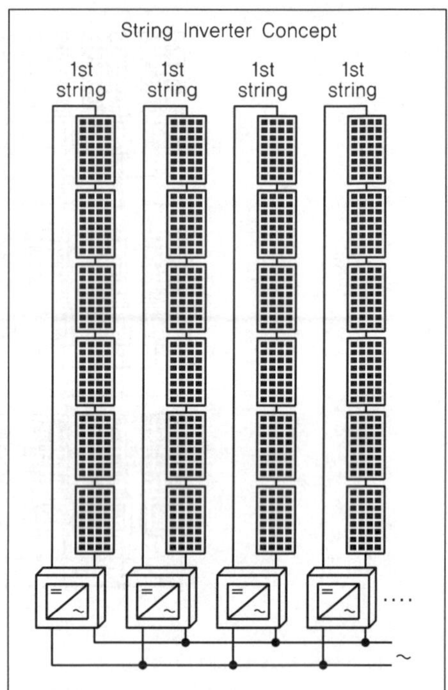

㉯ 특징

- 하나의 스트링에 하나의 인버터 설치(스트링 인버터)
- 2~3개의 스트링 연결(서브 어레이)

㉰ 장점

- 설치가 간편
- 설치비 절감
- 접속함 생략 가능
- 케이블양 감소

㉱ 단점 : 스트링이 길 경우 음영에 따른 전력손실 증가

004 실전예상문제

01 태양광발전시스템에서 인버터의 주된 역할은?

① 태양전지의 출력을 직류로 증폭
② 태양전지 모듈과 부하계통을 절연
③ 태양전지 직류출력을 상용주파의 교류로 변환
④ 태양전지에 전원을 공급

풀이 인버터의 주된 역할은 직류를 교류로 변환하는 것이다.

02 태양광발전시스템의 구성요소 중 인버터의 역할은?

① 직류 → 교류로 변환 ② 교류 → 직류로 변환
③ 교류 → 교류로 변환 ④ 직류 → 직류로 변환

풀이
- 인버터 : 직류 → 교류로 변환
- 정류기 : 교류 → 직류로 변환

03 계통연계형 태양광 인버터의 기본기능이 아닌 것은?

① 계통연계 보호기능 ② 단독운전 방지기능
③ 배터리 충전기능 ④ 최대출력점 추종기능

풀이 인버터의 기능
- 자동전압 조정기능
- 자동운전 정지기능
- 계통연계 보호기능
- 최대 출력점 추종기능
- 단독운전 방지기능

04 태양광발전설비에서 고장 요인이 가장 많은 곳은?

① 전선 ② 모듈
③ 인버터 ④ 구조물

풀이 태양광발전설비의 대부분의 고장요인은 인버터이다.

05 태양광발전시스템의 인버터는 태양전지 출력 향상이나 고장 시를 위한 보호기능 등을 갖추고 있다. 다음 중 인버터에 적용하고 있는 기능이 아닌 것은?

① 자동운전 정지기능 ② 최대전력 추종제어기능
③ 단독운전 방지기능 ④ 자동전류 조정기능

풀이 인버터의 기능
직류를 교류로 변환하는 기능, 자동전압조정기능, 자동운전정지, 계통연계보호기능, 최대전력 추종제어기능, 단독운전방지기능, 직류검출기능

06 인버터 선정 시 전력품질과 공급안정성 측면에서 고려할 사항이 아닌 것은?

① 직류분이 많을 것
② 고조파 발생이 적을 것
③ 노이즈 발생이 적을 것
④ 가동 · 정지가 안정적일 것

풀이 인버터 선정 시 전력품질과 공급안정성 측면의 고려사항
- 노이즈(잡음) 발생이 적을 것
- 직류유출이 적을 것
- 고조파의 발생이 적을 것
- 기동 · 정지가 안정적일 것

07 태양광 인버터의 기능이 아닌 것은?

① 자동운전 정지기능
② 최대전력 추종제어기능
③ 전압자동 조정기능
④ 교류를 직류로 변환하는 기능

풀이 태양광 인버터에는 직류를 교류로 변환하는 기능이 있다. 교류를 직류로 변환하는 기능을 갖는 것은 정류기이다.

정답 01 ③ 02 ① 03 ③ 04 ③ 05 ④ 06 ① 07 ④

08 태양광 인버터의 직류 및 교류회로에 갖추어야 할 보호기능이 아닌 것은?

① 전기적 데이터의 보호 ② 과전류 보호
③ 극성 오류 보호 ④ 과전압 보호

풀이 인버터의 직류 및 교류회로에 갖추어야 할 보호기능은 과전압, 과전류, 극성, 단락 및 지락 보호이다.

09 다음 괄호 안에 들어갈 내용으로 옳은 것은?

> 태양광발전 인버터는 어레이에서 발생한 직류 전기를 교류 전기로 바꾸어 외부 전기 시스템의 (㉠), (㉡)에 맞게 조정한다.

① ㉠ 역률, ㉡ 전압 ② ㉠ 부하, ㉡ 전류
③ ㉠ 주파수, ㉡ 전압 ④ ㉠ 주파수, ㉡ 전류

풀이 인버터는 태양전지에서 생산된 직류 전기를 교류 전기로 변환하는 장치이다. 여기서 인버터는 상용주파수 60Hz로 변환하고, 사용하기에 알맞은 전압(220V)으로 변환한다.

10 태양광설비 인버터의 입력단(모듈출력)에 표시하지 않아도 되는 것은?

① 전압 ② 전류
③ 전력 ④ 주파수

풀이 인버터 입력단(직류)의 표시사항은 전압, 전류, 전력이 표시되어야 하며, 주파수는 교류의 특성이다.

11 태양광 인버터의 직류 및 교류회로에 갖추어야 할 보호기능으로 틀린 것은?

① 역률 보호 ② 과전류 보호
③ 극성 오류 보호 ④ 과전압 보호

풀이 인버터의 직류 및 교류회로에 갖추어야 할 보호기능
- 과전압
- 과전류
- 극성
- 단락 및 지락 보호

12 역조류를 허용하지 않는 연계에서 설치하여야 하는 계전기로 옳은 것은?

① 과전류 계전기 ② 과전압 계전기
③ 부족전압 계전기 ④ 역전력 계전기

풀이 역조류를 허용하지 않는 계통연계형(단순병렬) 태양광발전소로 발전설비용량이 50[kW]를 초과하는 경우 역전력 계전기를 설치하여야 한다.

13 인버터의 전기적 보호등급 Ⅲ의 안전 특별 저전압은 얼마인가?

① AC : 50[V] 이하, DC : 50[V] 이하
② AC : 50[V] 이하, DC : 120[V] 이하
③ AC : 120[V] 이하, DC : 50[V] 이하
④ AC : 120[V] 이하, DC : 120[V] 이하

풀이 전기적 보호등급

전기적인 보호등급		기호
등급 I	장치 접지됨©	(접지 기호)
등급 II	보호 절연 (이중/강화 절연)	(이중 사각형 기호)
등급 III	안전 특별 저전압 (AC : 50[V] 이하, DC : 120[V] 이하)	(마름모 Ⅲ 기호)

14 태양광발전시스템의 인버터 선정 체크포인트 중 태양광의 유효한 이용에 관한 사항이 아닌 것은?

① 전력변환효율이 높을 것
② 전압 변동률이 클 것
③ 야간 등의 대기 손실이 적을 것
④ 저부하 시의 손실이 적을 것

풀이 인버터는 전압 변동률이 작게 안정적으로 변환해줘야 한다.

정답 08 ① 09 ③ 10 ④ 11 ① 12 ④ 13 ② 14 ②

15 인버터에 표시되는 사항과 현상이 잘못 연결된 것은?

① Utility Line Fault : 인버터 전류가 규정 이상일 때
② Line R Phase Sequence Fault : R상 결상 시 발생
③ Solar Cell OV Fault : 태양전지 전압이 규정 이상일 때
④ Line Over Frequency Fault : 계통 주파수가 규정 이상일 때

풀이 Utility Line Fault : 한전계통 정전 시 발생

16 다음 중 접속함의 실외형의 최소 IP(International Protection) 등급은?

① IP 20 이상　② IP 33 이상
③ IP 40 이상　④ IP 54 이상

풀이 접속함의 분류 및 보호등급
접속함의 병렬 스트링 수에 의한 분류와 설치장소에 의한 보호등급은 다음과 같다.

병렬 스트링 수에 의한 분류	설치장소에 의한 분류
소형(3회로 이하)	IP 54 이상
중형(4회로 이상)	실내형 : IP 20 이상
	실외형 : IP 54 이상

17 인버터의 직류 측 회로를 비접지로 하는 경우 비접지의 확인방법이 아닌 것은?

① 테스터로 확인
② 검전기로 확인
③ 간이측정기 사용
④ 휠신접근경보장치 사용

풀이 활선접근경보장치는 주로 고압 이상의 활선작업 시 인체에 착용하는 것으로 비접지의 확인방법으로 사용할 수 없다.

18 태양전지 모듈과 인버터 간의 배선공사 내용 중 틀린 것은?

① 접속함에서 인버터까지의 배선은 전압강하율을 1~2[%]로 할 것을 권장한다.
② 전선관의 두께는 전선 피복절연물을 포함하는 단면적의 총합을 관의 54[%] 이하로 한다.
③ 케이블을 매설할 시 중량물의 압력을 받을 염려가 없는 경우에는 60[cm] 이상으로 한다.
④ 케이블을 매설할 때에는 케이블 보호처리를 하고 그 총 길이가 30[m]을 넘는 경우에는 지중함을 설치하는 것이 바람직하다.

풀이 전선관의 두께는 전선 피복절연물을 포함하는 단면적의 총합이 관의 48[%] 이하가 되도록 한다.

19 태양전지의 직류출력을 DC-DC 컨버터로 승압하고 인버터로 상용주파 교류로 변환하는 인버터의 절연방식은?

① 상용주파 변압기 절연방식
② 고주파 변압기 절연방식
③ 트랜스리스 방식
④ DC-DC 컨버터 방식

풀이 태양광발전용 인버터의 절연방식에 따른 회로도와 원리

구분	회로도
상용주파 절연방식	DC→AC / PV / 인버터 / 상용주파 변압기
	원리 : 태양전지의 직류출력을 상용 주파의 교류로 변환한 후 상용주파 변압기로 절연한다.
고주파 절연방식	DC→AC / AC→DC / DC→AC / PV / 고주파 인버터 / 고주파 변역기 / 인버터
	원리 : 태양전지의 직류출력을 고주파 교류로 변환하고 소형의 고주파 변압기로 절연을 한 후 직류로 변환하고 다시 상용주파의 교류로 변환한다.

정답 15 ① 16 ④ 17 ④ 18 ② 19 ③

구분	회로도
무 변압기 방식	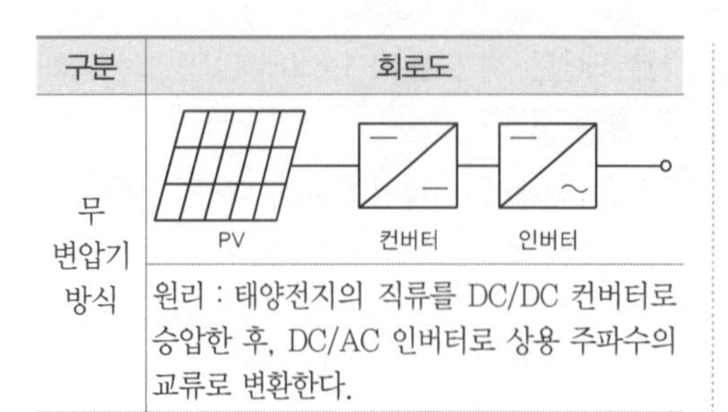
	원리 : 태양전지의 직류를 DC/DC 컨버터로 승압한 후, DC/AC 인버터로 상용 주파수의 교류로 변환한다.

20 다음 그림과 같은 인버터의 회로방식은 무엇인가?

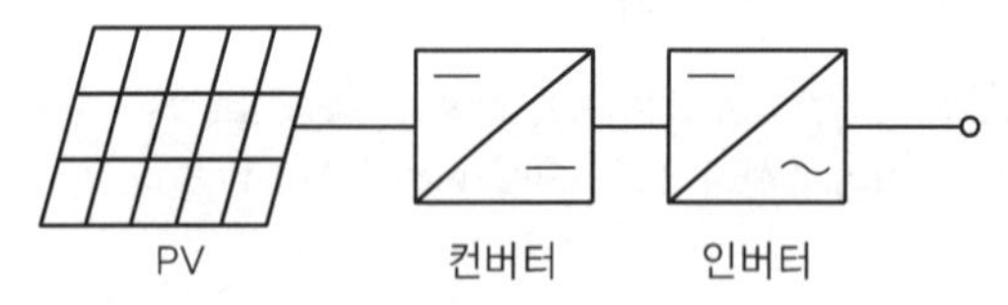

① 상용주파 변압기 절연방식
② 고주파 변압기 절연방식
③ 고조파 변압기 절연방식
④ 트랜스리스 방식

풀이 무변압기(트랜스리스) 방식의 회로도이다.

21 계통 연계형 파워컨디셔너 중 승압용 DC/DC 컨버터 회로를 포함하고 있는 인버터 절연방식은?

① 사용주파 절연방식 ② 고주파 절연방식
③ 무변압기 방식 ④ 전류 절연방식

22 트랜스리스 방식 인버터 제어회로의 주요 기능이 아닌 것은?

① 전압조정제어기능 ② MPPT 제어기능
③ 전력변환 기능 ④ 계통연계 보호기능

풀이
- 인버터의 역할 : 직류전력을 교류전력으로 변환
- 인버터의 주요기능 : 자동운전 정지, 최대전력 추종, 단독운전 방지, 자동전압 조정, 직류검출, 직류지출, 계통연계 보호기능 등
- 전력변환기능은 전력용 반도체소자의 기능

23 뇌서지 내성 및 노이즈 차단 특성이 우수하나 중량부피가 큰 인버터 절연방식은?

① 상용주파 절연방식 ② 무변압기 절연방식
③ 고주파 절연방식 ④ 접지 절연방식

풀이

소분류	특징
상용주파 절연방식	• 뇌서지 내성 및 노이즈 차단 특성 우수 • 중량 부피가 크다.
고주파 절연방식	• 소형, 경량, 무변압기 방식에 비해 고가 • 회로가 복잡
무변압기 방식	• 소형, 경량, 저가 • 비교적 신뢰성 높음 • 고조파 발생 및 직류 유출 기능 • 직류 유출의 검출 및 차단기능 반드시 필요

24 계통 연계형 파워컨디셔너 중 주회로와 제어부가 가장 간단하여 안정성이 우수한 인버터 절연방식은?

① 상용주파 절연방식 ② 고주파 절연방식
③ 무변압기 방식 ④ 전류 절연방식

25 태양광발전 시스템용 파워컨디셔너의 인버터 회로방식이 아닌 것은?

① 상용주파 절연방식 ② 고주파 절연방식
③ 무변압기 방식 ④ 비접지 방식

26 고주파 변압기 절연방식과 트랜스리스 방식의 계통연계 인버터는 출력전류에 중첩되는 직류분이 정격교류 최대 몇 [%] 이하로 유지해야 하는가?

① 0.5[%] ② 5[%]
③ 10[%] ④ 20[%]

풀이 고주파 변압기 절연방식과 트랜스리스 방식의 계통연계 인버터는 출력전류에 중첩되는 직류분이 정격교류 최대전류의 0.5[%] 이하이어야 한다.

정답 20 ④ 21 ③ 22 ③ 23 ① 24 ① 25 ④ 26 ①

27 태양광 인버터에 대한 설명으로 옳지 않은 것은?

① 태양광 인버터는 계통연계형과 독립형으로 분류할 수 있다.
② 태양광 인버터는 최대전력점 추종기능을 가지지 않는다.
③ 태양광 인버터는 전력용 반도체 스위치 소자를 이용하여 동작한다.
④ 태양광 인버터는 직류를 교류로 바꾸는 기능을 가지고 있다.

풀이 인버터 : 직류를 교류로 변환, 사고 발생 시 계통을 보호하는 계통연계 보호장치, 최대전력추종(MF) 및 자동운전을 위한 제어회로, 단독운전 검출기능, 전압전류 제어기능 등이 있다. 인버터의 전력변환 소용량에서는 MOSFET 소자를 사용하고, 중 · 대용량은 IGBT소자를 이용하여 PWM 제어방식의 스위치를 통해 직류를 교류로 변환한다.

28 태양광발전시스템의 단독운전 검출방식 중 능동적 검출방식으로만 묶인 것은?

① 주파수 시프트방식, 유효전력변동방식, 무효전력변동방식, 부하변동방식
② 전압위상 도약검출방식, 제3고조파 전압급증 검출방식, 주파수변화율 검출방식
③ 주파수 시프트방식, 전압위상 도약검출방식, 무효전력변동방식, 부하변동방식
④ 주파수변화율 검출방식, 전압위상 도약검출방식, 무효전력변동방식, 부하변동방식

풀이 1) 수동검출방식 : 전압위상 도약검출방식, 제3고조파 전압 급증 검출방식, 주파수 변화율 검출방식
2) 능동검출방식 : 주파수 시프트방식 , 유효전력변동방식, 무효전력변동방식, 부하변동방식

29 태양광발전시스템이 계통과 연계운전 중 계통측에서 정전이 발생한 경우 시스템에서 계통으로 전력 공급을 차단하는 기능은?

① 단독운전 방지기능 ② 최대출력 추종제어기능
③ 자동운전 정지기능 ④ 자동전압 조정기능

풀이 • 단독운전 방지기능 : 상용전원(한전) 계통의 정전이 발생한 경우, 시스템에서 계통으로 전력 공급을 차단하는 기능
• 최대출력 추종제어기능 : 태양전지의 어레이의 전압과 전류 특성에 따라 최대 출력운전이 될 수 있도록 추종하는 기능
• 자동운전 정지기능 : 일조량이 확보되어 파워컨디셔너의 DC 입력 최저전압 이상이 되면 자동적으로 운전을 개시하여 발전을 시작하고, 일조량이 부족하여 파워컨디셔너의 DC 입력 최저전압 이하가 되면 자동적으로 운전을 정지하는 기능
• 자동전압 조정기능 : 계통연계형 태양광 발전시스템에서 역송병렬 운전을 하는 경우 생산된 전력의 계통 송전을 위하여 수전점 전압을 상승시키게 된다. 이 경우 한전의 전압 유지범위를 벗어날 수 있으므로 이를 방지하기 위한 것이 자동전압 조정 기능이다.

30 태양광발전 시스템용 파워컨디셔너의 단독운전 방지기능을 수행하기 위한 단독운전 상태 검출방식 중 능동적 검출방식이 아닌 것은?

① 주파수 시프트 방식
② 유효전력 변동방식
③ 주파수 변화율 검출방식
④ 무효전력 변동방식

풀이 수동적 방식
• 전압위상 도약검출방식
• 제3차 고조파 전압 검출방식
• 주파수 변화율 검출방식이 있다.

31 태양광발전시스템이 계통과 연계운전 중 계통측에서 정전이 발생한 경우 시스템에서 계통으로 전력공급을 차단하는 기능은?

① 단독운전 방시기능
② 최대출력 추종제어기능

정답 27 ② 28 ① 29 ① 30 ③ 31 ①

③ 자동운전 정지기능

④ 자동전압 조정기능

풀이 단독운전 방지기능 : 상용전원(한전) 계통의 정전이 발생한 경우 시스템에서 계통으로 전력공급을 차단하는 기능

32 실시간으로 변화하는 일사강도에 따라 태양광 인버터가 최대 출력점에서 동작하도록 하는 기능은?

① 자동운전 정지기능　② 단독운전 방지기능

③ 자동전류 조전기능　④ 최대전력 추종제어기능

풀이 실시간으로 변화하는 일사강도에 따라 태양광 인버터가 최대 출력점에서 동작하도록 하는 기능은 최대전력 추종제어기능이다.

33 태양광발전시스템의 인버터에서 태양전지 동작점을 항상 최대가 되도록 하는 기능은 무엇인가?

① 단독운전 방지기능　② 자동운전 정지기능

③ 최대전력 추종기능　④ 자동전압 조정기능

풀이 ③ 최대전력 추종기능(MPPT ; Maximum Power Point Tracking) : 외부의 환경변화(일사강도, 온도)에 따라 태양전지의 동작점이 항상 최대출력점을 추종하도록 변화시켜 태양전지에서 최대출력을 얻을 수 있는 제어이다.

① 단독운전 방지기능 : 태양광발전시스템이 계통과 연계되어 있는 상태에서 계통 측에 정전이 발생할 경우 보수점검자 및 계통의 보호를 위해 정지한다.

② 자동운전 정지기능 : 일출과 더불어 일사강도가 증대하여 출력을 얻을 수 있는 조건이 되면 자동적으로 운전을 시작하는 기능으로 흐린 날이나 비 오는 날에도 운전을 계속할 수 있지만, 태양전지의 출력이 적어 인버터의 출력이 거의 0이 되면, 대기상태가 된다.

④ 자동전압 조정기능 : 계통에 접속하여 역송전 운전을 하는 경우 수전점의 전압이 상승하여 전력회사 운영범위를 넘을 가능성을 피하기 위한 자동전압 조정기능이다.

34 최대전력 추종(MPPT)제어에서 P&O(Pertub & Observe)방식에 대한 설명으로 옳은 것은?

① 직접제어방식이다.

② 계산량이 많아서 빠른 프로세서가 요구된다.

③ 태양전지 출력의 컨덕턴스와 증분 컨덕턴스를 비교하여 최대 전력점을 찾는다.

④ 최대 전력점 부근에서 진동이 발생하여 손실이 발생한다.

풀이

구분		장점	단점
직접제어		• 구성이 간단 • 즉각적인 대응 가능	성능이 떨어짐
간접제어	P & O	제어가 간단	출력전압이 연속적으로 진동하여 손실 발생
	IncCond	최대 출력점에서 안정	많은 연산이 필요
	Hysteresis-band	일사량 변화 시 효율이 높다.	IncCond 방식보다 전반적으로 성능이 낮다.

35 저압배전 선로의 역조류가 있는 경우에 인버터의 단독운전을 검출하는 계전 요소가 아닌 것은?

① 거리 계전기　② 과전압 계전기

③ 주파수 계전기　④ 부족전압 계전기

풀이 저압 연계 시 단독운전을 검출하는 계전 요소는 과전압 계전기(OVR), 부족전압 계전기(UVR), 과주파수 계전기(OFR), 저주파수 계전기(UFR)이다.

36 태양전지에서 생산된 전력 3[kW]가 인버터에 입력되어 인버터 출력이 2.4[kW]가 되면 인버터의 변환효율은 몇 [%]인가?

① 70　② 80

③ 90　④ 95

정답 32 ④ 33 ③ 34 ④ 35 ① 36 ②

풀이 인버터의 효율(η)

$$= \frac{\text{출력(AC)전력}}{\text{입력(DC)전력}} \times 100[\%]$$

$$= \frac{2.4}{3} \times 100[\%] = 80[\%]$$

37 인버터 선정 시 전력품질과 공급안정성 측면에서 고려할 사항이 아닌 것은?

① 노이즈 발생이 적을 것
② 고조파 발생이 적을 것
③ 직류분이 많을 것
④ 기동 · 정지가 안정적일 것

풀이 인버터는 반도체 스위치를 고주파로 스위칭 제어하고 있기 때문에 소자의 불균형 등에 따라 그 출력에는 약간의 직류분이 중첩되는데, 지나치게 큰 직류분은 승압용 변압기에 악영향을 미친다.
이를 방지하기 위해 고주파 변압기 절연방식이나 트랜스리스 방식에서는 출력전류에 중첩되는 직류분이 정격교류 출력전류의 0.5% 이하(IEC에서는 1% 이하)일 것을 요구하고 있다.

38 태양광발전시스템용 파워컨디셔너의 교류 출력 전류 왜형률의 제한 값으로 맞는 것은?

① 교류 출력 전류 종합 왜형률은 3[%] 이내, 각 차수별 왜형률은 3[%] 이내
② 교류 출력 전류 종합 왜형률은 5[%] 이내, 각 차수별 왜형률은 3[%] 이내
③ 교류 출력 전류 종합 왜형률은 3[%] 이내, 각 차수별 왜형률은 5[%] 이내
④ 교류 출력 전류 종합 왜형률은 5[%] 이내, 각 차수별 왜형률은 5[%] 이내

39 태양광발전시스템의 인버터에 대한 설명으로 틀린 것은?

① 잉여전력을 계통으로 역송전할 수 있다.
② 직류를 교류로 변환하는 장치이다.
③ 자립운전기능도 가능하다.
④ 옥외형만 가능하다.

풀이 태양광발전시스템의 인버터에는 옥내형과 옥외형이 있다.

40 역송전이 있는 저압계통 연계 시스템에서 설치하지 않아도 되는 보호계전장치는?

① OVR ② OCGR
③ UFR ④ OFR

풀이 OCGR은 특고압 연계 시에 필요한 계전기이다.

41 태양광발전 시스템용 파워컨디셔너 선정 시 고려사항 중 "전력품질 및 공급안정성" 측면에서 고려사항이 아닌 것은?

① 전력변환효율이 높을 것
② 잡음 발생이 적을 것
③ 고조파 발생이 적을 것
④ 기동 · 정지가 안정적일 것

풀이 태양광의 유효이용에 관한 고려사항
- 전력변환효율이 높을 것
- 최대전력 추종제어에 의한 최대전력의 추출이 가능할 것
- 야간 등의 대기 손실이 적을 것
- 저부하 시의 손실이 적을 것 등

42 태양광발전시스템을 상용전원과 병렬운전하고자 할 때, 파워컨디셔너(PCS)의 일치조건이 아닌 것은?

① 전압 ② 주파수
③ 전류 ④ 위상

풀이 태양광발전시스템의 인버터를 상용전원(계통)과 연계할 때에는 전압, 주파수, 위상을 일치시켜야 한다.

정답 37 ③ 38 ② 39 ④ 40 ② 41 ① 42 ③

43 트랜스리스 방식 인버터 제어회로의 주요 기능이 아닌 것은?

① 전력변환기능
② MPPT 제어기능
③ 전압 · 전류 제어기능
④ 계통연계 보호기능

풀이 트랜스리스 방식 인버터의 제어회로의 주요기능
- 전압, 전류, 주파수 제어기능
- 최대출력추적(MPPT) 제어기능
- 계통연계 보호기능
- 단독운전 보호기능
- 자동운전 · 정지기능

※ 전력변환기능은 전력용 반도체 소자의 기능

44 태양광발전시스템의 인버터의 기능 중 태양광의 일조 변동에 따라 태양전지의 출력이 최대가 될 수 있도록 하는 기능은?

① 자동운전 정지기능 ② 최대전력 추종제어기능
③ 단독운전 방지기능 ④ 자동전류 조정기능

풀이 태양광의 일조 변동에 따라 태양전지의 출력이 최대가 될 수 있도록 하는 최대전력 추종제어기능이다.

45 태양광 인버터에 대한 설명으로 옳지 않은 것은?

① 태양광 인버터는 계통연계형과 독립형으로 분류할 수 있다.
② 태양광 인버터는 직류를 교류로 바꾸는 기능을 가지고 있다.
③ 태양광 인버터는 전력용 반도체 스위치 소자를 이용하여 동작한다.
④ 태양광 인버터는 최대전력점 추종기능을 가지지 않는다.

풀이 태양광 인버터는 최대전력점 추종기능, 자동운전기능, 자동전압 조정기능, 직류검출기능, 지락전류 검출기능, 계통연계 보호기능 등이 있다.

46 계통연계형 인버터 기능에 해당하지 않는 것은?

① 충 · 방전 조정기능
② 단독운전 방지기능
③ 자동운전 정지기능
④ 최대전력 추종제어기능

풀이 충·방전 조정기능은 독립형 태양광발전용 인버터의 기능에 해당된다.

47 인버터의 효율 중에서 모듈 출력이 최대가 되는 최대전력점(MPP ; Maximum Power Point)을 찾는 기술에 대한 효율은 무엇인가?

① 변환효율 ② 추적효율
③ 유로효율 ④ 최대효율

풀이 인버터의 효율 중에서 모듈의 출력이 최대가 되는 최대 전력점을 찾는 기술에 대한 효율을 추적효율이라 한다.

48 태양광발전 시스템용 파워컨디셔너 선정 시 "체크 포인트" 중 고려사항이 아닌 것은?

① 국내외 인증된 제품인가
② 설치가 용이한가
③ 유로효율이 높은가
④ 야간 등 대기 전력손실이 높은가

풀이 태양광발전시스템용 파워컨디셔너는 야간 등 대기 전력 손실이 낮아야 한다.

49 인버터의 정상특성시험에 해당되지 않는 것은?

① 교류전압, 주파수 추종시험
② 인버터 전력급변시험
③ 누설전류시험
④ 자동기동 · 정지시험

풀이 • 인버터의 정상특성시험
교류전압, 주파수추종범위시험, 교류출력전류 변형률시험, 누설전류시험, 온도상승시험, 효율시

정답 43 ① 44 ② 45 ④ 46 ① 47 ② 48 ④ 49 ②

험, 대기손실시험, 자동기동 · 정지시험, 최대전력 추종시험, 출력전류 직류분 검출시험이 있다.
- 인버터의 전력급변시험은 과도응답시험 항목

50 태양광발전시스템용 파워컨디셔너의 전기적 보호등급 중 "등급 Ⅲ"의 최대전압은?

① DC 25[V]　　② DC 50[V]
③ DC 120[V]　　④ DC 150[V]

풀이 전기적 보호등급 III의 안전 초저전압은 최대 AC 50[V], 최대 DC 120[V]이며, 기호는 ◇III◇ 이다.

51 태양광 인버터의 기능 중 저압계통 연계점의 전압을 220±13[V] 범위를 유지하는 기능은?

① 자동운전 정지기능
② 최대전력 추종제어기능
③ 전압자동 조정기능
④ 교류를 직류로 변환하는 기능

풀이 저압계통 연계점의 전압을 220±13[V] 범위를 유지하는 기능은 전압자동 조정기능이다.

52 계통 연계형 파워컨디셔너 중 주택용(3[kW] 이하)에 적용되는 인버터 절연방식은?

① 상용주파 절연방식　　② 고주파절연방식
③ 무변압기방식　　④ 전류절연방식

53 태양전지 모듈에 다른 태양전지회로와 축전지의 전류가 유입되는 것을 방지하기 위해 설치하는 보호장치로 옳은 것은?

① 인버터　　② 바이패스 다이오드
③ 역류방지 다이오드　　④ 최대출력 추종제어장치

풀이
- 역류방지 다이오드 : 태양전지 어레이의 스트링별로 설치되며, 태양전지 모듈에 음영이 생긴 경우, 그 스트링이 낮아져 부하가 되는 것과 독립형 태양광발전시스템에서 축전지가 설치된 경우 야간에 태양광발전이 정지 축전지 전력이 태양전지 쪽으로 흘러들어 소모되는 것을 방지하기 위한 목적으로 접속함에 설치된다.

54 태양전지 어레이와 인버터의 접속방식이 아닌 것은?

① 중앙집중형 인버터 방식
② 스트링 인버터 방식
③ 마스터-슬레이브 방식
④ 다중접속 인버터 방식

풀이
- 중앙집중형 인버터 방식 : 많은 수의 모듈을 직 · 병렬 연결하여 하나의 인버터와 연결하는 중앙집중방식을 많이 구축하였으나 단위 모듈마다 출력이 달라 최대 추종 효율성이 떨어진다.
- 스트링 인버터 방식 : 중앙집중형 인버터 방식의 단점을 보완하기 위하여 하나의 직렬군은 하나의 인버터와 결합(String 방식)하여 시스템의 효율을 증가시키고 있다. 그러나 다수의 인버터로 인해 투자비가 증가하는 단점이 발생한다.
- 마스터-슬레이브 방식(Master-Slave) : 대규모 태양광발전시스템은 마스터-슬레이브 제어방식을 주로 이용한다. 특징으로는 중앙집중식의 인버터를 2~3개 결합하여 총 출력의 크기에 따라 몇 개의 인버터로 분리함으로써 한 개의 인버터로 중앙집중식으로 운전하는 것보다 효율은 향상된다.
- 모듈 인버터 방식(AC 모듈) : 부분 음영이 있는 곳에서도 높은 시스템 효율을 얻기 위해서는 모듈마다 제각기 연결하는 방식으로 모든 모듈이 제 각기 최대출력점에서 작동하는 것으로 가장 유리하다.

55 태양전지 모듈과 인버터 간의 지중 전선로를 직접매설식으로 시설하는 경우 알맞은 공사 방법은?

① 중량물의 압력을 받을 우려가 있는 경우 1.0[m] 이상 일반장소는 0.5[m] 이상 깊이로 매설한다.
② 중량물의 압력을 받을 우려가 있는 경우 1.2[m] 이상 일반장소는 0.5[m] 이상 깊이로 매설한다.

정답 50 ③ 51 ③ 52 ③ 53 ③ 54 ④ 55 ④

③ 중량물의 압력을 받을 우려가 있는 경우 1.0[m] 이상 일반장소는 0.6[m] 이상 깊이로 매설한다.
④ 중량물의 압력을 받을 우려가 있는 경우 1.2[m] 이상 일반장소는 0.6[m] 이상 깊이로 매설한다.

풀이 전기설비기술기준의 판단기준 제136조(지중 전선로의 시설)
④ 지중 전선로를 직접 매설식에 의하여 시설하는 경우에는 매설 깊이를 차량 기타 중량물의 압력을 받을 우려가 있는 장소에는 120[cm] 이상, 기타 장소에는 60[cm] 이상으로 하고 또한 지중 전선을 견고한 트라프 기타 방호물에 넣어 시설하여야 한다.

56 태양광 인버터의 이상적 설치장소가 아닌 것은?

① 옥외 습도가 높은 장소
② 시원하고 건조한 장소
③ 통풍이 잘 되는 장소
④ 먼지 또는 유독가스가 발생되지 않는 장소

풀이 태양광 인버터는 전기설비이므로 습도가 높은 장소에 설치되는 것은 바람직하지 않다.

57 태양광발전시스템용 파워컨디셔너의 효율에 영향을 미치는 요소가 아닌 것은?

① 스위칭 주파수 ② 출력전압
③ Dead Time ④ 필터회로

풀이 파워컨디셔너의 효율에 영향을 미치는 요소는 : 스위칭 주파수
- 최대전력점 추적제어 : 필터회로
- Dead Time(단락(short)를 방지하는 최소한의 지연시간

58 정기점검 시 인버터의 절연저항 측정은 인버터의 입출력단자와 접지 간의 절연저항은?(단, 측정전압은 직류 500V이다.)

① 10Ω 이상 ② 100Ω 이상
③ 0.2MΩ 이상 ④ 1MΩ 이상

풀이 인버터 입출력 단자와 접지 간의 절연저항은 1MΩ 이상으로 측정전압 DC 500V의 절연저항계(메거)를 사용한다.

59 분산형 전원배전계통 연계기술 기준에서 고주파 절연방식과 무변압기방식의 파워컨디셔너에서는 출력전류에 중첩되는 직류분의 제한값은 파워컨디셔너 정격교류 최대 출력전류의 몇 [%] 이하인가?

① 0.2 ② 0.5
③ 0.7 ④ 1.0

풀이 전력계통으로의 직류분 제한값은 파워컨디셔너 정격교류 최대 출력전류의 0.5[%] 이하이다.

60 태양광발전시스템의 인버터 설치 시공 전에 확인 사항이 아닌 것은?

① 입력 허용전류 및 입력 전압범위
② 배선접속방법 및 설치위치
③ 접속가능 전선 굵기 및 회선 수
④ 효율 및 수명

풀이 인버터의 효율 및 수명은 인버터 선정 시 고려해야 한다.

61 태양광발전시스템에서 인버터 측의 이상 발생을 대비하여 설치하는 계통연계 보호장치가 아닌 것은?

① 바이패스 다이오드 ② 저전압계전기
③ 과주파수 계전기 ④ 과전압계전기

풀이 계통연계 보호장치에는 과전압계전기(OVR), 저전압 계전기(UVR), 과주파수 계전기(OFR), 저주파수 계전기(UFR)가 있다.

정답 56 ① 57 ② 58 ④ 59 ② 60 ④ 61 ①

62 전압형 단상 인버터의 기본회로의 설명으로 틀린 것은?

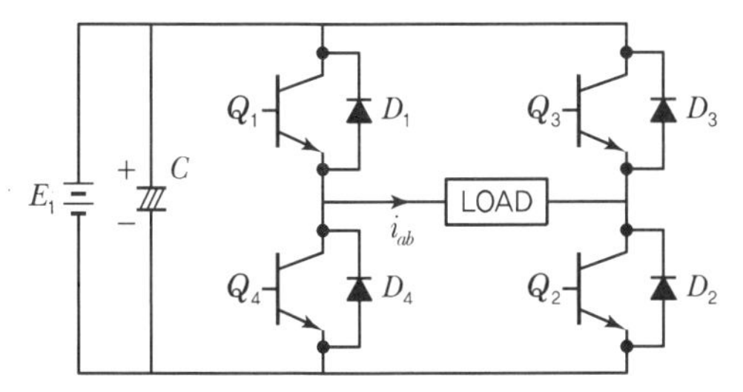

① 작은 용량의 C를 달아준다.
② 직류전압을 교류전압으로 출력한다.
③ 부하의 역률에 따라 위상이 변화한다.
④ $D_1 \sim D_4$는 트랜지스터의 파손을 방지하는 역할이다.

풀이 전압형 단상 인버터

- 직류전압을 평활용 콘덴서(C)를 이용하여 평활시킨다.
- 정류된 직류 전압을 PWM 제어방식을 이용하여 인버터부에서 전압과 주파수를 동시에 제어한다.
- 인버터의 주소자를 TURN-OFF 시간이 짧은 IGBT, FET 및 트랜지스터를 사용한다.

전류형 인버터

전류형 인버터는 평활용 콘덴서 대신에 리액터를 사용하는데, 인버터 측에서 보면 고 임피던스 직류 전류원으로 볼 수 있으므로 전류형 인버터라 한다.

63 인버터의 부하가 인덕턴스인 경우 스위칭 소자(IGBT, MOSFET 등)가 on－off 시 인덕터 양단에 나타나는 역기전력에 의한 스위칭 소자의 내전압을 초과하여 소손되는 것을 방지하기 위한 목적으로 사용되는 것은?

① 환류 다이오드(Free wheeling diode)
② 바이패스 다이오드(By pass diode)
③ 역류방지 다이오드(Blocking diode)
④ 서지보호장치(Surge Protection device)

64 인버터의 스위칭 주기가 10ms이면 주파수는 몇 Hz인가?

① 10　② 20
③ 60　④ 100

풀이 $주파수(f) = \frac{1}{T} = \frac{1}{10 \times 10^{-3}} = 100\text{Hz}$

65 태양광발전시스템의 인버터에 과온 발생 시 조치사항으로 옳은 것은?

① 인버터 팬 점검 후 운전
② 퓨즈 교체 후 운전
③ 계통전압 점검 후 운전
④ 전자 접촉기 교체 점검 후 운전

풀이 인버터에 과온 발생 시 인버터 팬을 점검 후 재운전을 시도한다.

66 계통연계형 태양광발전시스템에서 파워컨디셔너의 역할이 아닌 것은?

① 태양광출력에 따른 자동운전, 자동정지
② 최대전력 추종제어
③ 발전전력의 품질제어
④ 전력망 이상 발생 시 단독 운전유지 가능

풀이 PCS 역할

자동운전 정지기능, 전압자동 조정기능, 계통연계보호, 최대전력 추종제어, 단독운전 방지기능, 직류검출기능, 발전전력 품질제어

67 태양전지 어레이 검사 내용을 설명한 것이다. 틀린 것은?

① 역류방지용 다이오드의 극성이 다르면 무전압이 된다.
② 태양전지 어레이 시공 후 전압 및 극성을 확인해야 한다.
③ 태양전지 모듈의 사양서에 기재되어 있는 단락전

정답 62 ① 63 ① 64 ④ 65 ① 66 ④ 67 ④

류가 흐르는지 직류전류계로 측정한다.

④ 인버터에 트랜스리스 방식을 사용하는 경우에는 일반적으로 교류 측 회로를 비접지로 한다.

풀이 인버터의 절연방식이 트랜스리스 방식을 사용하는 경우에는 교류 측으로 직류유출을 방지하기 위해서 일반적으로 직류 측 회로를 비접지로 한다.

68 인버터 절연성능시험 항목이 아닌 것은?

① 절연저항시험 ② 내전압시험
③ 주파수저하시험 ④ 감전보호시험

풀이 인버터의 절연성능시험 항목

- 절연저항시험
- 내전압시험
- 감전보호시험
- 절연거리시험

주파수 상승 및 저하 보호기능 항목은 인버터의 보호기능을 시험하기 위한 항목이다.

69 태양광발전시스템의 인버터 회로에 절연내력 시험을 실시하는 경우 시험전압을 몇 분간 인가하여 절연파괴 등의 이상 유무를 확인하여야 하는가?

① 1분 ② 3분
③ 5분 ④ 10분

풀이 절연내력

- 태양전지 모듈은 최대사용전압 1.5배의 직류전압 또는 1배의 교류전압(500V 미만 경우 500V)을 충전 부분과 대지 사이에 연속하여 10분간 가하여 견디어야 한다.
- 정류기(최대사용전압이 60kV 이하)의 직류 측의 최대사용전압의 1배의 교류전압(500V 미만으로 되는 경우에는 500V)으로 충전 부분과 외함 간에 연속하여 10분간 가하여 견디어야 한다.

70 인버터 모니터링 시 태양전지의 전압이 "Solar Cell OV Fault"라고 표시되는 경우의 조치사항으로 맞는 것은?

① 태양전지 전압 점검 후 정상 시 3분 후 재기동
② 태양전지 전압 점검 후 정상 시 5분 후 재기동
③ 태양전지 전압 점검 후 정상 시 7분 후 재기동
④ 태양전지 전압 점검 후 정상 시 10분 후 재기동

풀이 투입저지 시한 타이머에 의해 태양전지 전압 점검 후 정상 시 5분 후 자동 기동한다.

71 수용가 설비의 전압강하에서 저압으로 수전하는 경우 조명 3[%], 기타는 몇 [%]인가?

① 3 ② 4
③ 5 ④ 6

풀이 수용가 설비의 전압강하

설비의 유형	조명[%]	기타[%]
A－저압으로 수전하는 경우	3	5
B－고압 이상으로 수전하는 경우	6	8

가능한 한 최종회로 내의 전압강하가 A 유형의 값을 넘지 않도록 하는 것이 바람직하다. 사용자의 배선설비가 100m를 넘는 부분의 전압강하는 미터당 0.005% 증가할 수 있으나 이러한 증가분은 0.5%를 넘지 않아야 한다.

※ 다음의 경우에는 더 큰 전압강하를 허용할 수 있다.
- 기동 시간 중의 전동기
- 돌입전류가 큰 기타 기기

72 인버터에 'Line Over Frequency Fault'로 표시되었을 경우의 현상 설명으로 옳은 것은?

① 계통전압이 규정치 이상일 때
② 계통전압이 규정치 이하일 때
③ 계통주파수가 규정치 이상일 때
④ 계통주파수가 규정치 이하일 때

풀이 파워컨디셔너의 이상신호 조치방법

모니터링	파워컨디셔너 표시	현상 설명	조치사항
한전계통 고주파수	Line over frequency fault	계통주파수가 규정값 이상일 때 발생	계통전압 확인 후 정상 시 5분 후 재가동

정답 68 ③ 69 ④ 70 ② 71 ③ 72 ③

73 OP앰프를 이용한 인버터 제어부에서 (ㄱ)에 나타나는 신호로 옳은 것은?

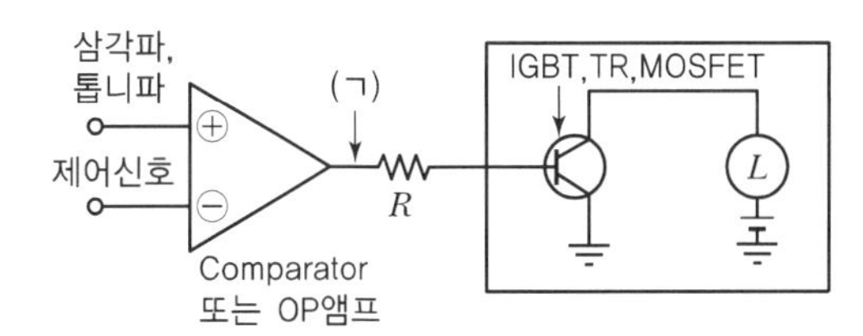

① PAM ② PWM

③ PCM ④ PNM

풀이 인버터의 제어부 회로

Comparator 또는 OP앰프의 출력 신호는 PWM 신호이다.

74 태양광발전시스템을 전력망(Grid)과 병렬운전을 위해서 파워컨디셔너가 일치시켜야 하는 것이 아닌 것은?

① 주파수 ② 전압

③ 전류 ④ 위상

풀이 주파수, 전압, 위상을 일치시켜야 한다.

정답 73 ② 74 ③

005 관련 기기 및 부품

01 바이패스 소자와 역류방지 소자

1 바이패스 소자

태양전지의 직렬접속 시 전류의 우회로를 만드는 다이오드를 말한다.
모듈의 일부 셀이 나뭇잎, 응달(음영)이 발생하면 그 부분의 셀은 전기를 생산하지 못할 경우

① 발전되지 않은 셀에서 저항이 커진다.
② 이 셀에 직렬접속되어 있는 스트링(회로)에 전전압이 인가되어 고저항의 셀에 전류가 흘러 발열된다. 이 발열 부분을 핫스팟(Hot Spot)이라 한다.
③ 셀이 고온이 되면 셀 및 그 주변의 충진재가 변색되고 이면 커버의 부풀림이 발생한다.
④ 셀의 온도가 더 높아지면 셀 및 모듈이 파손된다.
⑤ 이를 방지하기 위해 바이패스 다이오드를 설치한다.

2 바이패스 다이오드 설치위치

태양전지 모듈 후면에 있는 출력단자함에 설치한다.

3 태양전지 모듈의 바이패스 다이오드 설치 예

태양전지 모듈의 일부 셀이 나뭇잎, 새 배설물 등으로 음영(그늘)이 생기면 그 부분의 셀은 전기를 생산하지 못하고 저항이 증가한다. 그늘진 셀에는 직렬로 접속된 다른 셀들의 회로(String)에 모든 전압이 인가되어 발열(Hot Spot)하게 된다. 즉 셀이 고온이 되면 셀과 주변의 충진재(EVA)가 변색, 뒷면 커버의 팽창 등을 일으킨다.
이를 방지하기 위해 고저항이 된 셀들과 병렬로 접속하여 음영된 셀에 흐르는 전류를 바이패스(By-pass)하도록 하는 것이 바이패스 소자이다.

① 태양전지 모듈 내의 셀의 18~22개마다 셀의 전류방향과 반대로 바이패스 다이오드를 설치하여 출력저하 및 발열억제
  - 태양전지 정상작동 시 바이패스 다이오드에 역방향전압이 걸려 있어 작동하지 않고 부분음영이 발생하면 태양전지에는 역방향전압, 바이패스 다이오드에는 순방향전압이 인가되어 바이패스 다이오드 작동

② 바이패스 다이오드 역내전압은 스트링 전압의 1.5배 이상

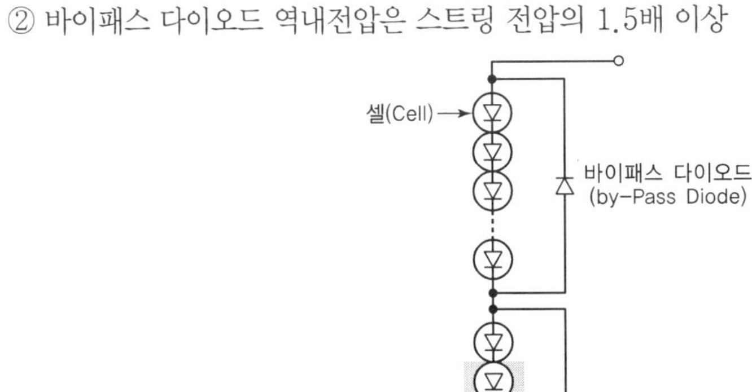

4 모듈의 음영과 바이패스 다이오드

1. 음영과 모듈의 직병렬에 따른 출력전력 비교

1) 직렬 시

① 음영 없을 때 출력

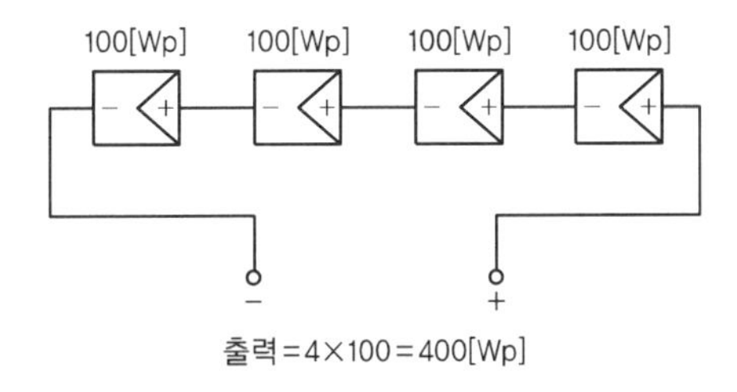

② 일부 셀에 음영 발생 시 출력 : 음영 발생한 셀이 전체에 영향을 미친다.

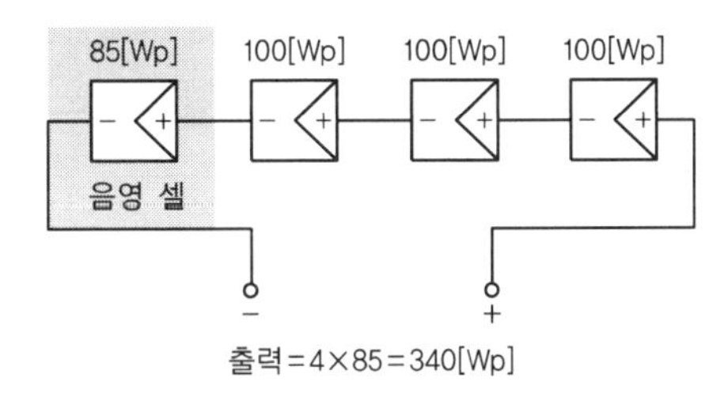

2) 병렬 시

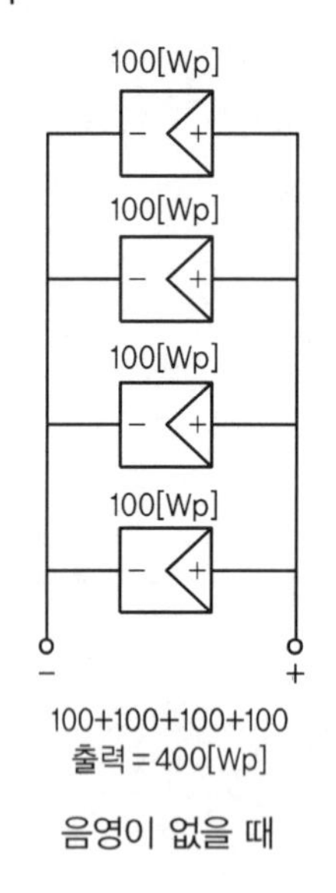

음영이 없을 때

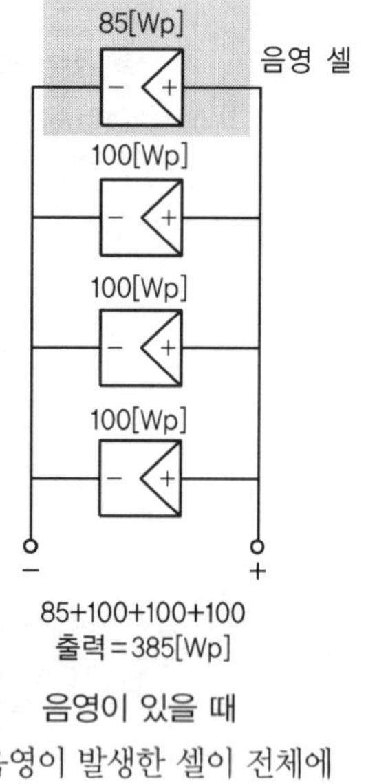

음영이 있을 때

음영이 발생한 셀이 전체에 영향을 미치지 않는다.

5 역류방지소자

1. 역류방지소자의 설치목적

① 태양전지 모듈에 그늘(음영)이 생긴 경우, 그 스트링 전압이 낮아져 부하가 되는 것을 방지

② 독립형 태양광발전시스템에서 축전지를 가진 시스템에서 야간에 태양광발전이 정지된 상태에서 축전지 전력이 태양전지 모듈 쪽으로 흘러들어 소모되는 것을 방지

2. 역류방지소자(Blocking Diode) 설치위치

역류방지소자(Blocking Diode)는 태양전지 어레이의 스트링(string)별로 설치한다.

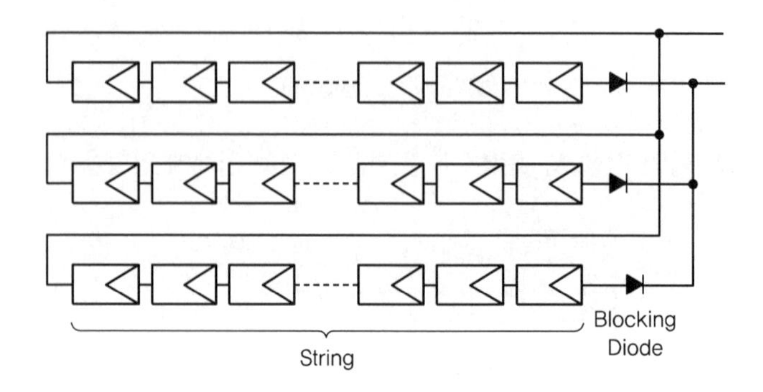

3. 역전류 방지 다이오드

① 1대의 인버터에 연결된 태양전지 직렬군이 2병렬 이상일 경우에는 각 직렬군에 역전류 방지 다이오드를 별도의 접속함에 설치하여야 한다.
② 접속함은 발생하는 열을 외부에 방출할 수 있도록 환기구 및 방열판 등을 갖추어야 한다.
③ 용량은 모듈 단락전류의 1.4배 이상이어야 하며 현장에서 확인할 수 있도록 표시하여야 한다.(역전류 방지 다이오드의 용량은 모듈 단락전류의 1.4배 이상)

02 접속함(단자함, 수납함, 배전함)

1 접속함의 설치목적

① 보수 · 점검 시 회로를 분리하거나 점검을 용이하게 하기 위해 설치
② 스트링별 고장 시 정지 범위를 분리하여 운전을 할 수 있도록 설치

2 접속함의 내부회로 결선도

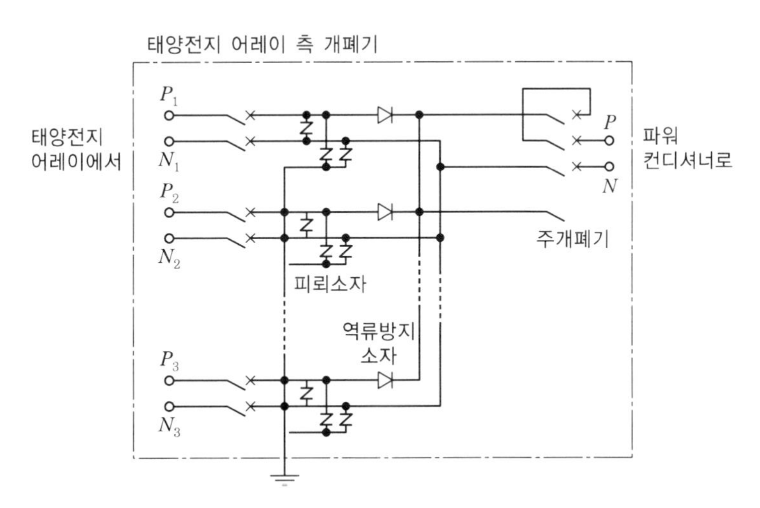

3 접속함 내 설치되는 기기

① 태양전지 어레이 측 기기
② 주개폐기
③ 서지보호장치(SPD ; Surge Protected Device)

④ 역류방지소자
⑤ 출력단자대
⑥ 감시용 DCCT(Shunt), DCPT, T/D(transducer)

4 접속함의 연결전선

① 태양전지에서 옥내에 이르는 배선에 쓰이는 전선은 모두 모듈전용선(TFR-CV선)을 사용하여야 한다.
② 전선이 지면을 통과할 경우에는 피복에 손상이 발생되지 않게 별도의 조치를 취해야 한다.
③ 리드선의 극성 표시방법은 케이블에 (+), (−)의 마크 표시, 케이블 색은 적색(+), 청색(−)으로 구분한다.

5 접속함의 설치장소에 따른 분류

접속함의 병렬 스트링 수에 의한 분류와 설치장소에 의한 보호등급은 다음과 같다.

[접속함의 분류 및 보호등급]

병렬 스트링 수에 의한 분류	설치장소에 의한 분류
소형(3회로 이하)	IP 54 이상
중형(4회로 이상)	실내형 : IP 20 이상
	실외형 : IP 54 이상

6 단자대

① 태양전지 어레이의 스트링별로 배선을 접속함까지 가지고 와서 접속 내부 단자대를 통해 접속
② 태양전지 어레이의 스트링별로 배선을 접속함까지 연결하는 것

7 접속함의 외부 · 내부

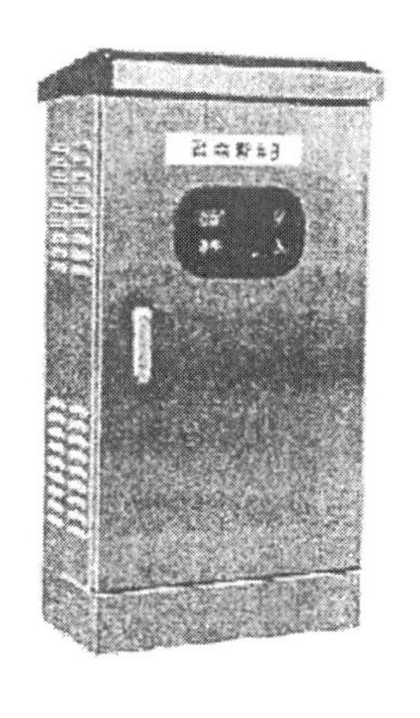

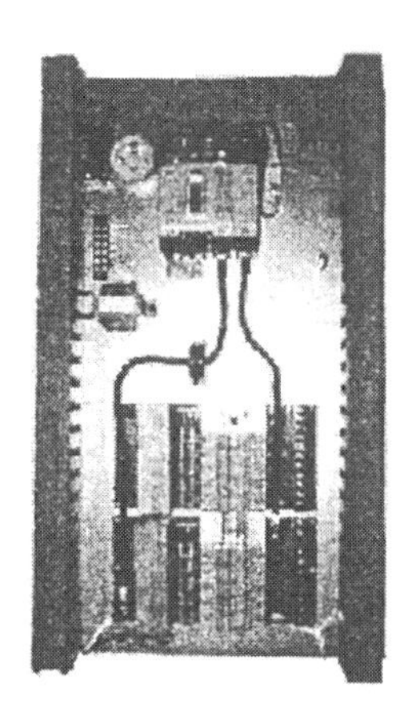

외부

내부

8 접속함 선정 시 주의사항

① 전압 : 접속함의 정격전압은 태양전지 스트링의 개방 시의 최대직류전압으로 선정
② 전류 : 정격입력전류는 접속함에 안전하게 흘릴 수 있는 전류값이며 최대전류를 기준하여 선정

9 주 개폐기

① 주 개폐기는 태양전지 어레이의 출력을 1개소에 통합한 후 파워컨디셔너와 회로도 중에 설치한다.
② 주 개폐기는 태양전지 어레이의 최대사용전압, 통과전류를 만족하는 것으로서 최대 통과전류(표준태양전지 어레이 단락전류)를 개폐할 수 있는 것을 사용하면 좋다. 또한 보수도 용이하고 MCCB를 사용해도 좋지만 태양전지 어레이의 단락전류에서는 자동차단(트립)되지 않는 정격의 것을 사용하는 것이 좋다. 그리고 반드시 정격전압에 적정한 직류차단기를 사용하여야 한다.
③ 태양전지 어레이 측 개폐기로 단로기나 Fuse를 사용하는 경우에는 반드시 주 개폐기로 MCCB를 설치하여야 한다.
④ 배선용 차단기(MCCB)
배선용 차단기는 개폐기구 트립장치 등을 절연물의 용기 내에 일체로 조립한 것

10 어레이 측 개폐기

태양전지 어레이 측 개폐기는 태양전지 어레이의 점검 · 보수 또는 일부 태양전지 모듈의 고장 발생 시 스트링 단위로 회로를 분리시키기 위해 스트링 단위로 설치한다.

11 피뢰소자

저압 전기설비의 피뢰소자는 서지보호장치(SPD ; Surge Protective Device)라고도 한다.

1. 서지보호장치(SPD)

① 서지로부터 각종 장비들을 보호하는 장치이다.

② SPD는 과도전압과 노이즈를 감쇄시키는 장치로서 TVSS(Transient Voltage Surge Suppressor)라고도 불린다.

2. SPD 설치목적

① 태양광 발전설비가 피뢰침에 의한 직격뢰로부터는 보호되어야 한다.

② 서지보호소자는 유도 뇌서지가 태양전지 어레이 또는 파워컨디셔너 등에 침입한 경우에 전기설비 또는 장치를 뇌서지로부터 보호하기 위해 설치한다.

3. 서지보호장치 설치위치

① 접속함에는 태양전지 어레이의 보호를 위해 스트링마다 서지보호소자(SPD)를 설치

② 낙뢰 빈도가 높은 경우에는 주개폐기 측에도 설치한다.

③ 배선은 접지단자에서 최대한 짧게 하여야 하며, 서지보호소자의 접지 측 배선을 일괄해서 접속한다.

03 축전지

① 축전지(Electric storage batteries)는 전기에너지를 화학에너지로 바꿔 저장하고, 필요할 때 다시 전기에너지로 바꿔 쓰는 장치로서 전력저장장치라 할 수 있다.

② 발전량 부족 시나 야간, 일조가 없을 때의 부하로 전력을 공급하기 위해 전력저장장치(축전지)를 설치한다. 독립형 태양광발전에서 섬 지방이나 산간지방 등 상용전원이 없는 곳에서 활용한다.

③ 계통 연계형 태양광발전시스템에서도 축전지를 설치하여 재해 시 비상전원 공급, 발전전력 급변 시의 버퍼, 전력저장, 피크 시프트 등 시스템의 적용범위를 확대함으로써 비상전원의 확보, 전력품질의 유지, 경제성 등의 목적으로 설치하는 경우도 있다.

④ 최근에는 다수의 태양광발전시스템이 계통에 연계되었을 때 계통전압 안정화 및 피크 제어 목적으로 축전지를 이용한 ESS(Energy Storage System)를 도입하고 있다.

1 축전지 종류

① 연축전지 : 양극판(PbO_2), 음극판(Pb), 격리판, 전해액(H_2SO_4) 및 전조(Container)로 구성되어 있는 축전지로 태양광발전시스템에서 가장 많이 사용된다.

② 알칼리축전지 : 수산화 물질과 같은 알칼리용액으로 전해액이 구성된 축전지이다.

2 축전지 기대수명에 영향을 미치는 요소

① 방전심도(DOD)

② 방전횟수

③ 사용온도

이 중 방전심도의 영향이 가장 크다.

3 축전지 선정

1. 독립형 전원시스템용 축전지

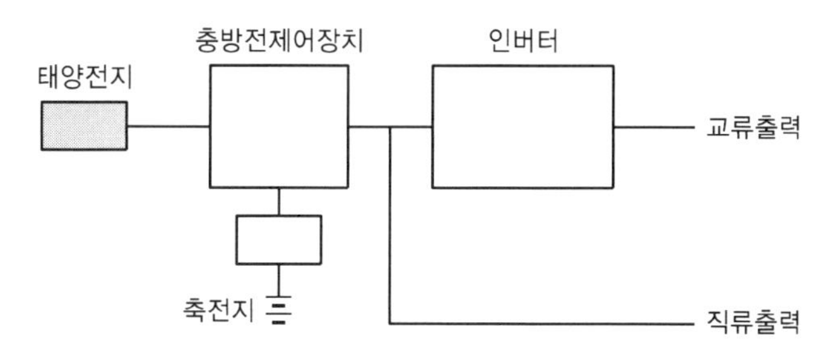

① 축전지 용량(C) $= \dfrac{\text{1일 소비전력량} \times \text{불일조일수}}{\text{보수율} \times \text{방전심도} \times \text{축전지전압(방전종지전압)}}$ (Ah)

- 방전심도(DOD ; Depth Of Discharge) : 축전지의 잔존용량을 표현하는 방법
- 불일조일수 : 기상 상태의 변화로 발전을 할 수 없을 때의 일수

② 직류부하 전용일 때는 인버터가 필요 없다.

③ 직류출력 전압과 축전지의 전압을 서로 같게 한다.

2. 계통연계 시스템용 축전지

방재 대응형 : 재해 시 인버터를 자립운전으로 전환하고 특정 재해 대응부하로 전력을 공급한다.

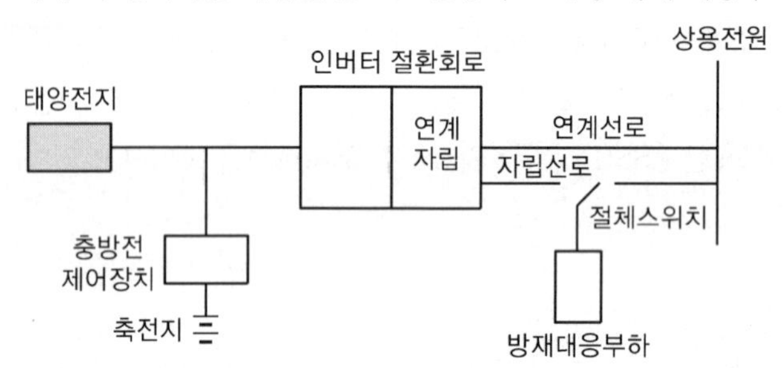

① 평상시 계통연계 운전

② 정전 시 방재, 비상부하 자립운전

③ 정전 회복 후 야간충전운전

3. 부하 평준화 대응형(피크 시프트형, 야간전력 저장형)

태양전지 출력과 축전지 출력을 병용하여 부하의 피크 시에 인버터를 필요 출력으로 운전하여 수전전력의 증대를 막고 기본전력요금을 절감하려는 시스템이다.

① 보통 때 연계운전

② 피크 시 태양전지+축전지 겸용에 의한 피크부하 부담

③ 정전 회복 후 야간 충전운전

④ 계통안정화 대응형 : 기후가 급변할 때나 계통부하가 급변할 때는 축전지를 방전하고, 태양전지 출력이 증대하여 계통전압이 상승하도록 할 때에는 축전지를 충전하여 역류를 줄이고

전압의 상승을 방지하는 방식

⑤ 계통 연계형 시스템용 축전지 용량 산출식

$$C = \frac{KI}{L}[\mathrm{Ah}]$$

여기서, C : 온도 25[℃]에서 정격방전율 환산용량(축전지의 표시용량)
K : 방전시간, 축전지 온도, 허용최저전압으로 결정되는 용량환산시간
I : 평균 방전전류
L : 보수율(수명 말기의 용량감소율 고려해 일반적으로 0.8 적용)

5 축전지 설비의 설치기준

축전지 설비를 설치할 경우에는 다음 표와 같이 최소한의 이격거리를 확보할 필요가 있으므로 시스템의 설계 시에 이를 반영해야 한다.

이격거리를 확보해야 할 부분	이격거리[m]
큐비클 이외의 발전설비와의 사이	1.0
큐비클 이외의 변전설비와의 거리	1.0
옥외에 설치할 경우 건물과의 사이	2.0
전면 또는 조작면	1.0
점검면	0.6
환기면*	0.2

* 전면, 조작면 또는 점검면 이외에 환기구가 설치되는 면을 말한다.

6 축전지가 갖추어야 할 조건

① 자기 방전율이 낮을 것
② 에너지 저장밀도가 높을 것
③ 중량 대비 효율이 높을 것
④ 과충전 및 과방전에 강할 것
⑤ 가격이 저렴하고 장수명일 것

04 교류 측 기기

1 분전반

① 분전반은 계통에 연계하는 경우에 파워컨디셔너의 교류출력을 계통으로 접속할 때 사용하는 차단기를 수납하는 함이다.
② 일반주택, 빌딩의 경우 대부분 분전반이나 배전반이 설치되어 있으므로 태양광발전시스템의 정격출력전류에 적합한 차단기가 있으면 그것을 사용한다.
③ 기설치된 분전반 내 차단기의 여유가 없으면 별도의 분전반 설치
④ 차단기는 역접속 가능형 누전차단기 설치(지락검출기능)
(단, 기설치된 분전반의 계통 측에 지락검출기능이 부착된 과전류 차단기가 이미 설치된 경우에는 교체할 필요가 없다.)

2 차단기(Breaker)

차단기는 고장전류(단락, 지락)를 신속하게 차단하여 기기 및 선로를 보호하고, 부하전류를 개폐(on－off)한다.

1. 소호원리에 따른 차단기

① OCB(유입차단기) : 아크에 의한 절연유 분해가스의 냉각작용으로 차단
② MBB(자기차단기) : 대기 중에서 전자력을 이용하여 아크를 소호실 내로 유도시켜 차단
③ ABB(공기차단기) : 압축공기를 이용하여 불어서 차단
④ VCB(진공차단기) : 진공 중의 전자 발생 억제력과 발생한 전자의 진공 중으로 확산하여 차단 22.9[kV] 변전실 차단기로 주로 사용
⑤ GCB(가스차단기) : 아크에 의한 SF_6 가스의 열화학 작용과 전기적(－) 특성을 이용하여 차단
⑥ ACB(기중차단기) : 대기 중에서 접점의 개극거리를 길게 하여 차단 1,000[V] 이하 저압에 사용

2. 차단기의 정격차단용량 P_s

$$P_s = \sqrt{n} \times \text{kV(차단기 정격전압)} \times \text{kA(차단기의 정격차 단전류[MVA]}$$

3. 차단기의 차단시간

트립코일의 여자시간부터 아크가 소호하는 시간

정격차단시간=개극시간+아크소호시간
3[Cycle], 5[Cycle], 8[Cycle]

4. 개폐기(Switch)

부하전류가 흐르는 상태에서 개폐(on-off)

3 변압기

변압기는 전자유도 작용을 이용하여 교류전압과 전류를 변성하는 기기로 2개 이상의 전기회로와 1개 이상의 공통자기 회로로 구성한다.

1. 변압기 원리

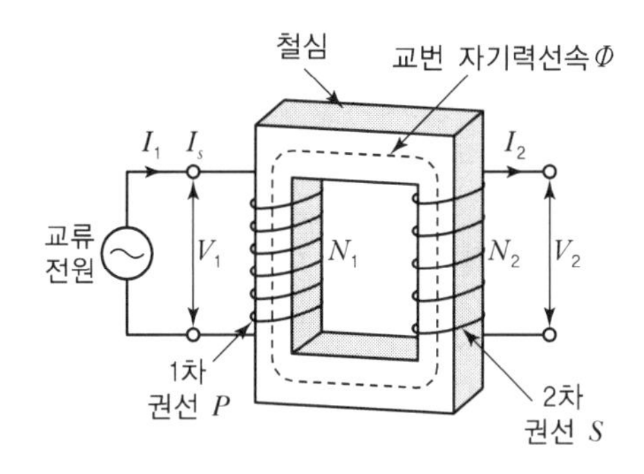

V_1[V] : 1차 전압
V_2[V] : 2차 전압
I_0[A] : 여자전류
I_1[A] : 1차 전류
I_2[A] : 2차 전류
N_1[회] : 1차 권선의 권선 수
N_2[회] : 2차 권선의 권선 수

2. 유기 기전력

① 1차 유기 기전력 : $E_1 = \frac{1}{\sqrt{2}} \Phi_m \omega N_1 = 4.44 f N_1 \Phi_m$

② 2차 유기 기전력 : $E_2 = \frac{1}{\sqrt{2}} \Phi_m \omega N_2 = 4.44 f N_2 \Phi_m$

3. 권수비(a)

1) 권수비

$$a = \frac{E_1}{E_2} = \frac{4.44 f N_1 \Phi_m}{4.44 f N_2 \Phi_m} = \frac{N_1}{N_2}$$

여기서, 권선에 의한 전압강하를 무시하면, 단자전압 V_1과 V_2는 유도기전력 E_1E_2와 같게 된다.

$$\text{권수비 } a = \frac{V_1}{V_2} = \frac{N_1}{N_2} = \frac{I_2}{I_1}$$

2) 변류비

변압기에 부하를 연결하면 부하에 연결되는 피상전력 V_2I_2는 손실을 무시하면 1차 측 피상전력 V_1I_1과 같다. 전원으로부터 변압기에 입력되는 전력과 부하에 공급되는 전력과의 관계는 $V_1I_1 = V_2I_2$가 된다. 이 식에서 1, 2차 전류비는 $\frac{I_1}{I_2} = \frac{V_2}{V_1} = \frac{N_2}{N_1} = \frac{1}{a}$이며, $\frac{I_1}{I_2}$를 변류비라 하고 권수비의 역수이다.

4. 변압기 결선

1) $\Delta - \Delta$ 결선

① 선간전압(V_l)과 상전압(V_p)은 크기가 같고 동상이다.

② 선전류(I_l)는 상전류(I_p)에 비해 크기가 $\sqrt{3}$배이고 위상은 30° 뒤진다.

$$I_l = \sqrt{3}\, I_p \angle -30°$$

2) Y－Y 결선

① 선간전압(V_l)과 상전압(V_p)에 비해 크기가 $\sqrt{3}$배이고 위상은 30° 앞선다.

$$V_l = \sqrt{3}\, V_p \angle 30°$$

② 선전류(I_l)는 상전류와 크기가 같고 위상은 동상이다.

3) Δ－Y, Y－Δ 결선

① 한쪽 Y결선의 중성점 접지할 수 있다.

② Y결선의 상전압은 선간전압의 $\frac{1}{\sqrt{3}}$이므로 절연이 용이하다.

③ Δ결선에서 제3고조파가 제거되어 기전력 파형의 왜곡이 없다.

④ 일반 수용기는 Δ－Y결선을 사용하고, 태양광발전소와 분산형 전원은 Y－Δ결선을 사용한다.

5. 수용률, 부등률, 부하율

① $\text{수용률} = \frac{\text{최대수요전력[kW]}}{\text{부하설비합계[kW]}} \times 100[\%]$ (※ 항상 1보다 작다.)

② $\text{부등률} = \frac{\text{각 부하의 최대수요전력의 합[kW]}}{\text{합성최대전력[kW]}} \times 100[\%]$ (※ 항상 1보다 크다.)

③ $\text{부하율} = \dfrac{\text{평균부하[kW]}}{\text{최대부하[kW]}} \times 100[\%]$

4 적산전력량계

적산전력량계는 계통연계에서 역송전한 전력량을 계측하여 전력회사에 판매하는 전력요금의 산출을 하는 계량기로서 계량법에 의한 검정을 받은 적산전력량계를 사용해야 한다.

1. 적산전력량계의 설치

① 종래 전력회사가 설치하고 있는 수요전력량계의 적산전력량계도 역송전이 있는 계통연계시스템을 설치할 때는 전력회사가 역송방지장치가 부착된 적산전력량계로 변경하게 된다.

② 역송전력계량용의 적산전력량계는 전력회사가 설치하는 수요전력량계의 적산전력량계에 인접하여 설치한다.

③ 적산전력량계는 옥외용의 경우 옥외용 함에 내장하는 것으로 하고 옥내용의 경우 창이 부착된 옥외용 수납함의 내부에 설치한다.

2. 적산전력량계 접속(결선)도

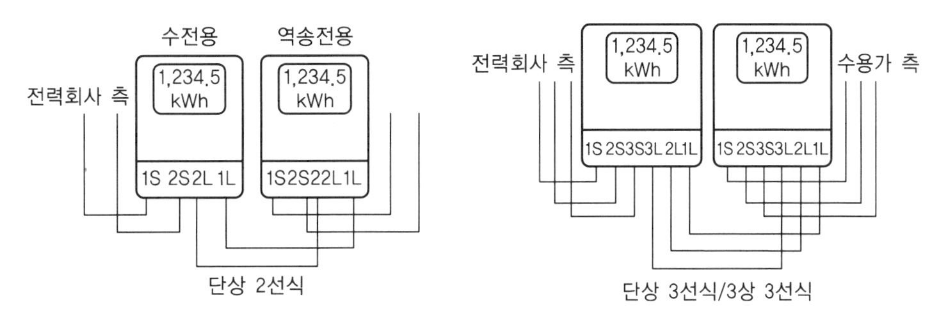

역송전 계량용의 적산전력계는 수요전력량계와는 역으로 수용가 측을 전원 측으로 접속한다.

5 보호계전기

1. 계통보호 개요

① 이상상태 항상 감시

② 고장 발생 시 고장구간 신속 분리

2. 보호계전기 구비조건

① 보호동작이 정확할 것

② 고장 개소를 정확하게 선택할 것
③ 온도와 파형에 의한 오차가 적을 것
④ 장시간 사용해도 특성 변화가 없을 것
⑤ 열적 · 기계적으로 견고할 것
⑥ 보수 점검이 용이할 것
⑦ 가격이 싸고, 소비전력도 적을 것

3. 보호계전기의 종류

1) 형태상 분류

① 아날로그형 : 전자기계형, 정지형
② 디지털형 : 정해진 프로그램에 의거 마이크로 프로세서로 계산해서 크기, 위상을 판단하여 동작

2) 기능상의 분류

① 전류계전기
㉠ 과전류계전기(OCR ; Over Current Relay) : 전류가 일정값 이상일 때 동작
㉡ 부족전류계전기(UCR ; Under Current Relay) : 전류가 일정값 이하일 때 동작

② 전압계전기
㉠ 과전압계전기(OVR ; Over Voltage Relay) : 전압이 일정값 이상일 때 동작
㉡ 부족전압계전기(UVR ; Under Voltage Relay) : 전압이 일정값 이하일 때 동작

③ 차동계전기(DCR ; Differential Current Relay)
유입전류와 유출전류의 차에 의해 동작

④ 주파수계전기
㉠ 저주파수계전기(UFR ; Under Frequency Relay)
㉡ 과주파수계전기(OFR ; Over Frequency Relay)

⑤ 역전류계전기(Reverse Current Protection)
직류회로의 전류가 소정의 규정방향과는 역의 방향으로 흘렀을 때 동작하는 계전기

05 낙뢰대책

뇌가 발생하여 뇌운과 대지 사이가 번개로 연결되면, 대지 측에 중대한 장해가 발생한다.
태양전지 어레이는 면적이 넓고 차폐물이 없는 옥외에 설치되므로 뇌격에 의한 피해가 많이 발생되고 있다.
직격뢰에 대한 보호는 피뢰침, 가공지선 등으로 설치하고 일반적으로 유도뢰를 기준하여 피뢰대책을 수립하고 있다.

1 낙뢰의 종류

1. 직격뢰

① 전력설비나 전기기기에 직접 뇌가 떨어져 직접 뇌 방전을 받는 낙뢰를 말한다.
② 직격뢰의 전류파고치가 15～20[KA] 이하가 거의 50[%]이지만 200[KA] 이상인 것도 있다.
③ 직격뢰 대책은 피뢰침을 설치한다.

2. 유도뢰

1) 직격뢰가 원인인 경우(전자유도)

나무나 빌딩 등이 비교적 높은 건물 등에 뇌격하여 직격로 전류가 흘러 주위에 강한 전자계가 생기고 전자유도작용에 의해 부근의 전력 송전선이나 통신선에 서지전압이 발생한다.

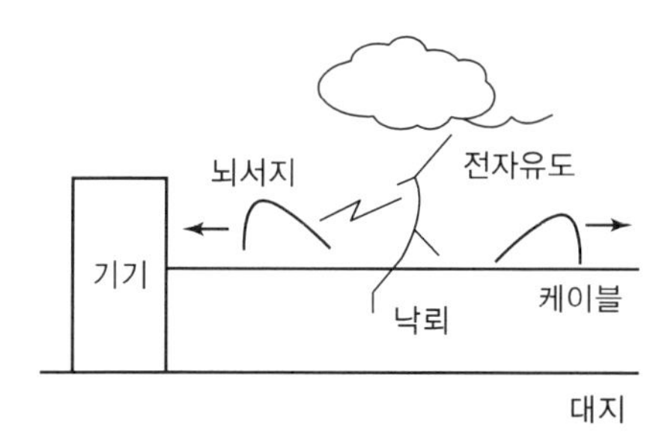

2) 정전유도

정전유도에 의한 것은 뇌 구름에 의해 선로에 유노된 플러스 전하가 낙뢰로 인한 지표면 전하가 중화되면 뇌서지가 되어 선로를 타고 이동한다.

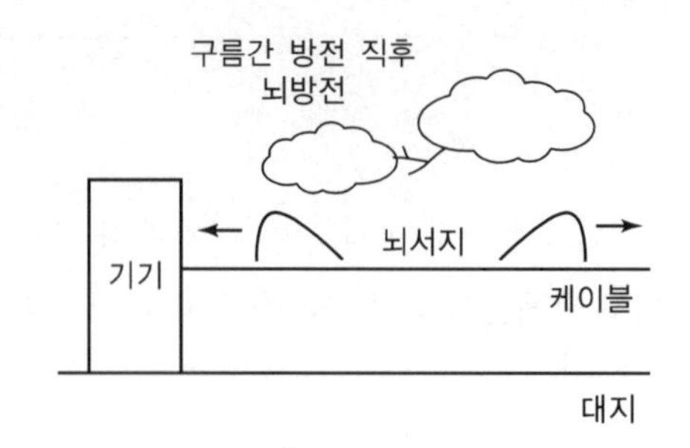

2 낙뢰(뇌서지) 방호대책

1. 감전으로부터 인축의 상해를 줄이기 위한 대책

① 노출도전성 부분의 절연
② 등전위화(메시접지시스템 이용)
③ 뇌 등전위 본딩
④ 물리적 제한과 경고표시

2. 물리적 손상을 줄이기 위한 보호대책(외부 뇌보호)

① 외부 피뢰시스템
 ㉠ 수뢰부시스템
 ㉡ 인하도선시스템
 ㉢ 접지극시스템
② 피뢰 등전위 본딩
③ 외부 피뢰시스템으로부터 전기적 절연(이격거리)

3. 피뢰시스템의 등급별 회전구체 반지름 메시치수

구분	보호법	
피뢰시스템 등급	회전구체 반지름 γ[m]	메시치수 W_m[m]
Ⅰ	28	5×5
Ⅱ	30	10×10
Ⅲ	45	15×15
Ⅳ	60	20×20

4. 전기전자 설비의 고장을 줄이기 위한 보호대책

① 접지 및 본딩 대책
② 자기차폐
③ 선로의 포설경로
④ 절연인터페이스
⑤ 협조된 SPD시스템

3 뇌서지 대책

1. PV시스템을 보호하기 위해 다음과 같은 대책이 필요하다.

① 피뢰소자를 어레이 주회로 내부에 분산시켜 설치하고 접속함에도 설치한다.
② 저압배전선에서 침입하는 뇌서지에 대해서는 분전반에 피뢰소자를 설치한다.
③ 뇌우 다발지역에서는 교류전원 측으로 내뢰 트랜스를 설치하여 보다 안전한 대책을 세운다.

2. 뇌보호시스템

① 외부 뇌보호 : 수뇌부, 인하도선, 접지극, 차폐, 안전이격거리
② 내부 뇌보호 : 등전위 본딩, 차폐, 안전이격거리, 서지보호장치(SPD), 접지

3. 피뢰대책용 부품

뇌보호용 부품에는 크게 피뢰소자와 내뢰트랜스 2가지가 있으며, PV시스템에는 일반적으로 피뢰소자인 어레스터 또는 서지업서버를 사용한다.

① 어레스터 : 낙뢰에 의한 충격성 과전압에 대하여 전기설비의 단자전압을 규정치 이내로 저감시켜 정전을 일으키지 않고 원상태로 회귀하는 장치이다.
② 서지업서버 : 전선로에 침입하는 이상 전압의 높이를 완화하고 파고치를 저하시키는 장치이다.
③ 내뢰 트랜스 : 실드 부착 절연트랜스를 주체로 하고 어레스터 및 콘덴서를 부가시킨 것, 뇌서지가 침입한 경우 내부에 넣은 어레스터에서의 제어 및 1차측과 2차측 간의 고절연화, 실드에 의해 뇌서지의 흐름을 완전히 차단할 수 있도록 한 변압기이다.

4. 피뢰소자의 설치장소(선정)

① 접속함 내와 분전반 내에 설치하는 피뢰소자는 어레스터(방전내량이 큰 것)를 선정한다.
② 어레이 주회로 내에 설치하는 피뢰소자는 서지업서버(방전내량이 적은 것)를 선정한다.

5. 서지보호장치(SPD ; Surge Protective Device)

1) 저압의 전기설비의 피뢰소자

태양광발전시스템은 모듈을 비롯하여 파워컨디셔너 등 각종 전기 · 전자 설비들로 순간적인 과전압이나 전류에 매우 취약한 반도체들로 구성되어 있다. 따라서 낙뢰나 스위칭 개폐 등에 의해 발생되는 순간 과전압은 이러한 기기들을 순식간에 손상시킬 수 있다. 태양광발전시스템의 특성상 순간의 사고도 용납될 수 없기 때문에 이를 보호하기 위하여 SPD 등을 중요지점에 각각 설치하여야 한다.

2) SPD의 특징

① 서지억제기, 서지방호장치 등 다양한 용어로 통용되고 있지만, 보통 서지보호장치 또는 SPD로 호칭한다.

② SPD는 크게 반도체형과 갭형이 있다.

③ 최근에는 반도체 SPD가 많이 사용되고 있다.

④ 종래에는 SPD 소자에 탄화규소(SiC)가 사용되어 왔으나 산화아연(ZnO)이 개발된 이후, 반도체형의 SPD 소자에 산화아연이 많이 사용되고 있다.

⑤ 산화아연은 큰 서지 내량과 우수한 제한 전압 등의 특징을 갖고 있어 직렬 갭을 필요로 하지 않는 이상적인 SPD로서 기기의 입 · 출력부에 설치한다.

3) 뇌보호영역(LPZ ; Lightning Protection Zone)별 SPD의 선택기준

구분	파형 및 내량	적용 SPD
LPZ 1	10/350[μs] 파형 기준의 임펄스 전류 I_{imp} 15[kA]~60[kA]	Class Ⅰ SPD
LPZ 2	8/20[μs] 파형 기준의 최대방전전류 I_{max} 40[kA]~160[kA]	Class Ⅱ SPD
LPZ 3	1.2/50[μs](전압), 8/20[μs](전류) 조합파 기준	Class Ⅲ SPD

4) 피뢰기가 구비해야 할 조건

① 충격방전 개시전압이 낮을 것

② 상용주파 방전 개시 전압이 높을 것

③ 방전내량이 높고 제한전압이 낮을 것

④ 속류의 차단능력이 충분할 것

실전예상문제

01 태양광 모듈에서 바이패스 및 역류 방지를 위해 사용되는 소자는?

① 다이오드 ② 사이리스터
③ 변압기 ④ 스위치

풀이 사이리스터는 트랜지스터와 비슷한 역할을 하는 소자로 전력시스템에 사용되어 전류나 전압의 제어에 사용되는 전력 반도체 소자이다.

02 태양전지 모듈 내에 태양전지 셀의 결함 또는 열화로 인한 출력 저하를 방지하고 발열을 억제하기 위하여 사용하는 것은?

① 리드선 ② 충전재
③ 바이패스 소자 ④ 알루미늄 프레임

풀이 모듈 내의 셀의 결함 또는 열화로 인한 출력 저하를 방지하고 발열을 억제하기 위해 설치하는 것은 바이패스(By-pass) 소자이다.

03 열점(Hot Spot)의 발생원인과 대책에 대한 설명으로 틀린 것은?

① 나뭇잎, 새의 배설물 등의 그늘로 인한 태양전지 셀 내부열화로 발생한다.
② 바이패스 소자를 셀 구간마다 접속하여 역전류가 발생하면 우회시킨다.
③ 태양전지 셀의 결함, 특성으로 국부적 과열로 발생한다.
④ 태양전지 모듈마다 SPD를 설치하여 전압의 파고치를 저하한다.

풀이 SPD(서지보호장치)는 뇌서지 등으로부터 태양광발전시스템을 보호하기 위해 사용된다.

04 태양전지 모듈의 바이패스 다이오드 소자는 대상 스트링 공칭 최대출력 동작전압의 몇 배 이상 역내압을 가져야 하는가?

① 1.5배 ② 2배
③ 2.5배 ④ 3배

풀이 단락 전류를 충분히 바이패스할 수 있고 스트링 공칭 최대출력 동작전압의 1.5배 이상의 역내압을 가져야한다.

05 태양전지 모듈에서 그 일부의 태양전지 셀에 그늘(음영)이 발생하면, 음영 셀은 발전을 하지 못하고 열점(Hot Spot)을 일으켜 셀의 파손 등이 발생할 수 있다. 이를 방지하기 위한 목적으로 셀(Cell)들과 병렬로 접속하는 소자는?

① 환류 다이오드(Free wheeling diode)
② 바이패스 다이오드(By pass diode)
③ 역류방지 다이오드(Blocking diode)
④ 서지보호장치(Surge protection device)

풀이 그늘(음영)에 의한 셀의 파손을 방지하기 위해 모듈에 설치되는 것은 바이패스 다이오드이다.

06 PV 모듈에 그림자가 생겼을 때 출력이 감소하게 된다. 그림에서 D_1, D_2, D_3 명칭으로 옳은 것은?

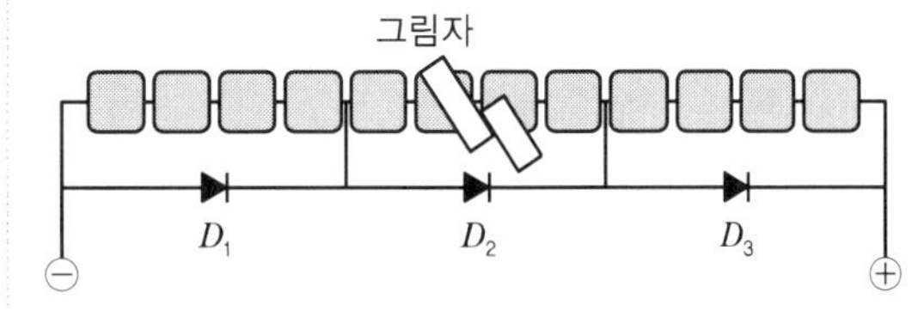

① 역전압방지 다이오드 ② 바이패스 다이오드
③ 역전류방지 다이오드 ④ 과전압방지 다이오드

풀이 셀 일부분에 음영이 발생한 경우 전류 집중으로 인한 열점(Hot Spot)이 발생한다. 이때 셀의 소손을 방지하기 위하여 보통 18~20개의 셀 단위로 바이패스 다이오드(Bypass Diode)를 설치한다.

정답 01 ① 02 ③ 03 ④ 04 ① 05 ② 06 ②

07 바이패스 다이오드(Bypass diode)의 역내 전압은 셀 스트링의 공칭 최대 출력전압의 몇 배 이상으로 하여야 하는가?

① 1.0배 ② 1.5배
③ 2.0배 ④ 2.5배

풀이 바이패스 다이오드의(By pass diode) 역내 전압은 셀 스트링 공칭 최대 출력의 1.5배 이상으로 한다.

08 여러 개의 태양전지 모듈의 스트링(String)을 하나의 접속점에 모아 보수점검 시에 회로를 분리하거나 점검작업을 용이하게 하며, 태양전지 어레이에 고장이 발생해도 정지범위를 최대한 적게 하는 등의 목적으로 사용되는 것은?

① 접속함 ② 단자함
③ 인버터 ④ 바이패스 다이오드

풀이 여러 개의 태양전지 모듈의 스트링(String)을 하나의 접속점에 모아 보수점검 시에 회로를 분리하거나 점검작업을 용이하게 하며, 태양전지 어레이에 고장이 발생해도 정지범위를 최대한 적게 하는 등의 목적으로 사용되는 것은 접속함이다.

09 태양광발전시스템의 접속함에 설치되는 장치가 아닌 것은?

① 직류 개폐기 ② 전력량계
③ 역류방지 소자 ④ 감시용 T/D

풀이 접속함에 설치되는 장치
- 태양전지 어레이 측 개폐기
- 주개폐기
- SPD(피뢰소자)
- 역류방지 다이오드
- 단자대
- 감시용 DCCT(계기용 변류기)
- DCPT(계기용 변압기)
- T/D(Transducer)

10 태양광발전시스템의 접속함을 선정 시 주의사항으로 틀린 것은?

① 노출된 장소에 설치되는 경우 빗물, 먼지 등이 함에 침입하지 않는 구조로 한다.
② 접속함의 정격전압은 태양전지 스트링의 개방 시의 최대직류전압으로 선정한다.
③ 접속함 내부는 최소한의 공간을 차지하도록 한다.
④ 정격입력전류는 최대전류를 기준으로 선정한다. 접속함 내부는 점검 및 보수를 위하여 충분한 공간이 있어야 한다.

풀이 접속함 내부는 점검 및 보수를 위하여 충분한 공간이 있어야 한다.

11 다음 중 접속함 내부의 구성기기가 아닌 것은?

① 주 개폐기 ② 단자대
③ 바이패스 소자 ④ 역류방지 소자

풀이 바이패스 소자는 모듈의 단자함에 설치된다.

12 태양광발전시스템용 접속함에 설치되는 소자가 아닌 것은?

① 어레이 측 개폐기 ② 서지보호장치
③ 역류방지 다이오드 ④ 인버터

풀이 인터버는 독립적으로 설치되는 설비이다.

13 태양광발전시스템의 접속함 설치 시공에 있어서 확인하여야 할 사항이 아닌 것은?

① 접속함의 사양과 실제 설치한 접속함이 일치하는지를 확인한다.
② 유지관리의 편리성을 고려한 설치방법인지를 확인한다.
③ 설치장소가 설계도면과 일치하는지를 확인하다.
④ 설계의 적절성과 제조사가 건전한 회사인지를 확인한다.

풀이 ④는 접속함 구매 선정 시 고려해야 할 사항이다.

정답 07 ② 08 ① 09 ② 10 ③ 11 ③ 12 ④ 13 ④

14 접속함 내 주개폐기의 선정방법으로 적합하지 않은 것은?

① 태양전지 어레이 측 개폐기로 단로기나 Fuse를 사용하는 경우에는 주 개폐기로 단로기를 사용할 수 있다.
② 주 개폐기는 태양전지 어레이가 1개 스트링으로 구성되고, 어레이 측 개폐기가 MCCB로 설치된 경우 생략이 가능하다.
③ 주 개폐기는 태양전지 어레이의 최대 사용전압, 태양전지 어레이의 합산된 단락전류를 개폐할 수 있는 용량의 것으로 선정한다.
④ 태양전지 어레이 측의 합산 단락전류에 의해 차단되지 않도록 선정한다.

풀이 태양전지 어레이 측 개폐기로 단로기나 Fuse를 사용하는 경우에는 반드시 주 개폐기로 MCCB를 설치하여야 한다.

15 중간단자함(접속함)의 육안점검 항목으로 틀린 것은?

① 배선의 극성
② 개방전압 및 극성
③ 외함의 부식 및 파손
④ 단자대 나사의 풀림

풀이 육안점검은 계측기나 공구를 사용하지 않는 점검이다.

16 태양전지 모듈에 다른 태양전지회로 및 축전지의 전류가 유입되는 것을 방지하기 위하여 설치하는 것은?

① 바이패스 소자　② 역류방지 소자
③ 접속함　④ 피뢰 소자

풀이 역류방지 소자
태양전지 모듈에서 다른 태양전지 회로나 축전지에서의 전류가 돌아 들어가는 것을 저지하기 위해서 설치하는 것으로서 일반적으로 다이오드가 사용된다.

17 태양전지 모듈에 그늘(음영)이 생긴 경우 그 스트링 전압이 낮아져 부하가 되는 것을 방지하는 것과 독립형 태양광 발전시스템에서 축전지를 가진 시스템에서 야간에 태양광 발전이 정지된 상태에서 축전지 전력이 태양전지 모듈 쪽으로 흘러들어 소모되는 것을 방지하기 위한 목적으로 설치되는 소자는?

① 환류 다이오드(Free wheeling diode)
② 바이패스 다이오드(By pass diode)
③ 역류방지 다이오드(Blocking diode)
④ 서지보호장치(Surge Protection device)

풀이 셀이 부하가 되는 것과 축전지에서 셀 쪽으로 흐르는 것을 방지하기 위해 접속함에 설치되는 것은 역류방지 다이오드이다.

18 태양광 인버터와 연결된 태양전지 어레이들의 스트링 사이의 출력전압 불균형을 방지하기 위해 접속함이나 모듈의 단자함에 설치하는 것은?

① 바이패스 다이오드　② 배선용 차단기
③ 역전류방지 다이오드　④ 서지 흡수기

풀이
- 역전류방지 다이오드 : 태양전지 모듈에 다른 태양전지 회로와 축전지의 전류가 유입되는 것을 방지하기 위한 다이오드
- 바이패스 다이오드 : 열점이 있는 셀 또는 모듈에 전류가 흐르지 않고 옆으로 지나가게 만드는 다이오드
- 배선용 차단기 : 전기회로가 단락되어 대전류가 흐르거나, 접촉저항 등으로 전선로에 열이 발생하거나, 2차측 부하에 일정량 이상의 과부하가 걸려 과전류가 흐르면 차단되는 장치
- 서지 흡수기 : 서지 흡수기는 개폐서지 보호용으로 주로 사용되고 있고, 피뢰기는 낙뢰 보호용으로 주로 사용

19 역류방지 다이오드(Blocking diode)의 용량은 모듈 단락전류의 몇 배 이상으로 하여야 하는가?

① 1.0배　② 1.5배
③ 1.4배　④ 2.5배

정답 14 ① 15 ② 16 ② 17 ③ 18 ③ 19 ③

풀이 역류방지 다이오드 소자의 용량은 모듈 단락전류의 1.4배 이상이어야 하며, 현장에서 확인할 수 있도록 표시된 것을 사용하여야 한다.

20 태양광발전시스템의 분전반에 설치되는 구성요소가 아닌 것은?

① 전압계 ② 피뢰소자
③ 차단기 ④ 인버터

풀이 태양광 발전시스템의 기기설치공사는 어레이, 접속함, 파워컨디셔너(PCS), 분전반 설치공사로 나누어 시공한다. 그러므로 인버터는 분전반과는 별도로 설치하고 분전반에는 차단기, 피뢰소자, 전압계 등을 설치한다.

21 태양광발전시스템의 교류 측 기기에 속하지 않는 것은?

① 접속함 ② 분전반
③ 적산전력량계 ④ 지락과전류차단기

풀이 접속함은 직류 측 기기에 해당된다.

22 피뢰소자 중 내뢰트랜스의 선정방법으로 옳지 않은 것은?

① 전기특성이 양호한 것으로 선정한다.
② 1차측, 2차측의 전압 및 용량을 결정하고 카탈로그에 의해 형식을 선정한다.
③ 내뢰트랜스로 보호할 수 없는 경우에만 어레스터와 서지업서버를 사용한다.
④ 1차측과 2차측 간에 실드판이 있고, 이 판수가 많을수록 뇌서지에 대한 억제 효과도 높아지므로 많은 것을 선정한다.

풀이 어레스터와 서지업 서버로 보호할 수 없는 경우에는 내뢰트랜스로 보호한다.

23 태양광발전시스템에 사용하는 피뢰소자 중 전선로에 침입하는 이상전압의 높이를 완화하고 파고치를 저하시키는 장치는?

① 역류방지 소자 ② 서지업 서버
③ 내뢰 트랜스 ④ 전압조정장치

풀이 피뢰대책용 부품에는 크게 피뢰소자와 내뢰트랜스 2가지가 있으며, 태양광발전시스템에는 일반적으로 피뢰소자인 어레스터 또는 서지업 서버를 사용한다.

- 어레스터 : 낙뢰에 의한 충격성 과전압에 대하여 전기설비의 단자전압을 규정치 이내로 저감시켜 정전을 일으키지 않고 원상태로 회귀하는 장치이다.
- 서지업 서버 : 전선로에 침입하는 이상 전압의 높이를 완화하고 파고치를 저하시키는 장치이다.
- 내뢰 트랜스 : 실드 부착 절연트랜스를 주체로 이에 어레스터 및 콘덴서를 부가시킨 장치로 뇌서지가 침입한 경우 내부에 넣은 어레스터에서의 제어 및 1차측과 2차측 간의 고절연화, 실드에 의한 뇌서지 흐름을 완전히 차단할 수 있도록 한 변압기이다.

24 뇌 서지의 피해로부터 PV시스템을 보호하기 위한 대책이 아닌 것은?

① 피뢰소자를 어레이 주회로 내부에 분산시켜 설치하고 접속함에도 설치한다.
② 저압배전선에서 침입하는 뇌 서지에 대해서는 분전반에 피뢰소자를 설치한다.
③ 뇌우 다발지역에서는 교류전원 측으로 내뢰 트랜스를 설치한다.
④ 접속함에 비상전원용 축전지를 설치한다.

풀이 접속함에는 어레이의 보호를 위해서 스트링마다 서지보호소자를 설치하며, 낙뢰 빈도가 높은 주측에도 설치한다.

25 건축물에 설치된 태양광설비를 직접적인 낙뢰로부터 보호하기 위한 외부 뇌보호시스템이 아닌 것은?

① 수뢰부 시스템 ② 인하도선 시스템
③ 접지 시스템 ④ SPD 시스템

정답 20 ④ 21 ① 22 ③ 23 ② 24 ④ 25 ④

풀이 외부 뇌보호시스템 : 수뢰부 시스템, 인하도선 시스템, 접지 시스템

26 저압 전기설비에서의 피뢰소자인 서지보호장치(SPD)에 대한 설명이다. 틀린 것은?

① 서지보호소자는 유도 뇌 서지가 태양전지 어레이 또는 파워컨디셔너 등에 침입한 경우에 전기 설비 또는 장치를 뇌 서지로부터 보호하기 위해 설치한다.
② 일반적으로 접속함에는 태양전지 어레이의 보호를 위해서 스트링마다 서지보호소자(SPD)를 설치한다.
③ 서지보호소자(SPD)의 접지 측 배선은 접지단자에서 최대한 길게 하여야 한다.
④ 동일 회로에서도 배선이 길고 배선의 근방에 직격뢰 또는 유도뢰를 받기 쉬운 곳에 위치한 배선은 배선의 양단(송전단, 수전단)에 설치하여야 한다.

풀이 서지보호소자(SPD)의 접지 측 배선은 접지단자에서 최대한 짧게 하여야 한다.

27 직격뢰와 유도뢰에 대한 설명이 아닌 것은?

① 직격뢰는 에너지가 매우 작다.
② 유도뢰에 의한 순간적인 전압상승을 뇌서지라고 한다.
③ 정전유도에 의한 유도뢰는 케이블에 유도된 플러스 전하가 낙뢰로 인한 지표면 전하의 중화에 의해 뇌서지가 된다.
④ 전자유도에 의한 유도뢰는 케이블 부근에 낙뢰로 인한 뇌 전류에 따라 케이블에 유도되어 뇌서지가 된다.

풀이 직격뢰는 에너지가 매우 크다.

28 뇌서지 등의 피해로부터 태양광발전시스템을 보호하기 위한 대책으로 적합하지 않은 것은?

① 피뢰소자를 어레이 주회로 내부에 분산시켜 설치하고 접속함에도 설치한다.
② 뇌우 다발지역에 설치되는 태양광 발전시스템일 경우에도 접속함을 실내에 설치할 경우에는 피뢰소자의 설치를 생략할 수 있다.
③ 저압배전선에서 침입하는 뇌서지에 대해서는 분전반에 피뢰소자를 설치한다.
④ 뇌우 다발지역에서는 교류전원 측으로 내뢰 트랜스를 설치하여 보다 안전한 대책을 세운다.

풀이 접속함을 실내에 설치한 경우라 하여도 피뢰소자를 반드시 설치하여야 한다.

29 뇌보호형 부품이 아닌 것은?

① 서지흡수기(SA)　② 내뢰트랜스
③ 단로기　④ 피뢰기(LA)

풀이 단로기(DS)는 무부하 전로만 개폐할 수 있는 개폐기로 회로 분리목적으로만 사용된다.

30 태양광발전시스템의 어레이 측 장비를 보호하기 위한 서지 업서버의 구체적인 선정방법으로 적합하지 않은 것은?

① 설치하고자 하는 단자 간의 최대전압을 확인하고 제조회사의 카탈로그에서 최대허용 회로전압 DC[V] 난에서 그 전압 이상인 형식을 선정한다.
② 유도뇌서지 전류로서 1,000[A](8/20[μs])의 제한전압이 2,000[V] 이하인 것을 선정한다.
③ 방전내량은 최저 4[kA] 이상인 것을 선정한다.
④ 회로에서 쉽게 탈착되지 않도록 견고한 구조의 것을 선정한다.

풀이 점검 및 보수를 고려하여 회로에서 쉽게 탈착할 수 있는 구조인 것이 좋다.

31 과도 과전압을 제한하고 서지전류를 우회시키는 장치의 약어는?

① DS　② SPD
③ ELB　④ MCCB

정답 26 ③ 27 ① 28 ② 29 ③ 30 ④ 31 ②

풀이 • DS(Disconnector Switch) : 단로기(무부하 상태에서만 조작, 회로 분리)
- SPD(Surge Protection Device) : 서지보호장치(과도 과전압을 제한하고 서지전류를 우회시키는 장치)
- ELB(Earth Leakage Breaker) : 누전차단기(전로의 지락사고를 검출 동작하여 감전 및 화재 예방)
- MCCB(I.Iolded Case Chrcuit Breaker) : 배선용 차단기(전로의 과부하 단락보호)

32 뇌서지 등에 의한 피해로부터 태양광발전시스템을 보호하기 위한 대책으로 틀린 것은?

① 뇌서지가 내부로 침입하지 못하도록 피뢰소자를 설비 인입구에서 먼 장소에 설치한다.
② 저압 배전선으로부터 침입하는 뇌서지에 대해서는 분전반에도 피뢰소자를 설치한다.
③ 피뢰소자를 어레이 주회로 내에 분산시켜 설치함과 동시에 접속함에도 설치한다.
④ 뇌우의 발생지역에서는 교류 내뢰 트랜스를 설치한다.

풀이 뇌서지가 내부로 침입하지 못하도록 피뢰소자를 설비 인입구에서 가까운 장소에 설치한다.

33 피뢰시스템의 구성 중 내부 피뢰시스템으로 옳은 것은?

① 수뢰부시스템 ② 접지극시스템
③ 인하도선시스템 ④ 피뢰등전위본딩

풀이 외부 피뢰시스템
- 수뢰부시스템
- 인하도선시스템
- 접지극시스템

내부 피뢰시스템
- 접지와 본딩
- 자기차폐와 선로경로
- 협조된 SPD
- 절연인터페이스

34 건축물 및 구조물에 피뢰설비가 설치되어야 하는 높이는 몇 [m] 이상인가?

① 10 ② 15
③ 20 ④ 25

풀이 낙뢰의 우려가 있는 건축물, 높이 20미터 이상의 건축물 또는 공작물로서 높이 20미터 이상의 공작물(건축물에 영 제118조 제1항에 따른 공작물을 설치하여 그 전체 높이가 20미터 이상인 것을 포함한다)에는 피뢰설비를 설치하여야 한다.

35 뇌서지의 피해로부터 PV시스템을 보호하기 위한 대책이 아닌 것은?

① 접속함에 비상전원용 축전지를 설치한다.
② 저압배전선에서 침입하는 뇌서지에 대해서는 분전반에 피뢰소자를 설치한다.
③ 뇌우 다발지역에서는 교류전원 측으로 내뢰 트랜스를 설치한다.
④ 피뢰소자를 어레이 주회로 내부에 분산시켜 설치하고 접속함에도 설치한다.

풀이 접속함에 비상전원용 축전지를 설치하는 경우는 없으며, 뇌서지대책과 무관하다.

36 낙뢰에 의한 충격성 과전압에 대하여 전기설비의 단자전압을 규정치 이내로 저감시켜 정전을 일으키지 않고 원상태로 회귀하는 장치는?

① 역류방지 다이오드 ② 내뢰 트랜스
③ 어레스터 ④ 바이패스 다이오드

풀이 피뢰 대책기기
- 어레스터 : 낙뢰에 의한 충격성 과전압에 대하여 전기설비의 단자전압을 규정치 이내로 저감시켜 정전을 일으키지 않고 원상태로 회귀하는 장치이다.
- 서지업 서버 : 전선로에 침입하는 이상전압의 높이를 완화하고 파고치를 저하시키는 장치이다.
- 내뢰 트랜스 : 실드 부착 절연트랜스를 주체로 이에 어레스터 및 콘덴서를 부가시킨 것으로 절연 트랜스에 의해 뇌서지의 흐름을 완전히 차단할 수 있도록 한 장치이다.

정답 32 ① 33 ④ 34 ③ 35 ① 36 ③

37 낙뢰에 의한 충격성 과전압에 대하여 전기설비의 단자전압을 규정치 이내로 저감시켜 정전을 일으키지 않고 원상태로 회귀하는 장치의 명칭은?

① 어레스터 ② 서지업 서버
③ 내뢰트랜스 ④ 역류방지 다이오드

풀이 서지업 서버는 전선로에 침입하는 이상 전압의 높이를 완화하고 파고치를 저하시키는 장치이다.

38 뇌서지 방지를 위한 SPD 설치 시 접속도체의 전체 길이는 몇 [m]이하로 하여야 하는가?

① 0.1 ②0.2
③ 0.3 ④ 0.5

풀이 SPD 설치 시 접속도체의 전체 길이는 아래 그림에서 $a+b=0.5$[m] 이내가 되도록 설치하여야 한다.

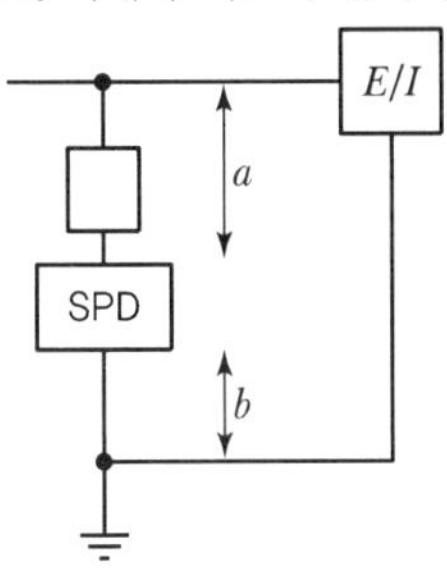

39 뇌 보호영역(LPZ ; Lightning Protection Zone)별 경계에 설치되는 SPD의 Class I SPD의 파형과 내량으로 맞는 것은?

① 10/350[μs] 파형의 기준의 임펄스 전류 I_{imp} 15[kA]~60[kA]
② 8/20[μs] 파형의 기준의 최대 방전전류 $I_{\max}$ 40[kA]~160[kA]
③ 1.2/50[μs] 파형의 기준의 최대 방전전류 $I_{\max}$ 15[kA]~60[kA]
④ 1.2/50[μs](전압), 8/20[μs](전류) 조합파 기준

풀이 ②는 Class II SPD의 파형과 내량, ④는 Class III SPD의 파형과 내량이다.

40 독립형 태양광발전시스템에 사용하기 위한 축전지의 특징이 아닌 것은?

① 낮은 유지보수 요건
② 높은 에너지와 전력밀도
③ 진동 내성
④ 높은 자기방전

풀이 자기방전이란 유효한 출력이 되지 않고 내부에서 소비되기 때문에 일어나는 전지용량의 감소현상이다. 축전지는 자기방전은 낮을수록 좋다.

41 축전지의 기대수명 결정요소와 거리가 먼 것은?

① 축전지 용량 ② 방전심도(DOD)
③ 방전횟수 ④ 사용온도

풀이 축전지의 기대수명 결정요소에는 방전심도, 방전횟수, 사용온도가 있으며, 이 중 방전심도의 영향을 가장 많이 받는다.

42 다음은 축전지 용량의 산출식이다. ( ) 안에 알맞은 내용은?

$$C=\frac{\text{1일 소비전력량}\times\text{불일조일수}}{\text{보유율}\times(\quad)\times\text{방전종지전압}}[\text{Ah}]$$

① 효율 ② 셀수
③ 역률 ④ 방전심도

풀이 독립형 태양광발전시스템의 축전지 용량(C) 산출식

$$C=\frac{\text{1일 소비전력량}\times\text{불일조일수}}{\text{보수율}\times\text{방전심도}\times\text{방전종지전압}}[\text{Ah}]$$

43 독립형 태양광발전시스템에 사용하기 위한 축전지의 특징이 아닌 것은?

① 낮은 유지보수 조건
② 높은 에너지와 전력밀도
③ 높은 자기방전
④ 진동 내성

정답 37 ① 38 ④ 39 ① 40 ④ 41 ① 42 ④ 43 ③

풀이 축전지가 갖추어야 할 조건
- 자기방전율이 낮을 것
- 에너지 저장밀도가 높을 것
- 중량 대비 효율이 높을 것
- 진동 및 충격에 강할 것
- 과충전 및 과방전에 강할 것
- 가격이 저렴하고 장수명일 것
- 유지보수비용이 낮을 것

44 부동 충전방식의 축전지 용량 산정 시 필요한 용량환산시간(K) 산정 시 고려되는 요소가 아닌 것은?

① 방전시간[분]
② 축전지 사용 장소의 온도[℃]
③ 방전 종지 전압[V/cell]
④ 보수율

풀이 부동 충전방식의 축전지 용량 산정 시 고려사항
- 방전시간(분)
- 축전지 사용 장소의 온도[℃]
- 방전 종지 전압[v/cell]에 의해 선정된다.

45 태양광발전시스템에서 가격이 저렴하여 주로 사용되는 축전지는?

① 납축전지 ② 망간전지
③ 알칼리 축전지 ④ 기체전지

풀이 축전지에는 납축전지(2V)와 알칼리 축전지(니켈–카드뮴 축전지, 1.2V)가 있는데 제작이 쉽고 가격이 저렴한 납 축전지가 일반적으로 쓰인다. 1차 전지의 종류는 망간 건전지, 알칼리 건전지, 수은전지 등이 있다. 2차 전지의 종류는 납축전지, 니켈카드뮴 축전지, 니켈수소전지, 리튬이온 2차 전지, 리튬폴리머 2차 전지 등이 있다.

46 독립형 태양광발전시스템에서 가장 많이 사용되는 축전지는?

① 니켈카드뮴 축전지 ② 납축 전지
③ 리튬이온전지 ④ 니켈금속 하이브리드

풀이 납축전지는 가격이 저렴하여 독립형 태양광발전시스템에 가장 많이 사용된다.

47 독립형 태양광발전시스템은 매일 충·방전을 반복해야 한다. 이 경우 축전지의 수명(충·방전 Cycle)에 직접적으로 영향을 미치는 것은?

① 보수율 ② 용량환산시간
③ 방전심도 ④ 평균 방전전류

풀이 방전심도가 클수록 축전지 수명(충방전 Cycle)은 급격히 감소한다.

48 태양광발전용 축전지의 측정 항목으로 틀린 것은?

① 일사량 ② 충전전류
③ 방전전류 ④ 단자전압

풀이 일사량의 측정은 축전지의 측정항목과 무관하다.

49 축전지의 연결 및 분리작업 방법으로 안전한 방법이 아닌 것은?

① 부하가 연결된 상태에서 축전지를 분리한다.
② 축전지가 여러 개의 작은 축전지들로 연결되어 있으면, 축전지를 분리할 때 단락 혹은 섬락(Flash−over)을 방지하기 위해 다른 단자들을 덮어 놓는다.
③ 축전지의 접지된 단자를 먼저 분리한다.
④ 터미널과 축전지 단자의 접속은 반드시 깨끗하고 안정적이도록 하며, 재접속 시에도 마지막으로 접지된 단자를 연결한다.

풀이 부하가 연결된 상태에서 축전지를 분리하면 스파크가 발생되어 위험하므로 회로의 모든 스위치를 차단하고 축전지를 분리하여야 한다.

정답 44 ④ 45 ① 46 ② 47 ③ 48 ① 49 ①

50 납축전지의 공칭용량을 바르게 표시한 것은?

① 충전전류×충전전압 ② 충전전류×충전시간
③ 방전전류×방전전압 ④ 방전전류×방전시간

풀이 공칭용량[Ah]=방전전류[A]×방전시간[h]

51 배터리 DC 12[V], 변환효율 90[%] 부하용량 220[V], 440[W]일 때 인버터 입력전류[A]는?

① 20.42 ② 32.65
③ 40.74 ④ 42.56

풀이 • 부하용량
=배터리전압×인버터입력전류×변환효율
• 인버터 입력전류(I_{input})

$$=\frac{\text{부하용량}}{\text{배터리 전압}\times\text{변환효율}}$$

$$=\frac{440[W]}{12[V]\times 0.9}=40.74[A]$$

52 배터리 DC 10[V], 변환효율 85[%] 부하용량 220[V], 380[W]일 때 인버터 입력전류[A]는?

① 20.42 ② 32.65
③ 44.70 ④ 42.56

풀이 인버터 입력전류(I_{input})

$$=\frac{\text{부하용량}}{\text{배터리 전압}\times\text{변환효율}}$$

$$=\frac{380[W]}{10[V]\times 0.85}=44.70[A]$$

53 부하의 허용 최저전압이 92[V], 축전지와 부하간 접속선의 전압강하가 3[V]일 때, 직렬로 접속한 축선지의 개수가 50개라면 축전지 한 개의 허용 최저 전압은 몇 [V/cell]인가?

① 1.9[V/cell] ② 1.8[V/cell]
③ 1.6[V/cell] ④ 1.5[V/cell]

풀이 축전지 1개의 허용최저전압

$$=\frac{\text{부하의 허용최저전압}+\text{전압강하}}{\text{직렬 접속 축전지의 수}}$$

$$=\frac{92+3}{50}=1.9[V/Cell]$$

54 축전지 용량 50[Ah]에 부하를 접속하여 2[A] 전류가 흐르면 몇 시간 동안 사용할 수 있는가?

① 15 ② 20
③ 25 ④ 30

풀이 $\text{시간}[h]=\frac{\text{축전지 용량}[Ah]}{\text{방전전류}[A]}$

$$=\frac{50[Ah]}{2A}=25h$$

55 축전지 용량 100Ah에 부하를 접속하여 2A전류가 흐르면 몇 시간 동안 사용할 수 있는가?

① 8 ② 12
③ 35 ④ 50

풀이 $\text{사용시간}=\frac{\text{축전지용량}}{\text{부하용량}}=\frac{100Ah}{2A}=50h$

56 용량 30[Ah]의 납축전지는 2[A]의 전류로 몇 시간 사용할 수 있는가?

① 3시간 ② 15시간
③ 7시간 ④ 30시간

풀이 축전지 용량[Ah]=전류[A]×시간[h] 이므로, 사용할 수 있는 시간은 다음과 같이 구할 수 있다.

$$\text{시간}[h]=\frac{\text{축전지 용량}[Ah]}{\text{전류}[A]}=\frac{30[Ah]}{2[A]}=15[h]$$

57 납축전지의 공칭용량을 바르게 표시한 것은?

① 충전전류×충전전압 ② 충전전류×충전시간
③ 방전전류×방전전압 ④ 방전전류×방전시간

정답 50 ④ 51 ③ 52 ③ 53 ① 54 ③ 55 ④ 56 ② 57 ④

풀이 축전지의 공칭용량[Ah]
=방전전류[A]×방전시간[h]

58 용량 80Ah의 납축전지는 2A의 전류로 몇 시간 사용할 수 있는가?

① 3시간 ② 40시간
③ 60시간 ④ 30시간

풀이 $\mathrm{Ah} = \mathrm{IK}$, $\mathrm{K} = \dfrac{\mathrm{Ah}}{\mathrm{I}} = \dfrac{80}{2} = 40$시간

59 계통연계시스템용 방재대응형 축전지를 설계하고자 한다. 평균 방전전류가 13.2[A], 용량환산계수가 26.7, 보수율이 0.8인 축전지의 용량은?

① 504.30[Ah] ② 440.55[Ah]
③ 373.75[Ah] ④ 281.95[Ah]

풀이 방재대응형 축전지의 용량

$$C = \frac{KI}{L} = \frac{26.7 \times 13.2}{0.8} = 440.55[\mathrm{Ah}]$$

60 큐비클식 축전지 설비의 이격거리로 맞지 않는 것은?

① 전면 또는 조작면 : 1.0[m]
② 점검면 : 0.6[m]
③ 옥외 설치 시 건물과의 사이 : 2.0[m]
④ 환기면 : 0.1[m]

풀이 환기면의 이격거리는 0.2[m]이다.

61 접지극에 사용되지 않는 것은?

① 동판 ② 탄소피복강
③ 알루미늄봉 ④ 동피복강봉

풀이 알루미늄은 부식성이 강하여 접지극으로 사용되지 않는다.

62 MOSFET의 회로소자 기호는?

①
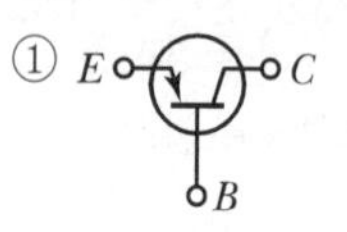

②
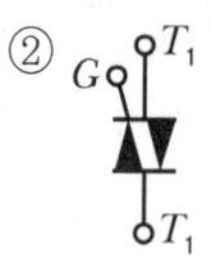

③
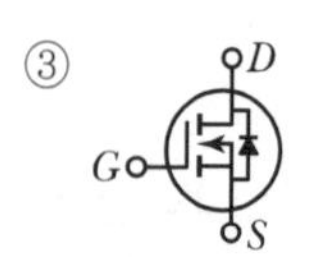

④
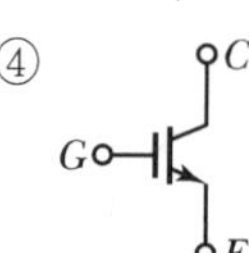

풀이 ① 트랜지스터(PNP형)
② 트라이액(TRIAC)
③ MOSFFT
④ IGBT

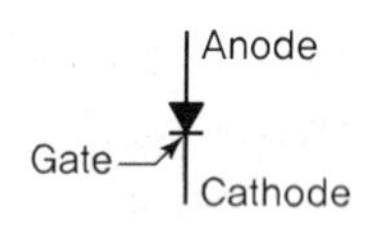

63 전압형 단상 인버터의 기본회로의 설명으로 틀린 것은?

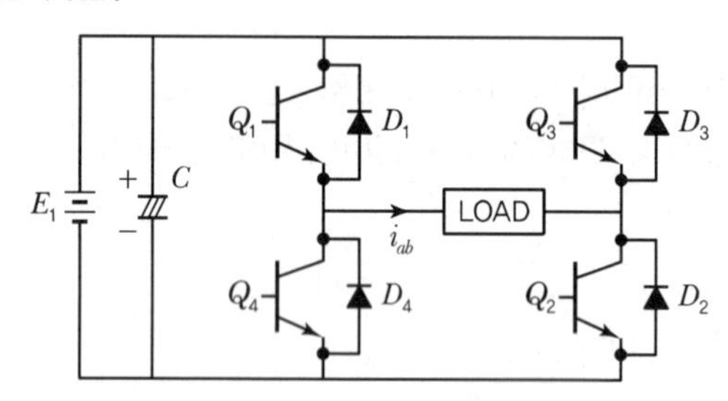

① 직류전압을 교류전압으로 출력한다.
② 작은 용량의 C를 달아준다.
③ 부하의 역률에 따라 위상이 변화한다.
④ $D_1 \sim D_4$는 트랜지스터의 파손을 방지하는 역할이다.

풀이 제시된 회로는 전압형 단상 인버터의 회로로 직류전압을 교류전압으로 출력하며, 각각의 부품은 다음과 같다.
- 커패시터(콘덴서)는 대용량의 것을 사용한다.
- $Q_1 \sim Q_4$는 트랜지스터(또는 전력용 반도체 소자)이다.
- $D_1 \sim D_4$는 트랜지스터(또는 전력용 반도체 소자)의 파손을 방지하는 환류 다이오드(Free wheeling diode)이다.

정답 58 ② 59 ② 60 ④ 61 ③ 62 ③ 63 ②

64 다음은 2.4Ω의 저항부하를 갖는 단상 반파브리지 인버터이다. 직류 입력전압(V_S)이 48V이면 출력은 몇 W인가?

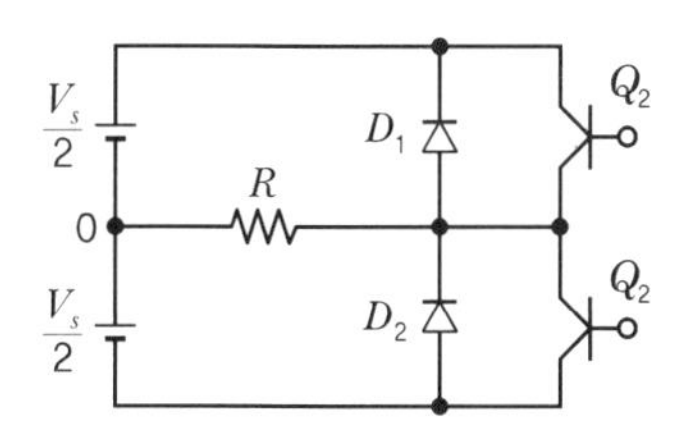

① 240 ② 480
③ 720 ④ 960

풀이 출력 $P=\dfrac{V^2}{R}$에서 단상 반파브리지 인버터 회로전압이 $\dfrac{V_s}{2}$이므로 저항에 걸리는 전압

$V=\dfrac{V_s}{2}=\dfrac{48}{2}=24[\mathrm{V}]$

$P=\dfrac{24^2}{2.4}=240[\mathrm{W}]$

정답 64 ①

006 태양광발전시스템 시공

01 태양광발전시스템 시공절차

1 평지에서 시공절차

1. 토목공사

① 지반공사 및 구조물 공사
② 접지공사 및 배관공사

2. 반입자재검수

감리원 승인된 자재 반입 및 검수

3. 기기설치공사

어레이설치, 접속함설치, 인버터설치, 분전반설치

4. 전기배관배선공사

① 태양전지 모듈 간 배선공사
② 어레이와 접속함 배선공사
③ 접속함과 인버터 배선공사
④ 인버터와 분전반 간 배선공사

5. 점검 및 검사

① 어레이검사
② 어레이 출력확인
③ 절연저항측정
④ 접지저항측정

2 전기공사 절차

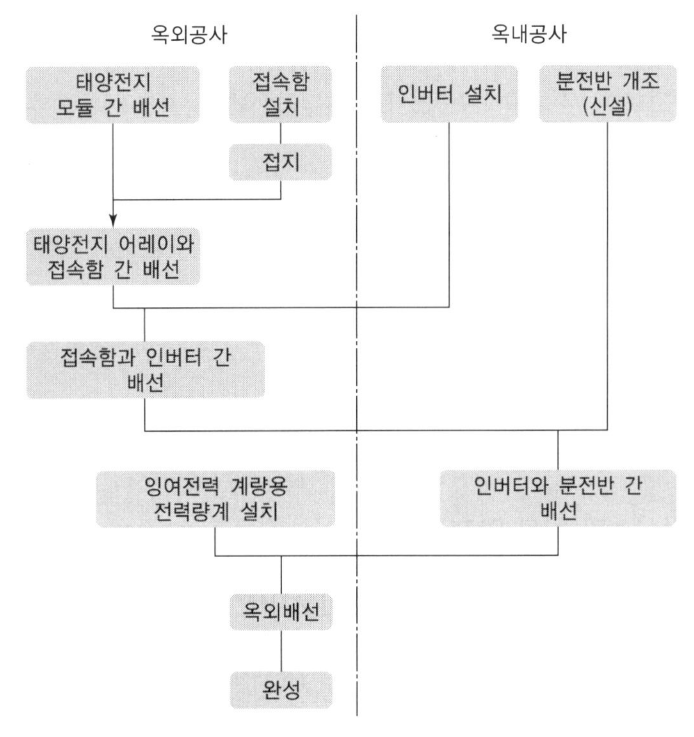

[태양광발전시스템 전기공사 절차도]

3 태양광발전시스템 시공 시 필요한 장비 목록

1. 시공 시 필요한 공구 및 소형 장비

① 시공 시 필요한 공구 : 레벨기, 해머드릴, 임팩트 렌치, 해머 브레이커, 터미널압착기, 앵글천공기, 각종 수공구 등

② 시공 시 필요한 소형 장비 : 컴프레서, 발전기, 사다리 등

2. 시공 시 필요한 대형 장비

굴삭기, 크레인, 지게차 등

4 태양광발전시스템 관련기기 반입 및 검사

1. 반입검사의 필요성

반입검사 생략 시 시공사와 기자재 제작업자의 경제적 이득 및 제조과정에서 발생하는 불량을 사전에 체크하지 못해 태양광발전시스템 전체가 부실공사로 이어질 수 있다.

2. 반입검사 내용

① 책임감리원이 검토 승인된 기자재(공급원승인제품)에 한해서 현장 반입한다.
② 공장검수 시 합격된 자재에 한해 현장 반입한다.
③ 현장 자재 반입검사는 공급원승인제품, 품질적합내용, 내역물량수량, 반입 시 손상 여부 등에 대한 전수검사를 시행한다.
※ 동일 자재의 수량이 많을 경우(부속자재, 잡자재 등) 샘플검수시행 검토

5 태양광발전시스템 시공 안전 대책

1. 안전확보 및 2차 재해 방지를 위한 개인용 안전장구

① 안전모 : 머리, 감전보호 및 낙화물 등에 대한 머리보호
② 안전화 : 미끄럼 방지 및 발 보호
③ 안전대 : 추락방지
④ 안전허리띠 : 공구, 공사부재의 낙하방지

2. 작업 중 모듈설치 시 감전방지대책

① 작업 전 태양전지 모듈 표면에 차광막을 씌워 태양광을 차폐한다.
② 저압 절연장갑을 착용한다.
③ 절연 처리된 공구를 사용한다.
④ 강우 시에는 감전사고뿐만 아니라 미끄러짐으로 인한 추락사고로 이어질 우려가 있으므로 작업을 금지한다.

6 시공체크리스트

체크리스트를 활용하여 태양전지 모듈의 배열 및 결선방법 모듈의 출력전압 등을 체크리스트를 이용하여 시공전과 시공 후에 각각 확인해야 한다.

년 월 일 시공

태양광 발전시스템 전기시공 공사 체크리스트

시설명칭											
어레이 설치방향					기후		시공회사명				
북	북동	동	동남	남	남서	서 북서	전화번호		담당자명		
시스템 제조사명							용량		kW	연계	유무
모듈 No.	개방전압 [V]	단락전류 [A]	지락확인	인버터 입력전압 [V]	인버터 출력전압 [V]	모듈 No.	개방전압 [V]	단락전류 [A]	지락확인	인버터 입력전압 [V]	인버터 출력전압 [V]
1	V	A		V	V	1	V	A		V	V
2	V	A		V	V	2	V	A		V	V
3	V	A		V	V	3	V	A		V	V
4	V	A		V	V	4	V	A		V	V
5	V	A		V	V	5	V	A		V	V
32	V	A		V	V	32	V	A		V	V
33	V	A		V	V	33	V	A		V	V
34	V	A		V	V	34	V	A		V	V
35	V	A		V	V	35	V	A		V	V
36	V	A		V	V	36	V	A		V	V
모듈번호표	직렬	병렬	V	A					비고		

[태양전지 모듈의 출력전압 체크리스트]

02 태양광발전시스템 구조물 시공

1 구조물 유형별 시공

1. 태양전지 어레이용 가대 및 지지대 설치

① 태양광 어레이용 지지대 및 가대 설치순서 결정

② 태양광 어레이용 가대, 모듈고정용 가대, 케이블트레이용 채널순으로 조립

③ 구조물은 현장조립을 원칙으로 함

④ 모듈의 지지물은 자중, 적재하중 및 구조하중은 물론 풍압, 적설 및 지진, 기타 진동과 충격에 견딜 수 있는 안전한 구조의 것으로 할 것

⑤ 볼트는 와셔 등을 사용하여 헐겁지 않도록 단단히 조립하고 지붕설치형의 경우에는 건물의 방수 등에 문제가 없도록 설치

⑥ 체결용 볼트, 너트, 와셔(볼트캡 포함)는 아연도금 처리 또는 동등 이상의 녹방지. 기초콘크리트 앵커볼트의 돌출부분은 반드시 볼트캡 착용

⑦ 태양전지 모듈의 유지보수를 위한 공간과 작업안전을 위한 발판 및 안전난간 설치(단, 안전성이 확보된 설비인 경우 예외)

2. 태양광 구조물의 설계기준에 따른 시공

1) 구조시공의 기본

① 안정성 : 내진, 내풍, 상정하중, 천재지변에 안전

② 시공성 : 부재의 재질, 접합방법 동일, 규격화 등

③ 사용성 및 내구성 : 경년 변화, 지반상태, 환경 등 고려

④ 경제성 : 과다 설계 배제, 공사비 절감 등

2) 구조물 시공 시 적용기준

① 건축법 및 동 시행령, 건축물의 구조기준 등에 관한 규칙

② 건축구조 설계기준

③ 강구조 설계기준 : 하중저항계수 설계법

④ 콘크리트구조 설계기준

2 구조물 유형별 태양광 어레이 설치

1. 발전형태별 태양전지 어레이 설치공사

1) 태양전지 어레이의 방위각과 경사각 시공 시 고려사항

① 방위각 : 어레이가 정남향과 이루는 각

㉠ 발전시간 내 음영이 생기지 않도록 배치

㉡ 최소의 설치면적

② 경사각 : 어레이가 지면과 이루는 각

㉠ 발전 전력량이 연간 최대가 되도록 배치

㉡ 적설을 고려하여 결정

㉢ 경사각에 따른 이격거리 확보

㉣ 발전시간 내 음영이 생기지 않도록 배치

㉤ 어레이 경사각은 10°~90°

㉥ 자정효과를 얻기 위해 10° 이상

㉦ 적설량이 많은 지역에서는 45° 이상 설계

㉧ 강우 시 태양전지 모듈 표면에 흙탕물이 튀는 것을 방지하기 위해 지면으로부터 60[cm] 이상 높이에 설치

2) 태양전지 어레이용 가대 조건

① 가대의 재질

① 환경조건, 설계내용 연수에 따라 결정

② 염해, 공해 등에 의해 부식의 발생이 없을 것

② 가대의 강도

어레이 자체하중+풍압하중에 견디도록 설계

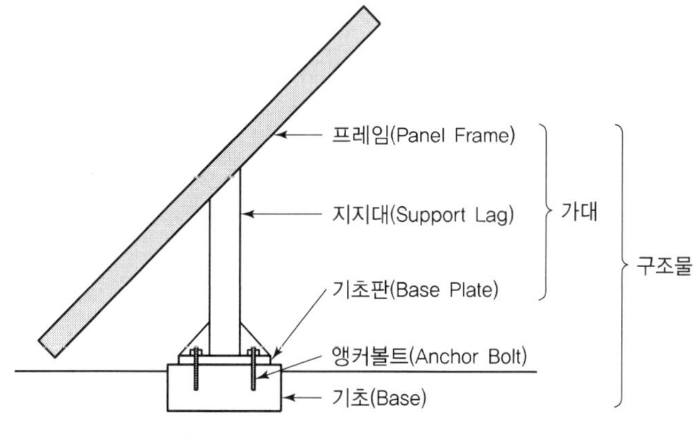

[태양전지 어레이용 가대의 설치]

③ 재질에 따른 가대의 종류

강제+도장	저가	재도장(5~10주기)
강제+용융아연도금	중가	철의 10배 정도 내식성, 부분 녹 발생
스테인리스(SUS)	고가	경량
알루미늄합금제	중가	경량, 강도가 약함, 부식

3) 어레이 설치방식에 따른 분류

① 고정식

② 경사가변형

③ 추적식

㉠ 추적방향 : 단축식, 양축식

㉡ 추적방식 : 감지식, 프로그램혼합식

4) 태양전지 어레이용 가대 시공

① **가대의 구조** : 프레임(수평부재, 수직부재), 지지대, 기초판

② **설계하중** : 가대는 설치장소, 설치방식, 형태 등에 따라 하중이 달라지므로 그에 맞는 설계하중이 필요하다.

③ **상정하중** : 상정하중은 수직하중과 수평하중을 고려한다.

㉠ 수직하중

- 고정하중 : 어레이+프레임+지지대
- 적설하중
- 활화중 : 건축물 및 공작물을 점유 사용함으로써 발생

㉡ 수평하중

- 풍하중 : 바람
- 지진하중 : 지진 시 진동에 의한 하중

㉢ 하중의 크기 : 폭풍 시>적설 시>지진 시

- 폭풍 시 : 고정+풍압하중
- 적설 시 : 고정+적설하중
- 지진 시 : 고정+지진하중

④ 태양전지 모듈과 가대접합 시 개스킷을 사용한다.

가대접합 시 태양전지 모듈 간의 완충작용을 위해 개스킷을 사용한다.

[개스킷에 사용되는 재료]

- 저온저압 : 종이, 고무, 석면, 마, 합성수지
- 고온고압 : 동, 납, 연강

03 배관 · 배선공사

1 태양광 모듈과 태양광 인버터 간의 배관 · 배선

① 태양전지 모듈의 이면으로부터 접속용 케이블이 2가닥씩 나오기 때문에 반드시 극성을 확인한 후 결선한다.
② 케이블은 건물마감이나 러닝보드 표면에 가깝게 시공하고, 필요시 전선관을 이용하여 케이블을 보호한다.
③ 태양전지 모듈은 인버터 입력전압 범위 내에서 스트링 필요매수를 직렬결선하고 어레이 지지대 위에 조립한다.
④ 케이블을 각 스트링에서 접속함까지 배선하고 접속함 내는 병렬로 결선한다.
⑤ 옥상 또는 지붕 위에 설치한 태양전지 어레이에서 처마 밑 접속함까지 배선 시 물의 침입을 방지하기 위한 차수처리를 반드시 한다.
⑥ 접속함은 어레이 근처에 설치한다.
⑦ 태양광의 직류전원과 교류전원은 격벽에 의해 분리되거나 함께 접속되지 않을 경우 동일한 전선관 케이블트레이 접속함 내에 시설하지 않아야 한다.
⑧ 접속함에서 인버터까지의 배선은 전압강하 2[%] 이하로 상정한다.
⑨ 태양전지 어레이를 지상에 설치 시 지중배선으로 할 수 있다.

2 태양광 인버터에서 옥내분전반 간의 배관 · 배선

인버터 출력의 전기방식에는 단상 2선식, 3상 3선식, 3상 4선식이 있고 교류 측의 중성선을 구별하여 결선한다.

1. 시공기준

① 부하불평형에 의한 중성선에 최대전류의 발생 우려가 있을 경우 수전점에 과전류차단기를 설치해야 한다.
② 수전점 차단기 개방 시 부하불평형으로 과전압이 발생할 경우 인버터는 정지되어야 한다.
③ 누전차단기와 SPD(서지보호기)를 설치한다.

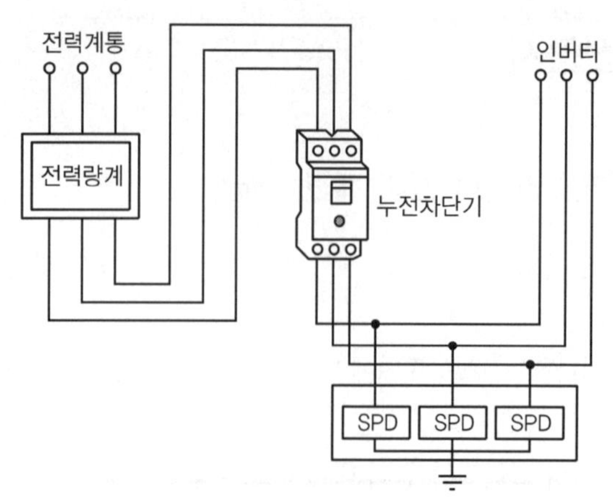

[분전반 내의 누전차단기와 SPD 설치]

2. 전압강하

태양전지 모듈에서 인버터 입력단 간 및 인버터 출력단과 계통연계점 간의 전압강하는 각각 3[%]를 초과하지 않아야 한다. 단, 전선의 길이가 60[m]를 초과할 경우 다음 표에 따라 시공할 수 있다.

전선길이	전압강하
120[m] 이하	5[%]
200[m] 이하	6[%]
200[m] 초과	7[%]

• 회로의 전기방식에 의한 전압강하식

직류 2선식, 교류 2선식의 전압강항 $e = \frac{35.6LI}{1,000A}$

여기서, L : 도체길이, I : 전류, A : 전선의 단면적

3. 태양전지 모듈 간 직병렬 배선

① 모듈을 포함한 모든 충전부분은 노출되지 않도록 시설해야 한다.

② 모듈 배선은 스테이플, 스트랩 또는 행거나 이와 유사한 부속품으로 130[cm] 이내 간격으로 고정하고, 가장 늘어진 부분이 모듈 면으로부터 30[cm] 이내에 들도록 한다.

③ 어레이 직렬군은 동일한 단락전류를 가진 모듈로 구성해야 한다. 1대의 인버터에 연결된 태양전지 어레이의 직렬군(스트링)이 2병렬 이상일 경우에는 각 직렬군(스트링)의 출력전압을 동일하게 배열해야 한다.

④ 모듈 이면의 접속용 케이블은 2개씩 나와 있으므로 반드시 극성(+, −) 표시를 확인한 후 결선한다.

⑤ 모듈 간 배선은 단락전류에 충분히 견딜 수 있도록 2.5[mm^2] 이상의 전선을 사용해야 한다.
⑥ 배선의 접속부는 용융접착테이프와 보호테이프로 감는다.

3 태양광 어레이 검사

어레이 검사내용은 다음과 같다.
① 전압 극성 확인
② 단락전류 측정
③ 비접지 확인 : 직류 측 회로의 비접지 확인

4 케이블 선정 및 단말처리

1. 케이블 선정

태양전지에서 옥내에 이르는 배선에 사용되는 전선은 모듈전용선 XLPE 케이블, 직류용 전선을 사용하고, 옥외용 케이블은 UV-케이블을 사용한다.

2. 케이블의 단말처리

① 전선의 접속 시 접속부에 절연물과 동등 이상의 절연효과가 있는 재료로 접속해야 한다.

② 절연테이프의 종류
㉠ 자기융착테이프 : 부틸고무제와 저압용 폴리에틸렌부틸고무제 재질로 이루어져 있다.
㉡ 보호테이프 : 자기융착테이프에 다시 한 번 감아주는 용도로 쓰인다.
㉢ 비닐절연테이프 : 장시간 사용 시 접착력이 저하되므로 태양광발전설비처럼 장시간 사용하는 시설에는 적합하지 않다.

5 방화구획 관통부의 처리

1. 관통부의 처리목적

화재 발생 시 전선배관의 관통 부분에서 다른 설비로의 화재 확산을 방지하기 위함이다.

2. 배선이 옥외에서 옥내로 연결된 관통부분의 처리방법

① 난연성 : 뒷면에 화염이나 연기가 발생하지 않을 것
② 내열성 : 뒷면이 연소할 위험이 있는 온도가 되지 않을 것

04 접지공사

1 접지의 정의 및 목적

1. 정의

접지는 대지에 전기적 단자를 설치하여 절연대상물을 대지의 낮은 저항으로 연결하는 것이다.

2. 목적

접지의 목적은 인축에 대한 안전과 설비 및 기기에 대한 안정이다. 즉, 전기설비나 전기기기 등의 이상전압제어 및 보호장치의 확실한 동작으로 인축에 대한 감전사고 방지와 전기 · 전자 통신설비 및 기기의 안정된 동작 확보를 위한 것이다.

2 접지설비의 개요

1개의 건축물에는 그 건축물 대지전위의 기준이 되는 접지극, 접지선 및 주 접지단자를 그림과 같이 구성한다. 건축 내 전기기기의 노출도전성부분 및 계통 외 도전성부분(건축구조물의 금속제 부분 및 가스, 물, 난방 등의 금속배관설비)은 모두 주 접지단자에 접속한다.
또한, 손의 접근한계 내에 있는 전기기기 상호 간 및 전기기기와 계통 외 도전성부분은 보조등전위 접속용 선에 접속한다.

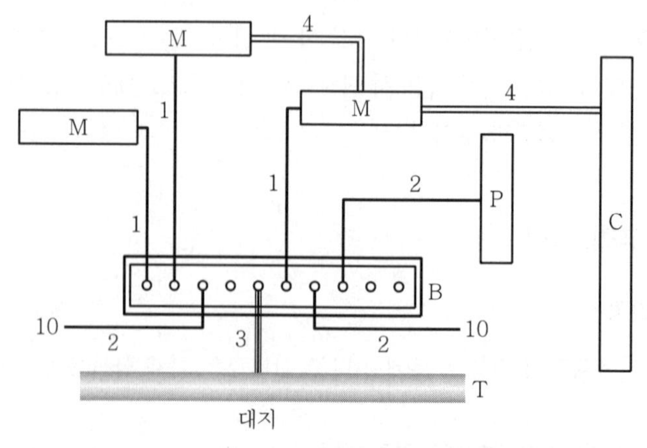

1 : 보호선(PE)
2 : 주등전위 접속용 선
3 : 접지선
4 : 보조등전위 접속용 선
10 : 기타 기기(예, 통신설비)

B : 주접지단자
M : 전기기구의 노출도전성부분
C : 철골, 금속덕트의 계통 외 도전성부분
P : 수도관, 가스관 등 금속배관
T : 접지극

3 접지시스템의 구분

1. 계통접지

전력계통의 이상현상에 대비하여 대지와 계통을 접속

2. 보호접지

감전보호를 목적으로 기기의 한 점 이상을 접지(전기기계외함과 대지면을 전선으로 연결)

3. 피뢰시스템접지

뇌격전류를 안전하게 대지로 방류하기 위한 접지

4 접지시스템의 시설 종류

1. 단독접지

(특)고압계통의 접지극과 저압접지계통의 접지극을 독립적으로 시설하는 접지방식

2. 공통/통합접지

공통접지는 (특)고압접지계통과 저압접지계통을 등전위 형성을 위해 공통으로 접지하는 방식이고 통합접지방식은 계통접지 · 통신접지 · 피뢰접지의 접지극을 통합하여 접지하는 방식

5 수전전압별 접지설계 시 고려사항

1. 저압수전수용가 접지설계

주상변압기를 통해 저압전원을 공급받는 수용가의 경우 지락전류 계산과 자동차단조건 등을 고려하여 접지설계

2. (특)고압수전수용가 접지설계

(특)고압으로 수전받는 수용가의 경우 접촉 · 보폭전압과 대지전위상승(EPR), 허용접촉전압 등을 고려하여 접지설계

6 접지선

1. 보호도체의 단면적(제19조)

상도체의 단면적 S[mm²]	대응하는 보호도체의 최소 단면적 [mm²]	
	보호도체의 재질이 상도체와 같은 경우	보호도체의 재질이 상도체와 다른 경우
$S \leq 16$	S	$\frac{k_1}{k_2} \times S$
$16 < S \leq 35$	16	$\frac{k_1}{k_2} \times 16$
$S > 35$	$\frac{S}{2}$	$\frac{k_1}{k_2} \times \frac{S}{2}$

여기서, k_1 : 도체 및 절연의 재질에 따라 KS C IEC 60364-5-54 부속서 A(규정)의 표 A54.1 또는 IEC 60364-4-43의 표 43A에서 선정된 상도체에 대한 값

k_2 : KS C IEC 60364-5-54 부속서 A(규정)의 표 A54.2~A54.6에서 선정된 보호도체에 대한 값. PEN 도체의 경우 단면적의 축소는 중성선의 크기결정에 대한 규칙에만 허용된다.

2. 보호선의 종류

① 다심케이블의 전선

② 충전전선과 공통 외함에 시설하는 절연전선 또는 나전선

③ 고정배선의 나전선 또는 절연전선

④ 금속케이블외장, 케이블차폐, 케이블외장

⑤ 금속관, 전선묶음, 동심전선

3. 보호선의 전기적 연속성 유지

① 보호선을 기계적, 화학적 열화 및 전기역학적 힘에 대해 적절히 보호해 주어야 한다.(예 합성수지관, 금속관 등에 포설)

② 보호선의 접속부는 콤파운드 충진 또는 캡슐(Capsule)에 수납한 경우를 제외하고 검사 및 시험 시에 접근 가능하도록 해야 한다.

③ 보호선은 개폐기를 삽입하지 않아야 한다. 다만, 시험을 위한 공구를 이용하여 분리하는 접속부 설치는 가능하다.

4. PEN 선(PEN 도체)

① PEN 선은 고정전기설비에서만 사용되고, 기계적으로 단면적 10[mm^2] 이상의 동 또는 16[mm^2] 이상의 알루미늄을 사용할 수 있다.

② PEN 선은 사용하는 최고전압을 위해서 절연되어야 한다.

③ 설비의 한 지점에 중성선과 보호선으로 시설할 경우 중성선을 설비의 다른 접지부분(예 PEN 선의 보호선)에 접속하여서는 안 된다. 다만, PEN 선은 각각 중성선과 보호선으로 구성하여야 한다. 별도의 단자 또는 바는 보호선과 중성선을 위해 시설한다. 이 경우에 PEN 선은 단자 또는 바에 접속하여야 한다.

④ 계통 외 도전성부분은 PEN 선으로 사용하지 않는다.

5. 등전위접속선(등전위결합도체)

① 주 접지단자에 접속되는 등전위접속선의 단면적은 다음 값 이상이어야 한다.

㉠ 동 : 6[mm^2]

㉡ 알루미늄 : 16[mm^2]

㉢ 철 : 50[mm^2]

② 두 개의 노출도전성부분에 접속하는 등전위접속선은 노출도전성부분에 접속된 작은 보호선의 도전성보다 큰 도전성을 가져야 한다.

③ 노출도전성부분을 계통 외 도전성부분에 접속하는 등전위접속선은 보호선 단면적의 1/2 이상의 도전성을 가져야 한다.

6. 중성선과 보호선의 식별

① 중성선 또는 중간선의 식별에는 청록색 또는 흰색이 사용된다.

② 보호선의 식별에는 녹/황 조합 또는 녹색이 사용된다.

③ PEN 선의 식별은 다음 중 하나로 표시한다.

- 선의 전체 표시는 녹색/노란색, 선의 끝부분 표시는 청록색으로 한다.

7. 최소단면적

① 접지선의 최소단면적은 내선규정에 따라야 하며, 지중에 매설하는 경우에는 아래 표에 따라야 한다.

[접지선의 규약 단면적]

구분	기계적 보호 있음	기계적 보호 없음
부식에 대한 보호 있음	2.5[mm^2] 동, 10[mm^2] 철	16[mm^2] 동, 16[mm^2] 철
부식에 대한 보호 없음	25[mm^2] 동, 50[mm^2] 철	

② 접지선이 외상을 받을 염려가 있는 경우에는 합성수지관(두께 2[mm] 미만의 합성수지제 전선관 및 난연성이 없는 CD관은 제외한다) 등에 넣어야 한다. 다만, 사람이 접촉할 우려가 없는 경우에는 금속관을 이용해서 보호할 수 있다.
③ 접지선과 접지극과의 접속은 튼튼하게 또는 전기적으로 충분해야 한다. 클램프를 사용하는 경우에는 접지극 또는 접지선이 손상되지 않도록 하여야 한다.

8. 전선식별법 국제표준화(KEC 121.2)

전선 구분	KEC 식별색상
상선(L1)	갈색
상선(L2)	흑색
상선(L3)	회색
중성선(N)	청색
접지/보호도체(PE)	녹황교차

9. 과전류차단기의 시설제한

접지공사의 접지선은 과전류차단기를 시설하여서는 안 된다.

10. 피뢰침용 접지선과 거리

전등전력용, 소세력회로용 및 출퇴표시등 회로용의 접지극 또는 접지선은 피뢰침용의 접지극 및 접지선에서 2[m] 이상 이격하여 시설하여야 한다. 다만, 건축물의 철골 등을 각각의 접지극 및 접지선에 사용하는 경우에는 적용하지 않는다.

7 접지극

접지극이란 접지선과 대지의 낮은 저항을 연결하여 주는 시설물이다.

1. 접지극의 종류

① 접지극에는 다음의 것을 사용할 수 있다.
㉠ 접지봉 및 판
㉡ 접지판
㉢ 접지테이프 또는 선
㉣ 건축물 기초에 매입된 접지극
㉤ 콘크리트 내의 철근

ⓑ 금속제 수도관설비

② 접지극의 종류 및 매설깊이는 토양의 건조 또는 동결에 따라 접지저항값이 소요값보다 증가되지 않도록 선정하여야 한다.

2. 매설 또는 타입식 접지극

① 매설 또는 타입식 접지극은 동판, 동봉, 철관, 철봉, 동봉강관, 탄소피복강봉, 탄소접지모듈 등을 사용하고 이들을 가급적 물기가 있는 장소와 가스, 산 등으로 인하여 부식될 우려가 없는 장소를 선정하여 지중에 매설하거나 타입하여야 한다.

② 접지극은 다음 사항을 원칙으로 한다.
㉠ 동판 : 두께 0.7[mm] 이상, 면적 90[cm^2] 편면(片面) 이상
㉡ 동봉, 동피복강봉 : 지름 8[mm] 이상, 길이 0.9[m] 이상
㉢ 철관 : 외경 25[mm] 이상, 길이 0.9[m] 이상의 아연도금가스철관 또는 후성전선관
㉣ 철봉 : 지름 12[mm] 이상, 길이 0.9[m] 이상의 아연도금
㉤ 동봉강관 : 두께 1.6[mm] 이상, 길이 0.9[m] 이상, 면적 250[cm^2] 편면 이상
ⓑ 탄소피복강관 : 지름 8[mm] 이상의 강심이고 길이 0.9[m] 이상

③ 접지선과 접지극은 CAD WELDING, 접지클램프, 커넥터, 납땜(소회로) 또는 기타 확실한 방법에 의하여 접속하여야 한다. 이때 납땜은 은(銀) 납류에 의한 것이어야 하고 납과 주석의 합금은 바람직하지 못하다.

8 접지공사의 시설기준(제19조)

① 접지극은 지하 75[cm] 이상의 깊이에 매설할 것
② 접지선은 지표상 60[cm]까지 절연전선 및 케이블을 사용할 것
③ 접지선은 지하 75[cm]부터 지표상 2[m]까지는 합성수지관 또는 절연몰드 등으로 보호한다.

9 공통접지 및 통합접지

고압 및 특고압과 저압전기설비의 접지극이 서로 근접하여 시설되어 있는 변전소 또는 이와 유사한 곳에서는 다음과 같이 공통접지시스템으로 할 수 있다.
① 저압전기설비의 접지극이 고압 및 특고압 접지극의 접지저항 형성영역에 완전히 포함되어 있다면 위험전압이 발생하지 않도록 이들 접지극을 상호 접속하여야 한다.
② 접지시스템에서 고압 및 특고압계통의 지락사고 시 저압계통에 가해지는 상용주파수 과전압은 다음 표에서 정한 값을 초과해서는 안 된다.

▌저압설비 허용 상용주파수 과전압▐

고압계통에서 지락고장시간 [초]	저압설비 허용 상용주파수 과전압 [V]	비고
> 5	U_0+250	중성선도체가 없는 계통에서 U_0는 선간전압을 말한다.
≤ 5	$U_0+1{,}200$	

1. 순시상용주파 과전압에 대한 저압기기의 절연 설계기준과 관련된다.
2. 중성선이 변전소 변압기의 접지계통에 접속된 계통에서, 건축물 외부에 설치한 외함이 접지되지 않은 기기의 절연에는 일시적 상용주파수 과전압이 나타날 수 있다.

1. 전위차계 접지저항계 측정방법

1) 접지저항계 사용방법

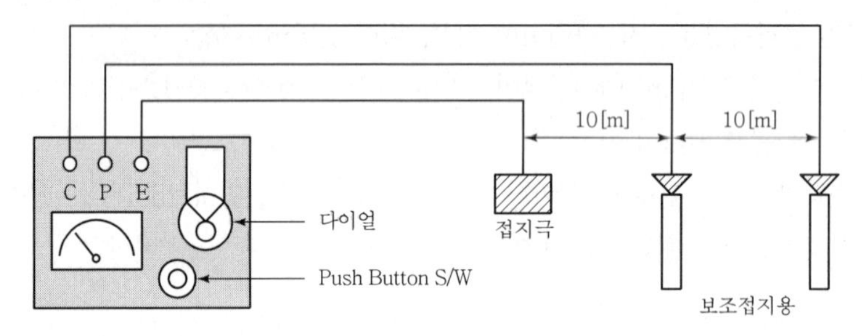

2) 측정방법

① 계측기를 수평으로 놓는다.

② 보조접지용을 습기가 있는 곳에 직선으로 10[m] 이상 간격을 두고 박는다.

③ E 단자의 리드선을 접지극(접지선)에 접속한다.

④ P, C 단자를 보조접지용에 접속한다.

⑤ Push Button을 누르면서 다이얼을 돌려 검류계의 눈금이 중앙(0)에 지시할 때 다이얼의 값을 읽는다.

3) 콜라우시 브리지법

접지극 E와 제1보조전극 P, 제2보조전극 C와의 간격을 10[m] 이상으로 하여 측정한다.

4) 간이접지저항계 측정법

측정할 때 접지보조전극을 타설할 수 없는 경우에는 간이접지저항계를 사용하여 접지저항을 측정한다.

5) 클램프 온 측정법

전위차계식 접지저항계 대신 측정할 수 있는 방식으로 22.9[kV−Y] 배전계통이나 통신케이블의 경우처럼 다중접지시스템의 측정에 사용되는 방법이다.

006 실전예상문제

01 태양광발전시스템의 일반적인 시공절차에 대한 순서로 옳은 것은?

① 기초공사 → 자재 주문 → 시스템 설계 → 모듈 설치 → 간선공사 → 시운전 및 점검
② 시스템 설계 → 자재 주문 → 간선공사 → 모듈 설치 → 기초공사 → 시운전 및 점검
③ 자재 주문 → 시스템 설계 → 기초공사 → 모듈 설치 → 간선공사 → 시운전 및 점검
④ 시스템 설계 → 자재 주문 → 기초공사 → 모듈 설치 → 간선공사 → 시운전 및 점검

풀이 태양광발전시스템의 일반적인 시공절차
시스템 설계 → 자재 주문 → 기초공사 → 모듈 설치 → 간선공사 → 시운전 및 점검

02 태양광발전시스템의 일반적인 시공절차에 대한 순서로 옳은 것은?

① 반입 자재 검수 → 토목공사 → 기기설치공사 → 전기배관배선공사 → 점검 및 검사
② 토목공사 → 반입 자재 검수 → 기기설치공사 → 전기배관배선공사 → 점검 및 검사
③ 반입 자재 검수 → 토목공사 → 전기배관배선공사 → 기기설치공사 → 점검 및 검사
④ 토목공사 → 반입 자재 검수 → 전기배관배선공사 → 기기설치공사 → 점검 및 검사

풀이 시공절차
토목공사 → 반입 자재 검수 → 기기설치공사 → 전기배관배선공사 → 점검 및 검사

03 태양광설비 시공기준에 관한 설명으로 틀린 것은?

① 실내용 인버터를 실외에 설치하는 경우는 5[kW] 이상이어야 한다.
② 모듈에서 실내에 이르는 배선에 쓰이는 전선은 모듈전선용 또는 TFR-CV선을 사용하여야 한다.
③ 태양전지 모듈에서 인버터입력단자 간의 전압강하는 10[%]를 초과하여서는 안 된다.
④ 역전류 방지다이오드의 용량은 모듈단락 전류의 1.4배 이상이어야 하며 현장에서 확인할 수 있도록 표시하여야 한다.

풀이 태양전지판에서 인버터 입력 간 및 인버터 출력단과 계통연계점 간의 전압강하는 각각 3[%]를 초과하여서는 안 된다.
※ KS C 8567(태양광발전용 접속함)이 2017.08.23일 개정됨에 따라 역전류 방지다이오드의 용량은 모듈단락 전류의 1.4배 이상이어야 하며 현장에서 확인할 수 있도록 표시하여야 한다.

04 설치공사 단계 중 어레이 방수공사는 어느 설치공사에 포함되는가?

① 어레이 설치공사　② 어레이 가대공사
③ 어레이 기초공사　④ 어레이 접지공사

풀이 건축물 옥상에 태양전지 어레이를 설치하는 경우 어레이 기초공사 시에 방수공사를 실시한다.

05 태양광발전시스템의 시공절차의 순서를 옳게 나타낸 것은?

㉠ 어레이 기초공사
㉡ 배선공사
㉢ 어레이 가대공사
㉣ 인버터 기초 · 설치공사
㉤ 점검 및 검사

① ㉢ → ㉠ → ㉡ → ㉣ → ㉤
② ㉢ → ㉣ → ㉠ → ㉡ → ㉤
③ ㉠ → ㉣ → ㉡ → ㉢ → ㉤
④ ㉠ → ㉢ → ㉣ → ㉡ → ㉤

풀이 태양광발전시스템의 시공절차
어레이 기초공사 → 어레이 가대설치공사 → 인버터 기초 · 설치공사 → 배선공사 → 점검 및 검사

정답 01 ④ 02 ② 03 ③ 04 ③ 05 ④

06 태양광발전시스템의 시공절차에 포함되지 않는 것은?

① 접지공사
② 어레이 기초공사
③ 인버터 설치공사
④ 태양광 어레이의 발전량 산출

풀이 '태양광 어레이의 발전량 산출'은 시공절차에 포함되지 않는다.

07 태양광발전시스템의 일반적인 시공순서로 옳은 것은?

㉠ 모듈
㉡ 어레이
㉢ 인버터
㉣ 접속반
㉤ 계통 간 간선

① ㉠→㉡→㉣→㉢→㉤
② ㉠→㉤→㉢→㉡→㉣
③ ㉠→㉣→㉤→㉡→㉢
④ ㉠→㉢→㉤→㉣→㉡

풀이 태양광발전설비의 일반적인 시공순서
기기설치공사(모듈 → 어레이 설치 → 접속반 설치 → 인버터 설치) → 계통 간 간선 설치

08 다음 중 태양광발전시스템의 시공절차에 대한 순서로 옳은 것은?

① 반입자재검수→기기설치공사→전기배선공사→점검 및 검사→토목공사
② 토목공사→반입자재검수→기기설치공사→전기배선공사→점검 및 검사
③ 토목공사→기기설치공사→반입자재검수→점검 및 검사→전기배선공사
④ 반입자재검수→토목공사→전기배선공사→기기설치공사→점검 및 검사

09 태양광발전시스템의 시공절차의 순서를 바르게 나열한 것은?

㉠ 배선공사
㉡ 인버터 기초공사
㉢ 점검 및 검사
㉣ 어레이 기초공사
㉤ 어레이 가대공사

① ㉢→㉠→㉡→㉣→㉤
② ㉢→㉣→㉠→㉡→㉤
③ ㉠→㉣→㉡→㉢→㉤
④ ㉣→㉤→㉡→㉠→㉢

10 태양광발전설비 설치 시 설명으로 틀린 것은?

① 태양전지 모듈의 극성이 바른지 여부를 테스터 직류 전압계로 확인한다.
② 태양광발전설비 중 인버터는 절연변압기를 시설하는 경우가 드물어 직류 측 회로를 접지로 한다.
③ 태양전지 모듈의 설명서에 기재된 단락전류가 흐르는지 직류 전류계로 측정한다.
④ 태양광 모듈 구조는 설치로 인해 다른 접지의 연접성이 훼손되지 않는 것을 사용해야 한다.

풀이 인버터 출력 측에 절연변압기를 시설하지 않는 경우에는 일반적으로 직류회로를 비접지로 한다.

11 태양전지 모듈의 전기시공 공사에서 시공 전과 시공 완료 후에 확인하기 위한 체크리스트에 포함되지 않아도 되는 것은?

① 어레이 설치방향
② 모듈 개방전압
③ 인버터 출력전압
④ 피뢰소자의 배치 유무

풀이 태양전지 모듈의 전기시공 공사에서 시공 전과 시공 완료 후에 확인하기 위한 체크리스트 항목
- 어레이 설치방향
- 모듈의 개방전압, 모듈의 단락전류, 지락 확인
- 인버터 입력전압, 인버터 출력전압

정답 06 ④ 07 ① 08 ② 09 ④ 10 ② 11 ④

12 태양광설비 시공기준과 관련하여 다음 설명 중 틀린 것은?

① 역류방지 다이오드 용량은 모듈 단락전류의 1.4배 이상이어야 하며 현장에서 확인할 수 있도록 표시하여야 한다.
② 태양전지판의 출력배선은 군별, 극성별로 확인할 수 있도록 표시하여야 한다.
③ 태양전지판에서 인버터 입력단 간 및 인버터 출력단과 계통연계점 간의 전압강하는 각 3[%]를 초과하여서는 아니 된다.
④ 태양전지판에서 인버터 입력단 간 및 인버터 출력단과 계통연계점 간의 전압강하는 각 5[%]를 초과하여서는 아니 된다.

풀이 태양전지판에서 인버터 입력 간 및 인버터 출력단과 계통연계점 간의 전압강하는 각각 3[%]를 초과하여서는 아니 된다.

13 태양전지판 시공기준에 관한 설명 중 틀린 것은?

① 전기줄, 피뢰침, 안테나 등 경미한 음영도 장애물로 본다.
② 모듈 설치열이 2열 이상일 경우 앞열은 뒷열에 음영이 지지 않도록 설치하여야 한다.
③ 설치용량은 사업계획서상에 제시된 설계용량 이상이어야 한다.
④ 그림자의 영향을 받지 않는 곳에 정남향 설치를 원칙으로 한다.

풀이 전기줄, 피뢰침, 안테나 등 경미한 음영은 장애물로 보지 아니한다.

14 태양광발전시스템의 시공 시 태양전지 모듈의 설치를 위하여 운반하는 경우 주의사항으로 옳은 것은?

① 태양전지 모듈의 보호막을 벗겨서 운반한다.
② 태양전지 모듈을 인력으로 이동할 때에는 1인 1조로 한다.
③ 태양전지 모듈의 파손방지를 위해 충격이 가해지지 않도록 한다.
④ 접속되어진 모듈의 리드선은 빗물 등 이물질이 유입되어도 된다.

풀이 태양전지 모듈을 인력으로 이동할 때에는 2인 1조로 한다.

15 태양광발전시스템의 인버터 설비 정기점검 시 측정 및 시험에 해당하지 않는 것은?

① 절연저항
② 표시부 동작 확인
③ 외부배선의 손상
④ 투입저지 시한 타이머 동작시험

풀이 외부배선의 손상은 육안점검항목이다.

16 태양전지 모듈 및 어레이 설치 후 확인사항이 아닌 것은?

① 극성 ② 전압
③ 단락전류 ④ 개방전류

풀이 태양전지 모듈의 배선이 끝나면 각 모듈 극성 및 전압, 단락전류, 비접지 등을 확인한다. 개방전류라는 용어는 없다.

17 태양전지 어레이 측정 점검의 설명으로 옳은 것은?

① 접지저항 및 접지
② 나사의 풀림 여부
③ 가대의 부식 및 녹 발생 유무
④ 유리 등 표면의 오염 및 파손

풀이 가대의 부식 및 녹 발생 유무, 유리표면의 오염 및 파손, 나사의 풀림 여부 등은 육안점검항목이다.

정답 12 ④ 13 ① 14 ③ 15 ③ 16 ④ 17 ①

18 태양전지 어레이용 지지대의 재질로서 사용되지 않는 것은?

① 티타늄 ② 알루미늄 합금
③ 스테인리스 스틸 ④ 용융아연 도금된 형강

풀이 티타늄은 고가의 소재로 태양전지 어레이용 지지대의 재질로서 사용되지 않는다.

19 태양광발전설비를 고정식으로 설치하는 경우 국내에서 최적 경사각은 얼마인가?

① 10°~20° ② 15°~25°
③ 28°~36° ④ 40°~60°

풀이 국제적으로 태양전지 모듈의 설치 경사각은 그 지방의 위도를 기준으로 하며, 국내의 최적 경사각 연구자료에 의하면 경사각 33°에서 발전 효율이 최대가 된다.

20 태양광발전시스템 시공 시 필요한 대형 장비에 해당하지 않는 것은?

① 컴프레서 ② 굴삭기
③ 크레인 ④ 지게차

풀이 컴프레서는 소형 장비에 속한다.

21 기초의 요구조건에 해당하지 않는 것은?

① 설계하중에 대한 안정성 확보
② 허용 침하량 이상의 침하
③ 환경변화, 국부적 지반 쇄굴 등에 저항
④ 현장 여건을 고려한 시공 가능성

풀이 기초의 요구조건 : 허용 침하량 이내의 침하

22 어레이의 가대 설치방법에 대한 설명으로 옳지 않은 것은?

① 철판부위는 용융아연도금처리 또는 동등 이상의 녹방지 처리를 하여야 한다.
② 기초 콘크리트 앵커볼트 부분은 수시점검을 위해 볼트캡 등을 씌워서는 안 된다.
③ 절단가공 및 용접부위는 방식처리를 하여야 한다.
④ 볼트조립은 헐거움 없이 단단히 조립하여야 한다.

풀이 체결용 볼트, 너트, 와셔(볼트 캡 포함)는 아연도금 처리 또는 동등 이상의 녹 방지 처리를 해야 하며, 기초 콘크리트 앵커볼트의 돌출 부분에는 반드시 볼트캡을 착용해야 한다.

23 태양광발전시스템 시공 시 작업의 종류에 따른 필요 공구가 잘못 연결된 것은?

① 앵커 구멍 천공－앵커드릴
② 프레임 커팅－스피드 커터
③ 절삭부분 가공－핸드 그라인더
④ 도통시험－레벨미터

풀이 도통시험은 테스터로 한다.

24 태양광 모듈이 태양광에 노출되는 경우에 따라서 유기되는 열화 정도를 시험하기 위한 장치는?

① 항온항습장치
② 염수수분장치
③ 온도사이클시험장치
④ UV시험장치

풀이 UV시험은 태양전지 모듈의 열화 정도를 시험한다.

25 태양광발전설비 설치 시 설명으로 틀린 것은?

① 태양전지 모듈의 극성이 바른지 여부를 테스터 직류 전압계로 확인한다.
② 태양광 발전설비 중 인버터는 절연변압기를 시설하는 경우가 드물어 직류 측 회로를 접지로 한다.
③ 태양전지 모듈의 설명서에 기재된 단락전류가 흐르는지 직류 전류계로 측정한다.
④ 태양광 모듈 구조는 설치로 인해 다른 접지의 연접성이 훼손되지 않는 것을 사용해야 한다.

정답 18 ① 19 ③ 20 ① 21 ② 22 ② 23 ④ 24 ④ 25 ②

풀이 발전설비 설치 및 준공 시 점검사항
태양광 발전설비 중 인버터는 절연변압기를 시설하는 경우가 드물기 때문에 일반적으로 직류 측 회로를 비접지로 한다.

26 태양광발전시스템의 설치를 완료하였지만, 현장에서 직류아크가 발생하는 경우가 있는데, 아크 발생의 원인이 아닌 것은?

① 태양전지 모듈이 용량 이상으로 발전하기 때문에 아크가 발생한다.
② 전선 상호 간의 절연불량으로 아크가 발생할 수가 있다.
③ 케이블 접속단자의 접속불량으로 인하여 아크가 발생할 수가 있다.
④ 절연불량으로 단락되어 아크가 발생할 수가 있다.

풀이 태양전지의 설치용량은 사업계획서상에 제시된 설계용량 이상이어야 하며, 설계용량의 103%를 초과하지 않아야 한다. 보통 순간 최대발전을 할 때도 설치용량의 전력을 초과하는 경우는 없다.

27 일사량 센서의 올바른 설치방법은?

① 모듈의 경사각과 동일하게 설치한다.
② 모듈의 방위각과 동일하게 설치한다.
③ 지붕의 경사각과 동일하게 설치한다.
④ 수평면과 동일하게 설치한다.

풀이 태양광발전시스템에 설치되는 일사량 센서는 모듈의 경사각과 동일하게 설치하여야 모듈 표면과 동일한 일조량을 계측할 수 있다.

28 설치환경에 기인한 손실로 가장 거리가 먼 것은?

① 오염, 노화, 분광 일사 변동에 의한 손실
② 축전지 충방전에 의한 손실
③ 일사량의 변동, 적운, 적설에 의한 손실
④ 온도변화에 의한 효율변동

풀이 축전지의 충방전에 의한 손실은 기계적인 특성에 따른 손실이라고 할 수 있다.

29 경사형 지붕에 태양전지 모듈을 설치할 때 유의하여야 할 사항으로 옳지 않은 것은?

① 모듈 고정용 볼트, 너트 등은 상부에서 조일 수 있어야 한다.
② 태양전지 모듈을 지붕에 밀착시켜 부착해야 한다.
③ 가대나 지지철물 등의 노출부는 미관과 안전을 고려해 최대한 적게 한다.
④ 태양전지 모듈은 한 장씩 쉽게 교체할 수 있어야 한다.

풀이 태양전지 모듈은 온도상승에 의한 출력감소를 방지하기 위해 공기대류가 될 수 있도록 10~15cm 정도 이격하여 부착하여야 한다.

30 수용가 설비의 전압강하에서 저압으로 수전하는 경우 조명 (㉮)[%] 기타 (㉯)[%]이다. ㉮, ㉯에 알맞은 것은?

① ㉮ : 3, ㉯ : 4
② ㉮ : 4, ㉯ : 5
③ ㉮ : 3, ㉯ : 5
④ ㉮ : 5, ㉯ : 6

풀이 수용가 설비의 전압강하

설비의 유형	조명[%]	기타[%]
A－저압으로 수전하는 경우	3	5
B－고압 이상으로 수전하는 경우	6	8

가능한 한 최종회로 내의 전압강하가 A 유형의 값을 넘지 않도록 하는 것이 바람직하다. 사용자의 배선설비가 100m를 넘는 부분의 전압강하는 미터당 0.005% 증가할 수 있으나 이러한 증가분은 0.5%를 넘지 않아야 한다.

※ 다음의 경우에는 더 큰 전압강하를 허용할 수 있다.
- 기동 시간 중의 전동기
- 돌입전류가 큰 기타 기기

정답 26 ① 27 ① 28 ② 29 ② 30 ③

31 태양발전에서 전압강하를 구하는 공식으로 알맞은 것은?

① $e = \dfrac{17.8 \times L \times I}{1,000A}$ ② $e = \dfrac{35.6 \times L \times I}{2,000A}$

③ $e = \dfrac{35.6 \times L \times I}{1,000A}$ ④ $e = \dfrac{30.8 \times L \times I}{1,000A}$

풀이 태양광 발전은 직류 2선식 이므로 직류 2선식, 교류 2선식 전압강하식은 $e = \dfrac{35.6 \times L \times I}{1,000A}$ 이다.
(L : 도체의 길이, I: 전류, A : 전선의 단면적)

32 다음 회로도에서 합성저항 R_0[Ω]은?

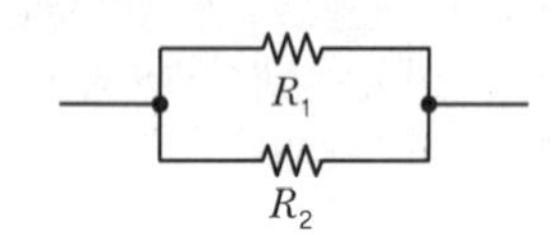

① $R_0 = \dfrac{R_1 + R_2}{R_1 R_2}$ ② $R_0 = \dfrac{R_1 R_2}{R_1 + R_2}$

③ $R_0 = \dfrac{R_2}{R_1(R_1 + R_2)}$ ④ $R_0 = \dfrac{R_1(R_1 + R_2)}{R_2}$

풀이 합성저항

$$\frac{1}{R_0} = \frac{1}{R_1} + \frac{1}{R_2}[\Omega] = \frac{R_2 + R_1}{R_1 R_2}[\Omega]$$

$$R_1 R_2 = R_0(R_2 + R_1)$$

$$\therefore R_0 = \frac{R_1 R_2}{R_1 + R_2}[\Omega]$$

33 접속함으로부터 파워컨디셔너(PCS)까지의 배선은 전압강하율 몇 [%] 이하로 하는 것이 좋은가?

① 2[%] ② 3[%]

③ 4[%] ④ 5[%]

풀이 접속함으로부터 파워컨디셔너(PCS)까지의 배선은 전압강하율 2[%] 이하로 상정하는 것을 권장한다.

34 사인파의 교류전압의 크기 표시방법에서 실효값(Effective Value)은?

① $U = V_m \sin wt$[V] ② $V_m = \sqrt{2}\, V$[V]

③ $V = \dfrac{V_m}{\sqrt{2}}$[V] ④ $V_a = \dfrac{\sqrt{2}}{\pi} V_m$[V]

풀이 사인파 교류전압의 크기 표시방법

1) 순시값 $U = V_m \sin wt$[V] : 사인파의 교류전압의 크기가 시간마다 바뀌는 값
2) 최댓값 $V_m = \sqrt{2}\, V$[V] : 사인파 교류파형의 순시값에서 진폭이 최대인 값
3) 실효값 $V = \dfrac{V_m}{\sqrt{2}}$[V] : 교류전압의 크기를 부를 때의 값(교류전압은 실효값을 의미한다)
4) 평균값 $V_a = \dfrac{\sqrt{2}}{\pi} V_m$[V] : 사인파 교류전압의 평균. 즉 사인파 교류의 반주기를 평균한 값

35 접속함의 설치방법(공사)에 관한 설명으로 옳지 않은 것은?

① 접속함 설치위치는 인버터 근처가 적합하다.
② 접속함은 풍압 및 설계하중에 견디고 방수, 방부형으로 제작되어야 한다.
③ 역류방지 다이오드의 용량은 모듈 단락전류의 1.4배 이상으로 한다.
④ 외함의 재질은 가급적 SUS로 하는 것이 바람직하다.

풀이 접속함 설치위치는 어레이 근처가 적합하다.

36 태양전지 모듈의 설치방법으로 적합하지 않은 것은?

① 태양전지 모듈의 설치는 가대의 하단에서 상단으로 순차적으로 조립한다.
② 태양전지 모듈의 이동 시 2인 1조로 한다.
③ 태양전지 모듈의 직렬매수는 직류 사용전압 또는 인버터의 입력전압 범위에서 선정한다.

정답 31 ③ 32 ② 33 ① 34 ③ 35 ① 36 ④

④ 태양전지 모듈과 가대의 접합 시 불필요한 개스킷 등은 사용하지 않는다.

풀이

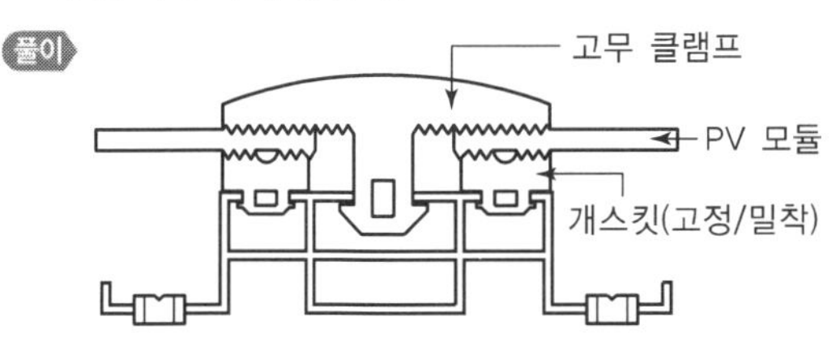

상부에 모듈 밀착을 위한 개스킷을 끼워 넣고 Frameless 모듈을 안착시킨 후, 개스킷을 끼워 넣어 마감한다. 또한 모듈의 상하로 개스킷을 사용하여 한 번 더 밀착성을 확보한다.

37 태양전지 모듈 간 직·병렬 배선에 관한 설명으로 거리가 먼 것은?

① 1대의 인버터에 연결된 태양전지 모듈의 직렬군이 2병렬 이상일 경우에는 각 직렬군의 출력전압이 동일하게 형성되도록 배열해야 한다.
② 케이블이나 전선은 모듈 이면에 설치된 전선관에 설치되어야 하며, 이들의 최소 굴곡반경은 각 지름의 4배 이상이 되도록 한다.
③ 태양전지 셀의 각 직렬군은 동일한 단락전류를 가진 모듈로 구성해야 한다.
④ 태양전지 모듈 간의 배선은 단락전류에 충분히 견딜 수 있도록 2.5[mm^2] 이상의 전선을 사용해야 한다.

풀이 케이블이나 전선은 모듈 이면에 설치된 전선관에 설치되거나 가지런히 배열 및 고정되어야 하며, 이들의 최소 굴곡반경은 각 지름의 6배 이상이 되도록 한다.

38 태양광발전시스템의 태양전지 모듈 설치 시 고려사항이 아닌 것은?

① 모듈의 직렬매수는 인버터의 입력전압 범위에서 선정한다.
② 모듈의 접지는 전기적 연속성이 유지되지 않아야 하므로 생략한다.
③ 모듈의 설치는 가대의 하단에서 상단으로 순차적으로 조립한다.
④ 모듈과 가대의 접합 시 전식방지를 위해 가스켓을 사용하여 조립한다.

풀이 모듈의 접지는 모듈이나 패널을 하나 제거하더라도 태양광 전원회로에 접속된 접지도체의 전기적 연속성은 유지되어야 한다.

39 태양전지 모듈 간의 배선작업이 완료된 후 확인하여야 할 사항으로 틀린 것은?

① 전압 및 극성의 확인
② 단락전류의 확인
③ 비접지의 확인
④ 일사량 및 온도의 확인

40 태양전지 모듈의 설치방법으로 적합하지 않은 것은?

① 태양전지 모듈의 인력 이동 시 2인 1조로 한다.
② 태양전지 모듈의 직렬매수(스트링)는 직류 사용전압 또는 파워컨디셔너(PCS)의 입력전압 범위에서 선정한다.
③ 태양전지 모듈의 설치는 가대의 하단에서 상단으로 순차적으로 조립한다.
④ 태양전지 모듈과 가대의 접합 시 불필요한 개스킷 등은 사용하지 않는다.

풀이 태양전지 모듈과 가대의 접합 시 전식(전기부식) 방지를 위해 개스킷을 사용하여 조립한다.

41 태양선지 모듈의 배선이 끝난 후의 어레이 검사 내용이 아닌 것은?

① 전압 극성 확인
② 단락전류 측정
③ 비접지 확인
④ 조도 측정

정답 37 ② 38 ② 39 ④ 40 ④ 41 ④

42 태양전지 모듈의 설치방법으로 적합하지 않은 것은?

① 태양전지 모듈의 설치는 가대의 하단에서 상단으로 순차적으로 조립한다.
② 태양전지 모듈의 이동 시 2인 1조로 한다.
③ 태양전지 모듈과 가대의 접합 시 불필요한 개스킷 등은 사용하지 않는다.
④ 태양전지 모듈의 직렬매수는 직류 사용전압 또는 인버터의 입력전압 범위에서 선정한다.

풀이 태양전지 모듈과 가대의 접합 시 전식방지를 위해 개스킷을 사용한다.

43 태양광 구조물 이격거리 시공 시 고려사항으로 거리가 먼 것은?

① 그 지역의 위도
② 어레이 1개의 면적
③ 하지 시 발전 가능 시간에서의 태양의 고도
④ 전체 설치 가능 면적

풀이 동지 시 발전 가능 시간에서의 태양의 고도를 고려하여야 한다.

44 태양전지 모듈과 인버터 간의 배선공사 내용 중 틀린 것은?

① 접속함에서 인버터까지의 배선은 전압강하율은 1~2[%]로 할 것을 권장한다.
② 전선관의 두께는 전선 피복절연물을 포함하는 단면적의 총합이 관의 54[%] 이하로 한다.
③ 케이블을 매설할 시 중량물의 압력을 받을 염려가 없는 경우에는 60[cm] 이상으로 한다.
④ 케이블을 매설할 때에는 케이블 보호처리를 하고 그 총 길이가 30[m]를 넘는 경우에는 지중함을 설치하는 것이 바람직하다.

풀이 전선관의 두께는 전선 피복절연물을 포함하는 단면적의 총합이 관의 48[%] 이하로 한다.

45 태양광발전시스템의 접속함 설치 시공에 있어서 확인하여야 할 사항이 아닌 것은?

① 접속함의 사양과 실제 설치한 접속함이 일치하는지를 확인한다.
② 유지관리의 편리성을 고려한 설치방법인지를 확인한다.
③ 설치장소가 설계도면과 일치하는지를 확인한다.
④ 설계의 적절성과 제조사가 건전한 회사인지를 확인한다.

46 파워컨디셔너(PCS) 설치기준에 관한 다음 내용 중 옳지 못한 것은?

① 파워컨디셔너(PCS)의 설치용량은 설계용량 이상이어야 한다.
② 옥내 · 옥외용 구분 없이 설치하여야 한다.
③ 각 직렬군의 태양전지 개방전압은 인버터 입력전압 범위 안에 있어야 한다.
④ 파워컨디셔너(PCS)에 연결된 모듈의 설치용량은 인버터 설치용량 105[%] 이내이어야 한다.

풀이 파워컨디셔너 (PCS)는 옥내 · 옥외용을 구분하여 설치하여야 한다. 단, 옥내용을 옥외에 설치하는 경우는 5[kW] 이상의 용량일 경우에만 가능하며, 이 경우 빗물 침투를 방지할 수 있도록 옥내에 준하는 수준으로 외함 등을 설치하여야 한다.

47 다음 중 태양광 모듈과 파워컨디셔너(PCS) 간의 배관 · 배선 방법으로 옳지 않은 것은?

① 태양전지 모듈의 뒷면으로부터 접속용 케이블 2가닥씩이므로 반드시 극성을 확인하여 결선한다.
② 케이블은 건물마감이나 러닝보드의 표면에 가깝게 시공해야 하며, 필요할 경우 전선관을 이용하여 물리적 손상으로부터 보호해야 한다.
③ 태양전지 모듈은 파워컨디셔너(PCS) 입력전압 범위 내에서 스트링 필요매수를 직렬 결선하고, 어레이 지지대 위에 조립한다.

정답 42 ③ 43 ③ 44 ② 45 ④ 46 ② 47 ④

④ 케이블을 각 스트링으로부터 접속함까지 배선하여 접속함 내에서 직렬로 결선한다.

풀이 케이블을 각 스트링으로부터 접속함까지 배선하여 접속함 내에서 병렬로 결선한다.

48 파워컨디셔너(PCS)의 설치 및 성능 조건에 대한 설명으로 옳지 않은 것은?

① 옥내용을 옥외에 설치하는 경우 빗물의 침투를 방지할 수 있도록 옥내에 준하는 수준으로 외함 등을 설치해야 한다.
② 외함 접지 시 고주파 누설전류가 급증할 수 있으므로 비접지 상태를 유지한다.
③ 인버터의 설치용량은 설계용량 이상이어야 하고, 인버터에 연결된 모듈의 설치 용량은 인버터 설치용량의 105[%] 이내이어야 한다.
④ 입력단(모듈 출력) 전압, 전류, 전력과 출력단(인버터 출력)의 전압, 전류, 전력, 역률, 주파수, 누적발전량, 최대출력량(peak)이 표시되어야 한다.

풀이 외함접지는 인·축의 안전을 위해 반드시 실시해야 하며, 전기설비기술기준 및 판단기준에 의한 접지공사를 실시한다.

49 전기방식과 파워컨디셔너(PCS)의 구성에 관한 다음 내용 중 옳지 못한 것은?

① 트랜스리스 방식에서는 절연이 없어 누설전류로 인한 차단기의 오동작이 발생할 가능성이 있다.
② 파워컨디셔너(PCS) 선정 시 연계하는 계통의 전압, 상수, 주파수, 모듈의 특성을 분석하여 가장 적합한 것을 선정한다.
③ 파워컨디셔너(PCS)와 연계된 계통의 전기방식으로는 단상2선식, 3선식(△ 및 Y결선) 등이 있다.
④ 트랜스리스 방식의 파워컨디셔너(PCS)의 구성과 연계할 경우 파워컨디셔너(PCS)의 구성과 연계와의 결선방식을 일치시킬 필요가 없다.

풀이 트랜스리스 방식의 인버터를 사용할 경우에는 인버터의 구성과 연계와의 결선방식을 일치시킬 필요가 있다.

50 태양광발전시스템의 인버터 설치 시공 전에 확인 사항이 아닌 것은?

① 입력 허용전류 및 입력 전압범위
② 배선접속방법 및 설치위치
③ 접속가능 전선 굵기 및 회선 수
④ 효율 및 수명

풀이 태양광발전시스템의 인버터 설치 시공 전 확인사항
- 입력 허용전류 및 입력 전압범위
- 배선접속방법 및 설치위치
- 접속가능 전선 굵기 및 회선 수

※ 효율 및 수명은 인버터 선정 시의 확인사항이다.

51 태양광발전시스템에서 인버터 측의 이상발생을 대비하여 설치하는 계통연계 보호장치가 아닌 것은?

① 과전압계전기
② 저전압계전기
③ 과주파수 계전기
④ 바이패스 다이오드

풀이 인버터의 계통연계 보호장치는 일반적으로 내장되어 있는 경우가 많으나 발전사업자용 대용량시스템에는 인버터와 관계없이 별도로 계통보호용 보호계전시스템을 구성하고 있다.
- 역송전이 있는 저압연계시스템에서는 과전압계전기(OVR), 부족전압계전기(UVR), 주파수 상승계조(OFR), 주파수 저하계전기(UFR)의 설치가 필요하다.
- 고압·특별고압 연계에서는 지락 과전압 계전기(OVGR)의 설치가 필요하다.

바이패스 다이오드 : 모듈이 셀 일부분에 음영이 발생한 경우 전류 집중으로 인한 열점(Hot Spot)으로 셀이 소손되는 것을 방지하기 위하여 설치한다.

정답 48 ② 49 ④ 50 ④ 51 ④

52 전기사용 장소의 사용전압이 SELV 및 PELV이고 DC 시험전압이 250[V]인 전로의 전선 상호 간 및 전로와 대지 사이의 절연저항은 개폐기 또는 과전류차단기로 구분할 수 있는 전로마다 몇 [MΩ] 이상이어야 하는가?

① 0.5　　② 1
③ 2　　④ 3

풀이 저압전로의 절연성능

전기사용 장소의 사용전압이 저압인 전로의 전선 상호 간 및 전로와 대지 사이의 절연저항은 개폐기 또는 과전류차단기로 구분할 수 있는 전로마다 다음 표에서 정한 값 이상이어야 한다. 다만, 전선 상호 간의 절연저항은 기계기구를 쉽게 분리하기가 곤란한 분기회로의 경우 기기 접속 전에 측정할 수 있다.

또한, 측정 시 영향을 주거나 손상을 받을 수 있는 SPD 또는 기타 기기 등은 측정 전에 분리시켜야 하고, 부득이하게 분리가 어려운 경우에는 시험전압을 250V DC로 낮추어 측정할 수 있지만 절연저항 값은 1[MΩ] 이상이어야 한다.

전로의 사용전압(V)	DC 시험전압(V)	절연저항(MΩ)
SELV 및 PELV	250	0.5
FELV, 500V 이하	500	1.0
500V 초과	1,000	1.0

※ 특별저압(Extra low voltage : 2차 전압이 AC 50V, DC 120V 이하)으로 SELV(비접지회로 구성) 및 PELV(접지회로 구성)은 1차와 2차가 전기적으로 절연된 회로, FELV는 1차와 2차가 전기적으로 절연되지 않은 회로

- FELV(Functional Extra－Low Voltage)
- SELV(Safety Extra－Low Voltage)
- PELV(Protective Extra－Low Voltage)

53 전기설비규정(KEC)에서 저압전선로의 절연성능 중 전로의 사용전압이 FELV 500[V] 이하(DC 시험전압 500[V]인 경우) 절연저항 값은 몇 [MΩ]인가?

① 1　　② 2
③ 3　　④ 4

54 전기사용 장소 사용전압이 500[V] 초과인 전선로의 전선 상호 간 및 전로와 대지 사이의 절연저항은 개폐기 또는 과전류차단기로 구분할 수 있는 전로마다 몇 [MΩ] 이상이어야 하는가?

① 0.5　　② 1
③ 2　　④ 3

55 인버터 절연저항 측정 시 주의사항으로 틀린 것은?

① 정격에 약한 회로들은 회로에서 분리해 측정한다.
② 정격전압이 입출력과 다를 때는 낮은 측의 전압을 선택기준으로 한다.
③ 입출력단자에 주회로 이외 제어단자 등이 있는 경우 이것을 포함해서 측정한다.
④ 절연변압기를 장착하지 않은 인버터는 제조사가 추천하는 방법에 따라 측정한다.

풀이 인버터 절연저항 측정 시 주의사항

- 정격전압이 입 · 출력과 다를 때는 높은 측의 전압을 절연저항계의 선택기준으로 한다.
- 입 · 출력단자에 주회로 이외의 제어단자 등이 있는 경우는 이것을 포함해서 측정한다.
- 측정할 때는 SPD 등의 정격에 의한 회로들은 회로에서 분리시킨다.
- 절연변압기를 장착하지 않은 인버터의 경우에는 제조업자가 권장하는 방법에 따라 측정한다.

56 저압의 전선로 중 절연부분의 전선과 대지 사이의 절연저항은 사용전압에 대한 누설전류가 최대 공급전류의 얼마를 넘지 않도록 유지하여야 하는가?

① 1/1,000　　② 1/2,000
③ 1/3,000　　④ 1/5,000

풀이 전기설비의 기술기준 제27조(전선로의 전선 및 절연성능)

저압전선로 중 절연 부분의 전선과 대지 사이 및 전선의 심선 상호 간의 절연저항은 사용전압에 대한 누설전류가 최대 공급전류의 1/2,000을 넘지 않도록 하여야 한다.

정답 52 ① 53 ① 54 ② 55 ② 56 ②

57 절연변압기가 부착된 태양광 인버터의 정격전압의 600[V]일 때 절연저항 측정 시 사용하는 절연저항계는 몇 [V]용을 이용하는가?

① 500　　② 1,000
③ 2,000　　④ 3,000

풀이 절연변압기 부착된 인버터 회로의 시험 기자재
- 인버터 정격전압 300[V] 이하 : 500[V] 절연저항계(메거)
- 인버터 정격전압 300[V] 초과 600[V] 이하 : 1,000[V] 절연저항계(메거)

58 분산형 전원 배전계통연계 기술기준에 따라 전기방식이 교류 단상 220[V]인 분산형 전원을 저압 한전계통에 연계할 수 있는 용량은?

① 100[kW] 미만　　② 150[kW] 미만
③ 250[kW] 미만　　④ 500[kW] 미만

풀이 분산형 전원을 저압 한전계통에 연계할 수 있는 용량은 100[kW] 미만이다.

59 저압 옥내간선에서 분기한 옥내전로는 특별한 조건이 없을 때 간선과의 분기점에서 몇 m 이하인 곳에 개폐기 및 과전류차단기를 시설하여야 하는가?

① 3　　② 5
③ 7　　④ 9

풀이 전기설비기술기준(분기회로의 시설)
저압 옥내간선과의 분기점에서 전선의 길이가 3[m] 이하인 곳에 개폐기 및 과전류차단기를 시설할 것. 다만, 분기점에서 개폐기 및 과전류차단기까지의 전선의 허용전류가 그 전선에 접속하는 저압 옥내간선을 보호하는 과전류차단기의 정격전류의 55[%](분기점에서 개폐기 및 과전류차단기까지의 전선의 길이가 8[m] 이하인 경우에는 35[%]) 이상일 경우에는 분기점에서 3[m]를 넘는 곳에 시설할 수 있다.

60 분산형 전원 배전계통연계 기술기준에 따라 태양광발전시스템 및 그 연계 시스템의 운영 시 태양광발전시스템 연결점에서 최대 정격 출력전류의 몇 [%]를 초과하는 직류 전류를 배전계통으로 유입시켜서는 안 되는가?

① 0.3　　② 0.5
③ 0.7　　④ 1.0

풀이 분산형 전원을 배전계통에 연계 시 최대 정격 출력전류의 0.5[%]를 초과하는 직류 전류를 배전계통으로 유입시켜서는 안 된다.

61 전기설비기술기준의 판단기준에 따라 전선을 접속하는 경우 전선의 세기를 몇 [%] 이상 감소시키지 않아야 하는가?

① 10　　② 20
③ 25　　④ 30

풀이 전기설비기술기준의 판단기준에 따라 전선을 접속하는 경우 전선의 세기를 20[%] 이상 감소시키지 않아야 한다.

62 전기설비기술기준의 판단기준에 따라 몇 [V]를 초과하는 축전지는 비접지측 도체에 쉽게 차단할 수 있는 곳에 개폐기를 시설하여야 하는가?

① 30　　② 60
③ 150　　④ 400

풀이 30[V]를 초과하는 축전지는 비접지측 도체에 쉽게 차단할 수 있는 곳에 개폐기를 시설해야 한다.

63 접지저항의 측정방법이 아닌 것은?

① 보호접지저항계 측정법
② 전위차계 접지저항계 측정법
③ 클램프 온(Clamp On) 측정법
④ 콜라우시(Kohlrausch) 브리지법

풀이 접지저항 측정방법에는 전위차계 접지저항계, 간이 접지저항계, 클램프 온, 콜라우시 브리지법 등이 있다.

정답 57 ② 58 ① 59 ① 60 ② 61 ② 62 ① 63 ①

64 접지극으로 사용할 수 없는 것은?

① 접지봉
② 접지판
③ 금속제 수도관
④ 금속제 가스관

풀이 금속제 가스관은 접지극으로 사용할 수 없다.

65 전로의 중성점을 접지하는 목적에 해당하지 않는 것은?

① 이상전압의 억제
② 대지전압의 저하
③ 보호장치의 확실한 동작의 확보
④ 부하전류의 일부를 대지로 흐르게 함으로써 전선 절약

풀이 전로의 중성점을 접지하는 목적
- 이상전압의 억제
- 대지전압의 저하
- 보호계전기의 확실한 동작 확보

66 접지저항계에 의한 접지저항 측정 시 E단자를 접지극에 접속하고, 일직선상으로 몇 [m] 이상 떨어져 보조접지봉을 박는가?

① 5　② 10
③ 15　④ 20

풀이 접지저항 측정 시 E단자를 접지극에 접속하고 일직선상으로 10[m] 이상 떨어져 보조접지봉을 박는다.

67 접지극의 물리적인 접지저항 저감방법 중 수직공법인 것은?

① 보링공법　② MESH 공법
③ 접지극의 치수 확대　④ 접지극의 병렬접속

풀이 물리적인 접지저항 저감방법 중 수직공법은 보링공법이다.

68 접지공사의 시설기준으로 잘못된 것은?

① 접지극은 지하 75[cm] 이상의 깊이에 매설할 것
② 접지선은 지표상 60[cm]까지 절연전선 및 케이블을 사용할 것
③ 접지선은 지하 75[cm]부터 지표상 2[m]까지는 합성수지관 또는 절연몰드 등으로 보호한다.
④ 접지극은 지하 50[cm] 이상 깊이에 매설 할 것

풀이 접지공사의 시설기준(제19조)
- 접지극은 지하 75[cm] 이상의 깊이에 매설할 것
- 접지선은 지표상 60[cm]까지 절연전선 및 케이블을 사용할 것
- 접지선은 지하 75[cm]부터 지표상 2[m]까지는 합성수지관 또는 절연몰드 등으로 보호한다.

69 전기설비기술기준의 판단기준 따라 몇 [V]를 초과하는 축전지는 비접지측 도체에 쉽게 차단할 수 있는 곳에 개폐기를 시설하여야 하는가?

① 30　② 60
③ 150　④ 400

풀이 30[V]를 초과하는 축전지는 비접지측 도체에 쉽게 차단할 수 있는 곳에 개폐기를 시설해야 한다.

70 저압전로의 보호도체 및 중성선의 접속방식에 따른 분류 중 전원의 한 점을 직접 접지하고 설비의 노출 도전성 부분을 보호선(PE)을 이용하여 전원의 한 점에 접속하는 접지계통으로 맞는 것은?

① TN 계통　② TT 계통
③ IT 계통　④ II 계통

풀이
- TT 계통 : 전원의 한 점을 직접 접지하고 설비의 노출 도전성 부분을 전원 계통의 접지극과는 전기적으로 독립한 접지극에 접지하는 방식
- IT 계통 : 충전부 전체를 대지절연시키거나 한 점에 임피던스를 삽입하여 대지에 접속시키고, 전기기기의 노출 도전성 부분은 단독 또는 일괄적으로 접지하거나 계통접지로 접속하는 방식

정답 64 ④　65 ④　66 ②　67 ①　68 ④　69 ①　70 ①

71 변압기의 고압측 전로와의 혼촉에 의하여 저압측 전로의 대지전압이 150[V]를 넘는 경우에 2초 이내에 고압전로를 자동 차단하는 장치가 되어 있는 6,600/220[V] 배전선로에 있어서 1선 지락전류가 2[A]이면 접지저항 값의 최대는 몇 [Ω]인가?

① 50[Ω]　② 75[Ω]
③ 150[Ω]　④ 300[Ω]

풀이 변압기 중성점 접지

변압기의 중성점 접지저항 값은 다음에 의한다.

1) 변압기의 고압 · 특고압측 전로 1선 지락전류로 150을 나눈 값과 같은 저항 값 이하

$$R = \frac{150}{\text{변압기의 고압측 또는 특고압측의 1선 지락전류}}[\Omega]$$

2) 사용전압이 35[kV] 이하의 특고압전로가 저압측 전로와 혼촉하고 저압전로의 대지전압이 150[V]를 초과하는 경우의 저항 값은 다음에 의한다.

① 1초 초과 2초 이내에 고압 · 특고압 전로를 자동으로 차단하는 장치를 설치할 때는 300을 나눈 값 이하

$$R = \frac{300}{\text{변압기의 고압측 또는 특고압측의 1선 지락전류}}[\Omega]$$

② 1초 이내에 고압 · 특고압 전로를 자동으로 차단하는 장치를 설치할 때는 600을 나눈 값 이하

$$R = \frac{600}{\text{변압기의 고압측 또는 특고압측의 1선 지락전류}}[\Omega]$$

$$\therefore R = \frac{300}{\text{1선 지락전류}} = \frac{300}{2} = 150[\Omega]$$

72 수용장소의 인입구 부근에서 변압기 중성점 접지를 한 저압전로의 중성선에 추가로 접지공사를 하려고 할 때, 접지도체는 몇 [mm^2] 이상의 연동선이어야 하는가?

① 1.0　② 2.5
③ 6　④ 10

풀이 저압수용가 인입구 접지

수용장소 인입구 부근에서 다음의 것을 접지극으로 사용하여 변압기 중성점 접지를 한 저압전선로의 중성선 또는 접지측 전선에 추가로 접지공사를 할 수 있다.

- 지중에 매설되어 있고 대지와의 전기저항 값이 3[Ω] 이하의 값을 유지하고 있는 금속제 수도관로
- 대지 사이의 전기저항 값이 3[Ω] 이하인 값을 유지하는 건물의 철골
- 접지도체는 공칭단면적 6[mm^2] 이상의 연동선

73 수용장소의 인입구 부근에 금속제 수도 관로가 있는 경우 또는 대지 간의 전기저항 값이 몇 [Ω] 이하인 값을 유지하는 건물의 철골이 있는 경우에는 이것을 접지극으로 사용하여 저압 전선로의 접지측 전선에 추가 접지할 수 있는가?

① 1[Ω]　② 2[Ω]
③ 3[Ω]　④ 4[Ω]

풀이 72번 해설 참고

74 저압용 기계기구의 철대 및 외함 접지에서 전기를 공급하는 전로에 누전차단기를 시설하면 외함의 접지를 생략할 수 있다. 이 경우의 누전차단기의 정격이 기술기준에 적합한 것은?

① 정격감도전류 15[mA] 이하, 동작시간 0.1초 이하의 전류동작형
② 정격감도전류 15[mA] 이하, 동작시간 0.03초 이하의 전류동작형
③ 정격감도전류 30[mA] 이하, 동작시간 0.1초 이하의 전류동작형
④ 정격감도전류 30[mA] 이하, 동작시간 0.03초 이하의 전류동작형

풀이 감전보호용 누전차단기는 정격감도전류 30[mA] 이하, 동작시간 0.03초 이하의 전류동작형이다.

정답 71 ③ 72 ③ 73 ③ 74 ④

75 백열 전등 또는 방전등에 전기를 공급하는 옥내 전로의 대지 전압은 몇 [V] 이하이어야 하는가? (단, 백열 전등 또는 방전등에 부속하는 전선을 사람이 접촉할 우려가 없도록 설치하였다.)

① 100 ② 150
③ 200 ④ 300

풀이 옥내 전로의 대지 전압 제한
백열 전등 또는 방전등에 전기를 공급하는 옥내 전로의 대지 전압은 300[V] 이하이어야 한다.

76 '배전선로'란 다음 각 목의 곳을 연결하는 전선로와 이에 속하는 전기설비를 말한다. 그 연결이 틀린 것은?

① 발전소 상호 간
② 전기수용설비 상호 간
③ 발전소와 전기수용설비
④ 변전소와 전기수용설비

풀이 발전소 상호 간은 송전선로에 해당된다.

77 금속제 외함을 가진 저압의 기계기구로서 사람이 쉽게 접촉될 우려가 있는 곳에 시설하는 경우 전기를 공급받는 전로에 지락이 생겼을 때 자동적으로 전로를 차단하는 장치를 설치하여야 하는 기계기구의 사용전압은 몇 [V]를 초과하는 경우인가?

① 30 ② 50
③ 100 ④ 150

풀이 누전차단기의 시설
금속제 외함을 가지는 사용전압이 50[V]를 초과하는 저압의 기계기구로서 사람이 쉽게 접촉할 우려가 있는 곳에 시설하는 것에 전기를 공급하는 전로에는 전원의 자동차단에 의한 저압전로의 보호대책으로 누전차단기를 시설하여야 한다.

78 접지시스템의 구분에서 다음 설명 중 잘못된 것은?

① 계통접지 : 전력계통의 이상현상에 대비하여 대지와 계통을 접속
② 보호접지 : (특)고압계통의 접지극과 저압계통의 접지극을 독립적으로 시설하는 방식
③ 공통/통합접지 : 공통접지는 (특)고압접지계통과 저압접지계통을 등전위 형성을 위해 공통으로 접지하는 방식
④ 피뢰시스템 접지 : 뇌격전류를 안전하게 대지로 방류하기 위한 접지

풀이
- 보호접지 : 감전보호를 목적으로 기기의 한 점 이상을 접지
- 단독접지 : (특)고압계통의 접지극과 저압계통의 접지극을 독립적으로 시설하는 접지방식

79 변압기의 중성점 접지저항 값에 대한 설명 중 틀린 것은?

① 일반적으로 변압기의 고압 · 특고압측 전로 1선 지락전류로 100을 나눈 값과 같은 저항 값 이하
② 1초 초과 2초 이내에 고압 · 특고압 전로를 자동으로 차단하는 장치를 설치할 때는 300을 나눈 값 이하
③ 1초 이내에 고압 · 특고압 전로를 자동으로 차단하는 장치를 설치할 때는 600을 나눈 값 이하
④ 전로의 1선 지락전류는 실측 값에 의한다. 다만, 실측이 곤란한 경우에는 선로정수 등으로 계산한 값에 의한다.

풀이 1. 변압기의 중성점 접지저항 값은 다음에 의한다.
1) 일반적으로 변압기의 고압 · 특고압측 전로 1선 지락전류로 150을 나눈 값과 같은 저항 값 이하
2) 변압기의 고압 · 특고압측 전로 또는 사용전압이 35[kV] 이하의 특고압전로가 저압측 전로와 혼촉하고 저압전로의 대지전압이 150[V]를 초과하는 경우는 저항 값은 다음에 의한다.
① 1초 초과 2초 이내에 고압 · 특고압 전로를 자동으로 차단하는 장치를 설치할 때는 300을 나눈 값 이하

정답 75 ④ 76 ① 77 ② 78 ② 79 ①

② 1초 이내에 고압 · 특고압 전로를 자동으로 차단하는 장치를 설치할 때는 600을 나눈 값 이하

2. 전로의 1선 지락전류는 실측 값에 의한다. 다만, 실측이 곤란한 경우에는 선로정수 등으로 계산한 값에 의한다.

80 접지공사 시 접지극의 매설 깊이는 지하 몇 [cm] 이상으로 매설하여야 하는가?

① 30 ② 60
③ 75 ④ 120

풀이 접지극은 지하 75[cm] 이상으로 하되, 동결 깊이를 감안하여 매설하여야 한다.

81 3[kV]의 고압 옥내배선을 케이블공사로 설계하는 경우 사용할 수 없는 케이블은?

① 비닐외장케이블
② 클로로프렌외장케이블
③ 연피케이블
④ MI 케이블

풀이 고압 및 특고압케이블
사용전압이 고압인 전로의 전선으로 사용하는 케이블은
• 클로로프렌외장케이블
• 비닐외장케이블
• 폴리에틸렌외장케이블
• 콤바인덕트케이블
※ MI 케이블은 저압만 사용한다.

82 접지공사에 사용하는 접지선을 사람이 접촉할 우려가 있는 곳에 시설하는 접지도체는 최소 어느 부분에 대하여 합성수지관 또는 이와 동등 이상의 절연 효력 및 강도를 가지는 몰드로 덮게 되어 있는가?

① 지하 30[cm]로부터 지표상 1.5[m]까지의 부분
② 지하 50[cm]로부터 지표상 1.6[m]까지의 부분
③ 지하 75[cm]로부터 지표상 2[m]까지의 부분
④ 지하 90[cm]로부터 지표상 2.5[m]까지의 부분

풀이 접지도체
접지도체는 지하 0.75[m]로부터 지표상 2[m]까지 부분은 합성수지관(두께 2[mm] 미만의 합성수지제 전선관 및 가연성 콤바인덕트관은 제외한다) 또는 이와 동등 이상의 절연효과와 강도를 가지는 몰드로 덮어야 한다.

83 중성선 다중 접지 방식의 전로에 접속된 최대 사용 전압 23,000[V]의 변압기 권선을 절연 내력 시험할 때 시험되는 권선과 다른 권선, 철심 및 외함 사이에 인가할 시험 전압은 몇 [V]인가?

① 21,160 ② 25,300
③ 28,750 ④ 34,500

풀이 변압기 전로의 절연내력

권선의 종류 (최대 사용전압)	접지방식	시험전압 (최대 사용전압의 배수)	최저 시험전압
1. 7[kV] 이하		1.5배	500[V]
	다중접지	0.92배	500[V]
2. 7[kV] 초과 25[kV] 이하	다중접지	0.92배	
3. 7[kV] 초과 60[kV] 이하(2란의 것 제외)		1.25배	10.5[kV]
4. 60[kV] 초과(8란의 것 제외)	비접지	1.25배	
5. 60[kV] 초과(6란 및 8란의 것 제외)	접지식	1.1배	75[kV]
6. 60[kV] 초과	직접 접지	0.72배	
7. 170[kV] 초과	직접 접지	0.64배	

∴ 시험 전압 $= 23{,}000 \times 0.92 = 21{,}160$[V]

정답 80 ③ 81 ④ 82 ③ 83 ①

84 저압용 기계기구에서 전기를 공급하는 전로에 누전차단기를 시설하면 외함의 접지를 생략할 수 있다. 이 경우의 누전차단기의 정격이 기술기준에 적합한 것은?

① 정격 감도 전류 15[mA] 이하, 동작 시간 0.1초 이하의 전류 동작형
② 정격 감도 전류 15[mA] 이하, 동작 시간 0.2초 이하의 전압 동작형
③ 정격 감도 전류 30[mA] 이하, 동작 시간 0.1초 이하의 전류 동작형
④ 정격 감도 전류 30[mA] 이하, 동작 시간 0.03초 이하의 전류 동작형

풀이 기계기구의 철대 및 외함의 접지
전로에 시설하는 기계기구의 철대 및 금속제 외함에는 접지공사를 하여야 한다. 그러나 물기 있는 장소 이외의 장소에 시설하는 저압용의 개별 기계기구에 전기를 공급하는 전로에 인체감전보호용 누전차단기(정격 감도 전류 30[mA] 이하, 동작 시간 0.03초 이하의 전류 동작형)를 시설하는 경우에는 접지를 생략할 수 있다.

85 금속관 공사에 의한 저압 옥내 배선 시 콘크리트에 매설하는 경우 관의 최소 두께[mm]는?

① 1.0 ② 1.2
③ 1.4 ④ 1.6

풀이 금속관 공사
관의 두께는 다음에 의할 것
• 콘크리트 매입하는 것은 1.2[mm] 이상
• 콘크리트 매입 이외의 것은 1[mm] 이상

86 저압가공 인입선의 전선으로 사용해서는 안 되는 것은?

① 케이블
② 절연전선
③ 나전선
④ 옥외용 비닐전선

풀이 저압 인입선의 시설
저압가공인입선은 다음에 따라 시설하여야 한다.
㉠ 전선은 절연전선 또는 케이블일 것
㉡ 전선이 절연전선인 경우
• 경간이 15[m] 초과 : 인장강도 2.30[kN] 이상의 것 또는 지름 2.6[mm] 이상의 인입용 비닐절연전선일 것
• 경간이 15[m] 이하 : 인장강도 1.25[kN] 이상의 것 또는 지름 2[mm] 이상의 인입용 비닐절연전선일 것
㉢ 전선이 옥외용 비닐절연전선인 경우에는 사람이 접촉할 우려가 없도록 시설할 것

87 다음 그림에서 번호 '1'이 의미하는 것은?

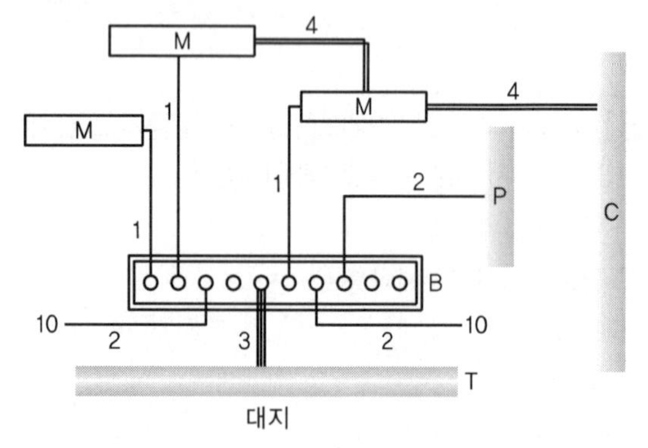

① 보호선
② 접지선
③ 주 등전위 접속용 선
④ 보조 등전위 접속용 선

풀이 1 : 보호선(PE)
2 : 주 등전위 접속 용선
3 : 접지선
4 : 보조 등전위 접속용 선
10 : 기타 기기(예 : 통신설비)
B : 주 접지단자
M : 전기기구의 노출 도전성 부분
C : 철골, 금속덕트 계통의 도전성 부분
P : 수도관, 가스관 등 금속배관
T : 접지극

정답 84 ④ 85 ② 86 ③ 87 ①

88 접지극을 공용하는 통합접지를 하는 경우 낙뢰 등에 의한 과전압으로부터 저압전기설비 등을 보호하기 위해 반드시 설치해야 하는 것은?

① SPD ② COS
③ ACB ④ ELB

풀이 서지보호장치(SPD) 설치기준(판단기준 제18조)
낙뢰 등에 의한 과전압으로부터 저압전기설비 등을 보호하기 위해 서지보호장치(SPD)를 설치하여야 한다.

89 다음 중 하나의 도체가 보호도체와 중성선의 기능을 겸비한 도체의 명칭은?

① PE 도체 ② PEN 도체
③ PEM 도체 ④ PEP 도체

풀이 보호도체와 중성선의 기능을 겸비한 도체를 PEN 도체라고 한다.

90 다음 중 접지저항 측정방법이 아닌 것은?

① 전위차계 접지저항계
② 클램프 온 측정법
③ 코올라시 브리지법
④ Wenner의 4전극법

풀이 Wenner의 4전극법은 대지저항률의 측정방법이다.

91 한 수용장소의 인입구에서 분기하여 지지물을 거치지 않고 다른 수용장소의 인입구에 이르는 부분을 무엇이라 하는가?

① 옥측 배선 ② 옥내 배선
③ 연접 인입선 ④ 가공 인입선

풀이 한 수용장소의 인입구에서 분기하여 지지물을 거치지 않고 다른 수용장소의 인입구에 이르는 부분을 연접 인입선이라 한다.

92 다음 중 보호도체의 단면적에서 상도체의 단면적[mm^2]이 $S>35$일 때 보호도체의 최소단면적[mm^2]은?(단, 보호도체의 재질이 상도체와 같은 경우)

① S ② 16
③ $\frac{S}{2}$ ④ $\frac{S}{3}$

풀이 보호도체의 단면적(제19조)
아래의 표에서 정한 값 이상의 단면적

상도체의 단면적 S[mm^2]	대응하는 보호도체의 최소 단면적[mm^2]	
	보호도체의 재질이 상도체와 같은 경우	보호도체의 재질이 상도체와 다른 경우
$S \leq 16$	S	$\frac{k_1}{k_2} \times S$
$16 < S \leq 35$	16	$\frac{k_1}{k_2} \times 16$
$S > 35$	$S/2$	$\frac{k_1}{k_2} \times \frac{S}{2}$

여기서, k_1 : 도체 및 절연의 재질에 따라 KS C IEC 60364-5-54 부속서 A(규정)의 표 A54.1 또는 IEC 60364-4-43의 표 43A에서 선정된 상도체에 대한 값
k_2 : KS C IEC 60364-5-54 부속서 A(규정)의 표 A54.2~A54.6에서 선정된 보호도체에 대한 값
PEN 도체의 경우 단면적의 축소는 중성선의 크기결정에 대한 규칙에만 허용된다.

93 KS C IEC 60364의 저압 전력계통의 접지방식이 아닌 것은?

① TT 방식 ② TN-C 방식
③ TT-C 방식 ④ IT 방식

풀이 KS C IEC 60364의 저압계통의 접지방식으로는 TT 방식, TN-C 방식, TN-S 방식, TN-C-S 방식, IT 방식 등이 있다.

정답 88 ① 89 ② 90 ④ 91 ③ 92 ③ 93 ③

94 전기설비기술기준의 판단기준에 따라 저압 옥내 직류전기설비의 접지시설을 양(+)도체로 접지하는 경우 무엇에 대한 보호를 하여야 하는가?

① 지락 ② 감전
③ 단락 ④ 과부하

풀이 저압 옥내 직류전기설비의 접지시설을 양(+)도체로 접지하는 것은 감전보호이다.

95 IEC 표준에 의한 저압접지방식 중 전력계통의 중성점은 한곳에서만 직접 접지하고 설비의 노출도전부는 전원계통의 도체와는 전기적으로 독립된 접지도체에 접속시키는 접지방식은?

① TN 방식 ② TT 방식
③ IT 방식 ④ II 방식

96 IEC 표준에 의한 저압접지방식 중 전력계통은 전원 측에서 한 점을 직접 접지하고 설비의 노출 도전부는 보호도체(PE)를 통해 그 점에 접속시키는 접지방식은?

① TN 방식 ② TT 방식
③ IT 방식 ④ II 방식

97 태양광전지 모듈 간의 배선에서 단락전류를 충분히 견딜 수 있는 전선의 최소 굵기로 적당한 것은?

① $6mm^2$ 이상 ② $4mm^2$ 이상
③ $2.5mm^2$ 이상 ④ $0.75mm^2$ 이상

풀이 전선의 일반적 설치기준
기계기구의 구조상 그 내부에 안전하게 시설할 수 있는 경우를 제외하면 모든 전선은 공칭단면적 2.5mm 이상의 연동선 또는 이와 동등 이상의 세기 및 굵기의 것이어야 한다.

98 태양전지 모듈 간 연결전선은 몇 $[mm^2]$ 이상의 전선을 사용하여야 하는가?

① $1.5[mm^2]$ ② $2.5[mm^2]$
③ $4.0[mm^2]$ ④ $6.0[mm^2]$

풀이 태양전지 모듈 간 연결전선은 공칭단면적 $2.5[mm^2]$ 이상의 연동선 또는 이와 동등 이상의 세기 및 굵기의 것이어야 한다.

99 저압 옥내배선에 사용하는 연동선의 최소 굵기는 몇 $[mm^2]$ 이상인가?

① 2 ② 2.5
③ 4 ④ 6

풀이 판단기준 제168조(저압 옥내배선의 사용전선)
① 저압 옥내배선의 전선은 다음 각 호 어느 하나에 적합한 것을 사용하여야 한다.
1. 단면적 $2.5[mm^2]$ 이상의 연동선 또는 이와 동등 이상의 강도 및 굵기의 것

100 태양광발전시스템의 케이블 단말처리 후 케이블 종단에 반드시 표시해야 하는 것은?

① 전압표시 ② 극성표시
③ 전류표시 ④ 전력표시

풀이 태양전지 어레이에서 생산되는 전력은 직류이므로 케이블 단말처리 후 케이블 종단에 반드시 극성표시를 하여야 한다.

101 가교폴리에틸렌 절연 비닐시스 케이블 단말처리를 위해 사용하는 절연테이프로 적합한 것은?

① 비닐 절연테이프
② 자기융착 절연테이프
③ 종이 절연테이프
④ 고무 절연테이프

풀이 케이블의 단말처리방법은 자기융착 절연테이프를 겹쳐서 감고 그 위에 다시 보호테이프로 감는다.

정답 94 ② 95 ② 96 ① 97 ③ 98 ② 99 ② 100 ② 101 ②

102 케이블 트레이공사에 사용하는 케이블 트레이에 대한 설명으로 틀린 것은?

① 비금속제 케이블 트레이는 난연성 재료의 것이어야 한다.
② 전선의 피복 등을 손상시킬 돌기 등이 없이 매끈해야 한다.
③ 수용된 모든 전선을 지지할 수 있는 적합한 강도로 케이블 트레이의 안전율은 1.3 이상으로 하여야 한다.
④ 케이블 트레이가 방화구획의 벽, 마루, 천장 등을 관통하는 경우에 관통부는 불연성의 물질로 충전하여야 한다.

풀이 전기설비기술기준의 판단기준 제194조(케이블 트레이 공사)
② 케이블 트레이공사에 사용하는 케이블 트레이는 다음 각 호에 적합하여야 한다.
1. 수용된 모든 전선을 지지할 수 있는 적합한 강도의 것이어야 한다. 이 경우 케이블 트레이의 안전율은 1.5 이상으로 하여야 한다.

103 그림과 같이 지붕에 설치한 태양전지 어레이에서 접속함으로써 복수의 케이블을 배선하는 경우 케이블은 반드시 물빼기를 하여야 한다. 그림에서 P점의 케이블은 외경의 몇 배 이상으로 구부려 설치하여야 하는가?

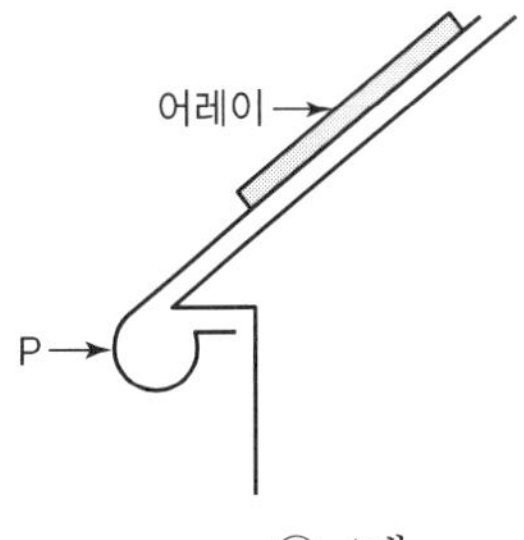

① 2배 ② 4배
③ 6배 ④ 8배

풀이 케이블의 물빼기 배선 시에는 원칙적으로 케이블 지름의 6배 이상인 반경으로 구부려야 한다.

104 태양광발전시스템에 사용하는 CV 케이블의 최고 허용온도는 몇 [℃]인가?

① 80 ② 90
③ 100 ④ 110

풀이 CV 케이블의 최고 허용온도는 90[℃]이다.

105 태양광 모듈의 전기배선 및 접속함 시공방법으로 틀린 것은?

① 접속 배선함 연결부위는 일체형 전용 커넥터를 사용
② 역전류방지 다이오드의 용량은 모듈 단락전류의 1.4배 이상일 것
③ 전선의 지면을 통과하는 경우에는 피복에 손상이 발생되지 않도록 조치
④ 1대의 인버터에 연결된 태양전지 직렬군이 2병렬 이상일 경우에는 각 직렬군의 출력 전류가 동일하도록 배열

풀이 1대의 인버터에 연결된 태양전지 직렬군이 2병렬 이상일 경우에는 각 직렬군의 출력전압이 동일하도록 배열해야 한다.
※ KS C 8567(태양광발전용 접속함)이 17.08.23일 개정됨에 따라 역전류 방지다이오드의 용량은 모듈단락 전류의 1.4배 이상이어야 하며 현장에서 확인할 수 있도록 표시하여야 한다.

106 간선의 굵기를 산정하는 결정요소가 아닌 것은?

① 허용전류
② 기계적 강도
③ 선압상하
④ 불평형 전류

풀이 간선의 굵기를 산정하는 결정요소
허용전류, 전압강하, 기계적 강도, 고조파

정답 102 ③ 103 ③ 104 ② 105 ② 106 ④

107 전선의 접속방법으로 틀린 것은?

① 접속부분의 전기저항을 증가시킬 것
② 접속부분은 접속관 기타의 기구를 사용할 것
③ 전선의 세기를 20[%] 이상 감소시키지 아니할 것
④ 전기화학적 성질이 다른 도체를 접속하는 경우에는 접속부분에 전기적 부식이 생기지 아니하도록 할 것

풀이 전선의 접속방법

- 전선의 전기저항을 증가시키지 아니하도록 접속할 것
- 전선의 세기를 20[%] 이상 감소시키지 아니할 것
- 접속부분은 금속관 기타의 기구를 사용할 것
- 접속부분은 절연전선의 절연물과 동등 이상의 절연효력이 있는 것으로 피복할 것
- 전선 상호 접속 시에는 코드 접속기, 접속함 기타의 기구를 사용할 것
- 전기화학적 성질이 다른 도체를 접속하는 경우에는 접속부분에 전기적 부식이 생기지 아니하도록 할 것

108 케이블 트레이 시공방식의 장점이 아닌 것은?

① 방열특성이 좋다.
② 허용전류가 크다.
③ 재해를 거의 받지 않는다.
④ 장래부하 증설 시 대응력이 크다.

풀이 케이블 트레이 시공방식의 장점은 방열특성이 좋고, 허용전류가 크며, 장래부하 증설 시 대응력이 크며, 시공이 용이하며, 경제적 장점과 케이블의 노출에 따른 자연재해 및 동식물 등으로부터 피해를 받을 수 있는 단점이 있다.

109 지중 케이블이 밀집되는 개소의 경우 일반 케이블로 시설하여 방재대책을 강구하여 시행하여야 하는 장소로 옳지 않은 것은?

① 전력구(공동구)
② 2회선 이상 시설된 맨홀
③ 집단 상가의 구내 수전실
④ 케이블 처리실

풀이 케이블 방재(내선규정 820－12)
방재대책 강구 장소
케이블 처리실, 전력구, 집단 상가의 구내 수전실, 4회선 이상 설치된 맨홀

110 케이블의 단말처리방법으로 가장 적절한 것은?

① 면 테이프로 단단하게 감는다.
② 비닐 절연테이프를 단단하게 감는다.
③ 자기융착 절연테이프만 여러 번 당기면서 겹쳐 감는다.
④ 자기융착 절연테이프를 겹쳐서 감고 그 위에 다시 보호테이프로 감는다.

풀이 케이블 단말처리

- 모듈전용선(XLPE 케이블)은 내후성이 약하므로, 비닐시스가 벗겨져 절연체가 노출된 채로 장기간 사용하면 절연불량이 야기된다.
- 자기융착테이프 및 보호테이프로 내후성을 증가시킨다.
- 자기융착테이프의 열화를 방지하기 위해 자기융착테이프 위에 다시 한 번 보호테이프를 감는다.

111 전기설비기준에 의한 전선의 접속방법으로 틀린 것은?

① 접속부분의 전기저항을 감소시키지 말 것
② 전선의 인장하중을 20% 이상 감소시키지 말 것
③ 접속부분에 전기적 부식이 생기지 않도록 할 것
④ 접속부분은 접속기구를 사용하거나 납땜을 할 것

풀이 전선 접속 시 접속부분의 전기저항을 증가시켜서는 안 된다.

112 가교폴리에틸렌 절연 비닐시스 케이블 단말처리를 위해 사용하는 절연테이프로 적합한 것은?

① 비닐 절연테이프　② 자기융착 절연테이프
③ 종이 절연테이프　④ 고무 절연테이프

정답 107 ① 108 ③ 109 ② 110 ④ 111 ① 112 ②

풀이 케이블의 단말처리 방법은 자기융착 절연테이프를 겹쳐서 감고 그 위에 다시 보호테이프로 감는 것이다.

113 태양광발전시스템의 케이블 단말처리 후 케이블 종단에 반드시 표시해야 하는 것은?

① 전압표시 ② 극성표시
③ 전류표시 ④ 전력표시

풀이 태양전지 어레이에서 생산되는 전력은 직류이므로 케이블 단말처리 후 케이블 종단에 반드시 극성표시를 하여야 한다.

114 태양전지 모듈 간의 배선에서 단락전류를 충분히 견딜 수 있는 전선의 최소 굵기로 적당한 것은?

① 6[mm^2] 이상
② 4[mm^2] 이상
③ 2.5[mm^2] 이상
④ 0.75[mm^2] 이상

풀이 태양전지 모듈 간의 배선은 단락전류를 충분히 견딜 수 있도록 공칭단면적 2.5[mm^2] 이상의 연동선 또는 이와 동등 이상의 세기 및 굵기의 것을 사용한다.

115 태양광발전설비 케이블 시공방법과 관련하여 다음 중 맞지 않는 것은?

① 공칭단면적 2.5[mm^2] 이상의 연동선 또는 이와 동등 이상의 세기 및 굵기의 것이어야 한다.
② 옥내에 시설할 경우에는 합성수지관공사, 금속관공사, 가요전선관공사 또는 케이블 공사로 전기설비기술기준의 판단기준 규정에 따라 시설해야 한다.
③ 옥측 또는 옥외에 시설할 경우에는 합성수지관공사, 금속관공사, 가요전선관공사 또는 케이블공사로 전기설비기술기준의 판단기준 규정에 따라 시설해야 한다.
④ 공칭단면적 1.5[mm^2] 이상의 연동선 또는 이와 동등 이상의 세기 및 굵기이어야 한다.

116 태양전지 모듈의 배선에 관한 다음 설명 중 틀린 것은?

① 가장 많이 늘어진 부분이 모듈 면으로부터 60[cm] 이내에 들도록 한다.
② 태양전지 모듈을 포함한 모든 충전부분은 노출되지 않도록 시설해야 한다.
③ 태양전지 모듈의 출력 배선은 군별 · 극성별로 확인할 수 있도록 표시해야 한다.
④ 바람에 흔들리지 않도록 케이블타이, 스테이플, 스트랩 또는 행거 등으로 130[cm] 이내의 간격으로 고정한다.

풀이 태양전지 모듈의 배선은 바람에 흔들리지 않도록 케이블타이, 스테이플 스트랩 또는 행거나 이와 유사한 부속으로 130[cm] 이내의 간격으로 단단히 고정하여 가장 많이 늘어진 부분이 모듈 면으로부터 30[cm] 이내에 들도록 한다.

117 다음 중 태양광발전용 케이블 접속 시 유의사항으로 틀린 것은?

① 2개 이상의 볼트를 사용하는 경우 한쪽만 심하게 조이지 않도록 주의한다.
② 접속점에 최대의 장력을 가해 단단히 조여 준다.
③ 볼트의 크기에 맞는 토크렌치를 사용하여 규정된 힘으로 조여 준다.
④ 조임은 너트를 돌려서 조여 준다.

풀이 태양전지 모듈 및 개폐기 그 밖의 기구에 전선을 접속하는 경우, ① 나사 조임 그 밖에 이와 동등 이상의 효력이 있는 방법에 의하여 견고하고 또한 전기적으로 완전하게 접속하여야 하며, ② 동시에 접속점에 장력이 가해지지 않도록 주의를 기울여야 한다.

118 케이블 트레이 시공방식의 장점이 아닌 것은?

① 방열특성이 좋다.
② 허용전류가 크다.
③ 장래부하 증설 시 대응력이 크다.
④ 재해를 거의 받지 않는다.

정답 113 ② 114 ③ 115 ④ 116 ① 117 ② 118 ④

풀이 케이블 트레이 시공방식의 장점
- 방열특성이 좋다.
- 허용전류가 크다.
- 장래부하 증설 시 대응력이 크다.
- 시공이 용이하다.
- 경제적이다.

케이블 트레이 시공방식의 단점
케이블의 노출에 따른 자연 재해 및 동식물 등으로부터 피해를 받을 수 있다.

119 태양광발전용 옥외 배선에 쓰이는 전선으로 옳은 것은?

① 직류용 전선 ② 모듈전용선
③ UV 케이블 ④ 로맥스 전선

풀이 • 옥외 사용 케이블 : UV 케이블
• 태양전지에서 옥내에 이르는 배선에 사용되는 전선 : 모듈전용선, XLPE 케이블 등

120 지중전선로는 도시의 미관, 자연재해의 사고에 대한 고신뢰도 등이 요구되는 경우에 사용된다. 지중전선로의 특징으로 옳은 것은?

① 건설비가 싸다.
② 송전용량이 적다.
③ 건설기간이 짧다.
④ 사고복구를 단시간에 할 수 있다.

풀이 지중전선로는 열 방산이 가공전선로보다 어려우므로 전선의 단면적을 기준으로 비교할 경우 가공전선로에 비해 송전용량이 적다.

121 지중전선로를 직접 매설식에 의하여 시설하는 경우 차량 기타의 중량물의 압력을 받을 우려가 있는 장소의 매설 깊이는 몇 m 이상인가?

① 0.6 ② 1.2
③ 1.5 ④ 2

풀이 지중전선로의 매설 깊이는 1.2m 이상으로 한다(중량물의 압력을 받을 우려가 없는 곳은 0.6m 이상).

122 지중전선로에 사용하는 지중함의 시설기준이 아닌 것은?

① 지중함은 견고하고 차량 기타 중량물의 압력에 견딜 수 있는 구조일 것
② 지중함은 그 안에 고인 물을 제거할 수 있는 구조로 되어 있을 것
③ 지중함의 뚜껑은 시설자 이외의 자가 쉽게 열 수 없도록 시설할 것
④ 지중함의 내부는 조명 및 세척이 가능한 장치를 할 것

풀이 기설비기술 판단기준(제137조) 참조

123 전기설비기술기준의 판단기준에서 지중전선로에 케이블을 사용하여 관로식으로 시설할 경우 매설깊이를 몇 [m] 이상으로 하여야 하는가?

① 0.3
② 0.6
③ 0.8
④ 1.0

풀이 전기설비기술기준의 판단기준 제136조(지중 전선로의 시설)
① 지중 전선로는 전선에 케이블을 사용하고 또한 관로식 암거식(暗渠式) 또는 직접 매설식에 의하여 시설하여야 한다.
② 지중 전선로를 관로식 또는 암거식에 의하여 시설하는 경우에는 다음 각 호에 따라야 한다.
1. 관로식에 의하여 시설하는 경우에는 매설 깊이를 1.0 [m] 이상으로 하되, 매설 깊이가 충분하지 못한 장소에는 견고하고 차량 기타 중량물의 압력에 견디는 것을 사용할 것. 다만 중량물의 압력을 받을 우려가 없는 곳은 60[cm] 이상으로 한다.

정답 119 ③ 120 ② 121 ② 122 ④ 123 ④

124 태양전지 어레이를 지상에 설치하여 배선 케이블을 매설할 때는 케이블을 보호처리하고, 그 길이가 몇 m를 넘는 경우에 지중함을 설치하는가?

① 10m ② 15m
③ 30m ④ 50m

풀이 태양전지 어레이를 지상에 설치하는 경우
지중배선 또는 지중배관인 경우, 중량물의 압력을 받을 우려가 없도록 하고 그 길이가 30m를 초과하는 경우는 중간개소에 지중함을 설치할 수 있다.

125 태양광시스템에서 방화구획 관통부를 처리하는 주된 목적은?

① 다른 설비로의 화재확산 방지
② 배전반 및 분전반 보호
③ 태양전지 어레이 보호
④ 인버터 보호

풀이 방화구획 관통부를 처리하는 주된 목적은 '화재확산 방지'이다.

126 화재 시 전선배관의 관통 부분에서의 방화구획 조치가 아닌 것은?

① 충전재 사용
② 난연 레진 사용
③ 난연 테이프 사용
④ 폴리에틸렌(PE) 케이블 사용

풀이 '폴리에틸렌(PE) 케이블 사용'을 사용하더라도 관통 부분에서의 방화구획 조치를 하여야 한다.

127 방화구획 관동부의 방화벽 또는 방화바닥 설치 시 시공방법으로 틀린 것은?

① 일반 실리콘 폼을 양쪽 불연 내화판넬 사이에 빈틈이 없이 충전한다.
② 관통벽에 미리 시설해 놓은 틀에 불연성 내화판넬을 앵커볼트로 고정시킨다.
③ 불연성 내화판넬과 케이블트레이, 케이블 사이의 빈틈과 주위를 밀폐재로 봉한다.
④ 방화판을 관통구의 크기에 맞도록 케이블트레이의 중심 양쪽으로 2장을 만든다.

풀이 방화구획 관통부의 처리 목적은 화재확산 방지이다. 따라서 일반용 실리콘 폼을 사용하면 안 되고 불연성 실리콘 폼을 사용하여야 한다.

128 케이블 등이 방화구획을 관통할 경우 관통부의 개구면적을 적절히 시공하여야 한다. 처리목적과 처리방법으로 틀린 것은?

① 관통부분의 충전재 등은 난연성일 것
② 관통부분의 충전재 등은 내열성일 것
③ 화재 발생 시 다른 설비로 화재가 확대되지 않도록 할 것
④ 화재 발생 시 관통부를 통하여 연기가 방출되도록 할 것

풀이 방화구획의 관통부는 화재 시 관통부를 통하여 다른 지역으로의 확산을 방지해야 하며, 내연성과 내열성을 갖추어야 한다.

129 케이블 등이 방화구획을 관통할 경우 관통부의 개구면적을 적절히 시공하여야 한다. 처리목적과 처리방법으로 틀린 것은?

① 관통 부분의 충전재 등은 난연성일 것
② 관통 부분의 충전재 등은 내열성일 것
③ 화재 발생 시 관통부를 통하여 연기가 방출되도록 할 것
④ 화재 발생 시 다른 설비로 화재가 확대되지 않도록 할 것

풀이 케이블 등의 방화구획 관통부는 화재 발생 시 연기가 방출되지 않도록 밀폐 처리되어야 한다.

정답 124 ③ 125 ① 126 ④ 127 ① 128 ④ 129 ③

130 서지보호장치(SPD) II등급시험으로 적합한 것은?

① 10/350[μs]의 전류 파형으로 시험하고 직격뢰를 가정
② 8/20[μs]의 전류 파형으로 시험하고 유도뢰를 가정
③ 콤비네이션 파형 발생기에서 전압 파형 1.2/50[μs]과 전류 파형 8/20[μs]으로 시험하고 반복서지에 대응
④ 1.2/50[μs]의 전류 파형으로 시험하고 유도뢰를 가정

풀이 서지보호장치(SPD) 등급시험 및 동작원리

구분		동작원리
시험에 의한 분류	I등급 시험	(10/350[μs])의 전류 파형으로 시험하고 직격뢰를 가정
	II등급 시험	(8/20[μs]의 전류 파형으로 시험하고 유도뢰를 가정
	III등급 시험	콤비네이션 파형 발생기에서 전압 파형(1.2/50[μs]과 전류 파형 (8/20[μs]으로 시험하고 반복 서지에 대응

131 뇌서지 방지를 위한 SPD 설치 시 접속도체의 전체 길이는 몇 [m] 이하로 하여야 하는가?

① 0.1 ② 0.2
③ 0.3 ④ 0.5

풀이 SPD 설치 시 접속도체의 전체 길이는 $a+b=0.5$[m] 이내가 되도록 설치하여야 한다.

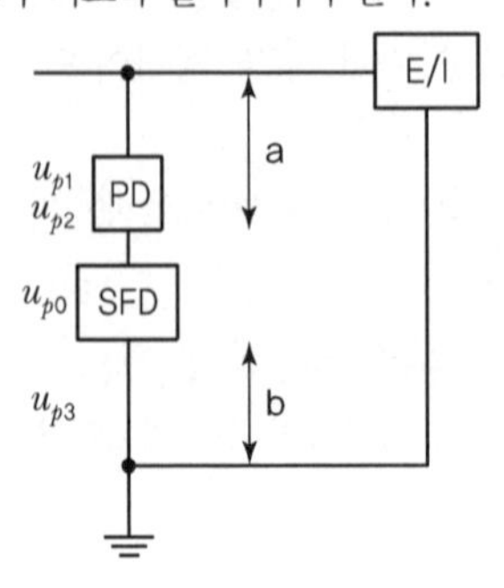

132 설치공사 단계 중 어레이 방수공사는 어느 설치공사에 포함되는가?

① 어레이 설치공사 ② 어레이 가대공사
③ 어레이 기초공사 ④ 어레이 접지공사

풀이 건축물 옥상에 태양전지 어레이를 설치하는 경우 어레이 기초공사 시에 방수공사를 실시한다.

133 다음 중 피뢰설비의 수뢰부 시스템이 아닌 것은?

① 돌침(받쳐주는 구조물이 없이 세워진 지지대(마스트) 포함)
② 수평도체
③ 메시도체
④ 인하도선

풀이 피뢰설비의 수뢰부 시스템은 다음의 요소의 조합으로 구성된다.
① 돌침(받쳐주는 구조물이 없이 세워진 지지대(마스트) 포함)
② 수평도체
③ 메시도체

134 다음 중 피뢰설비와 관련된 KS규격은?

① KS C IEC 60364
② KS C IEC 62305
③ KS C IEC 61643
④ KS C IEC 61024

풀이 피뢰설비 설치기준 : KS C IEC 62305와 건축물의 설비기준 등에 관한 규칙 20조(피뢰설비)에 의한 규정에 의해 피뢰설비를 설치

135 다음 중 피뢰시스템의 레벨등급 중 I등급의 회전구체 반경으로 알맞은 것은?

① 20[m] ② 30[m]
③ 45[m] ④ 60[m]

정답 130 ② 131 ④ 132 ③ 133 ④ 134 ② 135 ①

풀이 피뢰시스템의 레벨별 회전구체 반경, 메시 치수와 보호최댓값

피뢰시스템의 레벨	보호법	
	회전구체 반경 r[m]	메시 치수 W[m]
I	20	5×5
II	30	10×10
III	45	15×15
IV	60	20×20

136 다음 중 태양광발전설비 피뢰설비 설치기준으로 맞지 않는 것은?

① KS C IEC 62305 기준에 의거 설치
② 건축물의 설비기준 등에 관한 규칙 제20조에 의거 설치
③ 낙뢰의 우려가 있는 건축물
④ 높이 10[m] 이상의 건축물

풀이 피뢰설비 설치기준
KS C IEC 62305와 건축물의 설비기준 등에 관한 규칙 20조(피뢰설비)에 의한 규정에 의하여 낙뢰의 우려가 있는 건축물 또는 높이 20[m] 이상의 건축물에는 기준에 적합하게 피뢰설비를 설치해야 한다.

137 태양광발전시스템의 응급조치 순서 중 차단과 투입 순서가 옳은 것은?

ⓐ 한전차단기
ⓑ 접속함 내부 차단기
ⓒ 인버터

① ⓒ→ⓑ→ⓐ, ⓐ→ⓑ→ⓒ
② ⓒ→ⓑ→ⓐ, ⓐ→ⓑ→ⓒ
③ ⓑ→ⓒ→ⓐ, ⓐ→ⓒ→ⓑ
④ ⓐ→ⓑ→ⓒ, ⓐ→ⓑ→ⓒ

138 태양광발전시스템이 작동되지 않는 경우 응급조치 순서로 옳은 것은?

① 인버터 Off → 접속함 내부 차단기 Off 후 점검 → 점검 후 접속함 내부차단기 On → 인버터 On
② 접속함 내부 차단기 Off → 인버터 Off 후 점검 → 점검 후 인버터 On → 접속함 내부차단기 On
③ 인버터 Off → 접속함 내부 차단기 Off 후 점검 → 점검 후 인버터 On → 접속함 내부차단기 On
④ 접속함 내부차단기 Off → 인버터 Off 후 점검 → 점검 후 접속함 내부차단기 On → 인버터 On

풀이 태양광발전시스템 응급조치 순서
접속함 내부 차단기 Off → 인버터 Off 후 점검 → 점검 후 인버터 On → 접속함 내부차단기 On

139 태양광발전설비가 작동되지 않을 때 응급조치 순서로 옳은 것은?

① 접속함 내부차단기 개방 → 인버터 개방 → 설비 점검
② 접속함 내부차단기 개방 → 인버터 투입 → 설비 점검
③ 접속함 내부차단기 투입 → 인버터 개방 → 설비 점검
④ 접속함 내부차단기 투입 → 인버터 투입 → 설비 점검

풀이 태양광 발전설비의 응급조치 순서
작동되지 않을 때 : 접속함 내부차단기 개방(Off) → 인버터 개방(Off) 후 점검, 점검 후에는 역으로 인버터(On) → 차단기의 순서로 투입(On)

140 태양광발전시스템의 점검 및 시험방법에 대한 사항으로 틀린 것은?

① 외관검사
② 운전상황의 확인
③ 절연전류의 측정
④ 태양전지 어레이의 출력 확인

정답 136 ④ 137 ③ 138 ② 139 ① 140 ③

풀이 태양광발전시스템의 점검 및 검사 사항은 주로 육안 검사를 통한 어레이 검사와 측정을 통한 어레이 출력 확인, 절연저항 측정, 접지저항 측정 등을 시행한다.

141 태양전지 어레이 개방전압 측정 목적이 아닌 것은?

① 스트링 동작불량 검출 ② 모듈 동작불량 검출
③ 배선 접속불량 검출 ④ 어레이 접지불량 검출

풀이 태양전지 어레이의 개방전압 측정 목적
태양전지 어레이의 각 스트링의 개방전압을 측정하여 개방전압의 불균일에 따라 동작 불량의 스트링이나 태양전지 모듈의 검출 및 직렬 접속선의 결선 누락 사고 등을 검출하기 위해 측정해야 한다.

142 태양광발전시스템의 설치를 완료하였지만 현장에서 직류 아크가 발생하는 경우가 있는데 아크 발생의 원인이 아닌 것은?

① 절연불량으로 단락되어 아크가 발생할 수가 있다.
② 전선 상호 간의 절연불량으로 인하여 아크가 발생할 수가 있다.
③ 케이블 접속단자의 접속불량으로 인하여 아크가 발생할 수가 있다.
④ 태양전지 모듈이 용량 이상으로 발전하기 때문에 아크가 발생한다.

풀이 아크의 발생원인
전선 상호 간의 절연불량, 접속단자의 접속불량, 절연불량으로 인한 단락

143 지상에 태양전지 어레이를 설치하기 위한 기초 형식 중 지지층이 얕은 경우에 사용하는 방식이 아닌 것은?

① 말뚝기초 ② 직접기초
③ 독립 푸팅 기호 ④ 복합 푸팅 기초

풀이 1) 얕은 기초(지지층이 얕은 경우) : 직접 기초, 독립 푸팅 기초, 복합 푸팅 기초
2) 깊은 기초(지지층이 깊은 경우) : 말뚝 기초

144 개개의 기둥을 독립적으로 지지하는 형식으로 기초판과 기둥으로 형성되어 있으며, 기둥과 보로 구성되어 있는 건축물에 적용되는 태양광발전 기초 공법은?

① 파일기초 ② 연속기초(줄기초)
③ 독립기초 ④ 온통기초(매트기초)

풀이 개개의 기둥을 독립적으로 지지하는 기초는 독립기초이다.

145 지상에 구조물 설치를 위한 기초의 종류 중 지지층이 얕을 경우 쓰는 방식은 무엇인가?

① 말뚝기초 ② 직접기초
③ 피어 기초 ④ 케이슨 기초

풀이 기초의 종류

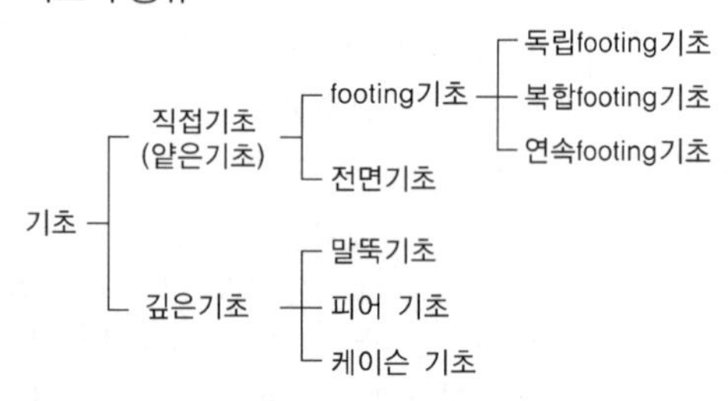

146 태양광발전시스템 구조물의 상정하중 계산 시 고려사항이 아닌 것은?

① 전단하중 ② 지진하중
③ 고정하중 ④ 적설하중

풀이 태양광발전시스템 구조물의 상정하중은 풍(바람)하중, 적설하중, 고정하중, 지진하중을 고려한다.

147 태양광발전시스템 구조물의 상정하중 계산 시 적용되는 수평하중으로 맞는 것은?

① 고정하중 ② 활하중
③ 풍하중 ④ 적설하중

풀이 수직하중 : 고정하중, 활하중, 적설하중
수평하중 : 풍하중, 지진하중

정답 141 ④ 142 ④ 143 ① 144 ③ 145 ② 146 ① 147 ③

148 태양전지 어레이용 지지대에 영구적으로 작용하는 상정하중은?

① 고정하중
② 풍압하중
③ 적설하중
④ 지진하중

풀이 태양전지 어레이용 지지대에 영구적으로 작용하는 상정하중은 고정하중(적재하중+자체하중)이다.

149 일정 전압의 직류전원에 저항을 접속하고 전류를 흘릴 때, 이 전류값을 20[%] 증가시키기 위해서는 저항값을 어떻게 하면 되는가?

① 저항값을 20[%]로 감소시킨다.
② 저항값을 83[%]로 감소시킨다.
③ 저항값을 20[%]로 증가시킨다.
④ 저항값을 83[%]로 증가시킨다.

풀이 $V=IR$에서 V는 일정하므로 I가 1.2배 증가하면 R의 1.2배 감소

$V=1.2I\times\frac{R}{1.2}$에서 $\frac{R}{1.2}$, 즉 $R=\frac{1}{1.2}R$이므로

$R=0.833R$로 감소

즉, 저항값을 83[%]로 감소시켜야 한다.

150 저압 연접 인입선은 폭 몇 [m]를 초과하는 도로를 횡단하지 않아야 하는가?

① 3
② 5
③ 7
④ 10

풀이 저압 연접인입선 시설규정

- 인입선에서 분기하는 점으로부터 100[m]를 넘는 지역에 미치지 아니할 것
- 폭 5[m]를 넘는 도로를 횡단하지 아니할 것
- 옥내를 통과하지 아니할 것
- 전선은 지름 2.6[mm] 경동선 사용

151 옥내에 시설하는 저압용 배전반 및 분전반의 시설 방법으로 틀린 것은?

① 한 개의 분전반에는 두 가지 전원(2회선의 간선)만 공급할 것
② 노출하여 시설되는 배전반 및 분전반은 불연성 또는 난연성의 것을 시설할 것
③ 배전반 및 분전반은 전기를 쉽게 조작할 수 있고 쉽게 점검할 수 있는 장소에 시설할 것
④ 노출된 충전부가 있는 배전반 및 분전반은 취급자 이외의 사람이 쉽게 출입할 수 없도록 시설할 것

풀이 판단기준 제171조(옥내에 시설하는 저압용 배분전반 등의 시설)

① 옥내에 시설하는 저압용 배 · 분전반의 기구 및 전선은 쉽게 점검할 수 있도록 하고 다음 각 호에 따라 시설할 것

2. 한 개의 분전반에는 한 가지 전원(1회선의 간선)만 공급하여야 한다.

152 타인의 전기설비 또는 구내발전설비로부터 전기를 공급받아 구내배전설비로 전기를 공급하기 위한 전기설비로서 수전지점으로부터 배전반(구내배전설비로 전기를 배전하는 전기설비를 말한다.)까지의 설비는?

① 발전설비　② 송전설비
③ 보호설비　④ 수전설비

풀이 수전설비에 관한 설명이다.

153 계통연계하는 분산형 전원을 설치하는 경우 이상 또는 고장발생의 경우가 아닌 것은?

① 난독운선 상태
② 분산형 전원의 이상 또는 고장
③ 연계형 변압기 중성점 접지시설
④ 연계한 전력계통의 이상 또는 고장

풀이 다음 각 호의 1에 해당하는 이상 또는 고장 발생 시 자동적으로 분산형 전원을 전력계통으로부터 분리하

정답 148 ① 149 ② 150 ② 151 ① 152 ④ 153 ③

기 위한 장치 시설 해당 계통과의 보호협조를 실시하여야 한다.
1. 분산형 전원의 이상 또는 고장
2. 연계한 전력계통의 이상 또는 고장
3. 단독운전 상태

154 발전기 · 변압기 · 조상기 · 계기용 변성기 · 모선 및 애자는 어떤 전류에 의하여 생기는 기계적 충격에 견디어야 하는가?

① 충전전류 ② 정격전류
③ 단락전류 ④ 유도전류

풀이 기술기준 제23조(발전기 등의 기계적 강도)
① 발전기 · 변압기 · 조상기 · 계기용 변성기 · 모선 및 이를 지지하는 애자는 단락전류에 의하여 생기는 기계적 충격에 견디는 것이어야 한다.

155 저항 1[kΩ], 커패시터 5,000[μF]의 R-C직렬회로에 100[V] 전압을 인가하였을 때, 시정수는 몇 [sec]인가?

① 0.5 ② 5
③ 10 ④ 15

풀이 $R-C$ 직렬회로의 시정수
$\tau = RC = 1\times10^3[\Omega]\times5{,}000\times10^{-6}[\mathrm{F}] = 5[\mathrm{sec}]$

156 도선의 길이가 2배로 늘어나고, 지름이 1/2로 줄어들 경우 그 도선의 저항은?

① 4배 증가 ② 4배 감소
③ 8배 증가 ④ 8배 감소

풀이 도선의 저항(R)은
$R = \rho\frac{l}{A} = \rho\frac{l}{\frac{\pi D^2}{4}}$ 에서 l, D를 제외한 모든 변수를 k로 치환하여 계산하면,
$R' = k\frac{l}{D^2} = k\frac{2l}{(\frac{1}{2}D)^2} = 8R$
∴ 저항은 8배 증가한다.

157 변전소에서 무효전력을 조정하는 전기설비로 옳은 것은?

① 변성기 ② 피뢰기
③ 축전지 ④ 조상설비

풀이 무효전력을 조정하여 전압을 조정하는 전기설비를 조상설비라고 하는데 콘덴서(지상무효전력 보상), 리액터(진상무효전력 보상), 동기조상기(회전형 진상, 지상 무효전력 보상), SVC(정지형 진상, 지상 무효전력 보상) 등이 있다.

158 다음 중 변전소의 설치 목적이 아닌 것은?

① 송배전선로 보호
② 전력 조류의 제어
③ 전압의 변성과 조정
④ 전력의 발생과 분배

풀이 전력의 발생(생산)은 발전소의 기능이다.

159 변전소의 설치 목적에 관한 내용이 아닌 것은?

① 전압을 승압한다.
② 전압을 강압한다.
③ 전력손실을 감소시킨다.
④ 계통의 주파수를 변환시킨다.

풀이 계통의 주파수 변환은 변전소의 기능이 아니다.

160 3상 변압기 병렬운전 결선방식이 아닌 것은?

① Δ-Δ와 Δ-Δ
② Y-Δ와 Y-Δ
③ Δ-Y와 Y-Δ
④ Y-Δ와 Y-Y

풀이 Y-Δ와 Y-Y 결선방식은 위상 불일치로 변압기 병렬운전이 불가능하다.

정답 154 ③ 155 ② 156 ③ 157 ④ 158 ④ 159 ④ 160 ④

161 전력계통에서 3권선 변압기(Y−Y−△)에서 △ 결선을 사용하는 주된 목적은?

① 노이즈 제거 ② 전력손실 감소
③ 2가지 용량 사용 ④ 제3고조파 제거

풀이 변압기에서 △결선을 사용하는 주된 목적은 영상분 고조파인 제3고조파의 제거이다.

162 개폐장치 중 충전전류만을 개폐할 수 있는 것은?

① 배선용 차단기 ② 단로기
③ 진공차단기 ④ 기중차단기

풀이 단로기는 충전전류만 개폐할 수 있다. 부하전류, 고장전류는 차단할 수 없으므로 차단기로 부하 차단 후 조작하여야 한다.

163 전기사업법에 따라 전력시장에 전력을 직접 구매할 수 있는 전기사용자의 수전설비 용량은 몇 [kVA] 이상인가?

① 10,000 ② 20,000
③ 30,000 ④ 50,000

풀이 전기사업법 시행령 제20조(전력의 직접 구매) 법 제32조 단서에서 "대통령령으로 정하는 규모 이상의 전기사용자"란 수전설비(受電設備)의 용량이 3만[kVA] 이상인 전기사용자를 말한다.

164 역률을 개선하였을 경우 그 효과로 맞지 않는 것은?

① 전력손실의 감소
② 전압강하의 감소
③ 각종 기기의 수명 연장
④ 설비용량의 무효분 증가

풀이 역률 개선의 효과는 전력손실의 감소, 전압강하의 감소, 각종 기기의 수명 연장, 전력(기본)요금의 감소, 설비용량의 무효분 감소이다.

165 빙설이 많고 인가가 많이 연결되어 있는 장소에 시설하는 고압 가공전선로의 지지물에 적용되는 풍압하중은?

① 갑종 풍압하중
② 을종 풍압하중
③ 병종 풍압하중
④ 갑종 풍압하중과 을종 풍압하중을 각 설비에 따라 혼용

풀이 전기설비기술기준의 판단기준 제62조(풍압하중의 종별과 적용)

④ 인가가 많이 연접되어 있는 장소에 시설하는 가공전선로의 구성재 중 다음 각 호의 풍압하중에 대하여는 제3항의 규정에 불구하고 갑종 풍압하중 또는 을종 풍압하중 대신에도 병종 풍압하중을 적용할 수 있다.

1. 저압 또는 고압 가공전선로의 지지물 또는 가섭선
2. 사용전압이 35[kV] 이하의 전선에 특고압 절연전선 또는 케이블을 사용하는 특고압 가공전선로의 지지물, 가섭선 및 특고압 가공전선을 지지하는 애자장치 및 완금류

166 전기설비기술기준의 판단기준에서는 관광숙박업에 이용되는 객실의 입구에 조명용 전등을 설치할 경우 몇 분 이내에 소등되는 타임스위치를 시설해야 하는가?

① 1 ② 2
③ 3 ④ 5

풀이 전기설비기술기준의 판단기준 제177조(점멸장치와 타임스위치 등의 시설)

② 조명용 전등을 설치할 때에는 다음 각 호에 따라 타임스위치를 시설하여야 한다.

1. 관광진흥법과 공중위생법에 의한 관광숙박업 또는 숙박업(여인숙업을 제외한다)에 이용되는 객실의 입구 등은 1분 이내에 소등되는 것일 것
2. 일반주택 및 아파트 각 호실의 현관등은 3분 이내에 소등되는 것일 것

정답 161 ④ 162 ② 163 ③ 164 ④ 165 ③ 166 ①

167 전기설비기술기준의 판단기준에서 태양전지 발전소에 시설하는 전선의 굵기는 연동선인 경우 몇 $[mm^2]$ 이상이어야 하는가?

① 1.6　② 2.5
③ 3.5　④ 5.5

풀이 전기설비기술기준의 판단기준 제54조(태양전지 모듈 등의 시설)

4. 전선은 다음에 의하여 시설할 것. 다만, 기계기구의 구조상 그 내부에 안전하게 시설할 수 있을 경우에는 그러하지 아니하다.
   가. 전선은 공칭단면적 $2.5[mm^2]$ 이상의 연동선 또는 이와 동등 이상의 세기 및 굵기의 것일 것

168 실횻값이 220[V]인 교류전압을 2.0[kΩ]의 저항에 인가할 경우 소비되는 전력은 약 몇 [W]인가?

① 22.4　② 24.2
③ 26.4　④ 40.5

풀이 소비전력

$$P = I^2 \times R = \frac{V^2}{R} = \frac{220^2}{2.0 \times 10^3} = 24.2[W]$$

169 합성수지관 공사에서 관의 지지점 간의 거리는 몇 m 이하로 하여야 하는가?

① 1.0　② 1.5
③ 2.0　④ 2.5

풀이 합성수지관 공사

관의 지지점 간의 거리는 1.5m 이하로 하고, 또한 그 지지점은 관의 끝과 Box의 접속점 및 상호 간의 접속점 등에 가까운 곳에 시설할 것

170 다음 중 저압 연접 인입선의 시설 규정을 준수하지 않은 것은?

① 옥내를 통과하지 않도록 했다.
② 폭 4[m]을 초과하는 도로를 횡단하였다.
③ 경간이 20[m]인 곳에서 ACSR을 사용하였다.
④ 인입선에서 분기하는 점으로부터 100[m]를 초과하지 않았다.

풀이 전기설비기술기준의 판단기준 제100조(저압 인입선의 시설) ① 저압 가공인입선은 제79조부터 제84조까지 · 제87조 및 제89조의 규정에 준하여 시설하는 이외에 다음 각 호에 따라 시설하여야 한다.

1. 전선이 케이블인 경우 이외에는 인장강도 2.30[kN] 이상의 것 또는 지름 2.6[mm] 이상의 인입용 비닐절연전선일 것. 다만, 경간이 15[m] 이하인 경우는 인장강도 1.25kN 이상의 것 또는 지름 2[mm] 이상의 인입용 비닐절연전선일 것
2. 전선은 절연전선, 다심형 전선 또는 케이블일 것
   제 101조(저압 연접 인입선의 시설) 저압 연접 인입선은 제100조의 규정에 준하여 시설하는 이외에 다음 각 호에 따라 시설하여야 한다.
   1. 인입선에서 분기하는 점으로부터 100[m]을 초과하는 지역에 미치지 아니할 것
   2. 폭 5[m]을 초과하는 도로를 횡단하지 아니할 것
   3. 옥내를 통과하지 아니할 것

171 내부저항이 각각 0.3[Ω] 및 0.2[Ω]인 1.5[V]의 두 전지를 직렬로 연결한 후에 외부에 2.5[Ω]의 저항 부하를 직렬로 연결하였다. 이 회로에 흐르는 전류는 몇 [A]인가?

① 0.2　② 0.5
③ 0.7　④ 1.0

풀이 1) 회로의 직렬 합성저항
$R = 0.3 + 0.2 + 2.5 = 3[\Omega]$
2) 회로의 직렬 전압 $V = 1.5 + 1.5 = 3[V]$
3) 회로전류 $I = \frac{V}{R} = \frac{3}{3} = 1[A]$

172 송전선로의 선로정수에 포함되지 않는 것은?

① 저항　② 정전용량
③ 리액턴스　④ 누설 컨덕턴스

풀이 송전선로의 선로정수
R(저항), L(인덕턴스), G(누설 컨덕턴스), C(정전용량)

정답 167 ② 168 ② 169 ② 170 ③ 171 ④ 172 ③

173 다음 중 도체의 저항과 관계없는 것은?

① 도체의 도전율　② 도체의 길이
③ 도체의 고유저항　④ 도체의 단면적 형태

풀이 도체의 저항$(R) = \rho\frac{l}{A} = \frac{l}{\sigma A}$으로

고유저항$(\rho) = \frac{1}{\sigma}$

도전율(σ), 길이(l), 단면적(A)과 관계가 있으며, 단면적 형태와는 관계가 없다.

174 계통연계 보호장치 중 역송전이 있는 저압연계시스템에서 설치가 필요한 계전기가 아닌 것은?

① 저전압 계전기　② 과전압 계전기
③ 과주파수 계전기　④ 지락 과전압계전기

풀이 1) 저압 연계시스템의 계통연계 보호장치 : UVR(저전압계전기), OVR(과전압계전기), UFP(저주파수계전기), OFR(과주파수계전기)
2) 특고압 연계시스템은 저압 계통연계 보호장치에 추가로 OVGR(지락과전압계전기) 또는 OCGR(지락과전류계전기)이 필요하다.

175 수전단 전압이 송전단 전압보다 높아지는 현상은?

① 표피효과　② 코로나 현상
③ 역섬락 현상　④ 페란티 현상

풀이 페란티 현상
무부하나 경부하 시 과진상되면 수전단 전압이 송전단 전압보다 높아지는 현상이다.

176 가공송전 선로에 사용되는 전선의 구비 조건이 아닌 것은?

① 내구성이 있을 것　② 도전율이 높을 것
③ 비중(밀도)이 높을 것　④ 가선작업이 용이할 것

풀이 가공송전 선로에 사용되는 전선은 비중(밀도)이 낮아야 한다.

177 백열전등 또는 방전등에 전기를 공급하는 옥내전로의 대지 전압은 몇 [V] 이하인가?

① 100　② 200
③ 300　④ 400

풀이 전기설비기술기준(옥내전로의 대지 전압의 제한)
백열전등 또는 방전등에 전기를 공급하는 옥내의 전로의 대지 전압은 300V 이하이어야 한다.

178 태양광 발전소를 설치하는 수용가의 공통접속점에서의 역률은 몇 [%] 이상이어야 하는가?

① 75[%]　② 80[%]
③ 85[%]　④ 90[%]

풀이 수용가의 공통접속점의 역률은 90[%] 이상으로 유지함을 원칙으로 한다.

179 태양광발전시스템과 분산전원의 전력계통 연계 시 특징이 아닌 것은?

① 부하율이 향상된다.
② 공급 신뢰도가 향상된다.
③ 배전선로 이용률이 향상된다.
④ 고장 시의 단락 용량이 줄어든다.

풀이 태양광발전시스템과 분산전원의 전력계통 연계 운전 중 고장이 나면 단락 용량은 증가한다.

180 분산형 전원 발전설비를 연계하고자 하는 지점의 계통전압은 몇 % 이상 변동되지 않도록 계통에 연계해야 하는가?

① ±4　② ±8
③ ±12　④ ±18

풀이 분산형 전원 발전설비 연계 공통사항
- 발전설비의 전기방식은 연계계통과 동일
- 공급전압 안정성 유지
- 계통접지
- 동기화 : 분산형 전원 발전설비는 연계하고자 하는

정답 173 ④ 174 ④ 175 ④ 176 ③ 177 ③ 178 ④ 179 ④ 180 ①

지점의 계통전압이 ±4% 이상 변동되지 않도록 연계
- 측정 감시
- 계통 운영상 필요 시 쉽게 접근하고 잠금장치가 가능하며 육안 식별이 가능한 분리장치를 전원 발전설비와 계통연계 지점 사이에 설치
- 전자장 장해 및 서지 보호기능
- 계통 이상 시 분산형 전원 발전설비 분리
- 전력품질
  - 발전기용량 정격 최대전류의 0.5% 이상인 직류 전류가 유입 제한
  - 역률은 연계지점에서 90% 이상으로 유지
  - 플리커 가혹도 지수 제한 및 고조파 전류 제한

181 전기설비기술기준의 판단기준에서 저압 옥내 배선을 금속관공사로 시공할 때 그 방법이 틀린 것은?

① 금속관 내에서 전선은 접속점을 만들어서는 안 된다.
② 금속관 배선은 절연전선(옥외용 비닐절연전선을 제외)을 사용해야 한다.
③ 교류회로는 1회로의 전선 전부를 동일 관 내에 넣는 것을 원칙으로 한다.
④ 금속관을 콘크리트에 매설하는 경우 관의 두께는 1.0[mm] 이상을 사용해야 한다.

풀이 금속관을 콘크리트에 매설하는 경우 두께는 1.2[mm] 이상을 사용해야 한다.

182 태양광 모듈 점검 시 감전사고 방지를 위한 대책이 아닌 것은?

① 면장갑을 착용한다.
② 우천 시 작업하지 않는다.
③ 절연 처리된 공구를 사용한다.
④ 태양전지 모듈 표면에 차광 시트를 부착한다.

풀이 감전사고 방지를 위해서는 절연장갑을 착용한다.

183 태양광발전시스템 시공 작업과 관련하여 다음 중 감전방지대책으로 맞지 않은 것은?

① 햇빛이 강한 때에는 고층 작업을 금지한다.
② 절연처리된 공구를 사용한다.
③ 저압 절연장갑을 착용한다.
④ 작업 전 태양전지 모듈 표면에 차광막을 씌워 태양광을 차폐한다.

풀이 강우 시에는 감전사고뿐만 아니라 미끄러짐으로 인한 추락사고의 우려가 있으므로 작업을 금지하고, 강한 일사 시에는 작업량을 조절하여 인력을 투입한다.

184 전기설비의 안전에 관한 일반적인 사항이 아닌 것은?

① 전기설비의 접지와 건축물의 피뢰설비 및 통신설등은 통합접지공사를 할 수 있다.
② 전선배관 등의 관통부는 화재 확산을 방지하기 위해서 관통부 처리를 하여야 한다.
③ 전기실의 소화설비로는 이산화탄소, 청정소화약제 등을 사용할 수 있다.
④ 유입변압기는 반드시 옥내 설치가 권장된다.

풀이 유입변압기는 옥내, 옥외 설치가 모두 가능하나 일반적으로 건축물의 화재 확산 방지를 고려하여 옥외설치가 권장되고 있다.

185 태양전지 모듈 설치 시 감전방지대책으로 틀린 것은?

① 작업 전 태양전지 모듈의 표면에 차광시트를 붙여 태양광을 차폐한다.
② 강우 시에는 태양광이 없기 때문에 작업을 해도 괜찮다.
③ 절연 처리된 공구를 사용한다.
④ 저압절연 장갑을 착용한다.

정답 181 ④ 182 ① 183 ① 184 ④ 185 ②

풀이 태양전지 모듈 설치 시 감전방지대책
강우 시에는 감전사고뿐만 아니라 미끄러짐으로 인한 추락사고의 우려가 있으므로 작업을 금지한다.

186 시공 시의 안전대책에 대한 고려사항으로 적합하지 않은 것은?

① 작업자는 자신의 안전 확보와 2차재해 방지를 위해 작업에 적합한 복장을 갖춰 작업에 임해야 한다.
② 안전모, 안전대, 안전화, 안전허리띠 등을 반드시 착용한다.
③ 강우 시에는 반드시 우비를 착용하고 작업에 임한다.
④ 절연 처리된 공구를 사용한다.

187 정전작업 중 조치사항에 대한 설명으로 틀린 것은?

① 개폐기 관리
② 작업지휘자에 의한 작업지시
③ 단락접지기구의 철거
④ 근접 활선에 대한 방호상태의 관리

풀이 정전작업 전 / 중 / 후 조치사항

구분	조치사항
정전작업 전	㉠ 전로의 개로개폐기에 시건장치 및 통전금지 표지판 설치 ㉡ 전력 케이블, 전력 콘덴서 등의 잔류전하의 방전 ㉢ 검전기로 개로된 전로의 충전 여부 확인 ㉣ 단락접지기구로 단락접지
정전작업 중	㉠ 작업지휘자에 의한 작업지휘 ㉡ 개폐기의 관리 ㉢ 단락접지의 수시 확인 ㉣ 근접 활선에 대한 방호상태의 관리
정전작업 후	㉠ 단락접지기구의 철거 ㉡ 시건장치 또는 표지판 철거 ㉢ 작업자에 대한 위험이 없는 것을 최종 확인 ㉣ 개폐기 투입으로 송전 재개

188 조명용 백열전등을 설치할 때 타임스위치를 시설해야 할 곳은?

① 국부 조명　② 가정용 전등
③ 아파트 계단　④ 아파트 현관

풀이 전기설비 기술기준 197조(점멸장치와 타임스위치 등의 시설)
숙박업(여인숙 제외)에 이용되는 객실의 입구등은 1분 이내 소등 일반주택 및 아파트 각 호실의 현관등은 3분 이내에 소등

189 가공전선로에 지선을 설치하는 설명 중 틀린 것은?

① 보도를 횡단할 경우 지표상 2.5[m] 이상으로 할 수 있다.
② 도로를 횡단하여 시설하는 지선의 높이는 지표상 5[m] 이상으로 하여야 한다.
③ 가공전선로의 지지물로 사용하는 철탑은 지선을 사용하여 그 강도를 분담한다.
④ 지선에 연선을 사용할 경우 소선 3가닥 이상, 지름 2.6[mm] 이상의 금속선을 사용하여야 한다.

풀이 철탑에는 지선을 사용할 수 없다.

190 장거리 전력 전송에 고전압이 사용되는 이유가 아닌 것은?

① 송전용량이 증가한다.
② 전력손실이 감소한다.
③ 선로절연이 낮아지므로 건설비가 감소한다.
④ 동일 용량의 전력을 송전할 경우 송전선의 굵기를 줄일 수 있다.

풀이 고전압을 사용하면 선로 절연비용이 높아져 건설비가 증가한다.

정답 186 ③ 187 ③ 188 ④ 189 ③ 190 ③

191 태양전지 어레이 개방전압 측정 시 주의사항으로 틀린 것은?

① 각 스트링의 측정은 안정된 일사강도가 얻어질 때 실시한다.
② 측정시간은 맑은 날, 해가 남쪽에 있을 때 1시간 동안 실시한다.
③ 셀은 비오는 날에도 미소한 전압을 발생하고 있으니 주의한다.
④ 측정은 직류전류계로 한다.

풀이 어레이의 개방전압 측정 시 유의사항

- 태양전지 어레이의 표면을 청소할 필요가 있다.
- 각 스트링의 측정은 안정된 일사강도가 얻어질 때 실시한다.
- 측정시각은 일사강도, 온도의 변동을 극히 적게 하기 위해 맑을 때, 해가 남쪽에 있을 때의 전후 1시간 실시하는 것이 바람직하다.
- 태양전지 셀은 비오는 날에도 미소한 전압을 발생하고 있으므로 매우 주의하여 측정해야 한다.
- 개방전압은 직류전압계로 측정한다.

192 저압 가공인입선에 사용해서는 안 되는 전선은?

① 케이블　　② 나전선
③ 절연전선　　④ 다심형전선

풀이 나전선은 송전용이나 접지선으로 사용된다.

193 직류 2선식 전압강하 계산식으로 옳은 것은? (단, A : 전선의 단면적[mm^2], I : 전류[A], L : 전선 1가닥의 길이[m]이다.)

① $\frac{35.6 \times L \times I}{1,000 \times A}$　　② $\frac{30.8 \times L \times I}{1,000 \times A}$
③ $\frac{15.6 \times L \times I}{1,000 \times A}$　　④ $\frac{24.6 \times L \times I}{1,000 \times A}$

풀이 태양광 선로의 전압강하 계산식은 회로의 전기방식별로 다음과 같다.

회로의 전기방식	전압강하	전선의 단면적
직류 2선식 교류 2선식	$e = \frac{35.6 \times L \times I}{1,000 \times A}$	$A = \frac{35.6 \times L \times I}{1,000 \times e}$
3상 3선식	$e = \frac{30.8 \times L \times I}{1,000 \times A}$	$A = \frac{30.8 \times L \times I}{1,000 \times e}$

여기서, e : 각 선간의 전압강하[V]
A : 전선의 단면적[mm^2]
L : 도체 1본의 길이[m]
I : 전류[A]

194 태양광발전시스템 관련기기의 반입검사에 대한 내용으로 옳지 않은 것은?

① 책임감리원의 검토 승인된 기자재(공급원 승인제품)에 한하여 현장 반입한다.
② 공장검수 시 합격된 자재에 한해 현장 반입한다.
③ 현장자재 반입검사는 공급원승인제품, 품질적합내용, 내역물량수량, 반입 시 손상 여부 등에 대해 전수검사를 원칙으로 한다.
④ 시공사와 제작업자의 경제적 사정을 고려하여 생략할 수도 있다.

풀이 반입검사 생략 시 불량을 사전 체크하지 못해 태양광발전시스템 전체가 부실공사로 이어질 수 있다.

195 발전소 상호 간 전압 5만V 이상의 송전선로를 연결하거나 차단하기 위한 전기설비는?

① 급전소
② 발전소
③ 변전소
④ 개폐소

풀이 전기사업법 시행규칙

- "변전소"란 변전소의 밖으로부터 전압 5만볼트 이상의 전기를 전송받아 이를 변성하여 변전소 밖의 장소로 전송할 목적으로 설치하는 변압기와 그 밖의 전기설비 전체를 말한다.

정답 191 ④　192 ②　193 ①　194 ④　195 ④

•"개폐소"란 다음의 곳의 전압 5만볼트 이상의 송전 선로를 연결하거나 차단하기 위한 전기설비를 말한다.
- 발전소 상호 간
- 변전소 상호 간
- 발전소와 변전소 간

196 다음 중 계산값이 항상 1 이상인 것은?

① 부등률
② 수용률
③ 부하율
④ 전압강하율

풀이 $부등률 = \frac{개별수용\ 최대전력의\ 합[kW]}{합성최대전력[kW]} \geq 1$
(항상 1 이상이다.)

197 고압 또는 특고압 전로에 시설한 과전류차단기의 퓨즈 중 고압전로에 사용하는 포장 퓨즈는 정격전류 2배의 전류로 몇 분 안에 용단되어야 하는가?

① 30 ② 60
③ 120 ④ 150

풀이 과전류차단기로 시설하는 퓨즈 중 고압전로에 사용하는 포장 퓨즈는 정격전류의 1.3배의 전류에 견디고, 또한 2배의 전류로 120분 안에 용단된다.

198 태양전지 n개를 직렬로 접속하고, m개를 병렬로 접속하였을 때, 전압과 전류는 각각 어떻게 되는가?

① 전압 n배 증가, 전류 m배 증가
② 전압 n배 증가, 전류 m배 감소
③ 전류 n배 증가, 전압 m배 증가
④ 전류 n배 감소, 전압 m배 증가

풀이 태양전지를 건전지라고 생각하면 직렬의 경우 전압이 증가하고, 병렬일 경우 전류가 증가한다.

199 태양광 전기설비 화재의 원인으로 가장 거리가 먼 것은?

① 누전 ② 단락
③ 저전압 ④ 접촉부 과열

풀이 전기설비 화재의 원인 중 발생
스파크(단락) 24%, 누전 15%, 접촉부의 과열 12%, 절연 열화에 의한 발열 11%, 과전류 8%

200 금속 확장 앵커의 시공 방법으로 적합하지 않은 것은?

① 기초 콘크리트가 완전히 양생한 후 작업을 실시한다.
② 콘크리트 드릴의 직경은 앵커볼트의 직경에 적합한 규격을 선택한다.
③ 적정한 깊이로 천공하여 지지력을 확보한다.
④ 모재의 구명과 천공구멍이 맞지 않을 경우 앵커를 비스듬히 삽입하고 토크렌치로 조인다.

풀이 모재의 구멍과 천공구멍이 맞지 않을 경우 하자로 취급되어 재시공하여야 하므로 천공 전 먹줄 표시 및 구멍 표시를 정확히 하여야 한다.
앵커를 비스듬히 삽입하고 토크렌치 등으로 강하게 조일 경우 콘크리트 및 모재의 파손 우려가 있으며 지지력을 보장할 수 없다.

201 선로 구분 기능을 갖고 있는 개폐기에 수용가 측의 사고 발생 시 사고전류를 감지하여 자동으로 접점을 분리시켜 사고구간을 분리하는 것은?

① 리클로저(R/C)
② 선로개폐기(LS)
③ 자동고장 구분 개폐기(ASS)
④ 자동부하 진환 개폐기(ALTS)

풀이 자동고장 구분 개폐기(ASS)
22.9[kV-Y] 배전선로에서 변전소 CB 또는 Recloser 부하 측에 부하용량 4,000[kVA] 이하인 지점 또는 수용가와의 책임 분계점에 설치한다. 후비보호장치와 협조하여 고장구간을 자동적으로 구분하여 분리하는 개폐기이다.

정답 196 ① 197 ③ 198 ① 199 ③ 200 ④ 201 ③

SECTION NEW AND RENEWABLE ENERGY EQUIPMENT CRAFTMAN

007 태양광발전시스템 운영

01 운영계획 및 사업개시

1 일별 · 월별 · 연간 운영계획 수립 시 고려 요소

1. 발전전력의 거래

신 · 재생에너지 발전사업자 및 자가용 신 · 재생에너지 발전설비 설치자는 발전설비용량에 생산한 전력을 전기판매사업자(한전) 또는 전력시장(전력거래소)과 거래할 수 있다.

1) 발전설비용량의 거래구분

① 1,000[kW] 이하 : 전력시장(전력거래소) 전기판매사업자(한전)

② 1,000[kW] 초과 : 전력시장(전력거래소)

2. 예산편성

유지관리에 필요한 자금을 확보하고 편성한다.

3. 안전관리자 선임

1) 용량 1,000[kW] 이상인 경우 상주 안전관리자를 선임한다.

2) 안전관리업무 대행자격 요건

① 안전공사

② 자본금, 보유하여야 할 기술인력 등 대통령령으로 정하는 요건을 갖춘 전기안전관리대행사업자

③ 전기분야의 기술자격을 취득한 사람으로서 대통령령으로 정하는 장비를 보유하고 있는 자

3) 안전관리업무 대행 규모

① 안전공사 및 대행사업자 : 용량 20[kW] 초과~1,000[kW] 미만

② 개인대행자 : 용량 20[kW] 초과~250[kW] 미만

4) 용량 20[kW] 이하 : 미선임 가능

5) 선임시기 : 전기설비 사용 전 검사 신청 전 또는 사업개시 전

4. 점검

1) 점검의 종류로는 준공 시 점검, 일상점검, 정기정검, 임시점검 등이 있다.

2) 점검 설비의 종류

① 태양전지
② 접속함
③ 파워컨디셔너
④ 개폐기 등

2 사업허가증 발급방법 등

1. 전기(발전) 사업허가

1) 허가권자

① 3,000[kw] 초과 설비 : 산업통상자원부장관
② 3,000[kW] 이하 설비 : 시 · 도지사

2) 허가기준

① 전기사업 수행에 필요한 재무능력 및 기술능력이 있을 것
② 전기사업이 계획대로 수행될 수 있을 것
③ 발전소가 특정 지역에 편중되어 전력계통의 운영에 지장을 주지 말 것
④ 발전연료가 어느 하나에 편중되어 전력수급에 지장을 주지 말 것

3) 허가변경

허가 변경되는 경우는 산업통상자원부장관 또는 시 · 도지사의 변경허가를 받아야 한다.

4) 허가취소

전기사업자가 사업준비기간 내에 전기설비의 설치 및 사업의 개시를 하지 아니하는 경우 전기위원회의 심의를 거쳐 허가를 취소한다.

① 신 · 재생에너지 발전사업 준비기간의 상한 : 10년
② 발전사업 허가 시 사업준비기간을 지정

5) 허가절차

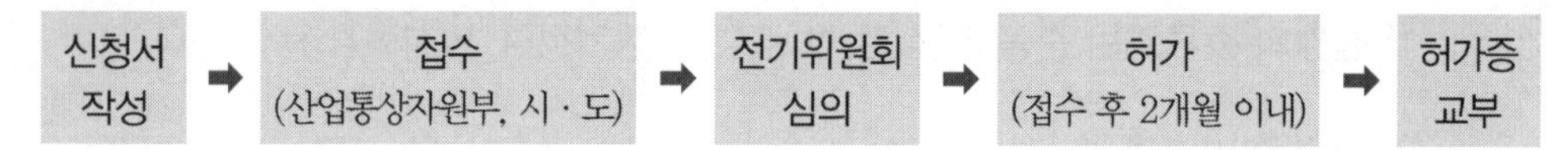

단, 3,000[kW] 이하일 경우 전기위원회 심의를 거치지 아니함

6) 필요서류 목록

① 3,000[kW] 이하

㉠ 전기사업허가신청서
㉡ 사업계획서
㉢ 송전관계일람도
㉣ 발전원가명세서
㉤ 기술인력확보계획서

② 3,000[kW] 초과

㉠ 전기사업허가신청서
㉡ 사업계획서
㉢ 사업개시 후 5년간 연도별 예산사업손익산출서
㉣ 발전설비의 개요서
㉤ 송전관계 일람도
㉥ 발전원가 명세서
㉦ 신용평가 의견서
㉧ 소요재원 조달계획서
㉨ 기술인력 확보계획서
㉩ 법인인 경우 정관 및 재무현황

2. 신 · 재생에너지 공급의무화(RPS ; Renewable Portfolio Standard) 제도절차

① RPS란 일정 규모 이상의 발전설비를 보유한 발전사업자에게 총 발전량의 일정량 이상을 신 · 재생에너지로 생산한 전력을 공급토록 의무화한 제도이다.

② 발전사업자는 신 · 재생에너지설비를 공급의무량만큼 설치하거나 신 · 재생에너지 발전설비 소규모사업자 등으로부터 공급인증서(REC ; Renewable Energy Certificate)를 구매해야 한다.

02 태양광발전시스템의 운전

1 태양광발전시스템의 운영체계 및 절차

1. 운영

1) 현장관리인 : 발전소 구내 보안 및 청소

2) 전기안전관리자(자격증 소유자) 선임

① 1,000[kW] 미만 : 안전관리 대행 가능

② 1,000[kW] 이상 : 사업자가 선임

3) 제3자 유지보수계약 유지(인버터 등)

2. 감시 및 Patrol

태양광발전소 설비 감시

3. 태양광발전시스템의 운영방법

1) 시설용량 및 발전량

① 시설용량 : 부하의 용도 및 사용량을 합산한 월평균 사용량으로 정한다.

② 발전량 : 봄 가을에 많고 여름, 겨울에는 감소

2) 모듈 관리

① 표면은 특수처리된 강화유리이므로 충격을 주지 않도록 한다.

② 모듈 표면에 그늘이 지거나 황사 먼지, 공해물질, 나뭇잎이 있으면 발전효율이 저하되므로, 이물질 제거 및 그늘이 지지 않도록 한다.

③ 모듈의 온도가 높을수록 발전효율이 저하되므로, 물을 뿌려 온도를 조절해준다.

④ 풍압 진동 등으로 모듈과 형강의 체결부위가 느슨해지는 경우가 있으므로 정기점검을 한다.

3) 인버터 및 접속함 관리

① 태양광발전 설비의 고장요인은 대부분 인버터에서 발생하므로 정기점검 필요

② 접속함에는 역류 방지 다이오드 차단기 PT, CT 단자대 등이 내장되어 있으므로 정기점검 필요

4) 강구조물 및 전선관리

① 강구조물은 녹이 슬지 않도록 주의하고 녹 발생 시에는 도장을 한다.

② 전선 피복이나 연결부에는 정기적 점검 필요

5) 응급조치방법

① 태양광발전 설비가 작동되지 않을 때

㉠ 접속함 내부 DC 차단기 개방(OFF)

㉡ 배전반(또는 분전반) 내부 AC 차단기 개방(OFF)

㉢ 인버터 정지 후 설비점검

② 점검 완료 후 복귀 시

㉠ 배전반(또는 분전반) 내부 AC 차단기 개방(OFF)

㉡ 접속함 내부 DC 차단기 투입(ON)

㉢ 한전전원(전압, 주파수) 정상 시 5분 후 정상작동 확인

2 태양광발전시스템의 운전조작방법

1. 운전 시 조작방법

① Main VCB반 전압 확인

② 접속반, 인버터 DC 전압 확인

③ DC용 차단기 ON

④ AC 측 차단기 ON

⑤ 5분 후 인버터 정상작동 여부 확인

2. 정전 시 조작방법

① Main VCB반 전압 확인 및 계전기를 확인하여 정전 여부 확인, 부저 OFF

② 인버터 상태확인(정지)

③ 한전 전원 복구 여부 확인

④ 인버터 DC 전압 확인 후 운전 시 조작방법에 의해 재시동

3 태양광발전시스템의 동작원리

독립형, 계통연계형, 하이브리드형이 있다.

1. 독립형 시스템의 동작원리

1) 계통도

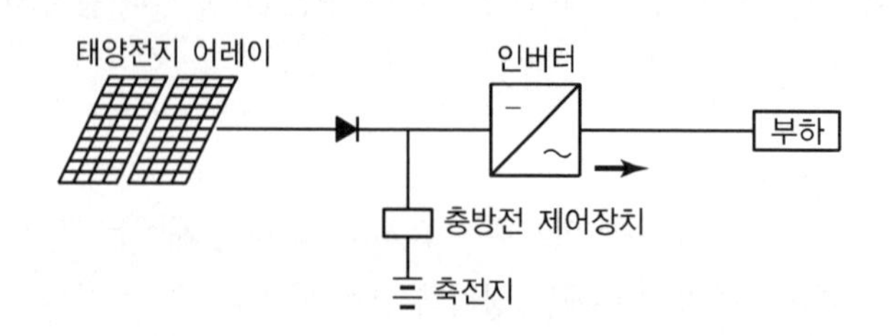

2) 상용계통과 직접 연계되지 않고 분리된 방식

3) 적용 : 오지, 유무인등대, 중계소, 가로등

2. 하이브리드형 시스템(Hybrid System)의 동작원리

1) 계통도

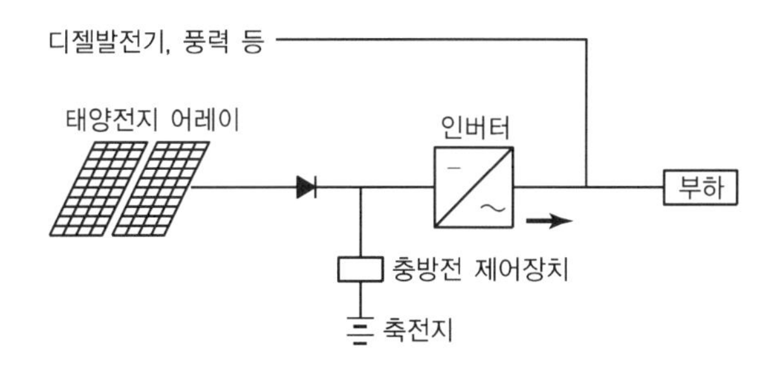

2) 동작원리

① 풍력 디젤, 열병합 발전 등을 결합하여 공급하는 방식이다.

② 시스템 구성 및 부하 종류에 따라 계통연계형 및 독립형이 모두 적용된다.

3. 계통연계형 시스템의 동작원리

1) 계통도

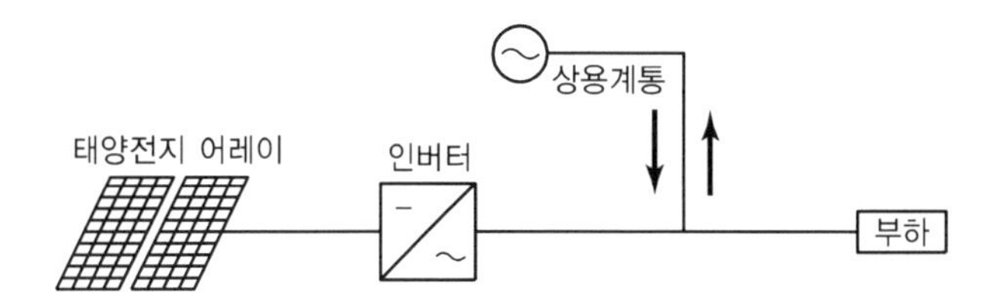

2) 동작원리

① 초과 생산된 전력은 상용계통에 보내고 야간 혹은 우천 시 전력생산이 불충분한 경우 상용계통에서 전력을 공급받는 시스템

② 축전지 설비가 필요치 않아 시스템 가격이 상대적으로 저렴

4. 태양광발전시스템의 구성요소[모듈, 출력조절기(Power Conditioner System), 주변장치(Balance of System)]

1) 태양광 어레이(PV Array)

태양광 어레이는 발전장치 역할을 하는 것으로, 구성요소는 모듈, 구조물, 접속함, 다이오드 등이다.

2) 인버터

① 인버터의 기능

㉠ 직류를 교류로 변환

㉡ 최대 전력점 추종

㉢ 고효율 제어

㉣ 직류제어

㉤ 고조파 억제

㉥ 계통연계 및 보호기능

㉦ 단독운전 방지기능

㉧ 역조류 기능

㉨ 자동운전 정지기능 등

② 인버터의 절연방식에 따른 분류

㉠ 상용주파 절연방식

㉡ 고주파 절연방식

㉢ 무변압기 방식

3) 바이패스 다이오드(By Pass Diode) 및 역류 방지 다이오드(Blocking Diode)

① 태양전지에 그늘이 지면 그 부위가 저항역할을 하게 되어 모듈에 악영향을 미치므로 일부 태양전지의 출력을 포기하고 나머지 태양전지로 회로를 구성하기 위해 바이패스 다이오드를 사용한다.(태양전지 모듈 후면에 위치)

② 역류 방지 다이오드

어레이 내 스트링과 스트링 사이에서도 전압불균형 등의 원인으로, 병렬 접속한 스트링 사이에 전류가 흘러 어레이에 악영향을 미칠 수 있는데, 이를 방지하기 위해 설치한다.(스트링마다 설치)

4) 축전지

① 가장 경제적인 전원공급장치이다.

② 알칼리 축전지와 연축전지가 사용된다.

5) 충 · 방전 콘트롤러

충 · 방전 콘트롤러는 주로 독립형 시스템에서 태양전지 모듈로부터 생산된 전기를 축전지에 저장 또는 방전하는 데 사용한다.

4 태양광발전시스템 운영점검사항

1. 점검사항

1) 태양전지 어레이

기기명	점검부위	점검종류	주기	점검내용
태양전지	모듈 가대 MCCB 서지보호장치 배선 접지선	일상점검	1개월	• 외관점검
		정기점검	설치 후 1년~수년	• 외관점검 • 각부의 청소 • 볼트배선, 접속단자 등의 이완 • 태양전지 출력전압 · 전류 측정 • 절연저항 측정 • 접지저항 측정

2) 인버터

기기명	점검부위	점검종류	주기	점검내용
파워 컨디셔너	각종 제어용 전원 인버터 주회로 제어 보드 냉각용 팬 서지보호장치 전자 접촉기 각종 저항기 LCD 표시기	일상점검	1개월	• 외관점검(이음, 악취) • 상태표시 LED 확인 • 내부 수납기기 탈락 파손 · 변색
		정기점검	설치 후 1년~수년	• 외관점검 • 커넥터 접속상태 점검 • 절연저항 측정 • 냉각용 팬 운전상태 점검 • 서지보호장치 상태 육안점검 • 제어전원 전압 측정 • 전자접촉기 육안점검 • 발전상황 육안점검 • 청소 • 보호요소 동작 특성, 시한 특성 측정 • 인버터 전해 콘덴서 냉각용 팬 점검 • 인버터 본체 냉각용 팬 점검

3) 연계 보호장치

기기명	점검부위	점검종류	주기	점검내용
연계 보호장치	보호 릴레이 트랜스 듀서 제어 전원 보조 릴레이 냉각팬 히터	일상점검	1개월	• 외관점검 • 보호 릴레이 • 디지털 미터 표시 • 무정전 전원장치 • 축전지 일충전 상태 • 팬 히터 동작
		정기점검	설치 후 1년 및 4년	• 외관점검 • 외부청소 • 볼트, 배선 등의 느슨함 • 환기공 필터 점검 • 절연저항 측정 • 동작(시퀀스) 시험 • 보호 릴레이 동작특성시험 • 무정전 전원 백업 시간 • 제어전원 전압 확인

5 태양광발전시스템의 계측

1. 계측기구, 표시장치의 설치목적

① 운전상태를 감시하기 위한 계측

② 발전전력량 계측

③ 기기 또는 시스템 종합평가를 위한 계측

④ 운전상황을 견학하는 사람에게 보여주고 홍보하기 위한 계측

2. 계측기구, 표시장치의 구성요소

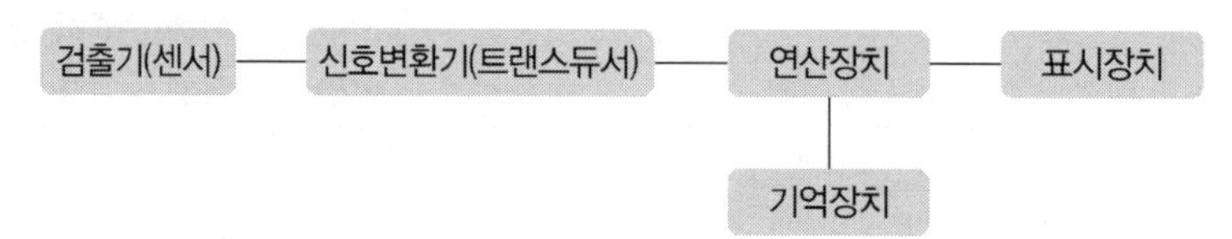

1) 검출기(센서)

① 직류회로의 전압은 직접 또는 분압기로 분압하여 검출하고, 직류회로의 전류는 직접 또는 분류기를 사용하여 검출한다.

② 교류회로의 전압 전류 및 전력 역률 주파수의 계측은 직접 또는 PT, CT를 통해 검출

③ 일사강도 기온, 태양전지 어레이 온도, 풍향, 습도 등의 검출기를 필요에 따라 설치한다.

④ 일사계측
⑤ 기온풍속계측

2) 신호변환기(트랜스듀서)

신호변환기는 검출기로 검출된 데이터를 컴퓨터 및 먼 거리에 설치된 표시장치에 전송하는 경우 사용

3) 연산장치

연산장치는 직류전력처럼 검출데이터를 연산하는 것과 짧은 시간의 계측 데이터를 적산하여 일정 기간마다 평균값 또는 적산값을 얻는 것이 있다.

4) 기억장치

메모리를 활용하여 기억 또는 데이터를 복사하여 보존

5) 표시장치

견학하는 사람을 대상으로 한 표시장치. 순시발전량, 누적발전량, 석유절약량, CO_2 삭감량과 같은 환경보존에 대한 공헌도 등의 표시

3. 주택용 시스템의 표시장치

주택용 시스템에는 전력회사에서 공급받는 전력량과 설치자가 전력회사로 역조류한 잉여전력량을 계량하기 위해 2대의 전력량계가 설치된다.

4. 시험연구용 시스템의 표시장치

시험연구용 시스템의 경우에는 측정항목, 측정주기, 연산방법, 데이터 수집 및 기억방법 등의 연구목적에 적합한 계측 표시시스템을 설치한다.

5. 태양광발전 모니터링 시스템

1) 태양광발전 모니터링 시스템은 태양광발전 설비 및 응용프로그램 설치에 적용된다.

2) 구성요소

① 시스템 구성
② 운영체계 및 성능
③ 원격차단
④ 동작상태 감시
⑤ 그래프 감시(일보)
⑥ 월간 발전현황(월보)

⑦ 이상 발생기록 화면
⑧ 운전상태 감시 및 측정 등

3) 프로그램 기능

① 데이터 수집기능
② 데이터 저장기능
③ 데이터 분석기능
④ 데이터 통계기능

007 실전예상문제

01 다음의 (㉠)에 해당하는 사항은 무엇인가?

> 발전사업 허가신청 → 사전환경성 검토협의 → 개발행위 허가 → 전기설비 공사계획 인가 및 신고 → (㉠) → 대상설비 확인 → 전력수급 계약체결 → 사업개시 신고

① 사업용 전기설비 사용 전 검사(한국전기안전공사)
② 발전사업을 위한 업무협의(한국전력거래소)
③ 송전용 전기설비 이용신청(한국전력공사)
④ 신 · 재생 에너지 공급의무화(RPS)를 위한 설치 확인(에너지관리공단)

02 신 · 재생에너지 발전사업 준비기간의 상한은 몇 년인가?

① 5년 ② 10년
③ 15년 ④ 20년

03 신재생에너지 공급의무화(RPS)제도에서 공급인증서(REC) 발급대상설비 확인은 사용 전 검사 후 몇 개월 이내에 실행되어야 하는가?

① 1개월 ② 2개월
③ 3개월 ④ 4개월

04 다음 중 표준화의 효과로 틀린 것은?

① 작업능률 향상
② 생산원가 증가
③ 부품의 호환성 증가
④ 품질의 향상과 균일성의 유지

풀이 KS표준과 같은 표준화의 효과는 생산원가의 감소, 작업능률의 향상, 부품의 호환성 증가, 품질의 향상과 균일성 유지 등이다.

05 신재생에너지의 교육, 홍보 및 전문인력 양성에 관한 설명으로 틀린 것은?

① 교육 · 홍보 등을 통하여 신재생에너지의 기술개발 및 이용 · 보급에 관한 국민의 이해와 협력을 구하도록 노력
② 신재생에너지 분야 전문인력의 양성을 위하여 신재생에너지 분야 특성화 대학을 지정하여 육성 · 지원
③ 신재생에너지 분야 전문인력의 양성을 위하여 신재생에너지 분야 핵심기술연구센터를 지정하여 육성 · 지원
④ 신재생에너지 분야 전문인력의 양성을 위하여 시 · 도지사의 협력이 필요

풀이 신재생에너지 분야 전문인력의 양성을 위해서는 산업통상자원부로부터 신재생에너지 분야 특성화 대학과 핵심기술연구센터로 지정받아야 한다.

06 발전설비용량 200[kW] 초과 3,000[kW] 이하인 발전사업의 허가를 신청하는 경우 사업계획서 구비서류로 틀린 것은?

① 발전원가명세서(발전사업 또는 구역전기사업의 허가를 신청하는 경우만 해당한다.)
② 전기설비 건설 및 운영계획 관련 증명서류
③ 부지의 확보 및 배치계획 관련 증명서류
④ 송전관계 일람도

풀이 전기사업법 시행규칙[별표1의 2] 사업계획서 구비서류(제4조제1항제1호 관련)
발전설비용량 200[kW] 초과 3,000[kW] 이하인 발전사업의 허가를 신청하는 경우 사업계획서 구비서류 : 전기설비 건설 및 운영계획 관련 증명서류, 송전관계 일람도, 발전원가명세서(발전사업 또는 구역전기사업의 허가를 신청하는 경우만 해당한다.)

정답 01 ① 02 ② 03 ① 04 ② 05 ④ 06 ③

07 태양광 발전설비 발전용량이 200[kW] 이하인 발전사업 허가신청 시 생략 가능한 제출서류는?

① 전기사업허가 신청서 ② 사업계획서
③ 송전관계 일람도 ④ 발전원가 명세서

08 태양광발전설비 발전용량이 3,000[kW] 이하인 발전사업 허가신청 시 제출서류로 잘못된 것은?

① 신용평가 의견서 ② 사업계획서
③ 송전관계 일람도 ④ 발전원가 명세서

09 다음 중 전기안전관리 대행사업자가 업무를 대행할 수 있는 태양광발전설비 용량은?

① 100[kW] 미만 ② 250[kW] 미만
③ 500[kW] 미만 ④ 1,000[kW] 미만

풀이 안전관리업무 대행 규모(전기사업법 시행규칙 제41조)
- 안전공사 및 대행사업자 : 용량 1,000[kW] 미만
- 개인대행자 : 용량 250[kW] 미만

10 다음 중 발전설비 용량이 3,000[kW]를 초과하는 경우 전기(발전)사업 허가권자는 누구인가?

① 한국전기기술인협회
② 한국전기안전공사
③ 시 · 도지사
④ 산업통상자원부 장관

풀이 전기(발전)사업 허가권자
- 3,000[kW] 초과 설비 : 산업통상자원부 장관(전기위원회 총괄정책팀)
- 3,000[kW] 이하 설비 : 광역시 · 도지사

단, 제주 특별자치도는 3,000[kW] 이상도 제주특별자치도지사의 허가사항임

11 다음 중 한국전력공사와 생산된 전력을 거래할 기준이 되는 태양광발전설비의 한계용량은?

① 200[kW] ② 500[kW]
③ 1,000[kW] ④ 2,000[kW]

풀이 소규모 신재생에너지발전전력의 거래에 관한 지침(산업통상지원부 고시 제2012-67호)에 따라 생산된 전력은 발전설비 용량에 따라 다음과 거래할 수 있다.
(1) 1,000kW 이하 : 전기판매사업자(한국전력), 전력시장(한국전력거래소)
(2) 1,000kW 초과 : 전력시장(한국전력거래소)

12 태양전지를 여러 장 직렬 연결하여 하나의 프레임으로 조립하여 만든 패널을 무엇이라 하는가?

① 태양전지 ② 모듈
③ 어레이 ④ 인버터

풀이

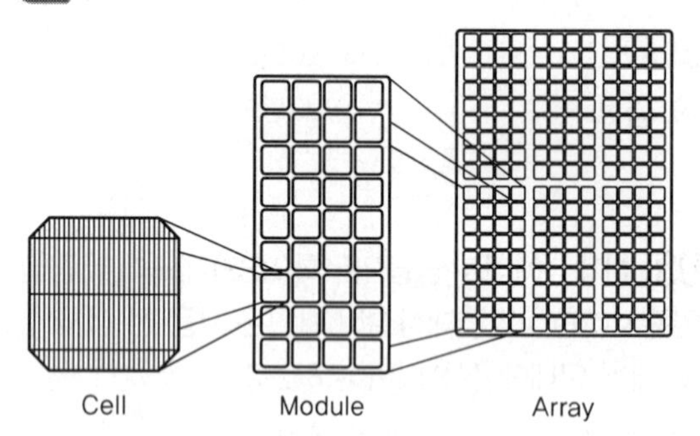

13 2개 이상의 스트링(String) 회로에서 역류를 방지하기 위하여 설치하는 것은?

① 역류방지 다이오드 ② 바이패스 다이오드
③ 발광 다이오드 ④ 정류 다이오드

풀이 역류방지 다이오드(Blocking diode)
어레이 내의 스트링과 스트링 사이에서도 전압불균형 등의 원인으로 병렬 접속한 스트링 사이에 전류가 흘러 어레이에 악영향을 미칠 수 있는데, 이를 방지하기 위해 역류방지(Blocking Diode) 다이오드를 사용한다. 일반적으로 스트링마다 위치시킨다.

정답 07 ④ 08 ① 09 ④ 10 ④ 11 ③ 12 ② 13 ①

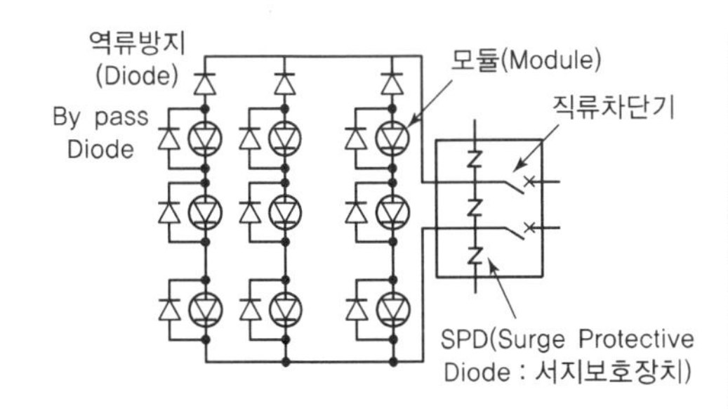

14 태양광발전시스템의 운전에 대한 설명으로 틀린 것은?

① 태양광발전시스템은 야간에는 발전하지 않는다.
② 태양광발전시스템은 흐린 날에는 발전되지 않는다.
③ 태양광발전시스템은 정지 시 주개폐기를 OFF해야 한다.
④ 태양광발전시스템은 맑은 날씨에는 더 많은 전력이 발전된다.

풀이 태양광발전시스템은 흐린 날에도 발전이 된다.

15 시간대별로 전력거래량을 측정할 수 있는 전력량계를 설치·관리하는 자가 아닌 것은?

① 배전사업자
② 대통령령으로 정하는 발전사업자
③ 자가용 전기설비를 설치한 자
④ 전력을 직접 구매하는 전기사용자

풀이 전기사업법 제19조(전력량계의 설치·관리)에 의한 전력량계를 설치·관리하는 자는 다음과 같다.
- 발전사업자(대통령령으로 정하는 발전사업자는 제외한다)
- 자가용 전기설비를 설치한 자
- 구역전기사업자
- 배전사업자
- 전력을 직접 구매하는 전기사용자

16 태양광발전설비 운영 매뉴얼 내용으로 틀린 것은?

① 황사나 먼지 등에 의해 발전효율이 저하된다.
② 풍압에 의해 모듈과 형강의 체결부위가 느슨해질 수 있다.
③ 모듈 표면은 강화유리로 제작되어 외부충격에 파손되지 않는다.
④ 고압 분사기를 이용하여 모듈 표면에 정기적으로 물을 뿌려 이물질을 제거해 준다.

풀이 모듈 표면은 특수 처리된 강화유리로 되어 있어 강한 충격이 있을 시, 파손될 우려가 있으므로 충격이 발생되지 않도록 주의가 필요하다.

17 다음 중 태양광발전시스템 운영 시 갖추어야 할 목록이 아닌 것은?

① 계약서 사본 ② 운영 메뉴얼
③ 피난안내도 ④ 시방서

풀이 태양광발전시스템 운영 시 갖추어야 할 목록
- 태양광발전시스템 계약서 사본
- 태양광발전시스템 시방서
- 태양광발전시스템 건설 관련 도면(토목, 건축, 기계, 전기 도면 등)
- 태양광발전시스템 구조물의 구조 계산서
- 태양광발전시스템 운영 매뉴얼
- 태양광발전시스템의 한전 계통 연계 관련 서류
- 태양광발전시스템에 사용된 핵심기기의 매뉴얼(인버터, PCS 등)

18 운전상태에 따른 시스템의 발생신호 중 잘못 설명된 것은?

① 태양전지 전압이 저전압이 되면 인버터는 정지한다.
② 태양전지 전압이 과전압이 되면 MC는 ON 상태를 유지한다.
③ 인버터 이상 시 인버터는 자동으로 정지하고 이상신호를 나타낸다.
④ 태양전지 전압이 과전압이 되면 인버터는 정지한다.

정답 14 ② 15 ② 16 ③ 17 ③ 18 ②

풀이 태양전지 전압이 과전압이 되면 MC가 OFF가 된다.

19 태양광발전시스템 운영에 관한 설명 중 잘못된 것은?

① 시설용량은 부하의 용도 및 적정 사용량을 합산한 월평균 사용량에 따라 결정된다.
② 부드러운 천으로 이물질을 제거 시 모듈 표면에 흠이 생기지 않도록 주의해야 한다.
③ 모듈 표면의 온도가 높을수록 발전효율이 저하되므로 정기적으로 물을 뿌려 온도를 조절해준다.
④ 태양광발전설비의 고장요인은 대부분 모듈에서 발생하므로 정상가동 여부를 정기적인 점검으로 확인해야 한다.

풀이 태양광발전시스템의 운영방법

(1) 모듈 관리
① 모듈 표만은 특수 처리된 강화유리로 되어 있어 강한 충격이 있을 시 파손될 우려가 있으므로 충격이 발생되지 않도록 주의가 필요하다.
② 모듈 표면에 그늘이 지거나 황사나 먼지, 공해물질이 쌓이고 나뭇잎 등이 떨어진 경우 전체적인 발전효율이 저하되므로 고압 분사기를 이용하여 정기적으로 물을 뿌려주거나 부드러운 천으로 이물질을 제거해주면 발전효율을 높일 수 있다. 이때 모듈 표면에 흠이 생기지 않도록 주의해야 한다.
③ 모듈 표면의 온도가 높을수록 발전효율이 저하되므로 태양광에 의해 모듈온도가 상승할 경우에는 살수장치 등을 사용하여 정기적으로 물을 뿌려 온도를 조절해 주면 발전효율을 높일 수 있다.
④ 풍압이나 진동으로 인해 모듈과 형강의 체결부위가 느슨해지는 경우가 있으므로 정기적인 점검이 필요하다.

(2) 인버터 및 접속함 관리
① 태양광발전설비의 고장요인은 대부분 인버터에서 발생하므로 정상가동 여부를 정기적인 점검으로 확인해야 한다.

20 특고압 22.9kV로 태양광발전시스템을 한전선로에 계통연계할 때 순서로 옳은 것은?

① 인버터 → 저압반 → 변압기 → 고압반 → MOF → LBS
② 인버터 → 저압반 → LBS → MOF → 변압기 → 고압반
③ 인버터 → 변압기 → 저압반 → 고압반 → MOF → LBS
④ 인버터 → LBS → MOF → 저압반 → 변압기 → 고압반

풀이 계통연계 순서

태양전지 → 인버터 → 저압반 → 변압기 → 고압반 → MOF → LBS
※ 부하개폐기 : LBS, 계기용 변성기 : MOF

21 계통연계형 태양광발전시스템의 특징으로 잘못된 것은?

① 태양광발전시스템에서 생산된 전력을 지역 전력망에 공급할 수 있도록 구성된다.
② 초과 생산된 전력은 상용계통에 보내고, 야간 혹은 우천 시 전력생산이 불충분한 경우 상용계통으로부터 전력을 받을 수 있다.
③ 전력저장장치(축전지)가 별도로 필요해 시스템 가격이 상대적으로 높다.
④ 주택용이나 상업용 태양광 발전의 가장 일반적인 형태이다.

풀이 계통연계형 태양광발전시스템의 특징

계통연계형 시스템은 태양광발전시스템에서 생산된 전력을 지역 전력망에 공급할 수 있도록 구성되며 주택용이나 상업용 빌딩, 대규모 공단 복합형 태양광발전시스템에서 단순 복합형(태양광-풍력) 또는 다중 복합형 등으로 사용할 수 있는 태양광발전의 가장 일반적인 형태이다.

정답 19 ④ 20 ① 21 ③

22 독립형 태양광발전시스템이 적용되는 곳이 아닌 것은?

① 도서지역의 주택 ② 유 · 무인 등대
③ 오지 ④ 전력계통이 있는 곳

풀이 독립형 태양광발전시스템이 적용되는 곳
- 독립형 시스템은 한국전력 등 전력 계통에 연결되지 않은 시스템으로 생산된 전기를 전력망에 연결하지 않고 생산된 장소에서 사용한다.
- 오지, 유 · 무인 등대, 중계소, 가로등, 무선전화, 도서지역의 주택 전력공급용이나 통신, 양수펌프 등에 적용한다.

23 독립형 태양광발전시스템의 구성이 아닌 것은?

① 태양전지 어레이 ② MOF(계기용 변성기)
③ 파워컨디셔너 ④ 축전지

풀이 독립형 태양광발전시스템의 구성요소

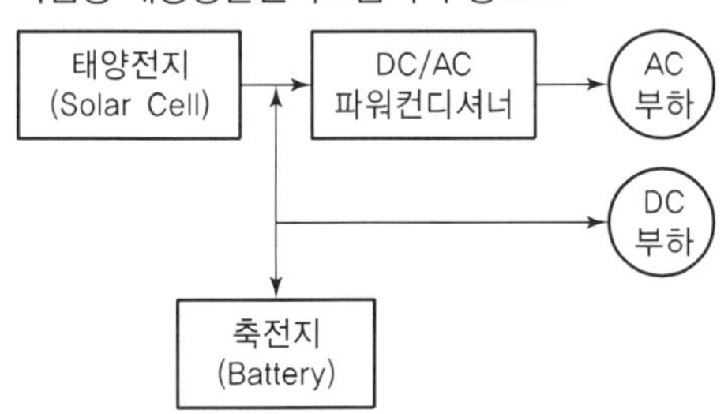

24 일반용 전기설비의 점검 서류에 기록하는 내용이 아닌 것은?

① 점검 연월일 ② 점검의 결과
③ 점검의 비용 ④ 점검자의 성명

풀이 전기설비 점검서류에는 비용을 기재하지 않는다.

25 태양광발전설비로서 용량이 1,000kW 미만인 경우 안전관리업무를 외부에 대행시킬 수 있는 점검은?

① 일상점검 ② 정기점검
③ 임시점검 ④ 사용 전 검사

26 태양광발전설비 안전관리업무 위탁이 가능한 설비용량으로 옳은 것은?

① 1,000[kW] 미만 ② 1,500[kW] 미만
③ 2,000[kW] 미만 ④ 3,000[kW] 미만

풀이
- 안전공사 및 대행사업자가 안전관리의 업무 대행 태양광발전설비 용량 : 1,000[kW] 미만
- 개인대행자가 안전관리의 업무 대행 태양광발전설비 용량 : 250[kW] 미만

27 안전공사 및 대행사업자가 안전관리의 업무를 대행할 수 있는 태양광발전설비 용량은 몇 kW 미만인가?

① 1,000 ② 1,500
③ 2,000 ④ 2,500

풀이 안전관리업무 대행 자격요건
- 산업통상자원부령 규모 이하의 전기설비 소유, 점유자는 대행업자에게 대행 가능
- 안전공사 및 대행사업자 : 용량 1,000kW 미만
- 장비 보유 자격개인대행자 250kW 미만
- 자격완화 경우 : 기능사 이상 자격 소지자, 관련학과 졸업 후 경력 3년 이상자, 군-전기 관련 기능사 자격자, 교육이수자

28 개인대행자가 안전관리의 업무를 대행할 수 있는 태양광발전설비의 용량은 몇 kW 미만인가?

① 250 ② 500
③ 750 ④ 1,000

풀이 안전관리업무 대행 자격요건
- 산업통상자원부령 규모 이하의 전기설비 소유, 점유자는 대행업자에게 대행 가능
- 안전공사 및 대행사업자 : 용량 1,000kW 미만
- 장비 보유자격 개인대행자 : 250kW 미만
- 발전용량이 1,000kW 이상인 경우 사업자가 전기안전관리자 선임

정답 22 ④ 23 ② 24 ③ 25 ② 26 ① 27 ① 28 ①

29 다음 중 전기안전관리 대행 자격 요건에 해당되지 않는 것은?

① 안전공사
② 한국전기기술인협회
③ 자본금, 보유인력 등 대통령이 정하는 요건을 갖춘 전기안전관리 대행사업자
④ 전기분야 기술자격을 취득한 사람으로 대통령이 정하는 장비를 보유하고 있는 자

풀이 안전관리업무 대행 자격 요건(전기사업법 제 73조 제 3항)
(1) 안전공사
(2) 자본금, 보유하여야 할 기술인력 등 대통령령으로 정하는 요건을 갖춘 전기안전관리 대행사업자
(3) 전기분야의 기술자격을 취득한 사람으로서 대통령령으로 정하는 장비를 보유하고 있는 자

30 다음 중 전기안전관리를 선임하지 않아도 되는 태양광발전설비 용량은?

① 20[kW] 이하 ② 100[kW] 이하
③ 250[kW] 이하 ④ 500[kW] 이하

풀이 태양광발전설비 용량에 따른 안전관리자 선임

발전 용량	안전관리자 선임
20[kW] 이하	미선임
20[kW] 초과	안전관리자 선임
1,000[kW] 미만	안전관리 대행사업자 대행 가능
1,000[kW] 이상	상주 안전관리자 선임

※ 태양광발전설비는 사업용 전기설비이다.

31 다음 중 태양광발전설비 용량이 300[kW] 초과 500[kW] 이하일 때 정기점검 횟수는?

① 월 1회 이상 ② 월 2회 이상
③ 월 3회 이상 ④ 월 4회 이상

풀이 용량별 점검 횟수(안전관리 대행사업자)

용량 [kW]	300 이하	500 이하	700 이하	1,500 미만
횟수(월)	1회	2회	3회	4회

※ 태양광발전설비는 1,000kw 미만 대행 가능

32 전기안전관리 대행 범위가 700kW 초과인 전기설비 규모인 경우의 점검 주기로 옳은 것은?

① 월 1회 이상 ② 월 2회 이상
③ 월 3회 이상 ④ 월 4회 이상

풀이 용량별 점검 횟수

용량별	300kW 이하	500kW 이하	700kW 이하	1,500kW 미만
횟수	월 1회 이상	월 2회 이상	월 3회 이상	월 4회 이상
용량별	2,000kW 이하	2,500kW 이하	공사 중인 전기설비	
횟수	월 5회 이상	월 6회 이상	매주 1회 이상	

33 자가용 태양광발전설비의 정기검사 시행기관은?

① 한국전력공사
② 한국전기공사협회
③ 한국전력기술인협회
④ 한국전기안전공사

풀이 정기검사
전기사업용 전기설비 및 아파트, 공장, 상가 등 자가용 전기설비에 대한 사고를 사전에 예방하기 위하여 전기설비의 유지 · 운용상태가 전기설비 기술기준에 적합한지의 여부에 대하여 산업통상자원부장, 시 · 도지사로부터 한국전기안전공사에서 위탁받아 일정한 주기로 수행하는 업무이다.

정답 29 ② 30 ① 31 ② 32 ④ 33 ④

34 사업용 전기설비의 사용 전 검사를 신청하는 곳은?

① 한국전기기술인협회 ② 한국전력공사
③ 한국전기안전공사 ④ 한국전력거래소

35 사업용 전기설비의 사용 전 검사 신청 시 며칠 전까지 신청을 하여야 하는가?

① 3일 ② 7일
③ 15일 ④ 30일

풀이 사용 전 검사 신청절차
검사를 받고자 하는 날의 7일 전까지 한국전기안전공사로 신청

36 태양전지 모듈 및 가대의 일상점검 주기는?

① 7일 ② 15일
③ 1개월 ④ 3개월

37 계통 이상 시 태양광 전원의 발전설비 분리와 관련된 사항 중 틀린 것은?

① 정전 복구 후 자동으로 즉시 투입되도록 시설
② 단락 및 지락 고장으로 인한 선로보호장치 설치
③ 차단장치는 배전계통 정지 중에는 투입 불가능하도록 시설
④ 계통 고장 시 역충전 방지를 위해 전원을 0.5초 이내 분리하는 단독운전 방지장치 설치

풀이 계통 이상 시 태양광 전원의 발전설비(인버터)의 분리 시간과 재투입 관련 사항은 다음과 같다.
① 정전 복구 후(한전계통의 전압 및 주파수가 정상 범위 내) 5분 후에 재투입되도록 시설

38 축전지의 충·방전 컨트롤러가 갖추어야 할 기능 중 잘못된 것은?

① 역류방지기능 ② 야간 타이머기능
③ 온도보정기능 ④ 정류기능

풀이 충·방전 컨트롤러의 기능
- 역류방지기능
- 축전지가 일정전압 이하로 떨어질 경우 부하와의 연결을 차단하는 기능
- 야간 타이머 기능
- 온도보정(축전지의 온도를 감지해 충전 전압을 보정) 기능

39 다음 중 생산된 전력이 1,000[kW] 초과일 때 발전전력을 거래할 수 있는 곳은?

① 한국전력공사
② 한국전기안전공사
③ 한국전기기술인협회
④ 한국전력거래소

풀이 1,000[kW] 이하 : 전기판매사업자(한국전력)
전력시장(한국전력거래소)

40 태양광발전시스템에서 직류를 교류로 변화시키는 장치는 무엇인가?

① 컨버터 ② PCS
③ 정류기 ④ 변압기

41 절연방식에 따라 PCS를 분류한 것이 아닌 것은?

① 상용주파 절연방식 ② 고주파수 절연방식
③ 무변압 방식 ④ 몰드 절연방식

42 다음은 태양광발전시스템의 운전 시 조작방법이다. 다음 (㉠)에 해당하는 사항은 무엇인가?

Main VCB반 전압 확인 → 접속반, 인버터 DC 전압 확인 → AC 차단기 ON → (㉠) → 5분 후 인버터 정상작동 여부 확인

① DC 차단기 ON ② DC 차단기 OFF
③ AC 차단기 OFF ④ 축전지 전원 ON

정답 34 ③ 35 ② 36 ③ 37 ① 38 ④ 39 ④ 40 ② 41 ④ 42 ①

43 태양광발전설비가 작동되지 않았을 때 응급조치 순서로 옳은 것은?

① 접속함 내부 DC차단기 개방(OFF) → 인버터 개방(OFF) → 설비점검
② 접속함 내부 DC차단기 개방(OFF) → 인버터 투입(ON) → 설비점검
③ 접속함 내부 DC차단기 투입(ON) → 인버터 개방(OFF) → 설비점검
④ 접속함 내부 DC차단기 투입(ON) → 인버터 투입(ON) → 설비점검

44 태양광발전설비의 계측기구나 표시장치의 구성요소가 아닌 것은?

① PCS ② 센서
③ 트랜스듀서 ④ 기억장치

풀이 계측기구, 표시장치의 구성도

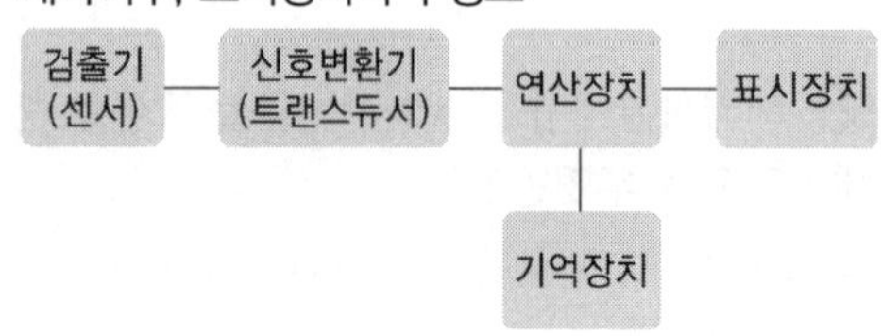

45 태양광발전시스템의 계측 · 표시의 목적에 해당되지 않는 것은?

① 시스템의 운전상태 감시를 위한 계측 또는 표시
② 시스템의 운전상황 및 홍보를 위한 계측 또는 표시
③ 시스템의 부하 사용 전력량을 알기 위한 계측
④ 시스템 기기 및 시스템 종합평가를 위한 계측

풀이 계측기구 · 표시장치의 설치목적
- 시스템의 운전상태를 감시하기 위한 계측 및 표시
- 시스템에 의한 발전 전력량을 알기 위한 계측
- 시스템 기기 또는 시스템 종합평가를 위한 계측
- 시스템의 운전상황을 견학하는 사람 등에게 보여주고, 시스템의 홍보를 위한 계측 또는 표시

46 태양광발전시스템의 계측 · 표시에 관한 설명으로 틀린 것은?

① 시스템의 소비전력을 낮추기 위한 계측
② 시스템에 의한 발전전력량을 알기 위한 계측
③ 시스템의 운전상태 감시를 위한 계측 또는 표시
④ 시스템의 기기 및 시스템의 종합평가를 위한 계측

풀이 계측 · 표시장치의 설치목적
- 시스템의 운전상태를 감시하기 위한 계측 또는 표시
- 시스템에 의한 발전전력량 파악을 위한 계측
- 시스템 기기 또는 시스템 종합평가를 위한 계측
- 시스템의 운전상황을 견학하는 사람 등에게 보여주고, 시스템의 홍보를 위한 계측 또는 표시 계측 · 표시장치를 설치하는 경우 시스템의 소비전력은 증가하게 된다.

47 태양광발전시스템의 계측기구나 표시장치의 설치목적이 아닌 것은?

① 시스템의 운전상태 감시
② 시스템의 발전전력량 파악
③ 시스템의 운전상황 홍보
④ 시스템의 운영자료 제공

풀이 계측기구, 표시장치의 설치목적
- 시스템의 운전상태를 감시하기 위한 계측 또는 표시
- 시스템에 의한 발전 전력량을 알기 위한 계측
- 시스템 기기 또는 시스템 종합평가를 위한 계측
- 시스템의 운전상황을 견학하는 사람 등에게 보여주고, 시스템의 홍보를 위한 계측 또는 표시

48 태양광발전시스템의 계측에서 검출기로 검출된 데이터를 컴퓨터 및 먼 거리에 설치한 표시치에 전송하는 경우 사용하는 것은?

① 검출기 ② 신호변환기
③ 연산장치 ④ 기억장치

풀이 ① 검출기(센서) : 직류회로의 전압, 전류 검출, 일사강도, 기온, 태양전지 어레이의 온도, 풍향, 등의 검출기를 필요에 따라 설치한다.

정답 43 ① 44 ① 45 ③ 46 ① 47 ④ 48 ②

② 신호변환기(트랜스듀서) : 검출기에서 검출된 데이터를 컴퓨터 및 먼 거리에 설치된 표시장치에 전송하는 경우에 사용한다.
③ 연산장치 : 직류전력처럼 검출 데이터를 연산해야 하고, 짧은 시간의 계측 데이터를 적산하여 평균값을 얻는 데 사용한다.
④ 기억장치 : 계측장치 자체에 기억장치가 있는 것이 있고, 컴퓨터를 이용하지 않고 메모리 카드를 사용하기도 한다.

49 계측 표시 시스템에 없는 장치는?

① 검출기(센서)
② 신호변환기(트랜스듀서)
③ 연산장치
④ 녹음장치

풀이 계측 · 표시장치에는 검출기(센서), 신호변환기(트랜스듀서), 연산장치, 기억장치, 표시장치 등이 있다.

50 주택용 태양광발전시스템의 계측에 관한 설명 중 잘못된 것은?

① 전력회사에서 공급받는 전력량과 설치자가 전력회사로 역조류한 잉여전력량을 계량하기 위해 2대의 전력량계(買, 賣)가 설치된다.
② 파워컨디셔너에는 순시데이터를 감시하기 위한 발전전력의 기록기능이 있다.
③ 계측결과를 표시하기 위한 LED나 액정디스플레이 등의 표시장치를 갖추고 있다.
④ 거실 등의 떨어진 위치에서 태양광발전시스템의 운전상태를 모니터링할 수 있는 제품이 있다.

풀이 PCS에는 순시테이터 감시를 위한 발전전력 기록기능은 없다.

51 태양광발전시스템의 계측기구 중 센서의 종류가 아닌 것은?

① 분류기 ② 일조계
③ 풍향풍속계 ④ 전력량계

풀이 검출기(센서)의 종류
- 직류회로의 전압은 직접 또는 분압기로 분압하여 검출
- 직류회로의 전류는 직접 또는 분류기를 사용하여 검출
- 교류회로의 전압, 전류, 전력, 역률 등은 직접 또는 PT, CT를 통해서 검출
- 일조강도는 일조계, 기온은 온도계로 검출
- 풍향, 풍속은 풍향풍속계로 검출

52 태양광발전시스템에서 모니터링 프로그램의 기능이 아닌 것은?

① 데이터 수집 기능 ② 데이터 저장 기능
③ 데이터 연산 기능 ④ 데이터 분석 기능

풀이 모니터 프로그램의 기능
- 데이터 수집기능
- 데이터 저장기능
- 데이터 분석기능
- 데이터 통계기능

53 태양광발전설비의 모니터링 항목으로 옳은 것은?

① 전력소비량 ② 에너지소비량
③ 일일열생산량 ④ 일일발전량

풀이 태양광발전설비의 모니터링 항목은 일일발전량, 누적발전량, 이산화탄소 절감량, 파워 컨디셔너의 상태(직류 전압/전류/전력, 교류 전압/전류/전력/주파수) 등이다.

54 모니터링 프로그램의 기능 중 틀린 것은?

① 데이터 수집기능 ② 데이터 저장기능
③ 데이터 통계기능 ④ 데이터 계산기능

풀이 태양광발전 모니터링 프로그램의 기능
데이터 수집기능, 데이터 저장기능, 데이터 분석기능, 데이터 통계기능

정답 49 ④ 50 ② 51 ④ 52 ③ 53 ④ 54 ④

55 50[kW] 이상의 태양광발전설비에 의무적으로 설치하여야 하는 모니터링 설비의 계측설비 중 전력량계의 정확도 기준으로 옳은 것은?

① 0.5[%] 이내　② 1.0[%] 이내
③ 1.5[%] 이내　④ 2.0[%] 이내

풀이 모니터링 시스템의 계측설비별 요구사항으로 인버터의 CT 정확도는 3[%] 이내, 전력량계의 정확도는 1[%] 이내이다.

56 모니터링 시스템의 운영 점검사항으로 틀린 것은?

① 센서 접속 이상 유무
② 가대 등의 녹 발생 유무
③ 인터넷 접속상태 및 통신단자 이상 유무
④ 인버터 모니터링 데이터 이상 유무

풀이 가대 등의 녹 발생 유무는 어레이의 일상점검 항목이다.

57 태양광발전설비의 모니터링 항목으로 옳은 것은?

① 전력소비량　② 에너지소비량
③ 일일열생산량　④ 일일발전량

풀이 태양광발전설비의 모니터링 항목은 일일발전량, 누적발전량, 이산화탄소 절감량, 파워 컨디셔너의 상태(직류 전압/전류/전력, 교류 전압/전류/전력/주파수) 등이다.

58 태양광 모니터링 시스템의 목적으로 옳은 내용을 모두 선택한 것은?

> ㉠ 운전상태 감시
> ㉡ 발전량 확인
> ㉢ 데이터 수집

① ㉠, ㉡　② ㉠, ㉢
③ ㉡, ㉢　④ ㉠, ㉡, ㉢

풀이 태양광 발전 모니터링 시스템

- 발전소의 현재 발전량 및 누적량, 각 장비별 경보 현황 등을 실시간 모니터링하여 체계적 · 효율적으로 관리하기 위한 시스템이다.
- 전기품질을 감시하여 주요 핵심계통에 비정상 상황 발생 시 정확한 정보제공으로 원인을 신속하게 파악하고 적절한 대책으로 신속한 복구와 유사 사고 재발을 예방할 수 있다.
- 발전소의 현재 상태를 한눈에 볼 수 있도록 구성하여 쉽게 현재 상태를 체크할 수 있다.
- 24시간 모니터링으로 각 장비의 경보상황 발생 시 담당 관리자에게 전화나 문자 등으로 발송하여 신속하게 대처할 수 있도록 한다.
- 일별, 월별 통계를 통하여 시스템 효율을 측정하여 쉽게 발전현황을 확인할 수 있다.

59 태양광 모니터링 시스템의 목적으로 옳은 내용을 모두 선택한 것은?

> ㉠ 데이터 수집
> ㉡ 발전량 확인
> ㉢ 운전상태 감시
> ㉣ 고장 진단

① ㉠, ㉡, ㉢　② ㉠, ㉢, ㉣
③ ㉡, ㉢, ㉣　④ ㉠, ㉡, ㉢, ㉣

풀이 태양광발전설비의 모니터링 시스템의 목적은 운전상태 감시, 발전량 확인, 데이터 수집, 고장 진단, 경보현황, 기록 및 통계기능 등의 목적으로 설치한다.

60 발전기 · 연료전지 또는 태양전지 모듈(복수의 태양전지 모듈을 설치하는 경우에는 그 집합체)에 시설되는 계측하는 장치를 사용하여 측정하는 사항으로 틀린 것은?

① 전압　② 전류
③ 전력　④ 역률

풀이 발전기 · 연료전지 또는 태양전지 모듈(복수의 태양전지 모듈을 설치하는 경우에는 그 집합체)의 전압 및 전류 또는 전력을 계측장치를 설치하여 계측하여야 한다.

정답 55 ② 56 ② 57 ④ 58 ④ 59 ④ 60 ④

61 태양광발전설비의 하자보수 기간은?

① 1년　　② 3년
③ 5년　　④ 7년

풀이 신재생에너지원별 시공기준에 따라 태양광발전설비의 하자보수기간은 3년이다.

62 개방전압의 측정순서를 올바르게 나타낸 것은?

ⓐ 측정하는 스트링의 단로 스위치만 ON하여(단로 스위치가 있는 경우) 직류전압계로 각 스트링의 P-N단자 간의 전압 측정
ⓑ 태양전지 모듈에 음영이 발생되는 부분이 없는지 확인
ⓒ 접속함의 출력개폐기를 OFF
ⓓ 접속함 각 스트링의 단로 스위치를 모두 OFF (단로 스위치가 있는 경우)

① ⓒ-ⓓ-ⓑ-ⓐ　　② ⓑ-ⓐ-ⓒ-ⓓ
③ ⓑ-ⓐ-ⓓ-ⓒ　　④ ⓐ-ⓑ-ⓒ-ⓓ

풀이 ㉮ 회로도

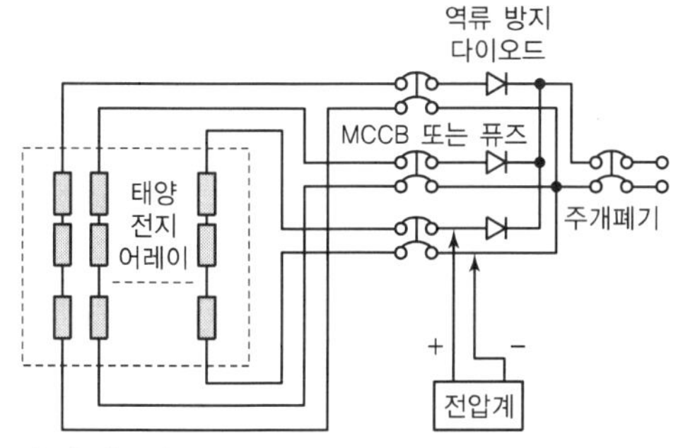

㉯ 측정순서
㉠ 접속함의 출력 개폐기를 개방(Off)한다.
㉡ 접속함 각 스트링의 단로 스위치를 모두 OFF (단로 스위치가 있는 경우)
㉢ 각 모듈이 그늘 져 있지 않은지 확인한다.
㉣ 측정하는 스트링의 단로 스위치만 ON하여(단로 스위치가 있는 경우) 직류전압계로 각 스트링의 P-N단자 간의 전압 측정

63 태양광발전시스템의 유지보수를 고려사항으로 틀린 것은?

① 태양전지 모듈의 오염을 제거하기 위해 정기적으로 모듈 청소를 한다.
② 태양광발전시스템의 발전량을 정기적으로 기록 및 확인한다.
③ 태양광 시스템의 낙뢰 보호를 위해 비가 오면 강제 정지시킨다.
④ 태양광 모듈에 발생하는 음영을 정기적으로 조사하여 원인을 제거한다.

풀이 태양광 시스템의 낙뢰 보호를 위해 피뢰침 설비, 서지 보호장치 등을 설치한다.

64 가공전선로의 지지물에 하중이 가하여지는 경우에 그 하중을 받는 지지물의 기초의 안전율은 얼마 인상인가?

① 1.5　　② 2
③ 2.5　　④ 3

65 역조류를 허용하지 않는 연계에서 설치하여야 하는 계전기로 옳은 것은?

① 과전류 계전기　　② 과전압 계전기
③ 부족전압 계전기　　④ 역전력 계전기

풀이 역조류를 허용하지 않는 계통연계형(단순병렬) 태양광발전소로 발전설비용량이 50[kW]를 초과하는 경우 역전력 계전기를 설치하여야 한다.

정답 61 ② 62 ① 63 ③ 64 ② 65 ④

008 태양광발전시스템 품질관리

01 성능평가

1 성능평가를 위한 측정요소

1. 시스템 성능평가의 분류

① 구성요인의 성능 신뢰성

② 사이트 : 설치대상기관, 설치시설의 분류, 설치형태, 설치분류

③ 발전성능

④ 신뢰성 : 트러블(Trouble), 운전데이터의 결측상황, 계획정지

⑤ 설치가격 : 시스템 설치단가, 태양전지 설치단가, 인버터 설치단가

2. 성능평가를 위한 측정요소

성능평가 측정요소	산출방법
태양광 어레이 변환효율	$\dfrac{\text{태양전지 어레이 출력전력[kW]}}{\text{경사면 일사량}[kW/m^2] \times \text{태양전지 어레이 면적}[m^2]}$
시스템 발전효율	$\dfrac{\text{시스템 발전 전력량[kWh]}}{\text{경사면 일사량}[kW/m^2] \times \text{태양전지 어레이 면적}[m^2]}$
태양에너지 의존율	$\dfrac{\text{시스템의 평균 발전전력[kW] 또는 전력량[kWh]}}{\text{부하소비전력[kW] 또는 전력량[kWh]}}$
시스템 이용률	$\dfrac{\text{시스템 발전 전력량[kWh]}}{24[h] \times \text{운전일수} \times \text{태양전지 어레이 설계용량(표준상태)}}$
시스템 가동률	$\dfrac{\text{시스템 동작시간[h]}}{24[h] \times \text{운전일수}}$
시스템 일조가동률	$\dfrac{\text{시스템 동작시간[h]}}{\text{가조시간}^*}$

* 가조시간 : 태양에서 오는 직사광선, 즉 일조를 기대할 수 있는 시간

02 품질관리기준

1 신재생에너지 관련 KS제도

중대형 태양광발전용 인버터(계통연계형, 독립형)는 정격출력 10[kW] 초과~250[kW] (직류입력전압 1,500[V] 이하 교류출력전압 1,000[V] 이하) 이하인 태양광발전용 인버터(계통연계형, 독립형)의 시험방법 및 평가기준에 대해 규정한다.

2 태양광발전용 독립형/연계형 중대형 인버터 시험항목

시험항목		독립형	계통연계형
구조시험		○	○
절연성능 시험	절연저항시험	○	○
	내전압시험	○	○
	감전보호시험	○	○
	절연거리시험	○	○
보호기능 시험	출력과 전압 및 부족전압보호기능시험	○	○
	주파수 상승 및 저하보호기능시험	○	○
	단독운전 방지기능시험	×	○
	복전 후 일정시간 투입방지기능시험	×	○
정상특성 시험	교류전압, 주파수 추종범위시험	×	○
	교류출력전류 변형률시험	×	○
	누설전류시험	○	○
	온도상승시험	○	○
	효율시험	○	○
	대기 손실시험	×	○
	자동가동 · 정지시험	×	○
	최대전력 추종시험	×	○
	출력전류 직류분 검출시험	×	○
과도응답 시험	입력전력 급변시험	○	○
	계통전압 급변시험	×	○
	계통전압위상 급변시험	×	○

시험항목		독립형	계통연계형
외부사고 시험	출력 측 단락시험	○	○
	계통전압 순간정전 · 강하시험	×	○
	부하차단시험	○	○
내전기 환경시험	계통전압 왜형률내량시험	×	○
	계통전압 불평형시험	×	○
	부하불평형시험	○	×
내 주위환경 시험	습도시험	○	○
	온습도사이클시험	○	○
전자기 적합성 (EMC)	전자파장해(EMI)	○	○
	전자파내성(EMS)	○	○

3 인버터에 표시되는 사항과 조치방법

모니터링	파워컨디셔너 표시	현상 설명	조치사항
태양전지 과전압	Solar cell OV fault	태양전지 전압이 규정 이상일 때 발생(H/W)	태양전지 전압 점검 후 정상 시 5분 후 재기동
태양전지 저전압	Solar cell UV fault	태양전지 전압이 규정 이하일 때 발생(H/W)	태양전지 전압 점검 후 정상 시 5분 후 재기동
태양전지 과전압 제한초과	Solar cell OV limit fault	태양전지 전압이 규정 이상일 때 발생(S/W)	태양전지 전압 점검 후 정상 시 5분 후 재기동
태양전지 저전압 제한초과	Solar cell UV limit fault	태양전지 전압이 규정 이하일 때 발생(S/W)	태양전지 전압 점검 후 정상 시 5분 후 재기동
한전계통 역상	Line phase sequence fault	계통전압이 역상일 때 발생	상회전 확인 후 정상 시 재운전
인버터 과전류	Inverter over current fault	인버터 전류가 규정값 이상으로 흐를 때 발생	시스템 정지 후 고장부분 수리 또는 계통 점검 후 운전
인버터 과온	Inverter over temperature	인버터 과온 시 발생	인버터 팬 점검 후 운전
인버터 MC 이상	Inverter M/C fault	전자접촉기 고장	전자접촉기 교체 점검 후 운전
인버터 출력전압	Inverter voltage fault	인버터 전압이 규정값을 벗어났을 때 발생	인버터 및 계통전압 점검 후 운전
한전계통 저주파수	Line under frequency fault	계통주파수가 규정값 이하일 때 발생	계통주파수 점검 후 정상 시 5분 후 재기동

모니터링	파워컨디셔너 표시	현상 설명	조치사항
한전계통 고주파수	Line over frequency fault	계통주파수가 규정값 이상일 때 발생	계통주파수 점검 후 정상 시 5분 후 재기동
누전 발생	Inverter ground fault	인버터 누전이 발생했을 때 발생	인버터 및 부하의 고장부분을 수리 또는 접지저항 확인 후 운전
RTU 통신계통 이상	Serial communication fault	인버터와 MMI의 통신이 되지 않을 경우 발생	연결단자 점검(인버터는 정상 운전)

4 IEC 규격(International Electro – technical Commission)

2002년부터 IEC 규격을 국내환경에 부합화시켜 사용하고 있다.

표준번호	표준명
KS C IEC 30364-7-712 : 2005	건축전기설비 – 제7 – 712부 : 특수설비 또는 특수장소에 대한 요구 사항 – 태양전지(PV) 전원 시스템

008 실전예상문제

01 다음은 태양광발전시스템 성능분석 용어에 관한 내용이다. 잘못된 것은?

① 태양광 어레이 변환효율

$$= \frac{\text{태양전지 어레이 출력전력[kW]}}{\text{경사면 일조강도}[kW/m^2] \times \text{태양전지 어레이 면적}[m^2]}$$

② 시스템 이용률

$$= \frac{\text{시스템 발전 전력량[kWh]}}{24[h] \times \text{운전일수} \times \text{태양전지 어레이 설계용량(표준상태)[kW]}}$$

③ 시스템 가동률

$$= \frac{\text{시스템 평균의 발전전력[kW] 또는 전력량[kWh]}}{\text{부하소비전력[kW] 또는 전력량[kWh]}}$$

④ 시스템 발전효율

$$= \frac{\text{시스템 발전 전력[kW]}}{\text{경사면 일조량}[kW/m^2] \times \text{대양전지 어레이 면적}[m^2]}$$

풀이 시스템 가동률$= \frac{\text{시스템 동작시간[h]}}{24[h] \times \text{운전일수}}$

02 태양광발전 모듈의 용도 등급에서 태양광발전 모듈은 직류 50[V] 이상 또는 240[W] 이상으로 동작하는 것을 말하며, 일반인의 접근이 예상되는 곳에 사용되는 등급은?

① A등급 ② B등급
③ C등급 ④ D등급

풀이 태양광발전 모듈의 용도등급.
① A등급 : 태양광발전 모듈은 직류 50[V] 이상 또는 240[W] 이상으로 동작하는 것을 말하며, 일반인의 접근이 예상되는 곳에 사용된다.
② B등급 : 태양광발전 모듈은 울타리나 위치 등으로 공공의 접근이 금지된 시스템으로 사용이 제한된다.
③ C등급 : 태양광발전 모듈은 직류 50[V] 미만이고, 240[W] 미만에서 동작하는 것을 말하며, 일반인의 접근을 예상할 수 있는 시스템으로 제한된다.

03 다음 중 태양광발전시스템의 모듈의 외관검사(또는 육안검사)를 위한 필요 조도는 몇 [lux] 이상이어야 하는가?

① 1,000 ② 1,500
③ 2,000 ④ 3,000

04 다음 중 태양광발전 모듈에서 전류가 흐르는 부품과 모듈 테두리 또는 모듈 외부와의 사이가 충분히 절연되어 있는지를 보기 위한 시험은?

① 젖은 누설 전류시험
② 절연시험
③ 자외선 조사시험
④ 우박 충동시험

05 태양전지 모듈이 충분히 절연되었는지 확인하기 위한 습도 조건은?

① 상대습도 75[%] 미만
② 상대습도 77[%] 미만
③ 상대습도 80[%] 미만
④ 상대습도 85[%] 미만

풀이 태양전지발전 모듈에서 전류가 흐르는 부품과 모듈 테두리나 또는 모듈 외부와의 사이가 충분히 절연되어 있는지를 확인하기 위한 시험으로, 주위 온도 15[℃]~35[℃] 범위이고 상대습도가 75[%]를 넘지 않는 조건에서 시험해야 한다.(IEC 표준 60068-1)

06 태양광 모듈이 태양광에 노출되는 경우에 따라서 유기되는 열화 정도를 시험하기 위한 장치는?

① 항온항습장치
② 염수수분장치
③ 온도사이클시험장치
④ UV시험장치

정답 01 ③ 02 ① 03 ① 04 ② 05 ① 06 ④

풀이 자외선(UV) 시험은 태양광발전 모듈이 자외선(UV) 복사에 노출되었을 때 견디는 능력을 보기 위한 시험이다. 자외선에 쉽게 열화되는 모듈 소재와 접착제 등의 물리적 특성을 확인하기 위해 온도 순환 / 가습 동결시험 전에 모듈에 자외선을 조사하여 미리 시험조건을 갖추기 위한 UV 시험장치가 사용된다.

07 태양광발전 모듈의 내화시험은 지붕으로 사용하는 재료나 기존 지붕 위의 건축물에 설치하는 모듈의 기본적인 내화성을 확인하기 위한 시험이다. 다음 중 건물에 설치하는 모듈에 모두 적용되는 내화등급은?

① 내화 A등급　② 내화 B등급
③ 내화 C등급　④ 내화 D등급

풀이 내화등급은 기본적인 내화 등급인 C등급부터 B등급, 최고의 내화 등급인 A등급까지 있으며, 최소의 내화 등급인 C등급은 건물에 설치하는 모듈에 모두 적용한다.

08 다음 중 태양광발전 모듈이 옥외 조건에 노출되었을 때 견디는 능력을 미리 평가하는 옥외 노출시험 시 총 조사량은?

① 60[kWh/m^2]　② 80[kWh/m^2]
③ 100[kWh/m^2]　④ 120[kWh/m^2]

풀이 태양광발전 모듈이 옥외 조건에 노출되었을 때 견디는 능력을 미리 평가하는 옥외 노출시험 시 총 조사량은 60[kWh/m^2]이어야 한다.

09 다음 중 태양전지 모듈의 물리적 부하시험 시 눈이나 얼음을 고려한 인가 하중은?

① 3,400[Pa] 이상
② 4,400[Pa] 이상
③ 5,400[Pa] 이상
④ 6,400[Pa] 이상

풀이 태양전지 모듈의 물리적 부하시험 시 눈이나 얼음은 흘러내리지 않고 누적되는 속성을 가지고 있으므로 이에 대한 내성을 시험하기 위해서는 모듈에 5,400[Pa] 이상의 하중을 가해야 한다.

10 태양광 모듈의 수명에 영향을 미치는 요인으로 가장 관계가 적은 것은?

① 열에 의한 열화
② 기상환경에 의한 열화
③ 태양광에 의한 열화
④ 기계적 충격에 의한 열화

풀이 인태양광 모듈의 수명에 영향을 미치는 요인
- 기상환경
- 기계적 충격에 의한 열화
- 열에 의한 열화

11 다음 중 태양광발전시스템에서 전류가 흐르는 부품이 모듈 테두리나 모듈 외부와 잘 절연되어 있는지를 확인하기 위한 시험인 절연내성시험에서 A등급 모듈의 최고시험전압으로 맞는 것은?

① 2,000[V]+(4×시스템 최고전압)
② 2,000[V]+(2×시스템 최고전압)
③ 1,000[V]+(4×시스템 최고전압)
④ 1,000[V]+(2×시스템 최고전압)

풀이 모듈의 시험 최고 전압
- A등급은 2,000[V]에 장치 시스템 최고 전압의 4배를 더한 것과 같다.
- B등급은 1,000[V]에 시스템 최고 전압의 2배를 더한 것과 같다.

12 다음 중 태양전지 모듈의 내습 · 내열 시험조건으로 맞지 않는 것은?

① 시험 온도 : 85[℃] ±2[℃]
② 상대 습도 : 85[%] ±5[%]
③ 시험 시간 : 1,000 시간
④ 상대 습도 : 90[%] ±5[%]

정답 07 ③ 08 ① 09 ③ 10 ③ 11 ① 12 ④

풀이 태양전지 모듈의 내습 · 내열 시험조건
- 시험 온도 : 85[℃]±2[℃]
- 상대 습도 : 85[%]±5[%]
- 시험 시간 : 1,000시간

13 태양광발전 모듈의 가동이나 또는 그 부품의 고장 때문에 발생할 수 있는 화재위험을 평가하기 위한 시험항목이 아닌 것은?

① 내열시험 ② 과열점 시험
③ 역전류 과부하시험 ④ 충격전압시험

풀이 태양광발전 모듈의 가동이나 또는 그 부품의 고장 때문에 발생할 수 있는 화재위험을 평가하기 위한 시험항목은 다음과 같다.
- 내열시험
- 과열점 시험
- 내화시험
- 우회 다이오드 시험
- 역전류 과부하시험

14 다음 중 태양광발전 모듈이 자외선(UV) 복사에 노출되었을 때 모듈 소재와 접착제 등이 견디는 능력을 확인하기 위한 시험장비의 명칭은?

① 항온항습장치 ② UV시험장치
③ 온도사이클 시험장치 ④ 염수수분장치

풀이 태양광발전 모듈이 자외선(UV) 복사에 노출되었을 때 모듈 소재와 접착제 등이 견디는 능력을 시험하는 장비는 UV시험장치이다.

15 다음 중 태양광발전시스템의 모듈의 외관 검사 시 확인하여야 할 결함 유무의 항목이 아닌 것은?

① 깨진 전지가 있는 것
② 금이 간 전지가 있는 것
③ 결선이나 연결이 잘못된 것
④ 효율이 다른 셀이 있는 것

풀이 모듈의 외관검사 시 확인하여야 할 결함 유무 항목
- 모듈 표면에 금이 가거나, 휘어지거나, 찢겨진 것 또는 전지 배열이 흐트러진 것
- 깨진 전지가 있는 것
- 금이 간 전지가 있는 것
- 결선이나 연결이 잘못된 것
- 전지끼리 닿아 있거나 전지가 모듈 테두리(frame)에 닿아 있는 것

16 다음 환경시험 중 납땜이 녹거나 밀봉구조가 뒤틀리는 등의 국부적 이상과열현상에 견디는 능력을 보기 위한 시험은 무엇인가?

① 내습내열시험
② 과열점 내구성 시험
③ 가습동결시험
④ 단말 처리 견고성 시험

17 설치환경에 기인한 손실로 가장 거리가 먼 것은?

① 오염, 노화, 분광 일사 변동에 의한 손실
② 온도변화에 의한 효율변동
③ 일사량의 변동, 적운, 적설에 의한 손실
④ 축전지 충 · 방전에 의한 손실

풀이 축전지 충 · 방전 손실은 배터리의 에너지 변환 손실이다.

18 다음 중 태양광발전용 접속함의 내전압시험 판정기준으로 맞는 것은?

① (4E+1,000)[V], 1분간 견딜 것
② (4E+1,000)[V], 10분간 견딜 것
③ (2E+1,000)[V], 1분간 견딜 것
④ (2E+1,000)[V], 10분간 견딜 것

풀이 태양광발전용 접속함의 내전압시험 판정기준은 (2E+1,000)[V], 1분간 견딜 것이다.

정답 13 ④ 14 ② 15 ④ 16 ② 17 ④ 18 ③

19 다음 중 태양광발전용 인버터의 누설 전류 시험을 할 때 인버터의 기체와 대지 사이에 저항을 접속해서 누설전류가 5[mA]이면 정상으로 본다. 이때 접속하는 저항값은 몇 [Ω]인가?

① 100 ② 500
③ 1,000 ④ 2,000

풀이 인버터의 기체와 대지 사이에서 1[kΩ] 이상의 저항을 접속해서 저항에 흐르는 누설전류를 측정하여 5[mA] 이하이면 정상으로 본다.(단위 : 1[kΩ]=1,000[Ω])

20 다음 중 태양광발전용 인버터의 절연성능시험 항목이 아닌 것은?

① 누설전류시험 ② 절연저항시험
③ 감전보호시험 ④ 내전압시험

풀이 태양광발전용 인버터의 절연성능시험 항목
- 절연저항시험
- 내전압시험
- 감전보호시험
- 절연거리시험

21 인버터의 정상특성시험에 해당되지 않는 것은?

① 교류전압, 주파수 추종시험
② 누설전류시험
③ 인버터 전력급변시험
④ 자동 기동 · 정지 시험

풀이 인버터의 정상특성시험 항목
- 교류 전압, 주파수 추종범위 시험
- 교류 출력 전류 변형률 시험
- 누설전류시험
- 온도상승시험
- 효율시험
- 대기손실시험
- 자동 기동
- 정지 시험
- 최대 전력 추종시험
- 출력 전류 직류분 검출시험

22 인버터 절연성능시험 항목이 아닌 것은?

① 절연저항시험 ② 주파수저하시험
③ 내전압시험 ④ 감전보호시험

풀이 인버터의 절연성능시험 항목
절연저항시험, 내전압시험, 감전보호시험, 절연거리시험이다.

23 다음 중 태양광발전용 인버터의 전압범위별 고장 제거 시간이 1초인 전압범위로 맞는 것은?

① $V < 50$ ② $50 \leq V < 88$
③ $110 < V < 120$ ④ $V \geq 120$

풀이 인버터의 전압범위별 고장 제거 시간

전압범위 (기준전압에 대한 비율%)	고장 제거 시간[초]
$V < 50$	0.16
$50 \leq V < 88$	2.00
$110 < V < 120$	1.00
$V \geq 120$	0.16

24 다음 중 태양광발전시스템의 신뢰성 평가분석 항목이 아닌 것은?

① 트러블
② 경제성
③ 운전데이터의 결측 상황
④ 계획정지

풀이 태양광발전시스템의 신뢰성 평가분석항목
(1) 트러블(Trouble)
- 시스템 트러블 : 인버터 정지, 직류지락, 계통지락, RCD 트립, 원인불명 등에 의한 시스템 운전 정지 등
- 계측 트러블 : 컴퓨터 전원의 차단, 컴퓨터의 조작오류, 기타 원인불명

(2) 운전 데이터의 결측상황
(3) 계획정지 : 정전 등(정기점검 · 개수정전, 계통 정전)

정답 19 ③ 20 ① 21 ③ 22 ② 23 ③ 24 ②

25 태양광발전시스템 트러블 중 계측 트러블인 것은?

① 인버터의 정지 ② RCD 트립
③ 계통 지락 ④ 컴퓨터의 조작오류

풀이 태양광발전시스템 트러블 중 계측 트러블은 컴퓨터의 조작오류이다.

26 태양광발전시스템의 성능평가를 위한 사이트 평가방법이 아닌 것은?

① 트러블 해결방법 ② 설치시설의 분류
③ 설치시설의 지역 ④ 설치형태

풀이 태양광발전시스템의 사이트 평가방법

- 설치 대상 기관
- 설치시설의 분류
- 설치시설의 지역
- 설치형태
- 설치용량
- 설치각도와 방위
- 시공업자
- 기기 제조사

27 태양광발전시스템의 성능평가를 위한 측정요소가 아닌 것은?

① 구성요인의 성능 ② 응용성
③ 발전성능 ④ 신뢰성

풀이 성능평가는 태양광발전시스템의 전반적인 설치장소, 설치가격, 발전성능, 신뢰성 등으로 분류 평가 분석할 필요가 있으며, 발전성능은 시스템의 전체적 성능과 구성요소의 성능으로 분류하여 분석할 필요가 있다.

28 태양광발전시스템의 성능평가를 위한 측정요소가 아닌 것은?

① 구성요인의 성능 ② 신뢰성
③ 발전성능 ④ 응용성

풀이 태양광발전시스템의 성능평가를 위한 측정요소

- 구성요인의 성능 · 신뢰성
- 사이트
- 발전성능
- 신뢰성
- 설치가격(경제성)

29 분산형 전원발전설비를 연계하고자 하는 지점의 계통전압은 몇 [%] 이상 변동되지 않도록 계통에 연계해야 하는가?

① ±3 ② ±4
③ ±5 ④ ±6

풀이 분산형 전원발전설비를 계통에 연계하고자 할 때에는 연계하는 지점의 전압변동률은 계통전압의 ±4[%] 이내이어야 한다.

30 공칭 태양광발전 전지동작온도(NOCT) 측정 시 기본측정법의 모듈 설치환경 중 모듈의 설치 높이는 지면이나 기준 평면으로부터 몇 [m]인가?

① 0.3 ② 0.6
③ 0.9 ④ 1.2

풀이 기본측정법에서 모듈 설치환경

- 방향 및 경사각 : 모듈 전면이 정남을 향하고, 경사각은 수평면 기준 45° ±5°
- 높이 : 지면이나 기준 평면으로부터 0.6[m]

31 공칭 태양광발전 전지동작온도(NOCT) 측정 시 표준기준환경(SRE)으로 맞지 않는 것은?

① 경사각은 수평면을 기준으로 45°
② 경사면 일조 강도 : 800[W/m^2]
③ 주위 온도 25[℃]
④ 풍속 1[m/s]

풀이 공칭 태양광발전 전지동작온도(NOCT) 측정 시 표준기준환경(SRE)

- 주위 온도 : 20[℃]
- 전기적 부하 : 없음(회로 개방 상태)

정답 25 ④ 26 ① 27 ② 28 ④ 29 ② 30 ② 31 ③

32 다음 중 태양광발전용 인버터의 배전방식이 3상4식인 경우만 적용되는 계통 전압 불평형시험의 판정기준으로 맞지 않은 것은?

① 정격출력에서 정상적으로 동작할 것
② 역률이 0.95 이상일 것
③ 출력 전류 종합 왜형률이 5[%] 이하일 것
④ 출력 전류 각 차수별 왜형률이 5[%] 이하일 것

풀이 태양광발전용 인버터의 배전방식이 3상4식인 경우만 적용되는 계통전압 불평형시험의 판정기준

- 출력 전류 종합 왜형률이 5[%] 이하, 각 차수별 왜형률이 3[%] 이하일 것

33 다음 중 표준화의 효과로 틀린 것은?

① 작업능률 향상
② 생산원가 증가
③ 부품의 호환성 증가
④ 품질의 향상과 균일성의 유지

풀이 KS표준과 같은 표준화의 효과
생산원가의 감소, 작업능률 향상, 부품의 호환성 증가, 품질의 향상과 균일성 유지

정답 32 ④ 33 ②

009 태양광발전시스템 유지보수

01 보수의 개요

1 유지보수 의미

유지관리란 태양광발전시스템의 기능을 유지하기 위해 수시점검, 일상점검, 정기점검을 통하여 사전에 유해요인을 제거하고 손상된 부분은 원상복구하여 초기 상태를 유지함과 동시에 최적의 발전량을 이루고 근무자 및 주변인의 안전확보를 위해 시행하는 것이다.

2 유지보수 절차

1. 유지관리절차 시 고려사항

① 시설물별 적절한 유지관리계획서 작성
② 유지관리자는 유지관리계획서에 따라 시설물을 점검하고, 점검결과는 점검기록부에 기록하여 보관한다.
③ 점검결과에 따라 발견된 결함의 진행성 여부, 발생시기, 결함의 형태나 발생위치 원인 및 장해 추이를 정확히 평가 · 판정한다.
④ 점검결과에 의한 평가 · 판정 후 적절한 대책을 수립한다.

2. 점검종류

일상점검, 정기점검, 임시점검으로 분류한다.

1) 일상점검

일상점검은 주로 점검자의 감각(오감)을 통해 실시하는 것으로 소리, 냄새 등으로 판별

2) 정기점검

정기점검은 무전압 상태에서 기기의 이상 상태를 점검

3) 임시점검

일상점검 등에서 이상을 발견한 경우 및 사고 발생 시의 점검

3. 점검주기

제약조건 / 점검분류	Door 개방	Cover 개방	무정전	회로 정전	모선 정전	차단기 인출	점검 주기
일상점검			○				매일
	○		○				1회/월
정기점검	○	○		○		○	1회/반기
	○	○		○	○	○	1회/3년
임시점검	○	○		○	○	○	필요시

4. 보수점검작업 시 주의사항

1) 점검 전의 유의사항

① 준비작업 : 응급처치 방법 및 설비 · 기계의 안전 확인

② 회로도 검토 : 전원스위치의 차단상태 및 접지선의 접속상태

③ 연락처 : 관련부서와 긴밀하고 확실하게 연락할 수 있는 비상연락망 사전확인

④ 무전압상태 확인 및 안전조치

㉠ 차단기, 단로기 무전압상태 확인

㉡ 검전기 사용하여 무전압 확인하고 필요개소에 접지

㉢ 고압 및 특고압 차단기는 개방하고, 점검 중 표찰부착

㉣ 단로기는 쇄정 후 점검 중 표찰

⑤ 전류 전압에 대한 주의 : 콘덴서 및 Cable의 접속부 점검 시 잔류전하는 방전하고 접지 실시

⑥ 오조작 방지 : 차단기, 단로기 쇄정 후 점검 중

⑦ 절연용 보호기구 준비

⑧ 쥐, 곤충, 뱀 등의 침입방지대책을 세운다.

2) 점검 후의 유의사항

① 접지선 제거

② 최종 확인

㉠ 작업자가 수배선반 내에 들어가 있는지 확인한다.

㉡ 점검을 위해 임시로 설치한 가설물 등이 철거되었는지 확인한다.

㉢ 볼트너트 단자반 결선의 조임 및 연결작업의 누락은 없는지 확인한다.

㉣ 작업 전에 투입된 공구 등이 목록을 통해 회수되었는지 확인한다.

㉤ 점검 중 쥐, 곤충, 뱀 등의 침입은 없는지 확인한다.

3 유지보수계획 시 고려사항

1. 유지관리계획

1) 점검계획

① 시설물의 종류, 범위, 항목, 방법 및 장비

② 점검대상 부위의 설계자료, 과거이력 파악

③ 시설물의 구조적 특성 및 특별한 문제점 파악

④ 시설물의 규모 및 점검의 난이도

2) 점검계획 시 고려사항

① 설비의 사용기간 : 오래된 설비일수록 고장발생확률이 높다.

② 설비의 중요도 : 중요도에 따라 점검내용과 주기 검토

③ 환경조건 : 악조건, 옥내, 옥외 등

④ 고장이력 : 고장을 많이 일으키는 설비의 점검

⑤ 부하상태 : 사용빈도가 높은 설비, 부하의 증가 상태 점검

2. 유지관리의 경제성

1) 유지관리비의 구성

유지비, 보수비, 개량비, 일반관리비, 운용지원비로 구성

2) 내용연수

① 물리적 내용연수

사용 또는 세월의 흐름에 따른 손상열화 등의 변질로 위험상태에 이르는 기간

② 기능적 내용연수

기능의 저하로 시설물의 편익과 효용을 저하시켜 그 기능을 발휘하기 어려운 상태에 이르기까지의 기간

③ 사회적 내용연수

사회적 환경변화에 적응하지 못하여 발생하는 효용성의 감소

④ 법정 내용연수

물리적 마모, 기능상 · 경제상의 조건을 고려하여 규정한 연수

4 유지보수 관리지침

1. 일상정기점검에 대한 조치

<table>
<tr><th colspan="2">대상</th><th>조치방법 및 유의사항</th></tr>
<tr><td colspan="2">청소</td><td>① 공기를 사용하는 경우에는 흡입방식을 추천하며, 토출방식을 사용하는 경우에는 공기의 습도(제습필터), 압력에 주의한다.
② 문, 커버 등을 열기 전에는 배전반 상부의 먼지나 이물질을 제거한다.
③ 절연물은 충전부를 가로지르는 방향으로 청소한다.
④ 청소걸레는 화학적으로 중성인 것을 사용하고 섬유의 올이나, 습기(물기) 등에 주의한다.</td></tr>
<tr><td rowspan="2">볼트 조임</td><td>모선</td><td>① 조임 방법 : 조임은 지정된 재료, 부품을 정확히 사용하고 다음 항목에 주의한다.
• 볼트의 크기에 맞는 토크렌치를 사용하여 규정된 힘으로 조인다.
• 조임은 너트를 돌려서 조인다.
• 2개 이상의 볼트를 사용하는 경우 한쪽만 심하게 조이지 않도록 주의한다.
② 조임 확인 : 토크렌치의 힘이 부족할 경우 또는 조임작업을 하지 않는 경우에는 접촉저항에 의해 열이 발생하여 사고가 발생할 수 있으므로 반드시 규정된 힘으로 조여졌는지 확인하여야 한다.
③ 볼트 크기별 조이는 힘
<table>
<tr><th>볼트 크기</th><th>M6</th><th>M8</th><th>M10</th><th>M12</th><th>M16</th></tr>
<tr><td>힘[kg/m^3]</td><td>50</td><td>120</td><td>240</td><td>400</td><td>850</td></tr>
</table></td></tr>
<tr><td>구조물</td><td>① 구조물(태양광 가대 등)의 볼트 크기별 조이는 힘은 다음 표를 참조한다.
<table>
<tr><th>볼트 크기</th><th>M3</th><th>M4</th><th>M5</th><th>M6</th><th>M8</th><th>M10</th><th>M12</th><th>M16</th></tr>
<tr><td>힘[kg/m^3]</td><td>7</td><td>18</td><td>35</td><td>58</td><td>135</td><td>270</td><td>480</td><td>1,180</td></tr>
</table></td></tr>
<tr><td>절연물 보수</td><td>공통</td><td>① 자기성 절연물에 오손 및 이물질이 부착된 경우에는 상기 표의 청소방법에 따라 청소한다.
② 합성수지 적층판, 목재 등이 오래되어 헐거움이 발생되는 경우에는 부품을 교환한다.
③ 절연물에 균열, 파손, 변형이 있는 경우 부품을 교환한다.
④ 절연물의 절연저항이 떨어진 경우에는 종래의 데이터를 기초로 하여 계열적으로 비교검토한다(구간, 부품별로 분리하여 측정). 동시에 접속되어 있는 각 기기 등을 체크하여 원인을 규명하고 처리한다.
⑤ 절연저항값은 온도, 습도 및 표면의 오손상태에 따라 크게 영향을 받는다.
주회로 차단기, 단로기(부하개폐기 포함)
<table>
<tr><th>구분</th><th>측정 장비</th><th>절연저항값[MΩ]</th></tr>
<tr><td>주도전부</td><td>1,000[V] 메가</td><td>500 이상</td></tr>
<tr><td>저압 제어회로</td><td>500[V] 메가</td><td>2 이상</td></tr>
</table></td></tr>
</table>

02 유지보수 세부내용

1 발전설비 유지관리

1. 사용 전 검사(준공 시의 점검)

상용 사업용 태양광발전시스템의 공사가 완료되면 사용 전 검사를 받아야 한다.

1) 준공 시의 점검설비와 점검항목, 점검요령

구분	점검항목		점검요령
태양 전지 어레이	육안 점검	표면의 오염 및 파손	오염 및 파손이 없을 것
		프레임 파손 및 변형	파손 및 뚜렷한 변형이 없을 것
		가대의 부식 및 녹	가대의 부식 및 녹이 없을 것 (녹의 진행이 없는 도금강판의 끝단부는 제외)
		가대의 고정	볼트 및 너트의 풀림이 없을 것
		가대의 접지	배선공사 및 접지의 접속이 확실할 것
		코킹	코킹의 파손 및 불량이 없을 것
		지붕재 파손	지붕재의 파손, 어긋남, 균열이 없을 것
	측정	접지저항	접지저항 100[Ω] 이하
		가대고정	볼트가 규정된 토크 수치로 조여 있을 것
인버터	육안 점검	외함의 부식 및 파손	부식 및 파손이 없을 것
		취부	• 견고하게 고정되어 있을 것 • 유지보수에 충분한 공간이 확보되어 있을 것 • 옥내용 : 과도한 습기, 기름 습기, 연기, 부식성 가스, 가연가스, 먼지, 염분, 화기 등이 존재하지 않은 장소일 것 • 옥외용 : 눈이 쌓이거나 침수의 우려가 없을 것 • 화기, 가연가스 및 인화물이 없을 것
		배선의 극성	• P는 태양전지(+), N은 태양전지(−) • V, O, W는 계통 측 배선(단상 3선식 220[V]) [V−O, O−W 간 220[V](O는 중성선)] • 자립 운전용 배선은 전용 콘센트 또는 단자에 의해 전용배선으로 하고 용량은 15[A] 이상일 것
		단자대 나사의 풀림	확실히 취부되고 나사의 풀림이 없을 것
		접지단자와의 접속	접지와 바르게 접속되어 있을 것 (접지봉 및 인버터 '접지단자'와 접속)

<table>
<tr><th>구분</th><th colspan="2">점검항목</th><th>점검요령</th></tr>
<tr><td rowspan="9">접속함</td><td rowspan="4">육안
점검</td><td>외함의 부식 및 파손</td><td>부식 및 파손이 없을 것</td></tr>
<tr><td>방수처리</td><td>전선인입구가 실리콘 등으로 방수처리될 것</td></tr>
<tr><td>배선의 극성</td><td>태양전지에서 배선의 극성이 바뀌지 않을 것</td></tr>
<tr><td>단자대 나사 풀림</td><td>확실히 취부되고 나사의 풀림이 없을 것</td></tr>
<tr><td rowspan="5">측정</td><td>절연저항
(태양전지－접지 간)</td><td>DC 500[V] 메가로 측정 시 0.2[MΩ] 이상</td></tr>
<tr><td>절연저항
(각 출력단자
－접지 간)</td><td>DC 500[V] 메가로 측정 시 1[MΩ] 이상</td></tr>
<tr><td>개방전압 및 극성</td><td>규정된 전압범위 내이고 극성이 올바를 것(각 회로마다 모두 측정)</td></tr>
<tr><td>절연저항(인버터
입출력 단자
－접지 간)</td><td>DC 500[V] 메가로 측정 시 1[MΩ] 이상</td></tr>
<tr><td>접지저항</td><td>접지저항 100[Ω] 이하</td></tr>
<tr><td rowspan="3">발전
전력</td><td rowspan="3">육안
점검</td><td>인버터의 출력표시</td><td>인버터 운전 중 전력표시부에 사양대로 표시될 것</td></tr>
<tr><td>전력량계(송전 시)</td><td>회전을 확인할 것</td></tr>
<tr><td>전력량계(수전 시)</td><td>정지를 확인할 것</td></tr>
<tr><td rowspan="8">운전
정지</td><td rowspan="7">조작
및
육안
점검</td><td>보호계전기능의 설정</td><td>전력회사 정정치를 확인할 것</td></tr>
<tr><td>운전</td><td>운전스위치 ‘운전’에서 운전할 것</td></tr>
<tr><td>정지</td><td>운전스위치 ‘정지’에서 정지할 것</td></tr>
<tr><td>투입저지 시한타이머
동작시험</td><td>인버터가 정지하여 5분 후 자동기동할 것</td></tr>
<tr><td>자립운전</td><td>자립운전으로 전환할 때, 자립운전용 콘센트에서 사양서의 규정전압이 출력될 것</td></tr>
<tr><td>표시부의 동작확인</td><td>표시가 정상으로 표시되어 있을 것</td></tr>
<tr><td>이상음 등</td><td>운전 중 이상음, 이상진동, 악취 등의 발생이 없을 것</td></tr>
<tr><td>측정</td><td>발생전압
(태양전지 모듈)</td><td>태양전지의 동작전압이 정상일 것
(동작전압 판정 일람표에서 확인)</td></tr>
<tr><td rowspan="2">축전지</td><td>육안
점검</td><td>외관점검
전해액 비중
전해액면 저하</td><td rowspan="2">부하로의 급전을 정지한 상태에서 실시할 것</td></tr>
<tr><td>측정 및
시험</td><td>단자전압
(총 전압/셀 전압)</td></tr>
</table>

2) 일상점검

일상점검은 육안점검으로 매월 1회 정도 실시

점검설비 : 태양전지어레이, 접속함, 인버터, 축전지

3) 정기점검

무전압상태에서 기기의 이상상태 점검

점검설비 : 태양전지어레이, 접속함, 인버터, 축전지, 태양광발전용 개폐기 등

2 송변전설비 유지관리

송변전설비 유지관리는 배전반과 배전반 내의 기기 및 부속기기에 대해 일상점검, 정기점검으로 유지보수하는 것이다.

1. 일상점검

1) 배전반

① 대상

㉠ 외함 : 문, 외부, 명판 인출기구, 반출기구

㉡ 모선 및 지지물 : 모선전반(소리, 냄새)

㉢ 주회로 인입 · 인출부 : 접속부, 부싱, 단말부, 관통부

㉣ 제어회로의 배선 : 배선전반

㉤ 단자대 : 외부 일반

㉥ 접지 : 접지단자, 접지선

2) 내장기기 및 부속기기

① 대상

㉠ 주회로용 차단기 : 개폐표시등, 표시기, 개폐도수계

㉡ 배선용 차단기 누전차단기 : 조작장치

㉢ 단로기 : 개폐표시기, 개폐표시등

㉣ 변압기 리액터 : 온도계, 유면계, 가스압력계

㉤ 주회로용 퓨즈 : 외부 일반

2. 정기점검

1) 배전반

① 외함 : 문, 격벽 주회로단자부

② 배전반 : 제어회로부, 명판표시물, 인출기구

③ 모선 및 지지물 : 모선전반, 애자부싱 절연지지물
④ 주회로인입인출부 : 접속부 부싱 단말부
⑤ 배선 : 전선 일반, 전선지지대
⑥ 단자대 : 외부 일반
⑦ 접지 : 접지단자, 접지모선
⑧ 장치일반 : 주회로, 제어회로, 인터록

2) 내장기기 및 부속기기

① 주회로용 차단기 : 개폐표시기, 개폐표시등, 개폐도수계 조작장치
② 배선용 차단기 : 조작장치
③ 단로기(DS) : 주접촉부 조작장치
④ LBS : 부하 개폐기
⑤ 변성기 : 외부 일반
⑥ 변압기 : 유면계, 냉각팬 온도계
⑦ 주회로용 퓨즈 : 외부 일반
⑧ 피뢰기 : 외부 일반
⑨ 전력용 콘덴서 : 외부 일반 등

3 태양광발전시스템의 고장원인

① 제조결함
② 시공불량
③ 운영과정의 외상
④ 전기적 · 기계적 스트레스에 의한 셀의 파손
⑤ 모듈 표면의 흙탕물, 새의 배설물에 의한 고장
⑥ 경년열화에 의한 셀의 노화
⑦ 주변환경(염해 부식성 가스 등)에 의한 부식

4 태양광발전시스템의 문제진단

1. 외관검사

1) 태양전지 모듈 어레이의 점검

시공 시 반드시 외관점검 실시

2) 배선케이블의 점검

설치 시 및 공사 도중에 외관점검

3) 접속함 인버터

설치 및 접속 시 양극 음극 접속확인 및 점검

4) 축전지 및 주변설비 점검

2. 운전상황 확인

1) 이음, 이상진동 이취에 주의

2) 운전상황 점검

표시상태, 계측장치가 평상시와 크게 다를 때

3. 태양전지 어레이 출력 확인

1) 개방전압 측정

① 측정목적

동작불량 스트링이나 태양전지 모듈 검출 직렬접속선의 결선누락사고 등을 검출

② 측정방법

직류전압계(테스터)

③ 측정순서

㉠ 접속함의 출력개폐기 개방(Off)
㉡ 접속함의 각 스트링 단로 스위치(MCCB 또는 퓨즈)가 있는 경우 MCCB 또는 퓨즈 개방
㉢ 각 모듈이 그늘져 있지 않은지 확인한다.
㉣ 측정하는 스트링의 MCCB 또는 퓨즈 투입(ON)
㉤ 직류전압계로 각 스트링의 P－N 단자 간의 전압을 측정
㉥ 평가 : 각 스트링의 개방전압값이 측정 시의 조건하에서 타당한 값인지 확인한다.

④ 측정 시 주의사항

㉠ 어레이 표면을 청소한다.
㉡ 각 스트링 측정은 안정된 일사강도가 얻어질 때 실시한다.
㉢ 측정시각은 일사강도 온도의 변동을 적게 하기 위해 맑은날 남쪽에 있을 때의 전후 1시간에 실시한다.
㉣ 셀은 비오는 날에도 미소한 전압을 발생하므로 주의하여 측정한다.

2) 단락전류의 확인

① 모듈 표면의 온도변화에 따른 단락전류의 변화는 거의 없으나 일사량의 차이에 의한 모듈의 단락전류의 변화는 매우 크므로 측정 시 고려해야 한다.

② 단락전류를 측정함으로써 모듈의 이상 유무를 검출할 수 있다.

4. 절연저항 측정

1) 태양전지회로의 절연저항 측정

① 측정기기 : 절연저항계(메가)

② 저압전로의 절연기능

전기사용 장소의 사용전압이 저압인 전로의 전선 상호 간 및 전로와 대지 사이의 절연저항은 개폐기 또는 과전류차단기로 구분할 수 있는 전로마다 다음 표에서 정한 값 이상이어야 한다. 다만, 전선 상호 간의 절연저항은 기계기구를 쉽게 분리하기가 곤란한 분기회로의 경우 기기 접속 전에 측정할 수 있다.

또한, 측정 시 영향을 주거나 손상을 받을 수 있는 SPD 또는 기타 기기 등은 측정 전에 분리시켜야 하고, 부득이하게 분리가 어려운 경우에는 시험전압을 250V DC로 낮추어 측정할 수 있지만 절연저항 값은 1MΩ 이상이어야 한다.

전로의 사용전압(V)	DC 시험전압(V)	절연저항(MΩ)
SELV 및 PELV	250	0.5
FELV, 500V 이하	500	1.0
500V 초과	1,000	1.0

* 특별저압(Extra low voltage : 2차 전압이 AC 50V, DC 120V 이하)으로 SELV(비접지회로 구성) 및 PELV(접지회로 구성)은 1차와 2차가 전기적으로 절연된 회로, FELV는 1차와 2차가 전기적으로 절연되지 않은 회로
  - FELV(Functional Extra Low Voltage)
  - SELV(Safety Extra Low Voltage)
  - PELV(Protective Extra Low Voltage)

2) 인버터 회로(절연변압기 부착)의 절연저항 측정

① 측정기기

㉠ 인버터정격전압 300[V] 이하 : 500[V] 절연저항계(메가)

㉡ 인버터정격전압 300[V] 초과 600[V] 이하 : 1,000[V] 절연저항계(메가)

5. 절연내력의 측정

1) 태양전지 어레이 회로 및 인버터 회로

최대사용전압의 1.5배의 직류전압이나 1배의 교류전압(500[V] 미만일 때는 500[V]로)을 10분간 인가하여 절연파괴 등의 이상이 발생하지 않을 것

6. 접지저항의 측정

1) 접지목적

① 감전방지
② 기기의 손상방지
③ 보호계전기의 확실한 동작 확보

2) 접지저항 측정법

① 코올라시 브리지법
② 전위차계 접지저항계법
③ 간이접지저항계 측정법
④ 클램프온 측정법

5 고장별 조치방법

1. 인버터 고장

직접 수리가 곤란하므로 제조업체에 A/S 의뢰

2. 태양전지 모듈 고장

1) 모듈의 개방전압 문제

① 원인
셀 및 바이패스다이오드 손상

② 대책
손상된 모듈을 찾아 교체

2) 모듈의 단락전류 문제

① 원인
음영에 의한 경우와 모듈 불량, 모듈표면의 흙탕물, 새의 배설물 등에 따라 모듈의 단락전류가 다른 경우 출력 저하

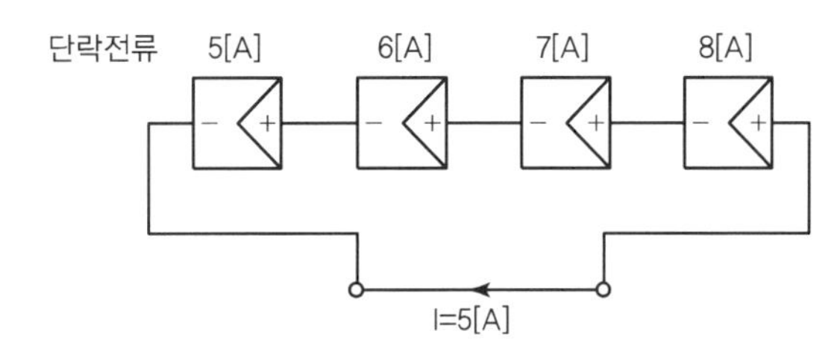

② 대책

불량모듈 교체, 이물질 제거

3. 모듈의 절연저항 문제

① 원인 : 모듈의 파손, 열화 케이블 열화, 피복손상 시 절연 저하

② 대책 : 모듈 교체

6 발전형태별 정기보수

1. 자가용 태양광발전설비 사용 전 검사항목

1) 태양광발전설비표

태양광발전설비표 작성

2) 태양광전지검사

① 태양광전지 일반규격

② 태양광전지검사 : 외관검사, 전지전기적 특성시험, 어레이

3) 전력변환장치검사

① 전력변환장치 일반규격

② 전력변환장치검사 : 외관검사, 절연저항, 절연내력, 제어회로 및 경보장치, 역방향운전 제어시험, 단독운전방지시험

③ 보호장치검사 : 절연저항시험, 보호장치시험

④ 축전지 : 시설상태 확인, 전해액 확인, 환기시설상태 확인

4) 종합연동시험검사

5) 부하운전시험검사

2. 사업용 태양광발전설비 사용 전 검사항목

1) 태양광발전설비표

태양광발전설비표 작성

2) 태양전지검사

① 태양전지 일반규격

② 태양전지검사 : 외관검사, 전지전기적 특성시험, 어레이

3) 전력변환장치검사

① 전력변환장치 일반규격

② 전력변환장치검사 : 절연저항, 절연내력, 제어회로 및 경보장치 역방향 운전제어시험, 단독운전방지시험

③ 보호장치검사 : 절연저항시험, 보호장치시험

④ 축전지 : 시설상태 확인, 전해액 확인, 환기시설 상태 확인

4) 변압기검사

① 변압기 일반규격

② 변압기 본체검사 : 절연저항, 절연내력 접지시공 상태 특성시험, 절연유내압시험, 상회전시험

③ 보호장치검사 : 절연저항, 보호장치 및 계전기시험

④ 제어 및 경보장치검사 : 절연저항, 경보장치, 제어장치, 계측장치

⑤ 부대설비검사 : 절연유유출방지시설, 피뢰장치, 계기용 변성기, 접지시공상태 표시

5) 차단기검사

6) 전선로(모선)검사

7) 접지설비검사

8) 비상발전기검사

9) 종합연동시험검사

10) 부하운전검사

3. 자가용 태양광발전설비 정기검사 항목

① 태양전지검사

② 전력변환장치검사

③ 종합연동시험검사

④ 부하운전시험

4. 사업용 태양광발전설비 정기검사 항목

① 태양광전지검사
② 전력변환장치검사
③ 변압기검사
④ 차단기검사
⑤ 전선로(모선)검사
⑥ 접지설비검사
⑦ 종합연동시험검사
⑧ 부하운전시험

009 실전예상문제

01 태양광발전설비 중 태양광 어레이의 육안점검 항목이 아닌 것은?

① 표면의 오염 및 파손상태
② 접속 케이블의 손상 여부
③ 지지대의 부식 여부
④ 표시부의 이상상태

풀이 태양광 어레이 일상점검(육안점검) 항목

구분	점검항목		점검요령
태양전지 어레이	육안 점검	표면의 오염 및 파손	현저한 오염 및 파손이 없을 것
		지지대의 부식 및 녹	부식 및 녹이 없을 것
		외부배선(접속케이블)의 손상	접속케이블에 손상이 없을 것

02 태양전지 어레이의 육안점검 항목이 아닌 것은?

① 프레임 파손 및 두드러진 변형이 없을 것
② 가대의 부식 및 녹이 없을 것
③ 코킹의 망가짐 및 불량이 없을 것
④ 접지저항이 100Ω 이하일 것

풀이 태양전지 어레이의 측정항목
접지저항(접지저항 100[Ω] 이하)
가대고정(볼트가 규정된 토크 수치대로 조여 있을 것)

03 품질기준에 대한 설명 중 잘못된 것은?

① 품질기준은 유지보수활동에 필요한 외적인 조건으로 정의된다.
② 품질기준은 유지관리활동을 야기시킬 조건과 점검주기를 명시해야 한다.
③ 성과품에 대한 시방서를 상세히 확인하여야 한다.
④ 전력변환장치와 같은 복잡한 설비의 경우에는 유지관리자에 의해 품질기준이 규정되어야 한다.

풀이 품질기준
전력변환장치와 같은 복잡한 설비의 경우에는 전문기술자에 의해 품질기준이 규정되어야 한다.

04 모듈외관, 태양전지 등에 크랙, 구부러짐, 갈라짐 등을 확인하기 위한 외관검사 시 최소 몇 [Lx] 이상의 광 조사상태에서 진행해야 하는가?

① 300 ② 500
③ 750 ④ 1,000

풀이 KS C 8561(결정질 태양전지 모듈)표준 6.1.1 외관검사 방법에 의거, 1,000[Lux = Lx] 이상의 광 조사상태에서 모듈외관, 태양전지 등에 크랙, 구부러짐, 갈라짐 등이 없는지 확인한다.

05 태양광발전설비의 고장 요인이 가장 많은 곳은?

① 전선 ② 모듈
③ 인버터 ④ 구조물

풀이 태양광발전설비의 구성요소 중 인버터는 구성 부품의 수가 가장 많아 고장 요인이 가장 많다.

06 태양전지 어레이의 육안점검 항목이 아닌 것은?

① 표면의 오염 및 파손 ② 지붕재의 파손
③ 접지저항 ④ 가대의 고정

풀이 태양전지 어레이 점검항목

육안 점검	• 오염 및 파손의 유무 • 파손 및 두드러진 변형이 없을 것 • 부식 및 녹이 없을 것 • 볼트 및 너트의 풀림이 없을 것 • 배선공사 및 접지접속이 확실할 것 • 코킹의 망가짐 및 불량이 없을 것 • 지붕재의 파손, 어긋남, 뒤틀림, 균열이 없을 것
측정	접지저항 100Ω 이하

정답 01 ④ 02 ④ 03 ④ 04 ④ 05 ③ 06 ③

07 태양전지 어레이의 점검 중 육안점검 항목이 아닌 것은?

① 표면의 오염 및 파손
② 가대의 부식 및 녹
③ 지붕재 파손
④ 접지저항

풀이 태양전지 어레이 점검항목

구분		점검항목	점검요령
태양 전지 어레이	육안점검	표면의 오염 및 파손	오염 및 파손이 없을 것
		프레임 파손 및 변형	파손 및 뚜렷한 변형이 없을 것
		가대의 부식 및 녹	가대의 부식 및 녹이 없을 것(녹의 진행이 없는 도금강판의 끝단부는 제외)
		가대의 고정	볼트 및 너트의 풀림이 없을 것
		가대의 접지	배선공사 및 접지의 접속이 확실할 것
		코킹	코킹의 파손 및 불량이 없을 것
		지붕재 파손	지붕재의 파손, 어긋남, 균열이 없을 것
	측정	접지저항	접지저항 100[Ω] 이하
		가대고정	볼트가 규정된 토크 수치로 조여져 있을 것

08 태양전지 어레이 회로의 절연내력 측정 시 최대 사용전압의 몇 배의 직류전압을 인가하는가?

① 1.5배 ② 2.5배
③ 3.5배 ④ 4.5배

풀이 태양전지 모듈은 최대사용전압 1.5배의 직류전압 또는 1배의 교류전압(500V 미만 경우 500V)을 충전부분과 대지 사이에 연속하여 10분간 가하여 절연내력을 시험하였을 때에 이에 견디는 것이어야 한다.

09 태양전지 어레이 검사 내용을 설명한 것이다. 틀린 것은?

① 역류방지용 다이오드의 극성이 다르면 무전압이 된다.
② 태양전지 어레이 시공 후 전압 및 극성을 확인해야 한다.
③ 태양전지 모듈의 사양서에 기재되어 있는 단락전류가 흐르는지 직류전류계로 측정한다.
④ 인버터에 트랜스리스방식을 사용하는 경우에는 일반적으로 교류 측 회로를 비접지로 한다.

풀이 인버터의 절연방식이 트랜스리스방식을 사용하는 경우에는 교류 측으로 직류유출을 방지하기 위해서 일반적으로 직류 측 회로를 비접지로 한다.

10 어레이의 고장 발생 범위 최소화와 태양전지 모듈의 보수점검을 용이하게 하기 위하여 설치하는 것은?

① 축전지 ② 접속함
③ 보호계전기 ④ 서지보호장치

11 태양전지 모듈의 단락전류를 측정하는 계측기는?

① 저항계 ② 직류 전류계
③ 전력량계 ④ 교류 전류계

12 태양전지 어레이 회로의 절연내압 측정에 대한 설명으로 옳은 것은?

① 최대사용전압의 1.5배 직류전압을 10분간 인가하여 절연파괴 등 이상 확인
② 최대사용전압의 2.5배 직류전압을 10분간 인가하여 절연파괴 등 이상 확인
③ 최대사용전압의 3.5배 직류전압을 10분간 인가하여 절연파괴 등 이상 확인
④ 최대사용전압의 4.5배 직류전압을 10분간 인가하여 절연파괴 등 이상 확인

정답 07 ④ 08 ① 09 ④ 10 ② 11 ② 12 ①

풀이

전로의 종류	시험전압
최대 사용전압 7kV 이하인 전로	최대 사용전압의 1.5배의 전압

13 태양광발전시스템 모듈의 고장원인이 아닌 것은?

① 제조, 시공불량
② 사용자 부주의
③ 운영과정에서의 외상
④ 주변 환경에 의한 부식

풀이 태양광발전시스템 모듈의 고장원인
- 제조 결함
- 시공 불량
- 운영과정에서의 외상
- 전기적, 기계적 스트레스에 의한 셀의 파손
- 모듈 표면의 흙탕물, 새의 배설물에 의한 고장
- 경년 열화에 의한 셀 및 리본의 노화
- 주변 환경(염해, 부식성 가스 등)에 의한 부식

14 태양전지 모듈의 시각적 결함을 찾아내기 위한 육안검사에서 조도는 몇 lx 이상인가?

① 500　② 600
③ 800　④ 1,000

풀이 설비인증 심사기준에 따르면 결정계 실리콘 태양전지의 외관검사 시 1,000Lux 이상의 광 조사상태에서 모듈외관, 태양전지 셀 등에 크랙, 구부러짐, 갈라짐이 없는지 확인하고, 셀 간 접속 및 다른 접속부분의 결함, 접착 결함, 기포나 박리 등의 이상을 검사한다.

15 태양전지 모듈의 절연내력시험을 교류로 실시할 경우 최대사용전압이 380[V]이면 몇 [V]로 해야 하는가?

① 380　② 500
③ 1,000　④ 1,500

풀이 태양전지 모듈의 절연내력시험은 태양전지 어레이의 개방전압을 최대 사용전압으로 간주하여 최대사용전압의 1.5배의 직류전압이나 1배의 교류전압을 10분간 인가하여 절연파괴 등의 이상이 발생하지 않아야 한다.(단, 교류전압이 500[V] 미만일 때에는 500[V]로 한다.)

16 태양광 모듈의 유지관리 사항이 아닌 것은?

① 모듈의 유리표면 청결 유지
② 셀이 병렬로 연결되었는지 여부
③ 음영이 생기지 않도록 주변 정리
④ 케이블 극성 유의 및 방수 커넥터 사용 여부

풀이 태양전지 모듈의 태양전지 셀은 직렬로 연결되어 있다.

17 태양광발전시스템의 개방전압을 측정할 때 유의해야 할 사항으로 틀린 것은?

① 태양전지 어레이의 표면은 청소하지 않아도 된다.
② 태양전지 셀은 비오는 날에도 미소한 전압을 발생하고 있으므로 매우 주의하여 측정하여야 한다.
③ 각 스트링의 측정은 안정된 일사강도가 얻어질 때 실시한다.
④ 측정시각은 일사강도, 온도의 변동을 극히 적게 하기 위해 맑을 때, 남쪽에 있을 때의 전후 1시간에 실시하는 것이 바람직하다.

풀이 개방전압을 측정 전에 태양전지 어레이의 표면을 청소할 필요가 있다.

18 개방전압의 측정순서가 바르게 표현된 것은?

㉠ 각 모듈의 그늘 상황 확인
㉡ 접속함의 출력 개폐기 OFF
㉢ 접속함의 각 스트링 MCCB OFF
㉣ 측정하는 스트링의 MCCB ON
㉤ 직류전압계로 각 스트링의 P-N 단자 간의 전압 측정

① ㉠→㉡→㉢→㉣→㉤　② ㉡→㉠→㉢→㉣→㉤
③ ㉡→㉢→㉠→㉣→㉤　④ ㉣→㉢→㉠→㉡→㉤

정답 13 ② 14 ④ 15 ② 16 ② 17 ① 18 ③

19 절연내압 측정 시 최대사용전압은 태양광발전 시스템에서 어떤 전압을 말하는가?

① 개방전압　　② 동작전압
③ 인버터 출력전압　　④ 인버터 입력전압

풀이 태양광 어레이의 절연내압 측정방법은 표준태양광 어레이 개방전압을 최대사용전압으로 보고, 최대사용전압의 1.5배의 직류전압 또는 1배의 교류전압(500[V] 미만으로 되는 경우에는 500[V])을 충전부분과 대지 사이에 연속하여 10분간 가하여 절연내력을 시험하였을 때 견디는 것이어야 한다.

20 개방전압의 측정 시 유의사항으로 잘못된 것은?

① 태양전지 어레이의 표면을 청소할 필요가 있다.
② 각 스트링의 측정은 안정된 일조강도가 얻어질 때 실시한다.
③ 측정시각은 남쪽에 있을 때의 전후 1시간에 실시하는 것이 바람직하다.
④ 비오는 날에는 개방전압이 0V이므로 측정을 할 수 없다.

풀이 개방전압 측정 시 유의사항
태양전지 셀은 비오는 날에도 미소한 전압을 발생하고 있으므로 매우 주의해서 측정해야 한다.

21 태양전지 어레이 개방전압 측정 시 주의사항으로 틀린 것은?

① 측정은 직류전류계로 한다.
② 각 스트링의 측정은 안정된 일사강도가 얻어질 때 실시한다.
③ 측정시간은 맑은 날, 해가 남쪽에 있을 때 1시간 동안 실시한다.
④ 셀은 비오는 날에도 미소한 전압을 발생하고 있으니 주의한다.

풀이 태양전지 어레이의 전압은 직류전압계로, 전류는 직류전류계로 측정한다.

22 개방전압의 측정목적이 아닌 것은?

① 인버터의 오동작 여부 검출
② 동작불량 스트링 검출
③ 동작불량 모듈 검출
④ 직렬접속선의 결선 누락사고 검출

풀이 개방전압의 측정목적
태양전지 어레이의 각 스트링의 개방전압을 측정하여 개방전압의 불균일에 따라 동작 불량의 스트링이나 태양전지 모듈의 검출 및 직렬 접속선의 결선 누락사고 등을 검출하기 위해 측정해야 한다.

23 태양전지 어레이 개방전압 측정목적이 아닌 것은?

① 모듈 동작불량 검출　　② 스트링 동작불량 검출
③ 배선 접속불량 검출　　④ 어레이 접지불량 검출

풀이 태양전지 어레이 개방전압 측정목적은 스트링 동작불량, 모듈 동작불량, 배선 접속불량 등을 검출하기 위함이다.

24 개방전압의 시험기자재로 사용할 수 있는 것은?

① 절연저항계　　② 직류전압계(테스터)
③ 검전기　　④ 클램프미터

풀이 개방전압의 시험기자재 – 직류전압계(테스터)

25 태양광발전시스템의 운전에 대한 설명으로 틀린 것은?

① 태양광발전시스템은 야간에는 발전하지 않는다.
② 태양광발전시스템은 흐린 날에는 발전되지 않는다.
③ 태양광발전시스템은 정지 시 주개폐기를 OFF해야 한다.
④ 태양광발전시스템은 맑은 날씨에는 더 많은 전력이 발전된다.

풀이 태양광발전시스템은 흐린 날에도 발전이 된다.

정답 19 ① 20 ④ 21 ① 22 ① 23 ④ 24 ② 25 ②

26 접속함 육안점검 항목이 아닌 것은?

① 외함의 부식 및 파손
② 방수처리 상태
③ 절연저항 측정
④ 단자대 나사의 풀림

풀이

<table>
<tr><td rowspan="7">접속함
(중간
단자함)</td><td rowspan="4">육안
점검</td><td>외함의 부식 및 파손</td></tr>
<tr><td>방수처리</td></tr>
<tr><td>배선의 극성</td></tr>
<tr><td>단자대 나사의 풀림</td></tr>
<tr><td rowspan="3">측정</td><td>절연저항(태양전지–접지선)</td></tr>
<tr><td>절연저항(출력단자–접지 간)</td></tr>
<tr><td>개방전압 및 극성</td></tr>
</table>

27 태양전지 접속함(분전함) 점검항목에서 육안검사 점검요령으로 잘못된 것은?

① 외형의 파손 및 부식이 없을 것
② 전선 인입구가 실리콘 등으로 방수처리되어 있을 것
③ 태양전지에서 배선의 극성이 바뀌어 있지 않을 것
④ 개방전압은 규정전압이어야 하고 극성은 올바를 것

풀이 개방전압은 측정을 해야 전압과 극성을 알 수 있다.

28 태양광발전시스템에 대한 정기점검에서 접속함 출력단자와 접지 간의 절연상태 이상 여부를 판정하는 절연저항값의 기준치는 최소 몇 [MΩ] 이상인가?(단, 절연저항계(메거)의 측정전압은 직류 500[V]이다.)

① 0.5　　② 1
③ 1.5　　④ 2

풀이 접속함 출력단자와 접지 간의 절연상태 이상 여부를 판정하는 절연저항값이 기준치는 최소 1[MΩ] 이상이어야 한다.(500[V] 절연저항계)

29 접속함 육안점검 항목이 아닌 것은?

① 외함의 부식 및 파손　　② 절연저항 측정
③ 방수처리 상태　　④ 단자대 나사의 풀림

풀이 접속함의 절연저항 측정은 정기점검 시 점검(측정)항목이다.

30 태양광발전시스템의 접속함 정기점검 시 육안점검 항목으로 틀린 것은?

① 외부배선의 손상　　② 전해액면 저하
③ 접지선의 손상　　④ 외함의 부식 및 파손

풀이 전해액면 저하는 축전지의 육안점검 항목이다.

31 인버터 측정 점검항목이 아닌 것은?

① 절연저항　　② 접지저항
③ 수전전압　　④ 개방전압

풀이 인버터 점검항목

육안점검	측정
• 외함의 부식 및 파손 • 취부 • 배선의 극성 • 단자대 나사의 풀림 • 접지단자와의 접속	• 절연저항(태양전지–접지 간) • 접지저항 • 수전전압

32 인버터 측정 점검항목이 아닌 것은?

① 개방전압　　② 수전전압
③ 접지저항　　④ 절연저항

풀이 인버터 측정

절연저항 (태양전지–접지 간)	1MΩ 이상 측정전압 DC 500V
접지저항	접지저항 100Ω 이하
수전전압	주회로 단자대 U–O, O–W 간은 AC 200±13V일 것

개방전압 측정은 태양전지 어레이 또는 모듈의 측정 점검항목

정답 26 ③ 27 ④ 28 ② 29 ② 30 ② 31 ④ 32 ①

33 태양광발전시스템 인버터의 일상점검 항목으로 틀린 것은?

① 절연저항 측정
② 외함의 부식 및 파손
③ 이음, 이취, 연기 발생, 이상 과열
④ 외부배선(접속케이블)의 손상

풀이 일상점검은 무정전(통전) 상태에서 계측기나 공구를 사용하지 않고, 인간의 감각(오감)에 의해 행하는 점검이다.

34 자가용 태양광발전설비의 전력변환장치의 사용 전 검사항목이 아닌 것은?

① 외관검사 ② 절연저항
③ 환기시설 상태 ④ 절연내력

풀이 자가용 태양광발전설비의 전력변환장치 사용 전 검사 항목

검사항목	세부검사 내용	수검자 준비자료
3. 전력변환장치 검사		
전력변환장치 일반 규격	• 규격 확인	• 공사계획인가(신고)서
전력변환장치 검사	• 외관검사 • 절연저항 • 절연내력 • 제어회로 및 경보장치 • 전력조절부/static 스위치 자동·수동절체시험 • 역방향운전 제어시험 • 단독운전 방지시험 • 인버터 자동·수동절체시험 • 충전기능시험	• 단선결선도 • 시퀀스 도면 • 보호장치 및 계전기시험 성적서 • 절연저항시험 성적서 • 절연내력시험 성적서 • 경보회로시험 성적서 • 부대설비시험 성적서
보호장치 검사	• 외관검사 • 절연저항 • 보호장치시험	
축전지검사	• 시설상태 확인 • 전해액 확인 • 환기시설 상태	

35 인버터 이상신호 조치방법 중 한전의 전압이나 주파수 이상으로 계통 점검 후 정상이 되면 몇 분 후에 재기동되어야 하는가?

① 5분 ② 7분
③ 9분 ④ 10분

풀이 투입저지시한 타이머에 의해 태양전지 전압, 주파수 점검 후 정상 시 5분 후 자동 기동한다.

36 태양광발전시스템의 점검 중 인버터의 육안점검에 대한 설명이 잘못된 것은?

① 유지보수에 충분한 공간이 확보되어 있을 것
② P는 태양전지(+), N은 태양전지(−)
③ V, O, W는 계통 측 배선(단상 3선식 220[V])
④ 자립 운전용 배선은 전용배선으로 하고 용량은 20[A] 이상일 것

풀이 인버터 육안점검 항목

구분	점검항목		점검요령
인버터	육안점검	외함의 부식 및 파손	부식 및 파손이 없을 것
		취부	• 견고하게 고정되어 있을 것 • 유지보수에 충분한 공간이 확보되어 있을 것 • 옥내용 : 과도한 습기, 기름 습기, 연기, 부식성 가스, 가연가스, 먼지, 염분, 화기 등이 존재하지 않은 장소일 것 • 옥외용 : 눈이 쌓이거나 침수의 우려가 없을 것 • 화기, 가연가스 및 인화물이 없을 것
		배선의 극성	• P는 태양전지(+), N은 태양전지(−) • V, O, W는 계통 측 배선(단상 3선식 220[V]) [V−O, O−W 간 220V(O는 중성선)] • 자립 운전용 배선은 전용 콘센트 또는 단자에 의해 전용배선으로 하고 용량은 15[A] 이상일 것
		단자대 나사의 풀림	확실히 취부되고 나사의 풀림이 없을 것
		접지단자와의 접속	접지와 바르게 접속되어 있을 것(접지봉 및 인버터 '접지단자'와 접속)

정답 33 ① 34 ③ 35 ① 36 ④

37 인버터에 표시되는 사항과 현상이 잘못 연결된 것은?

① Utility Line Fault : 인버터 전류가 규정 이상일 때
② Line R Phase Sequence Fault : R상 결상 시 발생
③ Solar Cell OV Fault : 태양전지 전압이 규정 이상일 때
④ Line Over Frequency Fault : 계통 주파수가 규정 이상일 때

풀이 Utility Line Fault : 한전계통 정전 시 발생

38 태양광발전시스템의 인버터에 과온 발생 시 조치사항으로 옳은 것은?

① 계통전압 점검 후 운전
② 퓨즈 교체 후 운전
③ 인버터 팬 점검 후 운전
④ 전자접촉 시 교체 점검 후 운전

풀이 태양광발전시스템의 인버터에 과온 발생 시 조치사항은 냉각용 팬을 점검 후 운전하는 것이다.

39 태양광발전시스템의 인버터 설비 정기점검 시 측정 및 시험에 해당하지 않는 것은?

① 절연저항
② 표시부 동작 확인
③ 외부배선의 손상
④ 투입저지 시한 타이머 동작시험

풀이 외부배선의 손상은 육안점검 항목이다.

40 인버터 모니터링 시 태양전지의 전압이 "Solar Cell OV Fault"라고 표시되는 경우의 조치사항으로 맞는 것은?

① 태양전지 전압 점검 후 정상 시 즉시 재기동
② 태양전지 전압 점검 후 정상 시 3분 후 재기동
③ 태양전지 전압 점검 후 정상 시 5분 후 재기동
④ 태양전지 전압 점검 후 정상 시 10분 후 재기동

풀이 태양광 인버터의 모니터링 표시창에 "Solar cell OV fault" 표시되는 경우 조치사항은 태양전지전압 점검 후 정상 시 인버터는 5분 후에 재기동된다.

41 자가용 태양광발전설비의 전력변환장치 정기검사 항목이 아닌 것은?

① 외관검사
② 절연저항
③ 제어회로 및 경보장치
④ 절연내력

풀이 자가용 태양광발전설비의 전력변환장치 정기검사 항목

검사항목	세부검사 내용	수검자 준비자료
2. 전력변환장치 검사		
• 전력변환장치 일반 규격	• 규격 확인	• 단선결선도 • 시퀀스 도면 • 보호장치 및 계전기시험 성적서 • 절연저항시험 성적서 • 절연내력시험 성적서 • 경보회로시험 성적서 • 부대설비시험 성적서
• 전력변환장치 검사	• 외관검사 • 절연저항 • 제어회로 및 경보장치 • 단독운전 방지 시험 • 인버터 운전 시험	
• 보호장치 검사	• 보호장치 시험	
• 축전지 검사	• 시설상태 확인 • 전해액 확인 • 환기시설 상태	

절연내력은 사용 전 검사 항목이다.

42 절연변압기 부착형 인버터 입력회로의 경우 절연저항 측정순서로 맞는 것은?

① 태양전지 회로를 접속함에서 분리 → 분전반 내의 분기차단기를 개방 → 직류 측의 모든 입력단자

정답 37 ① 38 ③ 39 ③ 40 ③ 41 ④ 42 ①

및 교류 측의 전체 출력단자를 각각 단락 → 직류 단자와 대지 간의 절연저항을 측정

② 직류 측의 모든 입력단자 및 교류 측의 전체 출력단자를 각각 단락 → 태양전지회로를 접속함에서 분리 → 분전반 내의 분기차단기를 개방 → 직류 단자와 대지 간의 절연저항을 측정

③ 태양전지 회로를 접속함에서 분리 → 직류 측의 모든 입력단자 및 교류 측의 전체 출력단자를 각각 단락 → 분전반 내의 분기차단기를 개방 → 직류단자와 대지 간의 절연저항을 측정

④ 분전반 내의 분기차단기를 개방 → 태양전지 회로를 접속함에서 분리 → 직류 측의 모든 입력단자 및 교류 측의 전체 출력단자를 각각 단락 → 직류 단자와 대지 간의 절연저항을 측정

풀이 절연변압기 부착형 인버터 입력회로 절연저항 측정 순서

- 태양전지 회로를 접속함에서 분리한다.
- 분전반 내의 분기차단기를 개방한다.
- 직류 측의 모든 입력단자 및 교류 측의 전체 출력단자를 각각 단락한다.
- 직류단자와 대지 간의 절연저항을 측정한다.
- 측정결과를 전기설비기술기준에 따라 판정한다.

43 절연변압기 부착 인버터 출력회로의 절연저항 측정순서가 바르게 표현된 것은?

㉠ 태양전지 회로를 접속함에서 분리
㉡ 분전반 내의 분기차단기 개방
㉢ 직류 측의 모든 입력단자 및 교류 측의 전체 출력단자를 각각 단락
㉣ 교류단자와 대지 간의 절연저항 측정
㉤ 측정결과를 전기설비기술기준에 따라 판정

① ㉠→㉡→㉢→㉣→㉤
② ㉡→㉠→㉢→㉣→㉤
③ ㉡→㉢→㉠→㉣→㉤
④ ㉣→㉢→㉠→㉡→㉤

44 인버터 절연저항 측정 시 주의사항으로 틀린 것은?

① 입출력 단자에 주회로 이외 제어단자 등이 있는 경우 이것을 포함해서 측정한다.
② 절연변압기를 정착하지 않은 인버터는 제조사가 추천하는 방법에 따라 측정한다.
③ 정격전압이 입출력과 다를 때는 낮은 측의 전압을 선택 기준으로 한다.
④ 정격에 약한 회로들은 회로에서 분리하여 측정한다.

풀이 정격전압이 입출력과 다를 때는 높은 측의 전압을 선택 기준으로 한다.

45 정격전압 300[V] 이하의 절연변압기 부착 인버터회로의 절연저항시험기자재는?

① 500[V] 메거 ② 1,000[V] 메거
③ 직류전압계 ④ 검전기

풀이 절연변압기 부착 인버터회로 절연저항시험기자재

- 인버터 정격전압 300[V] 이하 : 500[V] 절연저항계(메거)
- 인버터 정격전압 300[V] 초과 600[V] 이하 : 1,000[V] 절연저항계(메거)

46 인버터 입력회로 절연저항 측정방법에 대한 설명으로 틀린 것은?

① 분전반 내의 분기차단기를 개방한다.
② 접속함까지의 전로를 포함하여 절연저항을 측정하는 것으로 한다.
③ 직류 측 전체의 입력단자와 교류 측 전체 출력단자를 각각 단락한다.
④ 태양전지회로를 접속함에서 분리하여 인버터의 입력단자 및 출력단자를 각각 단락하면서 출력단자와 대지 간의 절연저항을 측정한다.

풀이 입력회로 절연저항 측정이므로 입력단자와 대지 간의 절연저항을 측정한다.

정답 43 ① 44 ③ 45 ① 46 ④

47 인버터 출력회로 절연저항 측정방법 중 틀린 것은?

① 태양전지 회로를 접속함에서 분리한다.
② 직류 측의 전체 입력단자 및 교류 측의 전체 출력단자를 각각 단락한다.
③ 절연변압기가 별도로 설치된 경우에는 이를 분리하여 측정한다.
④ 인버터의 입·출단자를 단락하여 출력단자와 대지 간의 절연저항을 측정한다.

풀이 절연변압기가 별도로 설치된 경우에도 이를 포함하여 측정한다.

48 국제표준화(KEC 121.2)에서 전선식별의 색상 중 틀린 것은?

① L1 : 갈색, L2 : 흑색, L3 : 회색
② 중성선(N) : 청색
③ 접지/보호도체 : 녹황교차
④ L1 : 청색, L2 : 적색, L3 : 흑색

풀이 전선식별법 국제표준화(KEC 121.2)

전선 구분	KEC 식별색상
상선(L1)	갈색
상선(L2)	흑색
상선(L3)	회색
중성선(N)	청색
접지/보호도체(PE)	녹황교차

49 공통접지 시설 중 상도체(S[mm²])의 단면적이 $S \le 16$인 경우 보호도체 재질이 상도체와 같은 경우의 보호도체 최소 단면적은?

① S[mm²]
② 16[mm²]
③ $S/2$[mm²]
④ 8[mm²]

풀이 보호도체의 단면적

상도체의 단면적 S[mm²]	대응하는 보호도체의 최소 단면적[mm²]	
	보호도체의 재질이 상도체와 같은 경우	보호도체의 재질이 상도체와 다른 경우
$S \le 16$	S	$(k_1/k_2) \times S$
$16 < S \le 35$	16	$(k_1/k_2) \times 16$
$S > 35$	$S/2$	$(k_1/k_2) \times (S/2)$

※ k_1, k_2 : 도체 및 절연의 재질에 따라 KS C IEC 60364에서 산정한 상도체에 대한 k값

50 태양광발전시스템 공사 중 태양전지 어레이의 절연저항 측정에 필요한 시험기자재로 가장 거리가 먼 것은?

① 온도계
② 습도계
③ 계전기
④ 절연저항계

풀이 어레이의 절연저항을 측정하기 위해서는 절연저항계, 온도계, 습도계, 단락개폐기가 필요하며, 계전기는 계통의 고장을 검출하여 차단기를 트립시키는 것이다.

51 태양광발전시스템의 점검 중 DC 500[V] 메거로 태양전지와 접지 간의 절연저항 측정 시 얼마 이상이어야 하는가?

① 0.1[MΩ]
② 0.2[MΩ]
③ 1[MΩ]
④ 10[MΩ]

풀이 접속함 점검항목

구분	점검항목		점검요령
접속함	육안점검	외함의 부식 및 파손	부식 및 파손이 없을 것
		방수처리	전선인입구가 실리콘 등으로 방수처리될 것
		배선의 극성	태양전지에서 배선의 극성이 바뀌지 않을 것
		단자대 나사 풀림	확실히 취부되고 나사의 풀림이 없을 것

정답 47 ③ 48 ④ 49 ① 50 ③ 51 ②

구분	점검항목		점검요령
접속함	측정	절연저항(태양전지-접지 간)	DC 500[V] 메거로 측정 시 0.2[MΩ] 이상
		절연저항(각 출력단자-접지 간)	DC 500[V] 메거로 측정 시 1[MΩ] 이상
		개방전압 및 극성	규정된 전압범위 이내이고 극성이 올바를 것(각 회로마다 모두 측정)

52 주회로 차단기의 저압 제어회로 절연저항의 참고값은?

① 1[MΩ] ② 2[MΩ]
③ 3[MΩ] ④ 4[MΩ]

풀이 주회로 차단기, 단로기 절연저항 참고값

구분	측정 장비	절연저항값[MΩ]
주 도전부	1,000[V] 메거	500 이상
저압 제어회로	500[V] 메거	2 이상

53 정기점검 시 인버터의 절연저항 측정은 인버터의 입출력단자와 접지 간의 절연저항은?(단, 측정 전압은 직류 500[V]이다.)

① 100[Ω] 이상 ② 500[Ω] 이상
③ 0.5[MΩ] 이상 ④ 1[MΩ] 이상

풀이 인버터의 절연저항 측정 시 인버터의 입출력단자와 접지 간의 절연저항값은 DC 500[V] 메거(megger)로 측정 시 1[MΩ] 이상이어야 한다.

54 절연변압기 부착 인버터회로 절연저항 측정 시 유의사항으로 잘못된 것은?

① 정격전압이 입출력과 다를 때는 높은 측의 전압을 절연저항계의 선택기준으로 한다.
② 입출력단자에 주회로 이외의 제어단자 등이 있는 경우는 이것을 포함해서 측정한다.
③ 측정할 때는 SPD 등의 정격에 약한 회로들은 회로에서 분리시킨다.
④ 절연변압기를 장착하지 않은 인버터의 경우에는 측정하면 안 된다.

풀이 절연변압기 부착 인버터회로 측정 시 유의사항
절연변압기를 장착하지 않은 인버터의 경우에는 제조업자가 권장하는 방법에 따라 측정한다.

55 태양광발전시스템의 점검 중 DC 500[V]메거로 인버터의 입출력단자와 접지 간의 절연저항 측정 시 얼마 이상이어야 하는가?

① 0.1[MΩ]
② 0.2[MΩ]
③ 1[MΩ]
④ 10[MΩ]

풀이 인버터 측정항목

구분	점검항목		점검요령
인버터	측정	절연저항(인터버 입출력단자-접지 간)	DC 500[V] 메거로 측정 시 1[MΩ] 이상
		접지저항	접지저항 100[Ω] 이하(제3종 접지)

56 절연내력의 측정에 대한 설명이다. 다음 ( ) 안에 들어갈 내용은?

> 절연저항 측정과 같은 회로조건으로서 표준 태양전지 어레이 개방전압을 최대 사용전압으로 간주하여 최대 사용전압의 (㉠)의 직류전압이나 1배의 교류전압(500[V] 미만일 때는 500[V])을 (㉡)간 인가하여 절연파괴 등의 이상이 발생하지 않을 것을 확인한다.

① 1.5배, 5분
② 1.5배, 10분
③ 2배, 5분
④ 2배, 10분

정답 52 ② 53 ④ 54 ④ 55 ③ 56 ②

57 다음 중 "제2차 접근 상태"를 바르게 설명한 것은 어느 것인가?

① 가공 전선이 전선의 절단 또는 지지물의 도괴 등이 되는 경우에 당해 전선이 다른 시설물에 접속될 우려가 있는 상태를 말한다.
② 가공 전선이 다른 시설물과 접근하는 경우에 당해 가공 전선이 다른 시설물의 위쪽 또는 옆쪽에서 수평거리로 3[m] 미만인 곳에 시설되는 상태를 말한다.
③ 가공 전선이 다른 시설물과 접근하는 경우에 가공 전선이 다른 시설물의 위쪽 또는 옆쪽에서 수평거리로 3[m] 이상에 시설되는 것을 말한다.
④ 가공 선로 중 제1차 접근 시설로 접근할 수 없는 시설로서 제2차 보호조치나 안전시설을 하여야 접근할 수 있는 상태의 시설을 말한다.

풀이

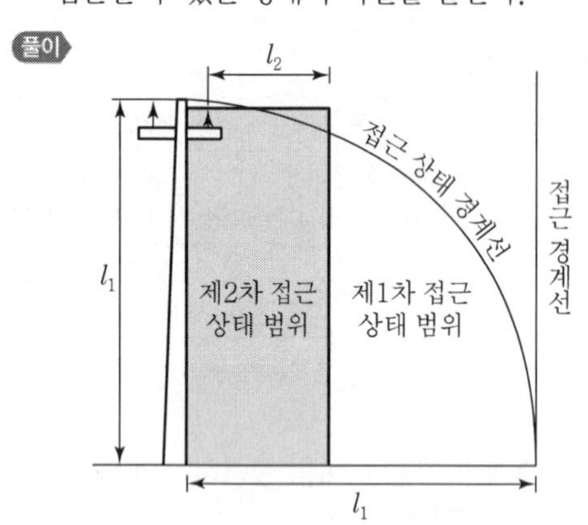

58 주로 정지상태에서 행하는 점검으로 제어운전장치의 기계 점검이나, 절연저항의 측정 등을 실시할 때 하는 점검은?

① 일상점검 ② 임시점검
③ 정기점검 ④ 완공 시 점검

풀이 정기점검은 정지(정전) 상태에서 행하는 점검으로 제어운전장치의 기계 점검, 절연저항의 측정 등이 포함된다.

59 다음 중 전선의 색구별에서 중성선의 색은 어느 것인가?

① 갈색 ② 녹색
③ 회색 ④ 청색

풀이 전선의 식별

상(문자)	L1	L2	L3	N	보호도체
색상	갈색	흑색	회색	청색	녹색-노란색

60 전위차계 접지저항계의 접지저항 측정순서가 바르게 표현된 것은?

㉠ 계측기를 수평으로 놓는다.
㉡ 보조 접지극을 10m 이상 간격을 두고 박는다.
㉢ E단자의 리드선을 접지극(접지선)에 접속한다.
㉣ P, C 단자에 보조접지극 전선을 접속한다.
㉤ Push Button을 누르면서 다이얼을 돌려 검류계의 눈금이 중앙(0)을 지시할 때 다이얼의 값을 읽는다.

① ㉡→㉠→㉢→㉣→㉤
② ㉡→㉠→㉢→㉣→㉤
③ ㉡→㉢→㉠→㉣→㉤
④ ㉣→㉢→㉠→㉡→㉤

풀이 전위차계 접지저항 측정

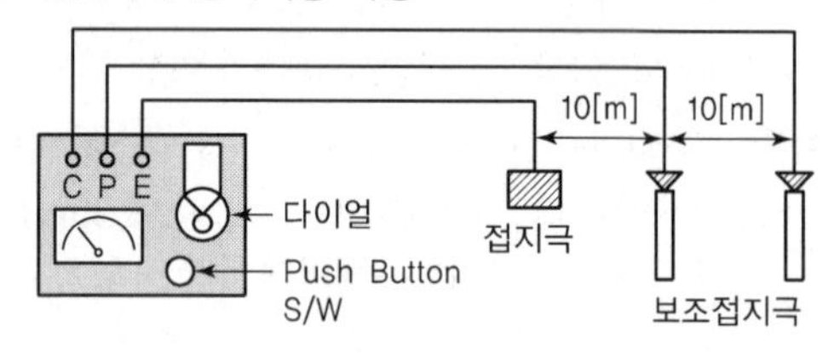

61 운전상태에서 점검이 가능한 점검분류는 무엇인가?

① 정기점검(보통) ② 정기점검(세밀)
③ 임시점검 ④ 일상점검

풀이 운전(통전) 상태에서 점검이 가능한 점검은 일상점검이다.

정답 57 ② 58 ③ 59 ④ 60 ① 61 ④

62 태양전지 어레이의 일상점검 항목 중 육안점검 내용으로 틀린 것은?

① 표면의 오염 및 파손
② 보호계전기의 설정
③ 지지대의 부식 및 녹
④ 외부배선(접속케이블)의 손상

풀이 보호계전기는 태양전지 어레이의 구성항목이 아니며, 수변전설비 등 계통의 사고에 대해 보호대상을 완전히 보호하고 각종 기기의 손상을 최소화하는 목적으로 설치한다.

63 태양광발전시스템의 일상점검 항목이 아닌 것은?

① 인버터－통풍 확인
② 접속함－절연저항 측정
③ 인버터－표시부의 이상 표시
④ 태양전지 모듈－표면의 오염 및 파손

풀이 태양광 발전시스템의 일상점검 항목

구분	점검항목		점검요령
태양전지 어레이	육안점검	표면의 오염 및 파손	현저한 오염 및 파손이 없을 것
		지지대의 부식 및 녹	부식 및 녹이 없을 것
		외부배선(접속케이블)의 손상	접속케이블에 손상이 없을 것
접속함	육안점검	외부의 부식 및 파손	부식 및 파손이 없을 것
		외부배선(접속케이블)의 손상	접속케이블에 손상이 없을 것
인버터	육안점검	외함의 부식 및 파손	부식 및 녹이 없고 충전부가 노출되어 있지 않을 것
		외부배선(접속케이블)의 손상	인버터로 접속되는 케이블에 손상이 없을 것
		통풍 확인(통풍구, 환기필터 등)	통풍구가 막혀 있지 않을 것
		이음, 이취, 연기 발생 및 이상 과열	운전 시 이상음, 이상 진동, 이취 및 이상 과열이 없을 것
		표시부의 이상 표시	표시부에 이상코드, 이상을 나타내는 램프의 점등, 점멸 등이 없을 것
		발전상황	표시부의 발전상황에 이상이 없을 것
축전지	육안점검	변색, 변형, 팽창, 손상, 액면 저하, 온도 상승, 이취, 단자부 풀림 등	부하에 급전한 상태에서 실시할 것

측정기(계측기) 및 공구를 사용한 점검은 일상점검이 아니다.

64 변압기의 일상점검 내용이 아닌 것은?

① 코로나 방전 등에 의한 이상한 소리는 없는가
② 코로나 방전 또는 과열에 의한 이상한 냄새는 없는가
③ 동작 상태를 표시하는 부분이 잘 보이는가
④ 절연유의 누출은 없는가

풀이 변압기 일상점검 항목

대상	점검개소	목적	점검내용
변압기 리액터	외부 일반	이상한 소리	코로나 등에 의한 이상한 소리는 없는가
		이상한 냄새	코로나 방전 또는 과열에 의한 이상한 냄새는 없는가
		누출	절연유의 누출은 없는가
	온도계	지시 표시	지시는 소정의 범위 내에 들어가 있는가
	유면계 가스 압력계	지시 표시	가스의 압력은 규정치보다 낮지 않은가(질소 봉입의 경우)

65 배전반 제어회로의 배선에서 일상점검 항목이 아닌 것은?

① 전선 지지물의 탈락 여부 확인
② 조임부의 이완 여부 확인
③ 과열에 의한 이상한 냄새 여부 확인
④ 기동부 등의 연결전선의 절연피복 손상 여부 확인

정답 62 ② 63 ② 64 ③ 65 ②

풀이 배전반 제어회로의 배선의 일상점검 항목

대상	점검개소	목적	점검내용
제어 회로의 배선	배선 전반	손상	가동부 등의 연결전선의 절연피복 손상 여부 확인
			전선 지지물의 탈락 여부 확인
		이상한 냄새	과열에 의한 이상한 냄새 여부 확인
단자대	외부 일반	조임의 이완	조임부의 이완 여부 확인
		손상	절연물 등 균열, 파손 여부 확인

66 배전반 제어회로의 배선에서 일상점검 항목이 아닌 것은?

① 가동부 등의 연결전선의 절연피복 손상 여부 확인
② 전선 지지물의 탈락 여부 확인
③ 과열에 의한 이상한 냄새 여부 확인
④ 절연물 등 균열, 파손 여부 확인

풀이 65번 문제 해설 참조

67 자가용 태양광발전설비 정기검사 항목 중 태양광전지 세부검사 내용이 아닌 것은?

① 태양전지 외관검사 ② 어레이 외관검사
③ 전지 전기적 특성시험 ④ 절연내력시험

풀이 정기검사 항목 중 태양광전지 검사 세부항목
- 태양전지 외관검사
- 어레이 외관검사
- 전지 전기적 특성시험

68 태양광발전시스템에 사용되는 축전지의 일상점검 중 육안점검의 항목으로 틀린 것은?

① 전해액면 저하 ② 전해액의 변색
③ 외함의 변형 ④ 단자전압

풀이 일상점검 중 육안점검은 공구나 계측기를 사용하지 않으며, 단자전압은 계측기로 측정한다.

69 태양광발전소 일상점검 요령으로 틀린 것은?

① 태양전지 어레이에 현저한 오염 및 파손이 없을 것
② 인버터 운전 시 이상 냄새, 이상 과열이 없을 것
③ 접속함 외함에 파손이 없을 것
④ 인버터 통풍구가 막혀 있을 것

풀이 인버터의 통풍구는 내부 발열소자(IGBT, MOSFET 등)의 냉각을 위하여 설치한 것으로 막혀 있으면, 고장 및 화재의 원인이 되므로 항시 먼지 등으로 막혀 있지 않은지 점검하여야 하며, 막혀 있는 경우 분진 제거 또는 필터를 교환하여야 한다.

70 인버터(파워컨디셔너)의 일상점검 항목이 아닌 것은?

① 외부배선(접속케이블)의 손상
② 가대의 부식 및 오염 상태
③ 외함의 부식 및 파손
④ 표시부의 이상 표시

풀이 가대는 태양전지 어레이의 구성항목이다.

71 태양광발전소 일상점검 요령으로 틀린 것은?

① 태양전지 어레이에 현저한 오염 및 파손이 없을 것
② 인버터 운전 시 이상 냄새, 이상 과열이 없을 것
③ 접속함 외함에 파손이 없을 것
④ 인버터 통풍구가 막혀 있을 것

풀이 인버터에서는 열이 많이 발생되므로 통풍구는 항상 개방되어 있어야 한다.

정답 66 ④ 67 ④ 68 ④ 69 ④ 70 ② 71 ④

72 일상점검에 대한 설명 중 잘못된 것은?

① 일상점검은 주로 점검자의 감각(오감)을 통해 실시하는 것으로 이상한 소리, 냄새, 손상 등을 점검 항목에 따라서 행하여야 한다.
② 이상 상태를 발견한 경우에는 배전반 등의 문을 열고 이상 정도를 확인한다.
③ 이상상태의 내용을 기록하여 정기점검 시에 참고 자료로 활용한다.
④ 일상점검은 원칙적으로 정전을 시켜놓고 무전압 상태에서 기기의 이상 상태를 점검하고 필요에 따라서는 기기를 분리하여 점검한다.

풀이 일상점검 방법
이상 상태가 직접 운전이 불가할 정도인 경우를 제외하고는 이상상태의 내용을 일자 및 점검 기록부에 기록하여 운전 중 및 정기점검 시에 참고한다.

73 태양광발전시스템의 일상점검 주기는?

① 매월 1회 ② 3개월 1회
③ 6개월 1회 ④ 1년 1회

풀이 일상점검은 주로 육안점검에 의해서 매월 1회 정도 실시

74 일상 정기점검에 대한 조치사항 중 청소에 대한 설명이 잘못된 것은?

① 공기를 사용하는 경우에는 토출방식을 추천한다.
② 문, 커버 등을 열기 전에는 배전반 상부의 먼지나 이물질을 제거한다.
③ 절연물은 충전부 간을 가로지르는 방향으로 청소한다.
④ 청소걸레는 화학적으로 중성인 것을 사용한다.

풀이 일상 정기점검에 대한 조치사항 중 청소 부분
공기를 사용하는 경우에는 흡입방식을 추천하며, 토출방식을 사용하는 경우에는 공기의 습도(제습필터), 압력에 주의한다.

75 일반용 전기설비의 점검서류에 기록하는 내용이 아닌 것은?

① 점검 연월일 ② 점검의 결과
③ 점검의 비용 ④ 점검자의 성명

풀이 일반용 전기설비의 점검서류에 기록하는 것은 점검 연월일, 점검의 결과, 점검자의 성명을 기록하여야 한다.

76 사업용 태양광 발전설비 정기검사 항목이 아닌 것은?

① 변압기 검사 ② 접속함 검사
③ 태양전지 검사 ④ 전력변환장치검사

풀이 접속함 검사는 사업용 태양광발전설비 정기검사 항목이 아니다.

77 자가용 태양광발전설비의 정기검사 시행기관은?

① 산업통상자원부 ② 한국전기기술인협회
③ 한국전기안전공사 ④ 한국전력공사

풀이 자가용 전기설비에 대한 사용 전 검사와 정기검사 시행기관은 한국전기안전공사이다.

78 정기점검에 대한 설명 중 잘못된 것은?

① 정기점검 주기는 설비용량에 따라 월 1~4회 이상 실시한다.
② 주택지원사업으로 설치된 태양광발전설비는 설치공사업체가 하자보수기간인 2년 동안 연 1회 점검을 실시하여 신재생에너지 센터에 점검 결과를 보고하여야 한다.
③ 태양광 발전시스템이 계통에 연계되어 운영 중인 상태에서 점검할 경우에는 안전(감전)사고가 일어나지 않도록 주의하여야 한다.
④ 정기점검은 원칙적으로 정전을 시켜놓고 무전압 상태에서 기기의 이상 상태를 점검하고 필요에 따라서는 기기를 분리하여 점검한다.

정답 72 ④ 73 ① 74 ① 75 ③ 76 ② 77 ③ 78 ②

풀이 정기점검 점검방법
정부지원금(주택지원 사업)으로 설치된 태양광 발전설비는 설치공사업체가 하자보수기간인 3년 동안 연 1회 점검을 실시하여 신재생에너지 센터에 점검결과를 보고하여야 한다.

79 전기사업용 태양광발전소의 태양전지 · 전기설비계통은 정기검사를 몇 년 이내에 받아야 하는가?

① 3　② 4
③ 5　④ 10

풀이 전기사업법 시행규칙 [별표 10]에 의거 태양광 · 전기설비 계통의 정기검사 시기는 4년 이내이다.

80 태양광발전시스템의 유지관리를 위한 일상점검 및 정기점검에 관한 내용으로 틀린 것은?

① 출력 3[kW] 미만의 소형 태양광발전시스템의 경우에 대해서는 정기점검을 하지 않아도 무방하다.
② 일상점검은 점검담당자가 육안에 의해 실시하는 것으로 일상점검의 점검주기는 매월 1회 정도이다.
③ 축전지에 대한 일상점검은 부하를 차단한 상태에서 변색, 부풀음, 온도 상승, 냄새 등의 점검을 실시해야 한다.
④ 정기점검은 지상에서 실시해야 함을 원칙으로 하지만, 필요에 따라 지붕이나 옥상 위에서 점검을 실시할 수도 있다.

풀이 출력 3[kW] 미만의 소형 태양광발전시스템의 경우에도 정기점검을 실시하여야 한다.

81 태양광발전시스템의 점검에서 정지상태에서 불량품의 교체, 절연저항의 측정 등을 실시하는 점검은?

① 우선점검　② 일상점검
③ 정기점검　④ 임시점검

82 태양광발전시스템의 사용 전 검사 시 태양전지의 전기적 특성 확인에 대한 설명으로 틀린 것은?

① 태양광발전시스템에 설치된 태양전지 셀의 셀당 최소 출력을 기록한다.
② 검사자는 모듈 간 배선 접속이 잘 되었는지 확인하기 위하여 개방전압 및 단락전류 등을 확인한다.
③ 검사자는 운전개시 전에 태양전지회로의 절연 상태를 확인하고 통전 여부를 판단하기 위하여 절연저항을 측정한다.
④ 개방전압과 단락전류와의 곱에 대한 최대 출력의 비(충진율)를 태양전지 규격서로부터 확인하여 기록한다.

풀이 태양광발전시스템에 설치된 태양전지 셀의 셀당 최대 출력을 기록한다.

83 태양광발전시스템의 사용 전 검사를 받는 시기는?

① 토목공사가 완료된 때
② 기초공사가 완료된 때
③ 전체공사가 완료된 때
④ 준공검사를 할 때

풀이 사용 전 검사의 대상 및 시기
전기사업법 제 61조의 규정에 따라 공사계획 인가 또는 신고를 필한 상용, 사업용 태양광발전시스템을 대상으로 하며, 공사가 완료되면 사용 전 검사(준공 시의 점검)를 받아야 한다.

84 태양광발전시스템의 점검에서 유지보수 관점에서의 점검 종류에 해당되지 않는 것은?

① 사용 전 검사　② 일상점검
③ 정기점검　④ 임시점검

풀이 태양광발전시스템의 점검 종류
유지보수 관점에서의 점검의 종류는 일상점검, 정기점검, 임시점검이다.

정답 79 ② 80 ① 81 ③ 82 ① 83 ③ 84 ①

85 태양광발전설비 유지보수의 점검의 분류에 해당되지 않는 것은?

① 운전점검 ② 정기점검
③ 최종점검 ④ 임시점검

86 다음은 태양광발전시스템의 유지관리 절차이다. 다음의 (㉠)에 해당되지 않는 사항은 무엇인가?

> 시설물 점검 → 일상, 정기, 임시점검 → 이상 및 결함 발생 → (㉠) → 보수판단 → 보수필요 → 설계 및 예산확보 → 공사 및 준공검사 → 시설물 사용 및 유지관리

① 측정기로 정밀조사 ② 정밀안전진단
③ 육안점검 ④ 전문가의 정밀진단

87 결정질 태양전지 모듈 외관검사에서 태양전지 모듈 외관, 셀 등의 크랙, 구부러짐, 갈라짐 등의 이상 유무를 확인하기 위해 몇 [lx] 이상의 광 조사상태에서 검사하는가?

① 800 ② 900
③ 1,000 ④ 1,100

풀이 결정질 태양전지 모듈 외관검사는 1,000[lx] 이상의 광 조사상태에서 모듈 외관, 태양전지 등의 크랙, 구부러짐, 갈라짐 등이 없는지를 확인한다. 태양전지 간 접속 및 다른 접속부분에 결함이 없는지, 태양전지와 태양전지, 태양전지와 프레임상의 접속이 없는지, 접착에 결함이 없는지, 태양전지와 모듈 끝부분을 연결하는 기포 또는 박리가 없는지 등을 검사한다.

88 태양광발전시스템의 점검 및 시험방법에 대한 사항으로 틀린 것은?

① 외관검사
② 운전상황의 확인
③ 절연전류의 측정
④ 태양전지 어레이의 출력 확인

풀이 절연전류의 측정항목은 없으며, 절연저항의 측정이 태양광발전시스템이 시험항목이다.

89 수변전 설비의 유지관리를 위한 점검의 분류 점검주기의 방법이 틀린 것은?

① 점검의 분류는 일상점검, 정기점검, 임시점검 등이 있다.
② 무정전 상태에서는 점검하지 않는다.
③ 모선정전의 심각한 사고방지를 위해 3년에 1번 정도 점검하는 것이 좋다.
④ 무정전 상태에서도 문을 열고 점검할 수 있으며 1개월에 1회 정도는 문을 열고 점검하는 것이 좋다.

풀이 수변전설비의 일상점검은 무정전 상태에서 실시하는 점검을 말한다.

90 변압기에 대한 일상점검의 항목으로 틀린 것은?

① 온도계의 표시가 적정 온도범위에서 유지되는지 여부
② 코로나에 의한 이상한 소리의 발생 여부
③ 과열에 의한 이상한 냄새의 발생 여부
④ 냉각팬 필터부분의 막힘 여부

풀이 냉각팬 필터부분의 막힘 여부 점검은 인버터의 일상점검 항목이다.

91 태양광발전시스템에 사용되는 축전지의 일상점검 중 육안점검의 항목으로 틀린 것은?

① 전해액면 저하
② 전해액의 변색
③ 외함의 변형
④ 단자전압

풀이 일상점검 중 육안점검은 공구나 계측기를 사용하지 않는 것이며, 단자전압은 계측기로 측정한다.

정답 85 ③ 86 ③ 87 ③ 88 ③ 89 ② 90 ④ 91 ④

92 배선용 차단기의 일상점검 항목이 아닌 것은?

① 코로나 방전 등에 의한 이상한 소리는 없는가
② 과열에 의한 이상한 냄새는 없는가
③ 동작 상태를 표시하는 부분이 잘 보이는가
④ 개폐기구의 핸들과 표시등의 상태는 올바른가

풀이 배선용 차단기 일상점검 항목

대상	점검 개소	목적	점검내용
배선용 차단기, 누전 차단기	외부 일반	이상한 냄새	과열에 의한 이상한 냄새는 없는가
	조작 장치	표시	동작 상태를 표시하는 부분이 잘 보이는가
			개폐기구의 핸들과 표시등의 상태는 올바른가

93 태양광발전시스템의 점검 중 발전전력에 대한 설명이 잘못된 것은?

① 인버터 운전 중 전력표시부에 사양대로 표시될 것
② 잉여전력량계는 송전 시 전력량계 회전을 확인할 것
③ 잉여전력량계는 수전 시 전력량계 정지를 확인할 것
④ 발전전력이 항상 최대인지를 확인할 것

풀이 발전전력 점검항목

구분	점검항목		점검요령
발전 전력	육안 점검	인버터의 출력표시	인버터 운전 중 전력표시부에 사양대로 표시될 것
		전력량계 (송전 시)	회전을 확인할 것
		전력량계 (수전 시)	정지를 확인할 것

94 모선정전의 순시점검 점검주기는?

① 월 1회 ② 분기 1회
③ 년 1회 ④ 3년 1회

풀이 모선정전 점검주기 : 모선정전은 별로 없으나 심각한 사고를 방지하기 위해 3년에 1회 정도 점검한다.

95 태양광발전시스템 보수점검 작업 시 점검 전 유의사항이 아닌 것은?

① 회로도 검토 ② 오조작 방지
③ 접지선 제거 ④ 무전압상태 확인

96 무전압 상태인 주회로를 보수점검할 때 점검 전 유의사항으로 잘못된 것은?

① 잔류전압을 방전시킨다.
② 볼트 조임작업을 모두 재점검한다.
③ 차단기는 단로상태로 한다.
④ 단로기 조작은 쇄정시킨다.

풀이 무전압 상태인 주회로 점검 전 유의사항

- 무전압 상태의 유지 : 차단기는 개방(단로)상태로 한다. 단로기 조작은 쇄정한다.
- 잔류전하의 방전 : 케이블, 커패시터(콘덴서)의 잔류전하를 방전시킨다.
- 단락접지 : 단락접지 기구로 확실하게 접지할 것

97 정전 작업 전 조치사항에 대한 설명 중 틀린 것은?

① 전로의 개로된 개폐기에 시건장치 및 통전금지 표지판 설치
② 전력 케이블, 전력 콘덴서 등의 잔류전하 방전
③ 검전기로 개로된 전로의 충전 여부 확인
④ 단락접지기구의 철거

풀이 정전작업 전 조치사항

- 전로의 개로개폐기에 시건장치 및 통전금지 표지판 설치
- 전력 케이블, 전력 콘덴서 등의 잔류전하의 방전
- 검전기로 개로된 전로의 충전 여부 확인
- 단락접지기구로 단락접지

98 태양광발전시스템의 점검 중 유의사항에 대한 설명이 잘못된 것은?

정답 92 ① 93 ④ 94 ④ 95 ③ 96 ② 97 ④ 98 ②

① 태양광 발전 모듈은 접속반의 차단기를 개방시켰다 하더라도 전압이 유기되고 있으므로 감전에 주의하여야 한다.
② 인버터 운전을 확인 후 점검을 실시한다.
③ 인버터는 일정 시간(5분)이 경과 후 자동으로 재기동되므로 이 점을 유의하여 점검을 실시한다.
④ 태양광 어레이 부근에서 건축공사 등을 시행하는 경우에는 먼지나 이물질 등에 주의해야 한다.

풀이 점검 중 유의사항
태양광발전시스템의 인버터는 계통(한전 측) 전원을 OFF시키면 자동으로 정지하게 되어 있으나 인버터 정지를 확인 후 점검을 실시한다.

99 보수점검 작업 후 최종점검 유의사항으로 틀린 것은?

① 작업자가 반 내에 있는지 확인한다.
② 공구 및 장비가 버려져 있는지 확인한다.
③ 단락접지기구로 단락접지한다.
④ 볼트 조임 작업을 완벽하게 하였는지 확인한다.

풀이 회로도에 의한 검토를 했는지 확인은 보수점검 전 유의사항이며, 작업 후 최종 점검 유의사항은 다음과 같다.
- 작업자가 태양광발전시스템 및 송 · 배전반 내에서 작업 중인지를 확인한다.
- 점검을 위해 임시로 설치한 설치물의 철거가 지연되고 있지 않았는지 확인한다.
- 볼트 조임 작업을 모두 재점검한다.
- 공구 등이 시설물 내부에 방치되어 있지 않은지 확인한다.
- 쥐, 곤충 등이 침입하지 않았는지 확인한다.

100 보수점검 작업 시 점검 후의 유의사항 중 최종 확인 사항이 아닌 것은?

① 작업자의 수 · 배전반 내의 존재 여부 확인
② 작업전에 투입된 공구의 회수 여부 확인
③ 절연용 보호기구의 착용 여부 확인
④ 점검을 위해 설치한 가설물의 철거 여부 확인

풀이 점검 후의 유의사항 중 최종 확인 사항
- 작업자가 수 · 전반 내에 들어가 있는지 확인한다.
- 점검을 위해 임시로 설치한 가설물 등이 철거되었는지 확인한다.
- 볼트, 너트, 단자반 결선의 조임 및 연결작업의 누락은 없는지 확인한다.
- 작업 전에 투입된 공구 등이 목록을 통해 회수되었는지 확인한다.
- 점검 중 쥐, 곤충, 뱀 등의 침입은 없는지 확인한다.

101 수전설비의 보수점검을 위한 점검계획 수립 시 고려하여야 할 사항으로 가장 거리가 먼 것은?

① 환경조건 ② 고장이력
③ 부하의 상태 ④ 설비의 가격

풀이 수전설비의 보수점검을 위한 점검계획 수립 시 고려하여야 할 사항으로는 환경조건, 고장이력, 부하의 상태, 설비의 사용기간, 설비의 중요도, 부품의 수 등이다.

102 절연물 보수에 관한 설명 중 잘못된 것은?

① 자기성 절연물에 오손 및 이물질이 부착된 경우에는 청소한다.
② 목재 등이 오래되어 헐거움이 발생되는 경우에는 볼트 조임을 한다.
③ 절연물에 균열, 파손, 변형이 있는 경우 부품을 교환한다.
④ 절연물의 절연저항이 떨어진 경우에는 종래의 데이터를 기초로 하여 계열적으로 비교 검토한다.

풀이 절연물의 보수 공통사항
합성수지 적층판, 목재 등이 오래되어 헐거움이 발생되는 경우에는 부품을 교환한다.

103 태양광발전시스템의 유지보수를 위한 점검계획 시 고려해야 할 사항이 아닌 것은?

① 설비의 사용 기간 ② 설비의 상호 배치
③ 설비의 주위 환경 ④ 설비의 고장 이력

정답 99 ③ 100 ③ 101 ④ 102 ② 103 ②

풀이 점검계획 시 고려사항
- 설비의 사용기간
- 설비의 중요도
- 환경조건
- 고장이력
- 부하상태

104 태양광발전시스템의 유지보수 시 고려사항으로 틀린 것은?

① 태양전지 모듈의 오염을 제거하기 위해 정기적으로 모듈 청소를 한다.
② 태양광발전시스템의 발전량을 정기적으로 기록 및 확인한다.
③ 태양광시스템의 낙뢰 보호를 위해 비가 오면 강제 정지시킨다.
④ 태양광 모듈에 발생하는 음영을 정기적으로 조사하여 원인을 제거한다.

풀이 태양광시스템의 낙뢰 보호를 위해 피뢰침설비, 서지 보호장치 등을 설치한다.

105 태양광발전설비의 유지 보수 시 설비의 운전 중 주로 육안에 의해서 실시하는 점검은?

① 운전점검 ② 일상점검
③ 정기점검 ④ 임시점검

풀이 일상점검은 육안점검으로 이루어지고, 정기점검은 육안점검과 시험 및 측정으로 이루어진다.

106 유지관리 절차 시 고려해야 할 사항에 대한 설명 중 잘못된 것은?

① 시설물별 적절한 유지관리계획서를 작성한다.
② 유지관리자는 점검결과표에 따라 시설물의 점검을 실시한다.
③ 점검결과는 점검기록부(또는 일지)에 기록, 보관한다.
④ 점검결과에 의한 평가, 판정 후 적절한 대책을 수립하여야 한다.

풀이 유지관리 절차 시 고려사항
유지관리자는 유지관리계획서에 따라 시설물의 점검을 실시하며, 점검결과는 점검기록부(또는 일지)에 기록, 보관하여야 한다.

107 태양광발전설비 유지보수의 구분에 해당하지 않는 것은?

① 일상점검 ② 사용 전 검사
③ 임시점검 ④ 정기점검

풀이 태양광발전설비 유지보수를 위한 점검의 분류에는 일상점검, 정기점검, 임시점검, 한국전기안전공사를 통한 법적 점검 : ① 사용 전 검사와 정기검사, ② 한국전기안전공사를 통한 사용 전 검사와 정기점검

108 유지관리자가 갖추어야 할 자세에 대한 설명 중 잘못된 것은?

① 시설물의 결함이나 파손을 초래하는 요인을 사전 조사로 발견하여 미연에 방지토록 한다.
② 시설물의 결함이나 파손은 조기발견하고 즉시 조치하여 파손이 확대되지 않도록 한다.
③ 이용편의에 있어서 제한 및 장애를 둔다.
④ 안전을 최우선으로 하여 모든 작업을 시행한다.

풀이 유지관리자의 자세
이용편의에 있어서 제한 및 장애를 최대한 적게 한다.

109 태양광발전시스템 유지보수계획 시 고려사항으로 틀린 것은?

① 설비의 사용기간
② 설비의 중요도
③ 설비의 단가
④ 환경조건

풀이 태양광발전시스템 점검계획 시 고려사항
설비의 사용기간, 설비의 중요도, 환경조건, 고장이력, 부하상태

정답 104 ③ 105 ② 106 ② 107 ② 108 ③ 109 ③

110 태양광발전시스템 유지보수용 안전장비가 아닌 것은?

① 안전모
② 절연장갑
③ 절연장화
④ 방진마스크

풀이 유지보수용 안전장비에는 전기용 안전모, 절연장갑, 절연장화 등이 있다.

111 태양광발전설비 유지보수의 점검의 분류에 해당되지 않는 것은?

① 운전점검 ② 정기점검
③ 최종점검 ④ 임시점검

풀이 태양광발전시스템의 유지보수를 위한 점검 종류에는 일상점검, 정기점검, 임시점검이 있다.

112 태양광발전시스템의 점검에서 유지보수 점검 종류가 아닌 것은?

① 일상점검 ② 일시점검
③ 정기점검 ④ 임시점검

113 유지관리비의 구성요소가 아닌 것은?

① 유지비 ② 보수비
③ 운용지원비 ④ 자재비

풀이 유지관리비의 구성요소

- 유지비
- 보수비와 개량비
- 일반관리비
- 운용지원비

114 유지관리에 필요한 자류가 아닌 것은?

① 소요경비내역 ② 공정사진
③ 인허가 서류 ④ 설계도면

풀이 유지관리에 필요한 자료

- 주변지역의 현황도 및 관계서류
- 지반조사 보고서 및 실험 보고서
- 준공시점에서의 준공도, 구조계산서, 표준시방서, 특별시방서, 내역서
- 보수, 개수(改修) 시의 상기 설계도서류 및 작업기록
- 공사계약서, 시공도, 사용재료의 업체명 및 품명
- 공정사진, 준공사진
- 관련된 인허가(認許可) 서류 등

115 태양광발전소 유지 정비 시 감전방지책으로 가장 거리가 먼 것은?

① 태양전지 모듈 표면을 대기로 노출한다.
② 저압선로용 절연장갑을 착용한다.
③ 절연처리된 공구들을 사용한다.
④ 강우 시에는 작업을 중지한다.

풀이 태양전지 모듈 표면을 차폐하는 것이 감전방지대책이다.

116 태양광발전시스템 고장으로 문제점이 발견된 경우 판단 및 조치사항에 대한 설명으로 틀린 것은?

① 불량 모듈을 교체할 때에는 동일 규격제품으로 교체하고, 그렇지 못한 경우에는 더 작은 단락전류값을 가진 모듈로 교체해야 안전하다.
② 파워컨디셔너가 고장인 경우에는 유지보수 담당자가 직접 수리보수하지 않도록 하고, 제조업체에 AS를 의뢰하여 보수해야 한다.
③ 태양전지 모듈에서 음영이 들지 않았음에도 불구하고, 단락전류값이 갑자기 작아지면 즉시 모듈을 교체하여야 한다.
④ 태양전지 셀 및 바이패스 다이오드가 손상된 경우, 태양전지 모듈을 교체한다.

풀이 불량 모듈을 교체할 때에는 동일 규격제품으로 교체하고, 그렇지 못한 경우에는 더 큰 단락전류값을 가진 모듈로 교체해야 출력 저하가 발생되지 않는다.

정답 110 ④ 111 ③ 112 ② 113 ④ 114 ① 115 ① 116 ①

117 운전상태에 따른 시스템의 발생신호 중 잘못 설명된 것은?

① 태양전지 전압이 저전압이 되면 인버터는 정지한다.
② 인버터 이상 시 인버터는 자동으로 정지하고 이상 신호를 나타낸다.
③ 태양전지 전압이 과전압이 되면 MC는 ON 상태를 유지한다.
④ 태양전지 전압이 과전압이 되면 인버터는 정지한다.

풀이 태양전지 전압이 과전압이 되면 MC는 OFF 상태로 된다.

118 계통 이상 시 태양광 전원의 발전설비 분리와 관련된 사항 중 틀린 것은?

① 정전 복구 후 자동으로 즉시 투입되도록 시설
② 단락 및 지락 고장으로 인한 선로 보호장치 설치
③ 차단장치는 배전계통 접지 중에는 투입 불가능하도록 시설
④ 계통 고장 시 역충전 방지를 위해 전원을 0.5초 이내 분리하는 단독운전 방지장치

풀이 계통 고장 시 역충전 방지를 위해 전원을 0.5초 내로 정지하고 5분 이후 재투입되도록 한다.

119 태양광 발전설비가 작동되지 않을 때 응급조치 순서로 옳은 것은?

① 접속함 내부차단기 개방 → 인버터 개방 → 설비 점검
② 접속함 내부차단기 개방 → 인버터 투입 → 설비 점검
③ 접속함 내부차단기 투입 → 인버터 개방 → 설비 점검
④ 접속함 내부차단기 투입 → 인버터 투입 → 설비 점검

풀이 태양광 발전설비의 응급조치 방법
접속함 내부차단기 개방 → 인버터 개방 → 설비점검

120 태양광발전시스템의 점검 중 운전정지에 대한 설명이 잘못된 것은?

① 운전스위치 '운전'에서 운전하고 '정지'에서 정지할 것
② 인버터가 정지하여 10분 후 자동 기동될 것
③ 자립운전으로 전환할 때 자립운전용 콘센트에서 사양서의 규정전압이 출력될 것
④ 운전 중 이상음, 이상진동, 악취 등의 발생이 없을 것

풀이 운전정지 점검항목

구분	점검항목		점검요령
운전정지	조작 및 육안 점검	보호계전기능의 설정	전력회사 정정치를 확인할 것
		운전	운전스위치 '운전'에서 운전할 것
		정지	운전스위치 '정지'에서 정지할 것
		투입저지 시한타이머 동작시험	인버터가 정지하여 5분 후 자동 기동할 것
		자립운전	자립운전으로 전환할 때, 자립운전용 콘센트에서 사양서의 규정전압이 출력될 것
		표시부의 동작 확인	표시가 정상으로 표시되어 있을 것
		이상음 등	운전 중 이상음, 이상진동, 악취 등의 발생이 없을 것
	측정	발생전압(태양전지 모듈)	태양전지의 동작전압이 정상일 것(동작전압 판정 일람표에서 확인)

121 신 · 재생에너지 설비를 설치한 시공자는 설비의 소유자에게 법으로 정한 하자보증기간 중에는 성실하게 무상으로 하자보증을 실시하여야 한다. 태양광발전설비의 경우 하자보증기간은?

① 1년 ② 2년
③ 3년 ④ 4년

풀이 태양광 · 태양열 주택 설비의 하자보수(신 · 재생에너지설비의 지원 등에 관한 기준)
하자보증기간은 3년이며, 그 기간 동안 태양광 · 태양열 주택 설비의 소유주는 신 · 재생에너지설비를

정답 117 ③ 118 ① 119 ① 120 ② 121 ③

설치한 전문기업 또는 제조자로부터 무상으로 하자 보수를 받을 수 있다.

122 하자 발생 시 조치사항에 대한 설명 중 잘못된 것은?

① 하자 발견 즉시 도급자에 서면 통보하여 하자 보수토록 요청
② 하자보수 요청 후 미이행 시는 하자보증보험사 또는 연대보증사에 서면 통보하여 조치
③ 하자보수를 완료한 경우 시공계를 제출하여 감독자의 준공검사를 득한다.
④ 하자보수 및 검사를 완료한 경우에는 하자보수 관리부를 작성하여 보관

풀이 하자 발생 시 조치사항
하자보수 및 검사를 완료한 경우에는 하자보수 관리부를 작성하여 보고한다.

123 전력설비의 기기를 이상전압으로부터 보호하는 장치는?

① 부하개폐기 ② 전력 퓨즈
③ 피뢰기 ④ 계기용 변성기

풀이
- 부하개폐기(Load Breaker Switch)
  부하전류 개폐
- 전력퓨즈(Power Fuse)
  사고전류 차단 및 후비 보호
- 피뢰기(Lighting Arrester)
  전력설비의 기기를 이상전압(개폐 시 이상전압 또는 낙으로부터 보호하는 장치)
- 계기용 변성기(Metering Out Fitting)
  계기용 변류기(CT)와 계기용 변압기(PT)를 한 상지(철제, 유입)에 넣은 것

124 송전설비의 보수점검을 위한 점검계획 수립 시 고려하여야 할 사항으로 가장 거리가 먼 것은?

① 환경조건 ② 고장이력
③ 설비의 가격 ④ 부하의 상태

풀이 송전설비의 점검계획은 대상기기의 환경조건, 운전조건, 고장이력, 부하의 상태, 설비의 중요성, 경과연수 등에 의하여 영향을 받기 때문에 충분히 고려하여야 한다.

125 송변전 설비의 유지관리를 위한 점검의 분류와 점검주기의 방법이 틀린 것은?

① 무정전 상태에서는 점검하지 않는다.
② 점검주기는 일상순시점검, 정기점검, 임시점검 등이 있다.
③ 모선정전의 심각한 사고 방지를 위해 3년에 1번 정도 점검하는 것이 좋다.
④ 무정전 상태에서도 문을 열고 점검할 수 있으며, 1개월에 1회 정도는 문을 열고 점검하는 것이 좋다.

풀이 송변전 설비의 유지관리
- 점검주기는 대상기기의 환경조건, 운전조건, 설비의 중요성, 경과연수 등에 의하여 영향을 받는다. 이를 고려하여 점검주기를 선정한다.
- 무정전의 상태에서도 문을 열고 점검할 수 있으며, 1개월에 1회 정도는 문을 열고 점검하는 것이 좋다.
- 모선정전의 기회는 별로 없으나 심각한 사고를 방지하기 위해 3년에 1번 정도 점검하는 것이 좋다.

126 연료전지 및 태양전지 모듈은 최대 사용전압의 1.5배의 직류전압 또는 1배의 교류전압(500[V] 미만으로 되는 경우에는 500[V])을 충전부분과 대지 사이에 연속하여 몇 분간 가하여 절연내력을 시험하였을 때에 이에 견디는 것이어야 하는가?

① 5 ② 10
③ 15 ④ 20

정답 122 ③ 123 ③ 124 ③ 125 ① 126 ②

풀이 전기설비기술기준의 판단기준 제15조(연료전지 및 태양전지 모듈의 절연내력)
연료전지 및 태양전지 모듈은 최대사용전압의 1.5배의 직류전압 또는 1배의 교류전압(500[V] 미만으로 되는 경우에는 500[V]을 충전부분과 대지 사이에 연속하여 10분간 가하여 절연내력을 시험하였을 때에 이에 견디는 것이어야 한다.

127 설계도서의 보관기준에 관한 다음 설명 중 잘못된 것은?

① 전력시설물의 소유자 및 관리주체는 실시설계도서를 시설물이 폐지될 때까지 보관한다.
② 전력시설물의 소유자 및 관리주체는 준공설계도서를 준공된 후 5년간 보관한다.
③ 설계업자는 실시설계 도서를 해당 시설물이 준공된 후 5년간 보관한다.
④ 감리업자는 준공설계 도서를 하자담보책임기간이 끝날 때까지 보관한다.

128 저압 및 고압용 검전기 사용 시 주의사항에 대한 설명 중 틀린 것은?

① 검전기의 정격전압을 초과하여 사용하는 것은 금지
② 검전기의 대용으로 활선접근경보기를 사용할 것
③ 검전기의 사용이 부적당한 경우에는 조작봉으로 대용
④ 습기가 있는 장소로서 위험이 예상되는 경우에는 고압 고무장갑을 착용

풀이 활선접근경보기는 전기 작업자의 착각 · 오인 · 오판 등으로 충전된 기기나 전선로에 근접하는 경우에 경고음을 발생하여 접근 위험경고 및 감전재해를 방지하기 위해 사용되는 것으로 검전기로 사용할 수 없다.

129 일반적으로 나타내는 내용 연수의 종류가 아닌 것은?

① 화학적 내용 연수 ② 기능적 내용 연수
③ 사회적 내용 연수 ④ 법정 내용 연수

풀이 내용 연수의 종류
- 물리적 내용 연수
- 기능적 내용 연수
- 사회적 내용 연수
- 법정 내용 연수

130 저압 및 고압 가공전선로(전기철도용 급전선로는 제외)와 기설 가공약전류전선로가 병행하는 경우 유도작용에 의하여 통신상의 장해가 생기지 않도록 전선과 기설 약전류 전선 간의 이격거리는 최소 몇 [m] 이상으로 하여야 하는가?

① 0.5 ② 1
③ 1.5 ④ 2

풀이 판단기준 제68조(가공 약전류전선로의 유도장해 방지) ① 저압 가공전선로(전기철도용 급전선로는 제외한다) 또는 고압 가공전선로(전기철도용 급전선로는 제외한다)와 기설 가공약전류전선로가 병행하는 경우에는 유도작용에 의하여 통신상의 장해가 생기지 아니하도록 전선과 기설 약전류 전선 간의 이격거리는 2[m] 이상이어야 한다.

131 태양광전기설비 화재의 원인으로 가장 거리가 먼 것은?

① 누전 ② 단락
③ 접촉부 과열 ④ 저전압

풀이 태양광 및 모든 전기설비의 화재는 누전 단락, 접촉부 과열 등의 원인으로 발생한다.

132 과전류 차단기 생략 장소로 틀린 것은?

① 접지공사 접지선
② 다선식 선로의 중성선
③ 저압가공전선로의 접지 측 전선
④ 분전반의 분기회로

풀이 과전류 차단기 생략 장소는 접지선과 중성선이며, 분기회로에는 과전류 차단기를 설치해야 한다.

정답 127 ② 128 ② 129 ① 130 ④ 131 ④ 132 ④

133 변류기(CT) 2차측 개방에 대한 대책으로 잘못된 것은?

① CT 2차측은 반드시 접지한다.
② CT 2차측은 1차 전류가 흐르고 있는 상태에서는 절대로 개로되지 않도록 주의한다.
③ 2차 개로 보호용 비직선 저항요소를 부착한다.
④ 누전차단기를 설치한다.

풀이 CT 2차측 개방에 대한 대책

- CT 2차측은 반드시 접지한다.
- 1차권선과 2차권선 사이의 정전용량에 의해 1차측 고압이 2차측으로 이행될 수 있다.
- 그 이행전압을 대지로 방전시키기 위해 2차측을 접지한다.

134 무효전력을 조정하는 전기기계기구의 명칭은?

① 변전소 ② 전기저장설비
③ 조상설비 ④ 인버터

풀이 조상설비는 무효전력을 조정하는 전기기계기구를 말한다.

정답 133 ④ 134 ③

010 태양광발전설비 안전관리

01 위험요소 및 위험관리방법

1 태양광발전시스템의 위험요소 및 위험관리방법

1. 전기작업의 안전

1) 전기작업의 준비

① 작업책임자 준비

㉠ 작업 전 : 현장시설 상태를 확인하고 작업내용과 안전조치를 주지시킴

㉡ 정전작업 시 : 정전범위, 정전 및 송전시간, 개폐기의 차단장소, 작업순서, 작업자의 작업배치, 작업종료 후 처치 등에 대해 설명

㉢ 고압활선작업과 활선근접작업 시 : 신체보호, 시설방호, 사람의 배치, 작업순서 등을 관계자에게 설명

② 작업자 준비

작업책임자의 명령에 따라 올바른 작업순서로 안전하게 작업해야 한다.

2. 전기안전점검 및 안전교육계획

1) 점검시험 및 검사

① 순시(월차)점검 : 월 1~4회 정도 실시

② 연차점검 : 구내 전체를 정전시킨 후 연 1회 점검 실시

③ 정기검사 : 검사받고자 하는 날의 7일 전에 전기안전공사에 검사를 의뢰하여 실시

④ 정밀점검 : 순시 및 정기점검 중 이상상황 발견 시 실시

2) 안전교육

① 월간 안전교육 : 월 1회 이상 시행

② 분기 안전교육 : 분기당 월 1.5시간 이상 수행

③ 안전교육 교육일지의 운영

④ 사업장 내 근무자에 대한 전기안전교육

㉠ 당직근무자 : 야간에 불필요한 조명 소등

㉡ 사업장 내 근무자

- 문제 발생 시 전기관리담당자에게 통보
- 각 실의 관리책임자가 확인 후 퇴근(플러그 등의 소거상태)
- 전선의 손상 여부
- 분전반 내 개폐기 조작은 전기관리담당자에게 통보하고 필요한 조치를 기다린다.
- 사업장 내 청결상태 유지

3. 전기안전수칙

① 작업자는 시계, 반지 등 금속체 물건을 착용해서는 안 된다.

② 정전작업 시 안전표찰을 부착하고, 출입을 제한시킬 필요가 있을 때에는 구획로프 설치

③ 고압이상 개폐기 및 차단기의 조작은 책임자의 승인을 받고 조작순서에 의해 조작

④ 고압이상 개폐기 조작은 꼭 무부하상태에서 실시하고, 개폐기 조작 후 잔류전하 방전상태를 검전기로 확인한다.

⑤ 고압이상 전기설비는 안전장구 착용 후 조작한다.

⑥ 비상발전기 가동 전 비상전원 공급구간을 재확인한다.

⑦ 작업완료 후 전기설비의 이상 유무를 확인한 다음 통전한다.

4. 태양광발전시스템의 안전관리대책

작업종류	사고예방	조치사항
모듈 설치	추락사고 예방	• 높은 곳 작업 시 안전난간대 설치 • 안전모, 안전화, 안전벨트 착용
구조물 설치		• 안전난간대 설치 • 안전모, 안전화, 안전벨트 착용
전선작업 및 설치		• 정품의 알루미늄 사다리 설치 • 안전모, 안전화, 안전벨트 착용
접속함 인버터 연결	감전사고 예방	• 태양전지 모듈 등 전원개방 • 절연장갑 착용
임시 배선작업		• 누전 발생 우려 장소에 누전차단기 설치 • 전선 피복상태 관리

02 안전관리장비

1 안전장비의 종류

1. 절연용 보호구

1) 용도

7,000[V] 이하 전로의 활선작업 및 활선 근접작업 시 감전사고를 방지하기 위해 작업자 몸에 착용하는 것

2) 종류

안전모, 전기용 고무장갑, 전기용 고무절연장화 등

2. 절연용 방호구

1) 용도

25,000[V] 이하의 전로의 활선작업 또는 활선 근접작업 시 감전사고 방지를 위해 전로의 충전부에 장착하는 것. 고압충전부로부터 머리 30[cm], 발밑 60[cm] 이내 접근 시 사용

2) 종류

고무판, 절연관, 절연시트, 절연커버, 애자커버 등

3. 검출용구

정전작업 시 전로의 정전 여부를 확인하기 위한 것

1) 저압 및 고압용 검전기

① 사용범위

㉠ 보수작업 시 저압 또는 고압 충전 유무 확인

㉡ 고저압 회로의 기기 및 설비 등의 정전 확인

㉢ 지지물 부속부위의 고저압 충전 유무 확인

② 사용 시 주의사항

㉠ 습기가 있는 장소 등은 고압고무장갑 착용

㉡ 검전기의 정격전압을 초과하여 사용하는 것 금지

㉢ 검전기의 사용이 부적당한 경우에는 조작봉으로 대응

2) 특별고압 검전기

① 사용범위

특별고압설비의 충전 유무 확인

② 사용 시 주의사항

㉠ 습기가 있는 장소 등은 고압고무장갑 착용

㉡ 검전기의 정격전압을 초과하여 사용하는 것 금지

㉢ 검전기의 사용이 부적당한 경우에는 조작봉으로 대응

3) 활선접근경보기

작업자가 충전된 기기나 전선로에 근접한 경우 경고음을 발생하여 접근위험경고 및 감전재해를 방지하기 위해 사용

① 사용범위

㉠ 정전작업장소에서 사선구간과 활선구간이 공존하는 장소

㉡ 활선에 근접하여 작업하는 경우

② 사용 시 주의사항

㉠ 활선접근경보기를 검전기 대용으로 사용하지 말 것

㉡ 시험용 버튼을 눌러 정상 여부 확인

㉢ 불필요하게 안전모에 부착하지 말 것

㉣ 변전소의 실내 또는 큐비클 내부에서는 사용하지 말 것(부동작 또는 오동작됨)

㉤ 안테나가 안전모 정면이 되도록 착용할 것

㉥ 팔에 착용할 때에는 안테나가 충전부의 정면이 되도록 착용할 것

4. 접지용구

작업자의 감전사고를 방지하기 위한 것으로, 접지용구를 설치하거나 철거 시 접지도선이 자신이나 타인의 신체는 물론 전선, 기기 등에 접촉하지 않도록 주의한다.

5. 측정계기

1) 멀티미터

측정대상 : 저항, 직류전류, 직류전압, 교류전압

2) 클램프미터(훅온미터)

① 측정대상 : 저항, 전압, 전류

② 교류측정기기로 전력설비의 운용관리 및 점검에 가장 널리 사용

2 안전장비 보관요령

1) 보관요령

① 안전장비 중 검사장비, 측정장비는 전기 · 전자기기로 습기에 약하므로 건조한 장소에 보관

② 안전모, 안전장갑, 방진마스크 등의 개인보호구는 언제든지 사용할 수 있도록 손질하여 보관

2) 정기점검관리 요령

① 한 달에 한 번 이상 책임있는 감독자가 점검할 것

② 청결하고 습기가 없는 장소에 보관할 것

③ 보호구 사용 후에는 손질하여 항상 깨끗이 보관할 것

④ 세척 후에는 완전히 건조시켜 보관할 것

010 실전예상문제

01 전기안전작업수칙에 대한 설명 중 잘못된 것은?

① 고압 이상의 전기설비는 꼭 안전장구를 착용한 후 조작한다.
② 비상용 발전기 가동 전 비상전원 공급구간을 반드시 재확인한다.
③ 고압 이상 개폐기 조작은 꼭 무부하상태에서 실시하고 개폐기 조작 후 잔류전하 방전상태를 검전기로 꼭 확인한다.
④ 작업자는 시계, 반지 등 금속체 물건을 착용하고 작업한다.

풀이 전기안전 작업수칙

- 작업자는 시계, 반지 등 금속체 물건을 착용해서는 안 된다.
- 정전작업 시 작업 중의 안전표찰을 부착하고 출입을 제한시킬 필요가 있을 때에는 구획로프를 설치한다.
- 고압 이상 개폐기 조작은 꼭 무부하상태에서 실시하고 개폐기 조작 후 잔류전하 방전상태를 검전기로 꼭 확인한다.
- 작업완료 후 전기설비의 이상 유무를 확인한 후 통전한다.

02 전기안전규칙 준수사항에 대한 설명 중 잘못된 것은?

① 전기작업은 양손을 사용하여 작업한다.
② 어떠한 경우에도 접지선을 절대 제거해서는 안 된다.
③ 작업자의 바닥이 젖은 상태에서는 절대로 작업해서는 안 된다.
④ 전기작업을 할 때는 절대로 혼자 작업해서는 안 된다.

풀이 전기안전규칙 준수사항

(1) 모든 전기설비 및 전기선로에는 항상 전기가 흐르고 있다는 생각으로 작업에 임해야 한다.
(2) 작업 전에 현장의 작업조건과 위험요소의 존재 여부를 미리 확인한다.
(3) 배선용 차단기, 누전차단기 등과 같은 안전장치가 결코 자신의 안전을 보호할 수 있다고 생각해서는 안 된다.
(4) 어떠한 경우에도 접지선을 절대 제거해서는 안 된다.
(5) 기기와 전선의 연결, 공구 등의 정리정돈을 철저히 해야 한다.
(6) 작업자는 바닥이 젖은 상태에서는 절대로 작업해서는 안 된다.
(7) 전기작업을 할 때는 절대로 혼자 작업해서는 안 된다.
(8) 전기작업은 양손을 사용하지 말고 가능하면 한 손으로 작업한다.
(9) 작업 중에는 절대 잡담(특히 활선인 경우)을 하지 않도록 한다.
(10) 전기 작업자는 어떤 상황이라도 급하게 행동해서는 안 된다.

03 고압 활선작업 시의 안전조치사항이 아닌 것은?

① 절연용 보호구 착용
② 단락접지기구의 철거
③ 절연용 방호구 설치
④ 활선작업용 기구 사용

풀이 고압 활선작업 시의 안전조치 사항

- 절연용 보호구 착용
- 절연용 방호구 설치
- 활선작업용 기구 사용
- 활선작업용 장치 사용

04 태양전지 모듈 설치 시 감전사고 방지를 위한 대책이 아닌 것은?

① 태양전지 모듈 표면에 차광시트를 제거한다.
② 강우 또는 강설 시는 작업을 하지 않는다.
③ 절연처리된 공구를 사용한다.
④ 절연장갑을 착용한다.

풀이 감전방지를 위해서는 태양전지 모듈 표면에 차광시트를 씌운다.

정답 01 ④ 02 ① 03 ② 04 ①

05 감전의 위험을 방지하기 위해 정전작업 시에 작성하는 정전작업요령에 포함되는 사항이 아닌 것은?

① 정전확인순서에 관한 사항
② 단독근무 시 필요한 사항
③ 단락접지 실시에 관한 사항
④ 시운전을 위한 일시운전에 관한 사항

풀이 정전작업 요령에 포함되어야 할 사항
- 작업책임자의 임명, 정전범위 및 절연용 보호구의 작업시작 전 점검 등 작업 시 작업에 필요한 사항
- 전로 또는 설비의 정전순서에 관한 사항
- 개폐기 관리 및 표지관 부착에 관한 사항
- 정전확인순서에 관한 사항
- 단락접지 실시에 관한 사항
- 전원 재투입순서에 관한 사항
- 점검 또는 시운전을 위한 일시운전에 관한 사항

06 태양광발전시스템 시공작업 중에 발생할 수 있는 감전사고로부터 보호하기 위한 방지대책으로 틀린 것은?

① 정연장갑을 낀다.
② 절연처리가 된 공구를 사용한다.
③ 태양전지 모듈의 표면에 차광시트를 붙여 태양광을 차단한다.
④ 강우 시에는 발전하지 않으니 미끄러짐을 주의하여 작업을 진행한다.

풀이 강우 시에는 감전사고뿐만 아니라 미끄러짐으로 인한 추락사고로 이어질 우려가 있으므로 작업을 금지한다.

07 태양전지 모듈 설치 및 보수 시 감전방지책으로 옳은 것은?

① 작업 시에는 목장갑을 착용한다.
② 강우 시 발전이 없기 때문에 작업을 해도 무관하다.
③ 태양광 모듈을 수리할 경우 표면을 차광시트로 씌워야 한다.
④ 태양전지 모듈은 저압이기 때문에 공구는 반드시 절연처리할 필요가 없다.

풀이 모듈 설치 시 감전방지대책
- 작업 시에는 절연장갑을 착용한다.
- 강우 시에는 작업을 금한다.
- 공구는 반드시 절연처리된 것을 사용한다.
- 모듈 표면은 차광시트로 씌워 전력이 생산되지 않도록 하여야 한다.

08 태양전지 모듈 설치 시 감전방지대책에서 틀린 것은?

① 작업 전 태양전지 모듈의 표면에 차광시트를 붙여 태양광을 차단한다.
② 강우 시에는 태양광이 없기 때문에 작업을 해도 괜찮다.
③ 절연 처리된 공구를 사용한다.
④ 저압절연 장갑을 사용한다.

풀이 강우 시에는 감전사고뿐만 아니라 미끄러짐으로 인한 추락사고로 이어질 우려가 있으므로 작업을 금지한다.

09 태양광 모듈 설치 시 감전사고 예방대책이 아닌 것은?

① 절연장갑 착용
② 안전난간대 설치
③ 태양전지 모듈 등 전원 개방
④ 누전 위험장소 누전차단기 설치

풀이 안전난간대는 추락방지대책에 해당한다.

10 전기용 고무장갑 사용 시 주의사항에 대한 설명 중 잘못된 것은?

① 사용 전에 반드시 공기를 불어넣어 새는 곳이 없는지 확인하고, 샐 경우에는 사용하지 말 것
② 전기용 고무장갑은 공구, 자재와 혼합 보관 및 운반하지 말 것

정답 05 ② 06 ④ 07 ③ 08 ② 09 ② 10 ④

③ 전기용 고무장갑의 손상 우려 시에는 반드시 가죽 장갑을 외부에 착용할 것
④ 땀이 차는 경우 소매를 접어서 사용할 것

풀이 전기용 고무장갑 사용 시 주의사항
- 사용하지 않는 전기용 고무장갑은 먼지, 습기, 기름 등이 없고 통풍이 잘되는 곳에 보관할 것
- [kV]용 고무장갑을 6[kV]에 사용하지 않을 것
- 소매를 접어서 사용하지 말 것

11 태양전지 어레이 설치공사에 있어서 감전방지책으로 적절하지 않은 것은?

① 작업 전 태양전지 모듈의 표면에 차광시트를 붙여 태양광을 차단한다.
② 일반용 고무장갑을 낀다.
③ 절연처리된 공구를 사용한다.
④ 강우 시 작업을 하지 않는다.

풀이 어레이 설치공사 중 감전방지책
- 모듈 표면에 차광시트 설치
- 절연장갑 및 절연공구 사용
- 강우 시 작업금지

12 태양광발전시스템의 감전사고 예방대책이 아닌 것은?

① 태양전지 모듈 등 전원 개방
② 목장갑 착용
③ 누전차단기 설치
④ 전선피복 상태 관리

풀이 태양광발전시스템의 안전관리대책

작업 종류	사고 예방	조치 사항
접속함, 파워컨디셔너 등 연결	감전사고 예방	• 태양전지 모듈 등 전원 개방 • 절연장갑 착용
임시 배선 작업		• 누전 발생 우려 장소에 누전차단기 설치 • 전선피복 상태 관리

13 태양광발전소 유지 정비 시 감전방지책으로 가장 거리가 먼 것은?

① 강우 시에는 작업을 중지한다.
② 저압선로용 절연장갑을 착용한다.
③ 절연처리된 공구들을 사용한다.
④ 태양전지 모듈 표면을 대기로 노출한다.

풀이 감전방지대책
- 모듈에 차광막을 씌워 태양광을 차폐
- 저압 절연장갑을 착용
- 절연공구 사용
- 강우 시에는 감전사고뿐만 아니라 미끄러짐으로 인한 추락사고로 이어질 우려가 있으므로 작업을 금지한다.

14 다음 중 추락방지를 위해 사용하여야 할 안전 복장은?

① 안전모 착용 ② 안전대 착용
③ 안전화 착용 ④ 안전허리띠 착용

풀이 안전장구 착용
- 안전모
- 안전대 착용 : 추락방지
- 안전화 : 중량물에 의한 발 보호 및 미끄럼 방지용
- 안전허리띠 착용 : 공구나 공사 부재 낙하 방지

15 클램프미터의 측정대상이 아닌 것은?

① 전류 ② 전압
③ 저항 ④ 전력

풀이 클램프미터의 측정대상 – 전류, 전압, 저항

16 멀티미터(테스터)의 측정대상이 아닌 것은?

① 직류전류 ② 직류전압
③ 교류전류 ④ 교류전압

풀이 멀티미터(테스터)의 측정대상
저항, 직류전류, 직류전압, 교류전압

정답 11 ② 12 ② 13 ④ 14 ② 15 ④ 16 ③

17 충전전로를 취급하는 근로자가 착용하는 절연용 보호구가 아닌 것은?

① 절연 고무장갑 ② 절연 안전모
③ 절연 담요 ④ 절연화

풀이 작업자의 감전사고를 방지하기 위해 작업자가 착용하는 절연용 보호구 : 전기용(절연) 안전모, 전기용(절연) 고무장갑, 전기용(절연) 고무장화(=절연화)

18 절연용 보호구가 아닌 것은?

① 전기용 안전모
② 전기용 고무장갑
③ 전기용 작업복
④ 전기용 고무장화

풀이 절연용 보호구의 종류
전기용 안전모, 전기용 고무장갑, 전기용 고무장화

19 태양광 발전설비의 안전관리를 위해 안전관리자가 보유하여야 할 장비로 적당하지 않은 것은?

① 검전기 ② 각도계
③ 전압 Tester ④ Earth Tester

풀이 각도계는 시공 시 필요한 장비이다.

20 절연용 방호구가 아닌 것은?

① 후크봉 ② 고무판
③ 절연관 ④ 절연커버

풀이 절연용 방호구의 종류
고무판, 절연관, 절연시트, 절연커버, 애자커버

21 절연용 방호구로 틀린 것은?

① 검전기 ② 고무판
③ 절연시트 ④ 애자커버

풀이 절연용 방호구의 종류
고무판, 절연관, 절연시트, 애자커버 등

22 저압 및 고압용 검전기 사용 시 주의사항에 대한 설명 중 잘못된 것은?

① 습기가 있는 장소로서 위험이 예상되는 경우에는 고압 고무절연장갑을 착용
② 검전기의 대용으로 활선접근경보기를 사용할 것
③ 검전기의 정격전압을 초과하여 사용하는 것은 금지
④ 검전기의 사용이 부적당한 경우에는 조작봉으로 대응

풀이 저압 및 고압용 검전기 사용 시 주의사항
활선접근경보기를 검전기 대용으로 사용하지 말 것

23 안전장비의 정기점검 관리 보관 요령에 대한 설명 중 잘못된 것은?

① 1년에 한 번 이상 책임 있는 감독자가 점검을 할 것
② 청결하고 습기가 없는 장소에 보관할 것
③ 보호구 사용 후에는 손질하여 항상 깨끗이 보관할 것
④ 세척한 후에는 완전히 건조시켜 보관할 것

풀이 안전장비의 정기점검 관리 보관 요령
안전장비의 정기점검은 1년이 아니라 한 달에 한 번 이상이다.

정답 17 ③ 18 ③ 19 ② 20 ① 21 ① 22 ② 23 ①

011 신 · 재생에너지 관련 법규

Ⅰ. 신 · 재생에너지 관련법

01 신에너지 및 재생에너지 개발 · 이용 · 보급 촉진법

제1조(목적) 이 법은 신에너지 및 재생에너지의 기술개발 및 이용 · 보급 촉진과 신에너지 및 재생에너지 산업의 활성화를 통하여 에너지원을 다양화하고, 에너지의 안정적인 공급, 에너지 구조의 환경친화적 전환 및 온실가스 배출의 감소를 추진함으로써 환경의 보전, 국가경제의 건전하고 지속적인 발전 및 국민복지의 증진에 이바지함을 목적으로 한다.

제2조(정의) 이 법에서 사용하는 용어의 뜻은 다음과 같다.

1. "신에너지"란 기존의 화석연료를 변환시켜 이용하거나 수소 · 산소 등의 화학 반응을 통하여 전기 또는 열을 이용하는 에너지로서 다음 각 목의 어느 하나에 해당하는 것을 말한다.
   가. 수소에너지
   나. 연료전지
   다. 석탄을 액화 · 가스화한 에너지 및 중질잔사유(重質殘渣油)를 가스화한 에너지로서 대통령령으로 정하는 기준 및 범위에 해당하는 에너지
   라. 그 밖에 석유 · 석탄 · 원자력 또는 천연가스가 아닌 에너지로서 대통령령으로 정하는 에너지
2. "재생에너지"란 햇빛 · 물 · 지열(地熱) · 강수(降水) · 생물유기체 등을 포함하는 재생 가능한 에너지를 변환시켜 이용하는 에너지로서 다음 각 목의 어느 하나에 해당하는 것을 말한다.
   가. 태양에너지
   나. 풍력
   다. 수력
   라. 해양에너지
   마. 지열에너지
   바. 생물자원을 변환시켜 이용하는 바이오에너지로서 대통령령으로 정하는 기준 및 범위에 해당하는 에너지
   사. 폐기물에너지(비재생폐기물로부터 생산된 것은 제외한다)로서 대통령령으로 정하는 기준 및 범위에 해당하는 에너지
   아. 그 밖에 석유 · 석탄 · 원자력 또는 천연가스가 아닌 에너지로서 대통령령으로 정하는 에너지
3. "신에너지 및 재생에너지 설비"(이하 "신 · 재생에너지 설비"라 한다)란 신에너지 및 재생에너지

(이하 "신 · 재생에너지"라 한다)를 생산 또는 이용하거나 신 · 재생에너지의 전력계통 연계조건을 개선하기 위한 설비로서 산업통상자원부령으로 정하는 것을 말한다.

4. "신 · 재생에너지 발전"이란 신 · 재생에너지를 이용하여 전기를 생산하는 것을 말한다.
5. "신 · 재생에너지 발전사업자"란 「전기사업법」 제2조 제4호에 따른 발전사업자 또는 같은 조 제19호에 따른 자가용전기설비를 설치한 자로서 신 · 재생에너지 발전을 하는 사업자를 말한다.

제5조(기본계획의 수립) ① 산업통상자원부장관은 관계 중앙행정기관의 장과 협의를 한 후 제8조에 따른 신 · 재생에너지정책심의회의 심의를 거쳐 신 · 재생에너지의 기술개발 및 이용 · 보급을 촉진하기 위한 기본계획(이하 "기본계획"이라 한다)을 5년마다 수립하여야 한다.

② 기본계획의 계획기간은 10년 이상으로 하며, 기본계획에는 다음 각 호의 사항이 포함되어야 한다.

1. 기본계획의 목표 및 기간
2. 신 · 재생에너지원별 기술개발 및 이용 · 보급의 목표
3. 총전력생산량 중 신 · 재생에너지 발전량이 차지하는 비율의 목표
4. 「에너지법」 제2조 제10호에 따른 온실가스의 배출 감소 목표
5. 기본계획의 추진방법
6. 신 · 재생에너지 기술수준의 평가와 보급전망 및 기대효과
7. 신 · 재생에너지 기술개발 및 이용 · 보급에 관한 지원 방안
8. 신 · 재생에너지 분야 전문인력 양성계획
9. 직전 기본계획에 대한 평가
10. 그 밖에 기본계획의 목표달성을 위하여 산업통상자원부장관이 필요하다고 인정하는 사항

③ 산업통상자원부장관은 신 · 재생에너지의 기술개발 동향, 에너지 수요 · 공급 동향의 변화, 그 밖의 사정으로 인하여 수립된 기본계획을 변경할 필요가 있다고 인정하면 관계 중앙행정기관의 장과 협의를 한 후 제8조에 따른 신 · 재생에너지정책심의회의 심의를 거쳐 그 기본계획을 변경할 수 있다.

제6조(연차별 실행계획) ① 산업통상자원부장관은 기본계획에서 정한 목표를 달성하기 위하여 신 · 재생에너지의 종류별로 신 · 재생에너지의 기술개발 및 이용 · 보급과 신 · 재생에너지 발전에 의한 전기의 공급에 관한 실행계획(이하 "실행계획"이라 한다)을 매년 수립 · 시행하여야 한다.

② 산업통상자원부장관은 실행계획을 수립 · 시행하려면 미리 관계 중앙행정기관의 장과 협의하여야 한다.

③ 산업통상자원부장관은 실행계획을 수립하였을 때에는 이를 공고하여야 한다.

제12조(신 · 재생에너지사업에의 투자권고 및 신 · 재생에너지 이용의무화 등) ① 산업통상자원부장관은 신 · 재생에너지의 기술개발 및 이용 · 보급을 촉진하기 위하여 필요하다고 인정하면 에너지 관련 사업을 하는 자에 대하여 제10조 각 호의 사업을 하거나 그 사업에 투자 또는 출연할 것을 권고

할 수 있다.

② 산업통상자원부장관은 신 · 재생에너지의 이용 · 보급을 촉진하고 신 · 재생에너지산업의 활성화를 위하여 필요하다고 인정하면 다음 각 호의 어느 하나에 해당하는 자가 신축 · 증축 또는 개축하는 건축물에 대하여 대통령령으로 정하는 바에 따라 그 설계 시 산출된 예상 에너지사용량의 일정 비율 이상을 신 · 재생에너지를 이용하여 공급되는 에너지를 사용하도록 신 · 재생에너지 설비를 의무적으로 설치하게 할 수 있다.

1. 국가 및 지방자치단체
2. 공공기관
3. 정부가 대통령령으로 정하는 금액 이상을 출연한 정부출연기관
4. 「국유재산법」 제2조 제6호에 따른 정부출자기업체
5. 지방자치단체 및 제2호부터 제4호까지의 규정에 따른 공공기관, 정부출연기관 또는 정부출자기업체가 대통령령으로 정하는 비율 또는 금액 이상을 출자한 법인
6. 특별법에 따라 설립된 법인

③ 산업통상자원부장관은 신 · 재생에너지의 활용 여건 등을 고려할 때 신 · 재생에너지를 이용하는 것이 적절하다고 인정되는 공장 · 사업장 및 집단주택단지 등에 대하여 신 · 재생에너지의 종류를 지정하여 이용하도록 권고하거나 그 이용설비를 설치하도록 권고할 수 있다.

제12조의5(신 · 재생에너지 공급의무화 등) ① 산업통상자원부장관은 신 · 재생에너지의 이용 · 보급을 촉진하고 신 · 재생에너지산업의 활성화를 위하여 필요하다고 인정하면 다음 각 호의 어느 하나에 해당하는 자 중 대통령령으로 정하는 자(이하 "공급의무자"라 한다)에게 발전량의 일정량 이상을 의무적으로 신 · 재생에너지를 이용하여 공급하게 할 수 있다.

1. 「전기사업법」 제2조에 따른 발전사업자
2. 「집단에너지사업법」 제9조 및 제48조에 따라 「전기사업법」 제7조 제1항에 따른 발전사업의 허가를 받은 것으로 보는 자
3. 공공기관

② 제1항에 따라 공급의무자가 의무적으로 신 · 재생에너지를 이용하여 공급하여야 하는 발전량(이하 "의무공급량"이라 한다)의 합계는 총전력생산량의 25퍼센트 이내의 범위에서 연도별로 대통령령으로 정한다. 이 경우 균형 있는 이용 · 보급이 필요한 신 · 재생에너지에 대하여는 대통령령으로 정하는 바에 따라 총의무공급량 중 일부를 해당 신 · 재생에너지를 이용하여 공급하게 할 수 있다.

③ 공급의무자의 의무공급량은 산업통상자원부장관이 공급의무자의 의견을 들어 공급의무자별로 정하여 고시한다. 이 경우 산업통상자원부장관은 공급의무자의 총발전량 및 발전원(發電源) 등을 고려하여야 한다.

④ 공급의무자는 의무공급량의 일부에 대하여 3년의 범위에서 그 공급의무의 이행을 연기할 수 있다.

⑤ 공급의무자는 제12조의7에 따른 신·재생에너지 공급인증서를 구매하여 의무공급량에 충당할 수 있다.

⑥ 산업통상자원부장관은 제1항에 따른 공급의무의 이행 여부를 확인하기 위하여 공급의무자에게 대통령령으로 정하는 바에 따라 필요한 자료의 제출 또는 제5항에 따라 구매하여 의무공급량에 충당하거나 제12조의7제1항에 따라 발급받은 신·재생에너지 공급인증서의 제출을 요구할 수 있다.

⑦ 제4항에 따라 공급의무의 이행을 연기할 수 있는 총량과 연차별 허용량, 그 밖에 필요한 사항은 대통령령으로 정한다.

제12조의6(신·재생에너지 공급 불이행에 대한 과징금) ① 산업통상자원부장관은 공급의무자가 의무공급량에 부족하게 신·재생에너지를 이용하여 에너지를 공급한 경우에는 대통령령으로 정하는 바에 따라 그 부족분에 제12조의7에 따른 신·재생에너지 공급인증서의 해당 연도 평균거래 가격의 100분의 150을 곱한 금액의 범위에서 과징금을 부과할 수 있다.

② 제1항에 따른 과징금을 납부한 공급의무자에 대하여는 그 과징금의 부과기간에 해당하는 의무공급량을 공급한 것으로 본다.

③ 산업통상자원부장관은 제1항에 따른 과징금을 납부하여야 할 자가 납부기한까지 그 과징금을 납부하지 아니한 때에는 국세 체납처분의 예를 따라 징수한다.

④ 제1항 및 제3항에 따라 징수한 과징금은 「전기사업법」에 따른 전력산업기반기금의 재원으로 귀속된다.

제12조의7(신·재생에너지 공급인증서 등) ① 신·재생에너지를 이용하여 에너지를 공급한 자(이하 "신·재생에너지 공급자"라 한다)는 산업통상자원부장관이 신·재생에너지를 이용한 에너지 공급의 증명 등을 위하여 지정하는 기관(이하 "공급인증기관"이라 한다)으로부터 그 공급 사실을 증명하는 인증서(전자문서로 된 인증서를 포함한다. 이하 "공급인증서"라 한다)를 발급받을 수 있다. 다만, 제17조에 따라 발전차액을 지원받은 신·재생에너지 공급자에 대한 공급인증서는 국가에 대하여 발급한다.

② 공급인증서를 발급받으려는 자는 공급인증기관에 대통령령으로 정하는 바에 따라 공급인증서의 발급을 신청하여야 한다.

③ 공급인증기관은 제2항에 따른 신청을 받은 경우에는 신·재생에너지의 종류별 공급량 및 공급기간 등을 확인한 후 다음 각 호의 기재사항을 포함한 공급인증서를 발급하여야 한다. 이 경우 균형 있는 이용·보급과 기술개발 촉진 등이 필요한 신·재생에너지에 대하여는 대통령령으로 정하는 바에 따라 실제 공급량에 가중치를 곱한 양을 공급량으로 하는 공급인증서를 발급할 수 있다.

1. 신·재생에너지 공급자
2. 신·재생에너지의 종류별 공급량 및 공급기간
3. 유효기간

④ 공급인증서의 유효기간은 발급받은 날부터 3년으로 하되, 제12조의5 제5항 및 제6항에 따라 공급의무자가 구매하여 의무공급량에 충당하거나 발급받아 산업통상자원부장관에게 제출한 공급인증서는 그 효력을 상실한다. 이 경우 유효기간이 지나거나 효력을 상실한 해당 공급인증서는 폐기하여야 한다.

⑤ 공급인증서를 발급받은 자는 그 공급인증서를 거래하려면 제12조의9 제2항에 따른 공급인증서 발급 및 거래시장 운영에 관한 규칙으로 정하는 바에 따라 공급인증기관이 개설한 거래시장(이하 "거래시장"이라 한다)에서 거래하여야 한다.

⑥ 산업통상자원부장관은 다른 신 · 재생에너지와의 형평을 고려하여 공급인증서가 일정 규모 이상의 수력을 이용하여 에너지를 공급하고 발급된 경우 등 산업통상자원부령으로 정하는 사유에 해당할 때에는 거래시장에서 해당 공급인증서가 거래될 수 없도록 할 수 있다.

⑦ 산업통상자원부장관은 거래시장의 수급조절과 가격안정화를 위하여 대통령령으로 정하는 바에 따라 국가에 대하여 발급된 공급인증서를 거래할 수 있다. 이 경우 산업통상자원부장관은 공급의무자의 의무공급량, 의무이행실적 및 거래시장 가격 등을 고려하여야 한다.

⑧ 신 · 재생에너지 공급자가 신 · 재생에너지 설비에 대한 지원 등 대통령령으로 정하는 정부의 지원을 받은 경우에는 대통령령으로 정하는 바에 따라 공급인증서의 발급을 제한할 수 있다.

제12조의8(공급인증기관의 지정 등) ① 산업통상자원부장관은 공급인증서 관련 업무를 전문적이고 효율적으로 실시하고 공급인증서의 공정한 거래를 위하여 다음 각 호의 어느 하나에 해당하는 자를 공급인증기관으로 지정할 수 있다.

1. 제31조에 따른 신 · 재생에너지센터
2. 「전기사업법」 제35조에 따른 한국전력거래소
3. 제12조의9에 따른 공급인증기관의 업무에 필요한 인력 · 기술능력 · 시설 · 장비 등 대통령령으로 정하는 기준에 맞는 자

② 제1항에 따라 공급인증기관으로 지정받으려는 자는 산업통상자원부장관에게 지정을 신청하여야 한다.

③ 공급인증기관의 지정방법 · 지정절차, 그 밖에 공급인증기관의 지정에 필요한 사항은 산업통상자원부령으로 정한다.

제12조의10(공급인증기관 지정의 취소 등) ① 산업통상자원부장관은 공급인증기관이 다음 각 호의 어느 하나에 해당하는 경우에는 산업통상자원부령으로 정하는 바에 따라 그 지정을 취소하거나 1년 이내의 기간을 정하여 그 업무의 전부 또는 일부의 정지를 명할 수 있다. 다만, 제1호 또는 제2호에 해당하는 때에는 그 지정을 취소하여야 한다.

1. 거짓이나 그 밖의 부정한 방법으로 지정을 받은 경우
2. 업무정지 처분을 받은 후 그 업무정지 기간에 업무를 계속한 경우
3. 제12조의8 제1항 제3호에 따른 지정기준에 부적합하게 된 경우

4. 제12조의9 제4항에 따른 시정명령을 시정기간에 이행하지 아니한 경우

② 산업통상자원부장관은 공급인증기관이 제1항 제3호 또는 제4호에 해당하여 업무정지를 명하여야 하는 경우로서 그 업무의 정지가 그 이용자 등에게 심한 불편을 주거나 그 밖에 공익을 해칠 우려가 있으면 그 업무정지 처분을 갈음하여 5천만 원 이하의 과징금을 부과할 수 있다.

③ 제2항에 따라 과징금을 부과하는 위반행위의 종별 · 정도 등에 따른 과징금의 금액과 그 밖에 필요한 사항은 대통령령으로 정한다.

④ 산업통상자원부장관은 제2항에 따른 과징금을 납부하여야 할 자가 납부기한까지 그 과징금을 납부하지 아니한 때에는 국세 체납처분의 예를 따라 징수한다.

제17조(신 · 재생에너지 발전 기준가격의 고시 및 차액 지원) ① 산업통상자원부장관은 신 · 재생에너지 발전에 의하여 공급되는 전기의 기준가격을 발전원별로 정한 경우에는 그 가격을 고시하여야 한다. 이 경우 기준가격의 산정기준은 대통령령으로 정한다.

② 산업통상자원부장관은 신 · 재생에너지 발전에 의하여 공급한 전기의 전력거래가격(「전기사업법」 제33조에 따른 전력거래가격을 말한다)이 제1항에 따라 고시한 기준가격보다 낮은 경우에는 그 전기를 공급한 신 · 재생에너지 발전사업자에 대하여 기준가격과 전력거래가격의 차액(이하 "발전차액"이라 한다)을 「전기사업법」 제48조에 따른 전력산업기반기금에서 우선적으로 지원한다.

③ 산업통상자원부장관은 제1항에 따라 기준가격을 고시하는 경우에는 발전차액을 지원하는 기간을 포함하여 고시할 수 있다.

④ 산업통상자원부장관은 발전차액을 지원받은 신 · 재생에너지 발전사업자에게 결산재무제표(決算財務諸表) 등 기준가격 설정을 위하여 필요한 자료를 제출할 것을 요구할 수 있다.

제18조(지원 중단 등) ① 산업통상자원부장관은 발전차액을 지원받은 신 · 재생에너지 발전사업자가 다음 각 호의 어느 하나에 해당하면 산업통상자원부령으로 정하는 바에 따라 경고를 하거나 시정을 명하고, 그 시정명령에 따르지 아니하는 경우에는 발전차액의 지원을 중단할 수 있다.

1. 거짓이나 부정한 방법으로 발전차액을 지원받은 경우
2. 제17조 제4항에 따른 자료요구에 따르지 아니하거나 거짓으로 자료를 제출한 경우

② 산업통상자원부장관은 발전차액을 지원받은 신 · 재생에너지 발전사업자가 제1항 제1호에 해당하면 산업통상자원부령으로 정하는 바에 따라 그 발전차액을 환수(還收)할 수 있다. 이 경우 산업통상자원부장관은 발전차액을 반환할 자가 30일 이내에 이를 반환하지 아니하면 국세 체납처분의 예에 따라 징수할 수 있다.

제20조(신 · 재생에너지 기술의 국제표준화 지원) ① 산업통상자원부장관은 국내에서 개발되었거나 개발 중인 신 · 재생에너지 관련 기술이 「국가표준기본법」 제3조 제2호에 따른 국제표준에 부합되도록 하기 위하여 설비인증기관에 대하여 표준화기반 구축, 국제활동 등에 필요한 지원을 할 수 있다.

② 제1항에 따른 지원 범위 등에 관하여 필요한 사항은 대통령령으로 정한다.

제21조(신 · 재생에너지 설비 및 그 부품의 공용화) ① 산업통상자원부장관은 신 · 재생에너지 설비 및 그 부품의 호환성(互換性)을 높이기 위하여 그 설비 및 부품을 산업통상자원부장관이 정하여 고시하는 바에 따라 공용화 품목으로 지정하여 운영할 수 있다.

② 다음 각 호의 어느 하나에 해당하는 자는 신 · 재생에너지 설비 및 그 부품 중 공용화가 필요한 품목을 공용화 품목으로 지정하여 줄 것을 산업통상자원부장관에게 요청할 수 있다.

1. 제31조에 따른 신 · 재생에너지센터
2. 그 밖에 산업통상자원부령으로 정하는 기관 또는 단체

③ 산업통상자원부장관은 신 · 재생에너지 설비 및 그 부품의 공용화를 효율적으로 추진하기 위하여 필요한 지원을 할 수 있다.

④ 제1항부터 제3항까지의 규정에 따른 공용화 품목의 지정 · 운영, 지정 요청, 지원기준 등에 관하여 필요한 사항은 대통령령으로 정한다.

제23조의3(의무 불이행에 대한 과징금) ① 산업통상자원부장관은 혼합의무자가 혼합의무비율을 충족시키지 못한 경우에는 대통령령으로 정하는 바에 따라 그 부족분에 해당 연도 평균거래가격의 100분의 150을 곱한 금액의 범위에서 과징금을 부과할 수 있다.

② 산업통상자원부장관은 제1항에 따른 과징금을 납부하여야 할 자가 납부기한까지 그 과징금을 납부하지 아니한 때에는 국세 체납처분의 예에 따라 징수한다.

③ 제1항 및 제2항에 따라 징수한 과징금은 「에너지 및 자원사업 특별회계법」에 따른 에너지 및 자원사업 특별회계의 재원으로 귀속된다.

제27조(보급사업) ① 산업통상자원부장관은 신 · 재생에너지의 이용 · 보급을 촉진하기 위하여 필요하다고 인정하면 대통령령으로 정하는 바에 따라 다음 각 호의 보급사업을 할 수 있다.

1. 신기술의 적용사업 및 시범사업
2. 환경친화적 신 · 재생에너지 집적화단지(集積化團地) 및 시범단지 조성사업
3. 지방자치단체와 연계한 보급사업
4. 실용화된 신 · 재생에너지 설비의 보급을 지원하는 사업
5. 그 밖에 신 · 재생에너지 기술의 이용 · 보급을 촉진하기 위하여 필요한 사업으로서 산업통상자원부장관이 정하는 사업

② 산업통상자원부장관은 개발된 신 · 재생에너지 설비가 설비인증을 받거나 신 · 재생에너지 기술의 국제표준화 또는 신 · 재생에너지 설비와 그 부품의 공용화가 이루어진 경우에는 우선적으로 제1항에 따른 보급사업을 추진할 수 있다.

③ 관계 중앙행정기관의 장은 환경 개선과 신 · 재생에너지의 보급 촉진을 위하여 필요한 협조를 할 수 있다.

제28조(신 · 재생에너지 기술의 사업화) ① 산업통상자원부장관은 자체 개발한 기술이나 제10조에 따른 사업비를 받아 개발한 기술의 사업화를 촉진시킬 필요가 있다고 인정하면 다음 각 호의 지원을 할 수 있다.

1. 시험제품 제작 및 설비투자에 드는 자금의 융자
2. 신 · 재생에너지 기술의 개발사업을 하여 정부가 취득한 산업재산권의 무상 양도
3. 개발된 신 · 재생에너지 기술의 교육 및 홍보
4. 그 밖에 개발된 신 · 재생에너지 기술을 사업화하기 위하여 필요하다고 인정하여 산업통상자원부장관이 정하는 지원사업

② 제1항에 따른 지원의 대상, 범위, 조건 및 절차, 그 밖에 필요한 사항은 산업통상자원부령으로 정한다.

제30조(신 · 재생에너지의 교육 · 홍보 및 전문인력 양성) ① 정부는 교육 · 홍보 등을 통하여 신 · 재생에너지의 기술개발 및 이용 · 보급에 관한 국민의 이해와 협력을 구하도록 노력하여야 한다.

② 산업통상자원부장관은 신 · 재생에너지 분야 전문인력의 양성을 위하여 신 · 재생에너지 분야 특성화대학 및 핵심기술연구센터를 지정하여 육성 · 지원할 수 있다.

제30조의3(하자보수) ① 신 · 재생에너지 설비를 설치한 시공자는 해당 설비에 대하여 성실하게 무상으로 하자보수를 실시하여야 하며 그 이행을 보증하는 증서를 신 · 재생에너지 설비의 소유자 또는 산업통상자원부령으로 정하는 자에게 제공하여야 한다. 다만, 하자보수에 관하여 「국가를 당사자로 하는 계약에 관한 법률」 또는 「지방자치단체를 당사자로 하는 계약에 관한 법률」에 특별한 규정이 있는 경우에는 해당 법률이 정하는 바에 따른다.

② 제1항에 따른 하자보수의 대상이 되는 신 · 재생에너지 설비 및 하자보수 기간 등은 산업통상자원부령으로 정한다.

제31조(신 · 재생에너지센터) ① 산업통상자원부장관은 신 · 재생에너지의 이용 및 보급을 전문적이고 효율적으로 추진하기 위하여 대통령령으로 정하는 에너지 관련 기관에 신 · 재생에너지센터를 두어 신 · 재생에너지 분야에 관한 다음 각 호의 사업을 하게 할 수 있다.

1. 제11조 제1항에 따른 신 · 재생에너지의 기술개발 및 이용 · 보급사업의 실시자에 대한 지원 · 관리
2. 제12조 제2항 및 제3항에 따른 신 · 재생에너지 이용의무의 이행에 관한 지원 · 관리
3. 삭제
4. 제12조의5에 따른 신 · 재생에너지 공급의무의 이행에 관한 지원 · 관리
5. 제12조의9에 따른 공급인증기관의 업무에 관한 지원 · 관리
6. 제13조에 따른 설비인증에 관한 지원 · 관리
7. 이미 보급된 신 · 재생에너지 설비에 대한 기술지원

8. 제20조에 따른 신 · 재생에너지 기술의 국제표준화에 대한 지원 · 관리
9. 제21조에 따른 신 · 재생에너지 설비 및 그 부품의 공용화에 관한 지원 · 관리
10. 신 · 재생에너지 설비 설치기업에 대한 지원 · 관리
11. 제23조의2에 따른 신 · 재생에너지 연료 혼합의무의 이행에 관한 지원 · 관리
12. 제25조에 따른 통계관리
13. 제27조에 따른 신 · 재생에너지 보급사업의 지원 · 관리
14. 제28조에 따른 신 · 재생에너지 기술의 사업화에 관한 지원 · 관리
15. 제30조에 따른 교육 · 홍보 및 전문인력 양성에 관한 지원 · 관리
15의2. 신 · 재생에너지 설비의 효율적 사용에 관한 지원 · 관리
16. 국내외 조사 · 연구 및 국제협력 사업
17. 제1호 · 제3호 및 제5호부터 제8호까지의 사업에 딸린 사업
18. 그 밖에 신 · 재생에너지의 이용 · 보급 촉진을 위하여 필요한 사업으로서 산업통상자원부장관이 위탁하는 사업

② 산업통상자원부장관은 센터가 제1항의 사업을 하는 경우 자금 출연이나 그 밖에 필요한 지원을 할 수 있다.

③ 센터의 조직 · 인력 · 예산 및 운영에 관하여 필요한 사항은 산업통상자원부령으로 정한다.

제34조(벌칙) ① 거짓이나 부정한 방법으로 제17조에 따른 발전차액을 지원받은 자와 그 사실을 알면서 발전차액을 지급한 자는 3년 이하의 징역 또는 지원받은 금액의 3배 이하에 상당하는 벌금에 처한다.

② 거짓이나 부정한 방법으로 공급인증서를 발급받은 자와 그 사실을 알면서 공급인증서를 발급한 자는 3년 이하의 징역 또는 3천만 원 이하의 벌금에 처한다.

③ 제12조의7 제5항을 위반하여 공급인증기관이 개설한 거래시장 외에서 공급인증서를 거래한 자는 2년 이하의 징역 또는 2천만 원 이하의 벌금에 처한다.

④ 법인의 대표자나 법인 또는 개인의 대리인, 사용인, 그 밖의 종업원이 그 법인 또는 개인의 업무에 관하여 제1항부터 제3항까지의 어느 하나에 해당하는 위반행위를 하면 그 행위자를 벌하는 외에 그 법인 또는 개인에게도 해당 조문의 벌금형을 과(科)한다. 다만, 법인 또는 개인이 그 위반행위를 방지하기 위하여 해당 업무에 관하여 상당한 주의와 감독을 게을리하지 아니한 경우에는 그러하지 아니하다.

02 신에너지 및 재생에너지 개발 · 이용 · 보급 촉진법 시행령

제3조(신 · 재생에너지 기술개발 등에 관한 계획의 사전협의) ① 법 제7조에서 "대통령령으로 정하는 자"란 다음 각 호의 어느 하나에 해당하는 자를 말한다.

1. 정부로부터 출연금을 받은 자
2. 정부출연기관 또는 제1호에 따른 자로부터 납입자본금의 100분의 50 이상을 출자받은 자

② 법 제7조에 따라 신에너지 및 재생에너지(이하 "신 · 재생에너지"라 한다) 기술개발 및 이용 · 보급에 관한 계획을 협의하려는 자는 그 시행 사업연도 개시 4개월 전까지 산업통상자원부장관에게 계획서를 제출하여야 한다.

③ 산업통상자원부장관은 제2항에 따라 계획서를 받았을 때에는 다음 각 호의 사항을 검토하여 협의를 요청한 자에게 그 의견을 통보하여야 한다.

1. 법 제5조에 따른 신 · 재생에너지의 기술개발 및 이용 · 보급을 촉진하기 위한 기본계획(이하 "기본계획"이라 한다)과의 조화성
2. 시의성(時宜性)
3. 다른 계획과의 중복성
4. 공동연구의 가능성

제15조(신 · 재생에너지 공급의무 비율 등) ① 법 제12조 제2항에 따른 예상 에너지사용량에 대한 신 · 재생에너지 공급의무 비율은 다음 각 호와 같다.

1. 「건축법 시행령」 별표 1 제5호부터 제16호까지, 제23호, 제24호 및 제26호부터 제28호까지의 용도의 건축물로서 신축 · 증축 또는 개축하는 부분의 연면적이 1천 제곱미터 이상인 건축물(해당 건축물의 건축 목적, 기능, 설계 조건 또는 시공 여건상의 특수성으로 인하여 신 · 재생에너지 설비를 설치하는 것이 불합리하다고 인정되는 경우로서 산업통상자원부장관이 정하여 고시하는 건축물은 제외한다) : 별표 2에 따른 비율 이상
2. 제1호 외의 건축물 : 산업통상자원부장관이 용도별 건축물의 종류로 정하여 고시하는 비율 이상

② 제1항 제1호에서 "연면적"이란 「건축법 시행령」 제119조 제1항 제4호에 따른 연면적을 말하되, 하나의 대지(垈地)에 둘 이상의 건축물이 있는 경우에는 동일한 건축허가를 받은 건축물의 연면적 합계를 말한다.

③ 제1항에 따른 건축물의 예상 에너지사용량의 산정기준 및 산정방법 등은 신 · 재생에너지의 균형 있는 보급과 기술개발의 촉진 및 산업 활성화 등을 고려하여 산업통상자원부장관이 정하여 고시한다.

제16조(신 · 재생에너지 설비 설치의무기관) ① 법 제12조 제2항 제3호에서 "대통령령으로 정하는 금액 이상"이란 연간 50억 원 이상을 말한다.

② 법 제12조 제2항 제5호에서 "대통령령으로 정하는 비율 또는 금액 이상을 출자한 법인"이란 다음 각 호의 어느 하나에 해당하는 법인을 말한다.

1. 납입자본금의 100의 50 이상을 출자한 법인
2. 납입자본금으로 50억 원 이상을 출자한 법인

제17조(신 · 재생에너지 설비의 설치계획서 제출 등) ① 법 제12조 제2항에 따라 같은 항 각 호의 어느 하나에 해당하는 자(이하 "설치의무기관"이라 한다)의 장 또는 대표자가 제15조 제1항 각 호의 어느 하나에 해당하는 건축물을 신축 · 증축 또는 개축하려는 경우에는 신 · 재생에너지 설비의 설치계획서(이하 "설치계획서"라 한다)를 해당 건축물에 대한 건축허가를 신청하기 전에 산업통상자원부장관에게 제출하여야 한다.

② 산업통상자원부장관은 설치계획서를 받은 날부터 30일 이내에 타당성을 검토한 후 그 결과를 해당 설치의무기관의 장 또는 대표자에게 통보하여야 한다.

③ 산업통상자원부장관은 설치계획서를 검토한 결과 제15조 제1항에 따른 기준에 미달한다고 판단한 경우에는 미리 그 내용을 설치의무기관의 장 또는 대표자에게 통지하여 의견을 들을 수 있다.

제18조(신 · 재생에너지 설비의 설치 및 확인 등) ① 설치의무기관의 장 또는 대표자는 제17조 제2항에 따른 검토결과를 반영하여 신 · 재생에너지 설비를 설치하여야 하며, 설치를 완료하였을 때에는 30일 이내에 신 · 재생에너지 설비 설치확인신청서를 산업통상자원부장관에게 제출하여야 한다.

② 산업통상자원부장관은 제1항에 따른 신 · 재생에너지 설비 설치확인신청서를 받았을 때에는 제17조 제2항에 따른 검토 결과를 반영하였는지 확인한 후 신 · 재생에너지 설비 설치확인서를 발급하여야 한다.

③ 산업통상자원부장관은 설치의무기관의 신 · 재생에너지 설비 설치 및 신 · 재생에너지 이용 현황을 주기적으로 점검하여 공표할 수 있다.

제18조의3(신 · 재생에너지 공급의무자) ① 법 제12조의5 제1항에서 "대통령령으로 정하는 자"란 다음 각 호의 어느 하나에 해당하는 자를 말한다.

1. 법 제12조의5 제1항 제1호 및 제2호에 해당하는 자로서 50만 킬로와트 이상의 발전설비(신 · 재생에너지 설비는 제외한다)를 보유하는 자
2. 「한국수자원공사법」에 따른 한국수자원공사
3. 「집단에너지사업법」 제29조에 따른 한국지역난방공사

② 산업통상자원부장관은 제1항 각 호에 해당하는 자(이하 "공급의무자"라 한다)를 공고하여야 한다.

제18조의6(과징금의 부과 및 납부) ① 산업통상자원부장관은 법 제12조의6 제1항에 따라 과징금을 부과하기 위하여 과징금 부과 통지를 할 때에는 공급 불이행분과 과징금의 금액을 분명하게 적은 문서로 하여야 한다.

② 제1항에 따라 통지를 받은 자는 통지를 받은 날부터 30일 이내에 과징금을 산업통상자원부장관이 정하는 수납기관에 내야 한다. 다만, 천재지변이나 그 밖의 부득이한 사유로 그 기간에 과징금을 낼 수 없을 때에는 그 사유가 해소된 날부터 7일 이내에 내야 한다.

③ 제2항에 따라 과징금을 받은 수납기관은 과징금을 낸 자에게 영수증을 내주어야 한다.

④ 과징금의 수납기관은 제2항에 따라 과징금을 받았을 때에는 지체 없이 그 사실을 산업통상자원부장관에게 통보하여야 한다.

제18조의8(신 · 재생에너지 공급인증서의 발급 신청 등) ① 법 제12조의7 제2항에 따라 공급인증서를 발급받으려는 자는 법 제12조의9 제2항에 따른 공급인증서 발급 및 거래시장 운영에 관한 규칙에서 정하는 바에 따라 신 · 재생에너지를 공급한 날부터 90일 이내에 발급 신청을 하여야 한다.

② 제1항에 따른 신청기간 내에 공급인증서 발급을 신청하지 못했으나 법 제12조의7 제1항에 따른 공급인증기관(이하 이 조에서 "공급인증기관"이라 한다)이 그 신청기간 내에 신 · 재생에너지 공급 사실을 확인한 경우에는 제1항에도 불구하고 제1항에 따른 신청기간이 만료되는 날에 공급인증서 발급을 신청한 것으로 본다.

③ 제1항 및 제2항에 따라 발급 신청을 받은 공급인증기관은 발급 신청을 한 날부터 30일 이내에 공급인증서를 발급해야 한다.

제18조의9(신 · 재생에너지의 가중치) 법 제12조의7 제3항 후단에 따른 신 · 재생에너지의 가중치는 해당 신 · 재생에너지에 대한 다음 각 호의 사항을 고려하여 산업통상자원부장관이 정하여 고시하는 바에 따른다.

1. 환경, 기술개발 및 산업 활성화에 미치는 영향
2. 발전 원가
3. 부존(賦存) 잠재량
4. 온실가스 배출 저감(低減)에 미치는 효과
5. 전력 수급의 안정에 미치는 영향
6. 지역주민의 수용(受容) 정도

제18조의12(신 · 재생에너지 연료의 기준 및 범위) 법 제12조의11 제1항에서 "대통령령으로 정하는 기준 및 범위에 해당하는 것"이란 다음 각 호의 연료(「폐기물관리법」 제2조 제1호에 따른 폐기물을 이용하여 제조한 것은 제외한다)를 말한다.

1. 수소
2. 중질잔사유를 가스화한 공정에서 얻어지는 합성가스

3. 생물유기체를 변환시킨 바이오가스, 바이오에탄올, 바이오액화유 및 합성가스
4. 동물 · 식물의 유지(油脂)를 변환시킨 바이오디젤 및 바이오중유
5. 생물유기체를 변환시킨 목재칩, 펠릿 및 숯 등의 고체연료

제18조의13(신 · 재생에너지 품질검사기관) 법 제12조의12 제1항에서 "대통령령으로 정하는 신 · 재생에너지 품질검사기관"이란 다음 각 호의 기관을 말한다.

1. 「석유 및 석유대체연료 사업법」 제25조의2에 따라 설립된 한국석유관리원
2. 「고압가스 안전관리법」 제28조에 따라 설립된 한국가스안전공사
3. 「임업 및 산촌 진흥촉진에 관한 법률」 제29조의2에 따라 설립된 한국임업진흥원

제19조(신 · 재생에너지의 이용 · 보급의 촉진) 산업통상자원부장관은 신 · 재생에너지의 이용 · 보급을 촉진하기 위하여 필요한 경우 관계 중앙행정기관 또는 지방자치단체에 대하여 관련 계획의 수립, 제도의 개선, 필요한 예산의 반영, 법 제13조제1항에 따라 인증(이하 "설비인증"이라 한다)을 받은 신 · 재생에너지 설비의 사용 등을 요청할 수 있다.

제23조(신 · 재생에너지 기술의 국제표준화를 위한 지원 범위) 법 제20조 제2항에 따른 지원 범위는 다음 각 호와 같다.

1. 국제표준 적합성의 평가 및 상호인정의 기반 구축에 필요한 장비 · 시설 등의 구입비용
2. 국제표준 개발 및 국제표준 제안 등에 드는 비용
3. 국제표준화 관련 국제협력의 추진에 드는 비용
4. 국제표준화 관련 전문인력의 양성에 드는 비용

제26조의3(자료제출) ① 산업통상자원부장관은 법 제23조의2 제2항에 따라 혼합의무자에게 다음 각 호의 자료 제출을 요구할 수 있다.

1. 신 · 재생에너지 연료 혼합의무 이행확인에 관한 다음 각 목의 자료
   가. ~~수송용~~연료의 생산량
   나. ~~수송용~~연료의 내수판매량
   다. ~~수송용~~연료의 재고량
   라. ~~수송용~~연료의 수출입량
   마. ~~수송용연~~료의 자가소비량
2. 신 · 재생에너지 연료 혼합시설에 관한 다음 각 목의 자료
   가. 신 · 재생에너지 연료 혼합시설 현황
   나. 신 · 재생에너지 연료 혼합시설 변동사항
   다. 신 · 재생에너지 연료 혼합시설의 사용실적
3. 혼합의무자의 사업에 관한 다음 각 목의 자료

가. 수송용연료 및 신 · 재생에너지 연료 거래실적

나. 신 · 재생에너지 연료 평균거래가격

다. 결산재무제표

4. 그 밖에 혼합의무의 이행 여부를 확인하기 위하여 산업통상자원부장관이 필요하다고 인정하는 자료

② 제1항에 따라 혼합의무자가 제출하여야 하는 자료의 제출 시기와 방법, 그 밖에 필요한 사항은 산업통상자원부장관이 정하여 고시한다.

제27조(보급사업의 실시기관) ① 산업통상자원부장관은 법 제27조 제1항 각 호에 따른 보급사업(이하 이 조에서 "보급사업"이라 한다)을 시행하는 경우에는 다음 각 호의 어느 하나에 해당하는 자 중에서 보급사업의 실시기관을 선정하여 시행한다. 다만, 법 제27조 제1항 제2호에 따른 환경친화적 신 · 재생에너지 집적화단지(이하 "집적화단지"라 한다) 조성사업을 시행하는 경우에는 지방자치단체를 해당 사업의 실시기관으로 선정하여 시행한다.

1. 법 제11조 제1항 각 호의 어느 하나에 해당하는 자
2. 센터

② 산업통상자원부장관은 보급사업을 촉진하기 위하여 필요한 경우에는 보급사업의 시행에 필요한 비용을 예산의 범위에서 제1항에 따른 실시기관에 지원할 수 있다.

③ 보급사업의 지원대상, 지원 조건 및 추진절차, 그 밖에 필요한 사항은 산업통상자원부장관이 정하여 고시한다.

제28조의2(신 · 재생에너지 설비에 대한 사후관리) ① 법 제30조의4 제1항에서 "신 · 재생에너지 보급사업의 시행기관 등 대통령령으로 정하는 기관의 장"이란 제27조 제1항에 따라 선정된 보급사업 실시기관의 장을 말한다.

② 법 제30조의4 제3항에 따라 연 1회 이상 사후관리를 실시해야 하는 신 · 재생에너지 설비는 설치한 날부터 3년 이내인 신 · 재생에너지 설비로 한다.

03 신에너지 및 재생에너지 개발 · 이용 · 보급 촉진법 시행규칙

제2조(신 · 재생에너지 설비) 「신에너지 및 재생에너지 개발 · 이용 · 보급 촉진법」(이하 "법"이라 한다) 제2조 제3호에서 "산업통상자원부령으로 정하는 것"이란 다음 각 호의 설비 및 그 부대설비(이하 "신 · 재생에너지 설비"라 한다)를 말한다.

1. 수소에너지 설비 : 물이나 그 밖에 연료를 변환시켜 수소를 생산하거나 이용하는 설비
2. 연료전지 설비 : 수소와 산소의 전기화학 반응을 통하여 전기 또는 열을 생산하는 설비
3. 석탄을 액화 · 가스화한 에너지 및 중질잔사유(重質殘渣油)를 가스화한 에너지 설비 : 석탄 및 중질잔사유의 저급 연료를 액화 또는 가스화시켜 전기 또는 열을 생산하는 설비
4. 태양에너지 설비
   가. 태양열 설비 : 태양의 열에너지를 변환시켜 전기를 생산하거나 에너지원으로 이용하는 설비
   나. 태양광 설비 : 태양의 빛에너지를 변환시켜 전기를 생산하거나 채광(採光)에 이용하는 설비
5. 풍력 설비 : 바람의 에너지를 변환시켜 전기를 생산하는 설비
6. 수력 설비 : 물의 유동(流動) 에너지를 변환시켜 전기를 생산하는 설비
7. 해양에너지 설비 : 해양의 조수, 파도, 해류, 온도차 등을 변환시켜 전기 또는 열을 생산하는 설비
8. 지열에너지 설비 : 물, 지하수 및 지하의 열 등의 온도차를 변환시켜 에너지를 생산하는 설비
9. 바이오에너지 설비 : 「신에너지 및 재생에너지 개발 · 이용 · 보급 촉진법 시행령」(이하 "영"이라 한다) 별표 1의 바이오에너지를 생산하거나 이를 에너지원으로 이용하는 설비
10. 폐기물에너지 설비 : 폐기물을 변환시켜 연료 및 에너지를 생산하는 설비
11. 수열에너지 설비 : 물의 열을 변환시켜 에너지를 생산하는 설비
12. 전력저장 설비 : 신에너지 및 재생에너지(이하 "신 · 재생에너지"라 한다)를 이용하여 전기를 생산하는 설비와 연계된 전력저장 설비

제2조의2(신 · 재생에너지 공급인증서의 거래 제한) 법 제12조의7 제6항에서 "산업통상자원부령으로 정하는 사유"란 다음 각 호의 경우를 말한다.

1. 공급인증서가 발전소별로 5천 킬로와트를 넘는 수력을 이용하여 에너지를 공급하고 발급된 경우
2. 공급인증서가 기존 방조제를 활용하여 건설된 조력(潮力)을 이용하여 에너지를 공급하고 발급된 경우
3. 공급인증서가 영 별표 1의 석탄을 액화 · 가스화한 에너지 또는 중질잔사유를 가스화한 에너지를 이용하여 에너지를 공급하고 발급된 경우
4. 공급인증서가 영 별표 1의 폐기물에너지 중 화석연료에서 부수적으로 발생하는 폐가스로부터 얻어지는 에너지를 이용하여 에너지를 공급하고 발급된 경우

제2조의3(공급인증기관의 지정방법 등) ① 법 제12조의8 제1항에 따른 공급인증기관(이하 "공급인증기관"이라 한다)으로 지정을 받으려는 자는 별지 제1호서식의 공급인증기관 지정신청서에 다음 각 호의 서류를 첨부하여 산업통상자원부장관에게 제출하여야 한다.

1. 정관(법인인 경우만 해당한다)
2. 공급인증기관의 운영계획서
3. 공급인증기관의 업무에 필요한 인력 · 기술능력 · 시설 및 장비 현황에 관한 자료

② 제1항에 따른 신청을 받은 산업통상자원부장관은 「전자정부법」 제36조 제1항에 따른 행정정보의 공동이용을 통하여 법인 등기사항증명서(법인인 경우만 해당한다)를 확인하여야 한다.

③ 산업통상자원부장관은 제1항에 따른 공급인증기관 지정 신청을 받으면 그 신청 내용이 다음 각 호의 기준에 맞는지 심사하여야 한다.

1. 공급인증기관의 업무를 공정하고 신속하게 처리할 능력이 있는지 여부
2. 공급인증기관의 업무에 필요한 인력 · 기술능력 · 시설 및 장비 등을 갖추었는지 여부

④ 산업통상자원부장관은 제3항에 따른 심사에 필요하다고 인정할 때에는 신청인에게 관련 자료의 제출을 요구하거나 신청인의 의견을 들을 수 있다.

⑤ 산업통상자원부장관은 제3항 및 제4항에 따라 심사한 결과 공급인증기관을 지정하였을 때에는 신청인에게 별지 제2호서식의 공급인증기관 지정서를 발급하고, 그 사실을 지체 없이 공고하여야 한다.

제2조의4(운영규칙의 제정 등) ① 법 제12조의9 제2항에 따라 공급인증기관이 제정하는 공급인증서 발급 및 거래시장 운영에 관한 규칙에는 다음 각 호의 사항이 포함되어야 한다.

1. 공급인증서의 발급, 등록, 거래 및 폐기 등에 관한 사항
2. 신 · 재생에너지 공급량의 증명에 관한 사항
3. 공급인증서의 거래방법에 관한 사항
4. 공급인증서 가격의 결정방법에 관한 사항
5. 공급인증서 거래의 정산 및 결제에 관한 사항
6. 제1호와 관련된 정보의 공개 및 분쟁조정에 관한 사항
7. 그 밖에 공급인증서의 발급 및 거래시장 운영에 필요한 사항

② 법 제12조의9 제2항 후단에서 "산업통상자원부령으로 정하는 경미한 사항의 변경"이란 계산 착오, 오기(誤記), 누락, 그 밖에 이에 준하는 사유로 제1항의 사항을 변경하는 것을 말한다.

제11조(발전차액의 지원 중단 및 환수절차) ① 산업통상자원부장관은 법 제18조 제1항에 따라 신 · 재생에너지 발전사업자가 법 제18조 제1항 제2호에 해당하는 행위(이하 이 항에서 "위반행위"라 한다)를 한 경우에는 다음 각 호의 구분에 따라 조치한다.

1. 위반행위를 1회 한 경우 : 경고
2. 위반행위를 2회 한 경우 : 시정명령

3. 제2호의 시정명령에 따르지 아니한 경우 : 법 제17조 제2항에 따른 발전차액의 지원 중단

② 산업통상자원부장관은 법 제18조 제2항 전단에 따라 신 · 재생에너지 발전사업자가 법 제18조 제1항 제1호에 해당하는 행위를 한 경우에는 발전차액을 환수하여야 한다. 이 경우 산업통상자원부장관은 미리 해당 신 · 재생에너지 발전사업자에게 10일 이상의 기간을 정하여 의견을 제출할 기회를 주어야 한다.

③ 산업통상자원부장관은 제2항에 따라 발전차액을 환수하는 경우에는 위반 사실, 환수금액, 납부기간, 수납기관, 이의제기의 기간 및 방법을 구체적으로 적은 문서로 해당 신 · 재생에너지 발전사업자에게 발전차액을 낼 것을 통보하여야 한다.

제12조(신 · 재생에너지 설비 및 그 부품에 대한 공용화 품목의 지정절차 등) ① 법 제21조 제2항 제2호에서 "산업통상자원부령으로 정하는 기관 또는 단체"란 신 · 재생에너지의 개발 · 이용 및 보급 관련 단체를 말한다.

② 영 제24조 제1항에 따라 공용화 품목의 지정을 요청하려는 자는 지정요청서에 다음 각 호의 서류를 첨부하여 국가기술표준원장에게 제출하여야 한다.

1. 대상 품목의 명칭 · 규격 및 설명서
2. 공용화 품목으로 지정받으려는 사유
3. 공용화 품목으로 지정될 경우의 기대효과

③ 제2항에서 규정한 사항 외에 공용화 품목의 지정에 관한 세부 사항은 국가기술표준원장이 정하여 고시한다.

제13조의2(보험 · 공제 가입) ① 제13조에 따라 설비인증을 받은 자는 신 · 재생에너지 설비의 결함으로 인하여 제3자가 입을 수 있는 손해를 담보하기 위하여 보험 또는 공제에 가입하여야 한다.

② 제1항에 따른 보험 또는 공제의 기간 · 종류 · 대상 및 방법에 필요한 사항은 대통령령으로 정한다.

제15조(신 · 재생에너지 기술 사업화의 지원절차 등) ① 법 제28조 제1항에 따라 신 · 재생에너지 기술 사업화에 대한 지원을 받으려는 자는 별지 제8호서식의 신 · 재생에너지 기술 사업화 지원신청서에 다음 각 호의 서류를 첨부하여 산업통상자원부장관에게 제출하여야 한다.

1. 사업계획서
2. 다음 각 목의 어느 하나에 해당함을 증명하는 서류 사본. 이 경우 가목에 해당하는 자는 자체개발내역서를 포함한다.
   가. 해당 신 · 재생에너지 관련 기술을 자체적으로 개발한 자로서 그 사용권을 가지고 있는 자
   나. 해당 신 · 재생에너지 관련 기술을 개발한 국공립연구기관, 대학, 기업 또는 개인으로부터 해당 신 · 재생에너지 관련 기술을 이전받은 자
   다. 정부, 국공립연구기관, 대학, 기업 또는 개인이 보유하는 신 · 재생에너지 관련 기술에 대한 사용권을 가지고 있는 자

3. 해당 신 · 재생에너지 관련 기술이 지원 신청 당시 아직 사업화되지 아니한 기술임을 증명하는 자료

② 법 제28조 제1항에 따른 신 · 재생에너지 기술의 사업화에 관한 지원 범위는 다음 각 호와 같다.

1. 법 제28조 제1항 제1호에 따른 시험제품 제작 및 설비투자의 경우 : 필요한 자금의 100퍼센트의 범위에서 융자 지원
2. 법 제28조 제1항 제3호에 따른 신 · 재생에너지 기술의 교육 및 홍보의 경우 : 필요한 자금의 80퍼센트의 범위에서 자금 지원
3. 법 제28조 제1항 제4호에 따라 산업통상자원부장관이 정하는 지원사업의 경우 : 필요한 자금의 80퍼센트의 범위에서 자금 지원

③ 제1항 및 제2항에서 규정한 사항 외에 신 · 재생에너지 기술 사업화의 지원에 관한 세부 사항은 산업통상자원부장관이 정하여 고시한다.

제16조의2(신 · 재생에너지 설비의 하자보수) ① 법 제30조의3 제1항에서 "산업통상자원부령으로 정하는 자"란 법 제27조 제1항 각 호의 어느 하나에 해당하는 보급사업에 참여한 지방자치단체 또는 공공기관을 말한다.

② 법 제30조의3 제1항에 따른 하자보수의 대상이 되는 신 · 재생에너지 설비는 법 제12조 제2항 및 제27조에 따라 설치한 설비로 한다.

③ 법 제30조의3 제1항에 따른 하자보수의 기간은 5년의 범위에서 산업통상자원부장관이 정하여 고시한다.

■ 신 · 재생에너지 공급의무화제도 및 연료 혼합의무화제도관리 · 운영지침[산업통상자원부고시 제 2023-210호]

▌신 · 재생에너지원별 가중치▐

구분	공급인증서 가중치	대상에너지 및 기준	
		설치유형	세부기준
태양광 에너지	1.2	일반부지에 설치하는 경우	100[kW] 미만
	1.0		100[kW]부터
	0.8		3,000[kW] 초과부터
	0.5	임야에 설치하는 경우	-
	1.5	건축물 등 기존 시설물을 이용하는 경우	3,000[kW] 이하
	1.0		3,000[kW] 초과부터
	1.6	유지 등의 수면에 부유하여 설치하는 경우	100[kW] 미만
	1.4		100[kW]부터
	1.2		3,000[kW] 초과부터
	1.0	자가용 발전설비를 통해 전력을 거래하는 경우	
기타 신 · 재생 에너지	0.25	폐기물에너지(비재생폐기물로부터 생산된 것은 제외), Bio-SRF, 흑액	
	0.5	매립가스, 목재펠릿, 목재칩	
	1.0	조력(방조제 有), 기타 바이오에너지(바이오중유, 바이오가스 등)	
	1.0~2.5	지열, 조력(방조제 無)	변동형
	1.2	육상풍력	
	1.5	수력, 미이용 산림바이오메스 혼소설비	
	1.75	조력(방조제 無, 고정형)	
	1.9	연료전지	
	2.0	조류, 미이용 산림바이오매스(바이오에너지 전소설비만 적용), 지열(고정형)	
	2.0	해상풍력	연안해상풍력 기본가중치
	2.5		기본가중치

[비고]

1. "건축물"이란 발전사업허가일 이전(단, 건축물의 용도가 「건축법 시행령」 별표 1에 따른 창고시설과 동물 및 식물관련시설의 경우에 발전사업허가일로부터 1년 이전)에 건축물 사용승인을 득하여야 하며(단, 「전원개발촉진법」 제5조에 따른 전원개발사업구역 내 설치된 경우 및 건물일체형 태양광시스템의 경우 제외), ㉠ 지붕과 외벽이 있는 구조물이며, ㉡ 사람이 출입할 수 있어야 하며, ㉢ 사람, 동 · 식물을 보호 또는 물건을 보관하는 건축물의 본래의 목적에 합리적으로 사용되도록 설계 · 설치된 구조물을 대상으로 「건축법」 등 관련규정 준수여부 및 안정성 등을 확보할 수 있도록 공급인증기관의 장이 정하는 세부 기준을 충족하는 설비를 의미한다. 다만, 관련 법령 등에 의한 공공건축물의 외벽 등은 해당 기준을 적용할 수 있다.
2. "기존 시설물"이라 함은 「도로법」에 의한 도로의 방음벽 등 고유의 목적을 가진 시설물을 대상으

로 「건축법」 등 관련규정 준수여부 및 안정성 등을 확보할 수 있도록 공급인증기관의 장이 정하는 세부 기준을 충족하는 설비를 의미한다.

3. 태양광에너지 가중치와 관련하여, 일반부지에 해당하는 가중치를 적용받는 발전소 중 인근지역(설치장소의 경계가 250미터 이내의 지역을 의미한다) 내 동일사업자의 발전소는 해당 발전소 합산용량에 해당하는 가중치를 적용하며, 공급인증기관의 장은 다음 각 호의 어느 하나에 해당하는 경우는 해당 발전설비의 일부 또는 전부에 대하여 가중치 적용을 제한할 수 있다.
   ① 사업자 등이 태양광에너지 발전설비 설치를 위해 일정 토지를 취득 또는 임대하고, 가중치 우대를 목적으로 해당 토지를 분할하거나 발전사업 허가용량을 분할하여 다수의 발전설비로 분할 설치하는 경우는 해당 발전설비의 일부 또는 전부에 대하여 합산용량에 따른 가중치를 적용한다.
   ② 태양광에너지 발전설비의 실질 소유주가 가중치 우대를 목적으로 타인 명의로 태양광에너지 발전소를 준공하여 운영하는 것이 명백하다고 인정되는 경우는 동일사업자 규정을 적용한다.
4. 태양광에너지 가중치는 전체용량에 대하여 부여하되 소수점 넷째 자리에서 절사하며, 설치유형별 용량기준 순으로 구분하여 구간별 해당 가중치를 아래와 같이 적용한다.
   ① 일반부지에 설치하는 경우

설치용량	태양광에너지 가중치 산정식
100[kW] 미만	1.2
100[kW]부터 3,000[kW] 이하	$\frac{99.999 \times 1.2 + (용량 - 99.999) \times 1.0}{용량}$
3,000[kW] 초과부터	$\frac{99.999 \times 1.2}{용량} + \frac{2,900.001 \times 1.0}{용량} + \frac{(용량 - 3,000) \times 0.8}{용량}$

   ② 건축물 등 기존 시설물을 이용하는 경우

설치용량	태양광에너지 가중치 산정식
3,000[kW] 이하	1.5
3,000[kW] 초과부터	$\frac{3,000 \times 1.5 + (용량 - 3,000) \times 1.0}{용량}$

   ③ 유지 등의 수면에 부유하여 설치하는 경우

설치용량	태양광에너지 가중치 산정식
100[kW] 미만	1.6
100[kW]부터 3,000[kW] 이하	$\frac{99.999 \times 1.6 + (용량 - 99.999) \times 1.4}{용량}$
3,000[kW] 초과부터	$\frac{99.999 \times 1.6}{용량} + \frac{2,900.001 \times 1.4}{용량} + \frac{(용량 - 3,000) \times 1.2}{용량}$

■ 신에너지 및 재생에너지 개발 · 이용 · 보급 촉진법 시행령 [별표 1]

‖ 바이오에너지 등의 기준 및 범위(제2조 관련) ‖

에너지원의 종류	기준 및 범위	
1. 석탄을 액화 · 가스화한 에너지	가. 기준	석탄을 액화 및 가스화하여 얻어지는 에너지로서 다른 화합물과 혼합되지 않은 에너지
	나. 범위	1) 증기 공급용 에너지 2) 발전용 에너지
2. 중질잔사유(重質殘渣油)를 가스화한 에너지	가. 기준	1) 중질잔사유(원유를 정제하고 남은 최종 잔재물로서 감압증류과정에서 나오는 감압잔사유, 아스팔트와 열분해 공정에서 나오는 코크, 타르 및 피치 등을 말한다)를 가스화한 공정에서 얻어지는 연료 2) 1)의 연료를 연소 또는 변환하여 얻어지는 에너지
	나. 범위	합성가스
3. 바이오 에너지	가. 기준	1) 생물유기체를 변환시켜 얻어지는 기체, 액체 또는 고체의 연료 2) 1)의 연료를 연소 또는 변환시켜 얻어지는 에너지 ※ 1) 또는 2)의 에너지가 신 · 재생에너지가 아닌 석유제품 등과 혼합된 경우에는 생물유기체로부터 생산된 부분만을 바이오에너지로 본다.
	나. 범위	1. 생물유기체를 변환시킨 바이오가스, 바이오에탄올, 바이오액화유 및 합성가스 2. 쓰레기매립장의 유기성 폐기물을 변환시킨 매립지가스 3. 동 · 식물의 유지(油脂)를 변환시킨 바이오디젤 및 바이오중유 4. 생물유기체를 변환시킨 땔감, 목재칩, 펠릿 및 숯 등의 고체연료
4. 폐기물 에너지	기준	1) 폐기물을 변환시켜 얻어지는 기체, 액체 또는 고체의 연료 2. 1)의 연료를 연소 또는 변환시켜 얻어지는 에너지 3) 폐기물의 소각열을 변환시킨 에너지 ※ 1)부터 3)까지의 에너지가 신 · 재생에너지가 아닌 석유제품 등과 혼합되는 경우에는 폐기물로부터 생산된 부분만을 폐기물에너지로 보고, 1)부터 3)까지의 에너지 중 비재생폐기물(석유, 석탄 등 화석연료에 기원한 화학섬유, 인조가죽, 비닐 등으로서 생물 기원이 아닌 폐기물을 말한다)로부터 생산된 것은 제외한다.
5. 수열에너지	가. 기준	물의 열을 히트펌프(Heat Pump)를 사용하여 변환시켜 얻어지는 에너지
	나. 범위	해수(海水)의 표층 및 하천수의 열을 변환시켜 얻어지는 에너지

■ 신에너지 및 재생에너지 개발 · 이용 · 보급 촉진법 시행령 [별표 2]

‖ 신 · 재생에너지의 공급의무 비율(제15조제1항제1호 관련) ‖

해당 연도	2020~2021년	2022~2023년	2024~2025년	2026~2027년	2028~2029년	2030년 이후
공급의무비율(%)	30	32	34	36	38	40

■ 신에너지 및 재생에너지 개발 · 이용 · 보급 촉진법 시행령 [별표 3]

‖ 연도별 의무공급량의 비율(제18조의4 제1항 관련) ‖

해당 연도	비율(%)
2012년	2.0
2013년	2.5
2014년	3.0
2015년	3.0
2016년	3.5
2017년	4.0
2018년	5.0
2019년	6.0
2020년	7.0
2021년	9.0
2022년	12.5
2023년	13.0
2024년	13.5
2025년	14.0
2026년	15.0
2027년	17.0
2028년	19.0
2029년	22.5
2030년 이후	25.0

■ 신에너지 및 재생에너지 개발 · 이용 · 보급 촉진법 시행령 [별표 4]

‖ 신 · 재생에너지의 종류 및 의무공급량(제18조의4 제3항 전단 관련) ‖

1. 종류
태양에너지(태양의 빛에너지를 변환시켜 전기를 생산하는 방식에 한정한다)

2. 연도별 의무공급량

해당 연도	의무공급량(단위 : GWh)
2012년	276
2013년	723
2014년	1,353
2015년 이후	1,971

Ⅱ. 전기관계 법규

01 전기사업법, 시행령, 시행규칙

1 목적

이 법은 전기사업에 관한 기본제도를 확립하고 전기사업의 경쟁을 촉진함으로써 전기사업의 건전한 발전을 도모하고 전기사용자의 이익을 보호하여 국민경제의 발전에 이바지함을 목적으로 한다.

2 정의

이 법에서 사용하는 용어의 뜻은 다음과 같다.

1. 전기사업
   발전사업 · 송전사업 · 배전사업 · 전기판매사업 및 구역전기사업을 말한다.
2. 전기사업자
   발전사업자 · 송전사업자 · 배전사업자 · 전기판매사업자 및 구역전기사업자를 말한다.
3. 발전사업
   전기를 생산하여 이를 전력시장을 통하여 전기판매사업자에게 공급하는 것을 주된 목적으로 하는 사업을 말한다.
4. 발전사업자
   제7조 제1항에 따라 발전사업의 허가를 받은 자를 말한다.
5. 송전사업
   발전소에서 생산된 전기를 배전사업자에게 송전하는 데 필요한 전기설비를 설치 · 관리하는 것을 주된 목적으로 하는 사업을 말한다.
6. 송전사업자
   제7조 제1항에 따라 송전사업의 허가를 받은 자를 말한다.

7. 배전사업

발전소로부터 송전된 전기를 전기사용자에게 배전하는 데 필요한 전기설비를 설치 · 운용하는 것을 주된 목적으로 하는 사업을 말한다.

8. 배전사업자

제7조 제1항에 따라 배전사업의 허가를 받은 자를 말한다.

9. 전기판매사업

전기사용자에게 전기를 공급하는 것을 주된 목적으로 하는 사업을 말한다.

10. 전기판매사업자

제7조 제1항에 따라 전기판매사업의 허가를 받은 자를 말한다.

11. 구역전기사업

대통령령으로 정하는 규모 이하의 발전설비를 갖추고 특정한 공급구역의 수요에 맞추어 전기를 생산하여 전력시장을 통하지 아니하고 그 공급구역의 전기사용자에게 공급하는 것을 주된 목적으로 하는 사업을 말한다.

12. 구역전기사업자

제7조 제1항에 따라 구역전기사업의 허가를 받은 자를 말한다.

13. 전력시장

전력거래를 위하여 제35조에 따라 설립된 한국전력거래소(이하 "한국전력거래소"라 한다)가 개설하는 시장을 말한다.

14. 전력계통

전기의 원활한 흐름과 품질유지를 위하여 전기의 흐름을 통제 · 관리하는 체제를 말한다.

15. 보편적 공급

전기사용자가 언제 어디서나 적정한 요금으로 전기를 사용할 수 있도록 전기를 공급하는 것을 말한다.

16. 전기설비

발전 · 송전 · 변전 · 배전 또는 전기 사용을 위하여 설치하는 기계 · 기구 · 댐 · 수로 · 저수지 · 전선로 · 보안통신선로 및 그 밖의 설비(「댐건설 및 주변지역지원 등에 관한 법률」에 따라 건설되는 댐 · 저수지와 선박 · 차량 또는 항공기에 설치되는 것과 그 밖에 대통령령으로 정하는 것은 제외한다)로서 다음 각 목의 것을 말한다.

가. 전기사업용 전기설비

나. 일반용 전기설비

다. 자가용 전기설비

16의2. 전선로

발전소 · 변전소 · 개폐소 및 이에 준하는 장소와 전기를 사용하는 장소 상호 간의 전선 및 이를 지지하거나 수용하는 시설물을 말한다.

17. 전기사업용 전기설비

전기설비 중 전기사업자가 전기사업에 사용하는 전기설비를 말한다.

18. 일반용 전기설비

산업통상자원부령으로 정하는 소규모의 전기설비로서 한정된 구역에서 전기를 사용하기 위하여 설치하는 전기설비를 말한다.

19. 자가용 전기설비

전기사업용 전기설비 및 일반용 전기설비 외의 전기설비를 말한다.

20. 안전관리

국민의 생명과 재산을 보호하기 위하여 이 법에서 정하는 바에 따라 전기설비의 공사 · 유지 및 운용에 필요한 조치를 하는 것을 말한다.

3 정부 등의 책무

① 산업통상자원부장관은 이 법의 목적을 달성하기 위하여 전력수급(電力需給)의 안정과 전력산업의 경쟁촉진 등에 관한 기본적이고 종합적인 시책을 마련하여야 한다.

② 특별시장 · 광역시장 · 도지사 · 특별자치도지사(이하 "시 · 도지사"라 한다) 및 시장 · 군수 · 구청장(자치구의 구청장을 말한다. 이하 같다)은 그 관할 구역의 전기사용자가 전기를 안정적으로 공급받기 위하여 필요한 시책을 마련하여야 하며, 제1항에 따른 산업통상자원부장관의 전력수급 안정을 위한 시책의 원활한 시행에 협력하여야 한다.

4 전기사용자의 보호

전기사업자는 전기사용자의 이익을 보호하기 위한 방안을 마련하여야 한다.

5 환경보호

전기사업자는 전기설비를 설치하여 전기사업을 할 때에는 자연환경 및 생활환경을 적정하게 관리 · 보존하는 데 필요한 조치를 마련하여야 한다.

6 보편적 공급

① 전기사업자는 전기의 보편적 공급에 이바지할 의무가 있다.
② 산업통상자원부장관은 다음 각 호의 사항을 고려하여 전기의 보편적 공급의 구체적 내용을 정한다.
  1. 전기기술의 발전 정도
  2. 전기의 보급 정도
  3. 공공의 이익과 안전
  4. 사회복지의 증진

7 사업의 허가

① 전기사업을 하려는 자는 전기사업의 종류별로 산업통상자원부장관의 허가를 받아야 한다. 허가받은 사항 중 산업통상자원부령으로 정하는 중요 사항을 변경하려는 경우에도 또한 같다.
② 산업통상자원부장관은 전기사업을 허가 또는 변경허가를 하려는 경우에는 미리 제53조에 따른 전기위원회(이하 "전기위원회"라 한다)의 심의를 거쳐야 한다.
③ 동일인에게는 두 종류 이상의 전기사업을 허가할 수 없다. 다만, 대통령령으로 정하는 경우에는 그러하지 아니하다.
④ 산업통상자원부장관은 필요한 경우 사업구역 및 특정한 공급구역별로 구분하여 전기사업의 허가를 할 수 있다. 다만, 발전사업의 경우에는 발전소별로 허가할 수 있다.
⑤ 전기사업의 허가기준은 다음 각 호와 같다.
  1. 전기사업을 적정하게 수행하는 데 필요한 재무능력 및 기술능력이 있을 것
  2. 전기사업이 계획대로 수행될 수 있을 것
  3. 배전사업 및 구역전기사업의 경우 둘 이상의 배전사업자의 사업구역 또는 구역전기사업자의 특정한 공급구역 중 그 전부 또는 일부가 중복되지 아니할 것
  4. 구역전기사업의 경우 특정한 공급구역의 전력수요의 50퍼센트 이상으로서 대통령령으로 정하는 공급능력을 갖추고, 그 사업으로 인하여 인근 지역의 전기사용자에 대한 다른 전기사업자의 전기공급에 차질이 없을 것
  5. 그 밖에 공익상 필요한 것으로서 대통령령으로 정하는 기준에 적합할 것
⑥ 제1항에 따른 허가의 세부기준 · 절차와 그 밖에 필요한 사항은 산업통상자원부령으로 정한다.

8 결격사유

다음 각 호의 어느 하나에 해당하는 자는 전기사업의 허가를 받을 수 없다.
1. 피성년후견인
2. 파산선고를 받고 복권되지 아니한 자

3. 「형법」 제172조의2, 제173조, 제173조의2(제172조제1항의 죄를 범한 자는 제외한다), 제174조(제172조의2제1항 및 제173조제1항 · 제2항의 미수범만 해당한다) 및 제175조(제172조의2제1항 및 제173조제1항 · 제2항의 죄를 범할 목적으로 예비 또는 음모한 자만 해당한다) 중 전기에 관한 죄를 짓거나 이 법을 위반하여 금고 이상의 실형을 선고받고 그 집행이 끝나거나(집행이 끝난 것으로 보는 경우를 포함한다) 집행이 면제된 날부터 2년이 지나지 아니한 자
4. 제3호에 규정된 죄를 지어 금고 이상의 형의 집행유예선고를 받고 그 유예기간 중에 있는 자
5. 제12조제1항에 따라 전기사업의 허가가 취소된 후 2년이 지나지 아니한 자
6. 제1호부터 제5호까지의 어느 하나에 해당하는 자가 대표자인 법인

9 사업허가의 취소 등

① 허가권자는 전기사업자가 다음 각 호의 어느 하나에 해당하는 경우에는 전기위원회의 심의를 거쳐 그 허가를 취소하거나 6개월 이내의 기간을 정하여 사업정지를 명할 수 있다. 다만, 제1호부터 제4호까지의 어느 하나에 해당하는 경우에는 그 허가를 취소하여야 한다.

1. 제8조 각 호의 어느 하나에 해당하게 된 경우
2. 제9조에 따른 준비기간에 전기설비의 설치 및 사업을 시작하지 아니한 경우
3. 원자력발전소를 운영하는 발전사업자(이하 "원자력발전사업자"라 한다)에 대한 외국인의 투자가 「외국인투자 촉진법」 제2조제1항제4호에 해당하게 된 경우
4. 거짓이나 그 밖의 부정한 방법으로 제7조제1항에 따른 허가 또는 변경허가를 받은 경우
5. 인가를 받지 아니하고 전기사업의 전부 또는 일부를 양수하거나 법인의 분할이나 합병을 한 경우
6. 정당한 사유 없이 전기의 공급을 거부한 경우
7. 산업통상자원부장관의 인가 또는 변경인가를 받지 아니하고 전기설비를 이용하게 하거나 전기를 공급한 경우

11. 차액계약을 통하여서만 전력을 거래하여야 하는 전기사업자가 같은 조 제3항에 따라 인가받은 차액계약을 통하지 아니하고 전력을 거래한 경우
12. 인가를 받지 아니하거나 신고를 하지 아니한 경우
13. 제93조제1항을 위반하여 회계를 처리한 경우
14. 사업정지기간에 전기사업을 한 경우

② 다음 각 호의 어느 하나에 해당하는 경우에는 그 사유가 발생한 날부터 6개월간은 제1항을 적용하지 아니한다.

전기사업자의 지위를 승계한 상속인이 제8조제1호부터 제5호까지의 어느 하나에 해당하는 경우

③ 허가권자는 배전사업자가 사업구역의 일부에서 허가받은 전기사업을 하지 아니하여 제6조를 위반한 사실이 인정되는 경우에는 그 사업구역의 일부를 감소시킬 수 있다.

④ 허가권자는 전기사업자가 제1항 제5호부터 제14호까지의 어느 하나에 해당하는 경우로서 그 사업정지가 전기사용자 등에게 심한 불편을 주거나 그 밖에 공공의 이익을 해칠 우려가 있는 경우에는 사업정지명령을 갈음하여 5천만 원 이하의 과징금을 부과할 수 있다.
⑤ 제1항에 따른 위반행위별 처분기준과 제4항에 따른 과징금의 부과기준은 대통령령으로 정한다.
⑥ 허가권자는 제4항에 따른 과징금을 내야 할 자가 납부기한까지 이를 내지 아니하면 국세 체납처분의 예 또는 「지방행정제재 · 부과금 징수 등에 관한 법률」에 따라 징수할 수 있다.

10 전기공급의 의무

발전사업자, 전기판매사업자, 전기자동차충전사업자 및 재생에너지전기공급사업자는 정당한 사유 없이 전기의 공급을 거부하여서는 아니 된다.

11 구역전기사업자와 전기판매사업자의 전력거래 등

① 구역전기사업자는 사고나 그 밖에 산업통상자원부령으로 정하는 사유로 전력이 부족하거나 남는 경우에는 부족한 전력 또는 남는 전력을 전기판매사업자와 거래할 수 있다.
② 전기판매사업자는 정당한 사유 없이 제1항의 거래를 거부하여서는 아니 된다.
③ 전기판매사업자는 제1항의 거래에 따른 전기요금과 그 밖의 거래조건에 관한 사항을 내용으로 하는 약관(이하 "보완공급약관"이라 한다)을 작성하여 산업통상자원부장관의 인가를 받아야 한다. 이를 변경하는 경우에도 또한 같다.
④ 제3항에 따른 인가에 관하여는 제16조제2항을 준용한다.

12 전력량계의 설치 · 관리

① 다음 각 호의 자는 시간대별로 전력거래량을 측정할 수 있는 전력량계를 설치 · 관리하여야 한다.
1. 발전사업자(대통령령으로 정하는 발전사업자는 제외한다)
2. 자가용 전기설비를 설치한 자(제31조제2항 단서에 따라 전력을 거래하는 경우만 해당한다)
3. 구역전기사업자(제31조제3항에 따라 전력을 거래하는 경우만 해당한다)
4. 배전사업자
5. 제32조 단서에 따라 전력을 직접 구매하는 전기사용자

② 제1항에 따른 전력량계의 허용오차 등에 관한 사항은 산업통상자원부장관이 정한다.

13 전력거래

① 발전사업자 및 전기판매사업자는 제43조에 따른 전력시장운영규칙으로 정하는 바에 따라 전력시장에서 전력거래를 하여야 한다. 다만, 도서지역 등 대통령령으로 정하는 경우에는 그러하지 아니하다.

② 자가용 전기설비를 설치한 자는 그가 생산한 전력을 전력시장에서 거래할 수 없다. 다만, 대통령령으로 정하는 경우에는 그러하지 아니하다.

③ 구역전기사업자는 대통령령으로 정하는 바에 따라 특정한 공급구역의 수요에 부족하거나 남는 전력을 전력시장에서 거래할 수 있다.

④ 전기판매사업자는 다음 각 호의 어느 하나에 해당하는 자가 생산한 전력을 제43조에 따른 전력시장운영규칙으로 정하는 바에 따라 우선적으로 구매할 수 있다.

1. 대통령령으로 정하는 규모 이하의 발전사업자
2. 자가용전기설비를 설치한 자(제2항 단서에 따라 전력거래를 하는 경우만 해당한다)
3. 「신에너지 및 재생에너지 개발 · 이용 · 보급 촉진법」 제2조제1호 및 제2호에 따른 신에너지 및 재생에너지를 이용하여 전기를 생산하는 발전사업자
4. 「집단에너지사업법」 제48조에 따라 발전사업의 허가를 받은 것으로 보는 집단에너지사업자
5. 수력발전소를 운영하는 발전사업자

⑤ 「지능형전력망의 구축 및 이용촉진에 관한 법률」 제12조제1항에 따라 지능형전력망 서비스 제공사업자로 등록한 자 중 대통령령으로 정하는 자(이하 "수요관리사업자"라 한다)는 제43조에 따른 전력시장운영규칙으로 정하는 바에 따라 전력시장에서 전력거래를 할 수 있다. 다만, 수요관리사업자 중 「독점규제 및 공정거래에 관한 법률」 제31조제1항의 상호출자제한기업집단에 속하는 자가 전력거래를 하는 경우에는 대통령령으로 정하는 전력거래량의 비율에 관한 기준을 충족하여야 한다.

14 한국전력거래소 업무

① 한국전력거래소는 그 목적을 달성하기 위하여 다음 각 호의 업무를 수행한다.

1. 전력시장 및 소규모전력중개시장의 개설 · 운영에 관한 업무
2. 전력거래에 관한 업무
3. 회원의 자격 심사에 관한 업무
4. 전력거래대금 및 전력거래에 따른 비용의 청구 · 정산 및 지불에 관한 업무
5. 전력거래량의 계량에 관한 업무
6. 제43조에 따른 전력시장운영규칙 등 관련 규칙의 제정 · 개정에 관한 업무
7. 전력계통의 운영에 관한 업무
8. 제18조제2항에 따른 전기품질의 측정 · 기록 · 보존에 관한 업무

9. 그 밖에 제1호부터 제8호까지의 업무에 딸린 업무

② 한국전력거래소는 제1항에 따른 업무 중 일부를 다른 기관 또는 단체에 위탁하여 처리하게 할 수 있다.

15 전기설비의 안전관리

제61조(전기사업용 전기설비의 공사계획의 인가 또는 신고)

전기사업자는 전기사업용 전기설비의 설치공사 또는 변경공사로서 산업통상자원부령으로 정하는 공사를 하려는 경우에는 그 공사계획에 대하여 산업통상자원부장관의 인가를 받아야 한다. 인가받은 사항을 변경하려는 경우에도 또한 같다.

제63조(사용전검사)

전기설비의 설치공사 또는 변경공사를 한 자는 산업통상자원부령으로 정하는 바에 따라 허가권자가 실시하는 검사에 합격한 후에 이를 사용하여야 한다.

제65조(정기검사)

전기사업자 및 자가용 전기설비의 소유자 또는 점유자는 산업통상자원부령으로 정하는 전기설비에 대하여 산업통상자원부령으로 정하는 바에 따라 산업통상자원부장관 또는 시 · 도지사로부터 정기적으로 검사를 받아야 한다.

02 전기공사업법, 시행령, 시행규칙

1 목적

이 법은 전기공사업과 전기공사의 시공 · 기술관리 및 도급에 관한 기본적인 사항을 정함으로써 전기공사업의 건전한 발전을 도모하고 전기공사의 안전하고 적정한 시공을 확보함을 목적으로 한다.

2 정의

이 법에서 사용하는 용어의 뜻은 다음과 같다.

1. 전기공사

다음 각 목의 어느 하나에 해당하는 설비 등을 설치 · 유지 · 보수하는 공사 및 이에 따른 부대공사로서 대통령령으로 정하는 것을 말한다.

가. 「전기사업법」 제2조제16호에 따른 전기설비
나. 전력 사용 장소에서 전력을 이용하기 위한 전기계장설비(電氣計裝設備)
다. 전기에 의한 신호표지
라. 「신에너지 및 재생에너지 개발 · 이용 · 보급 촉진법」 제2조제3호에 따른 신 · 재생에너지 설비 중 전기를 생산하는 설비
마. 「지능형전력망의 구축 및 이용촉진에 관한 법률」 지능형전력망 중 전기설비

2. 공사업(工事業)

도급이나 그 밖에 어떠한 명칭이든 상관없이 전기공사를 업(業)으로 하는 것을 말한다.

3. 공사업자(工事業者)

제4조 제1항에 따라 공사업의 등록을 한 자를 말한다.

4. 발주자(發注者)

전기공사를 공사업자에게 도급을 주는 자를 말한다. 다만, 수급인으로서 도급받은 전기공사를 하도급 주는 자는 제외한다.

5. 도급(都給)

원도급(原都給), 하도급, 위탁, 그 밖에 어떠한 명칭이든 상관없이 전기공사를 완성할 것을 약정하고, 상대방이 그 일의 결과에 대하여 대가를 지급할 것을 약정하는 계약을 말한다.

6. 하도급(下都給)

도급받은 전기공사의 전부 또는 일부를 수급인이 다른 공사업자와 체결하는 계약을 말한다.

7. 수급인(受給人)

발주자로부터 전기공사를 도급받은 공사업자를 말한다.

8. 하수급인(下受給人)

수급인으로부터 전기공사를 하도급받은 공사업자를 말한다.

9. 전기공사기술자

다음 각 목의 어느 하나에 해당하는 사람으로서 제17조의2에 따라 산업통상자원부장관의 인정을 받은 사람을 말한다.

가. 「국가기술자격법」에 따른 전기 분야의 기술자격을 취득한 사람
나. 일정한 학력과 전기 분야에 관한 경력을 가진 사람

10. 전기공사관리

전기공사에 관한 기획, 타당성 조사 · 분석, 설계, 조달, 계약, 시공관리, 감리, 평가, 사후관리 등에 관한 관리를 수행하는 것을 말한다.

11. 시공책임형 전기공사관리

전기공사업자가 시공 이전 단계에서 전기공사관리 업무를 수행하고 아울러 시공 단계에서 발주자와 시공 및 전기공사관리에 대한 별도의 계약을 통하여 전기공사의 종합적인 계획 · 관리 및 조정을 하면서 미리 정한 공사금액과 공사기간 내에서 전기설비를 시공하는 것을 말한다. 다만, 「전력기술관리법」에 따른 설계 및 공사감리는 시공책임형 전기공사관리계약의 범위에서 제외한다.

3 공사업의 등록

① 공사업을 하려는 자는 산업통상자원부령으로 정하는 바에 따라 주된 영업소의 소재지를 관할하는 특별시장 · 광역시장 · 도지사 또는 특별자치도지사(이하 "시 · 도지사"라 한다)에게 등록하여야 한다.

② 제1항에 따른 공사업의 등록을 하려는 자는 대통령령으로 정하는 기술능력 및 자본금 등을 갖추어야 한다.

③ 제1항에 따라 공사업을 등록한 자 중 등록한 날부터 5년이 지나지 아니한 자는 제2항에 따른 기술능력 및 자본금 등(이하 "등록기준"이라 한다)에 관한 사항을 대통령령으로 정하는 기간이 지날 때마다 산업통상자원부령으로 정하는 바에 따라 시 · 도지사에게 신고하여야 한다.

④ 시 · 도지사는 제1항에 따라 공사업의 등록을 받으면 등록증 및 등록수첩을 내주어야 한다.

4 결격사유

다음 각 호의 어느 하나에 해당하는 자는 제4조제1항에 따른 공사업의 등록을 할 수 없다.

1. 피성년후견인
2. 파산선고를 받고 복권되지 아니한 자
3. 다음 각 목의 어느 하나에 해당되어 금고 이상의 실형을 선고받고 그 집행이 끝나거나(집행이 끝난 것으로 보는 경우를 포함한다) 면제된 날부터 2년이 지나지 아니한 사람
4. 제3호에 따른 죄를 범하여 금고 이상의 형의 집행유예를 선고받고 그 유예기간에 있는 사람
5. 등록이 취소된 후 2년이 지나지 아니한 자. 이 경우 공사업의 등록이 취소된 자가 법인인 경우에는 그 취소 당시의 대표자와 취소의 원인이 된 행위를 한 사람을 포함한다.
6. 임원 중에 제1호부터 제5호까지의 규정 중 어느 하나에 해당하는 사람이 있는 법인

5 전기공사 및 시공책임형 전기공사관리의 분리발주

① 전기공사는 다른 업종의 공사와 분리발주하여야 한다.

② 시공책임형 전기공사관리는 「건설산업기본법」에 따른 시공책임형 건설사업관리 등 다른 업종의 공사관리와 분리발주하여야 한다.

6 하도급의 제한 등

① 공사업자는 도급받은 전기공사를 다른 공사업자에게 하도급 주어서는 아니 된다. 다만, 대통령령으로 정하는 경우에는 도급받은 전기공사의 일부를 다른 공사업자에게 하도급 줄 수 있다.
② 하수급인은 하도급받은 전기공사를 다른 공사업자에게 다시 하도급 주어서는 아니 된다. 다만, 하도급받은 전기공사 중에 전기기자재의 설치 부분이 포함되는 경우로서 그 전기기자재를 납품하는 공사업자가 그 전기기자재를 설치하기 위하여 전기공사를 하는 경우에는 하도급 줄 수 있다.
③ 공사업자는 제1항 단서에 따라 전기공사를 하도급 주려면 미리 해당 전기공사의 발주자에게 이를 서면으로 알려야 한다.
④ 하수급인은 제2항 단서에 따라 전기공사를 다시 하도급 주려면 미리 해당 전기공사의 발주자 및 수급인에게 이를 서면으로 알려야 한다.

03 전기설비기술기준 및 한국전기설비기준(KEC)

1 기술기준의 목적

발전 · 송전 · 변전 · 배전 또는 전기 사용을 위하여 설치하는 기계 · 기구 · 댐 · 수로 · 저수지 · 전선로 · 보안통신선로 및 그 밖의 시설물의 안전에 필요한 성능과 기술적 요건을 규정함을 목적으로 한다.

2 기술기준의 안전원칙

① 전기설비는 감전, 화재 그 밖에 사람에게 위해(危害)를 주거나 물건에 손상을 줄 우려가 없도록 시설하여야 한다.
② 전기설비는 사용목적에 적절하고 안전하게 작동하여야 하며, 그 손상으로 인하여 전기 공급에 지장을 주지 않도록 시설하여야 한다.
③ 전기설비는 다른 전기설비, 그 밖의 물건의 기능에 전기적 또는 자기적인 장해를 주지 않도록 시설하여야 한다.

3 용어의 정의(기술기준)

1. 발전소

발전기 · 원동기 · 연료전지 · 태양전지 · 해양에너지 그 밖의 기계기구[비상용(非常用) 예비전원을 얻을 목적으로 시설하는 것 및 휴대용 발전기를 제외한다]를 시설하여 전기를 발생시키는 곳을 말한다.

2. 변전소

변전소의 밖으로부터 전송받은 전기를 변전소 안에 시설한 변압기 · 전동발전기 · 회전변류기 · 정류기 그 밖의 기계기구에 의하여 변성하는 곳으로서 변성한 전기를 다시 변전소 밖으로 전송하는 곳을 말한다.

3. 개폐소

개폐소 안에 시설한 개폐기 및 기타 장치에 의하여 전로를 개폐하는 곳으로서 발전소 · 변전소 및 수용장소 이외의 곳을 말한다.

4. 급전소

전력계통의 운용에 관한 지시 및 급전조작을 하는 곳을 말한다.

5. 전선

강전류 전기의 전송에 사용하는 전기 도체, 절연물로 피복한 전기 도체 또는 절연물로 피복한 전기 도체를 다시 보호 피복한 전기 도체를 말한다.

6. 전로

통상의 사용 상태에서 전기가 통하고 있는 곳을 말한다.

7. 전선로

발전소 · 변전소 · 개폐소, 이에 준하는 곳, 전기사용장소 상호 간의 전선(전차선을 제외한다) 및 이를 지지하거나 수용하는 시설물을 말한다.

8. 연접 인입선

한 수용장소의 인입선에서 분기하여 지지물을 거치지 아니하고 다른 수용 장소의 인입구에 이르는 부분의 전선을 말한다. 여기에서 "인입선"이란 가공 인입선[가공 전선로의 지지물로부터 다른 지지물을 거치지 아니하고 수용장소의 붙임점에 이르는 가공전선(가공전선로의 전선을 말한다. 이하 같다)을 말한다] 및 수용장소의 조영물(토지에 정착한 시설물 중 지붕 및 기둥 또는 벽이 있는 시설물을 말한다. 이하 같다)의 옆면 등에 시설하는 전선으로서 그 수용장소의 인입구에 이르는 부분의 전선을 말한다.

9. 배선

전기사용장소에 시설하는 전선(전기기계기구 내의 전선 및 전선로의 전선을 제외한다)을 말한다.

10. 지지물

목주 · 철주 · 철근 콘크리트주 및 철탑과 이와 유사한 시설물로서 전선 · 약전류전선 또는 광섬

유케이블을 지지하는 것을 주된 목적으로 하는 것을 말한다.

11. 조상설비

무효전력을 조정하는 전기기계기구를 말한다.

12. 옥내배선

옥내의 전기 사용장소에 고정시켜 시설하는 배선을 말한다.

13. 옥측배선

옥외의 전기사용장소에서 그 전기사용장소에서의 전기사용을 목적으로 조영물에 고정시켜 시설하는 전선

14. 옥외배선

옥외의 전기사용장소에서 그 전기사용장소에서의 전기사용을 목적으로 고정시켜 시설하는 전선

15. 제1차 접근상태

가공전선이 다른 시설물과 접근(병행하는 경우를 포함하며 교차하는 경우 및 동일 지지물에 시설하는 경우를 제외한다. 이하 같다)하는 경우에 가공전선이 다른 시설물의 위쪽 또는 옆쪽에서 수평거리로 가공전선로의 지지물의 지표상의 높이에 상당하는 거리 안에 시설(수평거리로 3m 미만인 곳에 시설되는 것을 제외한다)됨으로써 가공전선로의 전선의 절단, 지지물의 도괴 등의 경우에 그 전선이 다른 시설물에 접촉할 우려가 있는 상태를 말한다.

16. 제2차 접근상태

가공전선이 다른 시설물과 접근하는 경우에 그 가공전선이 다른 시설물의 위쪽 또는 옆쪽에서 수평거리로 3m 미만인 곳에 시설되는 상태를 말한다.

17. 가섭선(架涉線)

지지물에 가설되는 모든 선류를 말한다.

18. 분산형 전원

중앙급전 전원과 구분되는 것으로서 전력소비지역부근에 분산하여 배치 가능한 전원(상용전원의 정전 시에만 사용하는 비상용 예비전원을 제외한다)을 말하며, 신 · 재생에너지 발전설비 등을 포함한다.

19. 계통연계

분산형 전원을 송전사업자나 배전사업자의 전력계통에 접속하는 것을 말한다.

20. 단독운전

전력계통의 일부가 전력계통의 전원과 전기적으로 분리된 상태에서 분산형 전원에 의해서만 가압되는 상태를 말한다.

21. 인버터

전력용 반도체소자의 스위칭 작용을 이용하여 직류전력을 교류전력으로 변환하는 장치를 말한다.

4 전압의 구분

분류	전압의 범위
저압	• 직류 : 1.5[kV] 이하 • 교류 : 1[kV] 이하
고압	• 직류 : 1.5[kV]를 초과하고, 7[kV] 이하 • 교류 : 1[kV]를 초과하고, 7[kV] 이하
특고압	7[kV]를 초과

5 전선

1. 전선의 종류

1) 나전선 : 도체에 피복을 하지 않은 전선, 경동선, 연동선, ACSR(강심 알루미늄 전선)

2) 절연전선 : 도체의 사용전압에 견디는 절연물로 피복한 전선. 450/750[V] 비닐절연전선 등

3) 케이블 : 도체의 사용전압에 견디는 절연물로 피복을 하고 그 절연물 외부에 절연물 또는 차폐층을 보호하기 위하여 피복을 한 것

- 저압케이블 : 연피케이블, 알루미늄케이블, 비닐외장케이블, 클로로프렌 외장케이블
- 고압케이블 : 저압케이블 종류와 같으며 콤바인드 덕트 케이블
- 특별고압케이블 : OF 케이블 등

2. 전선의 접속

1) 전선의 전기저항을 증가시키지 말 것

2) 인장하중을 20[%] 이상 감소시키지 말 것

3) 절연전선의 절연물과 동등 이상의 절연효력이 있도록 충분히 피복할 것

4) 재질이 다른 도체의 접속 시 전기적 부식이 생기지 않을 것

3. 전로의 절연

1) 전로는 대지로부터 절연하여야 한다.

2) 전로와 대지의 절연 예외 장소

(1) 접지공사의 접지점

(2) 중성점 접지점

(3) 변성기 2차측 접지점

(4) 다중접지 시 접지점

(5) 시험용 변압기, 전기방식용 양극, 전기철도 귀선

(6) 전기욕기, 전기로, 전기보일러, 전해조 등 대지로부터 절연이 기술상 곤란한 곳

4. 누설전류

1) 전로 1조당 : 최대 공급전류$\times\left(\frac{1}{2,000}\right)$ 이하

2) 단상 2선식 : 최대 공급전류$\times\left(\frac{1}{1,000}\right)$ 이하

5. 절연저항값

$$\text{절연저항} = \frac{\text{전압}}{\text{누설전류}}$$

1) 저압전로의 절연성능

전기사용 장소의 사용전압이 저압인 전로의 전선 상호 간 및 전로와 대지 사이의 절연저항은 개폐기 또는 과전류차단기로 구분할 수 있는 전로마다 다음 표에서 정한 값 이상이어야 한다. 다만, 전선 상호 간의 절연저항은 기계기구를 쉽게 분리하기가 곤란한 분기회로의 경우 기기 접속 전에 측정할 수 있다.

또한, 측정 시 영향을 주거나 손상을 받을 수 있는 SPD 또는 기타 기기 등은 측정 전에 분리시켜야 하고, 부득이하게 분리가 어려운 경우에는 시험전압을 250V DC로 낮추어 측정할 수 있지만 절연저항 값은 1MΩ 이상이어야 한다.

전로의 사용전압(V)	DC 시험전압(V)	절연저항(MΩ)
SELV 및 PELV	250	0.5
FELV, 500V 이하	500	1.0
500V 초과	1,000	1.0

* 특별저압(Extra low voltage : 2차 전압이 AC 50V, DC 120V 이하)으로 SELV(비접지회로 구성) 및 PELV(접지회로 구성)은 1차와 2차가 전기적으로 절연된 회로, FELV는 1차와 2차가 전기적으로 절연되지 않은 회로

- FELV(Functional Extra－Low Voltage)
- SELV(Safety Extra－Low Voltage)
- PELV(Protective Extra－Low Voltage)

6. 절연내력시험

1) 연료전지 및 태양전지 모듈의 절연내력

(1) 시험전압 : 최대사용전압의 1.5배의 직류전압 또는 1배의 교류전압(500[V] 미만으로 되는 경우에는 500[V])

(2) 시험방법 : 충전부분과 대지 사이에 연속하여 10분간 가했을 때 이에 견디는 것이어야 한다.

2) 변압기 전로의 권선 종류 및 절연내력시험전압(교류시험전압 → 연속 10분간)

<table>
<tr><th colspan="2">구분</th><th>배수</th><th>최저전압</th></tr>
<tr><td colspan="2">7,000[V] 이하</td><td>최대사용전압×1.5배</td><td>500[V]</td></tr>
<tr><td>비접지식</td><td>7,000[V] 초과</td><td>최대사용전압×1.25배</td><td>10,500[V]</td></tr>
<tr><td>중성점 다중접지식</td><td>7,000[V] 초과 25,000[V] 이하</td><td>최대사용전압×0.92배</td><td>×</td></tr>
<tr><td>중성점 접지식</td><td>60,000[V] 초과</td><td>최대사용전압×1.1배</td><td>75,000[V]</td></tr>
<tr><td rowspan="2">중성점 직접접지식</td><td>170,000[V] 이하</td><td>최대사용전압×0.72배</td><td>×</td></tr>
<tr><td>170,000[V] 넘는 구내에서만 적용</td><td>최대사용전압×0.64배</td><td>×</td></tr>
</table>

3) 회전기 및 정류기의 절연내력 시험전압

<table>
<tr><th colspan="3">기구의 종류</th><th>시험전압</th><th>시험할 곳</th><th>최저시험전압</th></tr>
<tr><td rowspan="3">회
전
기</td><td rowspan="2">발전기, 전동기, 조상기 등의 회전기</td><td>7[kV] 이하</td><td>최대사용전압×1.5</td><td rowspan="2">권선과 대지 사이</td><td>500[V]</td></tr>
<tr><td>7[kV]를 넘는 것</td><td>최대사용전압×1.25</td><td>10,500[V]</td></tr>
<tr><td colspan="2">회전변류기</td><td>직류 측 최대 사용전압의 1배의 교류전압</td><td>권선과 대지 사이</td><td>500[V]</td></tr>
<tr><td rowspan="2">정
류
기</td><td colspan="2">최대사용전압 60[kV] 이하</td><td>직류 측 최대 사용전압의 1배의 교류전압</td><td>주양극과 외함 사이</td><td>500[V]</td></tr>
<tr><td colspan="2">최대사용전압 60[kV] 초과</td><td>교류 측의 최대 사용전압의 1.1배의 교류전압 또는 직류 측의 최대사용전압의 1.1배의 직류전압</td><td>교류 측 및 직류 고전압 측 단자와 대지 사이</td><td></td></tr>
</table>

* 권선과 대지 사이 및 충전부분과 외함 사이에 10분간

4) 전선로의 절연내력시험전압(직류전압 → 연속 10분간)
변압기의 절연내력시험전압(교류시험전압)을 기준한다.
단, 케이블 사용(교류시험전압×2배)

7. 접지시스템

1) 접지의 정의 및 목적

(1) 접지의 정의

접지는 대지에 전기적 단자를 설치하여 절연대상물을 대지의 낮은 저항으로 연결하는 것이다.

(2) 접지의 목적

접지의 목적은 인축에 대한 안전과 설비 및 기기에 대한 안정이다. 즉, 전기설비나 전기기기 등의 이상전압제어 및 보호장치의 확실한 동작으로 인축에 대한 감전사고 방지와 전기전자 통신설비 및 기기의 안정된 동작 확보를 위한 것이다.

2) 접지설비의 개요

1개의 건축물에는 그 건축물 대지전위의 기준이 되는 접지극, 접지선 및 주 접지단자를 그림과 같이 구성한다. 건축 내 전기기기의 노출 도전성 부분 및 계통 외 도전성 부분(건축구조물의 금속제 부분 및 가스, 물, 난방 등의 금속 배관 설비)은 모두 주 접지단자에 접속한다. 또한, 손의 접근한계 내에 있는 전기기기 상호 간 및 전기기기와 계통 외 도전성 부분은 보조 등전위 접속용 선에 접속한다.

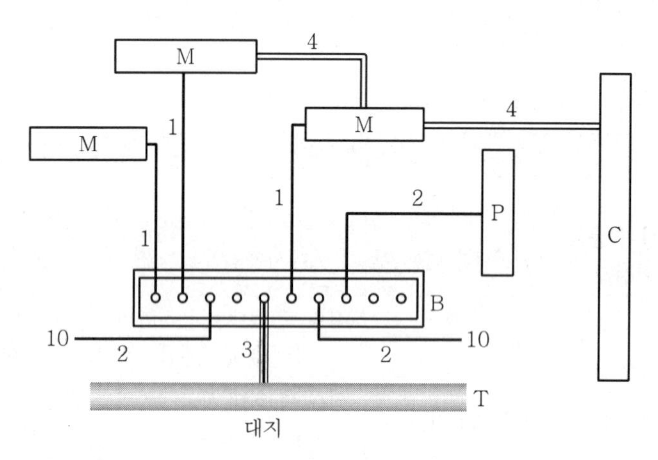

1 : 보호선(PE)	B : 주 접지단자
2 : 주 등전위 접속용 선	M : 전기기구의 노출 도전성 부분
3 : 접지선	C : 철골, 금속덕트의 계통 외 도전성 부분
4 : 보조 등전위 접속용 선	P : 수도관, 가스관 등 금속배관
10 : 기타 기기(예, 통신설비)	T : 접지극

3) 접지시스템 구분

(1) 계통접지 : 전력계통의 이상현상에 대비하여 대지와 계통을 접속

(2) 보호접지 : 감전보호를 목적으로 기기의 한 점 이상을 접지(전기기계외함과 대지면을 전선으로 연결)

(3) 피뢰시스템접지 : 뇌격전류를 안전하게 대지로 방류하기 위한 접지

4) 접지시스템의 시설 종류

(1) 단독접지 : (특)고압 계통의 접지극과 저압 접지계통의 접지극을 독립적으로 시설하는 접지 방식

(2) 공통/통합접지 : 공통접지는 (특)고압 접지계통과 저압 접지계통을 등전위 형성을 위해 공통으로 접지하는 방식이고, 통합접지 방식은 계통접지 · 통신접지 · 피뢰접지의 접지극을 통합하여 접지하는 방식

5) 수전전압별 접지설계 시 고려사항

(1) 저압수전 수용가 접지설계

주상변압기를 통해 저압전원을 공급받는 수용가의 경우 지락전류 계산과 자동 차단조건 등을 고려하여 접지설계

(2) (특)고압수전 수용가 접지설계

(특)고압으로 수전 받는 수용가의 경우 접촉 · 보폭전압과 대지전위상승(EPR), 허용 접촉 전압 등을 고려하여 접지설계

8. 접지극

접지극이란 접지선과 대지의 낮은 저항을 연결해 주는 시설물이다.

1) 접지극의 종류

(1) 접지극에는 다음의 것을 사용할 수 있다.

① 접지봉 및 판
② 접지판
③ 접지테이프 또는 선
④ 건축물 기초에 매입된 접지극
⑤ 콘크리트 내의 철근
⑥ 금속제 수도관 설비

(2) 접지극의 종류 및 매설깊이는 토양의 건조 또는 동결에 따라 접지저항 값이 소요 값보다 증가되지 않도록 선정하여야 한다.

2) 매설 또는 타입식 접지극

(1) 매설 또는 타입식 접지극은 동판, 동봉, 철관, 철봉, 동봉강관, 탄소피복강봉, 탄소접지모듈 등을 사용하고 이들을 가급적 물기가 있는 장소와 가스, 산 등으로 인하여 부식될 우려가 없는 장소를 선정하여 지중에 매설하거나 타입하여야 한다.

(2) 접지극은 다음 사항을 원칙으로 한다.

① 동판 : 두께 0.7[mm] 이상, 면적 90[cm^2] 편면(片面) 이상
② 동봉, 동피복강봉 : 지름 8[mm] 이상, 길이 0.9[m] 이상
③ 철관 : 외경 25[mm] 이상, 길이 0.9[m] 이상의 아연도금가스철관 또는 후성전선관
④ 철봉 : 지름 12[mm] 이상, 길이 0.9[m] 이상의 아연도금
⑤ 동봉강관 : 두께 1.6[mm] 이상, 길이 0.9[m] 이상, 면적 250[cm^2] 편면 이상
⑥ 탄소피복강관 : 지름 8[mm] 이상의 강심이고 길이 0.9[m] 이상

(3) 접지선과 접지극은 CAD WELDING, 접지클램프, 커넥터, 납땜(소회로) 또는 기타 확실한 방법에 의하여 접속하여야 한다. 이때 납땜은 은(銀) 납류에 의한 것이어야 하고 납과 주석의 합금은 바람직하지 못하다.

9. 계통접지의 방식

계통접지와 기기접지의 조합에 따라 접지방식에는 여러 가지 방식이 있는데 국내에서는 KS C IEC 60364 규정을 적용하여 TN 계통(TN System), TT 계통(TT System), IT 계통(IT System)을 제안하고 있다.

1) 저압전로의 보호도체 및 중성선의 접속방식에 따라 다음과 같이 분류한다.
   (1) TN 계통
   (2) TT 계통
   (3) IT 계통

2) TN 계통(Terra Neutral System)
   (1) TN 계통이란 전원의 한 점을 직접 접지하고 설비의 노출 도전성 부분을 보호선(PE)을 이용하여 전원의 한 점에 접속하는 접지계통을 말한다. 즉, 접지전류가 설비의 노출 도전성 부분에서 전원 접지점으로 흐를 수 있는 금속경로가 형성된다.
   (2) TN 계통은 중성선 및 보호선의 배치에 따라 TN−S 계통, TN−C−S 계통 및 TN−C 계통의 세 종류가 있다.

3) TT 계통(Terra Terra System)
   TT 계통이란 전원의 한 점을 직접 접지하고 설비의 노출 도정성 부분을 전원계통의 접지극과는 전기적으로 독립한 접지극에 접지하는 접지계통을 말한다.

4) IT 계통(Insulation Terra System)
   IT 계통이란 충전부 전체를 대지로부터 절연시키거나, 한 점에 임피던스를 삽입하여 대지에 접속시키고, 전기기기의 노출 도전성 부분을 단독 또는 일괄적으로 접지하거나 또는 계통접지로 접속하는 접지계통을 말한다.

5) 전로의 중성점 접지
   (1) 목적
      ① 보호계전기의 확실한 동작 확보
      ② 이상전압의 억제 및 대지전압의 저감
      ③ 기기의 절연레벨 경감

(2) 접지의 종류

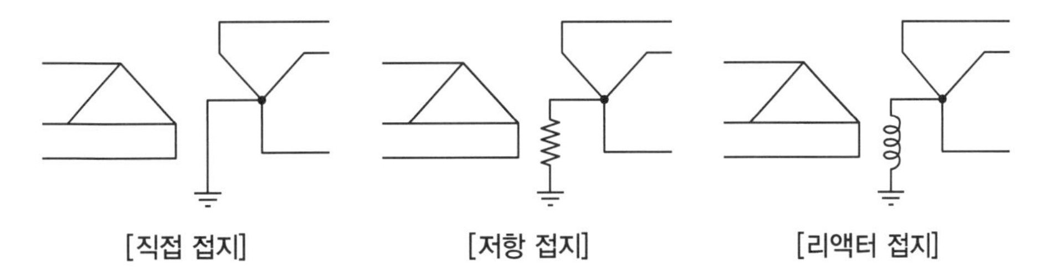

10. 특별고압용 기계기구의 시설

1) 특별고압용 기계기구는 다음에 한하여 시설할 수 있으며 발전소 · 변전소 · 개폐소 또는 이에 준하는 곳에 시설하는 경우 노출된 충전 부분에 취급자가 쉽게 접촉할 우려가 없도록 시설해야 한다.

(1) 기계기구의 주위에 울타리 · 담 등을 시설하는 경우

(2) 기계기구를 지표상 5[m] 이상의 높이에 시설하고 충전부분의 지표상의 높이를 표에서 정한 값 이상으로 하고 또한 사람이 접촉할 우려가 없도록 시설하는 경우

▌사용전압에 따른 충전부분까지의 이격거리▐

사용전압의 구분	울타리의 높이와 울타리로부터 충전부분까지의 거리의 합계 또는 지표상의 높이
35[kV] 이하	5[m]
35[kV] 초과 160[kV] 이하	6[m]
160[kV] 초과	6[m]에 160[kV]를 초과하는 10[kV] 또는 그 단수마다 12[cm]를 더한 값

(3) 공장 등의 구내에서 기계기구를 콘크리트제의 함 또는 접지공사를 한 금속제의 함에 넣고 또한 충전부분이 노출하지 아니하도록 시설하는 경우

(4) 옥내에 설치한 기계기구를 취급자 이외의 사람이 출입할 수 없도록 설치한 곳에 시설하는 경우

(5) 충전부분이 노출하지 아니하는 기계기구를 사람이 쉽게 접촉할 우려가 없도록 시설하는 경우

11. 고압용 기계기구의 시설

1) 고압용 기계기구는 다음 각 호의 1에 해당하는 경우, 발전소 · 변전소 · 개폐소 또는 이에 준하는 곳에 시설하는 경우 이외에는 시설하지 말 것

(1) 울타리, 담 등의 높이는 2[m] 이상으로 하고 지표면과 울타리, 담 등의 하단 사이의 간격은 15[cm] 이하로 시설하는 경우

▌울타리, 담 등의 높이▐

사용전압의 구분	울타리의 높이와 울타리로부터 충전부분까지의 거리의 합계 또는 지표상의 높이
35[kV] 이하	5[m]
35[kV] 초과 160[kV] 이하	6[m]
160[kV] 초과	6[m]에 160[kV]를 초과하는 10[kV] 또는 그 단수마다 12[cm]를 더한 값

(2) 기계기구를 지표상 4.5[m](시가지 외에는 4[m]) 이상의 높이에 시설하고 또한 사람이 쉽게 접촉할 우려가 없도록 시설하는 경우

(3) 공장 등의 구내에서 기계기구의 주위에 사람이 쉽게 접촉할 우려가 없도록 적당한 울타리를 설치하는 경우

(4) 옥내에 설치한 기계기구를 취급자 이외의 사람이 출입할 수 없도록 설치한 곳에 시설하는 경우

(5) 기계기구를 콘크리트제의 함 또는 접지공사를 한 금속제 함에 넣고 또한 충전부분이 노출하지 아니하도록 시설하는 경우

(6) 충전부분이 노출하지 아니하는 기계기구를 사람이 쉽게 접촉할 우려가 없도록 시설하는 경우

(7) 충전부분이 노출하지 아니하는 기계기구를 온도상승에 의하여 또는 고장 시 그 근처의 대지와의 사이에 생기는 전위차에 의하여 사람이나 가축 또는 다른 시설물에 위험의 우려가 없도록 시설하는 경우

2) 고압용의 기계기구는 노출된 충전부분에 취급자가 쉽게 접촉할 우려가 없도록 시설할 것

12. 아크를 발생하는 기구의 시설

▌전압에 따른 기구와 가연물의 이격거리▐

기구 등의 구분	이격거리
고압용의 것	1[m] 이상
특별고압용의 것	2[m] 이상

13. 과전류 차단기

1) 저압용 퓨즈 정격전류의 1.1배에 견디고

- 30[A]×1.6배 60분 이내, 2배의 전류로 2분 이내에 용단할 것
- 100[A]×1.6배 120분 이내, 2배의 전류로 6분 이내에 용단할 것

2) 배선용 차단기 : 1배의 전류에 견딜 것

3) 고압용 퓨즈

종류	정격전류의 배수
포장 퓨즈	1.3배에 견디고 2배의 전류에 120분 이내 용단
비포장 퓨즈	1.25배에 견디고 2배의 전류에 2분 이내 용단

14. 피뢰기의 시설 및 접지

피뢰기는 전력설비의 기기를 이상전압으로부터 보호하는 장치로 낙뢰나 회로의 개폐 시 발생하는 이상전압을 신속하게 대지로 방전하고 방전 후 속류를 차단하는 기능을 가진 것이다.

1) 설치기준

(1) 고압 또는 특별고압의 전로에서 다음의 곳 또는 이에 근접한 곳에 피뢰기를 시설하고 피뢰기에 접지공사를 한다.

① 발전소, 변전소 또는 이에 준하는 장소의 가공전선 인입구 및 인출구

② 가공전선로에 접속하는 특별고압 배전용 변압기의 고압 측 및 특별고압 측

③ 고압 및 특별고압 가공전선로로부터 공급을 받는 수용장소의 인입구

④ 가공전선로와 지중 전선로가 접속하는 곳

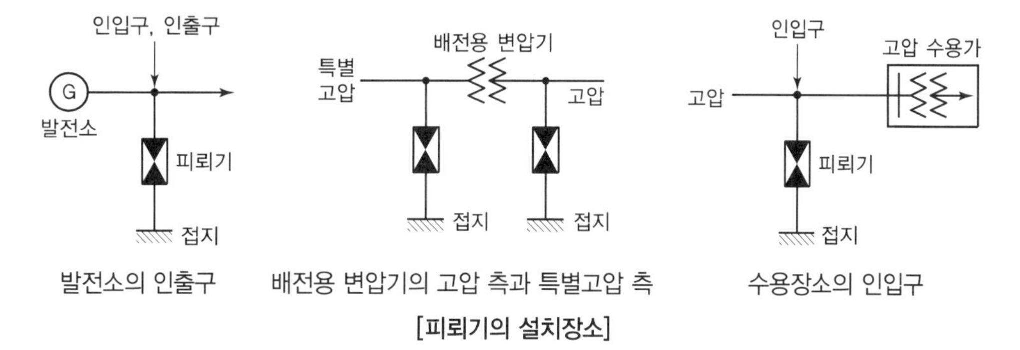

[피뢰기의 설치장소]

(2) 변압기의 중성점 접지

① 변압기의 중성점 접지저항 값은 다음에 의한다.

㉠ 일반적으로 변압기의 고압 · 특고압측 전로 1선로 지락전류로 150을 나눈 값과 같은 저항 값 이하

$$R = \frac{150}{\text{변압기의 고압측 또는 특고압측 1선 지락전류}}$$

㉡ 변압기의 고압 · 특고압측 전로 또는 사용전압이 35kV 이하의 특고압전로가 저압측 전로와 혼촉하고 저압전로의 대지전압이 150V를 초과하는 경우에는 저항 값은 다음에 의한다.

- 1초 초과 2초 이내에 고압 · 특고압 전로를 자동으로 차단하는 장치를 설치할 때는 300을 나눈 값 이하
- 1초 이내에 고압 · 특고압 전로를 자동으로 차단하는 장치를 설치할 때는 600을 나눈 값 이하

② 전로의 1선 지락전류는 실측 값에 의한다. 다만, 실측이 곤란한 경우에는 선로정수 등으로 계산한 값에 의한다.

‖ 전선식별법 국제표준화(KEC 121.2) ‖

전선 구분	KEC 식별 색상
상선(L1)	갈색
상선(L2)	흑색
상선(L3)	회색
중성선(N)	청색
접지/보호도체(PE)	녹황교차

6 발전소, 변전소 및 개폐소 시설

1. 특별고압전로의 상 및 접속상태의 표시

발전소, 변전소 및 이에 준하는 곳의 특별고압 전로는 오접속, 오조작을 방지하기 위해 상별 표시를 다음과 같이 시설토록 규정하고 있다.

1) 전로의 상 및 접속상태 표시(단, 모선 2회선 이하는 예외)

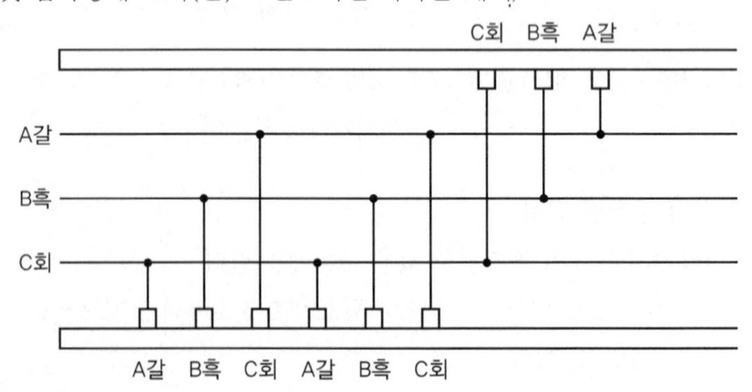

2. 특별고압용 변압기 보호장치

기기의 종류	용량	사고의 종류	보호장치
특별고압 변압기	뱅크용량 5,000[kVA] 이상 10,000[kVA] 미만	내부고장	경보장치
	뱅크용량 10,000[kVA] 이상	내부고장(경보장치 또는 변압기의 전원인 발전기를 자동 정지하도록 시설한 것은 제외)	자동차단장치
	타냉식 (강제순환시키는 냉각방식)	냉각장치의 고장 또는 변압기의 현저한 온도상승	경보장치

3. 조상설비의 보호장치

기기의 종류	용량	사고의 종류	보호장치
전력용 커패시터 및 분로리액터	뱅크용량 5,000[kVA]를 넘고 15,000[kVA] 미만	내부고장 또는 과전류	자동차단장치
	15,000[kVA] 이상	내부고장, 과전류 및 과전압	
조상기	15,000[kVA] 이상	내부고장	자동차단장치

4. 태양전지 모듈 등의 시설

1) 태양전지발전소에서 태양전지 모듈, 전선 및 개폐기 기타 기구는 다음과 같이 시설할 것

(1) 충전부분은 노출되지 않도록 시설할 것

(2) 태양전지 모듈에 접속하는 부하 측의 전로에는 그 접속점에 근접하여 개폐기 기타 이와 유사한 기구를 시설할 것

(3) 태양전지 모듈을 병렬로 접속하는 전로에는 전로에 단락이 생긴 경우에 전로를 보호하는 과전류 차단기 기타의 기구를 시설할 것

(4) 전선은 다음에 의하여 시설할 것

① 전선은 인장강도 1.04[kN] 이상의 것. 또는 지름 1.6[mm]의 연동선일 것

② 옥내에 시설할 경우에는 합성수지관공사, 금속관공사, 가요전선관공사 또는 케이블공사에 준하여 시설할 것

③ 옥측 또는 옥외에 시설할 경우에는 합성수지관공사, 금속관공사, 가요전선관공사, 또는 케이블공사에 준하여 시설할 것

(5) 태양전지 모듈 및 개폐기 그 밖의 기구에 전선을 접속하는 경우에 나사조임 그밖에 이와 동등 이상의 효력이 있는 방법에 의하여 견고하고 또한 전기적으로 완전하게 접속함과 동시에 접속점에 장력이 가해지지 아니하도록 할 것

2) 태양전지 모듈의 지지물은 자중(自重), 적재하중, 적설 또는 풍압 및 지진 기타의 진동과 충격에 대하여 안전한 구조로 한다.

7 전선로

1. 전선로는 가공전선로, 옥측전선로, 옥상전선로, 지중전선로, 터널안전선로, 수상전선로, 수저전선로 및 특수장소의 전선로로 분류된다.
   이는 시설형태의 분류이고 시설 목적으로 분류할 때는 송전선로와 배전선로로 분류된다.

2. 풍압하중과 그 적용
   가공전선로에 사용하는 지지물의 강도계산에 적용하는 풍압하중은 갑종, 을종, 병종으로 구분 3종으로 한다.

   (1) 갑종 풍압하중
   표(a)에서 정한 구성재의 수직 투영면적 1[m^2]에 대한 풍압을 기초로 하여 계산한 것으로 고온계에 풍속 40[m/s]의 바람이 있는 경우에 생기는 하중이다.

   (2) 을종 풍압하중
   을종 풍압하중은 빙설이 많은 지방의 저온계에 적용되는데 전선이나 기타 가섭선(架涉線) 주위에 두께 6[mm], 비중 0.9의 빙설이 부착된 상태에서 372[Pa](다도체를 구성하는 전선은 333[Pa]), 그 이외의 것은 갑종 풍압 하중의 $\frac{1}{2}$을 기초로 계산한 것

   (3) 병종 풍압하중
   인가가 많이 연접된 장소 또는 저온계에서 강풍이나 빙설이 적은 지방을 대상으로 갑종 풍압의 $\frac{1}{2}$을 기초로 계산한 것

| 표(a) 갑종 풍압하중 |

<table>
<tr><th colspan="4">풍압을 받는 구분</th><th>풍압[Pa]</th></tr>
<tr><td rowspan="12">지지물</td><td colspan="3">목주</td><td>588</td></tr>
<tr><td rowspan="5">철주</td><td colspan="2">원형의 것</td><td>588</td></tr>
<tr><td colspan="2">삼각형 또는 마름모형의 것</td><td>1,412</td></tr>
<tr><td colspan="2">강관에 의하여 구성되는 4각형의 것</td><td>1,117</td></tr>
<tr><td rowspan="2">기타의 것</td><td>복재가 전후면에 겹치는 경우</td><td>1,627</td></tr>
<tr><td>복재가 겹치지 않은 경우</td><td>1,784</td></tr>
<tr><td rowspan="2">철근콘크리트주</td><td colspan="2">원형의 것</td><td>588</td></tr>
<tr><td colspan="2">기타의 것</td><td>882</td></tr>
<tr><td rowspan="4">철탑</td><td rowspan="2">단주
(완철류 제외)</td><td>원형의 것</td><td>588</td></tr>
<tr><td>기타의 것</td><td>1,117</td></tr>
<tr><td colspan="2">강관으로 구성되는 것(단주 제외)</td><td>1,255</td></tr>
<tr><td colspan="2">기타의 것</td><td>2,157</td></tr>
<tr><td rowspan="2">전선 기타의 가섭선</td><td colspan="3">다도체를 구성하는 전선</td><td>666</td></tr>
<tr><td colspan="3">기타의 것</td><td>745</td></tr>
<tr><td colspan="4">애자장치(특별고압 전선로용)</td><td>1,039</td></tr>
<tr><td colspan="2" rowspan="2">목주, 철주 및 철근콘크리트주의
완금류(특별고압 전선로용)</td><td colspan="2">단일재로서 사용되는 경우</td><td>1,196</td></tr>
<tr><td colspan="2">기타의 것</td><td>1,627</td></tr>
</table>

| 표(b) 풍압하중의 적용 |

<table>
<tr><th colspan="2" rowspan="2">지방별</th><th colspan="2">적용하는 풍압하중</th></tr>
<tr><th>고온계절</th><th>저온계절</th></tr>
<tr><td colspan="2">빙설이 적은 지방</td><td>갑종</td><td>병종</td></tr>
<tr><td rowspan="2">빙설이 많은 지방</td><td>해안지방, 기타 저온계절에
최대 풍압이 생기는 지방</td><td>갑종</td><td>갑종과 을종 중 큰 것</td></tr>
<tr><td>기타 지방</td><td>갑종</td><td>을종</td></tr>
</table>

3. 지지물의 기초 안전율

1) 지지물 기초의 안전율은 2(이상 시 상정하중에 대한 철탑의 기초에 대하여는 1.33) 이상일 것
2) 기초안전율 적용 예외

전주 길이	6.8[kN] 이하	6.8[kN] 초과~9.8[kN] 이하
15[m] 이하	전장 $\times \frac{1}{6}$ 이상	전장 $\times \frac{1}{6}$ +0.3[m] 이상
15[m] 초과	2.5[m] 이상	2.8[m] 이상
16[m] 초과~20[m] 이하	2.8[m] 이상	–

4. 가공전선의 굵기(경동선 기준)

전압	조건	전선굵기 및 인장강도
400[V] 미만	절연전선	지름 2.6[mm] 이상, 인장강도 2.3[kN] 이상
	절연전선 이외	지름 3.2[mm] 이상, 인장강도 3.43[kN] 이상
400[V] 이상 저압, 고압	시가지 시설	지름 5[mm] 이상, 인장강도 8.01[kN] 이상
	시가지 외	지름 4[mm] 이상, 인장강도 5.26[kN] 이상
특별고압	단면적 22[mm^2] 이상, 인장강도 8.71[kN] 이상	

5. 저고압 가공전선의 높이

시설장소	높이
도로를 횡단하는 경우	지표상 6[m]
철도, 궤도를 횡단하는 경우	레일면상 6.5[m]
횡단보도교 위	저압가공전선 : 노면상 3.5[m] (다심형 전선, 절연전선, 케이블은 3[m])
	고압 가공전선 : 노면상 3.5[m]
기타의 장소	지표상 5[m] 이상
	저압선을 도로 이외에 시설할 경우나 절연전선이나 케이블을 사용한 저압 가공전선에서 옥외조명에 사용하는 것 : 교통에 지장이 없는 경우는 4[m] 이상으로 가능

6. 특별고압 가공전선의 높이

사용전압	시설장소	높이
35[kV] 이하	지표상	5[m]
	철도 횡단의 경우	레일면상 6.5[m]
	도로를 횡단하는 경우	지표상 6[m]
	횡단보도교 위(전선이 특별고압 절연 전선, 케이블인 경우)	노면상 4[m]
35[kV] 초과 160[kV] 이하	지표 상	6[m]
	철도 횡단	레일면상 6.5[m]
	산지 등에 시설	5[m]
	횡단보도교 위(전선이 케이블인 경우)	노면상 5[m]
160[kV] 초과	160[kV]를 넘는 10[kV] 또는 그 단수마다 12[cm]를 더한 값	

7. 가공전선의 병가

저압 가공전선과 고압 가공전선을 동일 지지물에 시설하는 경우는 고압 가공전선을 저압 전선의 위로 하여 별개의 완금(腕金)에 고압 가공전선과 저압 가공전선의 이격거리를 50[cm] 이상으로 한다(판단기준 제75호).

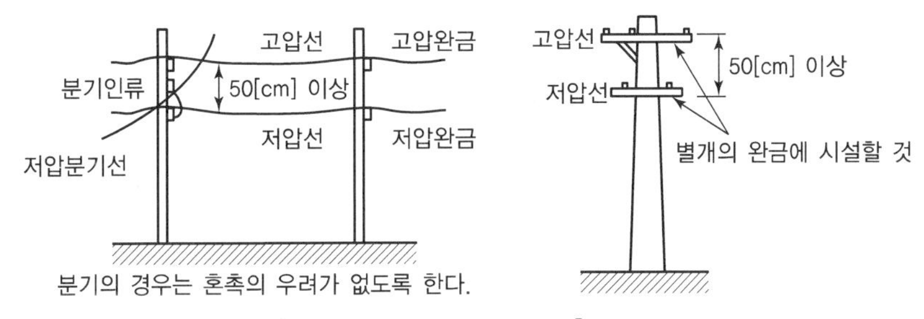

[저 · 고압 가공전선의 병가]

▌특별고압 가공전선로에 병가한 저압 가공전선의 이격거리▐

사용전압	이격거리
35[kV] 이하	1.2[m](특별고압 가공전선이 케이블일 때 50[cm])
35[kV] 초과 60[kV] 이하	2[m](특별고압 가공전선이 케이블일 때 1[m])
60[kV] 초과	2[m](특별고압 가공전선이 케이블일 때 1[m])에 60[kV]를 넘는 10[kV]나 단수마다 12[cm]를 더한 값

8. 가공전선의 공가

저고압 가공전선과 가공 약전류전선을 동일 지지물에 시설할 때는 다음과 같이 시설한다.

1) 전선로의 지지물로 사용하는 목주에서 풍압하중의 안전율은 1.5 이상으로 할 것
2) 가공전선은 가공 약전류전선의 위로 하고 별개의 완금류에 시설한다. 단, 가공약전류전선의 관리자의 승낙을 얻은 경우로 저압 가공전선에 고압 이상의 절연 전선이나 케이블을 사용할 때는 예외
3) 가공전선과 가공 약전류전선의 이격거리는 저압은 75[cm] 이상, 고압(다중접지된 중성선은 제외)은 1.5[m] 이상일 것. 단, 가공 약전류전선이 절연전선 또는 통신용 케이블인 경우에 저압 가공전선이 고압 이상의 절연전선 또는 케이블인 때는 30[cm] 이상, 고압 가공전선이 케이블인 때는 50[cm] 이상, 가공 약전류전선의 관리자의 승낙을 얻은 경우에 저압은 60[cm], 고압은 1[m] 이상으로 가능
4) 저고압선과 약전류전선의 공가

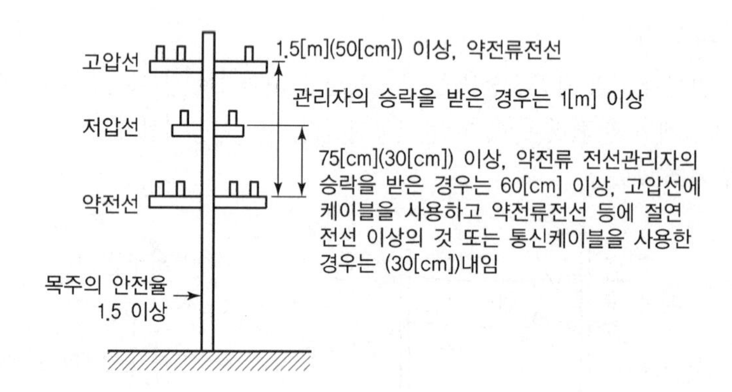

9. 저압인입선

저압 가공인입선은 저압 전선로의 시설규정에 준하여 다음과 같이 시설한다.

1) 전선은 케이블, 인장강도 2.30[kN] 이상의 것. 지름 2.6[mm] 이상의 인입용 비닐절연전선을 사용한다. 단, 경간이 15[m] 이하인 경우는 인장강도 1.25[kV] 이상의 것. 또는 지름 2[mm] 이상의 인입용 비닐절연전선을 사용가능
2) 전선은 절연전선, 다심형 전선 또는 케이블일 것
3) 전선은 사람이 접촉할 우려가 없도록 시설한다.
4) 전선이 케이블인 경우는 케이블공사에 준하여 시설한다. 단, 1[m] 이하의 케이블은 조가선을 생략 가능
5) 전선은 다음과 같은 높이로 시설한다.
   ① 도로(차도와 보도가 있는 도로는 차도)를 횡단하는 경우는 노면상 5[m](기술상 부득이한 경우로 교통에 지장이 없을 때는 3[m]) 이상

② 철도 또는 궤도를 횡단하는 경우는 레일면상 6.5[m] 이상
③ 횡단보도교 위에 시설하는 경우는 노면상 3[m] 이상
④ 기타의 경우는 지표상 4[m](기술상 부득이한 경우로 교통에 지장이 없을 때는 2.5[m]) 이상

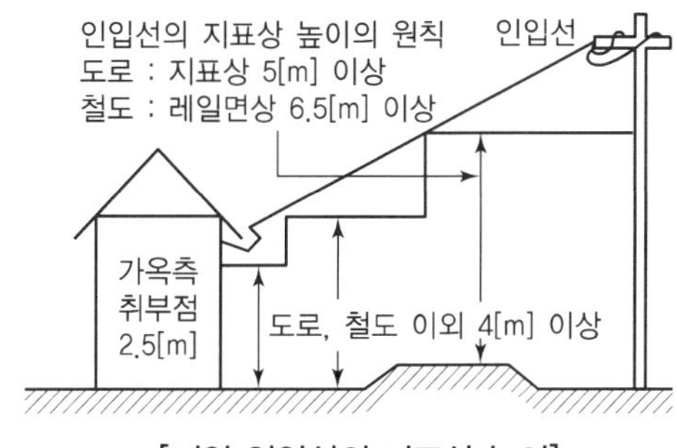

[저압 인입선의 지표상 높이]

8 지중전선로

지중 전선로는 전선에 케이블을 사용하여 관로식(管路式), 암거식(暗渠式), 직접 매설식으로 시설한다.

1) 관로식 또는 암거식으로 시설하는 경우는 견고하고 차량, 그 밖의 중량물(重量物)에 견디는 것을 사용한다.
2) 지중전선을 냉각하기 위하여 케이블을 넣은 관내에 물을 순환시키는 경우에 지중 전선로는 순환수 압력에 견디고 또한 물이 새지 않도록 시설한다.
3) 지중 전선로를 직접 매설식으로 시설하는 경우에 매설 깊이를 차량 기타 중량물의 압력을 받을 우려가 있는 장소는 1.2[m] 이상, 기타 장소는 60[cm] 이상으로 하여 지중전선을 견고한 트라프 기타 방호물(防護物)에 넣어 시설한다.

4) 지중전선과 지중전선의 이격
   - 저압-고압 : 15[cm]
   - 저고압-특고압 : 30[cm]

5) 지중전선과 약전선과의 이격거리
   - 약전선-저고압 : 0.3[m]
   - 약전선-특고압 : 0.6[m]

9 물밑 전선로

(1) 물밑 전선로는 손상을 받을 우려가 없는 곳에 위험의 우려가 없도록 시설한다.

(2) 저고압이 물밑 전선로의 전선은 물밑 케이블 또는 개장한 케이블을 사용한다.
단, 다음과 같이 시설하는 경우는 예외이다.

① 전선에 케이블을 사용하고 이를 견고한 관에 넣어 시설하는 경우

② 전선에 지름 4.5[mm] 이상이 아연도철선 이상의 기계적 강도가 있는 금속선으로 개장(鎧裝)한 케이블을 사용하고 이를 물밑에 매설하는 경우

③ 전선에 지름 4.5[mm](비행장의 유도로등 기타 표지 등에 접속하는 것은 지름 2[mm]) 이상인 아연도철선 이상의 기계적 강도가 있는 금속선으로 개장하고 또한 개장 부위(部位)에 방식피복(放蝕被覆)을 한 케이블을 사용하는 경우

(3) 특별고압 물밑 전선로의 전선은 케이블을 사용하여 견고한 관에 넣어 시설한다. 단, 전선에 지름 6[mm]의 아연도철선 이상의 기계적 강도가 있는 금속선으로 개장한 케이블을 사용하는 때는 예외

10 옥내의 시설

1. 옥내 전로의 사용전압

백열등이나 방전등에 전기를 공급하는 옥내전로의 대지전압은 300[V] 이하로 다음과 같이 시설한다.

1) 사용전압은 400[V] 미만으로 한다.

2) 주택의 전로 인입구에 인체 감전 보호용 누전차단기를 시설한다. 단, 전로의 전원 측에 정격용량 3[kVA] 이하의 절연변압기를 사람이 쉽게 접촉할 우려가 없도록 시설하고 부하 측을 비접지식으로 하는 경우는 예외

3) 대지전압의 제한

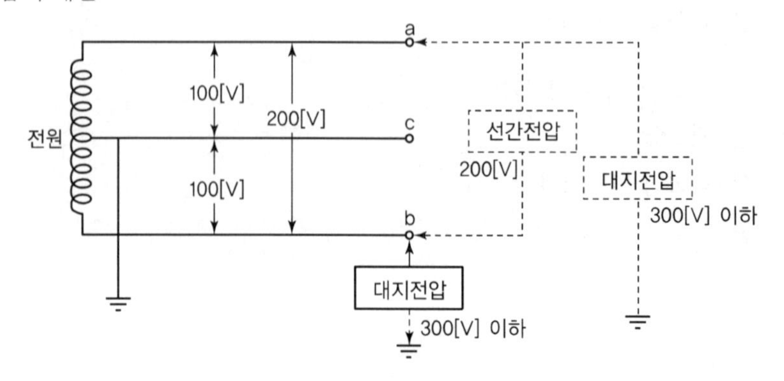

2. 저압옥내전로 인입구 개폐기 시설

1) 인입구 가까운 곳으로서 쉽게 개폐할 수 있는 곳에 시설

2) 사용전압 400[V] 미만인 옥내 전로로서 정격전류 15[A] 이하 과전류 차단기 또는 20[A] 이하 배선용 차단기로 보호 시 다른 옥내전로에 접속하는 길이가 15[m] 이하면 생략

3. 저압옥내간선의 전원 측 전로에 간선을 보호하는 과전류 차단기를 시설한다.

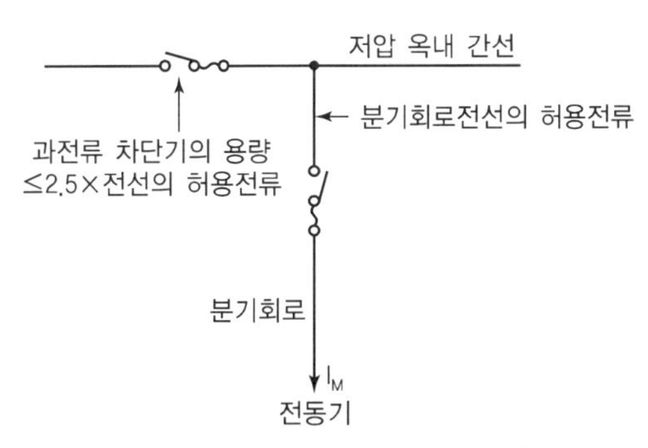

[옥내간선과 간선보호용 과전류 차단기]

간선의 허용전류(I_a)

(1) 전동기 등의 정격전류합계가 50[A] 이하(전동기 정격전류합계×1.25배+기타 정격전류합계)

(2) 전동기 등의 정격전류합계가 50[A] 넘는 것(전동기 정격전류합계×1.1배+기타 정격전류합계)

4. 옥내배선 공사방법

저압 옥내배선은 합성수지관공사, 금속관공사, 가요전선관공사, 케이블공사, 애자사용공사, 버스덕트공사, 셀룰러덕트공사, 라이팅덕트공사, 플로어덕트공사를 시설장소 및 사용전압 구분에 따른 공사로 시설한다.

011 실전예상문제

01 에너지원을 다양화하고, 에너지의 안정적인 공급, 에너지 구조의 환경친화적 전환 및 온실가스 배출의 감소를 추진함으로써 환경의 보전, 국가경제의 건전하고 지속적인 발전 및 국민복지의 증진에 이바지함을 목적으로 하는 법은?

① 전기공사업법
② 에너지이용효율화법
③ 신에너지 및 재생에너지 개방 · 이용 · 보급 촉진법
④ 저탄소 녹색성장 기본법

02 신 · 재생에너지의 기술개발 및 이용 · 보급을 촉진하기 위한 기본계획에 포함되어야 할 사항이 아닌 것은?

① 총전력생산량 중 신 · 재생에너지 발전량이 차지하는 비율의 목표
② 신 · 재생에너지원별 기술개발 및 이용 · 보급의 목표
③ 시장기능 활성화를 위해 정부 주도의 저탄소녹색성장 추진
④ 신 · 재생에너지 분야 전문인력 양성계획

풀이 정부는 시장기능 활성화를 위해 시장주도의 저탄소 녹색성장을 추진하고 있다. 산업통상자원부장관은 중앙행정기관의 장과 협의를 한 후 신 · 재생에너지 정책심의회의 심의를 거쳐 신 · 재생에너지의 기술 및 이용 · 보급을 하기 위한 기본계획을 수립해야 하며, 기본계획 계획기간은 10년이다.

03 대통령령으로 정하는 바에 따른 신 · 재생에너지의 이용 · 보급을 촉진하는 보급사업에 해당되지 않는 것은?

① 신기술의 적용사업 및 시범사업
② 지방자치단체와 연계하지 아니한 보급사업
③ 실용화된 신 · 재생에너지 설비의 보급을 지원하는 사업
④ 환경친화적 신 · 재생에너지 집적화단지(集積化團地) 및 시범단지 조성사업

풀이 제27조(보급사업)

① 산업통상자원부장관은 신 · 재생에너지의 이용 · 보급을 촉진하기 위하여 필요하다고 인정하면 대통령령으로 정하는 바에 따라 다음 각 호의 보급사업을 할 수 있다.
1. 신기술의 적용사업 및 시범사업
2. 환경친화적 신 · 재생에너지 집적화단지(集積化團地) 및 시범단지 조성사업
3. 지방자치단체와 연계한 보급사업
4. 실용화된 신 · 재생에너지 설비의 보급을 지원하는 사업
5. 그밖에 신 · 재생에너지 기술의 이용 · 보급을 촉진하기 위하여 필요한 사업으로서 산업통상자원부장관이 정하는 사업

04 신 · 재생에너지의 기술개발 및 이용 · 보급에 관한 중요 사항을 심의하기 위하여 산업통상자원부에 신 · 재생에너지 정책심의회를 둔다. 심의회의 심의사항이 아닌 것은?

① 기본 계획의 수립 및 변경에 관한 사항
② 신 · 재생에너지 발전사업자의 허가에 관한 사항
③ 신 · 재생에너지의 기술개발 및 이용 · 보급 촉진에 관한 중요사항
④ 신 · 재생에너지 발전에 의하여 공급되는 전기의 기준가격 및 그 변경에 관한 사항

풀이 신 · 에너지 및 재생에너지 개발 · 이용 · 보급 촉진법 관련

신 · 재생에너지 정책심의회의 심의를 거쳐 신 · 재생에너지의 기술개발 및 이용 · 보급을 하기 위한 기본계획을 수립해야 하며, 기본계획 계획기간은 10년이다.

정책심의회의 심의사항
- 신 · 재생에너지의 기술개발 및 이용 · 보급에 관한 중요 사항
- 공급되는 전기의 기준가격, 가격변경 사항

정답 01 ③ 02 ③ 03 ② 04 ②

- 산업통상자원부장관이 필요하다고 인정하는 사항
- 심의회의 구성 · 운영과 그 밖에 필요한 사항은 대통령령

05 다음 중 「신에너지 및 재생에너지 개발 · 이용 · 보급 촉진법」의 목적으로 맞지 않은 것은?

① 에너지원을 다양화하고, 에너지의 안정적 공급
② 국가경제의 건전하고 지속적인 발전 및 국민복지의 증진에 이바지
③ 에너지 구조의 환경 친화적 및 온실가스 배출의 감소
④ 전기사업의 경쟁을 촉진함으로써 전기사업의 건전한 발전을 도모

풀이 ④항은 전기사업법

06 법에 따라 해당하는 자의 장 또는 대표자가 해당하는 건축물을 신축 · 증축 또는 개축하려는 경우에는 신 · 재생에너지 설비의 설치계획서를 해당 건축물에 대한 건축허가를 신청하기 전에 누구에게 제출하여야 하는가?

① 산업통상자원부장관 ② 행정안전부장관
③ 국토교통부장관 ④ 기획재정부장관

풀이 신 · 재생에너지 설비의 설치계획서 제출(신에너지 및 재생에너지 개발 · 이용 · 보급 촉진법 시행령 제17조)

건축물을 신축 · 증축 또는 개축하려는 경우에는 신 · 재생에너지 설비의 설치계획서를 해당 건축물에 대한 건축허가를 신청하기 전에 산업통상자원부장관에게 제출하여야 한다.

07 신에너지 및 재생에너지 개발 · 이용 · 보급 촉진법의 제정 목적으로 틀린 것은?

① 에너지원의 단일화
② 온실가스 배출의 감소
③ 에너지의 안정적인 공급
④ 에너지 구조의 환경친화적 전환

풀이 신재생에너지법의 제정 목적은 신에너지 및 재생에너지의 기술개발 및 이용 · 보급 촉진과 신에너지 및 재생에너지 산업의 활성화를 통하여 에너지원을 다양화하고, 에너지의 안정적인 공급, 에너지 구조의 환경친화적 전환 및 온실가스 배출의 감소를 추진함으로써 환경의 보전, 국가경제의 건전하고 지속적인 발전 및 국민복지의 증진에 이바지함을 목적으로 한다.

08 신 · 재생에너지 개발, 이용, 보급 촉진법의 제정 이유가 아닌 것은?

① 에너지 구조의 환경친화적 전환
② 에너지원의 다원화
③ 온실가스 배출 증가 추진
④ 에너지의 안정적인 공급

풀이 신 · 에너지 및 재생에너지 개발 · 이용 · 보급 촉진법 제1조

신에너지 및 재생에너지의 기술개발 및 이용 · 보급 촉진과 신에너지 및 재생에너지 산업의 활성화를 통하여 에너지원을 다양화하고, 에너지의 안정적인 공급, 에너지 구조의 환경친화적 전환 및 온실가스 배출의 감소를 추진함으로써 환경의 보전, 국가 경제의 건전하고 지속적인 발전 및 국민복지의 증진에 이바지함을 목적으로 한다.

09 신 · 에너지 및 재생에너지 개발 · 이용 · 보급 촉진법에서 연차별 실행계획 수립에 해당되지 않는 것은?

① 신 · 재생에너지 발전에 의한 전기의 공급에 관한 실행계획을 2년마다 수립 · 실행한다.
② 신 · 재생에너지의 기술개발 및 이용 · 보급을 매년 수립 · 시행한다.
③ 산업통상자원부장관은 관계 중앙행정기관의 장과 협의하여 수립 · 시행하여야 한다.
④ 산업통상자원부장관은 실행계획을 수립하였을 때에는 이를 공고하여야 한다.

풀이 신 · 에너지 및 재생에너지 개발 · 이용 · 보급 촉진법 제6조(연차별 실행계획)는 다음과 같다.

정답 05 ④ 06 ① 07 ① 08 ③ 09 ①

① 신 · 재생에너지의 기술개발 및 이용 · 보급과 신 · 재생에너지 발전에 의한 전기의 공급에 관한 실행계획을 매년 수립 · 시행하여야 한다.
② 산업통상자원부장관은 실행계획을 수립 · 시행하려면 미리 관계 중앙행정기관의 장과 협의하여야 한다.
③ 산업통상자원부장관은 실행계획을 수립하였을 때에는 이를 공고하여야 한다.

10 신 · 재생에너지의 교육, 홍보 및 전문인력 양성에 관한 설명으로 틀린 것은?

① 교육 · 홍보 등을 통하여 신재생에너지의 기술개발 및 이용 · 보급에 관한 국민의 이해와 협력을 구하도록 노력
② 신재생에너지 분야 전문인력의 양성을 위하여 신재생에너지 분야 특성화 대학을 지정하여 육성 · 지원
③ 신재생에너지 분야 전문인력의 양성을 위하여 신재생에너지 분야 핵심기술연구센터를 지정하여 육성 · 지원
④ 신재생에너지 분야 전문인력의 양성을 위하여 시 · 도지사의 협력이 필요

풀이 신재생에너지 분야 전문인력의 양성을 위해서는 산업통상자원부로부터 신재생에너지 분야 특성화 대학과 핵심기술 연구센터로 지정 받아야 하며, 시 · 도지사의 협력은 무관하다.

11 신재생에너지의 기술개발 및 이용 · 보급을 촉진하기 위한 기본계획에 포함되어야 할 사항이 아닌 것은?

① 총 전력생산량 중 신 · 재생에너지 발전량이 차지하는 비율의 목표
② 시장기능 활성화를 위해 정부주도의 저탄소녹색성장 추진
③ 신 · 재생에너지원별 기술개발 및 이용 · 보급의 목표
④ 신 · 재생에너지 분야 전문인력 양성계획

풀이 신에너지 및 재생에너지 개발 · 이용 · 보급 촉진법 제5조(기본계획의 수립)는 다음과 같다.

- 기본계획의 목표 및 기간
- 신 · 재생에너지원별 기술개발 및 이용 · 보급의 목표
- 총 전력생산량 중 신 · 재생에너지 발전량이 차지하는 비율의 목표
- 「에너지법」 제2조제10호에 따른 온실가스의 배출 감소 목표
- 기본계획의 추진방법
- 신 · 재생에너지 기술수준의 평가와 보급전망 및 기대효과
- 신 · 재생에너지 기술개발 및 이용 · 보급에 관한 지원 방안 · 신 · 재생에너지 분야 전문인력 양성계획
- 그 밖에 기본계획의 목표달성을 위하여 산업통상자원부장관이 필요하다고 인정하는 사항

12 신재생에너지 공급의무화제도 관리 및 운영지침에 정의된 용어로 잘못된 것은?

① "공급의무자"란 발전량의 일정량 이상을 의무적으로 신 · 재생에너지를 이용하여 공급하여야 하는 자를 말한다.
② "의무공급량"이란 공급의무자가 연도별로 신 · 재생에너지 설비를 이용하여 공급하여야 하는 발전량을 말한다.
③ "별도 의무공급량"이란 공급의무자가 연도별로 공급하여야 하는 풍력에너지에 대한 의무공급량을 말한다.
④ "기준발전량"이란 공급의무자별 의무공급량을 산정함에 있어 기준이 되는 발전량으로 신 · 재생에너지 발전량을 제외한 발전량을 말한다.

풀이 "별도 의무공급량"이란
「신에너지 및 재생에너지 개발 · 이용 · 보급촉진법 시행령」 제18조의4제3항에 따라 공급의무자가 연도별로 공급하여야 하는 태양에너지에 대한 의무공급량을 말한다.

정답 10 ④ 11 ② 12 ③

13 신재생에너지 이용 건축물에 대한 건축물 인증기관을 지정할 수 있는 자는?

① 신재생에너지 센터장
② 대통령
③ 전력거래소장
④ 산업통상자원부장관

14 신 · 재생에너지 이용 건축물 인증은 일정 규모 이상의 건축물 중 신축된 것만을 대상으로 하는데 이 건축물로 가장 적합한 것은?

① 의료시설 ② 판매시설
③ 업무시설 ④ 집회시설

풀이 제2조(인증 대상 건축물) 「신에너지 및 재생에너지 개발 · 이용 · 보급 촉진법 시행령」(이하"영"이라 한다) 제18조의2에서 "산업통상지원부와 국토교통부가 공동부령으로 정하는 건축물"이란 업무시설(신축된 것만 해당한다)을 말한다.

15 신재생에너지 설비인증 심사기준을 재확인하는 경우가 아닌 것은?

① 성능에 문제가 발생한 경우
② 품질에 문제가 발생한 경우
③ 설비에 대한 단가에 변동의 경우
④ 생산공장의 이전 등 기술표준원장이 신 · 재생에너지 설비의 품질 유지를 위하여 사후가 필요하다고 인정하는 사유가 발생한 경우

풀이 신재생에너지 설비인증

- 신재생에너지 설비 생산업체에서 인버터, 태양전지 모듈, 셀 등의 제품을 공인인증기관으로 제품의 성능 및 품질을 평가받는 제도이다.
- 신재생에너지 설비에 대한 소비자의 신뢰성 제고를 통한 신재생에너지설비의 보급촉진 및 신에너지산업의 성장기반 조성을 위하여 신재생에너지 설비인증을 한다.
- 지식경제부장관은 신재생에너지 설비 설치자에게 인증설비를 사용토록 요청할 수 있다.

16 신 · 재생에너지 설비 성능검사기관 지정서를 신청인에게 발급하고 공고해야 할 사항이 아닌 것은?

① 지정일 ② 지정번호
③ 대표사 성명 ④ 업무계획서

풀이 업무계획서는 설비 성능검사 신청 첨부서류이다.
신 · 재생에너지 설비 성능검사기관 지정서를 신청인에게 발급하고, 공고하여야 할 사항은 다음과 같다.

- 성능검사기관의 명칭
- 대표자 성명
- 사무소(주된 사무소 및 지방사무소 등 모든 사무소를 말한다)의 주소
- 지정일
- 지정번호
- 성능검사 대상에 해당하는 신 · 재생에너지 설비의 범위
- 업무 개시일

17 산업통상자원부장관이 수립하는 신재생에너지의 기술개발 및 이용 · 보급을 촉진하기 위한 기본계획의 계획기간은 몇 년 이상인가?

① 5년 ② 10년
③ 15년 ④ 20년

18 산업통상자원부장관은 관계 중앙행정기관의 장과 협의를 한 후 신재생에너지정책심의회의 심의를 거쳐 신재생에너지의 기술개발 및 이용 · 보급을 위한 기본계획을 몇 년마다 수립하여야 하는가?

① 5년 ② 10년
③ 15년 ④ 20년

풀이 신재생에너지의 기술개발 및 이용 · 보급을 위한 기본계획은 5년마다 수립하여야 한다.

19 신 · 재생에너지 공급인증서의 유효기간은 발급받은 날부터 몇 년으로 하는가?

정답 13 ④ 14 ③ 15 ③ 16 ④ 17 ② 18 ① 19 ②

① 1　　② 3
③ 5　　④ 10

풀이 공급인증서의 유효기간은 발급받은 날부터 3년으로 하되, 제12조의5제5항 및 제6항에 따라 공급의무자가 구매하여 의무공급량에 충당하거나 발급받아 산업통상자원부장관에게 제출한 공급인증서는 그 효력을 상실한다. 이 경우 유효기간이 지나거나 효력을 상실한 해당 공급인증서는 폐기하여야 한다.

20 신 · 재생에너지 공급인증서를 발급받으려는 자는 신 · 재생에너지를 공급한 날부터 며칠 이내에 공급인증서 발급신청을 하여야 하는가?

① 30일　　② 60일
③ 90일　　④ 120일

21 산업통상자원부장관은 공급의무자가 의무공급량에 부족하게 신재생에너지를 이용하여 공급한 경우 얼마의 범위에서 과징금을 부과할 수 있는가?

① 해당연도 평균거래가격$\times \dfrac{50}{100}$

② 해당연도 평균거래가격$\times \dfrac{70}{100}$

③ 해당연도 평균거래가격$\times \dfrac{120}{100}$

④ 해당연도 평균거래가격$\times \dfrac{150}{100}$

풀이 산업통상자원부장관은 공급의무자가 의무공급량에 부족하게 신재생에너지를 이용하여 공급한 경우 부과할 수 있는 과징금은 해당 연도 평균거래가격의 150[%](1.5배) 이내이다.

22 신재생에너지 공급의무 비율이란?

① 건축물에서 연간 사용이 예측되는 총 에너지량 중 그 일부를 의무적으로 신재생에너지 설비를 이용하여 생산한 에너지로 공급해야 하는 비율이다.

② 신재생에너지를 이용하여 공급되는 에너지를 의미하여, 신재생에너지 설비를 이용하여 연간 생산하는 에너지의 양을 보정한 값이다.

③ 건축물에서 연간 사용이 예측되는 총에너지의 양을 보정하여 신재생에너지 설비를 설치해야 하는 비율이다.

④ 지역별 기상조건을 고려한 계수와 단위 에너지 사용에 따른 용도별 보정계수 간 비율이다.

23 신재생에너지 연도별 의무공급량의 비율이 2024년에는 몇 [%]인가?

① 14[%]　　② 15[%]
③ 13[%]　　④ 13.5[%]

풀이 1) 연도별 의무공급량의 비율

해당 연도	비율[%]
2023년	13.0
2024년	13.5
2025년	14.0
2026년	15.0
2027년	17.0
2028년	19.0
2029년	22.5
2030년 이후	25.0

2) 공공 부분 신재생에너지의 공급의무 비율(신축 · 증축 · 개축하는 부분의 연면적이 1천m^2 이상의 건축물)

해당 연도	2020~2021	2022~2023	2024~2025
공급의무 비율[%]	30	32	34

해당 연도	2026~2027	2028~2029	2030 이후
공급의무 비율[%]	36	38	40

24 대통령령으로 정하는 일정 규모 이상의 건축물은 산업통상자원부와 국토교통부가 공동부령으로 정하는 건축물로서 연면적 몇 제곱미터 이상의 건축물이 신재생에너지 이용 인증대상 건축물인가?

정답 20 ③ 21 ④ 22 ① 23 ④ 24 ①

① 1천 제곱미터 이상 ② 2천 제곱미터 이상
③ 3천 제곱미터 이상 ④ 5천 제곱미터 이상

25 공급인증서의 발급 및 거래단위인 REC의 1REC로 적용되는 전력량은?

① 1[kWh] ② 100[kWh]
③ 1,000[kWh] ④ 10[MWh]

풀이 "REC(Renewable Energy Certificate)"란 공급인증서의 발급 및 거래단위로서 공급인증서 발급대상 설비에서 공급된 MWh 기준의 신재생에너지 전력량에 대해 가중치를 곱하여 부여하는 단위를 말한다.
1[MWh]=1,000[kWh]

26 공급인증서 가중치의 재검토 주기는?

① 3년 ② 5년
③ 7년 ④ 10년

풀이 신 · 재생에너지 공급의무화제도 관리 및 운영지침 제7조(공급인증서 가중치) 장관은 3년마다 기술개발 수준, 신 · 재생에너지의 보급 목표, 운영 실적과 그 밖의 여건 변화 등을 고려하여 공급인증서 가중치를 재검토한다.

27 일반부지에 설치된 99[kW] 태양광 발전소의 가중치로 맞는 것은?

① 0.7 ② 1.0
③ 1.2 ④ 1.5

풀이 일반부지에 설치하는 경우(소수점 넷째 자리 절사)

설치용량	태양광에너지 가중치 산정식
100[kW] 미만	1.2
100[kW]부터 3,000[kW] 이하	$\dfrac{99.999\times1.2+(용량-99.999)\times1.0}{용량}$
3,000[kW] 초과부터	$\dfrac{99.999\times1.2}{용량}+\dfrac{2,900.001\times1.0}{용량}+\dfrac{(용량-3,000)\times0.8}{용량}$

28 신 · 재생에너지 공급의무화제도에서 공급의 무자가 아닌 것은?

① 한국석유공사 ② 한국남부발전
③ 한국수자원공사 ④ 한국지역난방공사

풀이 신재생에너지법 제18조의3(신 · 재생에너지 공급의무자) ① 법 제12조의5제1항에서 "대통령령으로 정하는 자"란 다음 각 호의 어느 하나에 해당하는 자를 말한다.

1. 법 제12조의5제1항제1호 및 제2호에 해당하는 자로서 50만킬로와트 이상의 발전설비(신 · 재생에너지 설비는 제외한다)를 보유하는 자
2. 「한국수자원공사법」에 따른 한국수자원공사
3. 「집단에너지사업법」 제29조에 따른 한국지역난방공사

29 공급의무자가 의무적으로 신재생에너지를 이용하여 공급하여야 하는 발전량(이하 "의무공급량"이라 한다)의 합계는 총전력 생산량의 몇 [%] 이내의 범위에서 연도별로 대통령령으로 정하는가?

① 15[%] ② 20[%]
③ 25[%] ④ 30[%]

풀이 신 · 재생에너지 개발 · 이용 · 보급 촉진법 제12조의5 ②에 신 · 재생에너지를 이용하여 공급하여야 하는 발전량(이하 "의무공급량"이라 한다)의 합계는 총 전력생산량의 25[%] 이내의 범위에서 연도별로 대통령령으로 정한다.

30 공급인증서 발급수수료 및 거래수수료를 면제받을 수 있는 태양광발전소의 발전설비용량[kW]은?

① 100[kW] 미만 ② 200[kW] 미만
③ 500[kW] 미만 ④ 1,000[kW] 미만

풀이 신 · 재생에너지 공급의무화제도 관리 및 운영지침 제9조(공급인증서 발급 및 거래수수료)
④ 신재생에너지 발전설비용량이 100[kW] 미만인 발전소는 공급인증서 발급수수료 및 거래수수료를 면제한다.

정답 25 ③ 26 ① 27 ③ 28 ① 29 ③ 30 ①

31 '리플프리 전류'란 교류를 직류로 변환할 때 리플 성분이 몇 [%](실횻값) 이하 포함된 직류를 말하는가?

① 5[%] ② 8[%]
③ 10[%] ④ 20[%]

풀이 '리플 프리(Ripple free) 전류'란 교류를 직류로 변환할 때 리플 성분이 10[%](실횻값) 이하 포함된 직류를 말한다.

32 조명용 백열전등을 설치할 때 타임스위치를 시설해야 할 곳은?

① 국부조명 ② 아파트 현관
③ 아파트 계단 ④ 가정용 전등

풀이 타임스위치를 시설해야 하는 장소는 아파트 현관이다.

33 다음 중 피뢰기를 설치하지 않아도 되는 곳은?

① 특고압 배전선로의 가공지선
② 발전기 · 변전소의 가공전선 인입구 및 인출구
③ 고압 및 특고압 가공전선로로부터 공급을 받는 수용장소의 인입구
④ 가공전선로에 접속한 1차측 전압이 35[kV] 이하인 배전용 변압기의 고압측 및 특고압측

풀이 피뢰기의 설치장소(제42조)
- 발 · 변전소 또는 이에 준하는 장소의 가공전선 인입구 및 인출구
- 가공전선로에 접속하는 특고압 배전용 변압기의 고압측 및 특고압측
- 고압 및 특고압 가공전선로로부터 공급을 받는 수용가의 인입구
- 가공전선로와 지중전선로가 접속되는 곳

34 피뢰기를 반드시 시설하여야 할 곳은?

① 전기 수용장소 내의 차단기 2차측
② 가공전선로와 지중전선로가 접속되는 곳
③ 수전용 변압기의 2차측
④ 경간이 긴 가공전선

풀이 피뢰기 시설
- 발 · 변전소 인입구 및 인출구
- 고압, 특고압 수용가 인입구
- 가공전선과 지중전선의 접속점
- 배전용 변압기 고압측 특고압측

35 피뢰기 접지공사할 때 그 접지저항값은 몇 [Ω] 이하이어야 하는가?

① 3 ② 5
③ 7 ④ 10

풀이 피뢰기는 10[Ω] 이하로 한다.

36 발전소의 주요 변압기에 반드시 시설하지 않아도 되는 계측장치는?

① 역률계 ② 전압계
③ 전력계 ④ 전류계

풀이 계측장치 : 전압계, 전류계, 전력계, 온도계

37 특고압 배전용 변압기의 특고압 측에 반드시 시설하여야 하는 것은?

① 변성기 및 변류기
② 변류기 및 조상기
③ 개폐기 및 리액터
④ 개폐기 및 과전류 차단기

풀이 특고압 옥외용 배전용 변압기의 특고압 측에는 개폐기 및 과전류 차단기 시설(단, 22.9[kV]는 과전류 차단기만 시설한다.)

38 백열전등 또는 방전등에 전기를 공급하는 옥내 전로의 대지 전압은 몇 [V] 이하인가?

① 100 ② 200
③ 300 ④ 400

정답 31 ③ 32 ② 33 ① 34 ② 35 ④ 36 ① 37 ④ 38 ③

풀이 전기설비기술기준의 판단기준 제166조(옥내전로의 대지 전압의 제한) 제1항에 의거 백열전등 또는 방전등에 전기를 공급하는 옥내의 전로의 대지전압은 300[V] 이하이어야 한다.

39 표준시험 조건(STC)에서 직류 전원 케이블 굵기 선정에 필요한 최대 발생전류는 약 몇 [A]인가? (단, 태양광발전시스템 어레이 단락전류는 6.83[A]이다.)

① 6.54[A] ② 7.54[A]
③ 8.54[A] ④ 9.54[A]

풀이 태양전지 직류배선의 굵기 산정은 모듈의 단락전류의 1.25배의 전류에 견딜 수 있는 허용전류를 갖는 굵기를 산정해야 한다.
굵기 산정전류 $=6.83\times1.25=8.5375\fallingdotseq8.54$[A]

40 신 · 재생에너지 통계전문기관은 어느 곳인가?

① 한국에너지기술연구원 ② 신 · 재생에너지센터
③ 한국전력공사 ④ 통계청

풀이 시행규칙 제14조(신·재생에너지 통계의 전문기관)
법 제25조 제2항에 따른 통계에 관한 업무를 수행하는 전문성이 있는 기관은 법 제31조 제1항에 따른 신 · 재생에너지센터(이하"센터"라 한다)로 한다.

41 신에너지 및 재생에너지 개발이용 보급촉진 법령에 따라 신재생에너지 설비를 설치한 시공자는 해당 설비에 대하여 성실하게 무상으로 하자보수를 실시하여야 하며 그 이행을 보증하는 증서를 신재생에너지 설비의 소유자 또는 산업통상자원부령으로 정하는 자에게 제공하여야 한다. 이때 하자보수의 기간은 몇 년의 범위에서 산업통상자원부 장관이 정하여 고시하는가?

① 2년 ② 3년
③ 5년 ④ 7년

풀이 신 · 재생에너지 설비의 하자보수(신에너지 및 재생에너지 개발 · 이용 · 보급 촉진법 시행규칙 제16조의2)

- 법 제30조의3제1항에서 "산업통상자원부령으로 정하는 자"란 법 제27조제1항 각 호의 어느 나라에 해당하는 보급사업에 참여한 지방자치단체 또는 공공기관을 말한다.
- 법 제30조의3제1항에 따른 하자보수의 대상이 되는 신 · 재생에너지 설비는 법 제12조제2항 및 제27조에 따라 설치한 설비로 한다.
- 법 제30조의3제1항에 따른 하자보수의 기간은 5년의 범위에서 산업통상자원부장관이 정하여 고시한다.

※ 제35조의 사업으로 설치한 신 · 재생에너지설비의 하자이행보증기간은 5년으로 한다.

제35조(융 · 복합지원사업 등) 융 · 복합지원사업은 동일한 장소(건축물 등)에 2종 이상 신 · 재생에너지원의 설비(전력저장장치 포함)를 동시에 설치하거나, 주택 · 공공 · 상업(산업)건물 등 지원대상이 혼재되어 있는 특정지역에 1종 이상 신 · 재생에너지원의 설비를 동시에 설치하려는 경우에 국가가 보조금을 지원해 주는 사업을 말한다.

42 전기설비기준의 안전원칙에 대한 설명으로 틀린 것은?

① 전기설비는 사용목적에 적절하고 안전하게 작동하여야 한다.
② 다른 물건의 기능에 전지적 또는 자기적인 장해가 없도록 시설하여야 한다.
③ 전기설비는 불가피한 손상으로 인하여 전기공급에 지장을 줄 수도 있다.
④ 전기설비는 감전, 화재 그 밖에 사람에게 위해를 주거나 물건에 손상을 줄 우려가 없도록 시설하여야 한다.

풀이 전기설비기술기준 제2조(안전원칙)는 다음과 같다.

- 전기설비는 사용목적에 적절하고 안전하게 작동하여야 하며, 그 손상으로 인하여 전기 공급에 지장을 주지 않도록 시설하여야 한다.

정답 39 ③ 40 ② 41 ③ 42 ③

43 전기공사기술자가 다른 사람에게 경력수첩을 6개월 미만 빌려 준 경우 받게 되는 처분기준은?

① 인정정지 1년　② 인정정지 2년
③ 인정정지 3년　④ 인정정지 6개월

풀이 전기공사기술자에 대한 인정정지 처분의 기준(제14조의3 관련)

위반행위	처분기준
전기공사기술자로 인정받은 사람이 법 제18조의2를 위반하여 다른 사람에게 경력수첩을 빌려준 경우	
1. 6개월 미만 빌려준 경우	인정정지 6개월
2. 6개월 이상 1년 미만 빌려준 경우	인정정지 1년
3. 1년 이상 2년 미만 빌려준 경우	인정정지 2년
4. 2년 이상 빌려준 경우	인정정지 3년

44 거짓이나 부정한 방법으로 공급인증서를 발급받은 자와 그 사실을 알면서 공급인증서를 발급한 자는 3년 이하의 징역 또는 얼마 이하의 벌금에 처하는가?

① 2년 이하의 징역 또는 3천만 원 이하의 벌금
② 2년 이하의 징역 또는 5천만 원 이하의 벌금
③ 3년 이하의 징역 또는 3천만 원 이하의 벌금
④ 3년 이하의 징역 또는 5천만 원 이하의 벌금

풀이 거짓이나 부정한 방법으로 공급인증서를 발급받은 자와 그 사실을 알면서 공급인증서를 발급한 자는 3년 이하의 징역 또는 3천만 원 이하의 벌금에 처한다.

45 신재생에너지 발전사업자가 위반행위를 2회 한 경우 산업통상자원부장관으로부터 어떤 조치를 받을 수 있는가?

① 경고
② 시정명령
③ 발전차액의 지원 중단
④ 구속

풀이 신 · 재생에너지 발전사업자가 위반행위를 2회 한 경우 산업통상자원부 장관으로부터 시정명령을 받을 수 있다.

46 건축물 인증기관으로부터 건축물 인증을 받지 아니하고 건축물 인증의 표시 또는 이와 유사한 표시를 하거나 건축물 인증을 받은 것으로 홍보한 자에게 부과할 수 있는 과태료는?

① 3백만 원 이하　② 5백만 원 이하
③ 1천만 원 이하　④ 2천만 원 이하

풀이 과태료(신에너지 및 재생에너지 개발 · 이용 · 보급 촉진법 제35조)
다음의 어느 하나에 해당하는 자에게는 1천만 원 이하의 과태료를 부과한다.
- 거짓 또는 부정한 방법으로 설비인증을 받은 자
- 건축물 인증기관으로부터 건축물 인증을 받지 아니하고 건축물 인증의 표시 또는 이와 유사한 표시를 하거나 건축물 인증을 받은 것으로 홍보한 자

47 전기를 생산하여 이를 전력시장을 통하여 전기판매사업자에게 공급하는 것을 주된 목적으로 하는 사업은?

① 배전사업　② 송전사업
③ 발전사업　④ 변전사업

풀이 전기를 생산하여 이를 전력시장을 통하여 전기판매업자에게 공급하는 것을 주된 목적으로 하는 사업을 '발전사업'이라 한다.

48 전기설비기술기준에서 "발전소"란 발전기 · 원동기 · 연료전지 · ( ) · 해양에너지 그 밖의 기계기구를 시설하여 전기를 발생시키는 곳을 말한다. 여기에서 ( ) 안에 들어갈 가장 적당한 것은?

① 태양광　② 태양전지
③ 태양열　④ 인버터

정답 43 ④ 44 ③ 45 ② 46 ③ 47 ③ 48 ②

49 전기판매사업자의 기본공급약관에 대한 인가 및 변경 기준으로 틀린 것은?

① 전기판매사업자와 산업통상자원부 간의 권리의무 관계와 책임에 관한 사항이 명확히 규정되어 있을 것
② 전기요금이 적정 원가에 적정 이윤을 더한 것일 것
③ 전기요금을 공급 종류별 또는 전압별로 구분하여 규정하고 있을 것
④ 전력량계 등의 전기설비의 설치주체와 비용부담자가 명확하게 규정되어 있을 것

풀이 전기사업법 시행령 제7조(기본공급약관에 대한 인가기준)
① 전기요금이 적정 원가에 적정 이윤을 더한 것일 것
② 전기요금을 공급 종류별 또는 전압별로 구분하여 규정하고 있을 것
③ 전기판매사업자와 전기사용자 간의 권리의무 관계와 책임에 관한 사항이 명확하게 규정되어 있을 것
④ 전력량계 등의 전기설비의 설치주체와 비용부담자가 명확하게 규정되어 있을 것

50 다음 중 태양광발전시스템 관련 전기관계 법규가 아닌 것은?

① 전기설비기술기준
② 전기사업법
③ 전기공사업법
④ 전기안전관리법

풀이 태양광발전시스템 관련 전기관계 법규는 전기사업법, 전기공사업법, 전기설비기술기준 3가지이다.

51 전기사업법에서 정의하는 용어 중 전기설비의 종류가 아닌 것은?

① 일반용 전기설비
② 자가용 전기설비
③ 전기사업용 전기설비
④ 항공기에서 사용하는 전기설비

풀이 전기사업법 제2조(정의)
"전기설비"란 발전 · 송전 · 변전 · 배전 또는 전기사용을 위하여 설치하는 기계 · 기구 · 댐 · 수로 · 저수지 · 전선로 · 보안통신선로 및 그 밖의 설비(「댐건설 및 주변지역지원 등에 관한 법률」에 따라 건설되는 댐 · 저수지와 선박 · 차량 또는 항공기에 설치되는 것과 그 밖에 대통령령으로 정하는 것은 제외한다)로서 다음 각 목의 것을 말한다.
가. 전기사업용 전기설비
나. 일반용 전기설비
다. 자가용 전기설비

52 전기공사기술자로 인정을 받으려는 사람을 전기공사기술자로 인정하면 전기공사기술자의 등급 및 경력 등에 관한 증명서를 해당 전기공사기술자에게 발급하는 자는?

① 시 · 도지사
② 전기공사협회장
③ 산업통상자원부장관
④ 한국산업인력공단 이사장

풀이 전기공사업법 제17조의2(전기공사기술자의 인정)
③ 산업통상자원부장관은 제1항에 따른 신청인을 전기공사기술자로 인정하면 전기공사기술자의 등급 및 경력 등에 관한 증명서(이하 "경력수첩"이라 한다)를 해당 전기공사기술자에게 발급하여야 한다.

53 대통령령으로 정하는 규모 이하의 발전설비를 갖추고 특정한 공급구역의 수요에 맞추어 전기를 생산하여 전력시장을 통하지 아니하고 그 공급구역의 전기사용자에게 공급하는 것을 주된 목적으로 하는 사업을 무엇이라 하는가?

① 전기사업 ② 송전사업
③ 배전사업 ④ 구역전기사업

풀이 "구역전기사업"이란 대통령령으로 정하는 규모 이하의 발전설비를 갖추고 특정한 공급구역의 수요에 맞추어 전기를 생산하여 전력시장을 통하지 아니하고 그 공급구역의 전기사용자에게 공급하는 것을 주된 목적으로 하는 사업을 말한다.

정답 49 ① 50 ④ 51 ④ 52 ③ 53 ④

54 자가용 발전설비 설치자가 생산한 전력을 전력시장을 통하지 아니하고 전기판매사업자와 거래할 수 있는 발전설비용량은?

① 1,000[kW] 이하　② 1,500[kW] 이하
③ 2,000[kW] 이하　④ 3,000[kW] 이하

55 전기의 원활한 흐름과 품질유지를 위하여 전기의 흐름을 통제 · 관리하는 체제를 무엇이라 하는가?

① 전기관리　② 전력계통
③ 전력시스템　④ 전력거래사업

풀이 전기의 원활한 흐름과 품질유지를 위하여 전기의 흐름을 통제 · 관리하는 체제를 '전력계통'이라 한다.

56 발전소에서 생산된 전기를 배전사업자에게 송전하는 데 필요한 전기설비를 설치 · 관리하는 것을 주된 사업으로 하는 것은?

① 배전사업　② 발전사업
③ 송전사업　④ 전기사업

57 전기설비기술기준의 안전원칙에 대한 설명으로 틀린 것은?

① 전기설비는 사용목적에 적절하고 안전하게 작동하여야 한다.
② 다른 물건의 기능에 전기적 또는 자기적인 장해가 없도록 시설하여야 한다.
③ 전기설비는 불가피한 손상으로 인하여 전기공급에 지장을 줄 수도 있다.
④ 전기설비는 감전, 화재 그 밖에 사람에게 위해를 주거나 물건에 손상을 줄 우려가 없도록 시설하여야 한다.

풀이 전기설비기술기준 제2조(안전원칙)
전기설비는 사용목적에 적절하고 안전하게 작동하여야 하며, 그 손상으로 인하여 전기 공급에 지장을 주지 않도록 시설하여야 한다.

58 공급인증서 구매 시 5[GW] 이상의 발전설비를 보유한 공급의무자는 5[GW] 이상의 발전설비를 보유한 공급의무자가 아닌 사업자로부터 태양에너지를 구매하여 별도 의무공급량을 충당할 수 있는데, 이때에 태양에너지의 몇 [%]를 구매할 수 있는가?

① 100[%] 이하　② 50[%] 이상
③ 50[%] 미만　④ 10~25[%] 사이

풀이 소규모 사업자 보호를 위하여 5[GW] 이상의 발전설비를 보유한 공급의무자는 5[GW] 이상의 발전설비를 보유한 공급의무자가 아닌 사업자로부터 별도 의무공급량의 50[%] 이상을 구매하여 충당하여야 함

59 두 개 이상의 전선을 병렬로 사용하는 경우 전선의 접속법에 맞지 않는 것은?

① 같은 극의 각 전선은 동일한 터미널러그에 완전히 접속할 것
② 교류회로에서 병렬로 사용하는 전선은 금속관 안에 전자적 불평형이 생기지 않도록 시설할 것
③ 병렬로 사용하는 각 전선의 굵기는 동선 50[mm^2] 이상 또는 알루미늄 70[mm^2] 이상으로 하고, 전선은 같은 도체, 같은 재료, 같은 길이 및 같은 굵기의 것을 사용할 것
④ 병렬로 사용하는 전선에는 각각에 퓨즈를 설치할 것

풀이 전선을 병렬로 사용하는 경우 전선의 접속방법
- 같은 극인 각 전선의 터미널러그는 동일한 도체에 2개 이상의 리벳 또는 2개 이상의 나사로 접속할 것
- 병렬로 사용하는 전선에는 각각에 퓨즈를 설치하지 말 것

60 전기사업자는 전기품질을 유지하기 위하여 표준전압이 380볼트[V]인 경우 상하로 몇 볼트[V] 이내의 허용오차를 지켜야 하는가?

① 20　② 30
③ 38　④ 45

정답 54 ① 55 ② 56 ③ 57 ③ 58 ② 59 ④ 60 ③

풀이 표준전압 및 허용오차

표준전압	허용오차
110볼트	110볼트의 상하로 6볼트 이내
220볼트	220볼트의 상하로 13볼트 이내
380볼트	380볼트의 상하로 38볼트 이내

61 3상 4선식 22.9[kV] 중성점 다중 접지식 가공 전선로의 전로와 대지 사이의 절연내력 시험전압 [V]은?

① 28,625 ② 22,900
③ 21,068 ④ 16,488

풀이 시험전압 = 22,900 × 0.92 = 21,068[V]

62 교류에서 저압의 한계는 몇 [V]인가?

① 380 ② 600
③ 1,000 ④ 1,500

풀이

분류	전압의 범위
저압	• 직류 : 1.5[kV] 이하 • 교류 : 1[kV] 이하
고압	• 직류 : 1.5[kV] 초과, 7[kV] 이하 • 교류 : 1[kV] 초과, 7[kV] 이하
특고압	7[kV]를 초과

63 전압을 구분하는 경우 직류전압에서 저압은?

① 600[V] 이하 ② 750[V] 이하
③ 1,000[V] 이하 ④ 1,500[V] 이하

64 한국전기설비기준(KEC)에서 전압을 구분하는 경우 고압에서 직류의 범위로 옳은 것은?

① 1,000[V] 이상 7,000[V] 이하
② 1,000[V] 초과 7,000[V] 이하
③ 1,500[V] 초과 7,000[V] 이하
④ 1,500[V] 이상 7,000[V] 이하

65 7,000[V]를 초과하는 전압은?

① 저압 ② 고압
③ 특고압 ④ 초고압

66 저압 옥내 직류 2선식의 접지를 생략할 수 있는 경우로 옳지 않은 것은?

① 사용전압이 80[V] 이하인 경우
② 접지검출기를 설치하고 특정구역 내의 산업용 기계기구에만 공급하는 경우
③ 규정에 적합하도록 고압 또는 특고압과 저압과의 혼촉방지시설을 한 교류계통으로부터 공급을 받는 정류기에서 인출되는 직류계통
④ 최대전류 30[mA] 이하의 직류화재경보회로

풀이 제289조 저압 옥내직류 전기설비는 전로 보호장치의 확실한 동작의 확보, 이상전압 및 대지전압의 억제를 위하여 직류 2선식의 임의의 한 점 또는 변환장치의 직류 측 중간점, 태양 전지의 중간점 등을 접지하여야 한다. 다만, 직류 2선식을 다음 각 호에 의하여 시설하는 경우는 그러하지 아니하다.
① 사용전압이 60[V] 이하인 경우
② 접지검출기를 설치하고 특정구역 내의 산업용 기계기구에만 공급하는 경우
③ 제23조의 규정에 적합한 교류계통으로부터 공급을 받는 정류기에서 인출되는 직류계통
④ 최대전류 30[mA] 이하의 직류화재경보회로

67 변압기 중성점 접지공사의 접지저항을 $\frac{150}{I}$ [Ω]으로 정하고 있는데, 이때 I에 해당하는 것은?

① 변압기의 고압측 또는 특고압측 전로의 1선 지락 전류의 암페어 수
② 변압기의 고압측 또는 특고압측 전로의 단락 사고 시의 고장 전류의 암페어 수
③ 변압기의 1차측과 2차측의 혼촉에 의한 단락 전류의 암페어 수
④ 변압기의 1차와 2차에 해당되는 전류의 합

정답 61 ③ 62 ③ 63 ④ 64 ③ 65 ③ 66 ① 67 ①

풀이 변압기 중성점 접지

접지저항 값	비고
• $\frac{150}{I}$[Ω] 이하 • 자동 차단 설비가 1초 이내 동작하면 $\frac{600}{I}$[Ω] • 자동 차단 설비가 1초를 넘어 2초 이내 동작하면 $\frac{300}{I}$[Ω]	I : 변압기의 고압 · 특고압측 전로 1선 지락 전류

68 접지용구 사용 시 주의사항이 아닌 것은?

① 접지용구의 철거는 설치의 역순으로 한다.
② 접지 설치 전에 관계 개폐기의 개방을 확인하여야 한다.
③ 접지용구 설치 · 철거 시에는 접지도선이 신체에 접촉하지 않도록 주의한다.
④ 접지용구의 취급은 반드시 전기 안전관리자의 책임하에 행하여야 한다.

풀이 접지용구의 취급은 작업책임자의 책임하에 행하여야 한다.

69 접지공사의 시설기준으로 틀린 것은?

① 접지극은 지하 75[cm] 이상의 깊이로 매설할 것
② 접지선은 지표상 75[cm]까지 절연전선 및 케이블을 사용할 것
③ 접지선은 지하 75[cm]부터 지표상 2[m]까지는 합성수지관 또는 절연몰드 등으로 보호한다.
④ 접지극은 지중에서 금속체와 1[m] 이상 이격할 것

풀이 접지선은 지표상 60[cm]까지 절연전선 및 케이블을 사용할 것

70 변압기 고압측 전로의 1선 지락전류가 5[A]일 때 접지 저항값의 최댓값[Ω]은?(단, 혼촉에 의한 대지 전압은 150[V]이다.)

① 25 ② 30
③ 35 ④ 40

풀이 변압기 중성점 접지

$$\text{접지저항 값} = \frac{150}{\text{1선 지락전류}} = \frac{150}{5} = 30[\Omega]$$

71 저압 옥내배선은 일반적인 경우, 지름 몇 [mm²] 이상의 연동선이거나 이와 동등 이상의 세기 및 굵기의 것을 사용하여야 하는가?

① 2.5[mm^2] ② 4[mm^2]
③ 6[mm^2] ④ 10[mm^2]

풀이 제176조 저압 옥내배선의 굵기는 2.5[mm^2] 이상이어야 한다.

72 저압 옥내배선을 할 때 인입용 비닐절연전선을 사용할 수 없는 것은?

① 합성 수지관 공사
② 금속관 공사
③ 애자 사용 공사
④ 가요 전선관 공사

풀이 저압옥내배선을 할 때 애자 사용공사 시 인입용 비닐 절연전선 사용이 불가능하다.

73 400[V]가 넘는 저압 옥내배선의 사용 전선으로 단면적이 1[mm^2] 이상의 케이블을 사용할 때 일반적인 경우 어떤 종류의 케이블을 사용하여야 하는가?

① 폴리에틸렌 절연비닐시스케이블
② 클로로프렌 외장 케이블
③ 미네럴 인슐레이션 케이블
④ 부틸고무 절연 폴리에틸렌 시스케이블

풀이 저압옥내배선 1.0[mm^2]=MI 케이블

정답 68 ④ 69 ② 70 ② 71 ① 72 ③ 73 ③

74 고압 옥내배선공사 시 사용 전선의 최소 단면적은 몇 [mm^2] 이상이어야 하는가?

① 2.5 ② 4
③ 6 ④ 10

풀이 전선은 공칭단면적 6[mm^2] 이상의 연동선 또는 이와 동등 이상의 세기 및 굵기의 고압 절연전선이나 특고압 절연전선 또는 제36조 제2항에 규정하는 인하용 고압 절연전선일 것

75 케이블 트레이의 시설기준으로 적합하지 않은 것은?

① 케이블 트레이의 안전율은 1.3 이상이어야 한다.
② 전선의 피복 등을 손상시킬 돌기 등이 없이 매끈해야 한다.
③ 금속제 케이블 트레이 계통은 기계적 또는 전기적으로 완전하게 접속하여야 하며 저압옥내 배선의 경우에는 케이블 트레이에 접지공사를 하여야 한다.
④ 비금속제 케이블 트레이는 난연성 재료의 것이어야 한다.

풀이 케이블 트레이의 시설에 케이블 트레이의 안전율은 1.5 이상이다.

76 합성수지관 공사에 의한 저압 옥내 배선의 시설 기준으로 옳지 않은 것은?

① 습기가 많은 장소에 방습장치를 사용하였다.
② 전선은 옥외용 비닐 절연전선을 사용하였다.
③ 전선은 연선을 사용하였다.
④ 관의 지지점 간의 거리는 1.5[m]로 하였다.

풀이 옥내공사이므로 옥외용 전선은 사용하지 않는다.

77 가요전선관공사에 의한 저압옥내배선의 방법으로 저함한 것은?

① 옥외용 비닐절연전선을 사용하였다.
② 1종 금속제 가요전선관을 사용하였다.
③ 2종 금속제 가요전선관을 사용하였다.
④ 가요전선관에 접지공사를 하였다.

풀이 가요전선관공사에 의한 저압 옥내배선의 현재 사용하는 것은 2종 금속제 가요전선관을 사용한다.

78 금속 덕트 공사에 의한 저압옥내배선에서 금속덕트에 넣은 전선의 단면적의 합계는 덕트 내부 단면적의 얼마 이하이어야 하는가?

① 20[%] 이하 ② 30[%] 이하
③ 40[%] 이하 ④ 50[%] 이하

풀이 금속 덕트에 넣는 전선의 단면적의 합계는 덕트 내부 단면적의 20[%](전광표시장치, 출퇴근 표시등, 제어회로 등의 배전선만을 넣는 경우는 50[%]) 이하일 것 (판단기준 제187조)

79 옥내에 시설하는 저압간선으로 나전선을 절대로 사용할 수 없는 경우는?

① 금속덕트공사에 의하여 시설하는 경우
② 버스덕트공사에 의하여 시설하는 경우
③ 애자사용공사에 의하여 전개된 곳에 전기로용 전선을 시설하는 경우
④ 유희용 전차에 전기를 공급하기 위하여 접촉전선을 사용하는 경우

풀이 옥내에 시설하는 저압간선으로 나전선을 금속덕트공사에 의하여 시설하는 경우 사용할 수 없다.
나전선 사용 가능 공사는 애자공사, 버스덕트, 라이팅덕트, 접촉전선 등이다.

80 몰드 공사 시 동일 몰드 내에 넣는 전선 수는 얼마인가?

① 5 ② 10
③ 16 ④ 30

풀이 몰드 공사 시 동일 몰드 내에 넣는 몰드 공사 경우 진선 수는 10본 이내로 한다.

정답 74 ③ 75 ① 76 ② 77 ③ 78 ① 79 ① 80 ②

81 지중전선로에 사용하는 지중함의 시설기준이 아닌 것은?

① 견고하고 차량 기타 중량물의 압력에 견디는 구조일 것
② 그 안의 고인 물을 제거할 수 있는 구조로 되어 있을 것
③ 뚜껑은 시설자 이외의 자가 쉽게 열 수 없도록 시설할 것
④ 조명 및 세척이 가능한 장치를 하도록 할 것

풀이 조명 및 세척이 가능한 장치는 필요가 없다.

82 지중 전선로의 전선으로 사용되는 것은?

① 절연전선 ② 케이블
③ 다심형 전선 ④ 나전선

풀이 지중 전선로에는 케이블을 사용하여야 한다.

83 지중전선로의 시설에 관한 사항으로 옳은 것은?

① 전선은 케이블을 사용하고 관로식, 암거식 또는 직접 매설식에 의하여 시설한다.
② 전선은 절연전선을 사용하고 관로식, 암거식 또는 직접 매설식에 의하여 시설한다.
③ 전선은 케이블을 사용하고 내화성능이 있는 비닐관에 인입하여 시설한다.
④ 전선은 절연전선을 사용하고 내화성능이 있는 비닐관에 인입하여 시설한다.

풀이 제136조 지중 전선로는 전선에 케이블을 사용하고 또한 관로식암거식(暗渠I式) 또는 직접 매설식에 의하여 시설하여야 한다.

84 "지중 관로"에 대한 정의로 옳은 것은?

① 지중 전선로, 지중 약전류 전선로와 지중 매설지선 등을 말한다.
② 지중 전선로, 지중 약전류 전선로와 복합 케이블 선로, 기타 이와 유사한 것 및 이들에 부속하는 지중함을 말한다.
③ 지중 전선로, 지중 약전류 전선로, 지중에 시설하는 수관 및 가스관과 지중매설지선을 말한다.
④ 지중 전선로, 지중에 시설하는 수관 및 가스관과 기타 이와 유사한 것 및 이들에 부속하는 지중함 등을 말한다.

풀이 지중 관로란 지중 전선로, 지중 약전선로, 지중 광섬유 케이블 선로, 지중에 시설하는 수관 및 가스관, 이와 유사한 것 및 이들에 부속하는 지중함 등을 뜻한다.

85 고압 측 전선로의 전선으로 사용할 수 있는 것은?

① 케이블 ② 절연전선
③ 다심형 전선 ④ 나경동선

풀이 판단기준 제95조
고압 측 전선로에 사용하는 전선은 케이블이어야 한다.

86 저압 가공인입선에 사용해서는 안 되는 전선은?

① 케이블 ② 다심형 전선
③ 절연전선 ④ 나전선

풀이 전기설비기술기준의 판단기준 제100조(저압 인입선의 시설)에 의거 저압 가공인입선으로 사용할 수 있는 전선은 절연전선, 다심형 전선 또는 케이블이다.

87 저압 연접 인입선은 폭 몇 [m]를 초과하는 도로를 횡단하지 않아야 하는가?

① 3 ② 5
③ 7 ④ 10

풀이 저압 연접인입선 시설규정
- 인입선에서 분기하는 점으로부터 100[m]를 넘는 지역에 미치지 아니할 것
- 폭 5[m]를 넘는 도로를 횡단하지 아니할 것
- 옥내를 통과하지 아니할 것
- 전선은 지름 2.6[mm] 경동선 사용

정답 81 ④ 82 ② 83 ① 84 ④ 85 ① 86 ④ 87 ②

88 고압 가공전선과 가공 약전류전선을 동일 지지물에 시설하는 경우에 전선 상호 간의 최소 이격거리는 일반적으로 몇 [m] 이상이어야 하는가?(단, 고압 가공전선은 절연전선이라고 한다.)

① 0.75　　② 1.0
③ 1.2　　④ 1.5

풀이 저고압 가공전선과 가공 약전류전선 등의 공가(판단기준 제91조)
가공 전선을 가공 약전선의 위로 별개의 완금류에 시설하고 이격거리는 저압 가공전선은 75[cm] 이상, 고압은 1.5[m] 이상이어야 한다.

89 전기설비기준에 의한 전선의 접속방법으로 틀린 것은?

① 접속부분은 접속 기구를 사용하거나 납땜을 할 것
② 전선의 인장하중을 20[%] 이상 감소시키지 말 것
③ 접속부분에 전기적 부식이 생기지 않도록 할 것
④ 접속부분의 전기저항을 감소시키지 말 것

풀이 전선의 접속방법 중 접속부분의 전기저항을 증가시키지 말 것이다.

90 고압 가공전선으로 내열 동합금선을 사용하는 경우 안전율이 몇 이상이 되는 이도로 시설하여야 하는가?

① 2.0　　② 2.2
③ 2.5　　④ 4.0

풀이
- 고/저압 가공전선의 안전율에서 경동선 내열 동합금선은 2.2 이상, 기타 전선은 2.5 이상이어야 한다.
- 이도 : 전선의 처짐 정도

91 고압 가공전선과 가공 약전류 전선을 공가할 수 있는 최소 이격거리[m]는?

① 75　　② 50
③ 2.0　　④ 1.5

풀이 고압 가공전선과 약전류 전선 공가 시 최소 이격거리는 1.5[m] 이상이다.

92 고압전로에 사용하는 포장퓨즈는 정격전류의 몇 배에 견디어야 하는가?

① 1.10　　② 1.25
③ 1.30　　④ 2.00

풀이 고압전로에 시설하는 포장 퓨즈는 정격 전류의 1.3배에 견디고, 2배의 전류에 120분 안에 용단하여야 한다.

93 합성수지관공사에서 관의 지지점 간의 거리는 몇 [m] 이하로 하여야 하는가?

① 1.0　　② 1.5
③ 2.0　　④ 2.3

풀이 합성수지관공사에서 관의 지지점 간의 거리는 1.5[m] 이하로 하여야 한다.

94 정격전류가 15[A]를 넘고 20[A] 이하인 배선용 차단기로 보호되는 저압 옥내전로의 콘센트는 정격전류가 몇 [A] 이하인 것을 사용하여야 하는가?

① 15　　② 20
③ 30　　④ 50

풀이 제176조 정격전류가 15[A]를 넘고 20[A] 이하인 배선용 차단기로 보호되는 저압 옥내전로의 콘센트는 정격전류가 20[A] 이하인 것을 사용하여야 한다.

95 고압 또는 특고압 전로 중 기계기구 및 전선을 보호하기 위하여 필요한 곳에는 무엇을 시설하여야 하는가?

① 영상 변류기
② 과전류 차단기
③ 콘덴서형 변성기
④ 지락 차단기

정답 88 ④ 89 ④ 90 ② 91 ④ 92 ③ 93 ② 94 ② 95 ②

풀이 고압 또는 특고압 전로 중 기계기구 및 전선을 보호하기 위하여 필요한 곳에는 과전류 차단기를 시설하여야 한다.

96 고압 또는 특고압 전로에 시설한 과전류 차단기의 퓨즈 중 고압전로에 사용하는 포장 퓨즈는 정격전류 2배의 전류로 몇 분 안에 용단되어야 하는가?

① 60 ② 120
③ 180 ④ 240

풀이 • 포장 퓨즈 : 정격전류의 1.3배에 견디고 2배의 전류로 120분 안에 용단되어야 한다.
• 비포장 퓨즈 : 정격전류의 1.25배에 견디고 2배의 전류로 2분 안에 용단되어야 한다.

97 저압 옥내간선에서 분기한 옥내전로는 특별한 조건이 없을 때 간선과의 분기점에서 몇 [m] 이하인 곳에 개폐기 및 과전류 차단기를 시설하여야 하는가?

① 3 ② 5
③ 7 ④ 9

풀이 저압 옥내간선에서 분기한 옥내전로는 특별한 조건이 없을 때 간선과의 분기점에서 3[m] 이하인 곳에 개폐기 및 과전류 차단기를 시설하여야 한다.

98 과전류차단기를 설치해서는 안 되는 장소에 해당되지 않는 것은?

① 접지공사 접지선
② 다선식 선로의 중성선
③ 저압 가공전선로의 접지 측 전선
④ 저압 옥내 전선로

풀이 **과전류차단기를 설치해서는 안 되는 장소(제40조)**
① 접지공사 접지선
② 다선식 선로의 중성선
③ 저압 가공전선로의 접지 측 전선 등
저압 옥내 전선로는 분기회로별로 과전류차단기를 설치해야 한다.

99 태양광발전소 등의 울타리 및 담 등의 높이는 몇 [m] 이상이어야 하는가?

① 1
② 1.2
③ 2
④ 2.2

풀이 변 · 발전소 등의 울타리 및 담 등의 높이는 2[m] 이상으로 하고, 지표면과 울타리, 담 등의 하단 사이의 간격은 15[cm] 이하로 하여야 한다.

100 가공전선로의 지지물에 하중이 가하여지는 경우에 그 하중을 받는 지지물의 기초의 안전율은 얼마 이상인가?

① 1.5
② 2
③ 2.5
④ 3

풀이 하중을 받는 지지물의 기초안전율은 2 이상(이상 시 상정하중에 대한 철탑의 기초 : 1.33)이다.

101 저압용 기계기구에서 전기를 공급하는 전로에 누전차단기를 시설하면 외함의 접지를 생략할 수 있다. 이 경우 누전차단기의 정격기술기준은?

① 정격 감도 전류 15[mA] 이하, 동작시간 0.1초 이하의 전류 동작형
② 정격 감도 전류 15[mA] 이하, 동작시간 0.2초 이하의 전압 동작형
③ 정격 감도 전류 30[mA] 이하, 동작시간 0.1초 이하의 전류 동작형
④ 정격 감도 전류 30[mA] 이하, 동작시간 0.03초 이하의 전류 동작형

풀이 **전기설비기술기준의 판단기준 제33조**
감전보호용 누전차단기는 정격 감도 전류 30[mA] 이하, 동작시간 0.03초 이하의 전류 동작형

정답 96 ② 97 ① 98 ④ 99 ③ 100 ② 101 ④

102 전로에는 보기 쉬운 곳에 상별 표시를 해야 한다. 기술기준에서 표시의 의무가 없는 곳은?

① 발전소의 특고압 전로
② 변전소의 특고압 전로
③ 수전 설비의 특고압 전로
④ 수전 설비의 고압 전로

풀이 상별 표시의 경우 특고압 측에만 한다.

103 계통연계하는 분산형 전원을 설치하는 경우 자동적으로 분산형 전원을 전력계통으로부터 분리하기 위한 장치를 시설하여야 하는 이상 또는 고장에 해당하지 않는 것은?

① 분산형 전원의 이상 또는 고장
② 연계한 전력계통의 이상 또는 고장
③ 자립운전 상태
④ 단독운전 상태

풀이 제283조 자립운전이란 분산형 전원이 한전계통으로부터 분리된 상태에서 해당 구내계통 내의 부하에만 전력을 공급하고 있는 상태로서 자동적으로 분산형 전원을 전력계통으로부터 분리하기 위한 장치를 시설하여야 하는 이상 또는 고장에 해당하지 않는다.

104 구내에 시설한 개폐기 기타의 장치에 의하여 전로를 개폐하는 곳으로서 발전소, 변전소 및 수용장소 이외의 곳을 무엇이라 하는가?

① 급전소 ② 송전소
③ 개폐소 ④ 배전소

풀이 개폐소란 개폐소 안에 시설한 개폐기 및 기타 장치에 전로를 개폐하는 곳으로서 발전소 · 변전소 및 수용장소 이외의 곳을 말한다. 전기설비기술기준 제3조 정의 3에 명시

105 저압의 전선로 중 절연부분의 전선과 대지 사이의 절연저항은 사용전압에 대한 누설전류가 최대 공급전류의 몇 분의 1을 넘지 않도록 유지하는가?

① $\frac{1}{1,000}$ ② $\frac{1}{2,000}$
③ $\frac{1}{3,000}$ ④ $\frac{1}{4,000}$

106 접지시스템의 구분에서 다음 설명 중 잘못된 것은?

① 계통접지 : 전력계통의 이상현상에 대비하여 대지와 계통을 접속
② 보호접지 : (특)고압계통의 접지극과 저압계통의 접지극을 독립적으로 시설하는 방식
③ 공통/통합접지 : 공통접지는 (특)고압접지계통과 저압접지계통을 등전위 형성을 위해 공통으로 접지하는 방식
④ 피뢰시스템 접지 : 뇌격전류를 안전하게 대지로 방류하기 위한 접지

풀이
- 보호접지 : 감전보호를 목적으로 기기의 한 점 이상을 접지
- 단독접지 : (특)고압계통의 접지극과 저압계통의 접지극을 독립적으로 시설하는 접지방식

정답 102 ④ 103 ③ 104 ③ 105 ② 106 ②

NEW AND RENEWABLE ENERGY EQUIPMENT CRAFTMAN

부록

CBT 대비 모의고사

001 모의고사 1회

01 태양광발전에 이용되는 태양전지 구성요소 중 최소단위는?

① 셀
② 모듈
③ 어레이
④ 파워컨디셔너

풀이 셀 < 모듈 < 어레이

02 태양광발전설비 설치 시 설명으로 틀린 것은?

① 태양전지 모듈의 극성이 바른지 여부를 테스터 직류 전압계로 확인한다.
② 태양광발전설비 중 인버터는 절연변압기를 시설하는 경우가 드물어 직류 측 회로를 접지로 한다.
③ 태양전지 모듈의 설명서에 기재된 단락전류가 흐르는지 직류 전류계로 측정한다.
④ 태양광 모듈 구조는 설치로 인해 다른 접지의 연접성이 훼손되지 않은 것을 사용해야 한다.

풀이 인버터 출력 측에 절연변압기를 시설하지 않는 경우에는 일반적으로 직류회로를 비접지로 한다.

03 교류에서 저압의 한계는 몇 [V]인가?

① 380
② 600
③ 1,000
④ 1,500

풀이

분류	전압의 범위
저압	• 직류 : 1.5[kV] 이하 • 교류 : 1[kV] 이하
고압	• 직류 : 1.5[kV]를 초과하고, 7[kV] 이하 • 교류 : 1[kV]를 초과하고, 7[kV] 이하
특고압	7[kV]를 초과

04 태양광발전설비 유지보수의 점검의 분류에 해당되지 않는 것은?

① 운전점검
② 정기점검
③ 최종점검
④ 임시점검

풀이 태양광발전시스템의 점검은 일반적으로 준공 시의 점검, 일상점검, 정기점검의 3가지로 구별되나 유지보수 관점에서의 점검의 종류에는 일상점검, 정기점검, 임시점검으로 재분류된다.

05 다음 그림은 태양광 모듈에 연결된 다이오드이다. 다이오드의 명칭은 무엇인가?

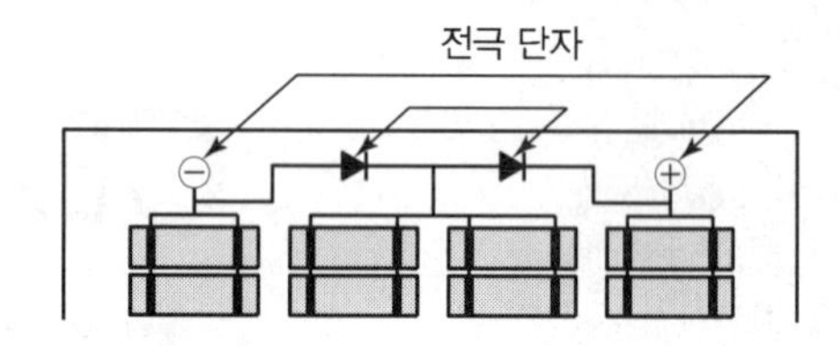

① 정류 다이오드
② 제어 다이오드
③ 바이패스 다이오드
④ 역전압 방지 다이오드

풀이 바이패스 다이오드는 모듈을 구성하는 일부 셀에 음영이 진 경우 발생할 수 있는 열점(Hot spot) 및 출력 저감을 방지하기 위하여 모듈 후면 단자함에 부착된다.

06 용량 30[Ah]의 납축전지는 2[A]의 전류로 몇 시간 사용할 수 있는가?

① 3시간 ② 15시간
③ 7시간 ④ 30시간

풀이 $Ah = IK,\ K = \frac{Ah}{I} = \frac{30}{2} = 15$시간

정답 01 ① 02 ② 03 ③ 04 ③ 05 ③ 06 ②

07 다음에서 설명하는 태양전지는 무엇인가?

- 색소가 붙은 산화티타늄 등의 나노입자를 한쪽의 전극에 칠하고 또 다른 쪽 전극과의 사이에 전해액을 넣은 구조이다.
- 색이나 형상을 다양하게 할 수 있어 패션, 인테리어 분야에도 이용할 수 있다.

① 유기 박막 태양전지
② 구형 실리콘 태양전지
③ 칼륨 비소계 태양전지
④ 염료감응형 태양전지

풀이 결정질 및 비정질 박막 실리콘의 1세대와 CIGS(구리 · 인듐 · 갈륨 · 셀레늄 화합물), CdTe(카드뮴 텔룰라이드) 등 2세대 화합물 반도체에 이어 3세대 태양전자로 떠오르고 있는 유기물계 태양전지는 크게 염료감응형과 유기 태양전지로 구분된다.

08 지중 케이블이 밀집되는 개소의 경우 일반 케이블로 시설하여 방재대책을 강구하여 시행하여야 하는 장소로 옳지 않은 것은?

① 전력구(공동구)
② 2회선 이상 시설된 맨홀
③ 집단 상가의 구내 수전실
④ 케이블 처리실

풀이 케이블 방재(내선규정 820－12)
방재대책 강구 장소는 케이블 처리실, 전력구, 집단 상가의 구내 수전실, 4회선 이상 설치된 맨홀 등이다.

09 일사량 센서의 올바른 설치방법은?

① 모듈의 경사각과 동일하게 설치한다.
② 모듈의 방위각과 동일하게 설치한다.
③ 지붕의 경사각과 동일하게 설치한다.
④ 수평면과 동일하게 설치한다.

풀이 일사량 센서는 모듈에 조사되는 빛의 양을 측정하므로 모듈의 경사각과 동일하게 설치해야 한다.

10 다음 중 태양광 전지 모듈 간의 배선에서 단락전류를 충분히 견딜 수 있는 전선의 최소 굵기로 적당한 것은?

① 6[mm^2] 이상　　② 4[mm^2] 이상
③ 2.5[mm^2] 이상　　④ 0.75[mm^2] 이상

풀이 전선의 일반적 설치기준
기계기구의 구조상 그 내부에 안전하게 시설할 수 있는 경우를 제외하면 모든 전선은 공칭단면적 2.5[mm^2] 이상의 연동선 또는 이와 동등 이상의 세기 및 굵기의 것이어야 한다.

11 태양전지 모듈 설치 시 감전방지대책에서 틀린 것은?

① 작업 전 태양전지 모듈의 표면에 차광시트를 붙여 태양광을 차단한다.
② 강우 시에는 태양광이 없기 때문에 작업을 해도 괜찮다.
③ 절연처리된 공구를 사용한다.
④ 저압절연 장갑을 사용한다.

풀이 강우 시에는 감전사고뿐만 아니라 미끄러짐으로 인한 추락사고로 이어질 우려가 있으므로 작업을 금지한다.

12 그림은 결정질 태양전지 모듈의 단면도를 나타낸 것이다. 다음 중 태양전지 모듈 구성 요소로 틀린 것은 무엇인가?

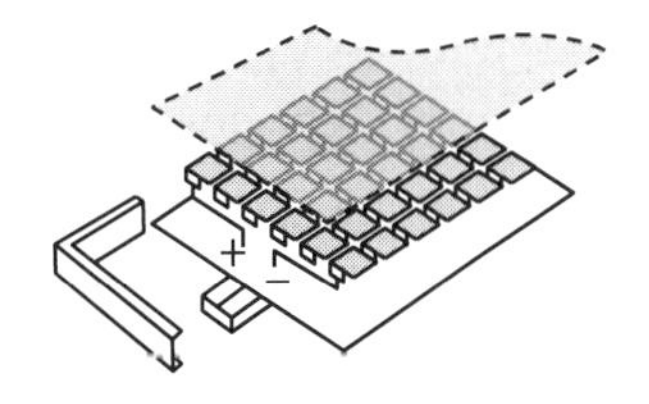

① 분전함
② 백 시트(Back Sheet)
③ EVA
④ 프레임

정답 07 ④ 08 ② 09 ① 10 ③ 11 ② 12 ①

풀이 결정질 태양전지의 구성요소

프레임(Frame), EVA(충진재), 백 시트(후면필름), 셀(Cell), 출력단자함, 커버 글라스(Cover Glas : 저철분 강화유리) 구성

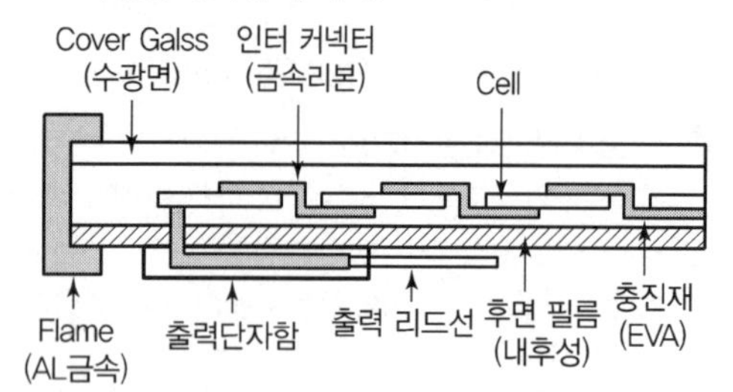

13 다음은 태양전지의 원리를 설명한 것이다. 괄호 안에 들어갈 적당한 용어는?

> 태양전지는 금속 등 물질의 표면에 특정한 진동수의 빛을 쪼여주면 전자가 방출되는 현상인 ( )의 원리를 이용한 것으로 빛에너지를 전기에너지로 전환시켜준다.

① 전자기 유도 효과 ② 압전 효과
③ 열기전 효과 ④ 광기전 효과

풀이 광기전효과

어떤 종류의 반도체에 빛을 조사하면 조사된 부분과 조사되지 않은 부분 사이에 전위차(광기전력)를 발전시키는 현상

14 태양전지 모듈에 수직으로 빛이 입사하여 발전 단자의 출력전압이 40[V], 전류가 4.5[A]의 출력값을 나타내고 있다. 표준시험 조건에서 태양전지 모듈에 입사한 태양에너지가 1,000[W/m^2]일 때 모듈의 효율은 몇 [%]인가?

① 8.9[%] ② 11.3[%]
③ 18.0[%] ④ 19.8[%]

풀이 변환효율

$$\eta = \frac{P}{E \times S} \times 100$$
$$= \frac{40 \times 4.5}{1,000 \times 1} \times 100 = 18[\%]$$

15 태양전지 n개를 직렬로 접속하고, m개를 병렬로 접속하였을 때, 전압과 전류는 각각 어떻게 되는가?

① 전압 n배 증가, 전류 m배 증가
② 전압 n배 증가, 전류 m배 감소
③ 전류 n배 증가, 전압 m배 증가
④ 전류 n배 감소, 전압 m배 증가

풀이 태양전지를 건전지라고 생각하면 직렬의 경우 전압이 증가하고, 병렬일 경우 전류가 증가한다.

16 태양광발전시스템이 계통과 연계운전 중 계통 측에서 정전이 발생한 경우 시스템에서 계통으로 전력공급을 차단하는 기능은?

① 단독운전 방지기능
② 최대출력 추종제어기능
③ 자동운전 정지기능
④ 자동전압 조정기능

풀이 단독운전 방지기능

상용전원(한전) 계통의 정전이 발생한 경우 시스템에서 계통으로 전력공급을 차단하는 기능

17 주택용 독립형 태양광발전시스템의 주요 구성요소가 아닌 것은?

① 태양전지 모듈 ② 충방전 제어기
③ 축전기 ④ 배전시스템

18 다결정 실리콘 태양전지의 제조되는 공정순서가 바르게 나열된 것은?

① 실리콘 입자 → 웨이퍼 슬라이스 → 잉곳 → 셀 → 태양전지 모듈
② 실리콘 입자 → 잉곳 → 웨이퍼 슬라이스 → 셀 → 태양전지 모듈
③ 잉곳 → 실리콘 입자 → 셀 → 웨이퍼 슬라이스 → 태양전지 모듈
④ 잉곳 → 실리콘 입자 → 웨이퍼 슬라이스 → 셀 → 태양전지 모듈

정답 13 ④ 14 ② 15 ① 16 ① 17 ④ 18 ②

풀이 단결정 실리콘 태양전지의 제조공정
실리콘 입자 → 도가니에 실리콘 입자 1,450[℃]로 용해 → 잉곳 생산 → 사각절단 → 웨이퍼 슬라이스 → 인 확산 → 반사 방지막코팅 → 셀 →모듈

19 태양전지 모듈에 다른 태양전지 회로 및 축전지의 전류가 유입되는 것을 방지하기 위하여 설치하는 것은?

① 바이패스 소자 ② 역류방지 소자
③ 접속함 ④ 피뢰 소자

풀이 역류방지 소자
태양전지 모듈에서 다른 태양전지 회로나 축전지에서의 전류가 돌아 들어가는 것을 저지하기 위해서 설치하는 것으로서 일반적으로 다이오드가 사용된다.

20 태양광발전설비 중 태양광어레이의 육안점검 항목이 아닌 것은?

① 표면의 오염 및 파손상태
② 접속 케이블의 손상 여부
③ 지지대의 부식 여부
④ 표시부의 이상상태

풀이 태양광어레이 일상점검(육안점검) 항목은 다음과 같다.

구분	점검항목		점검요령
테양 전지 어레이	육안점검	표면의 오염 및 파손	현저한 오염 및 파손이 없을 것
		지지대의 부식 및 녹	부식 및 녹이 없을 것
		외부배선(접속케이블)의 손상	접속케이블에 손상이 없을 것

21 다음 중 전선의 색구별에서 중성선의 색은 어느 것인가?

① 갈색 ② 녹색
③ 회색 ④ 청색

풀이 전선의 식별

상(문자)	L1	L2	L3	N	보호도체
색상	갈색	흑색	회색	청색	녹색－황색

22 태양광발전시스템의 접속함 설치 시공에 있어서 확인하여야 할 사항이 아닌 것은?

① 접속함의 사양과 실제 설치한 접속함이 일치하는지를 확인한다.
② 유지관리의 편리성을 고려한 설치방법인지를 확인한다.
③ 설치장소가 설계도면과 일치하는지를 확인한다.
④ 설계의 적절성과 제조사가 건전한 회사인지를 확인한다.

풀이 ④는 접속함 구매 선정 시 고려할 사항이다.

23 다음 중 태양광 인버터의 이상적 설치장소가 아닌 것은?

① 옥외 습도가 높은 장소
② 시원하고 건조한 장소
③ 통풍이 잘 되는 장소
④ 먼지 또는 유독가스가 발생되지 않는 장소

풀이 전기설비에는 습기가 좋지 않다.

24 법에 따라 해당하는 자의 장 또는 대표자가 해당하는 건축물을 신축 · 증축 또는 개축하려는 경우에는 신 · 재생에너지 설비의 설치계획서를 해당 건축물에 대한 건축허가를 신청하기 전에 누구에게 제출하여야 하는가?

① 산업통상자원부장관
② 행정안전부장관
③ 국토교통부장관
④ 기획재정부장관

정답 19 ② 20 ④ 21 ④ 22 ④ 23 ① 24 ①

풀이 신 · 재생에너지 설비의 설치계획서 제출(신에너지 및 재생에너지 개발 · 이용 · 보급 촉진법 시행령 제17조)
건축물을 신축 · 증축 또는 개축하려는 경우에는 신 · 재생에너지 설비의 설치계획서를 해당 건축물에 대한 건축허가를 신청하기 전에 산업통상자원부장관에게 제출하여야 한다.

25 일반용 전기설비의 점검서류에 기록하는 내용이 아닌 것은?

① 점검 연월일 ② 점검의 결과
③ 점검의 비용 ④ 점검자의 성명

풀이 전기설비 점검 서류에는 비용을 기재하지 않는다.

26 국제표준화(KEC 121.2)에서 전선식별의 색상 중 틀린 것은?

① L1 : 갈색, L2 : 흑색, L3 : 회색
② 중성선(N) : 청색
③ 접지/보호도체 : 녹황교차
④ L1 : 청색, L2 : 적색, L3 : 흑색

풀이 전선식별법 국제표준화(KEC 121.2)

전선 구분	KEC 식별색상
상선(L1)	갈색
상선(L2)	흑색
상선(L3)	회색
중성선(N)	청색
접지/보호도체(PE)	녹황교차

27 태양광 모듈이 태양광에 노출되는 경우에 따라서 유기되는 열화 정도를 시험하기 위한 장치는?

① 항온항습장치
② 염수수분장치
③ 온도사이클 시험장치
④ UV시험장치

풀이 UV시험은 태양전지 모듈의 열화 정도를 시험한다.

28 계통연계형 태양광 인버터의 기본기능이 아닌 것은?

① 계통연계 보호기능 ② 단독운전 방지기능
③ 배터리 충전기능 ④ 최대출력점 추종기능

풀이 인버터의 기능
자동전압 조정기능, 자동운전 정지기능, 계통연계 보호기능, 최대출력점 추종기능, 단독운전 방지기능

29 신에너지 및 재생에너지 개발 · 이용 · 보급 촉진법에서 연차별 실행계획 수립에 해당되지 않는 것은?

① 신 · 재생에너지 발전에 의한 전기의 공급에 관한 실행 계획을 2년마다 수립 · 시행한다.
② 신 · 재생에너지의 기술개발 및 이용 · 보급을 매년 수립 · 시행한다.
③ 산업통상자원부장관은 관계 중앙행정기관의 장과 협의하여 수립 · 시행하여야 한다.
④ 산업통상자원부장관은 실행계획을 수립하였을 때에는 이를 공고하여야 한다.

풀이 연차별 실행계획(신에너지 및 재생에너지 개발 · 이용 · 보급 촉진법 제6조)
산업통상자원부장관은 기본계획에서 정한 목표를 달성하기 위하여 신 · 재생에너지의 종류별로 신 · 재생에너지의 기술개발 및 이용 · 보급과 신 · 재생에너지 발전에 의하나 전기의 공급에 관한 실행계획을 매년 수립 · 시행하여야 한다.

30 계통 이상 시 태양광 전원의 발전설비 분리와 관련된 사항 중 틀린 것은?

① 정전 복구 후 자동으로 즉시 투입되도록 시설
② 단락 및 지락고장으로 인한 선로 보호장치 설치
③ 차단장치는 배전계통 접지 중에는 투입 불가능하도록 시설
④ 계통 고장 시 역충전 방지를 위해 전원을 0.5초 이내 분리하는 단독운전 방지장치 설치

정답 25 ③ 26 ④ 27 ④ 28 ③ 29 ① 30 ①

풀이 계통 고장 시 역충전 방지를 위해 전원을 0.5초 내로 정지하고 5분 이후 재투입되도록 시설한다.

31 공통접지 시설 중 상도체(S[mm²])의 단면적이 $S \le 16$인 경우 보호도체 재질이 상도체와 같은 경우의 보호도체 최소 단면적은?

① S[mm²]
② 16[mm²]
③ $S/2$[mm²]
④ 8[mm²]

풀이 보호도체의 단면적

상도체의 단면적 S[mm²]	대응하는 보호도체의 최소 단면적[mm²]	
	보호도체의 재질이 상도체와 같은 경우	보호도체의 재질이 상도체와 다른 경우
$S \le 16$	S	$(k_1/k_2) \times S$
$16 < S \le 35$	16	$(k_1/k_2) \times 16$
$S > 35$	$S/2$	$(k_1/k_2) \times (S/2)$

※ k_1, k_2 : 도체 및 절연의 재질에 따라 KS C IEC 60364에서 산정한 상도체에 대한 k값

32 다결정 실리콘 태양전지의 제조되는 공정순서가 바르게 나열된 것은?

① 실리콘 입자 → 웨이퍼 슬라이스 → 잉곳 → 셀 → 태양전지 모듈
② 실리콘 입자 → 잉곳 → 웨이퍼 슬라이스 → 셀 → 태양전지 모듈
③ 잉곳 → 실리콘 입자 → 셀 → 웨이퍼 슬라이스 → 태양전지 모듈
④ 잉곳 → 실리콘 입자 → 웨이퍼 슬라이스 → 셀 → 태양전지 모듈

풀이 단결정 실리콘 태양전지의 제조공정
실리콘 입자 → 도가니에 실리콘 입자 1,450[℃]로 용해 → 잉곳생산 → 사각절단 → 웨이퍼 슬라이스 → 인 확산 → 반사 방지막코팅 → 셀 → 모듈

33 한 수용장소의 인입구에서 분기하여 지지물을 거치지 않고 다른 수용장소의 인입구에 이르는 부분을 무엇이라 하는가?

① 옥측 배선　② 옥내 배선
③ 연접 인입선　④ 가공 인입선

풀이 한 수용장소의 인입구에서 분기하여 지지물을 거치지 않고 다른 수용장소의 인입구에 이르는 부분을 연접 인입선이라 한다.

34 다음 중 태양전지 어레이의 육안점검 항목이 아닌 것은?

① 프레임 파손 및 두드러진 변형이 없을 것
② 가대의 부식 및 녹이 없을 것
③ 코킹의 망가짐 및 불량이 없을 것
④ 접지저항이 100[Ω] 이하일 것

풀이 태양전지 어레이의 측정항목
접지저항(접지저항 100[Ω] 이하)
가대고정(볼트가 규정된 토크 수치로 조여 있을 것)

35 태양광발전시스템의 장점으로 옳지 않은 것은?

① 햇빛이 있는 곳이면 어느 곳에서나 간단히 설치할 수 있다.
② 한번 설치해 놓으면 유지비용이 거의 들지 않는다.
③ 무소음 및 무진동으로 환경오염을 일으키지 않는다.
④ 낮은 에너지 밀도로 다량의 전기를 생산할 때는 많은 공간을 차지한다.

풀이 ④는 태양광발전설비시스템의 단점이다.

36 백열전등 또는 방전등에 전기를 공급하는 옥내전로의 대지 전압은 몇 [V] 이하인가?

① 100　② 200
③ 300　④ 400

풀이 전기설비기술기준(옥내전로의 대지 전압의 제한)
백열전등 또는 방전등에 전기를 공급하는 옥내의 전로의 대지 전압은 300[V] 이하이어야 한다.

정답 31 ① 32 ② 33 ③ 34 ④ 35 ④ 36 ③

37 태양전지 접속함(분전함) 점검항목에서 육안검사 점검요령으로 잘못된 것은?

① 외형의 파손 및 부식이 없을 것
② 전선 인입구가 실리콘 등으로 방수처리되어 있을 것
③ 태양전지에서 배선의 극성이 바뀌어 있지 않을 것
④ 개방전압은 규정전압이어야 하고 극성은 올바를 것

풀이 ④ 개방전압을 측정해야 전압과 극성을 알 수 있다.

38 수소 냉각식 발전기 안의 수소 순도가 몇 [%] 이하로 저하한 경우에 이를 경보하는 장비를 시설하여야 하는가?

① 65 ② 75
③ 85 ④ 95

풀이 전기설비기술기준 제51조(수소냉각식 발전기 등의 시설) 제3항에 의거 발전기 안 또는 조상기 안의 수소의 농도가 85[%] 이하로 저하한 경우에 이를 경보하는 장치를 시설할 것

39 주택용 태양광발전시스템 시공 시 유의할 사항으로 옳지 않은 것은?

① 지붕의 강도는 태양전지를 설치했을 때 예상되는 하중에 견딜 수 있는 강도 이상이어야 한다.
② 가대, 지지기구, 기타 설치부재는 옥외에서 장시간 사용에 견딜 수 있는 재료를 사용해야 한다.
③ 지붕구조 부재와 지지기구의 접합부에는 적절한 방수처리를 하고 지붕에 필요한 방수성능을 확보해야 한다.
④ 태양전지 어레이는 지붕 바닥면에 밀착시켜 빗물이 스며들지 않도록 설치하여야 한다.

풀이 태양전지 모듈의 온도 상승으로 인한 효율저하를 방지하기 위해 지붕 바닥면은 10~15[cm] 이상의 간격을 두는 것이 좋다.

40 낙뢰에 의한 충격성 과전압에 대하여 전기설비의 단자전압을 규정치 이내로 저감시켜 정전을 일으키지 않고 원상태로 회귀하는 장치는?

① 역류방지 다이오드
② 내뢰 트랜스
③ 어레스터
④ 바이패스 다이오드

풀이 피뢰대책기기

- 어레스터 : 낙뢰에 의한 충격성 과전압에 대하여 전기설비의 단자전압을 규정치 이내로 저감시켜 정전을 일으키지 않고 원상태로 회귀하는 장치이다.
- 서지업서버 : 전선로에 침입하는 이상전압의 높이를 완화하고 파고치를 저하시키는 장치이다.
- 내뢰 트랜스 : 실드 부착 절연트랜스를 주체로 이에 어레스터 및 콘덴서를 부가시킨 것으로 절연 트랜스에 의해 뇌서지의 흐름을 완전히 차단할 수 있도록 한 장치이다.

41 태양광발전시스템에서 인버터의 주된 역할은?

① 태양전지의 출력을 직류로 증폭
② 태양전지 모듈과 부하계통을 절연
③ 태양전지 직류출력을 상용주파의 교류로 변환
④ 태양전지에 전원을 공급

풀이 인버터의 주된 역할은 직류를 교류로 변환하는 것이다.

42 태양광 모듈의 크기가 가로 0.53[m], 세로 1.19[m]이며, 최대 출력 80[W]인 이 모듈의 에너지 변환효율[%]은?(단, 표준시설 조건일 때)

① 15.68% ② 14.25%
③ 13.65% ④ 12.68%

풀이 변환효율

$$\eta = \frac{P}{E \times S} \times 100$$

$$= \frac{80}{1{,}000 \times 0.53 \times 1.19} \times 100 = 12.68[\%]$$

표준시험 조건의 표준일조강도는 1,000[W/m^2]

정답 37 ④ 38 ③ 39 ④ 40 ③ 41 ③ 42 ④

43 인버터 측정 점검항목이 아닌 것은?

① 개방전압　② 수전전압
③ 접지저항　④ 절연저항

풀이 인버터 측정

절연저항 (태양전지－접지 간)	1M[Ω] 이상 측정전압, DC 500[V]
접지저항	접지저항 100[Ω] 이하
수전전압	주회로 단자 내 U－O, O－W 간은 AC 200±13[V]일 것

개방전압 측정은 태양전지어레이 또는 모듈의 측정 점검항목

44 다음 중 스트링(String)에 대한 설명으로 옳은 것은?

① 단위시간당 표면의 단위면적에 입사되는 태양에너지
② 태양전지 모듈이 전기적으로 접속된 하나의 직렬군
③ 태양전지 모듈이 전기적으로 접속된 하나의 병렬군
④ 단위시간당 표면의 총 면적이 입사되는 태양에너지

45 태양광 모듈에서 바이패스 및 역류 방지를 위해 사용되는 소자는?

① 다이오드　② 사이리스터
③ 변압기　④ 스위치

풀이 사이리스터
트랜지스터와 비슷한 역할을 하는 소자로 전력시스템에 사용되어 전류나 전압의 제어에 사용되는 전력 반도체 소자이다.

46 태양광발전설비의 유지 보수 시 설비의 운전 중 주로 육안에 의해서 실시하는 점검은?

① 운전점검　② 일상점검
③ 정기점검　④ 임시점검

풀이 일상점검은 육안점검으로 이루어지고, 정기점검은 육안점검과 시험 및 측정으로 이루어진다.

47 다음 중 신에너지에 속하지 않는 것은?

① 연료전지
② 수소에너지
③ 바이오에너지
④ 석탄을 액화 · 가스화한 에너지

풀이
- 신에너지(3종류) : 연료전자 석탄액화 가스화 및 중질잔사유 가스화, 수소에너지
- 재생에너지(8종류) : 태양광, 태양열, 풍력, 수력, 지열, 바이오, 해양(조력, 파력), 폐기물

48 태양전지 모듈의 최적 동작점을 나타내는 특성곡선에서 일사량의 변화에 따라 변화하는 요소는 무엇인가?

① 전류－저항　② 전압－전류
③ 전류－온도　④ 전압－온도

풀이 전류－전압곡선에 따라 최적의 동작점을 찾을 수 있다.

49 태양광발전소 일상점검 요령으로 틀린 것은?

① 태양전지 어레이에 현저한 오염 및 파손이 없을 것
② 인버터 운전 시 이상 냄새, 이상 과열이 없을 것
③ 접속함 외함에 파손이 없을 것
④ 인버터 통풍구가 막혀 있을 것

풀이 인버터에서는 열이 많이 발생되므로 통풍구는 항상 개방되어 있어야 한다.

50 저압 옥내간선에서 분기한 옥내전로는 특별한 조건이 없을 때 간선과의 분기점에서 몇 [m] 이하인 곳에 개폐기 및 과전류차단기를 시설하여야 하는가?

① 3　② 5
③ 7　④ 9

풀이 전기설비기술기준(분기회로의 시설)
저압 옥내간선과의 분기점에서 전선의 길이가 3[m] 이하인 곳에 개폐기 및 과전류차단기를 시설할 것. 다만, 분기점에서 개폐기 및 과전류차단기까지의 전선

정답 43 ① 44 ② 45 ① 46 ② 47 ③ 48 ② 49 ④ 50 ①

의 허용전류가 그 전선에 접속하는 저압 옥내간선을 보호하는 과전류차단기의 정격전류의 55[%](분기점에서 개폐기 및 과전류 차단기까지의 전선의 길이가 8[m] 이하인 경우에는 35[%]) 이상일 경우에는 분기점에서 3[m]를 넘는 곳에 시설할 수 있다.

51 신에너지 및 재생에너지 개발이용 보급촉진 법령에 따라 신재생에너지 설비를 설치한 시공자는 해당 설비에 대하여 성실하게 무상으로 하자보수를 실시하여야 하며 그 이행을 보증하는 증서를 신재생에너지 설비의 소유자 또는 산업통상자원부령으로 정하는 자에게 제공하여야 한다. 이때 하자보수의 기간은 몇 년의 범위에서 산업통상자원부장관이 정하여 고시하는가?

① 2년 ② 3년
③ 5년 ④ 7년

풀이 신 · 재생에너지 설비의 하자보수(신에너지 및 재생에너지 개발 · 이용 · 보급 촉진법 시행규칙 제16조의2)

- 법 제30조의3제1항에서 "산업통상자원부령으로 정하는 자"란 법 제27조제1항 각 호의 어느 나라에 해당하는 보급사업에 참여한 지방자치단체 또는 공공기관을 말한다.
- 법 제30조의3제1항에 따른 하자보수의 대상이 되는 신 · 재생에너지 설비는 법 제12조제2항 및 제27조에 따라 설치한 설비로 한다.
- 법 제30조의3제1항에 따른 하자보수의 기간은 5년의 범위에서 산업통상자원부장관이 정하여 고시한다.

※ 제35조의 사업으로 설치한 신 · 재생에너지설비의 하자이행보증기간은 5년으로 한다.

제35조(융 · 복합지원사업 등) 융 · 복합지원사업은 동일한 장소(건축물 등)에 2종 이상 신 · 재생에너지원의 설비(전력저장장치 포함)를 동시에 설치하거나, 주택 · 공공 · 상업(산업)건물 등 지원대상이 혼재되어 있는 특정지역에 1종 이상 신 · 재생에너지원의 설비를 동시에 설치하려는 경우에 국가가 보조금을 지원해 주는 사업을 말한다.

52 발전소 상호 간 전압 5만[V] 이상의 송전선로를 연결하거나 차단하기 위한 전기설비는?

① 급전소 ② 발전소
③ 변전소 ④ 개폐소

풀이 전기사업법 시행규칙

- "변전소"란 변전소의 밖으로부터 전압 5만볼트 이상의 전기를 전송받아 이를 변성하여 변전소 밖의 장소로 전송할 목적으로 설치하는 변압기와 그 밖의 전기설비 전체를 말한다.
- "개폐소"란 다음의 곳의 전압 5만볼트 이상의 송전선로를 연결하거나 차단하기 위한 전기설비를 말한다.
  - 발전소 상호 간
  - 변전소 상호 간
  - 발전소와 변전소 간

53 건축물 인증기관으로부터 건축물 인증을 받지 아니하고 건축물 인증의 표시 또는 이와 유사한 표시를 하거나 건축물 인증을 받은 것으로 홍보한 자에게 부과할 수 있는 과태료는?

① 3백만 원 이하 ② 5백만 원 이하
③ 1천만 원 이하 ④ 2천만 원 이하

풀이 과태료(신에너지 및 재생에너지 개발 · 이용 · 보급 촉진법 제35조)
다음의 어느 하나에 해당하는 자에게는 1천만 원 이하의 과태료를 부과한다.

- 거짓 또는 부정한 방법으로 설비 인증을 받은 자
- 건축물 인증기관으로부터 건축물 인증을 받지 아니하고 건축물 인증의 표시 또는 이와 유사한 표시를 하거나 건축물 인증을 받은 것으로 홍보한 자

54 인버터 절연저항 측정 시 주의사항으로 틀린 것은?

① 입출력 단자에 주회로 이외 제어단자 등이 있는 경우 이것을 포함해서 측정한다.
② 절연변압기를 장착하지 않은 인버터는 제조사가 추천하는 방법에 따라 측정한다.

정답 51 ③ 52 ④ 53 ③ 54 ③

③ 정격전압이 입출력과 다를 때는 낮은 측의 전압을 선택기준으로 한다.
④ 정격에 약한 회로들은 회로에서 분리하여 측정한다.

풀이 정격전압이 입출력과 다를 때는 높은 측의 전압을 선택기준으로 한다.

55 태양광발전시스템의 인버터 설치시공 전에 확인사항이 아닌 것은?

① 입력 허용전류 및 입력 전압범위
② 배선접속방법 및 설치위치
③ 접속가능 전선 굵기 및 회선 수
④ 효율 및 수명

풀이 인버터의 효율 및 수명은 인버터 선정 시 고려해야 한다.

56 태양광발전설비가 작동되지 않을 때 응급조치 순서로 옳은 것은?

① 접속함 내부 차단기 개방 → 인버터 개방 → 설비 점검
② 접속함 내부 차단기 개방 → 인버터 투입 → 설비 점검
③ 접속함 내부 차단기 투입 → 인버터 개방 → 설비 점검
④ 접속함 내부 차단기 투입 → 인버터 투입 → 설비 점검

풀이 태양광 발전설비의 응급조치 순서
- 작동되지 않을 때 : 접속함 내부차단기 개방(Off) → 인버터 개방(Off) 후 점검
- 점검 후에는 역으로 인버터(On) → 차단기의 순서로 투입(On)

57 태양전지 모듈의 방위각은 그림자의 영향을 받지 않는 곳에 어느 방향 설치가 가장 우수한가?

① 정남향 ② 정북향
③ 정동향 ④ 정서향

풀이 모듈의 방위각은 정남향으로 경사각은 위도에 따라 결정된다.

58 태양전지의 계산식에서 태양전지온도[℃] T_{cell}의 계산식은?(단, T_{amb} : 주위온도, NOCT : 공칭작동 태양전지온도[℃], S : 방사조도[W/m²])

① $T_{cell} = T_{amb} + \left(\frac{\mathrm{NOCT}-20}{1{,}000}\right) \times S$

② $T_{cell} = T_{amb} + \left(\frac{\mathrm{NOCT}-20}{800}\right) \times S$

③ $T_{cell} = T_{amb} + \left(\frac{\mathrm{NOCT}-25}{800}\right) \times S$

④ $T_{cell} = T_{amb} + \left(\frac{\mathrm{NOCT}-25}{1{,}000}\right) \times S$

풀이 태양전지 계산식

$$T_{cell} = T_{amb} + \left(\frac{NOCT-20}{800}\right) \times S$$

59 태양광발전설비의 고장 요인이 가장 많은 곳은?

① 전선 ② 모듈
③ 인버터 ④ 구조물

풀이 태양광발전설비의 대부분의 고장요인은 인버터이다.

60 인버터의 효율 중에서 모듈 출력이 최대가 되는 최대전력점(MPP ; Maximum Power Point)을 찾는 기술에 대한 효율은 무엇인가?

① 변환효율 ② 추적효율
③ 유로효율 ④ 최대효율

풀이 인버터는 태양전지 출력(최대전력)의 크기가 시시각각(온도, 일사량) 변함에 따라 태양전지 최대전력점을 추적제어한다. 이때의 태양전지의 효율을 추적효율이라고 한다.
최대효율 : 전력변환(AC → DC, DC → AC)을 행하였을 때, 최고의 변환효율을 나타내는 단위를 말한다(일반적으로 75%에서 최고의 변환효율).

$$\eta_{MAX} = \frac{AC_{power}}{DC_{power}} \times 100[\%]$$

정답 55 ④ 56 ① 57 ① 58 ② 59 ③ 60 ②

SECTION 002 모의고사 2회

01 그림은 결정질 태양전지 모듈의 단면도를 나타낸 것이다. 다음 중 태양전지 모듈 구성 요소로 틀린 것은 무엇인가?

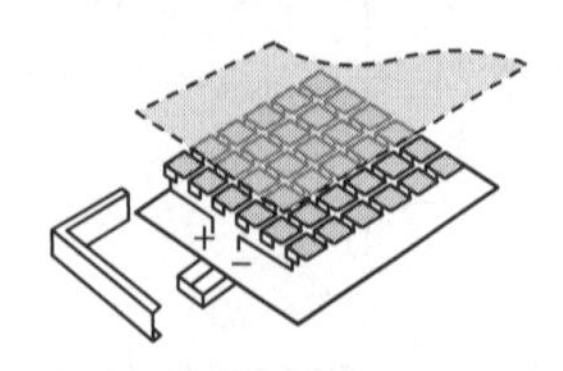

① 분전함
② 백 시트(Back Sheet)
③ EVA
④ 프레임

풀이 결정질 태양전지의 구성요소
프레임(Frame), EVA(충진재), 백 시트(후면필름), 셀(Cell), 출력단자함, 커버 글라스(Cover Glass : 저철분 강화유리) 구성

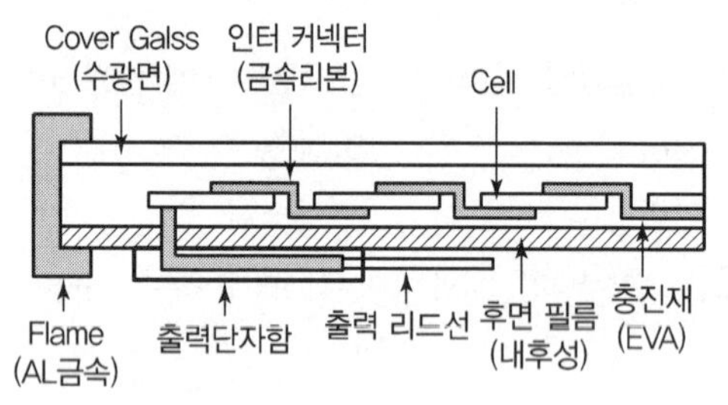

02 다음 그림은 태양광 모듈에 다이오드를 연결한 것이다. 다이오드의 명칭은 무엇인가?

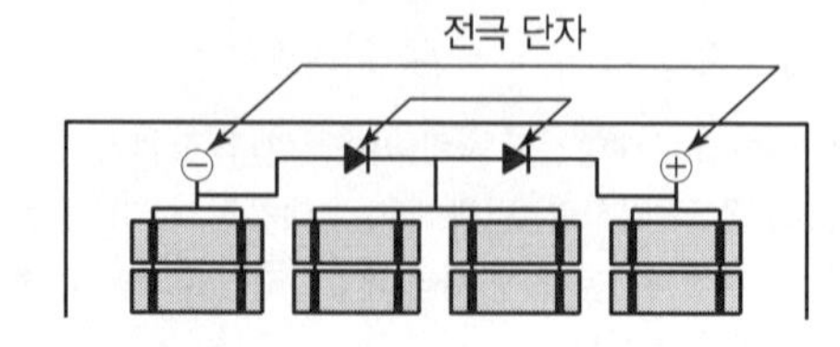

① 정류 다이오드
② 제어 다이오드
③ 바이패스 다이오드
④ 역전압 방지 다이오드

풀이 바이패스 다이오드는 모듈을 구성하는 일부 셀에 음영이 진 경우 발생할 수 있는 열점(Hot spot) 및 출력 저감을 방지하기 위하여 모듈 후면 단자함에 부착된다.

03 태양광발전시스템의 단결정 모듈의 특징으로 틀린 것은?

① 제조공정이 간단하다.
② 발전효율이 매우 우수하다.
③ 제조 온도가 높다.
④ 형상 변화가 어렵다.

풀이 단결정 모듈과 다결정 모듈의 특징

구분	단결정 실리콘 셀	다결정 실리콘 셀
제조 방법	복잡하다.	단결정에 비해 간단하다.
실리콘 순도	높다.	단결정에 비해 낮다.
제조 온도	높다.	단결정에 비해 낮다.
효율	높다.	단결정에 비해 낮다.
원가	고가	단결정에 비해 저가

04 금속표면에 파장이 짧은 빛을 비추면 전자가 튀어나오는 현상을 무엇이라 하는가?

① 제벡효과 ② 펠티어효과
③ 광전효과 ④ 열전효과

풀이 반도체의 PN접합에 빛을 비추면 광전효과에 의해 전기가 생산된다.

05 태양전지 모듈의 운영매뉴얼로 틀린 것은?

① 황사나 먼지 등에 의해 발전효율이 저하된다.
② 풍압에 의해 모듈과 형강의 체결부위가 느슨해질 수 있다.
③ 모듈 표면은 강화유리로 제작되어 외부충격에 파손되지 않는다.

정답 01 ① 02 ③ 03 ① 04 ③ 05 ③

④ 고압분사기를 이용하여 모듈 표면에 정기적으로 물을 뿌려준다.

풀이 모듈 표면의 강화유리는 일반유리에 비하여 약간 강도를 높인 것으로 외부충격에 쉽게 파손될 수 있다.

06 시간대별로 전력거래량을 측정할 수 있는 전력량계를 설치 · 관리하는 자가 아닌 것은?

① 배전사업자
② 대통령령으로 정하는 발전사업자
③ 자가용 전기설비를 설치한 자
④ 전력을 직접 구매하는 전기사용자

풀이 전기사업법 제19조(전력량계의 설치 · 관리)에 의한 전력량계를 설치 · 관리하는 자는 다음과 같다.
- 발전사업자(대통령령으로 정하는 발전사업자는 제외한다)
- 자가용 전기설비를 설치한 자
- 구역전기사업자
- 배전사업자
- 전력을 직접 구매하는 전기사용자

07 태양광발전시스템의 유지보수를 고려사항으로 틀린 것은?

① 태양전지 모듈의 오염을 제거하기 위해 정기적으로 모듈 청소를 한다.
② 태양광발전시스템의 발전량을 정기적으로 기록 및 확인한다.
③ 태양광 시스템의 낙뢰 보호를 위해 비가 오면 강제 정지시킨다.
④ 태양광 모듈에 발생하는 음영을 정기적으로 조사하여 원인을 제거한다.

풀이 태양광 시스템의 낙뢰 보호를 위해 피뢰침설비, 서지 보호장치 등을 설치한다.

08 결정질 실리콘 태양광발전 보듈의 성능시험 중 외관검사 시 몇 [lx] 이상의 광 조사상태에서 감사를 해야 하는가?

① 300　　② 500
③ 800　　④ 1,000

09 자가용 태양광발전설비 정기검사 항목 중 태양광전지 검사 세부검사 내용이 아닌 것은?

① 태양전지 외관검사
② 어레이 외관검사
③ 전지 전기적 특성시험
④ 절연내력시험

풀이 정기검사 항목 중 태양광전지 검사 세부항목
- 태양전지 외관검사
- 어레이 외관검사
- 전지 전기적 특성시험

10 태양전지의 발전원리로 옳은 것은?

① 쇼트키 효과
② 광전 효과
③ 조셉슨 효과
④ 푸르키네 효과

풀이 태양전지의 발전원리
빛의 진동수가 어떤 한계 진동수보다 높은 빛이 금속에 흡수되어 전자가 생성되는 현상을 광전효과라고 한다.

11 배터리 DC 12[V], 변환효율 90[%] 부하용량 220[V], 440[W]일 때 인버터 입력전류[A]는?

① 20.42　　② 32.65
③ 40.74　　④ 42.56

풀이 부하용량 = 배터리 전압 × 인버터 입력전류 × 변환효율

인버터 입력전류(I_{input})

$$= \frac{\text{부하용량}}{\text{배터리 전압} \times \text{변환효율}}$$

$$= \frac{440[W]}{12[V] \times 0.9} = 40.74[A]$$

정답 06 ② 07 ③ 08 ④ 09 ④ 10 ② 11 ③

12 결정계 태양전지 모듈의 온도가 상승될 때 나타나는 특성은?

① 개방전압이 상승한다.
② 최대출력이 저하한다.
③ 방사조도가 감소한다.
④ 바이패스전압이 감소한다.

풀이 결정계 태양전지 모듈의 온도가 상승하면 개방전압과 최대출력은 저하하고, 단락전류는 미미한 상승을 한다.

13 태양광발전시스템의 인버터는 태양전지 출력 향상이나 고장 시를 위한 보호기능 등을 갖추고 있다. 다음 중 인버터에 적용하고 있는 기능이 아닌 것은?

① 자동운전 정지기능
② 최대전력 추종제어기능
③ 단독운전 방지기능
④ 자동전류 조정기능

풀이 인버터의 기능
- 직류를 교류로 변화하는 기능
- 자동전압 조정기능
- 자동운전 정지기능
- 계통연계 보호기능
- 최대전력 추종제어기능
- 단독운전 방지기능
- 직류검출기능

14 절연변압기 부착형 인버터 입력회로의 경우 절연저항 측정순서로 맞는 것은?

① 태양전지 회로를 접속함에서 분리 → 분전반 내의 분기차단기를 개방 → 직류 측의 모든 입력단자 및 교류 측의 전체 출력단자를 각각 단락 → 직류단자와 대지 간의 절연저항을 측정
② 직류 측의 모든 입력단자 및 교류 측의 전체 출력단자를 각각 단락 → 태양전지 회로를 접속함에서 분리 → 분전반 내의 분기차단기를 개방 → 직류단자와 대지 간의 절연저항을 측정
③ 태양전지 회로를 접속함에서 분리 → 직류 측의 모든 입력단자 및 교류 측의 전체 출력단자를 각각 단락 → 분전반 내의 분기차단기를 개방 → 직류단자와 대지 간의 절연저항을 측정
④ 분전반 내의 분기차단기를 개방 → 태양전지 회로를 접속함에서 분리 → 직류 측의 모든 입력단자 및 교류 측의 전체 출력단자를 각각 단락 → 직류단자와 대지 간의 절연저항을 측정

풀이 절연변압기 부착형 인버터 입력회로 절연저항 측정 순서
- 태양전지 회로를 접속함에서 분리한다.
- 분전반 내의 분기차단기를 개방한다.
- 직류 측의 모든 입력단자 및 교류 측의 전체 출력단자를 각각 단락한다.
- 직류단자와 대지 간의 절연저항을 측정한다.
- 측정결과를 전기설비기술기준에 따라 판정한다.

15 태양광발전시스템 모니터링 프로그램의 기본기능이 아닌 것은?

① 데이터 수집기능
② 데이터 저장기능
③ 데이터 분석기능
④ 데이터 정정기능

풀이 태양광발전시스템 모니터링 프로그램의 기본기능은 데이터의 수집/저장/분석/통계 기능이다.

16 저압 및 고압용 검전기 사용 시 주의사항에 대한 설명 중 틀린 것은?

① 검전기의 정격전압을 초과하여 사용하는 것은 금지
② 검전기의 대용으로 활선접근경보기를 사용할 것
③ 검전기의 사용이 부적당한 경우에는 조작봉으로 대용
④ 습기가 있는 장소로서 위험이 예상되는 경우에는 고압 고무장갑을 착용

정답 12 ② 13 ④ 14 ① 15 ④ 16 ②

풀이 활선접근경보기는 전기 작업자의 착각·오인·오판 등으로 충전된 기기나 전선로에 근접하는 경우에 경고음을 발생하여 접근 위험경고 및 감전재해를 방지하기 위해 사용되는 것으로 검전기로 사용할 수 없다.

17 무전압 상태인 주회로를 보수 점검할 때 점검 전 유의사항으로 틀린 것은?

① 잔류전압을 방전시킨다.
② 접지선을 제거한다.
③ 차단기를 단로상태로 한다.
④ 단로기 조작은 쇄정시킨다.

풀이 무전압 상태인 주회로를 보수 점검할 때 점검 전 유의사항은 다음과 같다.
- 무전압 상태의 유지 : 차단기는 개방(단로) 상태로 한다. 단로기 조작은 쇄정한다.
- 잔류전하의 방전 : 케이블, 커패시터(콘덴서)의 잔류전하를 방전시킨다.
- 단락접지 : 단락접지 기구로 확실하게 접지할 것

18 다음 중 표준화의 효과로 틀린 것은?

① 작업능률 향상
② 생산원가 증가
③ 부품의 호환성 증가
④ 품질의 향상과 균일성의 유지

풀이 KS표준과 같은 표준화의 효과는 생산원가의 감소, 작업능률 향상, 부품의 호환성 증가, 품질의 향상과 균일성 유지 등이다.

19 태양광발전설비의 모니터링 항목으로 옳은 것은?

① 전력소비량 ② 에너지소비량
③ 일일열생산량 ④ 일일발전량

풀이 태양광발전설비의 모니터링 항목은 일일발전량, 누적발전량, 이산화탄소 절감량, 파워컨디셔너의 상태(직류 전압/전류/전력, 교류 전압/전류/전력/주파수) 등이다.

20 태양광발전시스템의 운전에 대한 설명으로 틀린 것은?

① 태양광발전시스템은 야간에는 발전하지 않는다.
② 태양광발전시스템은 흐린 날에는 발전되지 않는다.
③ 태양광발전시스템은 정지 시 주개폐기를 OFF해야 한다.
④ 태양광발전시스템은 맑은 날씨에는 더 많은 전력이 발전된다.

풀이 태양광발전시스템은 흐린 날에도 발전이 된다.

21 태양광발전시스템의 계측기구 중 검출된 데이터를 컴퓨터 및 먼 거리에 전송하는 데 사용하는 것은?

① 검출기 ② 연산장치
③ 신호변환기 ④ 기억장치

풀이 신호변환기(T/D : 트랜스듀서)는 검출기로 검출된 데이터를 컴퓨터 및 먼 거리에 설치된 표시장치에 전송하는 경우에 사용된다.

22 태양광발전시스템 트러블 중 계측 트러블인 것은?

① 인버터의 정지 ② RCD 트립
③ 계통 지락 ④ 컴퓨터의 조작오류

풀이 태양광발전시스템 트러블 중 계측 트러블은 컴퓨터의 조작오류이다.

23 태양광발전시스템의 인버터 설비 정기점검 시 측정 및 시험에 해당하지 않는 것은?

① 절연저항
② 표시부 동작 확인
③ 외부배선의 손상
④ 투입 저지 시한 타이머

풀이 육안점검 항목 : 외부배선의 손상

정답 17 ② 18 ② 19 ④ 20 ② 21 ③ 22 ④ 23 ③

24 어레이의 고장발생 범위 최소화와 태양전지 모듈의 보수점검을 용이하게 하기 위하여 설치하는 것은?

① 축전지 ② 접속함
③ 보호계전기 ④ 서지보호장치

25 태양전지 모듈과 인버터 간의 배선공사 내용 중 틀린 것은?

① 접속함에서 인버터까지의 배선은 전압강하율을 1~2[%]로 할 것을 권장한다.
② 전선관의 두께는 전선 피복절연물을 포함하는 단면적의 총합이 관의 54[%] 이하로 한다.
③ 케이블을 매설할 시 중량물의 압력을 받을 염려가 없는 경우에는 60[cm] 이상으로 한다.
④ 케이블을 매설할 때에는 케이블 보호처리를 하고 그 총 길이가 30[m]을 넘는 경우에는 지중함을 설치하는 것이 바람직하다.

풀이 전선관의 두께는 전선 피복절연물을 포함하는 단면적의 총합이 관의 48[%] 이하로 한다.

26 태양광발전시스템의 시공절차의 순서를 옳게 나타낸 것은?

㉠ 어레이 기초공사
㉡ 배선공사
㉢ 어레이 가대공사
㉣ 인버터 기초 · 설치공사
㉤ 점검 및 검사

① ㉢ → ㉠ → ㉡ → ㉣ → ㉤
② ㉢ → ㉣ → ㉠ → ㉡ → ㉤
③ ㉠ → ㉣ → ㉡ → ㉢ → ㉤
④ ㉠ → ㉢ → ㉣ → ㉡ → ㉤

풀이 태양광발전시스템의 시공절차는 일반적으로 어레이 기초공사 → 어레이 가대설치공사 → 인버터 기초 · 설치공사 → 배선공사 → 점검 및 검사로 이루어진다.

27 인버터에 표시되는 사항과 현상이 잘못 연결된 것은?

① Utility Line Fault : 인버터 전류가 규정 이상일 때
② Line R Phase Sequence Fault : R상 결상 시 발생
③ Solar Cell OV Fault : 태양전지 전압이 규정 이상일 때
④ Line Over Frequency Fault : 계통 주파수가 규정 이상일 때

풀이 Utility Line Fault : 한전계통 정전 시 발생

28 태양광발전설비 유지보수의 구분에 해당하지 않는 것은?

① 일상점검 ② 사용 전 검사
③ 임시점검 ④ 정기점검

풀이 태양광발전설비 유지보수를 위한 점검의 분류에는 일상점검, 정기점검, 임시점검이 있고 한국전기안전공사를 통한 법적 점검으로는 사용 전 검사와 정기검사가 있다.

29 태양광발전시스템의 태양전지 모듈 설치 시 고려사항이 아닌 것은?

① 모듈의 직렬매수는 인버터의 입력전압 범위에서 선정한다.
② 모듈의 접지는 전기적 연속성이 유지되지 않아야 하므로 생략한다.
③ 모듈의 설치는 가대의 하단에서 상단으로 순차적으로 조립한다.
④ 모듈과 가대의 접합 시 전식방지를 위해 개스킷을 사용하여 조립한다.

풀이 모듈의 접지는 모듈이나 패널을 하나 제거하더라도 태양광 전원회로에 접속된 접지도체의 전기적 연속성은 유지되어야 한다.

정답 24 ② 25 ② 26 ④ 27 ① 28 ② 29 ②

30 태양광발전시스템 구조물의 상정하중 계산 시 고려사항이 아닌 것은?

① 전단하중　　② 지진하중
③ 고정하중　　④ 적설하중

풀이 태양광발전시스템 구조물의 상정하중은 풍(바람)하중, 적설하중, 고정하중, 지진하중이 있다.

31 태양전지 어레이 측정 점검요령의 설명으로 옳은 것은?

① 접지저항 및 접지
② 나사의 풀림 여부
③ 가대의 부식 및 녹 발생 유무
④ 유리 등 표면의 오염 및 파손

풀이 어레이 측정 점검요령에 해당하는 것은 접지저항 및 접지이다.
※ 육안점검 항목 : 가대의 부식 및 녹 발생 유무, 유리표면의 오염 및 파손, 나사의 풀림 여부 등

32 태양광발전설비 안전관리업무 위탁이 가능한 설비용량으로 옳은 것은?

① 1,000[kW] 미만
② 1,500[kW] 미만
③ 2,000[kW] 미만
④ 3,000[kW] 미만

풀이
- 안전공사 및 대행사업자가 안전관리의 업무 대행 태양광발전설비 용량 : 1,000[kW] 미만
- 개인대행자가 안전관리의 업무 대행 태양광발전설비 용량 : 250[kW] 미만

33 뇌서지 방지를 위한 SPD 설치 시 접속도체의 전체 길이는 몇 [m] 이하로 하여야 하는가?

① 0.1　　② 0.2
③ 0.3　　④ 0.5

풀이 SPD 설치 시 접속도체의 전체 길이는 다음 그림에서 $a+b=0.5$[m] 이내가 되도록 설치하여야 한다.

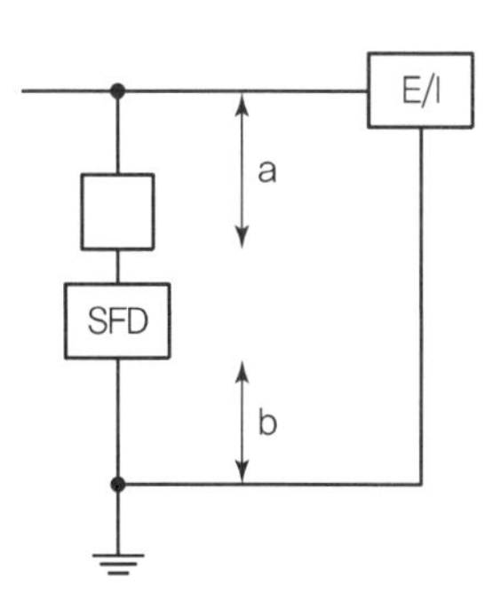

34 그림은 태양광발전설비 단위를 나타낸 것이다. 올바른 것은?

㉠	㉡	㉢

① ㉠ 셀　㉡ 어레이　㉢ 모듈
② ㉠ 모듈　㉡ 어레이　㉢ 셀
③ ㉠ 모듈　㉡ 셀　㉢ 어레이
④ ㉠ 셀　㉡ 모듈　㉢ 어레이

35 태양광발전시스템의 케이블 단말처리 후 케이블 종단에 반드시 표시해야 하는 것은?

① 전압표시　　② 극성표시
③ 전류표시　　④ 전력표시

풀이 태양전지 어레이에서 생산되는 전력은 직류이므로 케이블 단말처리 후 케이블 종단에 반드시 극성표시를 하여야 한다.

36 태양전지 모듈의 공칭최대출력는 표준시험조건을 고려하여 측정한다. 다음 중 KSC에 규정된 표준시험조건을 올바르게 나타낸 것은?

일사강도	에어매스(AM)	태양전지 온도
㉠	㉡	㉢

정답 30 ① 31 ① 32 ① 33 ④ 34 ④ 35 ② 36 ③

① ㉠ 500[W/m^2], ㉡ 1.0, ㉢ 25[℃]
② ㉠ 500[W/m^2], ㉡ 1.5, ㉢ 20[℃]
③ ㉠ 1,000[W/m^2], ㉡ 1.5, ㉢ 25[℃]
④ ㉠ 1,000[W/m^2], ㉡ 1.0, ㉢ 20[℃]

풀이 표준시험 조건(STC ; Standard Test Condition)
- 소자 접합온도 25[℃]
- 대기질량지수 AM 1.5
- 조사강도 1,000[W/m^2]

37 신재생에너지 설비 중 수소와 산소의 전기화학 반응을 통하여 전기 또는 열을 생산하는 설비는 무엇인가?

① 연료전지 설비
② 산소에너지 설비
③ 전기에너지 설비
④ 수소에너지 설비

38 산업통상자원부장관은 공급의무자가 의무공급량에 부족하게 신재생에너지를 이용하여 공급한 경우 얼마의 범위에서 과징금을 부과할 수 있는가?

① 해당연도 평균거래가격$\times\frac{50}{100}$
② 해당연도 평균거래가격$\times\frac{70}{100}$
③ 해당연도 평균거래가격$\times\frac{120}{100}$
④ 해당연도 평균거래가격$\times\frac{150}{100}$

풀이 산업통상자원부장관은 공급의무자가 의무공급량에 부족하게 신재생에너지를 이용하여 공급한 경우 부과할 수 있는 과징금은 해당 연도 평균거래가격의 150[%](1.5배) 이내이다.

39 전기설비기술기준의 안전원칙에 대한 설명으로 틀린 것은?

① 전기설비는 사용목적에 적절하고 안전하게 작동하여야 한다.
② 다른 물건의 기능에 전기적 또는 자기적인 장해가 없도록 시설하여야 한다.
③ 전기설비는 불가피한 손상으로 인하여 전기공급에 지장을 줄 수도 있다.
④ 전기설비는 감전, 화재 그 밖에 사람에게 위해를 주거나 물건에 손상을 줄 우려가 없도록 시설하여야 한다.

풀이 전기설비기술기준 제2조(안전원칙)
전기설비는 사용목적에 적절하고 안전하게 작동하여야 하며, 그 손상으로 인하여 전기 공급에 지장을 주지 않도록 시설하여야 한다.

40 가공전선로의 지지물에 하중이 가하여지는 경우에 그 하중을 받는 지지물의 기초의 안전율은 얼마 인상인가?

① 1.5　　② 2
③ 2.5　　④ 3

41 두 개 이상의 전선을 병렬로 사용하는 경우 전선의 접속법에 맞지 않는 것은?

① 같은 극의 각 전선은 동일한 터미널러그에 완전히 접속할 것
② 교류회로에서 병렬로 사용하는 전선은 금속관 안에 전자적 불평형이 생기지 않도록 시설할 것
③ 병렬로 사용하는 각 전선의 굵기는 동선 50[mm^2] 이상 또는 알루미늄 70[mm^2] 이상으로 하고, 전선은 같은 도체, 같은 재료, 같은 길이 및 같은 굵기의 것을 사용할 것
④ 병렬로 사용하는 전선에는 각각에 퓨즈를 설치할 것

풀이 전선을 병렬로 다용하는 경우 전선의 접속방법
- 같은 극인 각 전선의 터미널 러그는 동일한 도체에 2개 이상의 리벳 또는 2개 이상의 나사로 접속할 것
- 병렬로 사용하는 전선에는 각각에 퓨즈를 설치하지 말 것

정답 37 ① 38 ④ 39 ③ 40 ② 41 ④

42 신재생에너지의 교육, 홍보 및 전문인력 양성에 관한 설명으로 틀린 것은?

① 교육 · 홍보 등을 통하여 신재생에너지의 기술개발 및 이용 · 보급에 관한 국민의 이해와 협력을 구하도록 노력
② 신재생에너지 분야 전문인력의 양성을 위하여 신재생에너지 분야 특성화 대학을 지정하여 육성 · 지원
③ 신재생에너지 분야 전문인력의 양성을 위하여 신재생에너지 분야 핵심기술연구센터를 지정하여 육성 · 지원
④ 신재생에너지 분야 전문인력의 양성을 위하여 시 · 도지사의 협력이 필요

풀이 신재생에너지 분야 전문인력의 양성을 위해서는 산업통상자원부로부터 신재생에너지 분야 특성화 대학과 핵심기술연구센터로 지정받아야 한다.

43 보수점검 작업 후 최종점검 유의사항으로 틀린 것은?

① 작업자가 반 내에 있는지 확인한다.
② 공구 및 장비가 버려져 있는지 확인한다.
③ 회로도에 의한 검토를 했는지 확인한다.
④ 볼트 조임작업을 완벽하게 하였는지 확인한다.

풀이 회로도에 의한 검토의 확인은 보수점검 전 유의사항이며, 작업 후 최종점검 유의사항은 다음과 같다.

- 작업자가 태양광발전시스템 및 송 · 배전반 내에서 작업 중인지 확인한다.
- 점검을 위해 임시로 설치한 설치물의 철거가 지연되고 있지 않았는지 확인한다.
- 볼트 조임작업을 모두 재점검한다.
- 공구 등이 시설물 내부에 방치되어 있지 않은지 확인한다.
- 쥐, 곤충 등이 침입하지 않았는지 확인한다.

44 산업통상자원부장관이 수립하는 신재생에너지의 기술개발 및 이용 · 보급을 촉진하기 위한 기본계획의 계획기간은 몇 년 이상인가?

① 5년　　② 10년
③ 15년　　④ 20년

45 접속반에 입력되는 태양전지 모듈의 공칭스트링 전압이 512[V]이고 모듈의 공칭전압은 32[V]이다. 이때 하나의 스트링에는 몇 개의 모듈이 직렬로 연결되어야 하는가?

① 12개　　② 16개
③ 18개　　④ 20개

풀이 모듈 직렬 수

$$\frac{\text{스트링 공칭전압}}{\text{모듈 공칭전압}} = \frac{512}{32} = 16\text{개}$$

46 태양전지 모듈의 절연내력시험을 교류로 실시할 경우 최대 사용전압이 380[V]이면 몇 [V]로 해야 하는가?

① 380　　② 500
③ 1,000　　④ 1,500

풀이 태양전지 모듈의 절연내력시험은 태양전지 어레이의 개방전압을 최대 사용전압으로 간주하여 최대사용전압의 1.5배의 직류전압이나 1배의 교류전압을 10분간 인가하여 절연파괴 등의 이상이 발생하지 않아야 한다.(단, 교류전압이 500[V] 미만일 때에는 500[V]로 한다.)

47 태양전지 모듈 간 연결전선은 몇 [mm^2] 이상의 전선을 사용하여야 하는가?

① 1.5[mm^2]
② 2.5[mm^2]
③ 4.0[mm^2]
④ 6.0[mm^2]

풀이 태양전지 모듈 간 연결전선은 공칭단면적 2.5[mm^2] 이상의 연동선 또는 이와 동등 이상의 세기 및 굵기의 것이어야 한다.

정답 42 ④ 43 ③ 44 ② 45 ② 46 ② 47 ②

48 납축전지의 공칭용량을 바르게 표시한 것은?

① 충전전류×충전전압
② 충전전류×충전시간
③ 방전전류×방전전압
④ 방전전류×방전시간

풀이 축전지의 공칭용량[Ah]=방전전류[A]×방전시간[h]

49 아래 그림과 같이 지붕 위에 설치한 태양전지 어레이에서 접속함으로써 복수의 케이블을 배선하는 경우 케이블은 반드시 물빼기를 하여야 한다. 그림에서 P점의 케이블은 외경의 몇 배 이상으로 구부려 설치하여야 하는가?

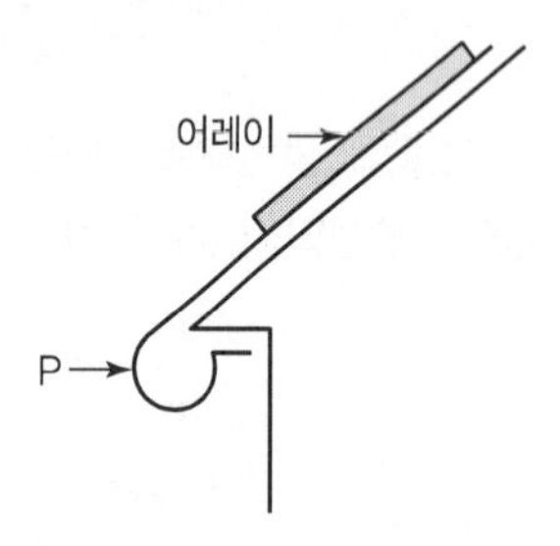

① 2배　　② 4배
③ 6배　　④ 8배

풀이 케이블의 물빼기 배선 시에는 원칙적으로 케이블 지름의 6배 이상인 반경으로 구부려야 한다.

50 가교폴리에틸렌 절연 비닐시스 케이블 단말처리를 위해 사용하는 절연테이프로 적합한 것은?

① 비닐 절연테이프　　② 자기융착 절연테이프
③ 종이 절연테이프　　④ 고무 절연테이프

풀이 케이블이 단말처리 방법은 자기융착 절연테이프를 겹쳐서 감고 그 위에 다시 보호테이프로 감는다.

51 태양전지 어레이 검사 내용을 설명한 것이다. 틀린 것은?

① 역류방지용 다이오드의 극성이 다르면 무전압이 된다.
② 태양전지 어레이 시공 후 전압 및 극성을 확인해야 한다.
③ 태양전지 모듈의 사양서에 기재되어 있는 단락전류가 흐르는지 직류전류계로 측정한다.
④ 인버터에 트랜스리스방식을 사용하는 경우에는 일반적으로 교류 측 회로를 비접지로 한다.

풀이 인버터의 절연방식이 트랜스리스방식을 사용하는 경우에는 교류 측으로 직류 유출을 방지하기 위해서 일반적으로 직류 측 회로를 비접지로 한다.

52 태양전지 모듈에 다른 태양전지 회로와 축전지의 전류가 유입되는 것을 방지하기 위해 설치하는 보호장치로 옳은 것은?

① 인버터
② 바이패스 다이오드
③ 역류방지 다이오드
④ 최대출력 추종제어장치

풀이 역류방지 다이오드
태양전지 어레이의 스트링별로 설치되며, 태양전지 모듈에 음영이 생긴 경우, 그 스트링 전압이 낮아져 부하가 되는 것과 독립형 태양광발전시스템에서 축전지가 설치된 경우 야간에 태양광발전이 정지된 경우 축전지 전력이 태양전지 쪽으로 흘러들어 소모되는 것을 방지하기 위한 목적으로 접속함에 설치된다.

53 피뢰시스템의 구성 중 내부 피뢰시스템으로 옳은 것은?

① 수뢰부시스템　　② 접지극시스템
③ 인하도선시스템　　④ 피뢰 등전위본딩

풀이
- 내부 피뢰시스템 : 접지와 본딩, 자기차폐와 선로경로, 협조된 SPD
- 외부 피뢰시스템 : 수뢰부, 인하도선, 접지극

54 다결정 실리콘 태양전지에 관한 설명으로 옳은 것은?

① 외관이 균등하다.

정답 48 ④ 49 ③ 50 ② 51 ④ 52 ③ 53 ④ 54 ③

② 단결정 대비 효율이 높다.
③ 단결정 대비 가격이 싸다.
④ 형태는 대부분이 원형으로 제조된다.

풀이 단결정 모듈과 모듈의 특징

구분	단결정 실리콘 셀	다결정 실리콘 셀
외관	원형이며, 균등하다.	사각이며, 균등하지 못하다.
형상 변화	어렵다.	단결정에 비해 쉽다.
효율	높다.	단결정에 비해 낮다.
원가	고가	단결정에 비해 저가

55 역조류를 허용하지 않는 연계에서 설치하여야 하는 계전기로 옳은 것은?

① 과전류 계전기 ② 과전압 계전기
③ 부족전압 계전기 ④ 역전력 계전기

풀이 조류를 허용하지 않는 계통연계형(단순병렬) 태양광 발전소로 발전설비용량이 50[kW]를 초과하는 경우 역전력 계전기를 설치하여야 한다.

56 태양광발전에 관한 설명으로 틀린 것은?

① 출력이 날씨에 제한을 받는다.
② 출력이 수요변동에 대응할 수 없다.
③ 태양의 열에너지를 이용하여 발전한다.
④ 발전 시 소음을 내지 않는다.

풀이 태양광발전은 태양의 광에너지를 이용하고, 태양열 발전은 태양의 열에너지를 이용한다.

57 OP앰프를 이용한 인버터 제어부에서 (ㄱ)에 나타나는 신호로 옳은 것은?

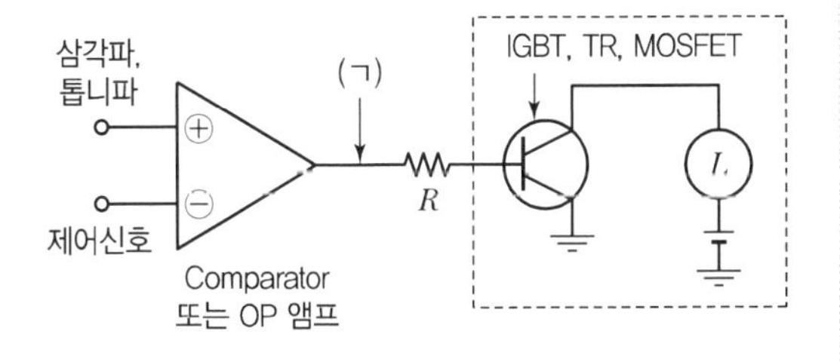

① PAM ② PWM
③ PCM ④ PNM

58 설치공사 단계 중 어레이 방수공사는 어느 설치공사에 포함되는가?

① 어레이 설치공사
② 어레이 가대공사
③ 어레이 기초공사
④ 어레이 접지공사

풀이 건축물 옥상에 태양전지 어레이를 설치하는 경우 어레이 기초공사 시에 방수공사를 실시한다.

59 태양광 인버터의 직류 및 교류회로에 갖추어야 할 보호기능이 아닌 것은?

① 전기적 데이터의 보호
② 과전류 보호
③ 극성 오류 보호
④ 과전압 보호

풀이 인버터의 직류 및 교류회로에 갖추어야 할 보호 기능
- 과전압
- 과전류
- 극성
- 단락, 지락 보호

60 저압 연접 인입선은 폭 몇 [m]를 초과하는 도로를 횡단하지 않아야 하는가?

① 3 ② 5
③ 7 ④ 10

풀이 저압 연접 인입선 시설규정
- 인입선에서 분기하는 점으로부터 100[m]를 넘는 지역에 미치지 아니할 것
- 폭 5[m]를 넘는 도로를 횡단하지 아니할 것
- 옥내를 통과하지 아니할 것
- 전선은 지름 2.6[mm] 경동선 사용

정답 55 ④ 56 ③ 57 ② 58 ③ 59 ① 60 ②

모의고사 3회

01 대통령령으로 정하는 바에 따른 신 · 재생에너지의 이용 · 보급을 촉진하는 보급 사업에 해당되지 않는 것은?

① 신기술의 적용사업 및 시범사업
② 지방자치단체와 연계하지 아니한 보급사업
③ 환경친화적 신 · 재생에너지 집적화단지 및 시범단지 조성사업
④ 실용화된 신 · 재생에너지 설비의 보급을 지원하는 사업

풀이 지방자치단체와 연계한 보급사업도 포함된다.

02 태양광 설비에 대한 설명으로 가장 옳은 것은?

① 태양의 열에너지를 변화시켜 전기를 생산하거나 에너지원으로 이용하는 설비
② 바람의 에너지를 변환시켜 전기를 생산하는 설비
③ 수소와 산소의 전기화학반응으로 전기 또는 열을 생산하는 설비
④ 태양의 빛에너지를 변화시켜 전기를 생산하거나 채광에 이용하는 설비

풀이 ① 태양열설비
② 풍력설비
③ 연료전지

03 일반적으로 과부하 보호장치로 시설해야 하는 것은?

① 분기회로용
② 제어회로용
③ 통신회로용
④ 신호회로용

풀이 과부하 보호장치를 생략할 수 있는 것
통신회로용, 제어회로용, 신호회로용

04 신 · 재생에너지의 기술개발 및 이용 · 보급을 촉진하기 위한 기본계획에 포함되어야 할 사항이 아닌 것은?

① 총전력생산량 중 신 · 재생에너지 발전량이 차지하는 비율의 목표
② 신 · 재생에너지원별 기술개발 및 이용 · 보급의 목표
③ 시장기능 활성화를 위해 정부 주도의 저탄소녹색성장 추진
④ 신 · 재생에너지 분야 전문인력 양성계획

풀이 정부는 시장기능 활성화를 위해 시장 주도의 저탄소 녹색성장 추진하고 있다. 산업통상자원부장관은 관계 중앙행정기관의 장과 협의를 한 후 신 · 재생에너지정책심의회의 심의를 거쳐 신 · 재생에너지의 기술개발 및 이용 · 보급을 하기 위한 기본계획을 수립해야 하며, 기본계획 계획기간은 10년이다.

05 태양광 모니터링 시스템의 목적으로 옳은 내용을 모두 선택한 것은?

㉠ 운전상태 감시
㉡ 발전량 확인
㉢ 데이터 수집

① ㉠, ㉡　　② ㉠, ㉢
③ ㉡, ㉢　　④ ㉠, ㉡, ㉢

풀이 태양광발전 모니터링 시스템
- 발전소의 현재 발전량 및 누적량, 각 장비별 경보현황 등을 실시간 모니터링하여 체계적이고 효율적으로 관리하기 위한 시스템이다.
- 전기품질을 감시하여 주요 핵심계통에 비정상 상황 발생 시 정확한 정보제공으로 원인을 신속하게 파악하고 적절한 대책으로 신속한 복구와 유사 사고 재발을 예방할 수 있다.
- 발전소의 현재 상태를 한눈에 볼 수 있도록 구성하여 쉽게 현재 상태를 체크할 수 있다.

정답 01 ② 02 ④ 03 ① 04 ③ 05 ④

- 24시간 모니터링으로 각 장비의 경보상황 발생 시 담당 관리자에게 전화나 문자 등으로 발송하여 신속하게 대처할 수 있도록 한다.
- 일별, 월별 통계를 통하여 시스템 효율을 측정하여 쉽게 발전현황을 확인할 수 있다.

06 태양광발전설비로서 용량이 1,000[kW] 미만인 경우 안전관리업무를 외부에 대행시킬 수 있는 점검은?

① 일상점검　② 정기점검
③ 임시점검　④ 사용 전 검사

07 발전소에서 생산된 전기를 배전사업자에게 송전하는 데 필요한 전기설비를 설치 · 관리하는 것을 주된 사업으로 하는 것은?

① 배전사업　② 발전사업
③ 송전사업　④ 전기사업

08 한국전기설비기준(KEC)에서 전압을 구분하는 경우 고압에서 직류의 범위로 옳은 것은?

① 1,000[V] 이상 7,000[V] 이하
② 1,000[V] 초과 7,000[V] 이하
③ 1,500[V] 초과 7,000[V] 이하
④ 1,500[V] 이상 7,000[V] 이하

풀이

분류	전압의 범위
저압	• 직류 : 1.5[kV] 이하 • 교류 : 1[kV] 이하
고압	• 직류 : 1.5[kV] 초과, 7[kV] 이하 • 교류 : 1[kV] 초과, 7[kV] 이하
특고압	7[kV]를 초과

09 인버터 이상신호 조치방법 중 한전의 전압이나 주파수 이상으로 계통 점검 후 정상이 되면 몇 분 후에 재기동되어야 하는가?

① 5분　② 7분
③ 9분　④ 10분

풀이 투입저지 시한 타이머에 의해 태양전지 전압, 주파수 점검 후 정상 시 5분 후 자동 기동한다.

10 다음 중 태양광발전시스템 관련 전기관계 법규가 아닌 것은?

① 전기설비기술기준
② 전기사업법
③ 전기공사업법
④ 전기안전관리법

풀이 태양광발전시스템 관련 전기관계 법규는 전기사업법, 전기공사업법, 전기설비기술기준 3가지이다.

11 인버터의 정상특성시험에 해당되지 않는 것은?

① 교류전압, 주파수추종시험
② 인버터 전력급변시험
③ 누설전류시험
④ 자동기동 · 정지시험

풀이
- 인버터의 정상특성시험 : 교류전압, 주파수추종 범위 시험, 교류출력전류 변형률시험, 누설전류시험, 온도상승시험, 효율시험, 대기손실시험, 자동기동 · 정지시험, 최대전력 추종시험, 출력전류 직류분 검출시험이 있다.
- 인버터의 전력급변시험은 과도응답시험 항목

12 다음 중 추락방지를 위해 사용하여야 할 안전복장은?

① 안전모 착용　② 안전대 착용
③ 안전화 착용　④ 안전허리띠 착용

풀이 안전장구 착용
- 안전모
- 안전대 착용 : 추락방지
- 안전화 : 중량물에 의한 발 보호 및 미끄럼 방지용
- 안전허리띠 착용 : 공구, 공사 부재 낙하 방지

정답 06 ② 07 ③ 08 ③ 09 ① 10 ④ 11 ② 12 ②

13 태양광 인버터에 대한 설명으로 옳지 않은 것은?

① 태양광 인버터는 계통연계형과 독립형으로 분류할 수 있다.
② 태양광 인버터는 최대전력점 추종기능을 가지지 않는다.
③ 태양광 인버터는 전력용 반도체 스위치 소자를 이용하여 동작한다.
④ 태양광 인버터는 직류를 교류로 바꾸는 기능을 가지고 있다.

풀이 인버터
직류를 교류로 변환, 사고 발생 시 계통을 보호하는 계통연계 보호장치, 최대전력추종(MPPT) 및 자동운전을 위한 제어회로, 단독운전 검출기능, 전압전류 제어기능이 있다. 인버터의 전력변환부는 소용량에서는 MOSFET 소자를 사용하고, 중 · 대용량은 IGBT 소자를 이용하여 PWM 제어방식의 스위칭을 통해 직류를 교류로 변환한다.

14 태양전지 어레이를 지상에 설치하여 배선 케이블을 매설할 때는 케이블을 보호처리하고, 그 길이가 몇 [m]를 넘는 경우에 지중함을 설치하는가?

① 10[m] ② 15[m]
③ 30[m] ④ 50[m]

풀이 태양전지 어레이를 지상에 설치하는 경우
지중배선 또는 지중배관인 경우, 중량물의 압력을 받을 우려가 없도록 하고 그 길이가 3[m]를 초과하는 경우는 중간개소에 지중함을 설치할 수 있다.

15 태양광발전시스템의 성능평가를 위한 측정요소가 아닌 것은?

① 구성요인의 성능 ② 응용성
③ 발전성능 ④ 신뢰성

풀이
- 구성요소의 성능신뢰성
- 사이트 : 대상기관, 시설분류, 설치형태
- 발전성능
- 신뢰성 : 트러블, 운전데이터의 결측사항
- 설치가격

16 변압기의 중성점 접지저항 값에 대한 설명 중 틀린 것은?

① 일반적으로 변압기의 고압 · 특고압측 전로 1선 지락전류로 100을 나눈 값과 같은 저항 값 이하
② 1초 초과 2초 이내에 고압 · 특고압 전로를 자동으로 차단하는 장치를 설치할 때는 300을 나눈 값 이하
③ 1초 이내에 고압 · 특고압 전로를 자동으로 차단하는 장치를 설치할 때는 600을 나눈 값 이하
④ 전로의 1선 지락전류는 실측 값에 의한다. 다만, 실측이 곤란한 경우에는 선로정수 등으로 계산한 값에 의한다.

풀이 1) 변압기의 중성점 접지 저항값은 다음에 의한다.
① 일반적으로 변압기의 고압 · 특고압측 전로 1선 지락전류로 150을 나눈 값과 같은 저항 값 이하
② 변압기의 고압 · 특고압측 전로 또는 사용전압이 35[kV] 이하의 특고압전로가 저압측 전로와 혼촉하고 저압전로의 대지전압이 150[V]를 초과하는 경우는 저항 값은 다음에 의한다.
㉠ 1초 초과 2초 이내에 고압 · 특고압 전로를 자동으로 차단하는 장치를 설치할 때는 300을 나눈 값 이하
㉡ 1초 이내에 고압 · 특고압 전로를 자동으로 차단하는 장치를 설치할 때는 600을 나눈 값 이하
2) 전로의 1선 지락전류는 실측 값에 의한다. 다만, 실측이 곤란한 경우에는 선로정수 등으로 계산한 값에 의한다.

17 정기점검 시 인버터의 절연저항 측정은 인버터의 입출력단자와 접지 간의 절연저항은?(단, 측정전압은 직류 500[V]이다.)

① 10[Ω] 이상 ② 100[Ω] 이상
③ 0.2[MΩ] 이상 ④ 1[MΩ] 이상

풀이 인버터 입출력 단자와 접지 간의 절연저항은 1[MΩ] 이상으로 측정전압 DC 500[V]의 절연저항계(메거)를 사용한다.

정답 13 ② 14 ③ 15 ② 16 ① 17 ④

18 인버터 모니터링 시 태양전지의 전압이 "Solar Cell OV Fault"라고 표시되는 경우의 조치 사항으로 맞는 것은?

① 태양전지 전압 점검 후 정상시 3분 후 재기동
② 태양전지 전압 점검 후 정상시 5분 후 재기동
③ 태양전지 전압 점검 후 정상시 7분 후 재기동
④ 태양전지 전압 점검 후 정상시 10분 후 재기동

풀이 투입저지 시한 타이머에 의해 태양전지 전압 점검 후 정상시 5분 후 자동 기동한다.

19 태양전지 어레이 회로의 절연내압 측정에 대한 설명으로 옳은 것은?

① 최대 사용전압의 1.5배 직류전압을 10분간 인가하여 절연파괴 등 이상 확인
② 최대 사용전압의 2.5배 직류전압을 10분간 인가하여 절연파괴 등 이상 확인
③ 최대 사용전압의 3.5배 직류전압을 10분간 인가하여 절연파괴 등 이상 확인
④ 최대 사용전압의 4.5배 직류전압을 10분간 인가하여 절연파괴 등 이상 확인

풀이

시험전압	최대 사용전압의 1.5배의 전압
전로의 종류	최대 사용전압 7kV 이하인 전로

20 태양광발전시스템의 설치를 완료하였지만, 현장에서 직류아크가 발생하는 경우가 있는데 아크발생의 원인이 아닌 것은?

① 태양전지 모듈이 용량 이상으로 발전하기 때문에 아크가 발생한다.
② 전선 상호 간의 절연불량으로 아크가 발생할 수가 있다.
③ 케이블 접속단자의 접속불량으로 인하여 아크가 발생할 수가 있다.
④ 절연불량으로 단락되어 아크가 발생할 수가 있다.

풀이 태양전지의 설치용량은 사업계획서상에 제시된 설계용량 이상이어야 하며, 설계용량의 103%를 초과하지 않아야 한다. 보통 순간 최대발전을 할 때도 설치용량의 전력을 초과하는 경우는 없다.

21 태양광발전시스템의 인버터에서 태양전지 동작점을 항상 최대가 되도록 하는 기능은 무엇인가?

① 단독운전 방지기능
② 자동운전 정지기능
③ 최대전력 추종기능
④ 자동전압 조정기능

풀이 ③ 최대전력 추종기능(MPPT ; Maximum Power Point Tracking) : 외부의 환경변화(일사강도, 온도)에 따라 태양전지의 동작점이 항상 최대출력점을 추종하도록 변화시켜 태양전지에서 최대출력을 얻을 수 있는 제어이다.

① 단독운전 방지기능 : 태양광발전시스템이 계통과 연계되어 있는 상태에서 계통 측에 정전이 발생할 경우 보수점검자 및 계통의 보호를 위해 정지한다.
② 자동운전 정지기능 : 일출과 더불어 일사강도가 증대하여 출력을 얻을 수 있는 조건이 되면 자동적으로 운전을 시작하는 기능으로 흐린 날이나 비 오는 날에도 운전을 계속할 수 있지만, 태양전지의 출력이 적어 인버터의 출력이 거의 0이 되면, 대기상태가 된다.
④ 자동전압 조정기능 : 계통에 접속하여 역송전 운전을 하는 경우 수전점의 전압이 상승하여 전력회사 운영범위를 넘을 가능성을 피하기 위한 자동전압 조정기능이다.

22 신재생에너지 분류에 포함되지 않는 것은?

① 태양열
② 바이오매스
③ 원자력
④ 풍력

정답 18 ② 19 ① 20 ① 21 ③ 22 ③

풀이 신재생에너지는 신에너지와 재생에너지 두 가지로 구성되며, 이 중 정부육성 중점 3대 에너지원은 태양광풍력, 수소에너지이다.

- 신에너지 : 연료전자 석탄액화가스화, 수소에너지
- 재생에너지 : 태양광, 태양열, 지열, 풍력, 바이오, 수력, 폐기물에너지, 해양에너지

23 뇌서지의 피해로부터 PV시스템을 보호하기 위한 대책이 아닌 것은?

① 피뢰소자를 어레이 주회로 내부에 분산시켜 설치하고 접속함에도 설치한다.
② 저압배전선에서 침입하는 뇌 서지에 대해서는 분전반에 피뢰소자를 설치한다.
③ 뇌우 다발지역에서는 교류전원 측으로 내뢰 트랜스를 설치한다.
④ 접속함에 비상전원용 축전지를 설치한다.

풀이 접속함에는 어레이의 보호를 위해서 스트링마다 서지보호소자를 설치하며, 낙뢰 빈도가 높은 주개폐기측에도 설치한다.

24 태양전지 모듈의 바이패스 다이오드 소자는 대상 스트링 공칭 최대출력 동작전압의 몇 배 이상 역내압을 가져야 하는가?

① 1.5배 ② 2배
③ 2.5배 ④ 3배

풀이 스트링의 공칭 최대출력 동작전압의 1.5배 이상의 역내압을 가진, 단락전류를 충분히 바이패스할 수 있는 소자를 사용할 필요하다.

25 태양전지 어레이와 인버터의 접속방식이 아닌 것은?

① 중앙집중형 인버터 방식
② 스트링 인버터 방식
③ 마스터-슬레이브 방식
④ 다중접속 인버터 방식

풀이
- 중앙집중형 인버터 방식 : 많은 수의 모듈을 직·병렬 연결하여 하나의 인버터와 연결하는 중앙집중방식을 많이 구축하였으나 단위 모듈마다 출력이 달라 최대 추종 효율성이 떨어진다.
- 스트링 인버터 방식 : 중앙집중형 인버터 방식의 단점을 보완하기 위하여 하나의 직렬군은 하나의 인버터와 결합(String 방식)하여 시스템의 효율을 증가시키고 있다. 그러나 다수의 인버터로 인해 투자비가 증가하는 단점이 발생한다.
- 마스터-슬레이브(Master-Slave)방식 : 대규모 태양광발전시스템은 마스터-슬레이브 제어방식을 주로 이용한다. 특징으로는 중앙집중식의 인버터를 2~3개 결합하여 총 출력의 크기에 따라 몇 개의 인버터로 분리함으로써 한 개의 인버터로 중앙집중식으로 운전하는 것보다 효율은 향상된다.
- 모듈 인버터 방식(AC 모듈) : 부분 음영이 있는 곳에서도 높은 시스템 효율을 얻기 위해서는 모듈마다 제 각기 연결하는 방식으로 모든 모듈이 제 각기 최대 출력점에서 작동하는 것으로 가장 유리하다.

26 태양전지 또는 태양광발전시스템의 성능을 시험할 때 표준시험조건(Standard Test Conditions)에서 적용되는 기준온도는?

① 18[℃] ② 20[℃]
③ 22[℃] ④ 25[℃]

풀이 태양전지 표준시험조건(STC)
입사조도 1,000[W/m^2], 온도 25[℃], 대기질량정수 AM 1.5

27 표준시험 조건(STC)에서 직류 전원 케이블 굵기 산정에 필요한 최대 발생전류는 약 몇 [A]인가?(단, 태양광발전시스템 어레이 단락전류는 6.83[A]이다.)

① 7.51[A] ② 8.54[A]
③ 10.25[A] ④ 13.66[A]

풀이 직류 전원 케이블 굵기 산정에 필요한 최대 발생전류는 단락전류의 1.25배이다.
$6.83 \times 1.25 = 8.5375 \fallingdotseq 8.54$[A]

정답 23 ④ 24 ① 25 ④ 26 ④ 27 ②

28 태양전지 모듈이 충분히 절연되었는지 확인하기 위한 습도 조건은?

① 상대습도 75[%] 미만
② 상대습도 80[%] 미만
③ 상대습도 85[%] 미만
④ 상대습도 90[%] 미만

풀이
- 절연시험 : 태양광발전 모듈에서 전류가 흐르는 부품과 모듈 테두리나 또는 모듈 외부와의 사이가 충분히 절연되어 있는지를 보기 위한 시험으로, 상대습도가 75[%]를 넘지 않는 조건에서 시험해야 한다.
- 내습성시험 : 고온 · 고습 상태에서 사용 및 저장하는 경우의 태양전지 모듈의 적성을 시험한다. 태양전지 모듈의 출력단자를 개방상태로 유지하고 방수를 위하여 염화비닐제의 절연테이프로 피복하여, 온도 85±2[℃], 상대습도 85±5[%]로 1,000시간 시험한다. 최소 회복시간은 2~4시간 이내이며 외관검사, 발전성능시험, 절연저항시험을 반복한다.

29 인버터의 스위칭 주기가 10[ms]이면 주파수는 몇 [Hz]인가?

① 10 ② 20
③ 60 ④ 100

풀이 주파수 $f=\frac{1}{T}=\frac{1}{10\times10^{-3}}=100[\text{Hz}]$

30 태양전지 어레이 설치공사에 있어서 감전방지책으로 적절하지 않은 것은?

① 작업 전 태양전지 모듈의 표면에 차광시트를 붙여 태양광을 차단한다.
② 일반용 고무장갑을 낀다.
③ 절연처리된 공구를 사용한다.
④ 강우 시 작업을 하지 않는다.

풀이 어레이 설치공사 중 감전방지책
- 모듈 표면에 차광시트 실치
- 절연장갑 및 절연공구 사용
- 강우 시 작업금지

31 태양광발전시스템의 계측에서 검출기로 검출된 데이터를 컴퓨터 및 먼 거리에 설치한 표시치에 전송하는 경우 사용하는 것은?

① 검출기 ② 신호변환기
③ 연산장치 ④ 기억장치

풀이 ② 신호변환기(트랜스듀서) : 검출기에서 검출된 데이터를 컴퓨터 및 먼 거리에 설치된 표시장치에 전송하는 경우에 사용한다.
① 검출기(센서) : 직류회로의 전압, 전류 검출, 일사강도, 기온, 태양전지 어레이의 온도, 풍향, 습도 등의 검출기를 필요에 따라 설치한다.
③ 연산장치 : 직류전력처럼 검출 데이터를 연산해야 하고, 짧은 시간의 계측 데이터를 적산하여 평균값을 얻는 데 사용한다.
④ 기억장치 : 계측장치 자체에 기억장치가 있는 것이 있고, 컴퓨터를 이용하지 않고 메모리 카드를 사용하기도 한다.

32 다음의 괄호 안에 알맞은 내용은?

> "( )(이)라는 자연조건은 태양광 출력을 수시로 변동하게 하는 가장 직접적인 요소이다."

① 풍속 ② 습도
③ 일사량 ④ 강우량

풀이 태양광발전의 출력은 일사량에 의존하며, 온도에도 많이 좌우가 된다.

33 전기안전관리 대행 범위가 700[kW] 초과인 전기설비 규모인 경우의 점검 주기로 옳은 것은?

① 월 1회 이상 ② 월 2회 이상
③ 월 3회 이상 ④ 월 4회 이상

풀이 용량별 점검 횟수

용량별	300 [kW] 이하	500 [kW] 이하	700 [kW] 이하	1,500 [kW] 이하	2,000 [kW] 이하	2,500 [kW] 이하	공사 중인 전기 설비
횟수	월 1회 이상	월 2회 이상	월 3회 이상	월 4회 이상	월 5회 이상	월 6회 이상	매주 1회 이상

정답 28 ① 29 ④ 30 ② 31 ② 32 ③ 33 ④

34 PV 모듈에 그림자가 생겼을 때 출력이 감소하게 된다. 그림에서 D_1, D_2, D_3 명칭으로 옳은 것은?

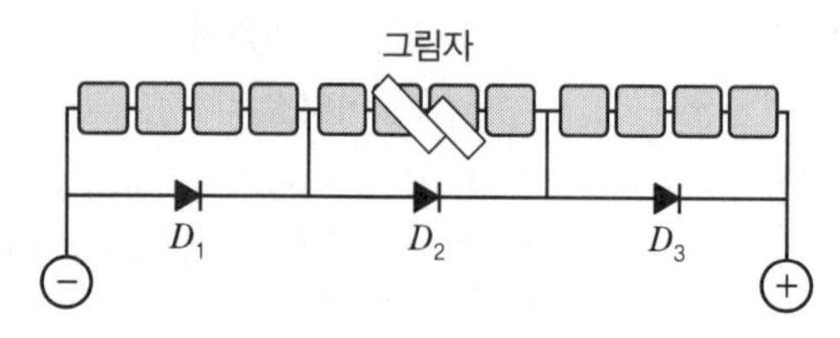

① 역전압방지 다이오드
② 바이패스 다이오드
③ 역전류방지 다이오드
④ 과전압방지 다이오드

풀이 셀 일부분에 음영이 발생한 경우 전류 집중으로 인한 열점(Hot Spot)이 발생한다. 이때 셀의 소손을 방지하기 위하여 보통 18~20개의 셀 단위로 바이패스 다이오드(Bypass Diode)를 설치한다.

35 다음 괄호 안에 들어갈 내용으로 옳은 것은?

> 태양광발전 인버터는 어레이에서 발생한 직류 전기를 교류 전기로 바꾸어 외부 전기시스템의 (㉠), (㉡)에 맞게 조정한다.

① ㉠ 역률 ㉡ 전압
② ㉠ 부하 ㉡ 전류
③ ㉠ 주파수 ㉡ 전압
④ ㉠ 주파수 ㉡ 전류

풀이 인버터는 태양전지에서 생산된 직류 전기를 교류 전기로 변환하는 장치이다. 여기서 인버터는 상용주파수 60[Hz]로 변환하고, 사용하기에 알맞은 전압(220[V])으로 변환한다.

36 태양광 전기설비 화재의 원인으로 가장 거리가 먼 것은?

① 누전 ② 단락
③ 저전압 ④ 접촉부 과열

풀이 전기설비 화재의 원인 중 발생별로 보면 스파크(단락) 24[%], 누전 15[%], 접촉부의 과열 12[%], 절연열화에 의한 발열 11[%], 과전류 8[%] 정도의 비율로 원인이 되고 있다.

37 다음은 2.4[Ω]의 저항부하를 갖는 단상 반파브리지 인버터이다. 직류 입력전압(V_S)이 48[V]이면 출력은 몇 [W]인가?

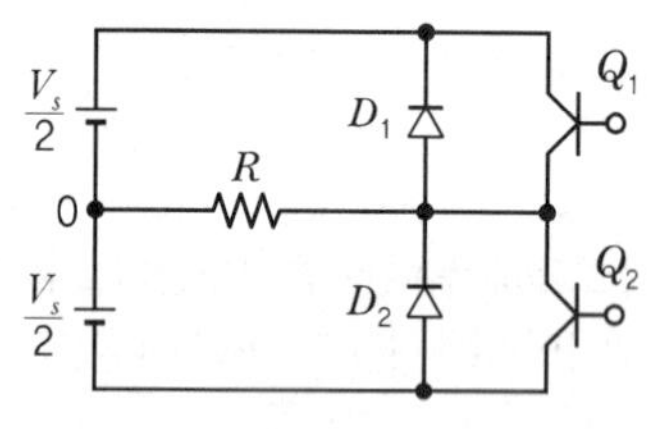

① 240 ② 480
③ 720 ④ 960

풀이 출력 $P=\frac{V^2}{R}$에서 단상 반파브리지 인버터 회로전압이 $\frac{V_s}{2}$이므로

저항에 걸리는 전압 $V=\frac{V_s}{2}=\frac{48}{2}=24[V]$

$P=\frac{24^2}{2.4}=240[W]$

38 저압 가공인입선에 사용해서는 안 되는 전선은?

① 케이블 ② 나전선
③ 절연전선 ④ 다심형 전선

풀이 나전선은 송전용이나 접지선으로 사용된다.

39 단결정 실리콘과 다결정 실리콘에 대한 설명이다. 다음 중 옳은 것은?

① 단결정에 비해 다결정의 순도가 높다.
② 단결정에 비해 다결정의 효율이 낮다.
③ 단결정에 비해 다결정의 원가가 높다.
④ 단결정에 비해 다결정의 제조공정이 복잡하다.

정답 34 ② 35 ③ 36 ③ 37 ① 38 ② 39 ②

풀이 단결정 모듈과 다결정 모듈의 특징

구분	단결정 실리콘 셀	다결정 실리콘 셀
제조 방법	복잡하다.	단결정에 비해 간단하다.
실리콘 순도	높다.	단결정에 비해 낮다.
제조 온도	높다.	단결정에 비해 낮다.
효율	높다.	단결정에 비해 낮다.
원가	고가	단결정에 비해 저가

40 다음은 직병렬 어레이 회로를 나타내고 있다. 그림에서 음영 발생으로 흑색 부분 모듈 출력 값이 85[W]를 나타내고 있을 때 각 회로에서의 총 출력 값은 얼마인가?

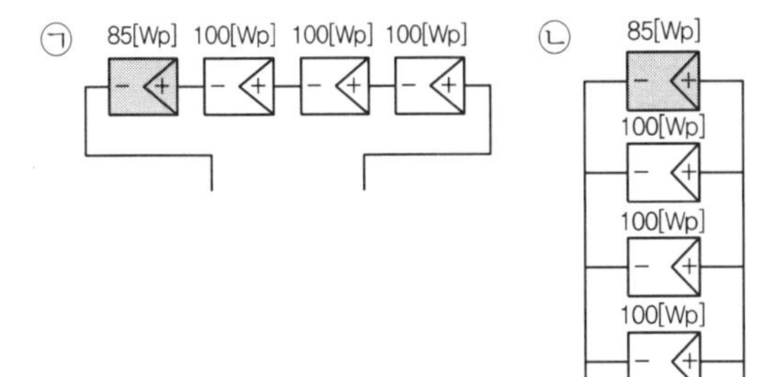

① ㉠ 385[W], ㉡ 385[W]
② ㉠ 340[W], ㉡ 385[W]
③ ㉠ 385[W], ㉡ 340[W]
④ ㉠ 85[W], ㉡ 385[W]

풀이 ㉠ 직렬연결모듈 : 음영이 생긴 모듈의 출력만큼의 전류만 흐른다. $85 \times 4 = 340$[W]
㉡ 병렬연결모듈 : 모듈별 출력이 발전된다. $85 + 100 + 100 + 100 = 385$[W]

41 태양광발전량의 제한요인에 관한 설명으로 옳은 것은?

① 우리나라 일사량은 전 지역에 동일하다.
② 계절 중 겨울에 발전량이 가장 많다.
③ 태양광이 모듈 표면에 20° 로 쬐일 때 발전량이 최대이다.
④ 태양전지 어레이를 정남향으로 배치 시 발전량이 최대이다.

풀이 ① 일사량은 지역에 따라 다르다.
② 계절 중 봄, 가을의 발전량이 가장 많다.
③ 태양광이 모듈 표면에 25℃로 쬐일 때 발전량이 최대이다.

42 태양전지 모듈 간의 배선작업이 완료된 후 확인하여야 할 사항으로 틀린 것은?

① 전압 및 극성의 확인
② 일사량 및 온도의 확인
③ 비접지의 확인
④ 단락전류의 확인

풀이 태양전지 모듈의 설치가 완료된 후에는 전압, 극성확인, 단락전류 측정, 접지확인(직류 측 회로의 비접지 여부 확인)을 한다.
- 전압 극성 : 멀티테스터, 직류전압계로 사용
- 단락 전류 : 직류전류계로 측정

43 태양전지 어레이의 육안점검 항목이 아닌 것은?

① 표면의 오염 및 파손
② 지붕재의 파손
③ 접지저항
④ 가대의 고정

풀이 태양전지 어레이 점검항목

육안 점검	• 오염 및 파손의 유무 • 파손 및 두드러진 변형이 없을 것 • 부식 및 녹이 없을 것 • 볼트 및 너트의 풀림이 없을 것 • 배신공사 및 접지접속이 확실할 것 • 코킹의 망가짐 및 불량이 없을 것 • 지붕재의 파손, 어긋남, 뒤틀림, 균열이 없을 것
측정	접지저항 100[Ω] 이하

정답 40 ② 41 ④ 42 ② 43 ③

44 태양전지 모듈 뒷면에 기재된 전기적 출력 특성으로 틀린 것은?

① 온도계수(T_0) ② 개방전압(V_{oc})
③ 단락전류(I_{sc}) ④ 최대출력(P_{mpp})

풀이 태양전지 모듈의 전기적 출력 특성 기재
- 최대출력($P_{\max}$) : 최대출력 동작전압($V_{\max}$)× 최대출력 동작전압($I_{\max}$)
- 개방전압(V_{oc}) : 태양전지 양극 간을 개방한 상태의 전압
- 단락전류(I_{sc}) : 태양전지 양극 간을 단락한 상태에서 흐르는 전류
- 최대출력 동작전압($V_{\max}$) : 최대출력 시의 동작전압
- 최대출력 동작전류($I_{\max}$) : 최대출력 시의 동작전류

45 태양전지 모듈의 설치방법으로 적합하지 않은 것은?

① 태양전지 모듈의 설치는 가대의 하단에서 상단으로 순차적으로 조립한다.
② 태양전지 모듈의 이동 시 2인 1조로 한다.
③ 태양전지 모듈의 직렬매수는 직류 사용전압 또는 인버터의 입력전압 범위에서 선정한다.
④ 태양전지 모듈과 가대의 접합 시 불필요한 개스킷 등은 사용하지 않는다.

풀이

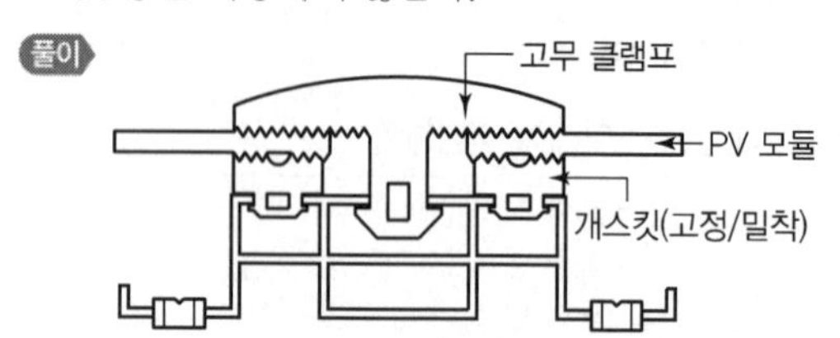

상부에 모듈 밀착을 위한 개스킷을 끼워 넣고 Frameless 모듈을 안착시킨 후, 개스킷을 끼워 넣어 마감한다. 또한 모듈의 상하로 개스킷을 사용하여 한 번 더 밀착성을 확보한다.

46 태양전지 배선을 지중배관을 통하여 직접 매설하여 시설하는 경우 중량물의 압력을 받을 우려가 있는 경우에 몇 [m] 이상의 깊이로 매설해야 하는가?

① 0.5[m] ② 1[m]
③ 1.2[m] ④ 1.5[m]

풀이 1.2[m] 이상(중량물의 압력을 받을 우려가 없는 곳은 0.6[m] 이상) 지중매설관은 배선용 탄소강관, 내충격성 경질 염화비닐관을 사용한다.(단, 공사상 부득이하여 후강전선관에 방수 · 방습처리를 시행한 경우는 이에 한정되지 않는다.)

47 특고압 22.9[kV]로 태양광발전시스템을 한 전선로에 계통연계할 때 순서로 옳은 것은?

① 인버터 → 저압반 → 변압기 → 고압반 → MOF → LBS
② 인버터 → 저압반 → LBS → MOF → 변압기 → 고압반
③ 인버터 → 변압기 → 저압반 → 고압반 → MOF → LBS
④ 인버터 → LBS → MOF → 저압반 → 변압기 → 고압반

풀이 계통연계 순서
태양전지 → 인버터 → 저압반 → 변압기 → 고압반 → MOF → LBS
※ 부하개폐기 : LBS, 계기용 변성기 : MOF

48 경사형 지붕에 태양전지 모듈을 설치할 때 유의하여야 할 사항으로 옳지 않은 것은?

① 태양전지 모듈을 지붕에 밀착시켜 부착해야 한다.
② 모듈 고정용 볼트, 너트 등은 상부에서 조일 수 있어야 한다.
③ 가대나 지지철물 등의 노출부는 미관과 안전을 고려해 최대한 적게 한다.
④ 태양전지 모듈은 한 장씩 쉽게 교체할 수 있어야 한다.

정답 44 ① 45 ④ 46 ③ 47 ① 48 ①

풀이 태양전지 모듈의 일반적인 설치 시 유의사항

- 정남향이고, 경사각은 30~45°가 적절하다.
- 태양전지모듈의 온도가 상승함에 따라 변환효율은 약 0.3~0.5[%] 감소한다.
- 후면 환기가 없는 경우 10[%]의 발전량 손실, 자연통풍 시 이격거리는 10~15[cm]이다.
- 모듈 고정용 볼트, 너트 등은 상부에서 조일 수 있어야 한다.
- 가대나 지지철물 등의 노출부는 미관과 안전을 고려해 최대한 적게 한다.
- 태양전지 모듈은 한 장씩 쉽게 교체할 수 있어야 한다.

49 금속 표면에 파장이 짧은 빛을 비추면 전자가 튀어나오는 현상을 무엇이라 하는가?

① 제벡효과 ② 펠티어효과
③ 광전효과 ④ 열전효과

풀이 반도체의 PN 접합에 빛을 비추면 광전효과에 의해 전기가 생산된다.

50 전기사용 장소의 사용전압이 SELV 및 PELV 이고 DC 시험전압이 250[V]인 전로의 전선 상호간 및 전로와 대지 사이의 절연저항은 개폐기 또는 과전류차단기로 구분할 수 있는 전로마다 몇 [MΩ] 이상이어야 하는가?

① 0.5 ② 1
③ 2 ④ 3

풀이 저압전로의 절연성능

전기사용 장소의 사용전압이 저압인 전로의 전선 상호 간 및 전로와 대지 사이의 절연저항은 개폐기 또는 과전류차단기로 구분할 수 있는 전로마다 다음 표에서 정한 값 이상이어야 한다. 다만, 전선 상호 간의 절연저항은 기계기구를 쉽게 분리하기가 곤란한 분기회로의 경우 기기 접속 전에 측정할 수 있다.
또한, 측정 시 영향을 주거나 손상을 받을 수 있는 SPD 또는 기타 기기 등은 측정 전에 분리시켜야 하고, 부득이하게 분리가 어려운 경우에는 시험전압을 250V DC로 낮추어 측정할 수 있지만 절연저항 값은 1[MΩ] 이상이어야 한다.

전로의 사용전압[V]	DC 시험전압[V]	절연저항[MΩ]
SELV 및 PELV	250	0.5
FELV, 500[V] 이하	500	1.0
500[V] 초과	1,000	1.0

※ 특별저압(Extra low voltage : 2차 전압이 AC 50[V], DC 120[V] 이하)으로 SELV(비접지회로 구성) 및 PELV(접지회로 구성)은 1차와 2차가 전기적으로 절연된 회로, FELV는 1차와 2차가 전기적으로 절연되지 않은 회로

- FELV(Functional Extra－Low Voltage)
- SELV(Safety Extra－Low Voltage)
- PELV(Protective Extra－Low Voltage)

51 지상용 태양광발전시스템의 태양전지 어레이 설치방식에서 발전량을 가능한 최대로 발전하기 위한 설치방식은?

① 경사 가변형의 반고정식
② 경사 고정식
③ 단축 추적식
④ 양축 추적식

풀이 발전량 비교

경사 고정식 < 경사 가변형의 반고정식 < 단축 추적식 < 양축 추적식

52 주택 등 소규모 태양광 발전소의 구성요소가 아닌 것은?

① 송전설비
② 인버터
③ 분전함
④ 스트링 차단기

풀이 규모의 태양광 발전소(주택용, 공공용 등)는 저압회로에 직접 연결하므로 분전반 등 간단한 설비로 충분하지만, 대용량 발전사업자용의 경우 별도로 변전실을 마련하고 그 곳에 특별고압 승압용 송변전설비 등을 갖추어야 하기 때문에 복잡해진다.

정답 49 ③ 50 ① 51 ④ 52 ①

연계구분	사용선로 및 연계설비 용량		전기방식
저압 배전선로	일반 또는 전용선로	100[kW] 미만	단상 220[V] 또는 380[V]
특별고압 배전선로	일반 또는 전용선로	100[kW] 이상 ~ 20,000[kW]	3상 22.9[kV]
송전선로	전용선로	20,000[kW] 이상	3상 154[kV]

53 태양광발전시스템에서 가격이 저렴하여 주로 사용되는 축전지는?

① 납축전지 ② 망간전지
③ 알칼리축전지 ④ 기체전지

풀이 축전지에는 납축전지(2[V])와 알칼리축전지(니켈-카드뮴 축전지, 1.2[V])가 있는데 제작이 쉽고 가격이 저렴한 납축전지가 일반적으로 쓰인다. 1차 전지의 종류는 망간건전지, 알칼리건전지, 수은전지 등이 있다. 2차 전지의 종류는 납축전지, 니켈카드뮴축전지, 니켈수소전지, 리튬이온 2차 전지, 리튬폴리머 2차 전지 등이다.

54 태양광을 이용한 발전시스템의 특징 및 구성에서 태양광발전의 장점이 아닌 것은?

① 에너지원이 무한하다.
② 설비의 보수가 간단하고 고장이 적다.
③ 장수명으로 20년 이상 활용이 가능하다.
④ 넓은 설치 면적이 필요하다.

풀이 태양광발전시스템의 장단점

장점	단점
• 에너지원이 깨끗하고, 무한함 • 유지보수가 쉽고, 유지비용이 거의 들지 않음 • 무인화가 가능 • 긴 수명(20년 이상)	• 전기생산량이 일사량에 의존 • 에너지 밀도가 낮아 큰 설치면적 필요 • 설치장소가 한정적이고 제한적 • 비싼 반도체를 사용한 태양전지를 사용 • 초기투자비가 많이 들어 발전단가가 높음

55 개인대행자가 안전관리의 업무를 대행할 수 있는 태양광발전설비의 용량은 몇 [kW] 미만인가?

① 250 ② 500
③ 750 ④ 1,000

풀이 안전관리업무 대행 자격요건
- 산업통상자원부령 규모 이하의 전기설비 소유, 점유자는 대행업자에게 대행가능
- 안전공사 및 대행사업자 : 용량 1,000[kW] 미만
- 장비보유자격 개인 대행자 : 250[kW] 미만
- 발전용량이 1,000[kW] 이상인 경우 사업자가 전기안전관리자 선임

56 신에너지 및 재생에너지 개발 · 이용 · 보급 촉진법에서 신 · 재생에너지 설비가 아닌 것은?

① 석유에너지 설비 ② 태양에너지 설비
③ 바이오에너지 설비 ④ 폐기물에너지 설비

풀이 신재생에너지
- 신에너지 : 연료전지, 석탄액화가스화, 수소에너지
- 재생에너지 : 태양광, 태양열, 지열, 풍력, 바이오, 수력, 폐기물에너지, 해양에너지

57 다음 중 고압 또는 특고압 전로에 시설한 과전류 차단기의 퓨즈 중 고압전로에 사용하는 포장 퓨즈는 정격전류 2배의 전류로 몇 분 안에 용단되어야 하는가?

① 30 ② 60
③ 120 ④ 150

풀이 과전류차단기로 시설하는 퓨즈 중 고압전로에 사용하는 포장 퓨즈는 정격전류의 1.3배의 전류에 견디고 또한 2배의 전류로 120분 안에 용단된다.

58 인버터 측정 점검항목이 아닌 것은?

① 절연저항 ② 접지저항
③ 수전전압 ④ 개방전압

정답 53 ① 54 ④ 55 ① 56 ① 57 ③ 58 ④

풀이 인버터 점검항목

육안점검	측정
• 외함의 부식 및 파손 • 취부 • 배선의 극성 • 단자대 나사의 풀림 • 접지단자와의 접속	• 절연저항(태양전지-접지 간) • 접지저항 • 수전전압

59 지중전선로를 직접 매설식에 의하여 시설하는 경우 차량 기타의 중량물의 압력을 받을 우려가 있는 장소의 매설 깊이는 몇 [m] 이상인가?

① 0.6 ② 1.2
③ 1.5 ④ 2

풀이 지중전선로의 매설 깊이는 1.2[m] 이상으로 한다(중량물의 압력을 받을 우려가 없는 곳은 0.6[m] 이상).

60 실시간으로 변화하는 일사강도에 따라 태양광인버터가 최대 출력점에서 동작하도록 하는 기능은?

① 자동운전정지기능
② 단독운전방지기능
③ 자동전류조절기능
④ 최대전력 추종제어기능

풀이 실시간으로 변화하는 일사강도에 따라 태양광 인버터가 최대 출력점에서 동작하도록 하는 기능은 최대전력 추종제어기능이다.

정답 59 ② 60 ④

004 모의고사 4회

01 연료전지에 의한 발전시스템의 특징이 아닌 것은?

① 발전효율이 낮다.
② 환경성이 높고 저소음, 저공해 발전시스템이다.
③ 폐열 이용이 가능하고 종합에너지 효율이 높다.
④ 천연가스, 메탄올, LPG 가스 등 다양한 연료의 사용이 가능하다.

풀이 연료전지의 특징
① 기존 화석연료를 이용하는 발전에 비하여 발전효율이 높다. 열병합발전을 하는 경우 효율이 80[%] 정도이다.
② 환경보존에 기여한다. 질소산화물(NOx)과 유황산화물(SOx)의 배출량이 석탄 화력발전에 비하여 매우 낮으며, 소음도 낮아 입지 선정이 용이하다.
③ 전력수요량에 따라서 전극 모듈의 조립이 용이하며, 건설기간도 짧다.
④ 발전효율이 설비규모(대규모, 소규모)의 영향을 받지 않는다.
⑤ 전력수요의 변화가 25 ~100[%]에서도 발전효율이 일정하다.
⑥ 나프타, 등유, LNG, 메탄올 등 연료의 다양화가 가능하다.
⑦ 연료만 공급되면 연속발전이 가능하다.

02 다음 <보기>에서 태양광 모듈의 설치가 가능한 위치를 모두 나타낸 것은?

ⓐ 유리창
ⓑ 경사지붕
ⓒ 벽
ⓓ 평면지붕

① ⓐ, ⓑ, ⓒ　② ⓐ, ⓒ, ⓓ
③ ⓑ, ⓒ, ⓓ　④ ⓐ, ⓑ, ⓒ, ⓓ

풀이 건축물에 태양광 모듈의 설치 가능한 위치는 보기의 항목 모두가 해당된다.

03 태양광발전시스템의 발전효율을 극대화하기 위한 시스템은?

① 건물일체형 시스템　② 추적형 시스템
③ 반고정형 시스템　④ 고정형 시스템

풀이 태양광발전시스템의 발전효율을 극대화하기 위하여 태양을 상 · 하 · 좌 · 우로 추적하는 시스템을 추적형 시스템이라고 한다.

04 태양전지 모듈(module)의 구성 재료의 순서가 옳게 나열된 것은?

① EVA–태양전지–강화유리–Back Sheet–EVA
② EVA–강화유리–태양전지–EVA–Back Sheet
③ 강화유리–EVA–태양전지–EVA–Back Sheet
④ 강화유리–태양전지–EVA–Back Sheet–EVA

풀이 태양전지 모듈의 구성 재료의 순서

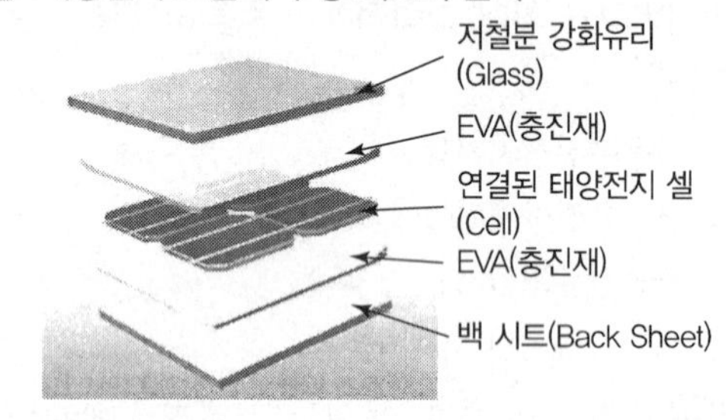

05 일조강도가 1,000[W/m²], 모듈의 최대출력이 310[Wp], 모듈의 크기가 1,960×980[mm]일 때 이 모듈의 효율[%]은?

① 15.14　② 15.76
③ 16.14　④ 16.76

풀이 모듈의 효율

$$\eta = \frac{\text{모듈의 최대출력}}{\text{표준일조강도} \times \text{면적}} \times 100[\%]$$

$$= \frac{310}{1{,}000 \times 1.96 \times 0.98} \times 100 = 16.14[\%]$$

정답 01 ① 02 ④ 03 ② 04 ③ 05 ③

06 여러 개의 태양전지 모듈의 스트링(String)을 하나의 접속점에 모아 보수점검 시에 회로를 분리하거나 점검 작업을 용이하게 하며, 태양전지 어레이에 고장이 발생해도 정지범위를 최대한 적게 하는 등의 목적으로 사용되는 것은?

① 접속함 ② 단자함
③ 인버터 ④ 바이패스 다이오드

풀이 여러 개의 태양전지 모듈의 스트링(String)을 하나의 접속점에 모아 보수점검 시에 회로를 분리하거나 점검 작업을 용이하게 하며, 태양전지 어레이에 고장이 발생해도 정지범위를 최대한 적게 하는 등의 목적으로 사용되는 것은 접속함이다.

07 PN 접합구조의 반도체 소자에 빛을 조사할 때, 전입차를 가지는 전자와 정공의 쌍이 생성되는 효과는?

① 광이온화효과 ② 광기전력효과
③ 광전하효과 ④ 핀치효과

풀이 광기전력 효과
PN 접합구조의 반도체 소자에 빛을 조사할 때, 전압차를 가지는 전자와 정공의 쌍이 생성되는 효과이다.

08 일정 전압의 직류전원에 저항을 접속하고 전류를 흘릴 때, 이 전류값을 20[%] 증가시키기 위해서는 저항값을 어떻게 하면 되는가?

① 저항값을 20[%]로 감소시킨다.
② 저항값을 83[%]로 감소시킨다.
③ 저항값을 20[%]로 증가시킨다.
④ 저항값을 83[%]로 증가시킨다.

풀이 $V=IR$에서 V는 일정하므로 I가 1.2배 증가하면 R의 1.2배 감소

$V=1.2I\times\frac{R}{1.2}$에서 $\frac{R}{1.2}$ 즉 $R=\frac{1}{1.2}R$이므로

$R=0.833R$로 감소

09 다음 중 발전효율이 가장 높은 태양전지는?

① Organic 태양전지 ② Perovskite 태양전지
③ HIT 태양전지 ④ CIGS 태양전지

풀이 실리콘 계열의 HIT(Hetero-junction with Intrinsic Thin)는 변환효율이 25[%] 정도로 가장 높다.

10 전력계통에서 3권선 변압기(Y－Y－△)에서 △결선을 사용하는 주된 목적은?

① 노이즈 제거 ② 전력손실 감소
③ 2가지 용량 사용 ④ 제3고조파 제거

풀이 변압기에서 △결선을 사용하는 주된 목적은 영상분 고조파인 제3고조파를 제거하기 위한 것이다.

11 태양광 발전시스템의 태양전지 어레이 설치 시 준비 및 주의사항으로 틀린 것은?

① 가대 및 지지대는 현장에서 직접 용접하여 견고하게 설치한다.
② 태양전지 어레이 기표면 수평기, 수평줄을 확보한다.
③ 너트의 풀림방지는 이중너트를 사용하고 스프링 와셔를 체결한다.
④ 지지대 기초 앵커볼트의 유지 및 매립은 강제 프레임 등에 의하여 고정하는 방식으로 한다.

풀이 가대 및 지지대는 현장 용접 시 용접 부위의 부식 발생의 우려가 있으므로 현장에서 직접 용접하지 않도록 한다.

12 결정계 태양전지 모듈의 온도가 떨어질 때 나타나는 특성은?

① 개방전압이 상승한다.
② 최대출력이 저하한다.
③ 유지전류가 증가한다.
④ 단락전류가 증가한다.

정답 06 ① 07 ② 08 ② 09 ③ 10 ④ 11 ① 12 ①

풀이 결정계 태양전지 모듈의 온도가 떨어지면 개방전압과 최대출력은 상승하고, 단락전류와 운전전류는 감소한다.

13 개폐장치 중 충전전류만을 개폐할 수 있는 것은 어느 것인가?

① 배선용 차단기
② 단로기
③ 진공차단기
④ 기중차단기

풀이 단로기는 충전전류만 개폐할 수 있으며, 부하전류, 고장전류는 차단할 수 없으므로 차단기로 부하 차단 후 조작하여야 한다.

14 박막 실리콘 태양전지 설명 중 틀린 것은?

① 재료는 인듐을 사용한다.
② 실리콘의 사용량이 적어 저렴하다.
③ 아몰퍼스 실리콘 박막을 적층한 방식이다.
④ 텐덤형 실리콘 태양전지의 변환효율은 12[%] 정도이다.

풀이 박막 실리콘 태양전지의 재료는 실리콘(Si)을 사용한다.

15 궤도전자가 강한 에너지를 받아서 원자 내의 궤도를 이탈하여 자유전자가 되는 것을 무엇이라 하는가?

① 방사
② 공진
③ 전리
④ 여기

풀이
- 여기 : 기준 에너지 상태 위로 에너지 준위가 상승한 상태
- 전리 : 궤도전자가 강한 에너지를 받아서 원자 내의 궤도를 이탈하여 자유전자가 되는 것

16 태양광발전의 핵심요소기술로서 틀린 것은?

① 회전체 작동기술
② 전력변환장치(PCS) 기술
③ 태양전지 제조기술
④ BOS(Balance Of System) 기술

풀이 태양전지는 태양의 빛에너지를 전기에너지로 직접 변환하는 전지로 회전체가 없다.

17 실리콘 태양전지 중 변환효율이 가장 높은 것은?

① 아몰퍼스 Si
② 박막 Si
③ 다결정 Si
④ 단결정 Si

풀이 실리콘 태양전지의 변환효율
단결정 > 다결정 > 박막 > 아몰퍼스

18 접지극으로 사용할 수 없는 것은?

① 접지봉
② 접지판
③ 금속제 수도관
④ 금속제 가스관

풀이 금속제 가스관은 접지극으로 사용할 수 없다.

19 역률을 개선하였을 경우 그 효과로 맞지 않는 것은?

① 전력손실의 감소
② 전압강하의 감소
③ 각종 기기의 수명연장
④ 설비용량의 무효분 증가

풀이 역률 개선의 효과
전력손실의 감소, 전압강하의 감소, 각종 기기의 수명연장, 전력(기본)요금의 감소, 설비용량의 무효분 감소

정답 13 ② 14 ① 15 ③ 16 ① 17 ④ 18 ④ 19 ④

20 다음 중 간선의 굵기를 산정하는 결정요소가 아닌 것은?

① 허용전류　② 기계적 강도
③ 전압강하　④ 불평형 전류

풀이 간선의 굵기 산정 시 결정요소
허용전류, 전압강하, 기계적강도, 고조파

21 인버터의 직류 측 회로를 비접지로 하는 경우 비접지의 확인방법이 아닌 것은?

① 테스터로 확인
② 검전기로 확인
③ 간이측정기 사용
④ 활선접근경보장치 사용

풀이 활선접근경보장치는 주로 고압 이상의 활선 작업 시 인체에 착용하는 것으로 비접지의 확인방법으로 사용할 수 없다.

22 인버터 직류 입력 전압이 300[V]이고, 모듈 최대출력동작전압이 20[V]인 경우 태양전지 모듈 직렬 매수는?

① 15　② 16
③ 17　④ 18

풀이 태양전지 모듈에 대한 온도, 출력감소율 등이 주어지지 않은 경우는 인버터의 입력전압을 모듈 최대 동작전압으로 나누어 모듈의 직렬 매수를 계산한다.

모듈의 직렬 매수 $= \frac{300}{20} = 15$

23 인버터의 전기적 보호등급 III의 안전 특별 저전압은 얼마인가?

① AC : 50[V] 이하, DC : 50[V] 이하
② AC : 50[V] 이하, DC : 120[V] 이하
③ AC : 120[V] 이하, DC : 50[V] 이하
④ AC : 120[V] 이하, DC : 120[V] 이하

풀이 전기적 보호등급

전기적인 보호등급		기호
등급 I	장치 접지됨	⏚
등급 II	보호 절연 (이중/강화 절연)	▣
등급 III	안전 특별 저전압(AC : 50[V] 이하, DC : 120[V] 이하)	◇III

24 태양전지 어레이(Array)의 구성요소가 아닌 것은?

① 모듈　② 인버터
③ 케이블　④ 구조물

풀이 태양전지 어레이(Array)는 모듈, 케이블(전선), 구조물(가대)로 구성된다.

25 태양전지 모듈의 시공기준에 대한 설명으로 틀린 것은?

① 전깃줄, 피뢰침, 안테나 등의 미약한 음영도 장애물로 본다.
② 태양전지 모듈 설치열이 2열 이상인 경우 앞열은 뒷열에 음영이 지지 않도록 설치하여야 한다.
③ 장애물로 인한 음영에도 불구하고 일조시간은 1일 5시간[춘계(3~5월), 추계(9~11월)기준] 이상이어야 한다.
④ 설치용량은 사업계획서상의 모듈 설계용량과 동일하여야 하나 동일하게 설치할 수 없는 경우에 한하여 설계용량의 110[%] 이내까지 가능하다.

풀이 전깃줄, 피뢰침, 안테나 등 경미한 음영은 장애물로 보지 아니한다.

26 태양전지 모듈 시공 시의 안전대책에 대한 고려사항으로 적절하지 않은 것은?

① 절연된 공구를 사용한다.
② 강우 시에는 반드시 우비를 착용하고 작업에 임한다.

정답 20 ④ 21 ④ 22 ① 23 ② 24 ② 25 ① 26 ②

③ 안전모, 안전대, 안전화, 안전허리띠 등을 반드시 착용한다.

④ 작업자는 자신의 안전확보와 2차 재해방지를 위해 작업에 적합한 복장을 갖춰 작업에 임해야 한다.

풀이 강우 시에는 인체감전의 우려가 있으므로 작업을 금지한다.

27 태양전지 어레이를 설치하기 위한 기초의 요구 조건으로 틀린 것은?

① 허용 침하량 이상의 침하
② 설계하중에 대한 안정성 확보
③ 현장여건을 고려한 시공 가능성
④ 환경변화, 국부적 지반 쇄굴 등에 대한 저항

풀이 태양전지 어레이를 설치하기 위한 기초의 요구 조건은 허용 침하량 이하의 침하이다.

28 다음은 축전지 용량의 산출식이다. ( ) 안에 알맞은 내용은?

$$C = \frac{1\text{일 소비전력량} \times \text{불일조일수}}{\text{보수율} \times (\quad) \times \text{방전종지전압}} [\text{Ah}]$$

① 효율 ② 셀 수
③ 역률 ④ 방전심도

풀이 독립형 태양광발전시스템의 축전지 용량(C) 산출식은 다음과 같다.

$$C = \frac{1\text{일 소비전력량} \times \text{불일조일수}}{\text{보수율} \times \text{방전심도} \times \text{방전종지전압}} [\text{Ah}]$$

29 태양광발전시스템 구조물의 상정하중 계산 시 적용되는 수평하중으로 맞는 것은?

① 고정하중 ② 활하중
③ 풍하중 ④ 적설하중

풀이
- 수직하중 : 고정하중, 활하중, 적설하중
- 수평하중 : 풍하중, 지진하중

30 태양전지 모듈의 배선을 지중으로 시공하는 경우의 설명으로 틀린 것은?

① 지중배선과 지표면의 중간에 매설표시 시트를 포설한다.
② 지중배관 시 중량물의 압력을 받는 경우 0.6[m] 이상의 깊이로 매설한다.
③ 지중매설배관은 배선용 탄소강 강관, 내충격성 경화비닐 전선관을 사용한다.
④ 지중전선로의 매설개소에는 필요에 따라 매설 깊이, 전선방향 등을 지상에 표시한다.

풀이 지중배관 시 중량물의 압력을 받는 경우 1.2[m] 이상 깊이로 매설한다.

31 태양전지의 효율은 설치된 출력의 실제적 이용 상태를 말하는 것으로, 실제 100[W]의 일사량에서 효율이 15[%], 태양전지의 출력이 15[W]이면 변환효율은 몇 [%]가 되는가?

① 10
② 15
③ 20
④ 25

풀이 태양전지의 효율은 표준시험 조건에 따라 측정된 효율을 나타내므로 동일 태양전지에서 일사량 변화에 따라 출력이 변화한다고 하여도 변환효율의 변화는 없다.

32 접지저항계에 의한 접지저항 측정 시 E단자를 접지극에 접속하고, 일직선상으로 몇 [m] 이상 떨어져 보조접지봉을 박는가?

① 5 ② 10
③ 15 ④ 20

풀이 접지저항 측정 시 E단자를 접지극에 접속하고 일직선상으로 10[m] 이상 떨어져 보조접지봉을 박는다.

정답 27 ① 28 ④ 29 ③ 30 ② 31 ② 32 ②

33 태양광발전시스템의 일상점검 항목이 아닌 것은?

① 인버터－통풍 확인
② 접속함－절연저항 측정
③ 인버터－표시부의 이상 표시
④ 태양전지 모듈－표면의 오염 및 파손

풀이 태양광발전시스템의 일상점검 항목

구분	점검항목		점검요령
태양전지 어레이	육안점검	표면의 오염 및 파손	현저한 오염 및 파손이 없을 것
		지지대의 부식 및 녹	부식 및 녹이 없을 것
		외부 배선(접속케이블)의 손상	접속케이블에 손상이 없을 것
접속함	육안점검	외부의 부식 및 파손	부식 및 파손이 없을 것
		외부 배선(접속케이블)의 손상	접속케이블에 손상이 없을 것
인버터	육안점검	외부의 부식 및 파손	부식 및 녹이 없고 충전부가 노출되어 있지 않을 것
		외부 배선(접속케이블)의 손상	인버터로 접속되는 케이블에 손상이 없을 것
		통풍 확인(통풍구, 환기필터 등)	통풍구가 막혀 있지 않을 것
		이음, 이취, 연기 발생 및 이상 과열	운전 시 이상음, 이상 진동, 이취 및 이상 과열이 없을 것
		표시부의 이상 표시	표시부에 이상코드, 이상을 나타내는 램프의 점등, 점멸 등이 없을 것
		발진상황	표시부의 발전상황에 이상이 없을 것
축전지	육안점검	변색, 변형, 팽창, 손상, 액면저하, 온도 상승, 이취, 단자부풀림 등	부하에 급전한 상태에서 실시할 것

측정기(계측기) 및 공구를 사용한 점검은 일상점검이 아니다.

34 태양광 인버터와 연결된 태양전지 어레이들의 스트링 사이의 출력전압 불균형을 방지하기 위해 접속함이나 모듈의 단자함에 설치하는 것은?

① 바이패스 다이오드
② 배선용 차단기
③ 역전류방지 다이오드
④ 서지 흡수기

풀이
- 역전류방지 다이오드 : 태양전지 모듈에 다른 태양전지 회로와 축전지의 전류가 유입되는 것을 방지하기 위한 다이오드
- 바이패스 다이오드 : 열점이 있는 셀 또는 모듈에 전류가 흐르지 않고 옆으로 지나가게 만드는 다이오드
- 배선용 차단기 : 전기회로가 단락되어 대전류가 흐르거나, 접촉저항 등으로 전선로에 열이 발생하거나, 2차측 부하에 일정량 이상의 과부하가 걸려 과전류가 흐르면 차단되는 장치
- 서지 흡수기 : 서지 흡수기는 개폐서지 보호용으로 주로 사용되고 있고, 피뢰기는 낙뢰 보호용으로 주로 사용

35 태양광발전시스템 보수점검 작업 시 점검 전 유의사항이 아닌 것은?

① 회로도 검토　　② 오조작 방지
③ 접지선 제거　　④ 무전압 상태확인

풀이 점검 전의 유의사항
- 회로도의 검토
- 무전압 상태확인 및 안전조치
- 잔류전압에 대한 주의
- 오조작 방지
- 절연용 보호기구 준비

※ 접지선의 제거는 점검 후의 유의사항이다.

36 태양광 발전시스템의 어레이 설치 종류가 아닌 것은?

① 양축식　　② 일자식
③ 단축식　　④ 고정식

정답 33 ② 34 ③ 35 ③ 36 ②

풀이 어레이의 설치 종류에는 고정식, 고정가변식, 추적식(단축식, 양축식)이 있다.

37 검출기에 의해 측정된 데이터를 컴퓨터 및 먼 거리로 전송하는 것은?

① 연산장치 ② 표시장치
③ 기억장치 ④ 신호변환기

풀이 신호변환기는 검출기로 검출된 데이터를 컴퓨터 및 먼 거리에 설치된 표시장치에 전송하는 경우에 사용한다.

38 태양광 모듈 점검 시 감전사고 방지를 위한 대책이 아닌 것은?

① 면장갑을 착용한다.
② 우천 시 작업하지 않는다.
③ 절연처리된 공구를 사용한다.
④ 태양전지 모듈 표면에 차광 시트를 부착한다.

풀이 감전사고 방지대책 : 절연장갑을 착용한다.

39 태양전지 셀의 종류에서 박막형의 특징이 아닌 것은?

① 결정질 전지보다 얇다.
② 결정질보다 변환효율이 낮다.
③ 동일 용량 설치 시 결정질보다 박막형이 면적을 적게 차지한다.
④ 온도 특성이 강하다.

풀이 박막형은 결정질보다 변환효율이 낮으므로 동일 용량 설치 시 결정질보다 박막형이 면적을 많이 차지한다.

40 접지저항의 측정방법이 아닌 것은?

① 보호접지저항계 측정법
② 전위차계 접지저항계 측정법
③ 클램프 온(Clamp On) 측정법
④ 콜라우시(Kohlrausch) 브리지법

풀이 접지저항 측정방법에는 전위차계 접지저항계, 간이 접지저항계, 클램프 온, 콜라우시 브리지법 등이 있다.

41 신에너지 및 재생에너지 개발 · 이용 · 보급 촉진법에 따른 바이오에너지 등의 기준 및 범위에 관한 설명 중 에너지원의 종류와 그 범위가 잘못 연결된 것은?

① 석탄을 액화 · 가스화한 에너지 – 증기공급용 에너지
② 중질잔사유를 가스화한 에너지 – 합성가스
③ 바이오에너지 – 동물 · 식물의 유지를 변환시킨 바이오디젤
④ 폐기물에너지 – 쓰레기매립장의 유기성 폐기물을 변환시킨 매립지가스

풀이 '폐기물관리법'에 따른 폐기물 중에서 에너지생물기원의 유기성 폐기물은 제외된다.

42 다음 중 접속함의 실외형의 최소 IP(International Protection) 등급은?

① IP 20 이상 ② IP 33 이상
③ IP 40 이상 ④ IP 54 이상

풀이 **접속함의 분류 및 보호등급**
접속함의 병렬 스트링 수에 의한 분류와 설치장소에 의한 보호등급은 다음과 같다.

병렬 스트링 수에 의한 분류	설치장소에 의한 분류
소형(3회로 이하)	IP 54 이상
중대형(4회로 이상)	실내형 : IP 20 이상
	실외형 : IP 54 이상

43 인버터 절연저항 측정 시 주의사항으로 틀린 것은?

① 정격에 약한 회로들은 회로에서 분리하여 측정한다.
② 정격전압이 입출력과 다를 때는 낮은 측의 전압을 선택기준으로 한다.
③ 입출력단자에 주회로 이외 제어단자 등이 있는 경우 이것을 포함해서 측정한다.

정답 37 ④ 38 ① 39 ③ 40 ① 41 ④ 42 ④ 43 ②

④ 절연변압기를 장착하지 않은 인버터는 제조사가 추천하는 방법에 따라 측정한다.

풀이 인버터 절연저항 측정 시 주의사항

① 정격전압이 입·출력과 다를 때는 높은 측의 전압을 절연저항계의 선택기준으로 한다.
② 입·출력단자에 주회로 이외의 제어단자 등이 있는 경우는 이것을 포함해서 측정한다.
③ 측정할 때는 SPD 등의 정격에 약한 회로들은 회로에서 분리시킨다.
④ 절연변압기를 장착하지 않은 인버터의 경우에는 제조업자가 권장하는 방법에 따라 측정한다.

44 독립형 태양광 발전시스템의 주요 구성장치가 아닌 것은?

① 인버터
② 태양전지모듈
③ 충방전 제어기
④ 송전설비 및 배전시스템

풀이 독립형 태양광 발전시스템의 주요 구성장치

- AC(교류) 부하 : 모듈, 접속함, 인버터, 충·방전 제어기, 축전지
- DC(직류) 부하 : 모듈, 접속함, 충·방전 제어기, 축전지

※ 송전설비 및 배전시스템은 계통연계형 태양광발전시스템의 구성장치이다.

45 전로의 중성점을 접지하는 목적에 해당하지 않는 것은?

① 이상전압의 억제
② 대지전압의 저하
③ 보호장치의 확실한 동작의 확보
④ 부하전류의 일부를 대지로 흐르게 함으로써 전선의 절약

풀이 전로의 중성점을 접지하는 목적

이상전압의 억제, 대지전압의 저하, 보호계전기의 확실한 동작을 확보하기 위함

46 연료전지의 종합반응의 결과물이 아닌 것은?

① 전력 ② 열
③ 물 ④ 수소

풀이 연료전지의 종합반응의 결과물은 전력, 열, 물이며, 수소는 연료전지의 연료에 해당된다.

47 전압의 구분에서 저압의 범위는?

① 직류 1,500[V] 이하 교류 1,000[V] 이하
② 직류 1,000[V] 이하 교류 1,500[V] 이하
③ 직류 750[V] 이하 교류 600[V] 이하
④ 직류 600[V] 이하 교류 750[V] 이하

풀이 전압의 구분

분류	전압의 범위
저압	• 직류 : 1.5[kV] 이하 • 교류 : 1[kV] 이하
고압	• 직류 : 1.5[kV] 초과, 7[kV] 이하 • 교류 : 1[kV] 초과, 7[kV] 이하
특고압	7[kV]를 초과

48 온실가스의 종류가 아닌 것은?

① 메탄 ② 질소
③ 아산화질소 ④ 수소불화탄소

풀이 온실가스의 종류에는 이산화탄소(CO_2), 메탄(CH_4), 아산화질소(N_2O), 수소불화탄소(HFCs), 과불화탄소(PFCs), 육불화황(SF_6)이 있다.

49 저압 전로의 보호도체 및 중성선의 접속방식에 따른 분류 중 전원의 한 점을 직접 접지하고 설비의 노출 도전성 부분을 보호선(PE)을 이용하여 전원의 한 점에 접속하는 접지계통으로 맞는 것은?

① TN 계통 ② TT 계통
③ IT 계통 ④ II 계통

풀이 • TT 계통 : 전원의 한 점을 직접 접지하고 설비의 노출 도전성 부분을 전원계통의 접지극과는 전기적으로 독립한 접지극에 접지하는 방식

정답 44 ④ 45 ④ 46 ④ 47 ① 48 ② 49 ①

- IT 계통 : 충전부 전체를 대지절연시키거나 한 점에 임피던스를 삽입하여 대지에 접속시키고, 전기기기의 노출 도전성 부분을 단독 또는 일괄적으로 접지하거나 계통접지로 접속하는 방식

50 고압전로에 사용하는 포장퓨즈는 정격전류의 몇 배에 견디어야 하는가?

① 1.10 ② 1.25
③ 1.30 ④ 2.00

풀이 고압전로에 시설하는 포장 퓨즈는 정격 전류의 1.3배에 견디고, 2배의 전류에 120분 안에 용단하여야 한다.

51 고압 가공전선으로 내열 동합금선을 사용하는 경우 안전율이 몇 이상이 되는 이도로 시설하여야 하는가?

① 2.0 ② 2.2
③ 2.5 ④ 4.0

풀이 고/저압 가공전선의 안전율에서 경동선 내열 동합금선은 2.2 이상, 기타 전선은 2.5 이상이어야 한다.
※ 이도 : 전선의 처짐 정도

52 변압기의 고압측 전로와의 혼촉에 의하여 저압측 전로의 대지전압이 150[V]를 넘는 경우에 2초 이내에 고압전로를 자동 차단하는 장치가 되어 있는 6,600/220[V] 배전선로에 있어서 1선 지락전류가 2[A]이면 접지저항 값의 최대는 몇 [Ω]인가?

① 50[Ω] ② 75[Ω]
③ 150[Ω] ④ 300[Ω]

풀이 **변압기의 중성점 접지**
변압기의 중성점 접지저항 값은 다음에 의한다.
1) 변압기의 고압 · 특고압측 전로 1선 지락전류로 150을 나눈 값과 같은 저항 값 이하

$$R = \frac{150}{\text{변압기의 고압측 또는 특고압측의 1선 지락전류}}[\Omega]$$

2) 사용전압이 35[kV] 이하의 특고압전로가 저압측 전로와 혼촉하고 저압전로의 대지전압이 150[V]를 초과하는 경우는 저항 값은 다음에 의한다.
① 1초 초과 2초 이내에 고압 · 특고압 전로를 자동으로 차단하는 장치를 설치할 때는 300을 나눈 값 이하

$$R = \frac{300}{\text{변압기의 고압측 또는 특고압측의 1선 지락전류}}[\Omega]$$

② 1초 이내에 고압 · 특고압 전로를 자동으로 차단하는 장치를 설치할 때는 600을 나눈 값 이하

$$R = \frac{600}{\text{변압기의 고압측 또는 특고압측의 1선 지락전류}}[\Omega]$$

$$\therefore R = \frac{300}{\text{1선 지락전류}} = \frac{300}{2} = 150[\Omega]$$

53 태양광발전설비의 안전관리를 위해 안전관리자가 보유하여야 할 장비로 적당하지 않은 것은?

① 검전기
② 각도계
③ 전압 Tester
④ Earth Tester

풀이 각도계는 시공 시 필요한 장비이다.

54 다음 중 무효전력을 조정하는 전기기계기구의 명칭은?

① 변전소
② 전기저장설비
③ 조상설비
④ 인버터

풀이 조상설비는 무효전력을 조정하는 전기기계기구를 말한다.

정답 50 ③ 51 ② 52 ③ 53 ② 54 ③

55 절연변압기가 부착된 태양광인버터의 정격전압의 600[V]일 때 절연저항 측정 시 사용하는 절연저항계는 몇 [V]용을 이용하는가?

① 500 ② 1,000
③ 2,000 ④ 3,000

풀이 절연변압기 부착된 인버터 회로의 시험 기자재
- 인버터 정격전압 300[V] 이하 : 500[V] 절연저항계(메거)
- 인버터 정격전압 300[V] 초과 600[V] 이하 : 1,000[V] 절연저항계(메거)

56 태양광발전소 등의 울타리 및 담 등의 높이는 몇 [m] 이상이어야 하는가?

① 1 ② 1.2
③ 2 ④ 2.2

풀이 변 · 발전소 등의 울타리 및 담 등의 높이는 2[m] 이상으로 하고, 지표면과 울타리, 담 등의 하단 사이의 간격은 15[m] 이하로 하여야 한다.

57 과전류 차단기 생략 장소로 틀린 것은?

① 접지공사 접지선
② 다선식 선로의 중성선
③ 저압가공전선로의 접지 측 전선
④ 분전반의 분기회로

풀이 과전류 차단기 생략 장소는 접지선과 중성선이며, 분기회로에는 과전류 차단기를 설치해야 한다.

58 합성수지관공사에서 관의 지지점 간의 거리는 몇 [m] 이하로 하여야 하는가?

① 1.0 ② 1.5
③ 2.0 ④ 2.3

풀이 합성수지관공사에서 관의 지지점 간의 거리는 1.5[m] 이하로 하여야 한다.

59 다음 중 자가용 태양광발전설비의 정기검사 시행기관은?

① 산업통상자원부
② 한국전기기술인협회
③ 한국전기안전공사
④ 한국전력공사

60 접지공사의 시설기준으로 틀린 것은?

① 접지극은 지하 75[cm] 이상의 깊이로 매설할 것
② 접지선은 지표상 75[cm]까지 절연전선 및 케이블을 사용할 것
③ 접지선은 지하 75[cm]부터 지표상 2[m]까지는 합성수지관 또는 절연몰드 등으로 보호한다.
④ 접지극은 지중에서 금속체와 1[m] 이상 이격할 것

풀이 접지선은 지표상 2[m]까지는 합성수관 또는 절연몰드 등으로 보호한다.

정답 55 ② 56 ③ 57 ④ 58 ② 59 ③ 60 ②

005 모의고사 5회

01 충전전로를 취급하는 근로자가 착용하는 절연용 보호구가 아닌 것은?

① 절연 고무장갑 ② 절연 안전모
③ 절연 담요 ④ 절연화

풀이 작업자의 감전사고를 방지하기 위해 작업자가 착용하는 절연용 보호구 : 전기용(절연) 안전모, 전기용(절연) 고무장갑, 전기용(절연) 고무장화(=절연화)

02 연료전지 및 태양전지 모듈의 절연내력에 대한 설명 중 ( ) 안에 들어갈 내용으로 옳은 것은?

> 연료전지 및 태양전지 모듈로 최대사용전압의 (ⓐ)의 직류전압 또는 1배의 교류전압(500[V] 미만으로 되는 경우에는 500[V])을 충전부분과 대지 사이에 연속하여 (ⓑ)간 가하여 절연내력을 시험하였을 때 견디는 것

① ⓐ : 1.5배, ⓑ : 10분
② ⓐ : 1.5배, ⓑ : 15분
③ ⓐ : 2배, ⓑ : 10분
④ ⓐ : 2배, ⓑ : 15분

풀이 전기설비기술기준 제15조(연료전지 및 태양전지 모듈의 절연내력)
연료전지 및 태양전지 모듈로 최대 사용전압의 1.5배의 직류전압 또는 1배의 교류전압(500[V] 미만으로 되는 경우에는 500[V])을 충전 부분과 대지 사이에 연속하여 10분간 가하여 절연 시험하였을 때 견디는 것

03 발전설비용량 200[kW] 초과 3,000[kW] 이하인 발전사업의 허가를 신청하는 경우 사업계획서 구비서류로 틀린 것은?

① 발전원가명세서(발전사업 또는 구역전기사업의 허가를 신청하는 경우만 해당한다.)
② 전기설비 건설 및 운영계획 관련 증명서류
③ 부지의 확보 및 배치 계획 관련 증명서류
④ 송전관계 일람도

풀이 전기사업법 시행규칙[별표1의 2] 사업계획서 구비서류(제4조 제1항 제1호 관련)
발전설비용량 200[kW] 초과 3,000[kW] 이하인 발전사업의 허가를 신청하는 경우 사업계획서 구비서류 : 전기설비건설 및 운영 계획 관련 증명서류, 송전관계 일람도, 발전원가명세서(발전사업 또는 구역전기사업의 허가를 신청하는 경우만 해당한다.)

04 온실가스에 해당되지 않는 것은?

① 질소(N_2) ② 메탄(CH_4)
③ 육불화황(SF_6) ④ 이산화탄소(CO_2)

풀이 "온실가스"란 이산화탄소(CO_2), 메탄(CH_4), 아산화질소(N_2O), 수소불화탄소(HFCs), 과불화탄소(PFCs), 육불화황(SF_6) 및 그 밖에 대통령령으로 정하는 것으로 적외선 복사열을 흡수하거나 재방출하여 온실효과를 유발하는 대기 중의 가스 상태의 물질을 말한다.

05 빙설이 많고 인가가 많이 연결되어 있는 장소에 시설하는 고압 가공전선로의 지지물에 적용되는 풍압하중은?

① 갑종 풍압하중
② 을종 풍압하중
③ 병종 풍압하중
④ 갑종 풍압하중과 을종 풍압하중을 각 설비에 따라 혼용

풀이 전기설비기술기준 제62조(풍압하중의 종별과 적용)
④ 인가가 많이 연접되어 있는 장소에 시설하는 가공전선로의 구성재 중 다음 각 호의 풍압하중에 대하여는 제3항의 규정에도 불구하고 갑종 풍압하중 또는 을종 풍압하중 대신에 병종 풍압하중을 적용할 수 있다.

정답 01 ③ 02 ① 03 ③ 04 ① 05 ③

1. 저압 또는 고압 가공전선로의 지지물 또는 가섭선
2. 사용전압이 35[kV] 이하의 전선에 특고압 절연전선 또는 케이블을 사용하는 특고압 가공전선로의 지지물, 가섭선 및 특고압 가공전선을 지지하는 애자장치 및 완금류

06 태양의 빛에너지를 변환시켜 전기를 생산하거나 채광(採光)에 이용하는 설비는?

① 풍력 설비 ② 태양광 설비
③ 태양열 설비 ④ 바이오에너지 설비

풀이 신재생에너지법 시행규칙 제2조(신 · 재생에너지 설비)
태양광 설비 : 태양의 빛에너지를 변환시켜 전기를 생산하거나 채광(採光)에 이용하는 설비

07 태양광발전시스템에 대한 정기점검에서 접속함 출력단자와 접지 간의 절연상태 이상 여부를 판정하는 절연저항값이 기준치는 최소 몇 [MΩ] 이상인가?(단, 절연저항계(메거)의 측정전압은 직류 500[V]이다.)

① 0.5 ② 1
③ 1.5 ④ 2

풀이 접속함 출력단자와 접지 간의 절연상태 이상 여부를 판정하는 절연저항값이 기준치는 최소 1[MΩ] 이상이어야 한다.(500[V] 절연저항계)

08 3상 변압기 병렬운전 결선방식이 아닌 것은?

① Δ－Δ와 Δ－Δ
② Y－Δ와 Y－Δ
③ Δ－Y와 Y－Δ
④ Y－Δ와 Y－Y

풀이 Y－Δ와 Y－Y 결선방식은 위상 불일치루 변압기 병렬운전이 불가능하다.

09 태양광발전시스템에 사용되는 축전지의 일상점검 중 육안점검의 항목으로 틀린 것은?

① 전해액면 저하 ② 전해액의 변색
③ 외함의 변형 ④ 단자전압

풀이 일상점검 중 육안점검은 공구, 계측기를 사용하지 않는 점검이며, 단자전압은 계측기로 측정한다.

10 태양광발전 모니터링 프로그램의 기본 기능으로 틀린 것은?

① 데이터 연산기능 ② 데이터 수집기능
③ 데이터 저장기능 ④ 데이터 분석기능

풀이 태양광발전 모니터링 프로그램의 기본기능
데이터 수집기능, 데이터 저장기능, 데이터 분석기능, 데이터 통계기능

11 전기사업용 태양광발전소의 태양전지 · 전기설비계통은 정기검사를 몇 년 이내에 받아야 하는가?

① 3 ② 4
③ 5 ④ 10

풀이 전기사업법 시행규칙 [별표 10]에 의거 태양광 · 전기설비 계통의 정기검사 시기는 4년 이내이다.

12 도선의 길이가 2배로 늘어나고, 지름이 1/2로 줄어들 경우 그 도선의 저항은?

① 4배 증가 ② 4배 감소
③ 8배 증가 ④ 8배 감소

풀이 도선의 저항(R)

$R=\rho\frac{l}{A}=\rho\frac{l}{\frac{\pi D^2}{4}}$ 에서 l,

D를 제외한 모든 변수를 k로 치환하여 계산하면,

$R'=k\frac{l}{D^2}=k\frac{2l}{(\frac{1}{2}D)^2}=8R$

∴ 저항은 8배 증가한다.

정답 06 ② 07 ② 08 ④ 09 ④ 10 ① 11 ② 12 ③

13 태양전지의 효율적인 반응을 위한 에너지 밴드갭[eV]은?

① 0~0.5 ② 0.5~1.0
③ 1~1.5 ④ 1.5~2

풀이 태양전지의 효율적인 반응을 위한 에너지 밴드갭[eV]은 1.0~1.5[eV]이다.

14 태양광시스템에서 방화구획 관통부를 처리하는 주된 목적은?

① 다른 설비로의 화재확산 방지
② 배전반 및 분전반 보호
③ 태양전지 어레이 보호
④ 인버터 보호

풀이 방화구획 관통부를 처리하는 주된 목적은 '화재확산 방지'이다.

15 태양광 모듈의 전기배선 및 접속함 시공방법으로 틀린 것은?

① 접속 배선함 연결부위는 일체형 전용 커넥터를 사용
② 역전류방지 다이오드의 용량은 모듈 단락전류의 1.4배 이상일 것
③ 전선의 지면을 통과하는 경우에는 피복에 손상이 발생되지 않도록 조치
④ 1대의 인버터에 연결된 태양전지 직렬군이 2병렬 이상일 경우에는 각 직렬군의 출력 전류가 동일하도록 배열

풀이 1대의 인버터에 연결된 태양전지 직렬군이 2병렬 이상일 경우에는 각 직렬군의 출력전압이 동일하도록 배열해야 한다.

※ KS C 8567(태양광발전용 접속함)이 17.08.23일 개정됨에 따라 역전류 방지다이오드의 용량은 모듈단락 전류의 1.4배 이상이어야 하며 현장에서 확인할 수 있도록 표시하여야 한다.

16 인버터(파워컨디셔너)의 일상점검 항목이 아닌 것은?

① 외부배선(접속케이블)의 손상
② 가대의 부식 및 오염 상태
③ 외함의 부식 및 파손
④ 표시부의 이상 표시

풀이 가대는 태양전지 어레이의 구성항목이다.

17 태양광발전설비 용량 2[MWp], 일일 평균발전시간이 4.2시간인 경우 연간발전량은 몇 [MWh]인가?(단, 1년은 365일, 효율은 100[%]로 한다.)

① 5,037 ② 3,066
③ 1,096 ④ 650

풀이 연간발전량 = 발전 설비용량 × 1일 평균발전시간 × 365일 × 효율
= 2[MWp] × 4.2[h/day] × 365[day] × 1
= 3,066[MWh]

18 태양광발전에 영향을 주는 인자끼리 바르게 묶인 것은?

① 전압 – 온도, 전류 – 풍량
② 전압 – 온도, 전류 – 일사량
③ 전압 – 풍량, 전류 – 일사량
④ 전압 – 일사량, 전류 – 온도

풀이 태양광발전에 영향을 주는 인자로 전압은 온도에 반비례하고, 전류는 일사량에 비례한다.

19 변압기에 대한 일상점검의 항목으로 틀린 것은?

① 온도계의 표시가 적정 온도범위에서 유지되는지 여부
② 코로나에 의한 이상한 소리의 발생 여부
③ 과열에 의한 이상한 냄새의 발생 여부
④ 냉각팬 필터 부분의 막힘 여부

풀이 냉각팬 필터 부분의 막힘 여부 점검은 인버터의 일상점검 항목이다.

정답 13 ③ 14 ① 15 ④ 16 ② 17 ② 18 ② 19 ④

20 감전의 위험을 방지하기 위해 정전작업 시에 작성하는 정전작업요령에 포함되는 사항이 아닌 것은?

① 정전확인순서에 관한 사항
② 단독 근무 시 필요한 사항
③ 단락접지 실시에 관한 사항
④ 시운전을 위한 일시운전에 관한 사항

풀이 정전작업 요령에 포함되어야 할 사항
- 작업책임자의 임명, 정전범위 및 절연용 보호구의 작업시작 전 점검 등 작업 시 작업에 필요한 사항
- 전로 또는 설비의 정전순서에 관한 사항
- 개폐기 관리 및 표지판 부착에 관한 사항
- 정전 확인순서에 관한 사항
- 단락접지 실시에 관한 사항
- 전원 재투입순서에 관한 사항
- 점검 또는 시운전을 위한 일시운전에 관한 사항

21 변전소의 설치목적이 아닌 것은?

① 송배전선로 보호
② 전력 조류의 제어
③ 전압의 변성과 조정
④ 전력의 발생과 분배

풀이 전력의 발생(생산)은 발전소의 기능이다.

22 태양광발전시스템의 응급조치순서 중 차단과 투입순서가 옳은 것은?

ⓐ 한전차단기
ⓑ 접속함 내부 차단기
ⓒ 인버터

① ⓒ → ⓑ → ⓐ, ⓐ → ⓑ → ⓒ
② ⓒ → ⓑ → ⓐ, ⓐ → ⓑ → ⓒ
③ ⓑ → ⓒ → ⓐ, ⓐ → ⓒ → ⓑ
④ ⓐ → ⓑ → ⓒ, ⓐ → ⓑ → ⓒ

풀이 태양광발전시스템의 응급조치순서
- 차단순서 : 접속함 내부 차단기 → 인버터 → 한전 차단기
- 투입순서 : 한전차단기 → 인버터 → 접속함 내부 차단기

23 과도 과전압을 제한하고 서지전류를 우회시키는 장치의 약어는?

① DS ② SPD
③ ELB ④ MCCB

풀이
- DS(Disconnector Switch) : 단로기(무부하 상태에서만 조작, 회로 분리)
- SPD(Surge Protection Device) : 서지보호장치(과도 과전압을 제한하고 서지전류를 우회시키는 장치)
- ELB(Earth Leakage Breaker) : 누전차단기(전로의 지락사고를 검출 동작하여 감전 및 화재 예방)
- MCCB(Molded Case Circuit Breaker) : 배선용 차단기(전로의 과부하 단락보호)

24 운전상태에서 점검이 가능한 점검분류는 무엇인가?

① 정기점검(보통) ② 정기점검(세밀)
③ 임시점검 ④ 일상점검

풀이 운전(통전)상태에서 점검이 가능한 점검은 일상점검이다.

25 뇌보호형 부품이 아닌 것은?

① 서지흡수기(SA)
② 내뢰트랜스
③ 단로기
④ 피뢰기(LA)

풀이 단로기(DS)는 무부하 전로만 개폐할 수 있는 개폐기로 회로 분리목적으로만 사용된다.

정답 20 ② 21 ④ 22 ③ 23 ② 24 ④ 25 ③

26 금속관 공사에 의한 저압 옥내 배선 시 콘크리트에 매설하는 경우 관의 최소 두께[mm]는?

① 1.0 ② 1.2
③ 1.4 ④ 1.6

풀이 금속관 공사
관의 두께는 다음에 의할 것
- 콘크리트에 매입하는 것은 1.2[mm] 이상
- 콘크리트 매입 이외의 것은 1[mm] 이상

27 태양전지 어레이의 일상점검 항목 중 육안점검 내용으로 틀린 것은?

① 표면의 오염 및 파손
② 보호계전기의 설정
③ 지지대의 부식 및 녹
④ 외부배선(접속케이블)의 손상

풀이 보호계전기는 태양전지어레이의 구성항목이 아니며, 수변전설비 등 계통의 사고에 대해 보호대상을 완전히 보호하고 각종 기기에 손상을 최소화하는 목적으로 설치한다.

28 태양광발전시스템의 일반적인 시공절차에 대한 순서로 옳은 것은?

① 반입 자재 검수 → 토목공사 → 기기설치공사 → 전기배관배선공사 → 점검 및 검사
② 토목공사 → 반입 자재 검수 → 기기설치공사 → 전기배관배선공사 → 점검 및 검사
③ 반입 자재 검수 → 토목공사 → 전기배관배선공사 → 기기설치공사 → 점검 및 검사
④ 토목공사 → 반입 자재 검수 → 전기배관배선공사 → 기기설치공사 → 점검 및 검사

풀이 시공절차
토목공사 → 반입 자재 검수 → 기기설치공사 → 전기배관배선공사 → 점검 및 검사

29 전기사업법에 따라 전력시장에 전력을 직접 구매할 수 있는 전기사용자의 수전설비 용량은 몇 [kVA] 이상인가?

① 10,000 ② 20,000
③ 30,000 ④ 50,000

풀이 전기사업법 시행령 제20조(전력의 직접 구매) 법 제32조 단서에서 "대통령령으로 정하는 규모 이상의 전기사용자"란 수전설비(受電設備)의 용량이 3만[kVA] 이상인 전기사용자를 말한다.

30 지상에 태양전지 어레이를 설치하기 위한 기초형식 중 지지층이 얕은 경우에 사용하는 방식이 아닌 것은?

① 말뚝 기초 ② 직접 기초
③ 독립 푸팅 기호 ④ 복합 푸팅 기초

풀이
- 얕은 기초(지지층이 얕은 경우) : 직접 기초, 독립 푸팅 기초, 복합 푸팅 기초
- 깊은 기초(지지층이 깊은 경우) : 말뚝 기초

31 그림은 PV(Photovoltaic) 어레이의 구성도를 나타낸 것이다. 전류 I[A]와 단자 A, B 사이의 전압[V]은?

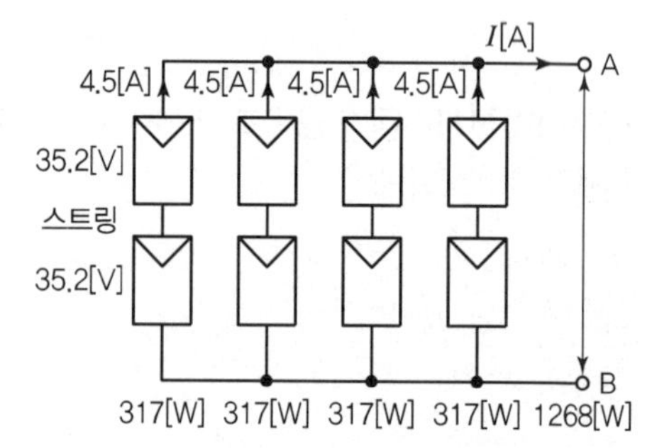

① 4.5[A], 35.2[V] ② 4.5[A], 70.4[V]
③ 18[A], 35.2[V] ④ 18[A], 70.4[V]

풀이 직렬연결은 전압이 상승하고, 병렬연결은 전류가 상승한다.
전류=4.5[A]×4개 병렬=18[A], 전압
=35.2[V]×2개 직렬=70.4[V]

정답 26 ② 27 ② 28 ② 29 ③ 30 ① 31 ④

32 저압배전 선로의 역조류가 있는 경우에 인버터의 단독운전을 검출하는 계전 요소가 아닌 것은 어느 것인가?

① 거리 계전기 ② 과전압 계전기
③ 주파수 계전기 ④ 부족전압 계전기

풀이 저압 연계 시 단독운전을 검출하는 계전 요소는 과전압 계전기(OVR), 부족전압 계전기(UVR), 과주파수 계전기(OFR), 저주파수 계전기(UFR)이다.

33 신 · 재생에너지 공급의무화제도에서 공급의무자가 아닌 것은?

① 한국석유공사
② 한국남부발전
③ 한국수자원공사
④ 한국지역난방공사

풀이 신재생에너지법 제18조의3(신 · 재생에너지 공급의무자) ① 법 제12조의5제1항에서 "대통령령으로 정하는 자"란 다음 각 호의 어느 하나에 해당하는 자를 말한다.

1. 법 제12조의5제1항제1호 및 제2호에 해당하는 자로서 50만킬로와트 이상의 발전설비(신 · 재생에너지 설비는 제외한다)를 보유하는 자
2. 「한국수자원공사법」에 따른 한국수자원공사
3. 「집단에너지사업법」 제29조에 따른 한국지역난방공사

34 전기설비기술기준에서는 관광숙박업에 이용되는 객실의 입구에 조명용 전등을 설치할 경우 몇 분 이내에 소등되는 타임스위치를 시설해야 하는가?

① 1 ② 2
③ 3 ④ 5

풀이 전기설비기술기준 제177조(점멸장치와 타임스위치 등의 시설)

② 조명용 전등을 설치할 때에는 다음 각 호에 따라 타임스위치를 시설하여야 한다.

1. 관광진흥법과 공중위생법에 의한 관광숙박업 또는 숙박업(여인숙업을 제외한다)에 이용되는 객실의 입구 등은 1분 이내에 소등되는 것일 것
2. 일반주택 및 아파트 각 호실의 현관등은 3분 이내에 소등되는 것일 것

35 위도가 36.5°일 때, 동지 시 남중고도는?

① 45° ② 40.5°
③ 35° ④ 30°

풀이 절기별 태양의 남중고도

- 춘 · 추분 시 남중고도=90°−위도
- 하지 시 남중고도=90°−위도+23.5°
- 동지 시 남중고도=90°−위도−23.50°

∴ 동지 시 남중고도=90°−36.50−23.5°=30°

36 접지극의 물리적인 접지저항 저감방법 중 수직공법인 것은?

① 보링공법
② MESH 공법
③ 접지극의 치수확대
④ 접지극의 병렬접속

풀이 물리적인 접지저항 저감방법 중 수직공법은 보링공법이다.

37 태양광발전시스템의 개방전압을 측정할 때 유의해야 할 사항으로 틀린 것은?

① 태양전지 어레이의 표면은 청소하지 않아도 된다.
② 태양전지 셀은 비오는 날에도 미소한 전압을 발생하고 있으므로 매우 주의하여 측정하여야 한다.
③ 각 스트링의 측정은 안정된 일사강도 읻어질 때 실시한다.
④ 측정시각은 일사강도, 온도의 변동을 극히 적게 하기 위해 맑을 때, 남쪽에 있을 때의 전후 1시간에 실시하는 것이 바람직하다.

풀이 개방전압을 측정 전에 태양전지 어레이의 표면을 청소할 필요가 있다.

정답 32 ① 33 ① 34 ① 35 ④ 36 ① 37 ①

38 수상태양광발전설비에 대한 설명으로 잘못된 것은?

① 수상태양광발전설비 모듈과 함께 인버터를 설치한다.
② 상부에 설치된 자재 및 작업자의 총량을 고려한 부력을 가져야 한다.
③ 홍수, 태풍, 주위변화 등에도 안전성을 유지하기 위해 계류장치를 사용한다.
④ 수상에 설치된 발전설비는 수중생태 등의 환경에 대한 고려가 있어야 한다.

풀이 모듈은 수상에 설치하고, 중량물인 인버터는 지상에 설치한다.

39 태양광발전시스템을 상용전원과 병렬운전 하고자 할 때, 파워컨디셔너(PCS)의 일치조건이 아닌 것은?

① 전압 ② 주파수
③ 전류 ④ 위상

풀이 태양광발전시스템의 인버터를 상용전원(계통)과 연계할 때에는 전압, 주파수, 위상을 일치시켜야 한다.

40 태양전지 모듈의 표준시험에 사용되는 대기질량지수(AM)는?

① 0.0 ② 0.5
③ 1.0 ④ 1.5

풀이 태양전지 모듈의 표준시험에 사용되는 대기질량지수(AM)는 1.5이다.

41 접속함 내부의 구성기기가 아닌 것은?

① 주 개폐기 ② 단자대
③ 바이패스소자 ④ 역류방지소자

풀이 바이패스소자는 모듈의 단자함에 설치된다.

42 태양광발전시스템에 사용하는 CV 케이블의 최고 허용온도는 몇 [℃]인가?

① 80 ② 90
③ 100 ④ 110

풀이 CV 케이블의 최고 허용온도는 90[℃]이다.

43 태양전지 모듈 설치 시 감전사고 방지를 위한 대책이 아닌 것은?

① 태양전지 모듈 표면의 차광시트를 제거한다.
② 강우 또는 강설 시에는 작업을 하지 않는다.
③ 절연처리된 공구를 사용한다.
④ 절연장갑을 착용한다.

풀이 감전방지를 위해서는 태양전지 모듈 표면에 차광시트를 씌운다.

44 태양전지에서 생산된 전력 3[kW]가 인버터에 입력되어 인버터 출력이 2.4[kW]가 되면 인버터의 변환효율은 몇 [%]인가?

① 70 ② 80
③ 90 ④ 95

풀이 인버터의 효율(η)

$$= \frac{\text{출력(AC)전력}}{\text{입력(DC)전력}} \times 100[\%]$$

$$= \frac{2.4}{3} \times 100[\%] = 80[\%]$$

45 PN접합 다이오드의 순 바이어스란?

① 인가전압의 극성과는 관계가 없다.
② 반도체의 종류에 관계없이 같은 극성의 전압을 인가한다.
③ P형 반도체에 +, N형 반도체에 −의 전압을 인가한다.
④ P형 반도체에 −, N형 반도체에 +의 전압을 인가한다.

정답 38 ① 39 ③ 40 ④ 41 ③ 42 ② 43 ① 44 ② 45 ③

풀이 • 순 바이어스 : P형 반도체에 +, N형 반도체에 − 의 전압을 인가
• 역 바이어스 : 모형 반도체에 −, N형 반도체에 + 의 전압을 인가

46 축전지의 기대수명 결정요소와 거리가 먼 것은 어느 것인가?

① 축전지 용량 ② 방전심도(DOD)
③ 방전횟수 ④ 사용온도

풀이 축전지의 기대수명 결정요소에는 방전심도, 방전횟수, 사용온도가 있으며, 이 중 방전심도의 영향을 가장 많이 받는다.

47 태양광발전시스템을 분류하는 방법으로 일반적인 기준이 아닌 것은?

① 부하의 형태 ② 계통연계 유무
③ 축전지의 유무 ④ 태양전지의 종류

풀이 태양광발전시스템을 분류하는 방법은 계통연계 유무, 축전지의 유무, 부하의 형태(직류, 교류)에 따라 분류된다.

48 다음 중 수평축 풍력발전시스템은?

① 사보니우스형 ② 다리우스형
③ 파워타워형 ④ 프로펠러형

풀이 • 수평축 풍력발전 : 프로펠러형, 더치형, 세일윙형, 플레이트형
• 수직축 풍력발전 : 다리우스형, 사보니우스형, 크로스 플로우형, 패들형

49 재생에너지의 장점에 대한 일반적인 설명으로 틀린 것은?

① 대부분의 재생에너지는 매우 저렴한 비용으로 얻을 수 있다.
② 대부분의 재생에너지는 공해가 적거나 거의 없다.
③ 재생에너지원은 지속적으로 존재하며 고갈되지 않는다.
④ 재생에너지원은 지역적으로 개발되는 특성을 가진다.

풀이 재생에너지(태양, 풍력, 수력, 해양, 지열, 바이오, 폐기물)는 환경친화적 에너지이지만, 시설비가 매우 높은 편이다.

50 태양광 인버터의 기능이 아닌 것은?

① 자동운전 정지기능
② 최대전력 추종제어기능
③ 전압자동 조정기능
④ 교류를 직류로 변환하는 기능

풀이 태양광 인버터는 직류를 교류로 변환하는 기능이 있으며, 교류를 직류로 변환하는 기능을 갖는 것은 정류기이다.

51 다음에 설명으로 목질계 바이오매스는?

> 목재 가공과정에서 발생하는 건조된 목재 잔재를 압축하여 생산하는 작은 원통 모양의 표준화된 목질계 연료이다.

① 목질 브리켓 ② 목질칩
③ 목질 펠릿 ④ 목탄

풀이 ① 목질 펠릿 : 톱밥이나 목피 및 폐목재를 균일하게 파쇄하고 압축하여 생산하는 원통 모양의 표준화된 목질계 연료로 크기는 지름 6~15[mm], 길이 32[mm] 이하로 제한하는 목질계 연료(고위발열량)
② 목재 브리킷 : 유해물질에 의해 오염되지 않은 목재를 파쇄하고 압축하여 생산하는 원통형, 직사각형, 직육면체, 굴곡있는 원통형 등 여러 모양으로 만들어진 목질계 연료(저위발열량)
③ 목질(우드)칩 : 뿌리, 가지, 임목 부산물을 분쇄하여 제조된 목질계 연료
④ 목탄 : 나무 따위의 유기물을 불완전 연소시켜서 만든 목질계 연료

정답 46 ① 47 ④ 48 ④ 49 ① 50 ④ 51 ③

52 전기사업법에서 정의하는 용어 중 전기설비의 종류가 아닌 것은?

① 일반용 전기설비
② 자가용 전기설비
③ 전기사업용 전기설비
④ 항공기에서 사용하는 전기설비

풀이 전기사업법 제2조(정의)
"전기설비"란 발전 · 송전 · 변전 · 배전 또는 전기사용을 위하여 설치하는 기계 · 기구 · 댐 · 수로 · 저수지 · 전선로 · 보안통신선로 및 그 밖의 설비(「댐건설 및 주변지역 지원 등에 관한 법률」에 따라 건설되는 댐 · 저수지와 선박 · 차량 또는 항공기에 설치되는 것과 그 밖에 대통령령으로 정하는 것은 제외한다)로서 다음 각 목의 것을 말한다.
가. 전기사업용전기설비
나. 일반용전기설비
다. 자용전기설비

53 저항 1[kΩ], 커패시터 5,000[μF]의 R-C직렬회로에 100[V] 전압을 인가하였을 때, 시정수는 몇 [sec]인가?

① 0.5　② 5
③ 10　④ 15

풀이 $R-C$ 직렬회로의 시정수
$\tau = RC = 1 \times 10^3 \times 5{,}000 \times 10^{-6} = 5[\mathrm{sec}]$

54 전기를 생산하여 이를 전력시장을 통하여 전기판매사업자에게 공급하는 것을 주된 목적으로 하는 사업은?

① 배전사업
② 송전사업
③ 발전사업
④ 변전사업

풀이 발전사업 전기를 생산하여 이를 전력시장을 통하여 전기판매업자에게 공급하는 것을 주된 목적으로 하는 사업을 말한다.

55 같은 발전용량을 생산하기 위해 태양광 전지의 재료의 종류 중 가장 큰 대지 또는 지붕 면적이 필요한 재료는?

① CIS
② 단결정
③ 다결정
④ 비정질 실리콘

풀이 효율이 가장 낮은 것을 사용할 때 가장 큰 면적이 필요하다.
태양전지 재료의 효율 : 단결정 > 다결정 > 화합물(CIS) > 비정질 실리콘

56 전기공사기술자로 인정을 받으려는 사람을 전기공사기술자로 인정한 후 전기공사기술자의 등급 및 경력 등에 관한 증명서를 해당 전기공사기술자에게 발급하는 자는?

① 시 · 도지사
② 전기공사협회장
③ 산업통상자원부장관
④ 한국산업인력공단 이사장

풀이 전기공사업법 제17조의2(전기공사기술자의 인정)
③ 산업통상자원부장관은 제1항에 따른 신청인을 전기공사기술자로 인정하면 전기공사기술자의 등급 및 경력 등에 관한 증명서(이하 "경력수첩"이라 한다)를 해당 전기공사기술자에게 발급하여야 한다.

57 전기설비기술기준에서 지중전선로에 케이블을 사용하여 관로식으로 시설할 경우 매설깊이를 몇 [m] 이상으로 하여야 하는가?

① 0.3
② 0.6
③ 0.8
④ 1.0

정답 52 ④　53 ②　54 ③　55 ④　56 ③　57 ④

풀이 전기설비기술기준 제136조(지중 전선로의 시설)

① 지중 전선로는 전선에 케이블을 사용하고 또한 관로식 · 암거식(暗渠式) 또는 직접 매설식에 의하여 시설하여야 한다.

② 지중 전선로를 관로식 또는 암거식에 의하여 시설하는 경우에는 다음 각 호에 따라야 한다.

1. 관로식에 의하여 시설하는 경우에는 매설 깊이를 1.0[m] 이상으로 하되, 매설 깊이가 충분하지 못한 장소에는 견고하고 차량이나 기타 중량물의 압력에 견디는 것을 사용할 것. 다만 중량물의 압력을 받을 우려가 없는 곳은 60[m] 이상으로 한다.

58 전기설비기술기준에서 태양전지 발전소에 시설하는 전선의 굵기는 연동선인 경우 몇 [mm²] 이상이어야 하는가?

① 1.6 ② 2.5
③ 3.5 ④ 5.5

풀이 전기설비기술기준 제54조(태양전지 모듈 등의 시설)

4. 전선은 다음에 의하여 시설할 것. 다만, 기계기구의 구조상 그 내부에 안전하게 시설할 수 있을 경우에는 그러하지 아니하다.
 가. 전선은 공칭단면적 2.5[mm²] 이상의 연동선 또는 이와 동등 이상의 세기 및 굵기의 것일 것

59 전선의 접속방법으로 틀린 것은?

① 접속부분의 전기저항을 증가시킬 것
② 접속부분은 접속관 기타의 기구를 사용할 것
③ 전선의 세기를 20[%] 이상 감소시키지 아니할 것
④ 전기화학적 성질이 다른 도체를 접속하는 경우에는 접속부분에 전기적 부식이 생기지 아니하도록 할 것

풀이 전선의 접속방법

- 전선의 전기저항을 증가시키지 아니하도록 접속할 것
- 전선의 세기를 20[%] 이상 감소시키지 아니할 것
- 접속부분은 금속관 기타의 기구를 사용할 것
- 접속부분은 절연전선의 절연물과 동등 이상의 절연효력이 있는 것으로 피복할 것
- 전선 상호 접속 시에는 코드 접속기, 접속함 기타의 기구를 사용할 것
- 전기화학적 성질이 다른 도체를 접속하는 경우에는 접속부분에 전기적 부식이 생기지 아니하도록 할 것

60 저압 연접 인입선의 시설 규정을 준수하지 않은 내용은?

① 옥내를 통과하지 않도록 했다.
② 폭 4[m]을 초과하는 도로를 횡단하였다.
③ 경간이 20[m]인 곳에서 ACSR을 사용하였다.
④ 인입선에서 분기하는 점으로부터 100[m]을 초과하지 않았다.

풀이 전기설비기술기준 제100조(저압 인입선의 시설)

① 저압 가공인입선은 제79조부터 제84조까지 · 제87조 및 제89조의 규정에 준하여 시설하는 이외에 다음 각 호에 따라 시설하여야 한다.

1. 전선이 케이블인 경우 이외에는 인장강도 2.30[kN] 이상의 것 또는 지름 2.6[mm] 이상의 인입용 비닐절연전선일 것. 다만, 경간이 15[m] 이하인 경우는 인장강도 1.25[kN] 이상의 것 또는 지름 2[mm] 이상의 인입용 비닐절연전선일 것
2. 전선은 절연전선, 다심형 전선 또는 케이블일 것

제101조(저압 연접 인입선의 시설) 저압 연접 인입선은 제100조의 규정에 준하여 시설하는 이외에 다음 각 호에 따라 시설하여야 한다.

1. 인입선에서 분기하는 점으로부터 100[m]을 초과하는 지역에 미치지 아니할 것
2. 폭 5[m]를 초과하는 도로를 횡단하지 아니할 것
3. 옥내를 통과하지 아니할 것

정답 58 ② 59 ① 60 ③

006 모의고사 6회

01 태양전지의 표준시험(STC) 조건으로 적합하지 않은 것은?

① 수광조건은 대기질량정수(AM) 1.5의 지역을 기준으로 한다.
② 어레이 경사각은 30°를 기준으로 한다.
③ 빛의 일조강도는 1,000[W/m^2]를 기준으로 한다.
④ 모든 시험의 기준 온도는 25[℃]로 한다.

풀이 태양전지의 표준시험(STC) 조건의 에너지 밀도는 1[m^2]당 1,000[W], 모듈 표면의 온도는 25[℃], 대기질량정수는 AM 1.5이다.

02 트랜스리스 방식 인버터 제어회로의 주요 기능이 아닌 것은?

① 전압 · 전류 제어기능
② MPPT 제어기능
③ 전력변환기능
④ 계통연계 보호기능

풀이
- 인버터의 역할 : 직류전력을 교류전력으로 변환
- 인버터의 주요기능 : 자동운전정지, 최대전력 추종, 단독운전 방지, 자동전압 조정, 직류검출, 직류지락 검출, 계통연계 보호기능 등

03 태양전지를 가정에서 전력용으로 사용하기 위해서는 전압, 전류를 고려하여야 하는데, 괄호 안에 들어갈 내용으로 옳은 것은?

> 전압을 증가시키기 위해서는 (㉠)로 연결하고 전류를 증가시키기 위해서는 (㉡)로 연결한다.

① ㉠ 직렬, ㉡ 직렬
② ㉠ 병렬, ㉡ 병렬
③ ㉠ 직렬, ㉡ 병렬
④ ㉠ 병렬, ㉡ 직렬

풀이 전압은 태양전지를 직렬로 연결하며, 이렇게 직렬로 연결된 모듈을 스트링이라고 한다. 전류를 증가시키기 위해서는 태양전지를 병렬로 연결하여 사용한다.

04 태양광발전시스템의 분전반에 설치되는 구성요소가 아닌 것은?

① 전압계
② 피뢰소자
③ 차단기
④ 인버터

풀이 태양광 발전시스템의 기기설치공사는 어레이, 접속함, 파워컨디셔너(PCS), 분전반 설치공사로 나누어 시공한다. 그러므로 인버터는 분전반과는 별도로 설치하고 분전반에는 차단기, 피뢰소자 전압계 등을 설치한다.

05 케이블의 단말처리 방법으로 가장 적절한 것은 어느 것인가?

① 면 테이프로 단단하게 감는다.
② 비닐 절연테이프를 단단하게 감는다.
③ 자기융착 절연테이프만 여러 번 당기면서 겹쳐 감는다.
④ 자기융착 절연테이프를 겹쳐서 감고 그 위에 다시 보호테이프로 감는다.

풀이 케이블 단말처리
- 모듈전용선(XLPE 케이블)은 내후성이 약하므로, 비닐시스가 벗겨져 절연체가 노출된 채로 장기간 사용하면 절연불량이 야기된다.
- 자기융착테이프 및 보호테이프로 내후성을 증가시킨다.
- 자기융착테이프의 열화를 방지하기 위해 자기융착테이프 위에 다시 한 번 보호테이프를 감는다.

정답 01 ② 02 ③ 03 ③ 04 ④ 05 ④

06 케이블 등이 방화구획을 관통할 경우 관통부의 개구면적을 적절히 시공하여야 한다. 처리 목적과 방법으로 적절하지 않은 것은?

① 관통부분의 충전재 등은 난연성일 것
② 관통부분의 충전재 등은 내열성일 것
③ 화재 발생 시 다른 설비로 화재가 확대되지 않도록 할 것
④ 화재 발생 시 관통부를 통하여 연기가 방출되도록 할 것

풀이 방화구획의 관통부는 화재 시 관통부를 통하여 다른 지역으로의 확산을 방지해야 하며 내연성과 내열성을 갖추어야 한다.

07 기후변화의 심각성을 인식하고 일상생활에서 에너지를 절약하여 온실가스와 오염물질의 발생을 최소화하는 것을 무엇이라 하는가?

① 일상생활 ② 녹색생활
③ 에너지생활 ④ 기후변화생활

풀이 저탄소 녹색성장 기본법에서는 저탄소, 녹색성장, 녹색기술, 녹색산업, 녹색제품. 녹색경영, 녹색생활 등의 녹색 용어를 정의했다.

08 신 · 재생에너지 설비성능검사기관 지정서를 신청인에게 발급하고 공고해야 할 사항이 아닌 것은?

① 지정일 ② 지정번호
③ 대표사 성명 ④ 업무 계획서

풀이 업무계획서는 설비성능검사 신청 시 첨부서류이다. 신 · 재생에너지 설비성능검사기관 지정서를 신청인에게 발급하고, 공고하여야 할 사항은 다음과 같다.
- 성능검사기관의 명칭
- 대표자 성명
- 사무소(주된 사무소 및 지방사무소 등 모든 사무소를 말한다)의 주소
- 지정일
- 지정번호
- 성능검사 대상에 해당하는 신 · 재생에너지 설비의 범위
- 업무 개시일

09 운전상태에 따른 시스템의 발생신호 중 잘못 설명된 것은?

① 태양전지 전압이 저전압이 되면 인버터는 정지한다.
② 태양전지 전압이 과전압이 되면 MC는 ON 상태를 유지한다.
③ 인버터 이상 시 인버터는 자동으로 정지하고 이상신호를 나타낸다.
④ 태양전지 전압이 과전압이 되면 인버터는 정지한다.

풀이 태양전지 전압이 과전압이 되면 MC OFF가 된다.

10 인버터 선정 시 전력품질과 공급안정성 측면에서 고려할 사항이 아닌 것은?

① 노이즈 발생이 적을 것
② 고조파 발생이 적을 것
③ 직류분이 많을 것
④ 기동 · 정지가 안정적일 것

풀이 인버터는 반도체 스위치를 고주파로 스위칭 제어하고 있기 때문에 소자의 불균형 등에 따라 그 출력에는 약간의 직류분이 중첩되는데, 지나치게 큰 직류분은 승압용 변압기에 악영향을 미친다.
이를 방지하기 위해 고주파 변압기 절연방식이나 트랜스리스 방식에서는 출력전류에 중첩되는 직류분이 정격교류 출력전류의 0.5[%] 이하(IEC에서는 1[%] 이하)일 것을 요구하고 있다.

11 태양광발전시스템에 사용하는 피뢰소자 중 전선로에 침입하는 이상전압의 높이를 완화하고 파고치를 저하시키는 장치는?

① 역류방지 소자 ② 서지업서버
③ 내뢰 드랜스 ④ 전압조정장치

풀이 피뢰대책용 부품에는 크게 피뢰소자와 내뢰트랜스 2가지가 있으며. 태양광발전시스템에는 일반적으로

정답 06 ④ 07 ② 08 ④ 09 ② 10 ③ 11 ②

피뢰소자인 어레스터 또는 서지업서버를 사용한다.

- 어레스터 : 낙뢰에 의한 충격성 과전압에 대하여 전기설비의 단자전압을 규정치 이내로 저감시켜 정전을 일으키지 않고 원상태로 회귀하는 장치이다.
- 서지업서버 : 전선로에 침입하는 이상 전압의 높이를 완화하고 파고치를 저하시키는 장치이다.
- 내뢰 트랜스 : 실드 부착 절연 트랜스를 주체로 이에 어레스터 및 콘덴서를 부가시킨 장치로 뇌서지가 침입한 경우 내부에 넣은 어레스터에서의 제어 및 1차측과 2차측 간의 고절연화, 실드에 의한 뇌서지 흐름을 완전히 차단할 수 있도록 한 변압기이다.

12 태양광발전시스템의 단결정 모듈의 특징으로 틀린 것은?

① 제조공정이 간단하다.
② 발전효율이 매우 우수하다.
③ 제조 온도가 높다.
④ 형상 변화가 어렵다.

풀이 단결정 모듈과 다결정 모듈의 특징

구분	단결정 실리콘 셀	다결정 실리콘 셀
제조 방법	복잡하다.	단결정에 비해 간단하다.
실리콘 순도	높다.	단결정에 비해 낮다.
제조 온도	높다.	단결정에 비해 낮다.
효율	높다.	단결정에 비해 낮다.
원가	고가	단결정에 비해 저가

13 태양전지 모듈의 표준시험 조건에서 전지온도는 25[℃]를 기준으로 하고 있다. 허용오차 범위로 옳은 것은?

① 25±0.5[℃]　② 25±1[℃]
③ 25±2[℃]　④ 25±3[℃]

풀이 태양광 모듈의 성능평가를 위한 표준검사 조건(STC ; Standard Test Condition)

- 1,000[W/m^2] 세기의 수직 복사 에너지
- 허용오차 ±2[℃]의 25[℃]의 태양전지 표면온도
- 대기질량정수 AM=1.5

14 수력발전에서 사용되는 수차가 아닌 것은?

① 카플란　② 허브로터
③ 프란시스　④ 펠톤

풀이 수력발전에 사용하는 수차의 종류

- 저낙차 : 2~0[m](카플란, 프란시스 수차)
- 중낙차 : 20~150[m](프로펠러, 카플란, 프란시스 수차)
- 고낙차 : 150[m] 이상(펠턴 수차)

15 접속함 육안점검 항목이 아닌 것은?

① 외함의 부식 및 파손
② 방수처리 상태
③ 절연저항 측정
④ 단자대 나사의 풀림

풀이

접속함(중간단자함)	육안점검	외함의 부식 및 파손
		방수처리
		배선의 극성
		단자대 나사의 풀림
	측정	절연저항(태양전지－접지선)
		절연저항(출력단자－접지 간)
		개방전압 및 극성

16 신·재생에너지 설비를 설치한 시공자는 설비의 소유자에게 법으로 정한 하자보증기간 중에는 성실하게 무상으로 하자보증을 실시하여야 한다. 태양광발전설비의 경우 하자보증기간은?

① 1년　② 2년
③ 3년　④ 4년

풀이 태양광·태양열 주택 설비의 하자보수(신·재생에너지설비의 지원 등에 관한 기준)
하자보증기간은 3년이며, 그 기간 동안 태양광·태양열 주택 설비의 소유주는 신·재생에너지설비를 설치한 전문기업 또는 제조자로부터 무상으로 하자보수를 받을 수 있다.

정답 12 ① 13 ③ 14 ② 15 ③ 16 ③

17 조명용 백열전등을 설치할 때 타임스위치를 시설해야 할 곳은?

① 국부 조명 ② 가정용 전등
③ 아파트 계단 ④ 아파트 현관

풀이 전기설비 기술기준 197조(점멸장치와 타임스위치 등의 시설)
숙박업(여인숙 제외)에 이용되는 객실의 입구등(1분 이내 소등), 일반주택 및 아파트 각 호실의 현관등은 3분 이내에 소등

18 안전공사 및 대행사업자가 안전관리의 업무를 대행할 수 있는 태양광발전설비 용량은 몇 kW 미만인가?

① 1,000 ② 1,500
③ 2,000 ④ 2,500

풀이 안전관리업무 대행 자격요건
- 산업통상자원부령 규모 이하의 전기설비 소유, 점유자는 대행업자에게 대행 가능
- 안전공사 및 대행사업자 : 용량 1,000[kW] 미만
- 장비보유 자격개인대행자 250[kW] 미만
- 자격완화 경우 : 기능사 이상 자격 소지자, 관련학과 졸업 후 경력 3년 이상자, 군-전기 관련 기능사 자격자, 교육이수자

19 태양광발전시스템의 계측 · 표시의 목적에 해당되지 않는 것은?

① 시스템의 운전상태 감시를 위한 계측 또는 표시
② 시스템의 운전상황 및 홍보를 위한 계측 또는 표시
③ 시스템의 부하 사용 전력량을 알기 위한 계측
④ 시스템 기기 및 시스템 종합평가를 위한 계측

풀이 계측기구 · 표시장치의 설치목적
- 시스템의 운전상태를 감시하기 위한 계측 및 표시
- 시스템에 이전 발전 전력량을 알기 위한 계측
- 시스템 기기 또는 시스템 종합평가를 위한 계측
- 시스템의 운전상황을 견학하는 사람 등에세 보여주고, 시스템의 홍보를 위한 계측 또는 표시

20 전기판매사업자의 기본공급 약관에 대한 인가 및 변경 기준으로 틀린 것은?

① 전기판매사업자와 산업통상자원부 간의 권리의무 관계와 책임에 관한 사항이 명확 규정되어 있을 것
② 전기요금이 적정 원가에 적정 이윤을 더한 것일 것
③ 전기요금을 공급 종류별 또는 전압별로 구분하여 규정하고 있을 것
④ 전력량계 등의 전기설비의 설치주체와 비용부담자가 명확하게 규정되어 있을 것

풀이 전기사업법 시행령 제7조(기본공급 약관에 대한 인가기준)
① 전기요금이 적정 원가에 적정 이윤을 더한 것일 것
② 전기요금을 공급 종류별 또는 전압별로 구분하여 규정하고 있을 것
③ 전기판매사업자와 전기사용자 간의 권리의무 관계와 책임에 관한 사항이 명확하게 규정되어 있을 것
④ 전력량계 등의 전기설비의 설치주체와 비용부담자가 명확하게 규정되어 있을 것

21 송전설비의 보수점검을 위한 점검계획 수립 시 고려하여야 할 사항으로 가장 거리가 먼 것은?

① 환경조건 ② 고장이력
③ 설비의 가격 ④ 부하의 상태

풀이 송전설비의 점검계획은 대상기기의 환경조건, 운전조건, 고장이력, 부하의 상태, 설비의 중요성, 경과연수 등에 의하여 영향을 받기 때문에 충분히 고려하여야 한다.

22 태양광발전시스템에서 인버터 측의 이상발생을 내비하여 실치하는 계동연계 보호장치가 아닌 것은?

① 과전압계전기 ② 저전압계전기
③ 과주파수 계전기 ④ 바이패스 다이오드

풀이 인버터의 계통연계 보호장치는 일반적으로 내장되어 있는 경우가 많으나, 발전사업자용 대용량시스템

정답 17 ④ 18 ① 19 ③ 20 ① 21 ③ 22 ④

에서는 인버터와 관계없이 별도로 계통보호용 보호계전시스템을 구성하고 있다.

- 역송전이 있는 저압연계시스템에서는 과전압계전기(OVR), 부족전압계전기(UVR), 주파수 상승계전기(OFR), 주파수 저하계전기(UFR)의 설치가 필요하다.
- 고압 특별고압 연계에서는 지락 과전압 계전기(OVGR)의 설치가 필요하다.

※ 바이패스 다이오드 : 모듈이 셀 일부분에 음영이 발생한 경우 전류 집중으로 인한 열점(Hot Spot)으로 인한 셀의 소손을 방지하기 위하여 설치한다.

23 다음 중 태양광발전시스템의 인버터 회로에 절연내력시험을 실시하는 경우 시험전압을 몇 분간 인가하여 절연파괴 등의 이상 유무를 확인하여야 하는가?

① 1분 ② 3분
③ 5분 ④ 10분

풀이 절연내력

- 태양전지 모듈은 최대사용전압 1.5배의 직류전압 또는 1배의 교류전압(500[V] 미만 경우 500[V])을 충전 부분과 대지 사이에 연속하여 10분간 가하여 견디어야 한다.
- 정류기(최대사용전압이 60[kV] 이하)의 직류 측의 최대사용전압의 1배의 교류전압(500[V] 미만으로 되는 경우에는 500[V])으로 충전 부분과 외함 간에 연속하여 10분간 가하여 견디어야 한다.

24 태양전지 모듈의 전기기기 공사에서 시공 전과 시공 완료 후에 확인하기 위한 체크리스트에 포함되지 않아도 되는 것은?

① 어레이 설치방향
② 피뢰소자의 배치 유무
③ 인버터 출력전압
④ 모듈 개방전압

풀이 태양광발전시스템 전기시공 체크리스트
어레이 설치방향, 기후, 시스템 제조회사명, 용량, 연계 여부, 모듈번호표, 직렬 병렬 등이 있다.

25 태양광 모듈의 수명에 영향을 미치는 요인과 가장 관계가 적은 것은?

① 태양광에 의한 열화
② 기상환경에 의한 열화
③ 열에 의한 열화
④ 기계적 충격에 의한 열화

풀이 태양광 모듈은 옥외에서 약 20년 이상 장기간 사용되므로 자외선, 온도변화, 습도, 바람, 적설, 결빙, 우박 등에 의한 기계적 스트레스, 염분, 기타 부식성 가스 또는 모래, 분진 등의 영향을 받는다. 태양광 모듈에 영향은 크게 기상환경에 의한 열화, 열에 의한 열화, 기계적 충격에 의한 열화로 분류할 수 있다.

26 태양광발전소 유지 정비 시 감전방지책으로 가장 거리가 먼 것은?

① 강우 시에는 작업을 중지한다.
② 저압선로용 절연장갑을 착용한다.
③ 절연처리된 공구들을 사용한다.
④ 태양전지 모듈 표면을 대기로 노출한다.

풀이 감전방지대책

- 모듈에 차광막을 씌워 태양광을 차폐
- 저압 절연장갑을 착용
- 절연공구 사용
- 강우 시에는 감전사고뿐만 아니라 미끄러짐으로 인한 추락사고로 이어질 우려가 있으므로 작업을 금지한다.

27 태양광발전시스템의 점검 및 시험방법에 대한 사항으로 틀린 것은?

① 외관검사
② 운전상황의 확인
③ 절연전류의 측정
④ 태양전지 어레이의 출력 확인

정답 23 ④ 24 ② 25 ① 26 ④ 27 ③

풀이 태양광발전시스템의 점검 및 검사 사항은 주로 육안 검사를 통한 어레이 검사와 측정을 통한 어레이 출력 확인, 절연저항 측정, 접지저항 측정 등을 시행한다.

28 축전지 용량 50[Ah]에 부하를 접속하여 2[A] 전류가 흐르면 몇 시간 동안 사용할 수 있는가?

① 8　② 12
③ 15　④ 25

풀이 $사용시간 = \frac{축전지용량}{부하용량} = \frac{50Ah}{2A} = 25[h]$

29 7,000[V]를 초과하는 전압을 무엇이라 하는가?

① 저압　② 고압
③ 특고압　④ 초고압

풀이

분류	전압의 범위
저압	• 직류 : 1.5[kV] 이하 • 교류 : 1[kV] 이하
고압	• 직류 : 1.5[kV] 초과, 7[kV] 이하 • 교류 : 1[kV] 초과, 7[kV] 이하
특고압	7[kV]를 초과

30 독립형 태양광발전시스템에서 가장 많이 사용되는 축전지는?

① 니켈카드뮴 축전지　② 납축전지
③ 리튬이온전지　④ 니켈금속 하이브리드

풀이 독립형 시스템용 축전지에는 가격이 저렴하고 제작이 쉬운 납축전지를 주로 사용한다. 축전지의 기대수명은 방전심도, 방전횟수, 사용온도에 의해 크게 변한다.

31 전기설비기준에 의한 전선의 접속방법으로 틀린 것은?

① 접속부분의 전기저항을 감소시키지 말 것
② 전선의 인장하중을 20[%] 이상 감소시키지 말 것
③ 접속부분에 전기적 부식이 생기지 않도록 할 것
④ 접속부분은 접속기구를 사용하거나 납땜을 할 것

풀이 전선 접속 시 접속부분의 전기저항을 증가시키지 말아야 한다.

32 태양전지 어레이 회로의 절연내력 측정 시 최대 사용전압의 몇 배의 직류전압을 인가하는가?

① 1.5배　② 2.5배
③ 3.5배　④ 4.5배

풀이 태양전지 모듈은 최대사용전압 1.5배의 직류전압 또는 1배의 교류전압(500[V] 미만 경우 500[V])을 충전부분과 대지 사이에 연속하여 10분간 가하여 절연내력을 시험하였을 때에 이에 견디는 것이어야 한다.

33 태양전지 모듈의 시각적 결함을 찾아내기 위한 육안검사에서 조도는 몇 [lx] 이상인가?

① 500　② 600
③ 800　④ 1,000

풀이 설비인증 심사기준에 따르면 결정계 실리콘 태양전지의 외관검사 시 1,000[Lux] 이상의 광조사상태에서 모듈 외관, 태양전지 셀 등에 크랙, 구부러짐, 갈라짐이 없는지 확인하고, 셀 간 접속 및 다른 접속부분의 결함, 접착 결함, 기포나 박리 등의 이상을 검사한다.

34 신재생에너지 설비인증 심사기준을 재확인하는 경우가 아닌 것은?

① 성능에 문제가 발생한 경우
② 품질에 문제가 발생한 경우
③ 설비에 대한 단가에 변동의 경우
④ 생산공장의 이전 등 기술표준원장이 신·재생에너지 설비의 품질 유지를 위하여 사후에 필요하다고 인정하는 사유가 발생한 경우

정답 28 ④ 29 ③ 30 ② 31 ① 32 ① 33 ④ 34 ③

풀이 신 · 재생에너지 설비인증

- 신 · 재생에너지 설비 생산업체에서 인버터, 태양전지 모듈, 셀 등의 제품을 공인인증기관으로부터 제품의 성능 및 품질을 평가받는 제도이다.
- 신 · 재생에너지 설비에 대한 소비자의 신뢰성 제고를 통한 신 · 재생에너지설비의 보급촉진 및 신 · 재생에너지산업의 성장기반 조성을 위하여 신 · 재생에너지 설비인증을 한다.
- 산업통상자원부장관은 신 · 재생에너지 설비 설치자에게 인증설비를 사용토록 요청할 수 있다.

35 송변전 설비의 유지관리를 위한 점검의 분류와 점검주기의 방법이 틀린 것은?

① 무정전 상태에서는 점검하지 않는다.
② 점검주기는 일상순시점검, 정기점검, 일시점검 등이 있다.
③ 모선정전의 심각한 사고방지를 위해 3년에 1번 정도 점검하는 것이 좋다.
④ 무정전 상태에서도 문을 열고 점검할 수 있으며, 1개월에 1회 정도는 문을 열고 점검하는 것이 좋다.

풀이 송변전 설비의 유지관리

- 점검주기는 대상기기의 환경조건, 운전조건, 설비의 중요성, 경과연수 등에 의하여 영향을 받는다. 이를 고려하여 점검주기를 선정한다.
- 무정전의 상태에서도 문을 열고 점검할 수 있으며, 1개월에 1회 정도는 문을 열고 점검하는 것이 좋다.
- 모선정전의 기회는 별로 없으나 심각한 사고를 방지하기 위해 3년에 1번 정도 점검하는 것이 좋다.

36 태양광발전시스템의 인버터 선정 체크포인트 중 태양광의 유효한 이용에 관한 사항이 아닌 것은 어느 것인가?

① 전력변환효율이 높을 것
② 전압변동률이 클 것
③ 야간 등의 대기 손실이 적을 것
④ 저부하 시의 손실이 적을 것

풀이 인버터는 전압 변동률이 작게 안정적으로 변환해줘야 한다.

37 분산형 전원 발전설비를 연계하고자 하는 지점의 계통전압은 몇 [%] 이상 변동되지 않도록 계통에 연계해야 하는가?

① ±4 ② ±8
③ ±12 ④ ±18

풀이 분산형 전원 발전설비

연계 공통사항

- 발전설비의 전기방식은 연계계통과 동일
- 공급전압 안정성 유지
- 계통접지
- 동기화 : 분산형 전원 발전설비는 연계하고자 하는 지점의 계통전압이 ±4[%] 이상 변동되지 않도록 연계
- 측정 감시
- 계통 운영상 필요 시 쉽게 접근하고 잠금장치가 가능하며 육안 식별이 가능한 분리장치를 분산형 전원 발전설비와 계통연계 지점 사이에 설치
- 전자장 장해 및 서지 보호기능
- 계통 이상 시 분산형 전원 발전설비 분리
- 전력품질
  - 발전기 용량 정격 최대전류의 0.5[%] 이상인 직류 전류가 유입 제한
  - 역률은 연계 지점에서 90[%] 이상으로 유지
  - 플리커 가혹도 지수 제한 및 고조파 전류 제한

38 설치환경에 기인한 손실로 가장 거리가 먼 것은 어느 것인가?

① 오염, 노화, 분광 일사 변동에 의한 손실
② 축전지 충방전에 의한 손실
③ 일사량의 변동, 적운, 적설에 의한 손실
④ 온도변화에 의한 효율변동

풀이 축전지의 충방전에 의한 손실은 기계적인 특성에 따른 손실이라고 할 수 있다.

정답 35 ① 36 ② 37 ① 38 ②

39 자가용 태양광발전설비의 정기검사 시행기관은 어느 것인가?

① 한국전력공사
② 한국전기공사협회
③ 한국전력기술인협회
④ 한국전기안전공사

풀이 정기검사
전기사업용 전기설비 및 아파트, 공장, 상가 등 자가용 전기설비에 대한 사고를 사전에 예방하기 위하여 전기설비의 유지 · 운용상태가 전기설비기술기준에 적합한지 여부에 대하여 산업통상자원부장관 또는 시 · 도지사로부터 한국전기안전공사에서 위탁받아 일정한 주기로 수행하는 업무이다.

40 인버터 절연성능시험 항목이 아닌 것은?

① 절연저항시험　② 내전압시험
③ 주파수저하시험　④ 감전보호시험

풀이 인버터의 절연성능시험 항목
- 절연저항시험
- 내전압시험
- 감전보호시험
- 절연거리시험

주파수 상승 및 저하 보호기능 항목은 인버터의 보호기능을 시험하기 위한 항목이다.

41 태양전지 어레이 개방전압 측정 목적이 아닌 것은?

① 스트링 동작불량 검출
② 모듈 동작불량 검출
③ 배선 접속불량 검출
④ 어레이 접지불량 검출

풀이 태양전지 어레이의 개방전압 측정 목적
태양전지 어레이의 각 스트링의 개방전압을 측정하여 개방전압의 불균일에 따라 동작 불량의 스트링이나 태양전지 모듈의 검출 및 직렬 접속선의 결선 누락사고 등을 검출하기 위해 측정해야 한다.

42 아몰퍼스 실리콘 태양전지 모듈에 비해 고전압, 저전류의 특성을 가진 태양전지는?

① 단결정 실리콘 태양전지
② CIGS 태양전지
③ 다결정 실리콘 태양전지
④ 유기 태양전지

풀이 CIS/CIGS 태양광 모듈의 특징
- 박막형 화합물 태양전지 중에서 현재 가장 우수하다고 평가받고 있다.
- 재료는 구리(Cu) 인듐(In), 갈륨(Ga), 셀렌(Se)의 화합물이다.
- 변환효율은 약 11%로 단결정 실리콘 18%, 다결정 실리콘 15%에 비해 성능이 떨어진다.
- 공정이 간단하고 제조 시 전력사용량이 반 정도로 결정질 실리콘에 비해 저렴하게 생산할 수 있다.
- 1eV 이상의 직접천이형 에너지밴드를 갖고 있고, 광흡수계수가 반도체 중에서 가장 높고 광학적으로 매우 안정하여 태양전지의 광흡수층으로 매우 이상적이다.
- 아몰퍼스 실리콘 태양전지 모듈에 비해 고전압, 저전류 특성을 지닌다.

43 계측 표시 시스템에 없는 장치는?

① 검출기(센서)
② 신호변환기(트랜스듀서)
③ 연산장치
④ 녹음장치

풀이 계측 · 표시장치에는 검출기(센서), 신호변환기(트랜스듀서), 연산장치, 기억장치, 표시장치 등이 있다.

44 태양광발전시스템의 인버터에 과온 발생 시 조치사항으로 옳은 것은?

① 인버터 팬 점검 후 운전
② 퓨즈 교체 후 운전
③ 계통선압 점검 후 운전
④ 전자 접촉기 교체 점검 후 운전

정답 39 ④ 40 ③ 41 ④ 42 ② 43 ④ 44 ①

풀이 인버터에 과온 발생 시 인버터 팬을 점검한 후 재운전을 시도한다.

45 인버터 출력단자에서 배전반 간 배선의 길이가 200[m]를 초과하는 경우 허용전압강하는 몇 [%] 이내로 하여야 하는가?

① 5　② 6
③ 7　④ 8

풀이 태양전지 모듈에서 PCS 입력단 간 및 PCS 출력단과 계통 연계점 간의 전압강하는 3[%]를 초과하지 않아야 한다(단, 전선의 길이가 60[m] 초과 120[m] 이하는 5[%], 200[m] 이하 6[%], 200[m] 초과 7[%]).

46 태양전지 어레이 개방전압 측정 시 주의사항으로 틀린 것은?

① 각 스트링의 측정은 안정된 일사강도가 얻어질 때 실시한다.
② 측정시간은 맑은 날, 해가 남쪽에 있을 때 1시간 동안 실시한다.
③ 셀은 비오는 날에도 미소한 전압을 발생하고 있으니 주의한다.
④ 측정은 직류전류계로 한다.

풀이 어레이의 개방전압 측정 시 유의사항
- 태양전지 어레이의 표면을 청소할 필요가 있다.
- 각 스트링의 측정은 안정된 일사강도가 얻어질 때 실시한다.
- 측정시각은 일사강도, 온도의 변동을 극히 적게 하기 위해 맑을 때, 해가 남쪽에 있을 때의 전후 1시간에 실시하는 것이 바람직하다.
- 태양전지 셀은 비오는 날에도 미소한 전압을 발생하고 있으므로 매우 주의하여 측정해야 한다.
- 개방전압은 직류전압계로 측정한다.

47 태양전지 모듈이 전류－전압 특성이 개방전압 150[V], 최대출력 동작전압 100[V], 단락전류 100[A], 최대출력 동작전류 50[A]일 때 최대출력(P_{mpp})은?

① 5,000　② 7,500
③ 10,000　④ 15,000

풀이 모듈의 최대출력
=최대출력 동작전압×최대출력 동작전류
=100[V]×50[A]=5,000[W]

48 독립형 태양광발전시스템에 사용하기 위한 축전지의 특징이 아닌 것은?

① 낮은 유지보수 요건
② 높은 에너지와 전력밀도
③ 진동 내성
④ 높은 자기방전

풀이 축전지의 자기방전은 낮을수록 좋다.
자기방전이란 유효한 출력이 되지 않고 내부에서 소비되기 때문에 일어나는 전지용량의 감소현상이다.

49 태양전지 모듈의 일부 셀에 음영이 발생하면 그 부분은 발전량 저하와 동시에 저항에 의한 발열을 일으킨다. 이러한 출력 저하 및 발열을 방지하기 위해 설치하는 다이오드는?

① 역저지 다이오드
② 발광 다이오드
③ 바이패스 다이오드
④ 정류 다이오드

풀이
- 바이패스다이오드 : 오염이 생긴 셀은 전기적으로 부하가 되어 역전류 방향의 전류를 소비한다. 또한 셀의 재료가 손상되는 한계까지 가열되어 열점(Hot Spot)을 만들고 이때 오염된 모듈의 셀을 통해 역전류가 순간적으로 흐른다. 이러한 현상으로 셀이 파괴되면 그 셀에 직렬 연결된 스트링은 모두 발전을 하지 못하게 된다. 만약 모듈마다 바이패스 다이오드를 설치한다면 고장이 난 모듈을 우회하여 나머지 모듈들은 정상적으로 발전을 하게 된다.
- 역전류 방지 다이오드 : 발전된 전기나 축전지 혹은 계통상의 전기가 태양광 모듈로 거꾸로 들어오는 것을 방지할 목적으로 설치한다.

정답 45 ③ 46 ④ 47 ① 48 ④ 49 ③

50 지중전선로에 사용하는 지중함의 시설기준이 아닌 것은?

① 지중함은 견고하고 차량 기타 중량물의 압력에 견딜 수 있는 구조일 것
② 지중함은 그 안에 고인 물을 제거할 수 있는 구조로 되어 있을 것
③ 지중함의 뚜껑은 시설자 이외의 자가 쉽게 열 수 없도록 시설할 것
④ 지중함의 내부는 조명 및 세척이 가능한 장치를 할 것

풀이 전기설비기술(제137조)
지중전선로에 사용하는 지중함은 다음 각 호에 따라 시설하여야 한다.
- 지중함은 견고하고 차량 기타 중량물의 압력에 견디는 구조일 것
- 지중함은 그 안의 고인 물을 제거할 수 있는 구조로 되어 있을 것
- 폭발성 또는 연소성의 가스가 침입할 우려가 있는 것에 시설하는 지중함으로서 그 크기가 $1m^3$ 이상인 것에는 통풍장치 기타 가스를 방산시키기 위한 적당한 장치를 시설할 것
- 지중함의 뚜껑은 시설자 이외의 자가 쉽게 열 수 없도록 시설할 것

51 다결정 실리콘 태양전지의 제조공정을 올바르게 나타낸 것은?

① 잉곳 → 실리콘 입자 → 웨이퍼 슬라이스 → 태양전지 셀
② 잉곳 → 웨이퍼 슬라이스 → 실리콘 입자 → 태양전지 셀
③ 실리콘 입자 → 웨이퍼 슬라이스 → 잉곳 → 태양전지 셀
④ 실리콘 입자 → 잉곳 → 웨이퍼 슬라이스 → 태양전지 셀

풀이 결정질 실리콘 태양전지의 제조공정
실리콘 입자 → 잉곳 → 웨이퍼 슬라이스 → 태양전지 셀

52 태양전지 모듈의 기대수명은 몇 년 이상으로 하는가?

① 2년　② 10년
③ 15년　④ 20년

풀이 결정질 태양전지의 기대수명은 20년 이상이다.

53 태양전지 모듈의 단락전류를 측정하는 계측기는?

① 저항계
② 전력량계
③ 직류 전류계
④ 교류 전류계

풀이 태양전지 모듈 검사 내용
- 전압 극성 확인 : 멀티테스터, 직류전압계로 확인
- 단락전류 측정 : 직류전류계로 측정
- 비접지 확인(어레이)

54 태양전지 모듈의 배선작업이 끝난 후 확인하여야 하는 사항이 아닌 것은?

① 각 모듈의 극성 확인
② 전압 확인
③ 단락전류 측정
④ 전력량계 동작 확인

풀이 모듈의 배선작업이 끝난 후에 모듈의 극성, 전압 확인, 단락전류 측정 비접지 확인

55 전압형 단상 인버터의 기본회로의 설명으로 틀린 것은?

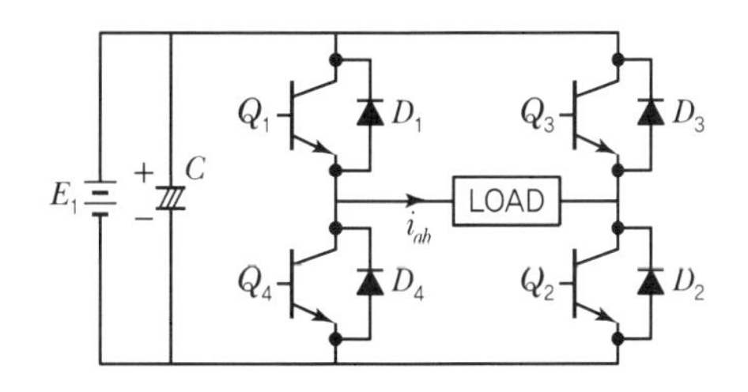

정답 50 ④ 51 ④ 52 ④ 53 ③ 54 ④ 55 ①

① 작은 용량의 C를 달아준다.
② 직류전압을 교류전압으로 출력한다.
③ 부하의 역률에 따라 위상이 변화한다.
④ $D_1 \sim D_4$는 트랜지스터의 파손을 방지하는 역할이다.

풀이 전압형 단상 인버터
- 직류전압을 평활용 콘덴서(C)를 이용하여 평활시킨다.
- 정류된 직류 전압을 PWM 제어방식을 이용하여 인버터부에서 전압과 주파수를 동시에 제어한다.
- 인버터의 주소자를 TURN-OFF 시간이 짧은 IGBT, FET 및 트랜지스터를 사용한다.

전류형 인버터
전류형 인버터는 평활용 콘덴서 대신에 리액터를 사용하는데, 인버터 측에서 보면 고 임피던스 직류 전류원으로 볼 수 있으므로 전류형 인버터라 한다.

56 MOSFET의 회로소자 기호는?

①
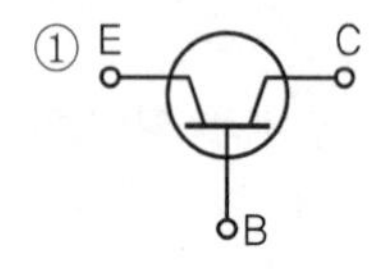

②
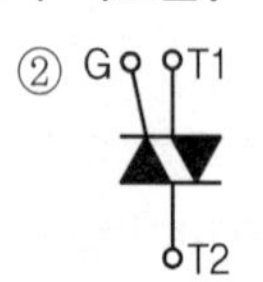

③
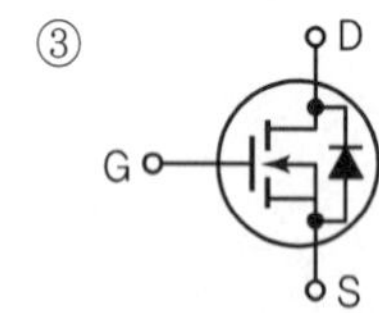

④
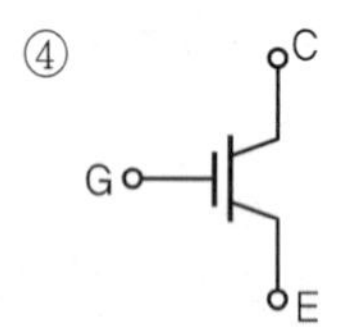

풀이 ① 트랜지스터(PNP형)
② 트라이액(TRIAC)
④ IGBT

사이리스터(SCR)
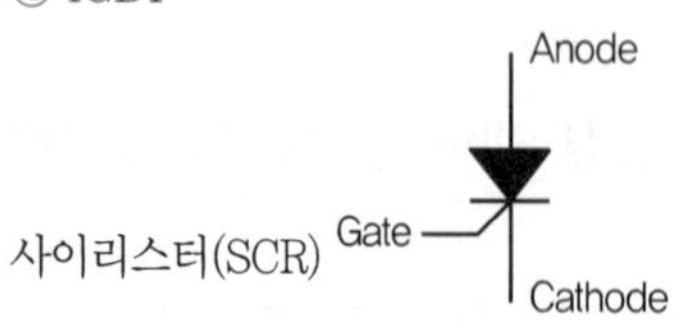

57 합성수지관 공사에서 관의 지지점 간 거리는 몇 [m] 이하로 하여야 하는가?

① 1.0 ② 1.5
③ 2.0 ④ 2.5

풀이 합성수지관 공사
관의 지지점 간의 거리는 1.5[m] 이하로 하고, 또한 그 지지점은 관의 끝 · 관과 box의 접속점 및 관 상호 간의 접속점 등에 가까운 곳에 시설할 것

58 신 · 재생에너지의 기술개발 및 이용 · 보급에 관한 중요 사항을 심의하기 위하여 산업통상자원부에 신 · 재생에너지 정책심의회를 둔다. 심의회의 심의사항이 아닌 것은?

① 기본 계획의 수립 및 변경에 관한 사항
② 신 · 재생에너지 발전사업자의 허가에 관한 사항
③ 신 · 재생에너지의 기술개발 및 이용 · 보급 촉진에 관한 중요사항
④ 신 · 재생에너지 발전에 의하여 공급되는 전기의 기준가격 및 그 변경에 관한 사항

풀이 신에너지 및 재생에너지 개발 · 이용 · 보급 촉진법 관련
신 · 재생에너지 정책심의회의 심의를 거쳐 신 · 재생에너지의 기술개발 및 이용 · 보급을 하기 위한 기본계획을 수립해야 하며, 기본계획 계획기간은 10년이다.
정책심의회의 심의사항
- 신 · 재생에너지의 기술개발 및 이용 · 보급에 관한 중요사항
- 공급되는 전기의 기준가격, 가격변경사항
- 산업통상자원부장관이 필요하다고 인정하는 사항
- 심의회의 구성 · 운영과 그 밖에 필요한 사항은 대통령령

59 다음 중 신에너지 및 재생에너지원에 해당하는 것은?

① 석유
② 천연가스
③ 석탄
④ 지열

정답 56 ③ 57 ② 58 ② 59 ④

풀이 신 · 재생 에너지의 정의

기존의 화석연료를 변환시켜 이용하거나 햇빛 · 물 · 지열(地熱) · 강수(降水) · 생물유기체 등을 포함하는 재생 가능한 에너지를 변환시켜 이용하는 에너지로서 태양, 풍력, 바이오, 수력, 연료전지, 액화 · 가스, 석탄, 중질잔사유, 해양에너지, 폐기물, 지열, 수소, 그 밖에 석유 · 석탄 · 원자력 또는 천연가스가 아닌 에너지로서 대통령령으로 정하는 에너지이다.

60 태양광 모듈 설치 시 감전사고 예방대책이 아닌 것은?

① 절연장갑 착용
② 안전난간대 설치
③ 태양전지 모듈 등 전원 개방
④ 누전위험장소에 누전차단기 설치

풀이 안전난간대는 '추락방지' 대책에 해당한다.

정답 60 ②

007 모의고사 7회

01 태양광발전모듈의 고장원인이 아닌 것은?

① 제조결함 ② 시공불량
③ 동결파손 ④ 새의 배설물

풀이 태양광발전모듈은 물과 같은 액체를 사용하지 않으므로 동결 파손되지 않는다.

02 다음 중 태양전지 어레이의 출력 확인방법이 아닌 것은?

① 단락전류의 확인
② 절연저항의 측정
③ 모듈의 정격전압 측정
④ 모듈의 정격전류 측정

풀이 절연저항의 측정은 인체감전 및 화재예방을 위한 것으로, 태양전지 어레이의 출력 확인방법이 아니다.

03 태양전지 모듈 간 직·병렬 배선에 대한 설명으로 틀린 것은?

① 태양전지 셀의 각 직렬군은 동일한 단락전류를 가진 모듈로 구성해야 한다.
② 태양전지 모듈 간의 배선은 단락전류에 충분히 견딜 수 있도록 2.5[mm^2] 이상의 전선을 사용하여야 한다.
③ 케이블이나 전선은 모듈 이면에 설치된 전선관에 설치되어야 하며, 이들의 최소 굴곡반경은 각 지름의 4배 이상이 되도록 하여야 한다.
④ 1대의 인버터에 연결된 태양전지 셀 직렬군이 2병렬 이상인 경우에는 각 직렬군의 출력전압이 동일하게 형성되도록 배열해야 한다.

풀이 케이블이나 배관의 최소 굴곡반경은 각 지름의 6배 이상이 되도록 하여야 한다.

04 수용가 설비의 전압강하에서 저압으로 수전하는 경우 조명 (㉮)[%] 기타 (㉯)[%]이다. ㉮, ㉯에 알맞은 것은?

① ㉮ : 3, ㉯ : 4 ② ㉮ : 4, ㉯ : 5
③ ㉮ : 3, ㉯ : 5 ④ ㉮ : 5, ㉯ : 6

풀이 수용가 설비의 전압강하

설비의 유형	조명[%]	기타[%]
A－저압으로 수전하는 경우	3	5
B－고압 이상으로 수전하는 경우	6	8

가능한 한 최종회로 내의 전압강하가 A 유형의 값을 넘지 않도록 하는 것이 바람직하다. 사용자의 배선설비가 100[m]를 넘는 부분의 전압강하는 미터당 0.005[%] 증가할 수 있으나 이러한 증가분은 0.5[%]를 넘지 않아야 한다.

※ 다음의 경우에는 더 큰 전압강하를 허용할 수 있다.
- 기동 시간 중의 전동기
- 돌입전류가 큰 기타 기기

05 건축물 및 구조물에 피뢰설비가 설치되어야 하는 높이는 몇 [m] 이상인가?

① 10 ② 15
③ 20 ④ 25

풀이 낙뢰의 우려가 있는 건축물, 높이 20미터 이상의 건축물 또는 공작물로서 높이 20미터 이상의 공작물(건축물 영 제118조제1항에 따른 공작물을 설치하여 그 전체 높이가 20미터 이상인 것을 포함한다.)에는 피뢰설비를 설치하여야 한다.

06 절연내압 측정 시 최대사용전압은 태양광발전시스템에서 어떤 전압을 말하는가?

① 개방전압 ② 동작전압
③ 인버터 출력전압 ④ 인버터 입력전압

정답 01 ③ 02 ② 03 ③ 04 ③ 05 ③ 06 ①

풀이 태양광 어레이의 절연내압 측정방법은 표준 태양광 어레이 개방전압을 최대 사용전압으로 보고, 최대사용전압의 1.5배의 직류전압 또는 1배의 교류전압(500[V] 미만으로 되는 경우에는 500[V]을 충전부분과 대지 사이에 연속하여 10분간 가하여 절연내력을 시험하였을 때 견디는 것이어야 한다.

07 태양전지 모듈 설치 및 보수 시 감전방지책으로 옳은 것은?

① 작업 시에는 목장갑을 착용한다.
② 강우 시 발전이 없기 때문에 작업을 해도 무관하다.
③ 태양광 모듈을 수리할 경우 표면을 차광시트로 씌워야 한다.
④ 태양전지 모듈은 저압이기 때문에 공구는 반드시 절연처리할 필요가 없다.

풀이 모듈 설치 시 감전방지대책은 다음과 같다.
- 작업 시에는 절연장갑을 착용한다.
- 강우 시에는 작업을 금한다.
- 공구는 반드시 절연처리된 것을 사용한다.
- 모듈 표면은 차광시트로 씌워 전력이 생산되지 않도록 하여야 한다.

08 '배전선로'란 다음 각 목의 곳을 연결하는 전선로와 이에 속하는 전기설비를 말한다. 그 연결이 틀린 것은?

① 발전소 상호 간
② 전기수용설비 상호 간
③ 발전소와 전기수용설비
④ 변전소와 전기수용설비

풀이 발전소 상호 간은 송전선로에 해당된다.

09 저압용 기계기구의 철대 및 외함 접지에서 전기를 공급하는 전로에 누전차단기를 시설하면 외함의 접지를 생략할 수 있다. 이 경우의 누전차단기의 정격이 기술 기준에 적합한 것은?

① 정격감도전류 15[mA] 이하, 동작시간 0.1초 이하의 전류동작형
② 정격감도전류 15[mA] 이하, 동작시간 0.03초 이하의 전류동작형
③ 정격감도전류 30[mA] 이하, 동작시간 0.1초 이하의 전류동작형
④ 정격감도전류 30[mA] 이하, 동작시간 0.03초 이하의 전류동작형

풀이 감전보호용 누전차단기는 정격감도전류 30[mA] 이하, 동작시간 0.03초 이하의 전류 동작형이다.

10 태양광발전시스템의 접지공사에 사용되는 접지선의 표시는 주로 무슨 색으로 하는가?

① 적색　② 백색
③ 흑색　④ 녹색

풀이 접지공사의 접지선은 다음을 제외하고 녹색표시를 하여야 한다.
- 접지선이 단독으로 배선되어 있어 접지선을 한눈에 쉽게 식별할 수 있는 경우
- 다심케이블, 다심캡타이어케이블 또는 다심코드의 1심선을 접지선으로 사용하는 경우로서 그 심선이 나전선 또는 황록색의 얼룩무늬 모양으로 되어 있을 경우
- 다심케이블, 다심캡타이어케이블 또는 다심코드의 1심선을 접지선으로 사용하는 경우에 녹색 또는 황록색의 얼룩무늬 모양의 것 이외의 심선을 접지선으로 사용하여서는 안 된다.

11 태양전지의 변환효율로 옳은 것은?

① $\dfrac{\text{출력 전기에너지}}{\text{입사 태양광에너지}} \times 100$

② $\dfrac{\text{인버터 출력 전기에너지}}{\text{인버터 입력 전기에너지}} \times 100$

③ $\dfrac{\text{출력 전기에너지}}{\text{출력 태양광에너지}} \times 100$

④ $\dfrac{\text{입사 태양광에너지}}{\text{태양 발생에너지}} \times 100$

정답 07 ③ 08 ① 09 ④ 10 ④ 11 ①

풀이 태양전지의 변환효율

$$= \frac{\text{출력 전기에너지}}{\text{입사 태양광에너지}} \times 100[\%]$$

12 전기설비기술기준에 따라 저압 옥내 직류전기설비의 접지시설을 양(+)도체를 접지하는 경우 무엇에 대한 보호를 하여야 하는가?

① 지락
② 감전
③ 단락
④ 과부하

풀이 저압 옥내 직류전기설비의 접지시설을 양(+)도체를 접지하는 것은 감전보호이다.

13 결정질 태양전지모듈 외관검사에서 태양전지모듈 외관, 셀 등의 크랙, 구부러짐, 갈라짐 등의 이상 유무를 확인하기 위해 몇 [lx] 이상의 광 조사상태에서 검사하는가?

① 800　　② 900
③ 1,000　　④ 1,100

풀이 결정질 태양전지모듈 외관검사는 1,000[lx] 이상의 광 조사상태에서 모듈 외관, 태양전지 등의 크랙, 구부러짐, 갈라짐 등이 없는지를 확인하고, 태양전지 간 접속 및 다른 접속부분에 결함이 없는지, 태양전지와 태양전지, 태양전지와 프레임상의 접촉이 없는지, 접착에 결함이 없는지, 태양전지와 모듈 끝부분을 연결하는 기포 또는 박리가 없는지 등을 검사한다.

14 지중전선로는 도시의 미관, 자연재해의 사고에 대한 고신뢰도 등이 요구되는 경우에 사용된다. 지중전선로의 특징으로 옳은 것은?

① 건설비가 싸다.
② 송전용량이 적다.
③ 건설기간이 짧다.
④ 사고복구를 단시간에 할 수 있다.

풀이 지중전선로는 열 방산이 가공전선로보다 어려우므로 전선의 단면적을 기준으로 비교할 경우 가공전선로에 비해 송전용량이 적다.

15 태양광설비 시공기준에 관한 설명으로 틀린 것은?

① 실내용 인버터를 실외에 설치하는 경우는 5[kW] 이상이어야 한다.
② 모듈에서 실내에 이르는 배선에 쓰이는 전선은 모듈전선용 또는 TFR-CV선을 사용하여야 한다.
③ 태양전지 모듈에서 인버터 입력단자 간의 전압강하는 10[%]를 초과하여서는 안 된다.
④ 역전류 방지다이오드의 용량은 모듈단락 전류의 1.4배 이상이어야 하며 현장에서 확인할 수 있도록 표시하여야 한다.

풀이 태양전지판에서 인버터 입력 간 및 인버터 출력단과 계통연계점 간의 전압강하는 각각 3[%]를 초과하여서는 안 된다.

※ KSC 8567(태양광발전용 접속함)이 17.08.23일 개정됨에 따라 역전류 방지다이오드의 용량은 모듈단락 전류의 1.4배 이상이어야 하며 현장에서 확인할 수 있도록 표시하여야 한다.

16 지붕에 설치하는 태양전지 모듈의 설치방법으로 틀린 것은?

① 시공, 유지보수 등의 작업을 하기 쉽도록 한다.
② 온도 상승을 방지하기 위해 지붕과 모듈 간에는 간격을 둔다.
③ 모듈 고정용 볼트, 너트 등은 상부에서 조일 수 있어야 한다.
④ 태양전지 모듈의 설치방법 중 세로 깔기는 모듈의 긴 쪽이 상하가 되도록 한다.

풀이 태양전지 모듈의 설치방법 중 가로 깔기는 모듈의 긴 쪽이 상하가 되도록 하는 것이며, 세로 깔기는 모듈의 긴 쪽이 좌우가 되도록 하는 것이다.

정답 12 ② 13 ③ 14 ② 15 ③ 16 ④

17 다음 중 태양광발전시스템의 사용 전 검사 시 태양전지의 전기적 특성 확인에 대한 설명으로 틀린 것은?

① 태양광발전시스템에 설치된 태양전지 셀의 셀당 최소 출력을 기록한다.
② 검사자는 모듈 간 배선 접속이 잘 되었는지 확인하기 위하여 개방전압 및 단락전류 등을 확인한다.
③ 검사자는 운전개시 전에 태양전지회로의 절연 상태를 확인하고 통전 여부를 판단하기 위하여 절연저항을 측정한다.
④ 개방전압과 단락전류의 곱에 대한 최대 출력의 비(충진율)를 태양전지 규격서로부터 확인하여 기록한다.

풀이 태양광발전시스템에 설치된 태양전지 셀의 셀당 최대 출력을 기록한다.

18 다음 중 지붕에 설치하는 태양광발전 형태로 틀린 것은?

① 창재형
② 지붕설치형
③ 톱라이트형
④ 지붕건재형

풀이 창재형은 창에 설치하는 것으로, 지붕에 설치하는 태양광발전 형태가 아니다.

19 태양광발전시스템 유지보수용 안전장비가 아닌 것은?

① 안전모
② 절연장갑
③ 절연장화
④ 방진마스크

풀이 유지보수용 안전장비에는 전기용 안전모, 절연장갑, 절연장화 등이 있다.

20 뇌서지 등에 의한 피해로부터 태양광발전시스템을 보호하기 위한 대책으로 틀린 것은?

① 뇌서지가 내부로 침입하지 못하도록 피뢰소자를 설비 인입구에서 먼 장소에 설치한다.
② 저압 배전선으로부터 침입하는 뇌서지에 대해서는 분전반에도 피뢰소자를 설치한다.
③ 피뢰소자를 어레이 주회로 내에 분산시켜 설치함과 동시에 접속함에도 설치한다.
④ 뇌우의 발생지역에서는 교류 내뢰 트랜스를 설치한다.

풀이 뇌서지가 내부로 침입하지 못하도록 피뢰소자를 설비 인입구에서 가까운 장소에 설치한다.

21 화재 시 전선배관의 관통 부분에서의 방화구획 조치가 아닌 것은?

① 충전재 사용
② 난연 레진 사용
③ 난연 테이프 사용
④ 폴리에틸렌(PE) 케이블 사용

풀이 폴리에틸렌(PE) 케이블을 사용하더라도 관통 부분에서의 방화구획 조치는 하여야 한다.

22 태양광발전설비 안전관리업무 위탁이 가능한 설비용량 중 개인대행자가 안전관리의 업무 가능 용량으로 옳은 것은?

① 100[kW] 미만
② 250[kW] 미만
③ 500[kW] 미만
④ 1,000[kW] 미만

풀이
- 안전공사 및 대행사업자 안전관리의 업무 대행 태양광발전설비 용량 : 1,000[kW] 미만
- 개인대행자 안전관리의 업무 대행 태양광발전설비 용량 : 250[kW] 미만

정답 17 ① 18 ① 19 ④ 20 ① 21 ④ 22 ②

23 태양광발전시스템의 인버터 기능 중 태양광의 일조 변동에 따라 태양전지의 출력이 최대가 될 수 있도록 하는 기능은?

① 자동운전 정지기능
② 최대전력 추종제어기능
③ 단독운전 방지기능
④ 자동전류 조정기능

풀이 태양광의 일조 변동에 따라 태양전지의 출력이 최대가 될 수 있도록 하는 최대전력 추종제어기능이다.

24 태양광발전시스템의 유지보수를 위한 점검계획 시 고려해야 할 사항이 아닌 것은?

① 설비의 사용 기간
② 설비의 상호 배치
③ 설비의 주위 환경
④ 설비의 고장 이력

풀이 유지보수를 의한 점검계획 시 고려사항
- 설비의 사용기간
- 설비의 중요도
- 환경조건
- 고장이력
- 부하상태

25 실리콘(Si)에 억셉터(Acceptor) 불순물을 첨가하여 만든 반도체는?

① 진성 반도체
② P-N접합 다이오드
③ P형 반도체
④ N형 반도체

풀이
- N형 반도체는 도너(인, 비소, 안티몬)와 같은 불순물을 첨가하여 만든다.
- P형 반도체는 억셉터(알루미늄, 붕소, 갈륨)와 같은 불순물을 첨가하여 만든다.

26 태양광발전시스템의 계측 · 표시에 관한 설명으로 틀린 것은?

① 시스템의 소비전력을 낮추기 위한 계측
② 시스템에 의한 발전전력량을 알기 위한 계측
③ 시스템의 운전상태 감시를 위한 계측 또는 표시
④ 시스템의 기기 및 시스템의 종합평가를 위한 계측

풀이 계측 · 표시장치의 설치목적
- 시스템의 운전상태를 감시하기 위한 계측 또는 표시
- 시스템에 의한 발전전력량 파악을 위한 계측
- 시스템 기기 또는 시스템 종합평가를 위한 계측
- 시스템의 운전상황을 견학하는 사람 등에게 보여주고, 시스템의 홍보를 위한 계측 또는 표시계측 · 표시장치를 설치하는 경우 시스템의 소비전력은 증가하게 된다.

27 태양광발전시스템의 접속함 선정 시 주의사항으로 틀린 것은?

① 노출된 장소에 설치되는 경우 빗물, 먼지 등이 함에 침입하지 않는 구조로 한다.
② 접속함의 정격전압은 태양전지 스트링 개방 시의 최대직류전압으로 선]정한다.
③ 접속함 내부는 최소한의 공간을 차지하도록 한다.
④ 정격입력전류는 최대전류를 기준으로 선정한다.

풀이 접속함 내부는 점검 및 보수를 위하여 충분한 공간이 있어야 한다.

28 인버터에 'Line Over Frequency Fault'로 표시되었을 경우의 현상 설명으로 옳은 것은?

① 계통전압이 규정치 이상일 때
② 계통전압이 규정치 이하일 때
③ 계통주파수가 규정치 이상일 때
④ 계통주파수가 규정치 이하일 때

정답 23 ② 24 ② 25 ③ 26 ① 27 ③ 28 ③

풀이 파워컨디셔너의 이상신호 조치방법

조치사항	계통전압 확인 후 정상시 5분 후 재가동
현상 설명	계통주파수가 규정값 이상일 때 발생
파워컨디셔너 표시	Line over frequency fault
모니터링	한전계통 고주파수

29 열점(Hot Spot)의 발생원인과 대책에 대한 설명으로 틀린 것은?

① 나뭇잎, 새의 배설물 등의 그늘로 인한 태양전지 셀 내부열화로 발생한다.

② 바이패스 소자를 셀 구간마다 접속하여 역전류가 발생하면 우회시킨다.

③ 태양전지 셀의 결함이나 특성으로 인한 국부적 과열로 발생한다.

④ 태양전지 모듈마다 SPD를 설치하여 전압의 파고치를 저하한다.

풀이 SPD(서지보호장치)는 뇌서지 등으로부터 태양광발전시스템을 보호하기 위해 사용된다.

30 그림의 회로는 축전지 회로 구성을 나타낸 것이다. 축전지 전체 출력단자 A와 B 사이의 전압 축전지 용량은 각각 얼마인가?(단, 1개의 축전지 용량은 12[V], 150[Ah]이다.)

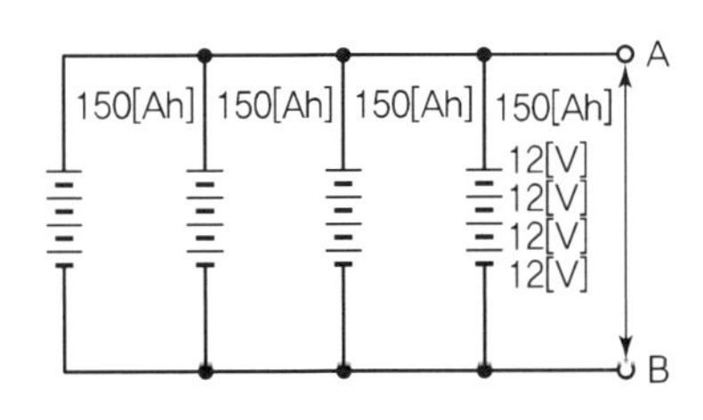

① DC 48[V], 150[Ah]

② DC 24[V], 150[Ah]

③ DC 48[V], 600[Ah]

④ DC 24[V], 600[Ah]

풀이 배터리 및 모듈의 직렬연결 시에는 전압이 가산되고, 병렬연결 시에는 전류가 가산된다.
따라서 전압(V) = 12[V] × 4 = 48[V],
전류(I) = 150[Ah] × 4 = 600[Ah]

31 PN접합 다이오드의 P형 반도체에 (+)바이어스를 가하고, N형 반도체에 (−)바이어스를 가할 때 나타나는 현상은?

① 공핍층의 폭이 작아진다.

② 전류는 소수캐리어에 의해 발생한다.

③ 공핍층 내부의 전기장이 증가한다.

④ 다이오드는 부도체와 같은 특성을 보인다.

풀이 P형 반도체에 (+)바이어스를 가하고, N형 반도체에 (−)바이어스를 가하는 것을 정방향(순) 바이어스라고 하며, 이때 공핍층의 폭이 작아져 전류가 흐를 수 있도록 한다.

32 신재생에너지 중 재생에너지의 특징이 아닌 것은?

① 시설투자가 적은 에너지이다.

② 친환경 청청에너지이다.

③ 기술주도형 자원이다.

④ 비고갈 에너지이다.

풀이 신재생에너지의 특징
공공의 미래에너지, 환경친화형 청정에너지, 비고갈성 에너지, 기술에너지, 시설 투자가 많은 에너지 등이다.

33 태양전지 모듈의 배선이 모두 끝난 후 실시하는 어레이 검사항목이 아닌 것은?

① 전압극성 확인 ② 단락전류 측정

③ 비접지의 확인 ④ 개방전류 확인

풀이 개방전압은 측정할 수 있지만, 개방전류라는 용어는 존재할 수 없다.

정답 29 ④ 30 ③ 31 ① 32 ① 33 ④

34 태양광발전시스템의 인버터에 대한 설명으로 틀린 것은?

① 잉여전력을 계통으로 역송전할 수 있다.
② 직류를 교류로 변환하는 장치이다.
③ 자립운전기능도 가능하다.
④ 옥외형만 가능하다.

풀이 태양광발전시스템의 인버터는 옥내형과 옥외형이 있다.

35 국제표준화(KEC 121.2)에서 전선식별의 색상 중 틀린 것은?

① L1 : 갈색, L2 : 흑색, L3 : 회색
② 중성선(N) : 청색
③ 접지/보호도체 : 녹황교차
④ L1 : 청색, L2 : 적색, L3 : 흑색

풀이 전선식별법 국제표준화(KEC 121.2)

전선 구분	KEC 식별색상
상선(L1)	갈색
상선(L2)	흑색
상선(L3)	회색
중성선(N)	청색
접지/보호도체(PE)	녹황교차

36 태양광 발전소를 설치하는 수용가의 공통접속점에서의 역률은 몇 [%] 이상이어야 하는가?

① 75[%] ② 80[%]
③ 85[%] ④ 90[%]

풀이 수용가의 공통접속점의 역률은 90[%] 이상으로 유지함을 원칙으로 한다.

37 전기의 원활한 흐름과 품질유지를 위하여 전기의 흐름을 통제·관리하는 체제를 무엇이라 하는가?

① 전기관리 ② 전력계통
③ 전력시스템 ④ 전력거래사업

풀이 전기의 원활한 흐름과 품질유지를 위하여 전기의 흐름을 통제·관리하는 것을 '전력계통'이라 한다.

38 발전기·연료전지 또는 태양전지 모듈(복수의 태양전지 모듈을 설치하는 경우에는 그 집합체)에 시설되는 계측장치를 사용하여 측정하는 사항으로 틀린 것은?

① 전압 ② 전류
③ 전력 ④ 역률

풀이 발전기·연료전지 또는 태양전지 모듈(복수의 태양전지 모돌을 설치하는 경우에는 그 집합체)의 전압 및 전류 또는 전력을 계측장치를 설치하여 계측하여야 한다.

39 공통접지 시설 중 상도체(S[mm²])의 단면적이 $S \le 16$인 경우 보호도체 재질이 상도체와 같은 경우의 보호도체 최소 단면적은?

① S[mm²] ② 16[mm²]
③ $S/2$[mm²] ④ 8[mm²]

풀이 보호도체의 단면적

상도체의 단면적 S[mm²]	대응하는 보호도체의 최소 단면적[mm²]	
	보호도체의 재질이 상도체와 같은 경우	보호도체의 재질이 상도체와 다른 경우
$S \le 16$	S	$(k_1/k_2) \times S$
$16 < S \le 35$	16	$(k_1/k_2) \times 16$
$S > 35$	$S/2$	$(k_1/k_2) \times (S/2)$

※ k_1, k_2 : 도체 및 절연의 재질에 따라 KS C IEC 60364에서 산정한 상도체에 대한 k값

40 케이블 트레이 시공방식의 장점이 아닌 것은?

① 방열특성이 좋다.
② 허용전류가 크다.
③ 재해를 거의 받지 않는다.
④ 장래부하 증설 시 대응력이 크다.

정답 34 ④ 35 ④ 36 ④ 37 ② 38 ④ 39 ① 40 ③

풀이 케이블 트레이 시공방식의 장단점
방열특성이 좋고, 허용전류가 크며, 장래부하 증설 시 대응력이 크며, 시공이 용이하며, 경제적이다. 단점은 케이블의 노출에 따른 자연재해 및 동식물 등으로부터 피해를 받을 수 있다는 것이다.

41 태양전지 모듈의 표준시험조건에서 전지온도는 25[℃]를 기준으로 하고 있다. 허용오차 범위는?

① ±0.5[℃]
② ±1[℃]
③ ±1.5[℃]
④ ±2[℃]

풀이 표준시험조건(STC)에서 소자접합온도
25[℃]에서 전지온도 허용오차 범위는 25±2[℃]

42 충전선로를 취급하는 근로자가 착용해야 할 절연용 보호구로 잘못된 것은?

① 절연 고무장갑
② 절연화
③ 절연 안전모
④ 절연시트

풀이 절연보호구
- 절연 고무장갑
- 절연화
- 절연 안전모

절연방호구
- 절연 담요
- 절연시트
- 고무판
- 절연관
- 절연 커버
- 애자커버

43 절연용 방호구로 틀린 것은?

① 검전기
② 고무판
③ 질연시트
④ 애자커버

풀이 절연용 방호구의 종류
고무판, 절연관, 절연시트, 애자커버

44 내부저항이 각각 0.3[Ω] 및 0.2[Ω]인 1.5[V]의 두 전지를 직렬로 연결한 후에 외부에 2.5[Ω]의 저항 부하를 직렬로 연결하였다. 이 회로에 흐르는 전류는 몇 [A]인가?

① 0.2
② 0.5
③ 0.7
④ 1.0

풀이
- 회로의 직렬 합성저항 $R=0.3+0.2+2.5=3[\Omega]$
- 회로의 직렬 $V=1.5+1.5=3[V]$
- 회로전류 $I=\frac{V}{R}=\frac{3}{3}=1.0[V]$

45 태양광발전의 기본원리로서 1839년 Edmond Bequerel에 의해 최초로 발견된 현상은?

① 광전도 효과
② 광자기장 효과
③ 광기전력 효과
④ 광흡수 효과

풀이 1839년 에드몬드 베크렐(Edmond Bequerel) 은 빛이 전기로 바뀌는 광기전력 효과(Photovoltaic effect)를 세계 최초로 발견하였다.

46 태양전지의 직류출력을 DC-DC컨버터로 승압하고 인버터로 상용주파 교류로 변환하는 인버터의 절연방식은?

① 상용주파 변압기 절연방식
② 고주파 변압기 절연방식
③ 트랜스리스 방식
④ DC-DC 컨버터 방식

정답 41 ④ 42 ④ 43 ① 44 ④ 45 ③ 46 ③

풀이 태양광발전용 인버터의 절연방식에 따른 회로도와 원리

구분	회로도 및 원리
상용주파 절연방식	DC→AC / PV — 인버터 — 상용주파 변압기
	태양전지의 직류출력을 상용 주파의 교류로 변환한 후 상용주파 변압기로 절연한다.
고주파 절연방식	DC→AC AC→DC DC→AC / PV — 고주파 인버터 — 고주파 번역기 — 인버터
	태양전지의 직류출력을 고주파교류로 변환한 후 소형의 고주파 변압기로 절연을 하고, 그 후 직류로 변환하고 다시 상용주파의 교류로 변환한다.
무변압기 방식	PV — 컨버터 — 인버터
	태양전지의 직류를 DC/DC 컨버터로 승압한 후, DC/AC 인버터로 상용주파수의 교류로 변환한다.

47 풍력발전기와 독립형 태양광발전시스템을 연계하여 발전하는 방식은?

① 추적식　② 독립형
③ 계통연계형　④ 하이브리드형

풀이 태양광발전시스템과 다른 발전원(풍력, 연료전지 등)이 연계하여 발전하는 방식을 하이브리드형이라고 한다.

48 다음의 보기 중 우리나라에서 신재생에너지로 분류되는 에너지를 모두 고른 것은?

ⓐ 태양광발전　ⓒ 수소에너지
ⓑ 수력　ⓓ 천연가스

① ⓐ, ⓑ　② ⓐ, ⓑ, ⓒ
③ ⓐ, ⓑ, ⓓ　④ ⓐ, ⓑ, ⓒ, ⓓ

풀이
- 재생에너지 : 태양(태양광, 태양열), 바이오, 풍력, 수력, 해양, 폐기물, 지열
- 신에너지 : 연료전지, 석탄액화가스화 및 중질잔사유 가스화, 수소에너지

49 50[kW] 이상의 태양광발전설비에 의무적으로 설치하여야 하는 모니터링 설비의 계측설비 중 전력량계의 정확도 기준으로 옳은 것은?

① 0.5[%] 이내　② 1.0[%] 이내
③ 1.5[%] 이내　④ 2.0[%] 이내

풀이 모니터링 시스템의 계측설비별 요구사항으로 인버터의 CT 정확도는 3[%] 이내, 전력량계의 정확도는 1[%] 이내이다.

50 개방전압의 측정순서를 올바르게 나타낸 것은?

ⓐ 측정하는 스트링의 단로 스위치만 ON하여(단로 스위치가 있는 경우) 직류전압계로 각 스트링의 P-N단자 간의 전압 측정
ⓑ 태양전지 모듈에 음영이 발생되는 부분이 없는지 확인
ⓒ 접속함의 출력개폐기를 OFF
ⓓ 접속함 각 스트링의 단로 스위치를 모두 OFF(단로 스위치가 있는 경우)

① ⓒ-ⓓ-ⓑ-ⓐ　② ⓑ-ⓐ-ⓒ-ⓓ
③ ⓑ-ⓐ-ⓓ-ⓒ　④ ⓐ-ⓑ-ⓒ-ⓓ

풀이 개방전압의 측정시험기자재, 회로도, 측정방법
㉮ 시험기자재 : 직류전압계(테스터)
㉯ 회로도 : 개방전압 측정회로
㉰ 측정순서
　㉠ 접속함의 출력 개폐기를 개방(Off)한다.
　㉡ 접속함 각 스트링의 단로 스위치를 모두 OFF(단로 스위치가 있는 경우)
　㉢ 각 모듈이 그늘져 있지 않은지 확인
　㉣ 측정하는 스트링의 단로 스위치만 ON하여(단로 스위치가 있는 경우) 직류전압계로 각 스트링의 P-N단자 간의 전압 측정

정답 47 ④ 48 ② 49 ② 50 ①

51 다음 중 실횻값이 220[V]인 교류전압을 2.0[kΩ]의 저항에 인가할 경우 소비되는 전력은 약 몇 [W]인가?

① 22.4 ② 24.2
③ 26.4 ④ 40.5

풀이 소비전력

$$P = I^2 \times R = \frac{V^2}{R} = \frac{220^2}{2.0 \times 10^3} = 24.2[\text{W}]$$

52 태양광 모듈의 단면은 여러 층으로 이루어져 있다. 이러한 층을 이루는 재료 중에 태양전지를 외부의 습기와 먼지로부터 차단하기 위하여 현재 가장 일반적으로 사용하는 충진재는?

① Glass ② EVA
③ Tedlar ④ FRP

풀이 태양전지 모듈에서 태양전지를 외부의 습기와 먼지로부터 차단하기 위하여 가장 일반적으로 사용하는 충진재는 EVA이다.

53 태양전지의 변환효율에 영향을 주는 요인이 아닌 것은?

① 방사조도
② 표면온도
③ 기압
④ 분광분포(Air mass)

풀이 태양전지의 변환효율에 영향을 주는 요인은 방사조도, 분광분포(스펙트럼), 표면온도 등이다.

54 태양전지 모듈의 I-V 특성곡선에서 일사량에 따라 가장 많이 변화하는 것은?

① 저항
② 온도
③ 전압
④ 전류

풀이 일사량(방사조도)에 따라 가장 많이 변화하는 것은 그림 (a)에서와 같이 전류이다.

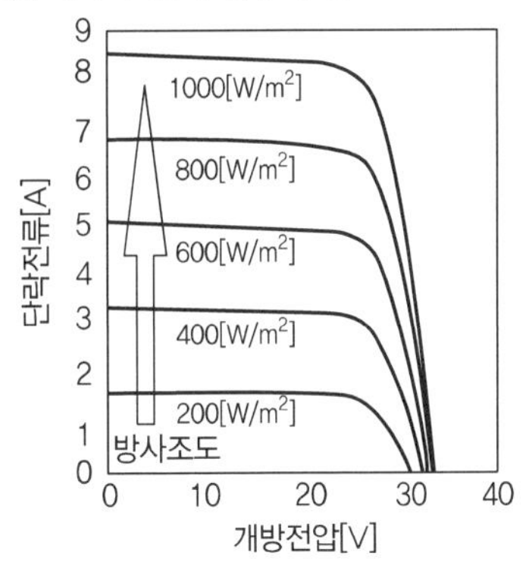

(a) 셀의 표면온도(25[℃]) 일정 시

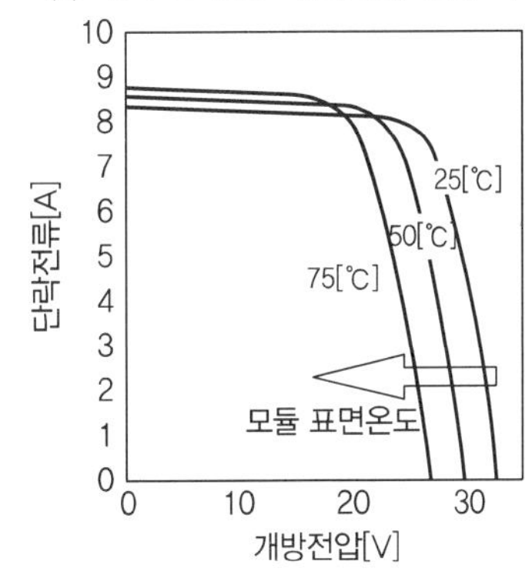

(b) 일조강도(1,000[W/m²]) 일정 시

55 태양광발전설비 운영 매뉴얼 내용으로 틀린 것은?

① 황사나 먼지 등에 의해 발전효율이 저하된다.
② 풍압에 의해 모듈과 형강의 체결부위가 느슨해질 수 있다.
③ 모듈 표면은 강화유리로 제작되어 외부충격에 파손되지 않는다.
④ 고압 분사기를 이용하여 모듈 표면에 정기적으로 물을 뿌려 이물질을 제거해 준다.

풀이 모듈 표면은 특수 처리된 강화유리로 되어 있어 강한 충격이 있을 시, 파손될 우려가 있으므로 충격이 발생되지 않도록 주의가 필요하다.

정답 51 ② 52 ② 53 ③ 54 ④ 55 ③

56 가공전선로에 지선을 설치하는 설명 중 틀린 것은?

① 보도를 횡단할 경우 지표상 2.5[m] 이상으로 할 수 있다.
② 도로를 횡단하여 시설하는 지선의 높이는 지표상 5[m] 이상으로 하여야 한다.
③ 가공전선로의 지지물로 사용하는 철탑은 지선을 사용하여 그 강도를 분담한다.
④ 지선에 연선을 사용할 경우 소선 3가닥 이상, 지름이 2.6[mm]이 상의 금속선을 사용하여야 한다.

풀이 철탑에는 지선을 사용할 수 없다.

57 태양광발전설비의 하자보수 기간은?

① 1년 ② 3년
③ 5년 ④ 7년

풀이 신재생에너지원별 시공기준에 따라 태양광발전설비의 하자보수 기간은 3년이다.

58 태양전지 모듈은 최대사용전압 몇 배의 직류 전압을 충전부분과 대지 사이에 연속하여 10분간 가하여 절연내력을 시험하였을 때 이에 견디어야 하는가?

① 0.92 ② 1
③ 1.25 ④ 1.5

풀이 전기설비 기술기준 제15조(연료전지 및 태양전지 모듈의 절연내력)
연료전지 및 태양전지 모듈로 최대사용전압의 1.5배의 직류전압 또는 1배의 교류전압(500[V] 미만으로 되는 경우에는 500[V])을 충전부분과 대지 사이에 연속하여 10분간 가하여 절연내력을 시험하였을 때 견디어야 한다.

59 전기설비기술기준상의 전압 구분과 기준 전압의 관계에서 틀린 것은?

① 저압 – 직류 1,500[V] 이하, 교류 1,000[V] 이하
② 고압 – 직류 1,500[V] 초과, 교류 1,000[V] 초과 하고 7,000[V] 이하
③ 특고압 – 7,000[V] 초과
④ 저압 – 직류 750[V] 이하, 교류 600[V] 이하

풀이

분류	전압의 범위
저압	• 직류 : 1.5[kV] 이하 • 교류 : 1[kV] 이하
고압	• 직류 : 1.5[kV] 초과, 7[kV] 이하 • 교류 : 1[kV] 초과, 7[kV] 이하
특고압	7[kV]를 초과

60 개개의 기둥을 독립적으로 지지하는 형식으로 기초판과 기둥으로 형성되어 있으며, 기둥과 보로 구성되어 있는 건축물에 적용되는 태양광발전 기초공법은?

① 파일기초
② 연속기초(줄기초)
③ 독립기초
④ 온통기초(매트기초)

풀이 개개의 기둥을 독립적으로 지지하는 기초는 독립기초이다.

정답 56 ③ 57 ② 58 ④ 59 ④ 60 ③

008 모의고사 8회

01 지구의 대기 영향을 받지 않는 우주에서의 태양복사에너지 대기질량(Air Mass)은?

① AM 0 ② AM 1.0
③ AM 1.25 ④ AM 1.5

풀이
- AM 0 : 대기외부, 즉 우주에서의 태양 스펙트럼을 나타내는 조건
- AM 1.5 : 태양이 천정에 위치할 때의 지표상의 스펙트럼

02 풍력발전의 출력제어 방식 중 바람방향을 향하도록 블레이드의 방향을 조절하는 제어방식은?

① 날개각 제어(Pitch Control)
② 위상 제어(Phase Control)
③ 요 제어(Yaw Control)
④ 실속 제어(Stall Control)

풀이
- 실속제어(Stall Control) : 한계풍속 이상이 되었을 때 양력이 회전 날개에 작용하지 못하도록 날개의 공기역학적 형상에 의해 제어하는 것
- 요 제어(Yaw Control) : 바람방향을 향하도록 블레이드(날개)의 방향을 제어하는 것

03 태양전지 모듈의 표준시험조건에서 전기온도는 25[℃]를 기준으로 하고 있다. 허용오차 범위로 옳은 것은?

① 25±1[℃] ② 25±2[℃]
③ 25±3[℃] ④ 25±4[℃]

풀이 표준시험조건(STC ; Standard Test Condition)
- 소자접합온도 : 25℃
- 대기질량지수 AM : 1.5
- 조사강도 : 1,000[W/m^2]
- 전지온도 허용오차 범위 : 25±2[℃]

04 태양광발전시스템용 파워컨디셔너의 단독운전 방지 기능을 수행하기 위한 단독운전 상태검출 방식 중 능동적 검출방식이 아닌 것은?

① 주파수 시프트 방식
② 유효전력 변동방식
③ 주파수 변화율 검출방식
④ 무효전력 변동방식

풀이
- 능동적 검출방식 : 주파수 시프트 방식, 부하 변동 방식, 유효전력 변동방식, 무효전력 변동방식
- 수동적 검출방식 : 전압위상 도약검출방식, 제3고조파 검출방식, 주파수 변화율 검출방식

05 수공구 사용 안전지침에 따른 조립공구에 속하지 않는 것은?

① 끌
② 렌치
③ 플라이어
④ 드라이버

풀이
- 조립공구 : 렌치, 드라이버, 플라이어
- 절단공구 : 칼, 톱, 가위, 끌 등
- 고정공구 : 클램프, 바이스 등

06 중대형 태양광발전용 인버터(계통연계형, 독립형)(KS C 8565 : 2020)에 따른 정상특성시험 항목이 아닌 것은?

① 효율시험
② 내전압시험
③ 온도상승시험
④ 누설전류시험

정답 01 ① 02 ③ 03 ② 04 ③ 05 ① 06 ②

풀이 중대형 태양광발전용 독립형 인버터에서 정상특성 시험 시 시험항목

	시험항목	독립형	계통연계형	구분
정상특성시험	1. 교류전압, 주파수 추종 범위 시험	×	○	
	2. 교류출력전류 변형률 시험	×	○	
	3. 누설전류시험	○	○	
	4. 온도상승시험	○	○	
	5. 효율시험	○	○	
	6. 대기손실시험	×	○	
	7. 자동가동 · 정지시험	×	○	
	8. 최대전력 추종시험	×	○	
	9. 출력전류 직류분 검출시험	×	○	

※ 내전압시험은 절연성능 시험이다.

07 지붕에 설치하는 태양광발전 형태는?

① 차양형 ② 루버형
③ 창재형 ④ 톱 라이트형

풀이 지붕에 설치하는 형태
평지붕형, 경사지붕형, 톱 라이트형

08 한국전기설비규정에 따른 전선의 색상 중 중성선(N)의 색상은?

① 갈색 ② 흑색
③ 회색 ④ 청색

풀이 한국전기설비규정에 따른 전선의 색상

상(문자)	L1	L2	L3	N	보호도체
색상	갈색	흑색	회색	청색	녹색-노란색

09 태양광발전시스템용 파워컨디셔너의 전기적 보호등급 중 "등급 Ⅲ"의 최대전압은?

① DC 25[V] ② DC 50[V]
③ DC 120[V] ④ DC 150[V]

풀이 전기적 보호등급 Ⅲ
- 안전특별저전압 : AC 50[V] 이하 DC 120[V] 이하
- 기호 : ⟨Ⅲ⟩

10 납(연)축전지의 공칭전압은 몇 [V/cell]인가?

① 1.2 ② 2.0
③ 3.7 ④ 4.2

풀이
- 납(연)축전지 공칭전압 : 2.0[V]
- 알칼리축전기 공칭전압 : 1.2[V]

11 인버터의 효율 중에서 모듈 출력이 최대가 되는 최대전력점(MPP ; Maximum Power Point)을 찾는 기술에 대한 효율은 무엇인가?

① 변환 효율 ② 추적 효율
③ 유로 효율 ④ 최대 효율

풀이 추적 효율
인버터 효율 중 모듈 출력이 최대가 되는 최대전력점을 찾는 기술에 대한 효율

12 태양광발전 모듈에서 인버터 입력단 간 및 인버터 출력단과 계통연계점 간의 전압강하와 전선의 길이에 대하여 다음 ( ) 안에 들어갈 내용으로 옳은 것은?

전압강하	전선길이
5[%]	120[m] 이하
6[%]	(㉠)[m] 초과
7[%]	(㉡)[m] 초과

① ㉠ : 150, ㉡ : 150
② ㉠ : 200, ㉡ : 200
③ ㉠ : 250, ㉡ : 250
④ ㉠ : 300, ㉡ : 300

정답 07 ④ 08 ④ 09 ③ 10 ② 11 ② 12 ②

풀이 모듈에서 인버터 입력단 간 및 인버터 출력단과 계통 연계점 간의 전압강하는 각 3[%]를 초과하여서는 아니 된다. 다만, 전선길이가 60[m]를 초과할 경우에는 다음 표에 따라 시공할 수 있다.

전선길이	60[m] 이하	120[m] 이하	200[m] 이하	200[m] 초과
전압강하	3[%]	5[%]	6[%]	7[%]

13 발전 또는 구역전기 사업허가증의 사업규모에 작성되는 내용으로 틀린 것은?

① 주파수 ② 설비용량
③ 공급단가 ④ 공급전압

풀이 (발전, 구역전기) 사업허가증의 사업규모
- 원동력의 종류
- 설비용량
- 공급전압
- 주파수

14 건물일체형 태양광 모듈(BIPV) – 성능평가 요구사항(KS C 8577 : 2021)에 따라 절연시험 시 모듈의 측정면적에 따라 0.1[m²] 미만에서는 몇 [MΩ] 이상이어야 하는가?

① 0.4 ② 4
③ 40 ④ 400

풀이 건물일체형 태양광 모듈(BIPV) 절연시험 품질기준
- 시험동안 절연파괴 또는 표면균열이 없어야 한다.
- 모듈의 측정면적에 따라 0.1[m²] 미만에서 400[MΩ] 이상일 것
- 모듈의 시험면적에 따라 0.1[m²] 이상에서는 측정값과 면적의 곱이 40[MΩ · m²] 이상일 것

15 태양광발전 모듈의 유지관리 사항이 아닌 것은?

① 모듈의 유리표면 청결유지
② 셀이 병렬로 연결되었는지 여부
③ 음영이 생기지 않도록 주변정리
④ 케이블 극성 유의 및 방수 커넥터 사용 여부

풀이 모든 태양전지 모듈 내의 셀은 직렬로 연결한다.

16 저압전로의 절연저항 측정 시 영향을 주거나 손상을 받을 수 있는 SPD 또는 기타 기기 등은 측정 전에 분리시켜야 하고, 부득이하게 분리가 어려운 경우에는 시험전압을 250[V] DC로 낮추어 측정할 수 있지만 절연저항 값은 몇 [MΩ] 이상이어야 한다.

① 0.2 ② 0.3
③ 0.5 ④ 1

풀이 저압전로의 절연저항 측정 시 영향을 주거나 손상을 받을 수 있는 SPD 또는 기타 기기 등은 측정 전에 분리시켜야 하고, 부득이하게 분리가 어려운 경우에는 시험전압을 250[V] DC로 낮추어 측정할 수 있지만 절연저항 값은 1[MΩ] 이상이어야 한다.

17 가시광선의 파장범위는?

① 10~380[nm] ② 380~760[nm]
③ 760~1,200[nm] ④ 1,200~1,800[nm]

풀이
- 자외선 파장범위 : 10~380[nm]
- 가시광선 파장범위 : 380~760[nm](사람의 눈에 보이는 전자기파)
- 적외선 파장범위 : 760[nm] 이상

18 태양광 모듈의 크기가 가로 0.5[m], 세로 1.2[m]이며, 최대출력 100[W]인 이 모듈의 에너지 변환효율[%]은?(단, 표준시험 조건일 때)

① 16.67[%] ② 14.25[%]
③ 13.65[%] ④ 12.68[%]

풀이 모듈의 변환효율(η)

$$\eta = \frac{\rho_{max}}{\text{면적} \times 1{,}000[\text{w/m}^2]} \times 100[\%]$$

$$= \frac{100}{0.5 \times 1.2 \times 1{,}000} \times 100$$

$$= 16.666 \fallingdotseq 16.67[\%]$$

정답 13 ③ 14 ④ 15 ② 16 ④ 17 ② 18 ①

19 교류의 파형률을 나타내는 관계식으로 옳은 것은?

① $\frac{\text{실횻값}}{\text{최댓값}}$　② $\frac{\text{최댓값}}{\text{실횻값}}$

③ $\frac{\text{실횻값}}{\text{평균값}}$　④ $\frac{\text{평균값}}{\text{실횻값}}$

풀이 • 교류의 파형률 $= \frac{\text{실횻값}}{\text{평균값}}$

• 교류의 파고율 $= \frac{\text{최댓값}}{\text{실횻값}}$

20 태양광발전 접속함(KS C 8567 : 2019)에 따라 직류(DC)용 퓨즈는 IEC 60296 – 6의 관련 요구사항을 만족하는 어떤 타입을 사용하여야 하는가?

① aPV 타입　② gPV 타입

③ qPV 타입　④ sPV 타입

풀이 태양광발전 접속함(KS C 8567 : 2019)에 따라 직류(DC)용 퓨즈는 gPV 타입을 사용한다.

21 공사시방서에 대한 설명으로 틀린 것은?

① 주요기자재에 대한 규격, 수량 및 납기일을 기재한다.
② 계약문서에 포함되는 설계도서의 하나로, 계약적 구속력을 가지며, 공사의 질적 요구조건을 규정하는 문서이다.
③ 공사에 필요한 시공방법, 시공품질, 허용오차 등 기술적 사항을 규정한다.
④ 공사감독자 및 수급인에게는 시공을 위한 사전준비, 시공 중의 점검, 시공완료 후의 점검을 위한 지침서로 사용할 수 있다.

풀이 시방서에는 주요기자재에 대한 규격, 수량 등을 기재하고, 납기일은 주요기자재 납품 승인 시에 기재한다.

22 역률 개선을 통하여 얻을 수 있는 효과가 아닌 것은?

① 전압강하의 경감
② 설비용량의 여유분 증가
③ 배전선 및 변압기의 손실경감
④ 수용가의 전기요금(기본요금) 증가

풀이 역률개선효과
• 전압강하경감
• 설비용량의 여유분 증가
• 배전선 및 변압기의 손실경감
• 수용가의 전기요금(기본요금) 경감

23 태양광발전시스템의 계측기구 및 표시장치의 구성으로 틀린 것은?

① 검출기　② 연산장치

③ 감시장치　④ 신호변환기

풀이 계측기구 및 표시장치의 구성도

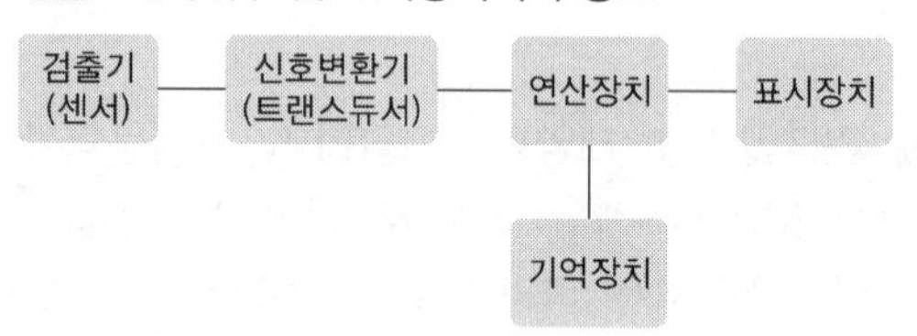

24 태양광발전시스템 고장원인 중 모듈의 제조공정상 불량에 해당하지 않는 것은?

① 적화 현상
② 황색 변이
③ 백화 현상
④ 유리 적색 착색

풀이 유리의 적색 착색
모듈 청소 시 철(Fe) 성분이 함유된 지하수를 사용하는 경우 발생

정답 19 ③ 20 ② 21 ① 22 ④ 23 ③ 24 ④

25 한국전기설비규정에 따라 케이블트레이공사 중 수평 트레이에 단심 케이블을 포설 시 벽면과의 간격은 몇 [mm] 이상 이격 설치하여야 하는가?

① 7 ② 12
③ 15 ④ 20

풀이 수평 트레이에 단심 케이블 포설 시 벽면과의 간격은 20[mm] 이상 이격 설치하여야 한다.

26 한국전기설비규정에 따라 태양전지 모듈은 최대사용전압의 몇 배의 직류전압을 충전부분과 대지 사이에 연속하여 10분간 가하여 절연내력을 시험하였을 때에 이에 견디는 것이어야 하는가?

① 1.2 ② 1.5
③ 1.75 ④ 2.0

풀이 한국전기설비규정에 따라 연료전지 및 태양전지 모듈은 최대사용전압의 1.5배의 직류전압 또는 1배의 교류전압(500[V] 미만으로 되는 경우에는 500[V])에 견디는 것이어야 한다.

27 태양광발전시스템의 일반적인 시공순서로 옳은 것은?

㉠ 모듈 ㉡ 어레이
㉢ 인버터 ㉣ 접속함
㉤ 계통 간 간선

① ㉠→㉡→㉣→㉢→㉤
② ㉠→㉤→㉣→㉢→㉡
③ ㉠→㉣→㉤→㉢→㉡
④ ㉠→㉡→㉢→㉣→㉤

풀이 태양광발전시스템의 시공순서
모듈→어레이→접속함→인버터→계통 간 간선

28 감전의 위험을 방지하게 위해 정전작업 시에 작성하는 정전작업요령에 포함되는 사항이 아닌 것은?

① 단락접지 실시에 관한 사항
② 정전 확인순서에 관한 사항
③ 단독 근무 시 필요한 사항
④ 시운전을 위한 일시운전에 관한 사항

풀이 정전작업 요령에 포함되어야 할 사항
- 작업책임자의 임명, 정전범위 및 절연용 보호구의 작업시작 전 점검 등 작업 시 작업에 필요한 사항
- 전로 또는 설비의 정전순서에 관한 사항
- 정전 확인순서에 관한 사항
- 전원 재투입순서에 관한 사항
- 개폐기 관리 및 표지판 부착에 관한 사항
- 단락접지 실시에 관한 사항
- 점검 또는 시운전을 위한 일시운전에 관한 사항

29 태양광발전용 인버터의 표시부에 "Line Inverter Async Fault"가 나타난 경우 조치사항으로 옳은 것은?

① 계통 주파수 점검 후 운전
② 퓨즈 교체 점검 후 운전
③ 인버터 전압 점검 후 운전
④ 전자접촉기 교체 점검 후 운전

풀이 Line Inverter Async Fault(위상이 계통과 인버터 동기화 되지 않음)조치
계통 주파수 점검 후 운전

30 절연 안전모의 착용 시 주의사항으로 틀린 것은?

① 턱끈을 단단히 조임
② 머리에 적합하도록 헤드밴드를 조절
③ 금속이나 도전성이 뛰어난 재료를 사용한 것을 사용
④ 한번이라도 큰 충격을 받았으면 사용하지 않음

풀이 금속이나 도전성이 뛰어난 재료를 사용한 것은 절연이 되지 않으므로 절연 안전모가 될 수 없다.

정답 25 ④ 26 ② 27 ① 28 ③ 29 ① 30 ③

31 봉지재는 태양광발전 모듈에서 태양전지와 상단층, 후면층 사이에 접착을 위해 사용된다. 봉지재로 가장 많이 사용되는 것은?

① 아크릴(Acrylic)
② 테들러(Tedlar)
③ 폴리머(Polymers)
④ EVA(Ethyl Vinyl Acetate)

풀이 태양광 봉지재
에틸렌초산비닐(EVA ; Ethylene Vinyl Acetate)은 태양광 모듈에서 태양광 봉지재에 가장 많이 사용되는 원료이다. 태양광 모듈이 외부 노출에 잘 견딜 수 있도록 유리와 태양광 봉지재가 방어 역할을 한다. 태양광 봉지재는 가능한 한 많은 빛을 투과시키도록 투명해야 하며, 접착성이 뛰어나 외부 공기와 수분을 차단할 수 있어야 한다. 또한 UV안정제 등 첨가제와 상용성도 뛰어나야 한다.

32 태양광발전용 인버터(PCS)의 기능이 아닌 것은?

① 자동운전 정지기능
② 최대출력 추종제어기능
③ 단독운전 방지기능
④ 교류를 직류로 변환하는 기능

풀이 인버터의 기능
- 자동운전 정지기능
- 자동전압 조정기능
- 최대전력 추종제어
- 단독운전 방지기능
- 직류검출기능
- 직류지락 검출기능

※ 인버터 : 직류를 교류로 변환
정류기 : 교류를 직류로 변환

33 바이패스 다이오드에 대한 설명으로 틀린 것은?

① 차광된 태양전지에서 발생할 수 있는 열점(Hot Spot)을 방지
② 배터리로부터 태양광발전 어레이로 전류가 흐르는 것을 방지
③ 태양광발전 모듈용 접속함에 부착되며, 실리콘으로 밀폐되기도 함
④ 태양전지에 음영이 있을 때 발전하지 않는 태양전지로 전류가 흐르는 것을 방지

풀이 역전류 방지 다이오드
배터리로부터 태양광발전 어레이로 전류가 흐르는 것을 방지

34 N형 반도체의 다수캐리어는?

① 양성자 ② 중성자
③ 정공 ④ 전자

풀이
- P형 반도체의 다수캐리어는 정공
- N형 반도체의 다수캐리어는 전자

35 태양광발전소 공사의 경우 사용 전 검사를 받는 시기는?

① 공사가 착공된 때
② 전체 공사가 완료된 때
③ 내압시험을 할 수 있는 상태가 된 때
④ 태양광발전 어레이 공사가 완료된 때

풀이 태양광발전소의 경우 사용 전 검사를 받는 시기는 전체 공사가 완료된 때이다.

36 변전실의 면적에 영향을 주는 요소로 틀린 것은?

① 변전실의 접지방식
② 건축물의 구조적 여건
③ 수전전압 및 수전방식
④ 변전설비의 변압방식, 변압기 용량, 수량 및 형식

풀이 접지방식은 변전실의 면적에 영향을 주지 않는다.

정답 31 ④ 32 ④ 33 ② 34 ④ 35 ② 36 ①

37 배전선로 전력손실 경감과 관계가 없는 것은?

① 승압
② 역률 개선
③ 부하의 불평형 방지
④ 다중접지방식 채용

풀이 배전선로 전력손실 경감 대책
- 승압
- 역률개선
- 부하의 불평형 방지

※ 접지방식은 배전선로 전력손실 경감과 무관하다.

38 인버터의 절연저항 측정 시 주의사항으로 틀린 것은?

① SPD(SA) 등의 정격이 약한 회로들은 회로에서 분리하여 측정한다.
② 정격전압이 입·출력이 다를 때는 낮은 측의 전압을 선택기준으로 한다.
③ 입·출력단자에 주회로 이외의 제어단자 등이 있는 경우 이것을 포함해서 측정한다.
④ 절연변압기를 장착하지 않은 인버터는 제조사가 추천하는 방법에 따라 측정한다.

풀이 인버터의 절연저항 측정 시 주의사항
정격전압이 입·출력이 다를 때는 높은 측의 전압을 선택기준으로 한다.

39 태양광발전시스템의 유지보수에서 연계보호장치의 점검 부위가 아닌 것은?

① 보호릴레이 ② 보조릴레이
③ 전자접촉기 ④ 냉각팬 히터

풀이 연계 보호장치 점검 부위
- 보호릴레이
- 보조릴레이
- 전자접촉기

※ 연계보호장치에는 냉각팬 히터가 없다.

40 분산형 전원 배전계통 연계 기술기준에 따라 분산형 전원 및 그 연계 시스템은 분산형 전원 연결점에서 최대 정격 출력전류의 몇 [%]를 초과하는 직류전류를 계통으로 유입시켜서는 안 되는가?

① 0.2 ② 0.3
③ 0.4 ④ 0.5

풀이 분산형 전원 배전계통 연계 기술기준에 따라 분산형 전원 및 그 연계 시스템은 분산형 전원 연결점에서 최대 정격 출력전류의 0.5[%]를 초과하는 직류전류를 계통으로 유입시켜서는 안 된다.

41 박막 태양광발전 모듈(성능)(KS C 8562 : 2021)에 따라 모듈의 자외선 열화에 민감한 재질과 압착본드의 특성을 검사하기 위해 자외선을 모듈에 사전 조사하는 것을 목적으로 하는 시험은?

① 옥외노출 시험 ② 고온고습 시험
③ UV 전처리 시험 ④ 온도 사이클 시험

풀이
- 옥외노출 시험 : 모듈의 옥외 조건에서의 내구성을 사전확인하고 또한 시험소에서 검출될 수 없는 복합적인 열화의 영향을 파악하는 것
- 고온고습 시험 : 습도의 장기간 침투에 대한 모듈의 내구성을 조사하는 것
- UV 전처리 시험 : 모듈의 자외선(UV) 열화에 민감한 재질과 압착본드의 특성을 검사하기 위해 자외선을 모듈에 사전 조사하는 것
- 온도 사이클 시험 : 온도 변화의 반복에 따라 일어나는 열적 부정합, 피로, 기타 스트레스에 대한 모듈의 내구성을 조사하는 것

42 신에너지 및 재생에너지 개발·이용·보급 촉진법령에서 기본계획의 계획기간은 몇 년 이상으로 하는가?

① 3년 ② 5년
③ 7년 ④ 10년

풀이 신·재생에너지의 기술개발 및 이용·보급을 촉진하기 위한 기본계획을 5년마다 수립하여야 하며, 기본계획의 계획기간은 10년 이상으로 한다.

정답 37 ④ 38 ② 39 ④ 40 ④ 41 ③ 42 ④

43 전기설비기술기준에 따라 특고압 가공전선로에서 발생하는 극저주파 전자계는 지표상 1[m]에서 전계가 몇 [kV/m] 이하, 자계가 몇 [μT] 이하가 되도록 시설하여야 하는가?

① 3.5[kV/m] 이하, 63.3[μT] 이하
② 3.5[kV/m] 이하, 83.3[μT] 이하
③ 4.5[kV/m] 이하, 63.3[μT] 이하
④ 4.5[kV/m] 이하, 83.3[μT] 이하

풀이 교류 특고압 가공전선로에서 발생하는 극저주파 전자계는 지표상 1[m]에서 전계가 3.5[kV/m] 이하, 자계가 83.3[μT] 이하가 되도록 시설하고, 직류 특고압 가공전선로에서 발생하는 직류전계는 지표면에서 25[kV/m] 이하, 직류자계는 지표상 1[m]에서 400[μT] 이하가 되도록 시설하는 등 상시 정전유도 및 전자유도 작용에 의하여 사람에게 위험을 줄 우려가 없도록 시설하여야 한다.

44 10[A]전류를 흘렸을 때의 전력이 50[W]인 저항에 20[A]의 전류를 흘렸다면 소비전력은 몇 [W]인가?

① 120　　② 200
③ 300　　④ 350

풀이 • 전류 $I=10$[A], 전력 $P=50$[W]일 때 저항 R은 소비전력 $P=I^2\times R$[W]이므로

$$R=\frac{P}{I^2}=\frac{50}{10^2}=\frac{50}{100}=\frac{1}{2}=0.5[\Omega]$$

• 전류 $I=20$[A], $R=0.5[\Omega]$일 때 소비전력 P[W]는

$$P=I^2\times R=200^2\times 0.5=200[\text{W}]$$

45 태양전지의 P－N접합에 의한 태양광발전 원리로 옳은 것은?

① 광흡수 → 전하수집 → 전하분리 → 전하생성
② 광흡수 → 전하생성 → 전하분리 → 전하수집
③ 광흡수 → 전하분리 → 전하수집 → 전하생성
④ 광흡수 → 전하생성 → 전하수집 → 전하분리

풀이 P－N접합에 의한 태양광 발전원리
광흡수 → 전하생성 → 전하분리 → 전하수집

46 태양광발전용 인버터의 기능 중 계통보호를 위한 기능으로만 묶인 것은?

① 단독운전 방지기능, 자동전압조정기능
② 단독운전 방지기능, 자동운전 · 정지기능
③ 최대전력 추종제어기능, 자동운전 · 정지기능
④ 최대전력 추정제어기능, 자동전압조정기능

풀이 태양광 발전용 인버터의 계통보호기능
• 단독운전 방지기능
• 자동전압 조정기능

47 면적이 250[cm^2]이고, 변환효율이 20[%]인 결정질 실리콘 태양전지의 표준조건에서의 출력 [W]은?

① 2.4　　② 3.1
③ 4.0　　④ 5.0

풀이 태양전지효율(η)

$$\eta=\frac{P[\text{W}](\text{출력})}{\text{면적}\times 1{,}000[\text{W/m}^2]}$$

$$P[\text{W}]=\eta\times\text{면적}\times 1{,}000$$
$$=0.2\times 250\times 10^{-4}[\text{m}^2]\times 1{,}000=5[\text{W}]$$

48 분산형 전원 배전계통 연계 기술기준에 따라 저압계통의 경우, 계통 병입 시 돌입전류를 필요로 하는 발전원에 대해서 계통 병입에 의한 순시전압 변동률이 몇 [%]를 초과하지 않아야 하는가?

① 4　　② 5
③ 6　　④ 7

풀이 저압계통의 경우, 계통 병입 시 돌입전류를 필요로 하는 발전원에 대해서 계통 병입에 의한 순시전압변동률이 6[%]를 초과하지 않아야 한다.

정답 43 ② 44 ② 45 ② 46 ① 47 ④ 48 ③

49 태양광발전 모듈 설치 및 조립 시 주의사항으로 틀린 것은?

① 태양광발전 모듈과 가대의 접합 시 부식방지용 개스킷(Gasket)을 적용한다.
② 태양광발전 모듈의 파손방지를 위해 충격이 가지 않도록 한다.
③ 태양광발전 모듈을 가대의 하단에서 상단으로 순차적으로 조립한다.
④ 태양광발전 모듈의 필요 정격전압이 되도록 1스트링의 직렬매수를 선정한다.

풀이 태양광발전 모듈의 1스트링의 개방전압은 인버터 입력전압 범위 안에 있어야 한다. 즉, 1스트링의 태양전지 개방전압은 인버터의 입력전압 범위 안에 있어야 한다.

50 가공전선로에서 발생할 수 있는 코로나 현상의 방지대책이 아닌 것은?

① 가선금구를 개량한다.
② 복도체를 사용한다.
③ 선 간 거리를 크게 한다.
④ 바깥지름이 작은 전선을 사용한다.

풀이 가끔전선로의 코로나 현상 방지대책
- 가선금구를 개량한다.
- 복도체를 사용한다.
- 선 간 거리를 크게 한다.
- 전선의 바깥지름을 크게 한다.

※ 코로나 현상 : 전선로나 애자 부근에 임계전압 이상의 전압이 가해지면 공기의 절연이 부분적으로 파괴되어 낮은 소리나 엷은 빛을 내면서 방전되는 현상

51 금속관 공사 시 금속 전선관의 나사를 낼 때 사용하는 공구는?

① 리머　② 오스터
③ 파이프 밴더　④ 와이어스트리퍼

풀이
- 리머 : 금속관을 절단한 후 절단면을 다듬기 위하여 사용
- 오스터 : 금속 전선관의 나사를 낼 때 사용
- 와이어스트리퍼 : 전선의 피복을 제거할 때 사용
- 파이프 밴더 : 금속관을 구부릴 때 사용

52 태양광발전시스템의 시공절차와 주의사항에 대한 설명으로 틀린 것은?

① 주철가대, 금속제 외함 및 금속배관 등은 누전사고 방지를 위한 접지공사가 필요하다.
② 태양광 발전시스템의 전기공사는 태양전지 모듈의 설치와 병행하여 진행한다.
③ 공사용 자재 반입 시 레커차를 사용할 경우, 레커차의 암 선단이 배전선에 근접할 때, 절연전선 또는 전력케이블에 보호관을 씌운 후 전력회사에 통보한다.
④ 태양전지 모듈의 배열 및 결선방법은 모듈의 출력 전압과 설치장소에 따라 다르기 때문에 체크리스트를 이용하여 시공 전과 후에도 확인하는 것이 바람직하다.

풀이 레커차 및 크레인 사용 시 레커차 암선단이 배전선에 근접할 때 절연전선 또는 전력케이블에 보호관을 씌워줄 것을 전력회사에 요청하여 보호관을 씌운 후에 작업한다.

53 산업안전보건법령에 따라 금속절단기에 설치하는 방호장치로 옳은 것은?

① 백레스트
② 압력방출장치
③ 회전체 접촉 예방장치
④ 날접촉 예방장치

풀이 금속절단기의 톱날부위에는 고정식, 조절식 또는 연동식 날접촉 예방장치를 설치하여야 한다.

정답 49 ④ 50 ④ 51 ② 52 ③ 53 ④

54 태양광발전시스템이 작동되지 않을 때 응급조치 순서로 옳은 것은?

① 접속함 내부 차단기 투입 → 인버터 개방 → 설비 점검
② 접속함 내부 차단기 투입 → 인버터 투입 → 설비 점검
③ 접속함 내부 차단기 개방 → 인버터 개방 → 설비 점검
④ 접속함 내부 차단기 개방 → 인버터 투입 → 설비 점검

풀이 태양광발전 시스템이 작동되지 않을 때 응급조치
- 접속함 내부차단기 개방
- 인버터 개방
- 인버터 정지 후 설비점검

55 전기안전관리법령에 따라 사용 전 검사를 받으려는 자는 사용 전 검사 신청서에 필요서류를 첨부하여 검사를 받으려는 날의 며칠 전까지 한국전기안전공사에 제출하여야 하는가?

① 7일 ② 15일
③ 20일 ④ 30일

풀이 사용 전 검사를 받으려는 자는 사용 전 검사 신청서에 필요서류를 첨부하여 검사를 받으려는 날의 7일 전까지 한국전기안전공사에 제출하여야 한다.

56 수변전설비의 설치와 유지관리에 관한 기술지침에 따른 충전부 보호에서 방호범위에 대한 설명으로 틀린 것은?

① 작업자들은 공구나 열쇠 등과 같은 금속체를 휴대해서는 안 된다.
② 전기설비의 활선부분과 작업자의 신체 보호장비는 충분한 이격거리를 유지해야 한다.
③ 신속한 유지관리를 위해 수변전실 유자격자의 주된 근무장소와 전기설비는 서로 같은 공간이어야 한다.
④ 통로, 복도, 창고와 같이 물건들이 이동하는 곳에는 추가 이격거리 확보와 방호조치를 하여야 한다.

풀이 수변전설비 유지관리 기술지침
부주의한 접촉을 방지하기 위해 수변전실 유자격자의 주된 근무장소와 전기설비는 서로 독립된 공간이어야 한다.

57 태양광발전용 인버터의 육안점검 항목에 해당하지 않는 것은?

① 배선의 극성
② 지붕재의 파손
③ 접지단자와의 접속
④ 단자대의 나사 풀림

풀이 인버터의 육안점검
- 배선의 극성
- 접지단자와의 접속
- 단자대의 나사 풀림
- 외함의 부식 및 파손

58 전기공사업법령에 따라 대통령령으로 정하는 경미한 전기공사가 아닌 것은?

① 전력량계를 부착하거나 떼어내는 공사
② 퓨즈를 부착하거나 떼어내는 공사
③ 꽂음접속기의 보수 및 교환에 관한 공사
④ 벨에 사용되는 소형변압기(2차 측 전압 60볼트 이하의 것으로 한정한다)의 설치공사

풀이 "대통령령으로 정하는 경미한 전기공사"란 다음 각 호의 공사를 말한다.
1. 꽂음접속기, 소켓, 로제트, 실링블록, 접속기, 전구류, 나이프스위치, 그 밖에 개폐기의 보수 및 교환에 관한 공사
2. 벨 인터폰, 장식전구, 그 밖에 이와 비슷한 시설에 사용되는 소형변압기(2차 측 전압 36볼트 이하의 것으로 한정한다)의 설치 및 그 2차측 공사
3. 전력량계 또는 퓨즈를 부착하거나 떼어내는 공사
4. 「전기용품 및 생활용품 안전관리법」에 따른 전기용품 중 꽂음접속기를 이용하여 사용하거나 전기

정답 54 ③ 55 ① 56 ③ 57 ② 58 ④

기계 · 기구(배선기구는 제외한다. 이하 같다) 단자에 전선[코드, 캡타이어케이블(경질고무케이블) 및 케이블을 포함한다. 이하 같다]을 부착하는 공사

5. 전압이 600볼트 이하이고, 전기시설 용량이 5킬로와트 이하인 단독주택 전기시설의 개선 및 보수 공사. 다만, 전기공사기술자가 하는 경우로 한정한다.

59 신재생발전기 계통연계기준에 따라 태양광발전기 인버터는 계통운영자의 지시에 따라 유효전력 출력 증감률 속도를 정격의 몇 [%] 이내/분까지 제한하는 것이 가능한 제어 성능을 구비해야 하는가?

① 3　　② 5
③ 7　　④ 10

풀이 송 · 배전용전기설비 이용규정 [별표6]
풍력 및 태양광 발전기 인버터는 계통운영자의 지시에 따라 유효전력 출력 증감률 속도를 정격의 10[%] 이내/분까지 제한하는 것이 가능한 제어 성능을 구비해야 한다.

60 충전선로를 취급하는 근로자가 착용하여야 하는 절연용 보호구가 아닌 것은?

① 절연화
② 절연 담요
③ 절연 고무장갑
④ 절연 안전모

풀이 절연용 보호구
- 절연화
- 절연 고무장갑
- 절연 안전모

※ 절연용 방호구 : 절연 담요, 고무판, 절연관, 절연시트, 절연커버, 애자커버

정답 59 ④　60 ②

009 모의고사 9회

01 수소에너지의 장점이 아닌 것은?

① 연료가 물과 같이 풍부하다.
② 공해물질이 배출되지 않는다.
③ 지속적인 에너지이며, 자동공급도 가능하다.
④ 수소에너지는 폭발 위험성이 전혀 없어 사용상 안전의 문제가 없다.

풀이 수소에너지는 폭발 위험성이 있어 사용상 안전의 문제가 있다.

02 금속제 케이블 트레이의 종류로 틀린 것은?

① 사다리형 ② 바닥 밀폐형
③ 통풍 채널형 ④ 바닥 개방형

풀이 케이블의 종류
- 사다리형
- 바닥 밀폐형
- 통풍 채널형
- 펀칭형
- 메시형

03 다음 그림의 다이오드 명칭으로 옳은 것은?

① 포토 다이오드 ② 발광 다이오드
③ 정류 다이오드 ④ 제너 다이오드

풀이 다이오드의 명칭

명칭	기호
정류(범용) 다이오드	Anode (+) — Cathode (−)
제너(정전압) 다이오드	Anode — Cathode
포토(센서) 다이오드	Anode — Cathode
발광(LED) 다이오드	Anode — Cathode

04 태양광발전용 접속함의 고장과 원인의 연결로 틀린 것은?

① 퓨즈 홀더 변형 – 과열
② 환기 팬 소음 – 환기팬 노화
③ 어레이 단자 변형 – 환기불량
④ 다이오드 과열 – 과전류 지속

풀이 환기불량에 의해 어레이 단자 변형이 발생하지 않는다.

05 연료전지 발전시스템의 구성요소로 틀린 것은?

① 개질기
② 증기터빈
③ 스택(Stack)
④ 전력변환장치(인버터)

풀이 연료전지 구성요소
- 개질기(Reformer)
- 스택(Stack)
- 전력변환장치(인버터)

※ 증기터빈은 화력발전, 원자력발전의 구성요소이다.

06 태양광발전시스템의 유지관리 시 보수점검 작업 후 유의사항으로 틀린 것은?

① 쥐, 곤충 등이 침입되어 있지 않은지 확인한다.
② 볼트 조임작업을 완벽하게 하였는지 확인한다.
③ 검전기로 무전압 상태를 확인하고 필요개소에 접지한다.
④ 점검을 위해 임시로 설치한 가설물 등의 철거가 지연되고 있지 않은지 확인한다.

풀이 ③은 작업 전 유의사항에 해당한다.

정답 01 ④ 02 ④ 03 ③ 04 ③ 05 ② 06 ③

07 독립형 전원시스템용 축전지 축전지용량을 구하기 위해 필요한 값이 아닌 것은?

① 1일 전력 소비량 ② 불일조일수
③ 방전심도 ④ 축전지온도

풀이 축전지용량(C)

$$C = \frac{1일\ 소비전력량 \times 불일조일수}{보수율 \times 방전심도 \times 축전지전압(방전종지전압)} [Ah]$$

08 태양광발전 어레이의 육안 점검사항으로 틀린 것은?

① 환기
② 외부 배선(접속케이블)
③ 가대의 부식과 녹슴
④ 유리 등의 표면 오염과 파손

풀이 어레이 육안 점검사항
- 가대의 부식과 녹
- 외부배선(접속케이블)
- 유리 표면 오염과 파속

※ 어레이는 환기장치가 없다.

09 다음 〈보기〉에서 태양광발전 모듈의 설치가 가능한 위치를 모두 나타낸 것은?

〈보기〉
㉠ 벽 ㉡ 유리창
㉢ 평면지붕 ㉣ 경사지붕

① ㉠, ㉡, ㉢ ② ㉠, ㉢, ㉣
③ ㉠, ㉡, ㉣ ④ ㉠, ㉡, ㉢, ㉣

풀이 모듈 설치장소
- 대지
- 건물(옥상, 벽, 지붕 등)
- 수상

※ 보기 모두에 모듈설치 가능

10 케이블 트레이 공사 시 케이블을 지지하기 위하여 사용하는 금속재 또는 불연성 재료로 제작된 유닛 또는 유닛의 집합체 및 그에 부속하는 부속재 등으로 구성된 견고한 구조물 중 일체식 또는 분리식으로 모든 면에서 통풍구가 있는 그물형 조립 금속구조는?

① 메시형 ② 펀칭형
③ 사다리형 ④ 바닥밀폐형

풀이 ① 메시형 : 일체식 또는 분리식으로 모든 면에서 통풍구가 있는 그물형 조립 금속구조
② 펀칭형 : 일체식 또는 분리식으로 바닥에 통풍구가 있는 구조
③ 사다리형 : 길이 방향의 양 측면 레일에 각각의 가로 방향 부재로 연결한 구조
④ 바닥밀폐형 : 일체식 또는 분리식으로 바닥에 통풍구가 없는 구조

11 기와, 착색 슬레이트, 금속지붕 등의 지붕재에 전용 지지기구와 받침대를 설치하여 그 위에 태양광발전 모듈을 설치하는 형태를 무엇이라고 하는가?

① 평지붕형 ② 경사지붕형
③ 톱라이트형 ④ 지붕재 일체형

풀이 경사지붕형
기와, 착색 슬레이트, 금속지붕 등의 지붕재에 전용 지지기구와 받침대를 설치하여 그 위에 태양광발전 모듈을 설치하는 형태

12 한국전기설비규정에 따라 모듈을 병렬로 접속하는 전로에는 그 전로에 단락전류가 발생할 경우에 전로를 보호하는 무엇을 설치하여야 하는가?

① 단로기 ② 개폐기
③ 전류검출기 ④ 과전류차단기

정답 07 ④ 08 ① 09 ④ 10 ① 11 ② 12 ④

풀이 과전류차단기

모듈을 병렬로 접속하는 전로에는 그 전로에 단락전류가 발생할 경우에 전로를 보호하는 과전류차단기 또는 기타 기구를 시설하여야 한다.

13 계통 측과 인버터 측에 이상이 발생할 경우 저압연계시스템에 설치되는 보호계전기가 아닌 것은?

① OVR
② AVR
③ UVR
④ UFR

풀이 저압연계시스템에 설치되는 보호계전기

- OVR(과전압계전기)
- UVR(저전압계전기)
- OFR(과주파수계전기)
- UFR(저주파수계전기)

14 [W]의 단위와 같은 것은?

① J/s
② W · s
③ N · m
④ kgf · m/s

풀이 일의 단위

J=m · s이므로 [W]=[J/s]이다.

15 파워컨디셔너 시스템 구성방식 중 모든 모듈에 제각기 최대 전력점 추적기능(MPPT)에서 작동하도록 구성한 방식은?

① 중앙 집중형 인버터 방식
② 모듈 인버터 방식
③ 서브어레이와 스트링 인버터 방식
④ 마스터 슬래브 방식

풀이 모듈 인버터 방식

모든 모듈에 제각각 최대 전력점에서 작동하도록 구성한 인버터 시스템 방식

16 태양광발전 어레이의 스트링(String)에 대한 설명으로 옳은 것은?

① 단위시간당 표면의 단위면적에 입사되는 태양에너지
② 태양전지 모듈이 전기적으로 접속된 하나의 직렬군(群)
③ 태양전지 모듈이 전기적으로 접속된 하나의 병렬군(群)
④ 단위시간당 표면의 총면적에 입사되는 태양에너지

풀이 스트링(String)

태양전지모듈이 전기적으로 접속된 하나의 직렬군

17 가공전선의 구비조건으로 틀린 것은?

① 비중이 클 것
② 내구성이 있을 것
③ 도전율이 높을 것
④ 기계적 강도가 클 것

풀이 가공전선의 구비조건

- 도전율(허용전류)이 클 것
- 가요성이 있을 것
- 비중(밀도)이 작을 것
- 내구성이 있을 것
- 부식성이 작을 것

18 다음 그림에서 태양광모듈의 접속함 내부에 다이오드를 연결한 것이다. 다이오드의 명칭은 무엇인가?

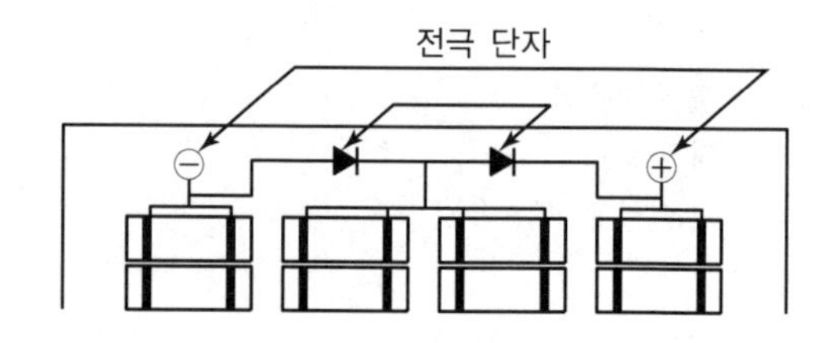

① 정류 다이오드
② 제어 다이오드

정답 13 ② 14 ① 15 ② 16 ② 17 ① 18 ③

③ 바이패스 다이오드
④ 역전압 방지 다이오드

풀이 바이패스 다이오드
모듈을 구성하는 일부 셀에 음영이 진 경우 발생할 수 있는 열점(Hot Spot) 및 출력 저감을 방지하기 위하여 모듈 후면 단자함에 부착된다.

19 태양광발전시스템의 개방전압을 측정할 때 유의해야 할 사항으로 틀린 것은?

① 태양광발전 어레이의 표면은 청소하지 않아도 된다.
② 각 스트링의 측정은 안정된 일사강도가 얻어질 때 실시한다.
③ 측정시각은 일사강도, 온도의 변동을 극히 적게 하기 위해 맑을 때, 남쪽에 있을 때의 전후 1시간에 실시하는 것이 바람직하다.
④ 태양광발전 모듈은 비오는 날에도 미소한 전압을 발생하고 있으므로 매우 주의해서 측정해야 한다.

풀이 개방전압 측정 시 유의사항
태양전지 어레이 표면을 청소한다.

20 전기안전관리법령에 따라 전기안전관리자를 선임하지 아니한 자는 얼마 이하의 벌금에 처하는가?

① 500만 원　② 1,000만 원
③ 1,500만 원　④ 2,000만 원

풀이 전기안전관리법 제22조제1항부터 제4항까지의 규정을 위반하여 전기안전관리자를 선임하지 아니한 자는 500만 원 이하의 벌금에 처한다.

21 산업통상자원부령으로 정하는 소규모의 전기설비로서 한정된 구역에서 전기를 사용하기 위하여 설치하는 전기설비는 무엇인가?

① 구역전기사업용 전기설비
② 일반용 전기설비
③ 자가용 전기설비
④ 전기사업용 전기설비

풀이
- 구역전기사업 : 대통령령으로 정하는 규모 이하의 발전설비를 갖추고 특정한 공급구역의 수요에 맞추어 전기를 생산하여 전력시장을 통하지 아니하고 그 공급구역의 전기사용자에게 공급하는 것을 주된 목적으로 하는 사업
- 일반용 전기설비 : 산업통상자원부령으로 정하는 소규모의 전기설비로서 한정된 구역에서 전기를 사용하기 위하여 설치하는 전기설비

22 전기사업법령에 따라 사업계획에 포함되어야 할 사항 중 전기설비 개요에 포함되어야 할 사항에 해당하지 않는 것은?(단, 전기설비가 태양광설비인 경우)

① 집광판의 면적　② 인버터의 종류
③ 태양전지의 종류　④ 이차전지의 종류

풀이 태양광설비의 개요에 포함되어야 할 내용
- 태양전지의 종류, 정격용량, 정격전압 및 정격출력
- 인버터(Inverter)의 종류, 입력전압, 출력전압 및 정격출력
- 집광판(集光板)의 면적

23 한국전기설비규정에 따라 피뢰기를 설치하지 않아도 되는 곳은?

① 가공전선로와 지중전선로가 접속되는 곳
② 고압 가공전선로로부터 공급을 받는 수용장소의 인입구
③ 변전소의 가공전선 인입구 중 보호범위 내의 피보호 기기
④ 특고압 가공전선로로부터 공급을 받는 수용장소의 인입구

정답 19 ① 20 ① 21 ② 22 ④ 23 ③

풀이 피뢰기의 시설(341.13)

- 발전소 · 변전소 또는 이에 준하는 장소의 가공전선 인입구 및 인출구
- 특고압 가공전선로에 접속하는 341.2의 배전용 변압기의 고압측 및 특고압측
- 고압 및 특고압 가공전선로로부터 공급을 받는 수용장소의 인입구
- 가공전선로와 지중전선로가 접속되는 곳

24 태양전지 모듈의 방위각은 그림자의 영향을 받지 않는 곳에 어느 방향 설치가 가장 우수한가?

① 정남향
② 정북향
③ 정동향
④ 정서향

풀이 태양전지 설치 방위각
일조량이 많고 일조시간이 가장 긴 정남향으로 설치하여야 발전량이 가장 많다.

25 일반적인 태양전지의 온도특성에 대하여 옳게 설명한 것은?

① 온도가 내려가면 단락전류는 감소하고 개방전압은 상승한다.
② 온도가 내려가면 단락전류는 상승하고 개방전압은 감소한다.
③ 온도가 올라가면 단락전류는 감소하고 개방전압은 상승한다.
④ 온도가 올라가면 단락전류는 상승하고 개방전압은 상승한다.

풀이 결정질 실리콘 태양전지 온도특성

- 온도가 올라가면 단락전류는 감소하고 개방전압은 상승한다.
- 온도는 전압에 대해 부(−)의 특성을, 일사량은 전류에 대해 정(+)의 특성을 갖는다.

26 중간단자함(접속함)의 육안 점검항목으로 틀린 것은?

① 개방전압
② 배선의 극성
③ 외함의 부식 및 파손
④ 단자대 나사의 풀림

풀이 접속함 육안 점검항목

- 외함의 부식 및 파손
- 배선의 극성
- 단자대 나사의 풀림

※ 개방전압은 계측기로 측정하는 것이다.

27 전기설비기술기준에서 정의하는 전압의 구분으로 옳은 것은?

① 저압 : 직류는 600[V] 이하, 교류는 600[V] 이하
② 고압 : 직류는 750[V]를, 교류는 750[V]를 초과하고 7[kV] 이하
③ 고압 : 직류는 750[V]를, 교류는 500[V]를 초과하고 5[kV] 이하
④ 특고압 : 7[kV]를 초과

풀이

구분	전압 범위
저압	직류 1,500[V] 이하, 교류 1,000[V] 이하
고압	• 직류 1,500[V] 초과 • 교류 1,000[V] 초과~7,000[V] 이하
특고압	7,000[V]를 초과

28 태양광발전시스템의 성능평가를 위한 사이트 평가방법이 아닌 것은?

① 설치 용량
② 설치시설의 지역
③ 설치 대상 기관
④ 설치 가격의 경제성

풀이 사이트 평가방법

- 설치 대상기관
- 설치시설의 분류
- 설치시설의 지역
- 설치 형태
- 설치 용량
- 설치 각도와 방위
- 시공업자
- 기기 제조사

정답 24 ① 25 ③ 26 ① 27 ④ 28 ④

29 한국전기설비규정에 따라 사용전압이 400[V] 초과인 저압 가공전선으로 경동선을 사용하는 경우 안전율이 얼마 이상이 되는 이도(弛度)로 시설하여야 하는가?

① 1.2　② 1.5
③ 2.2　④ 2.4

풀이 가공전선은 케이블인 경우 이외에는 그 안전율이 경동선 또는 내열 동합금선은 2.2 이상, 그 밖의 전선은 2.5 이상이 되는 이도(弛度)로 시설하여야 한다.

30 한국전기설비규정에 따라 태양광발전 모듈에 접속하는 부하 측의 전로를 옥내에 시설할 경우 적용할 수 있는 합성수지관 공사에서 사용하는 관(합성수지제 휨(가요) 전선관 제외)의 최소 두께[mm]는?

① 1.0　② 1.25
③ 1.5　④ 2.0

풀이 태양광발전 모듈에 접속하는 부하 측의 전로를 옥내에 시설할 경우 적용할 수 있는 합성수지관 공사에서 사용하는 관(합성수지제 휨(가요) 전선관 제외)의 최소 두께는 2[mm] 이상이어야 한다.

31 지상형 태양광발전시스템 구조물의 종류가 아닌 것은?

① 고정식　② 양축식
③ 단축식　④ 부유식

풀이 지상형 태양광발전시스템 구조물 종류
• 고정식　• 양축식　• 단축식

※ 부유식은 수상형 태양광발전시스템의 구조물이다.

32 인버터의 입 · 출력 단자와 접지 간의 절연저항 측정 시 몇 [MΩ] 이상이어야 하는가?(단, DC 500[V] 메거로 측정한 경우)

① 0.2　② 0.4
③ 0.5　④ 1.0

풀이 전기설비기술기준 제52조(저압전로의 절연성능)

전로의 사용전압[V]	DC 시험전압[V]	절연저항[MΩ]
SELV 및 PELV	250	0.5
FELV, 500[V] 이하	500	1.0
500[V] 초과	1,000	1.0

주) 특별저압(Extra Low Voltage : 2차 전압이 AC 50[V], DC 120[V] 이하)으로 SELV(비접지회로 구성) 및 PELV(접지회로 구성)은 1차와 2차가 전기적으로 절연된 회로, FELV는 1차와 2차가 전기적으로 절연되지 않은 회로

33 태양광발전시스템을 뇌서지의 피해로부터 보호하기 위한 대책으로 적절하지 않은 것은?

① 뇌우 다발지역에서는 교류 전원 측에 내뢰 트랙스를 설치한다.
② 피뢰소자를 어레이 주회로 내부에 분산시켜 설치하고 접속함에도 설치한다.
③ 접지선에서의 침입을 막기 위해 전원 측 전압을 항상 낮게 유지한다.
④ 저압 배전선으로 침입하는 뇌서지에 대해서는 분전반에 피뢰소자를 설치한다.

풀이 전원 측 전압을 낮게 유지하는 것으로 접지선으로 침입하는 뇌서지를 막을 수 없다. 그래서 서지보호장치(SPD)의 접지선은 짧게 해야 한다(50cm 이내 설치).

34 태양광발전 모듈 설치 시 태양을 향한 방향에 높이 3[m]인 장애물이 있을 경우 장애물로부터 최소 이격거리[m]는?(단, 발전가능 한계시각에서의 태양의 고도각은 20°이다.)

① 약 8.2
② 약 9.5
③ 약 10.5
④ 약 14.1

정답 29 ③ 30 ④ 31 ④ 32 ④ 33 ③ 34 ①

풀이

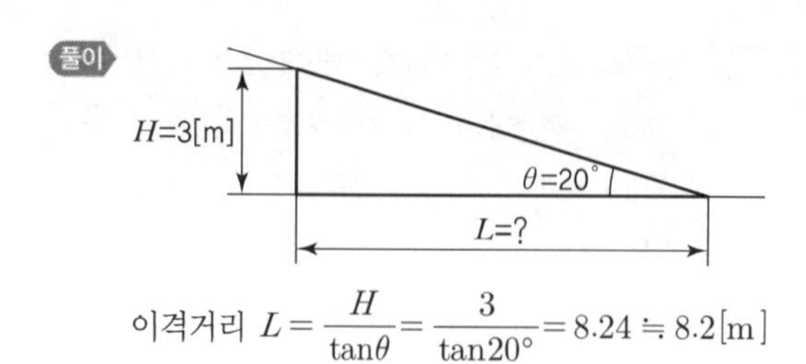

이격거리 $L=\dfrac{H}{\tan\theta}=\dfrac{3}{\tan 20°}=8.24 \fallingdotseq 8.2[\text{m}]$

35 한국전기설비규정에 따라 발전기 · 연료전지 또는 태양전지 모듈(복수의 태양전지 모듈을 설치하는 경우에는 그 집합체)에 시설되는 계측하는 장치로 측정하는 대상이 아닌 것은?

① 전력　　② 역률
③ 전압　　④ 전류

풀이 발전기 · 연료전지 또는 태양전지 모듈의 계측장치로 측정하는 대상 : 전압, 전류, 전력

36 한국전기설비규정에 따라 관광 숙박업에 이용하는 객실의 입구에 조명용 전등을 설치할 경우 몇 분 이내 소등되는 타임스위치를 시설해야 하는가?

① 1분　　② 2분
③ 3분　　④ 5분

풀이 점멸기의 시설(234.6)
다음의 경우에는 센서등(타임스위치 포함)을 시설하여야 한다.
- 관광숙박업 또는 숙박업(여인숙업을 제외)에 이용되는 객실의 입구등은 1분 이내에 소등되는 것
- 일반주택 및 아파트 각 호실의 현관등은 3분 이내에 소등되는 것

37 전기공사업법령에 따라 공사업을 하려는 자는 산업통상자원부령으로 정하는 바에 따라 누구에게 등록하여야 하는가?

① 시 · 도지사
② 산업통상자원부장관
③ 한국전기공사협회장
④ 한국전기기술인협회장

풀이 공사업을 하려는 자는 산업통상자원부령으로 정하는 바에 따라 주된 영업소의 소재지를 관할하는 특별시장 · 광역시장 · 특별자치시장 · 도지사 또는 특별자치도지사(이하 "시 · 도지사"라 한다)에게 등록하여야 한다.

38 태양광발전시스템 구조물의 설치공사 순서를 〈보기〉에서 찾아 옳게 나열한 것은?

〈보기〉
㉠ 어레이 가대공사　　㉡ 어레이 기초공사
㉢ 어레이 설치공사　　㉣ 점검 및 검사
㉤ 배선공사

① ㉠ → ㉡ → ㉢ → ㉣ → ㉤
② ㉡ → ㉠ → ㉢ → ㉤ → ㉣
③ ㉢ → ㉤ → ㉣ → ㉡ → ㉠
④ ㉢ → ㉣ → ㉤ → ㉠ → ㉡

풀이 태양광발전 시스템의 구조물 설치공사 순서
어레이 기초공사 → 어레이 가대공사 → 어레이 설치공사 → 배선공사 → 점검 및 검사

39 태양광발전소의 전기안전관리를 수행하기 위하여 계측장비를 주기적으로 교정하고 안전장구의 성능을 유지하여야 한다. 전기안전관리자의 직무 고시에 따른 안전장구의 권장시험주기가 아닌 것은?

① 저압검전기 1년
② 절연안전모 1년
③ 고압절연장갑 1년
④ 고압 · 특고압 검전기 6개월

풀이
- 계측장비의 교정주기 : 1년
- 안전장구의 권장시험주기 : 1년

정답 35 ② 36 ① 37 ① 38 ② 39 ④

40 발전설비의 유지관리를 위한 일상점검 시 배전반 주회로 인입 · 인출부에 대한 점검항목과 점검 내용으로 틀린 것은?

① 부싱－코로나 방전에 의한 이상을 여부
② 태양광발전용 개폐기－"태양광발전용"이란 표시 여부
③ 케이블 접속부－과열에 의한 이상한 냄새 발생 여부
④ 폐쇄 모선 접속부－볼트류 등의 조임 이완에 따른 진동음 유무

풀이 ②는 준공 시 육안 점검항목에 해당한다.

41 피뢰시스템 구성요소(LPSC)－제2부 : 도체 및 접지극에 관한 요구사항(KS C IEC 62561－2 : 2014)에 따라 대지와 직접 전기적으로 접속하고 뇌전류를 대지로 방류시키는 접지시스템의 일부분 또는 그 집합을 정의하는 것은?

① 수뢰부　② 피뢰침
③ 접지극　④ 인하도선

풀이
- 수뢰부 : 낙뢰를 포착할 목적으로 피뢰침, 망상 도체, 가공지선 등과 같은 금속 물체
- 피뢰침 : 구조물 직격뢰를 포착하여 전도하기 위한 것
- 접지극 : 대지와 직접 전기적으로 접속하고 뇌전류를 대지로 방류시키는 접지시스템의 일부분 또는 그 집합
- 인하도선 : 뇌전류를 수뢰부에 접지극으로 흘리기 위한 것

42 태양광발전 모듈에서 인버터에 이르는 배선에 대한 설명으로 틀린 것은?

① 태양광발전 모듈에서 인버터에 이르는 배선은 극성별로 확인할 수 있도록 표시한다.
② 태양광발전 모듈에서 인버터에 이르는 배선에 사용되는 케이블은 피뢰도체와 교차 시공한다.
③ 태양광발전 어레이의 출력배선을 중량물의 압력을 받는 장소에 지중으로 직접매설식에 의해 시설하는 경우 1[m] 이상의 매설 깊이로 한다.
④ 태양광발전 모듈 간의 배선은 2.5[mm^2] 이상의 연동선 또는 이와 동등 이상의 세기 및 굵기의 것을 사용한다.

풀이 태양광발전 모듈에서 인버터에 이르는 배선에 사용되는 케이블은 가능한 피뢰도체와 떨어진 상태로 포설하며 피뢰도체와 교차 시공하지 않도록 한다.

43 태양광발전시스템 이용률이 15.5[%]일 때, 일평균 발전시간[h/day]은 약 몇 시간인가?

① 3.42　② 3.55
③ 3.65　④ 3.72

풀이 일일발전시간 $= 24 \times$ 이용률
$= 24 \times 0.155 = 3.72$[h/day]

44 한국전기설비규정에 따른 전기울타리의 시설 기준으로 틀린 것은?

① 전선과 이를 지지하는 기둥 사이의 이격거리는 25[mm] 이상일 것
② 전기울타리는 사람이 쉽게 출입하지 아니하는 곳에 시설할 것
③ 전선은 인장강도 1.38[kN] 이상의 것 또는 2[mm] 이상의 경동선일 것
④ 전선과 다른 시설물(가공 전선을 제외한다) 또는 수목 사이의 이격거리는 0.1[m] 이상일 것

풀이 전기울타리의 시설(241.1.3)
- 전기울타리는 사람이 쉽게 출입하지 아니하는 곳에 시설할 것
- 전선은 인장강도 1.38[kN] 이상의 것 또는 지름 2[mm] 이상의 경동선일 것
- 전선과 이를 지지하는 기둥 사이의 이격거리는 25[mm] 이상일 것
- 전선과 다른 시설물(가공 전선을 제외한다) 또는 수목과의 이격거리는 0.3[m] 이상일 것

정답 40 ② 41 ③ 42 ② 43 ④ 44 ④

45 PN접합 다이오드의 P형 반도체에 (+)바이어스를 가하고, N형 반도체에 (−)바이어스를 가할 때 나타나는 현상은?

① 공핍층의 폭이 작아진다.
② 전류는 소수캐리어에 의해 발생한다.
③ 공핍층 내부의 전기장이 증가한다.
④ 다이오드는 부도체와 같은 특성을 보인다.

풀이 순(정)방향 바이어스
P형 반도체에(+)바이어스를 가하고 N형 반도체에 (−)바이어스를 가하는 것. 이때 공핍층의 폭이 작아져 전류가 흐를 수 있도록 한다.

46 태양광발전시스템의 신뢰성 평가·분석항목에서 계측 트러블에 속하는 것은?

① 계통지락
② 직류지락
③ 인버터 정지
④ 컴퓨터의 조작오류

풀이 신뢰성 평가 분석항목
- 시스템 트러블 : 인버터 정지, 직류지락, 계통지락, RCD(=ELB) 트립, 원인불명 등에 의한 시스템의 정지
- 계측 트러블 : 컴퓨터 전원의 차단, 컴퓨터의 조작오류

47 태양광발전시스템에서 개별손실인자가 아닌 것은?

① 음영
② AC손실
③ 모듈의 오손
④ 일사량 조건

풀이 태양광발전시스템의 개별손실인자
- 음영
- AC손실
- 모듈의 오손

※ 일사량 조건은 태양광발전시스템 손실을 일으킨다.

48 태양광발전용 축전지가 갖추어야 할 요구조건이 아닌 것은?

① 과충전 및 과방전에 강할 것
② 에너지 저장밀도가 높을 것
③ 중량 대비 효율이 높을 것
④ 자기 방전율이 높을 것

풀이 축전지가 갖추어야 할 조건
- 자기 방전율이 낮을 것
- 과충전 및 과방전에 강할 것
- 에너지 저장밀도가 높을 것
- 중량 대비 효율이 높을 것
- 가격이 저렴하고 수명이 길 것

49 태양전지의 효율은 설치된 출력의 실제적 이용 상태를 말하는 것으로, 실제 100[W]의 일사량에서 효율이 15[%], 태양전지의 출력이 15[W]이면 변환효율은 몇 [%]가 되는가?

① 30 ② 20
③ 15 ④ 10

풀이 태양전지의 효율은 표준시험 조건에 따라 측정된 효율을 나타내므로 동일 태양전지에서 일사량 변화에 따라 출력이 변화한다고 하여도 변환효율의 변화는 없다.

50 전기설비 검사 및 점검의 방법·절차 등에 관한 고시에 따른 태양광발전설비 중 전력변환장치의 정기검사 시 세부검사내용에 해당하는 것은?

① 개방전압
② 위험표시
③ 보호장치시험
④ 울타리, 담 등의 시설상태

풀이
- 전력변환장치의 정기검사 세부내용 : 보호장치 시험
- 모듈의 정기검사 세부내용 : 개방전압
- 부대설비 정기검사 세부내용 : 위험표시, 울타리, 담 등의 시설상태

정답 45 ① 46 ④ 47 ④ 48 ④ 49 ③ 50 ③

51 태양광발전 접속함(KS C 8567 : 2019)에 따라 소형 접속함의 외함 보호등급(IP)으로 적합한 것은?

① IP 20 이상 ② IP 33 이상
③ IP 45 이상 ④ IP 54 이상

풀이 접속함의 외함 보호등급
- 소형(3회로 이하) : 옥내형, 옥외형 모두 IP 54 이상
- 중대형(4회로 이상) : 실내형 IP 20 이상, 실외형 IP 54 이상

52 태양광발전소 운전 시 모듈에서 열점(Hot Spot) 발생의 원인과 설명으로 가장 적절한 것은?

① 전지의 직렬(R_s) 및 병렬(R_{sh}) 저항이 증가한다.
② 전지의 직렬(R_s) 및 병렬(R_{sh}) 저항이 감소한다.
③ 전지의 직렬(R_s) 저항이 증가하고, 병렬(R_{sh}) 저항이 감소한다.
④ 전지의 직렬(R_s) 저항이 감소하고, 병렬(R_{sh}) 저항이 증가한다.

풀이 태양전지 모듈에서 태양전지 셀에 그늘(음영)이 발생하면, 직렬저항은 증가하고 병렬저항은 감소하여 열점(Hot Spot)이 발생된다.

53 태양광발전시스템에 계측기구 및 표시장치의 설치목적으로 틀린 것은?

① 시스템의 홍보
② 시스템의 운전 상태를 감시
③ 시스템에서 생산된 전력 판매량 파악
④ 시스템 기기 또는 시스템 종합평가

풀이 태양광발전시스템에 계측기구 및 표시장치의 설치 목적
- 시스템의 홍보
- 시스템의 운전 상태를 감시
- 시스템에서 생산된 전력량 파악
- 시스템 기기 또는 시스템 종합평가

54 태양광발전시스템에 사용된 스트링 다이오드의 결함을 점검하기 위한 방법으로 옳은 것은?

① 육안검사 ② 접지저항 측정
③ 입출력 측정 ④ 전력망 분석

풀이 스트링 다이오드
역류방지 다이오드의 결함을 점검하기 위해 입출력을 측정한다.

55 전력계통에 순간정전이 발생하여 태양광발전용 인버터가 정지할 때 동작되는 계전기는?

① 역전력계전기 ② 과전압계전기
③ 저전압계전기 ④ 과전류계전기

풀이 순간정전 시 인버터가 정지하면 저전압계전기 동작한다.

56 태양전지 어레이 설치공사의 주의사항으로 틀린 것은?

① 구조물 및 지지대는 현장용접을 한다.
② 너트의 풀림방지는 이중너트를 사용하고 스프링 와셔를 체결한다.
③ 태양광 어레이 기초면 확인을 위해 수평기, 수평줄, 수직추를 확보한다.
④ 지지대의 기초앵커볼트의 조임은 바로세우기 완료 후, 앵커볼트의 장력이 균일하게 되도록 한다.

풀이 구조물 및 지지대는 용융아연도금 처리되어 있으므로 절단 및 용접을 하면 안 되고, 현장에서는 조립만 한다.

57 태양광발전 어레이에 뇌서지가 침입할 우려가 있는 장소의 대지와 회로 간에 설치하는 것은?

① SPD ② ZCT
③ RCD ④ MCCB

풀이 저압회로의 뇌서지 침입우려가 있는 장소에 대지와 회로 간에 서지보호장치(SPD)를 설치한다.

정답 51 ④ 52 ③ 53 ③ 54 ③ 55 ③ 56 ① 57 ①

58 동일 출력전류(I)를 가지는 N개의 태양전지를 같은 일사조건에서 서로 병렬로 연결했을 경우 출력전류 I_a에 대한 계산식으로 맞는 것은?

① $I_a = I \times N$　　② $I_a = I^2 \times N$

③ $I_a = \dfrac{I}{N}$　　④ $I_a = \dfrac{I^2}{N}$

풀이
- 직렬연결 시 : 전압이 직렬 수만큼 증가
- 병렬연결 시 : 전류가 병렬 수만큼 증가

59 다음에서 설명하고 있는 운전상태는?

> 태양광발전시스템이 계통과 연계되어 있는 상태에서 계통 측에서 정전이 발생하면 부하전력이 인버터의 출력과 동일하게 되므로 인버터의 출력 전압, 주파수는 변하지 않고 전압, 주파수 계전기에서는 정전을 검출할 수 없게 된다. 그 때문에 계속해서 태양광발전시스템에서 계통으로 전력이 공급될 가능성이 있게 된다.

① 단독운전　　② 자동운전
③ 병렬운전　　④ 추종운전

풀이 인버터 기능에는 단독운전 방지기능이 있다.

60 인버터 Data 중 모니터링 화면에 전송되는 것이 아닌 것은?

① 발전량
② 일사량
③ 입력 측 전압, 전류, 전력
④ 출력 측 전압, 전류, 전력

풀이 인버터 Data 모니터 화면에 전송되는 것
- 입력 DC측 : 전압, 전류, 전력
- 출력 AC측 : 전압, 전류, 전력, 주파수, 발전량, 누적발전량

정답 58 ① 59 ① 60 ②

모의고사 10회

01 공칭 태양전지 동작온도(NOCT)의 영향요소가 아닌 것은?

① 풍속 ② 주위온도
③ 주변습도 ④ 전지표면의 방사조도

풀이 공칭 태양전지 동작온도(NOCT)의 영향요소
- 전지표면의 기준분광 방사조도 : 800[W/m^2]
- 공기온도(Tair) : 20[℃]
- 풍속 : 1[m/s]
- 경사각 : 수평면상 45°

02 어떤 부하에 전압을 10[%] 낮추면 전력은 몇 [%] 감소하는가?

① 11 ② 15
③ 19 ④ 25

풀이 전력 $P=IV$, $I=\frac{V}{R}$, $P=\frac{V}{R}\times V=\frac{V^2}{R}$에서

$P \propto V^2$

$P=(1-0.1)^2=0.81$

전력감소율 $=1-0.81=0.19\times100=19$[%]

03 다음 〈보기〉의 ( )에 알맞은 내용은 무엇인가?

〈보기〉 표준시험조건
- 태양광 모듈 온도 : (A)
- 분광분포 : (B)
- 방사조도 : (C)

① A : 20[℃], B : AM1.0, C : 1,000[W/m^2]
② A : 20[℃], B : AM1.5, C : 1,500[W/m^2]
③ A : 25[℃], B : AM1.5, C : 1,000[W/m^2]
④ A : 25[℃], B : AM1.5, C : 1,500[W/m^2]

풀이 표준시험조건(STC ; Standard Test Conditons)
- 태양광 모듈 온도 : 25[℃]
- 분광분포 : AM1.5
- 방사조도 : 1,000[W/m^2]

04 태양광발전 접속함(KS C 8567 : 2019)에 따라 중대형 접속함의 스트링 회로수는 몇 회로 이상인가?

① 2 ② 3
③ 4 ④ 5

풀이
- 중대형 접속함(스트링 4회로 이상) : 실내 IP 20 이상, 실외형 IP 54 이상
- 소형 접속함(스트링 3회로 이하) ; 실 · 실외 IP 54 이상

05 다음 그림의 태양광발전시스템에서 A의 명칭은?

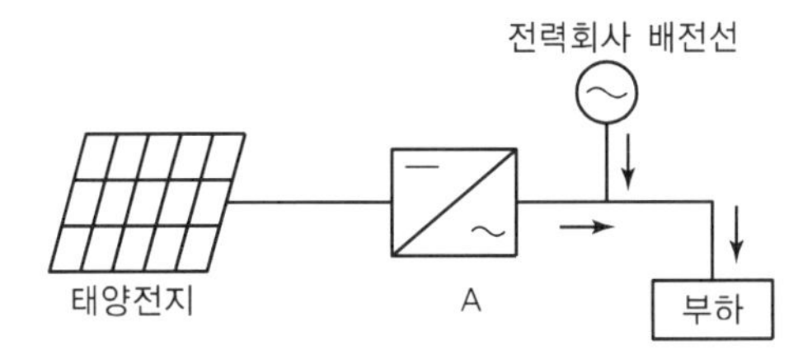

① 축전지 ② 어레이
③ 인버터 ④ 컨버터

풀이 A : 인버터(직류를 교류로 변환)

06 태양을 올려보는 각도가 30°인 경우 AM(Air Mass) 값은?

① 1.0 ② 1.25
③ 1.5 ④ 2.0

풀이 AM(Air Mass)
지표면에서 태양을 올려보는 각을 θ라 할 때

$$\text{AM}=\frac{1}{\sin(\theta)}=\frac{1}{\sin(30)}=\frac{1}{0.5}=2$$

정답 01 ③ 02 ③ 03 ③ 04 ③ 05 ③ 06 ④

07 한국전기설비규정에 따른 전선의 색상 중 L1－L2－L3의 색상은?

① 갈색－청색－흑색　② 적색－청색－회색
③ 갈색－흑색－회색　④ 적색－청색－갈색

풀이 한국전기설비규정에 따른 전선의 색상

상(문자)	L1	L2	L3	N	보호도체
색상	갈색	흑색	회색	청색	녹색－노란색

08 과전류 차단기 생략 장소로 틀린 것은?

① 접지공사 접지선
② 다선식 선로의 중성선
③ 저압가공전선로의 접지측 전선
④ 분전반의 분기회로

풀이 • 과전류 차단기 생략 장소 : 접지선, 중성선
• 분기회로에는 과전류 차단기 설치

09 피뢰소자에 대한 설명으로 틀린 것은?

① 피뢰소자의 접지측 배선은 되도록 짧게 함
② 태양전지 어레이의 보호를 위해 모듈마다 설치함
③ 낙뢰를 비롯한 이상전압으로부터 전력계통을 보호함
④ 동일회로에서도 배선이 긴 경우에는 배선의 양단에 설치하는 것이 좋음

풀이 피뢰소자(SPD)는 태양전지 어레이 보호를 위해 접속함에 설치한다.

10 역조류를 허용하지 않는 연계에서 설치하여야 하는 계전기로 옳은 것은?

① 과전류 계전기　② 과전압 계전기
③ 부족전압 계전기　④ 역전력 계전기

풀이 역조류를 허용하지 않는 계통연계형(단순병렬) 태양광발전소로 발전설비용량이 50[kW]를 초과하는 경우 역전력 계전기를 설치하여야 한다.

11 0.5[V]의 전압을 갖는 태양전지 24개(6개 직렬×4개 병렬)를 연결하여 부하에 접속하였다. 부하에 인가된 전압[V]은?

① 2　② 3
③ 5　④ 10

풀이 태양전지에 연결된 부하
전압＝직렬, 전류＝병렬이므로
부하에 인가된 전압＝전지전압×직렬수
$=0.5\times6=3$[V]

12 태양광발전시스템용 인버터 선정 시 전력품질 및 공급 안정성에 대한 고려사항이 아닌 것은?

① 교류분이 적을 것
② 노이즈의 발생이 적을 것
③ 고조파의 발생이 적을 것
④ 기동, 정지가 안정적일 것

풀이 인버터 선정 시 전력품질 및 공급 안정성에 대한 고려사항
• 잡음(노이즈)발생 및 직류유출이 적을 것
• 고조파의 발생이 적을 것
• 기동 · 정지가 안정적일 것

13 전압형 단상 인버터의 기본회로의 설명으로 틀린 것은?

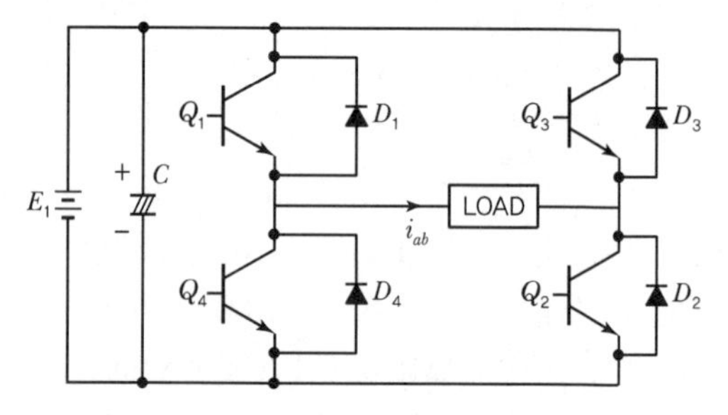

① 직류전압을 교류전압으로 출력한다.
② 작은 용량의 C를 달아준다.
③ 부하의 역률에 따라 위상이 변화한다.
④ $D_1\sim D_4$는 트랜지스터의 파손을 방지하는 역할이다.

정답 07 ③ 08 ④ 09 ② 10 ④ 11 ② 12 ① 13 ②

풀이 전압형 단상 인버터 회로

- 직류전압을 교류전압으로 출력한다.
- 커패시터(콘덴서)는 대용량의 것을 사용한다.
- $Q_1 \sim Q_4$는 트랜지스터(또는 전력용 반도체 소자)이다.
- $D_1 \sim D_4$는 트랜지스터(또는 전력용 반도체 소자)의 파손을 방지하는 환류 다이오드(Free Wheeling Diode)이다.

14 계통연계용 축전지 용량을 산출하기 위해 필요한 값이 아닌 것은?

① 보수율 ② 변환효율
③ 평균방전전류 ④ 용량환산시간

풀이 계통연계용 축전지 용량(C) $= \dfrac{KI}{L}$

단, C : 온도 25[℃]에서 정격 방전율 환산용량(축전지의 표시용량)
K : 방전시간, 축전지 온도, 허용최저전압으로 결정되는 용량환산시간
I : 평균 방전전류
L : 보수율(0.8)

15 전력설비의 기기(변압기)를 이상전압으로부터 보호하는 장치는?

① 피뢰기 ② 전력퓨즈
③ 차단기 ④ 서지보호장치

풀이 전력설비기기(변압기)를 이상전압으로부터 보호하는 장치는 피뢰기(LA)이다.

16 감전을 방지하는 방법으로 전기기기의 접지선을 전원 공급선과 함께 3심 코드를 허용하는 방식은?

① 보호접지선방식 ② 이중절연방식
③ 누전차단방 ④ 전용접지선방식

풀이 전용접지선방식
단상저압에서 3심 코드를 사용하는 방식으로 감전을 방지한다.

17 공사현장에 주요공사가 완료되고 현장이 정리 단계에 있을 때 예비준공검사를 실시하는 시기는?

① 준공예정 15일 전
② 준공예정 1개월 전
③ 준공예정 2개월 전
④ 준공예정 3개월 전

풀이 예비준공검사 실시 시기
준공예정일 2개월 전 실시(미진사항 보완 및 준공기간 내 준공가능 여부 확인)

18 태양전지의 계산식 $T_{cell} = T_{amb} + \left(\dfrac{\text{NOCT}-20}{800}\right) \times S$ 에서 NOCT는 무엇인가?(단, T_{cell}은 태양전지 온도[℃], T_{amb}은 주위온도[℃], S는 방사조도[W/m^2]이다.)

① 일조량
② 개방전압
③ 공기온도
④ 공칭작동 태양전지 온도

풀이 NOCT
공칭작동 태양전지 온도(Nominal Operating Photovoltaic Temperature)

19 태양광발전시스템 구조물의 고장으로 틀린 것은?

① 핫스팟 ② 마찰음
③ 이상 진동음 ④ 구조물 변형

풀이 핫스팟(Hot Spot)(열점)
태양전지 모듈에 바이패스 다이오드가 없을 때 그늘에 의해 발생하는 현상이다.

정답 14 ② 15 ① 16 ④ 17 ③ 18 ④ 19 ①

20 다음 중 추락방지를 위해 사용하여야 할 안전복장은?

① 안전모 착용　② 안전허리띠 착용
③ 안전화 착용　④ 안전대 착용

풀이 개인용 안전복장(안전장구)
- 안전모
- 안전대(추락방지)
- 안전화(미끄럼 방지)
- 안전허리띠(공구, 공사부재의 낙하방지)

21 수소와 산소의 전기화학 반응을 통하여 전기 또는 열을 생산하는 설비는?

① 태양열설비　② 전력저장설비
③ 연료전지설비　④ 해양에너지설비

풀이 연료전지
수소와 산소의 전기화학 반응을 통하여 전기 또는 열을 생산한다.

22 태양광발전시스템의 성능평가를 위한 측정요소로 틀린 것은?

① 구성요소의 성능　② 신뢰성
③ 사이트(장소)　④ 안정성

풀이 태양광발전시스템의 성능평가 측정요소
- 구성의 성능　• 신뢰성
- 사이트(장소)　• 발전성능
- 설치가격(경제성)

23 반동수차의 종류가 아닌 것은?

① 펠톤수차　② 카플란수차
③ 프로펠러수차　④ 프란시스수차

풀이
- 반동수차 : 카플란수차, 프로펠러수차, 프란시스수차, 사류수차
- 충동수차 : 펠톤수차

24 교류전압의 고압 E[V] 범위로 맞는 것은?

① $7,000 \geq E > 1,000$
② $7,000 \geq E > 600$
③ $7,000 \geq E > 1,500$
④ $3,500 \geq E > 1,200$

풀이 전압의 범위
- 저압 : 교류 1,000[V] 이하
  직류 1,500[V] 이하
- 고압 : 교류 1,000[V] 초과 7,000[V] 이하
  직류 1,500[V] 초과 7,000[V] 이하
- 특고압 : 7,000[V] 초과

25 중량물의 압력을 받을 우려가 있는 곳의 지중전선로를 관로식으로 시설하는 경우 매설 깊이를 최소 몇 [m] 이상으로 하는가?

① 1.0　② 1.5
③ 2.0　④ 3.0

풀이 지중전선로 매설 깊이(직매식, 관로식)
- 중량물 압력 받을 우려 있는 장소 : 1.0[m] 이상
- 중량물 압력 받을 우려 없는 장소 : 0.6[m] 이상

26 저압전로에서 정전이 어려운 경우 등 절연저항 측정이 곤란한 경우 누설전류는 최대 몇 [mA] 이하로 유지하여야 하는가?

① 1　② 3
③ 5　④ 10

풀이 사용전압이 저압인 전로에서 정전이 어려운 경우 등 절연저항 측정이 곤란한 경우에는 누설전류를 1[mA] 이하로 유지하여야 한다.

27 용량 30[Ah]의 납축전지는 2[A]의 전류로 몇 시간 사용할 수 있는가?(단, 보수율 무시)

① 3시간　② 15시간
③ 7시간　④ 30시간

정답 20 ④　21 ③　22 ④　23 ①　24 ①　25 ①　26 ①　27 ②

풀이 축전지용량 C(계통연계형)$=\frac{KI}{L}$

이때, 보수율 무시이므로

$C=KI$

$\therefore K=\frac{C}{I}=\frac{30}{2}=15$시간

여기서, C : 온도 25[℃]에서 정격 방전을 환산용량(축전지의 표시용량)

K : 방전시간, 축전지 온도, 허용최저전압으로 결정되는 용량환산시간

I : 평균 방전전류

L : 보수율(0.8)

28 태양광발전시스템을 완성하기 위하여 필요한 모듈을 직·병렬로 구성하게 되는데, 이때 직렬로 접속된 모듈의 집합체의 회로를 무엇이라 하는가?

① 셀 ② 모듈
③ 스트링 ④ 어레이

풀이 직렬로 접속된 모듈의 집합체 회로를 스트링이라 한다.

29 법에 따라 해당하는 자의 장 또는 대표자가 해당하는 건축물을 신축·증축 또는 개축하려는 경우에는 신·재생에너지 설비의 설치계획서를 해당 건축물에 대한 건축허가를 신청하기 전에 누구에게 제출하여야 하는가?

① 산업통상자원부장관
② 안전행정부장관
③ 국토교통부장관
④ 기획재정부장관

풀이 국가, 지자체, 정부투자기관 등 공공기관으로서 신재생에너지 설치의무하 대상기관은 신축·증축 또는 개축 시 신·재생에너지 설비의 설치계획서를 해당 건축물에 대한 건축허가를 신청하기 전에 산업통상자원부장관에게 제출하여야 한다.

30 일반적으로 과부하 보호장치를 생략할 수 있는 것이 아닌 것은?

① 통신회로용
② 제어회로용
③ 신호회로용
④ 분기회로용

풀이 과부하 보호장치를 생략할 수 있는 것
통신뢰로용, 제어회로용, 신호회로용

31 산업통상자원부장관이 수립하는 신재생에너지의 기술개방 및 이용·보급을 촉진하기 위한 기본계획의 계획기간은 몇 년 이상인가?

① 5년 ② 10년
③ 15년 ④ 20년

풀이 신재생에너지의 기술개발 및 이용·보급을 촉진하기 위한 기본계획의 계획기간은 10년 이상이다.

32 전기설비기술기준에 따라 특별저압(SELV 및 PELV)인 경우 절연저항은?(단, 절연저항계의 전압은 DC 250[V]이다.)

① 0.1[MΩ] 이상
② 0.3[MΩ] 이상
③ 0.5[MΩ] 이상
④ 1.0[MΩ] 이상

풀이 전기설비기술기준 제52조에 의거 전기사용 장소의 사용전압이 저압인 전로의 전선 상호간 및 전로와 대지 사이의 절연저항은 개폐기 또는 과전류차단기로 구분할 수 있는 전로마다 다음 표에서 정한 값 이상이어야 한다.

전로의 사용전압[V]	DC 시험전압[V]	절연저항[MΩ]
SELV 및 PELV	250	0.5
FELV, 500[V] 이하	500	1.0
500[V] 초과	1,000	1.0

정답 28 ③ 29 ① 30 ④ 31 ② 32 ③

33 셀(Cell)을 내후성 패키지에 수십 장 모아 일정한 틀에 고정하여 구성한 것은?

① 셀 ② 모듈
③ 어레이 ④ 파워컨디셔너

풀이
- 셀(Cell) : 태양전지의 최소단위
- 모듈(Module) : 셀(Cell)을 내후성 패키지에 수십 장 모아 일정한 틀에 고정하여 구성한 것
- 스트링(String) : 모듈(Module)의 직렬연결 집합
- 어레이(Array) : 스트링(String)을 포함하는 모듈의 집합

34 태양광구조물의 상정하중 계산 중 수직하중이 아닌 것은?

① 활하중 ② 풍하중
③ 고정하중 ④ 적설하중

풀이
- 수직하중 : 고정하중(영구적으로 작용하는 하중), 적설하중, 활하중
- 수평하중 : 풍하중, 지진하중

35 태양광발전소에 시설하는 모듈, 전선 및 개폐기 기타 기구의 시설방법으로 틀린 것은?

① 충전부분은 노출되지 않도록 시설할 것
② 태양전지 모듈의 출력배선은 극성별로 확인 가능토록 표시할 것
③ 전선은 공칭단면적 1.5[mm²] 이상의 연동선 또는 이와 동등 이상의 세기 및 굵기일 것
④ 태양전지 모듈의 프레임은 지지물과 전기적으로 완전하게 접속할 것

풀이 태양전지 모듈의 전선은 공칭단면적 2.5[mm²] 이상의 연동선 또는 이와 동등 이상의 세기 및 굵기일 것

36 주택용 독립형 태양광발전시스템의 주요 구성요소가 아닌 것은?

① 축전지 ② 배전시스템
③ 태양전지 모듈 ④ 충방전 제어기

풀이 주택용 독립형 태양광발전시스템의 구성요소
- 태양전지 모듈
- 충방전 제어기
- 축전지
- 인버터

37 산업통상자원부령으로 정하는 소규모의 전기설비로서 한정된 구역에서 전기를 사용하기 위하여 설치하는 전기설비는?

① 구역전기사업
② 일반용 전기설비
③ 자가용 전기설비
④ 전기사업용 전기설비

풀이
- 일반용 전기설비 : 산업통상자원부령으로 정하는 소규모의 전기설비로서 한정된 구역에서 전기를 사용하기 위하여 설치하는 전기설비
- 구역전기사업 : 대통령령으로 정하는 규모 이하의 발전설비를 갖추고 특정한 공급구역의 수요에 맞추어 전기를 생산하여 전력시장을 통하지 아니하고 그 공급구역의 전기사용자에게 공급하는 것을 주된 목적으로 하는 사업

38 반지름 2[mm], 길이 100[m]인 도선의 저항은 약 몇 [Ω]인가?(단, 도선의 저항률은 3.14×10^{-8}[Ω · m]이다.)

① 0.2 ② 0.25
③ 0.3 ④ 0.35

풀이 도선의 저항 $R = \rho \frac{L}{A} = \rho \frac{L}{\pi r^2}$

도선의 저항률 $\rho = 3.14 \times 10^{-8}$[Ω · m]

여기서, 길이 $L = 100$[m]

$\pi = 3.14$

반지름 $r = 2 \times 10^{-3}$[m] $= 0.002$[m]

$\therefore R = 3.14 \times 10^{-8} \times \frac{100}{3.14 \times 0.002^2}$

$= 0.25$[Ω]

정답 33 ② 34 ② 35 ③ 36 ② 37 ② 38 ②

39 저탄소 녹색성장 기본법에서 정한 온실가스에 속하지 않은 것은?

① 이산화탄소　② 육불화황
③ 과산화수소　④ 아산화질소

풀이 온실가스
이산화탄소(CO_2), 메탄(CH_4), 아산화질소(N_2O), 수소불화탄소(HFCs), 과불화탄소(PFCs), 육불화황(SF_6)

※ 과산화수소는 소독약으로 사용

40 다음 중 신에너지에 속하지 않는 것은?

① 연료전지
② 바이오에너지
③ 수소에너지
④ 석탄을 액화 · 가스화한 에너지

풀이
- 신에너지 : 연료전지, 석탄 액화 · 가스화 및 중질잔사유 가스화, 수소에너지
- 재생에너지 : 태양, 바이오, 풍력, 수력, 해양, 폐기물, 지열 에너지

41 인버터의 내부에 내장되어 있는 계통연계 보호장치에 해당되지 않는 것은?

① OVR　② UVR
③ IGBT　④ OCGR

풀이 인버터 내부에 내장되어 있는 계통연계 보호장치
OVR, UVR, OFR, UFR, OCGR

※ IGBT : 전력용반도체 스위칭 소자

42 접지저항을 저감시키는 시공방법으로 틀린 것은?

① 접지전극의 크기를 작게 한다.
② 접지전극의 상호간격을 크게 한다.
③ 접지전극을 땅속에 깊게 매설한다.
④ 접지전극 주변의 매설토양을 개량한다.

풀이 접지저항을 저감시키기 위해서는 접지전극의 크기를 크게 한다.

43 태양전지 모듈에서 인버터 인력단 간 및 인버터 출력단과 계통연계점의 전압강하는 몇 [%]를 초과하여서는 안 되는가?(단, 전선의 길이가 60[m] 이하인 경우이다.)

① 1　② 3
③ 5　④ 7

풀이
- 60[m] 이하 : 3[%]
- 120[m] 이하 : 4[%]
- 200[m] 이하 : 5[%]

44 전기설비기술기준에 따라 저압전선로 중 절연부분의 전선과 대지 사이 및 전선의 심선 상호 간의 절연저항은 사용전압에 대한 누설전류가 최대 공급전류의 얼마를 넘지 않도록 하여야 하는가?

① 1/1,500　② 1/2,000
③ 1/2,500　④ 1/3,000

풀이 저압전선로 중 절연 부분의 전선과 대지 사이 및 전선의 심선 상호 간의 절연저항은 사용전압에 대한 누설전류가 최대 공급전류의 1/2,000을 넘지 않도록 하여야 한다.

45 태양광 모듈 배선이 끝난 후 검사하는 항목이 아닌 것은?

① 극성 확인　② 전압 확인
③ 단락전류 측정　④ 일사량 측정

풀이 태양광 모듈 배선이 끝난 후 검시항목
- 전압, 극성 확인
- 단락전류 측정
- 비접지 확인

정답 39 ③ 40 ② 41 ③ 42 ① 43 ② 44 ② 45 ④

46 다음 중 태양광발전용 옥외배선에 쓰이는 자외선에 내구성이 강한 전선으로 옳은 것은?

① 모듈용 전선
② 직류용 전선
③ UV 케이블
④ XLPE 케이블

풀이 태양광발전 옥외배선용 전선
UV(Ultra Violet) Cable

47 태양광발전 모듈 점검 시 유의사항으로 틀린 것은?

① 날씨가 맑은 날 정오 전후에 한다.
② 모듈 표면이 오염되었을 경우 청소 후 측정검사를 한다.
③ 모듈 표면은 특수 처리된 강화유리로 되어 있어 강한 충격에도 파손되지 않는다.
④ 강한 금속 구조물로 되어 있어 작업자가 충돌 시 위험하므로 안전모, 안전복장, 안전화를 착용한다.

풀이 태양광발전 모듈 점검 시 유의사항
- 날씨가 맑은 날 정오 전후에 한다.
- 모듈 표면이 오염되었을 경우 청소 후 측정검사를 한다.
- 강한 금속 구조물로 되어 있어 작업자가 충돌 시 위험하므로 안전모, 안전복장, 안전화를 착용한다.

※ 특수 처리된 강화유리는 일반유리보다 강도가 조금 높은 유리이므로 강한 충격을 받으면 파손된다.

48 태양광발전시스템 설치 시 안전관리 대책에 대한 설명으로 틀린 것은?

① 구조물 설치 시 안전 난간대를 설치한다.
② 모듈 설치 시 안전모, 안전화, 안전벨트를 착용한다.
③ 접속함, 인버터 등 연결 시 절연장갑을 착용한다.
④ 임시 배선 작업 시 누전위험장소에는 배선용 차단기를 설치한다.

풀이 태양광발전시스템 설치 시 안전관리 대책
- 구조물 설치 시 안전 난간대를 설치한다.
- 모듈 설치 시 안전모, 안전화, 안전벨트를 착용한다.
- 접속함, 인버터 등 연결 시 절연장갑을 착용한다.
- 임시 배선 작업 시 누전위험장소에는 누전차단기(RCD)를 설치한다.

49 역류방지소자에 관한 내용 중 틀린 것은?

① 회로의 최대 역전압에 충분히 견딜 수 있어야 한다.
② 역류방지소자는 반드시 접속함 내에 설치해야 한다.
③ 역전류방지소자는 설치할 회로의 최대전류를 흘릴 수 있어야 한다.
④ 모듈 방향으로 흐르는 역전류를 방지하기 위해 각 스트링마다 역류방지소자를 설치해야 한다.

풀이 역류방지소자
일반적으로는 접속함에 설치하나, 반드시 접속함에 설치할 필요는 없다.(계통연계형의 경우 생략 가능하다.)

50 태양광발전용 축전지의 측정항목으로 틀린 것은?

① 일사량 ② 충전전류
③ 방전전류 ④ 단자전압

풀이 태양광발전용 축전지 측정항목
- 충전전류
- 방전전류
- 단자전압

51 태양광 모듈의 고장 원인이 아닌 것은?

① 모듈 극성의 오결선
② 유리표면의 오염
③ 외부 충격
④ 낙뢰 및 서지

정답 46 ③ 47 ③ 48 ④ 49 ② 50 ① 51 ②

풀이 태양광발전 모듈의 고장 원인
- 모듈 극성의 오결선
- 외부 충격
- 낙뢰 및 서지
- 제조결함
- 시공불량
- 전기적 · 기계적 스트레스에 의한 셀의 파손
- 경년 열화에 의한 셀 및 리본의 노화

52 태양광 모듈의 표면재료에 쓰이는 강화유리의 조건이 아닌 것은?

① 광 투과도가 높을 것
② 광 반사 및 흡수도가 높을 것
③ 기계적 강화를 위해 열처리를 수행할 것
④ 반사손실을 낮추기 위한 처리가 되어 있을 것

풀이 태양광 모듈의 표면재료에 쓰이는 강화유리의 조건
- 광 투과도가 높을 것
- 광 반사 및 흡수도가 낮을 것
- 기계적 강화를 위해 열처리를 수행할 것
- 반사손실을 낮추기 위한 처리가 되어 있을 것

53 태양광발전시스템에서 모니터링 프로그램의 기능이 아닌 것은?

① 데이터 수집 ② 데이터 분석
③ 데이터 저장 ④ 데이터 연산

풀이 태양광발전시스템 모니터링 프로그램 기능
- 데이터 수집 • 데이터 저장
- 데이터 분석 • 데이터 통계

54 접지저항이 측정에 관한 사항 중 틀린 것은?

① 접지전극과 보조전극의 간격은 최소한 5[m] 이상으로 한다.
② 접지저항의 측정방법에는 전위차계식과 간이측성법 등이 있다.
③ 접지전극은 E 단자에 접속하고, 보조전극은 P, C 단자에 접속한다.
④ 접지저항계의 지침은 '0'이 되도록 다이얼을 조정하고 그 때의 눈금을 읽어 접지저항값을 측정한다.

풀이 접지전극과 보조전극의 간격의 최소한 10[m] 이상으로 한다.

55 다음 〈보기〉에서 태양광발전시스템에서 전기흐름을 고려한 배선순서로 옳게 나열한 것은?

〈보기〉
㉠ 인터버에서 분전반 배선
㉡ 어레이와 접속함 배선
㉢ 모듈 배선
㉣ 접속함에서 인버터 배선

① ㉠ → ㉡ → ㉢ → ㉣
② ㉢ → ㉡ → ㉣ → ㉠
③ ㉠ → ㉢ → ㉡ → ㉣
④ ㉣ → ㉢ → ㉡ → ㉠

풀이 태양광발전시스템의 배선순서
모듈 배선 → 어레이와 접속함 배선 → 접속함에서 인버터 배선 → 인버터에서 분전반 배선

56 개인대행자가 안전관리의 업무를 대행할 수 있는 태양광 발전설비의 용량은 몇 [kW] 미만인가?

① 1,000 ② 750
③ 500 ④ 250

풀이
- 안전공사 및 대행사업자 : 용량 1,000킬로와트(원격감시 및 제어기능을 갖춘 경우 용량 3천 킬로와트) 미만
- 개인대행자 : 용량 250킬로와트(원격감시 및 제어기능을 갖춘 경우 용량 750킬로와트) 미만

정답 52 ② 53 ④ 54 ① 55 ② 56 ④

57 소형 태양광발전용 인버터(계통연계형, 독립형)(KS C 8564 : 2020)에 따라 3상 독립형 인버터의 경우 부하 불평형 시험 시 정격 용량에 해당하는 부하를 연결한 후 U상, V상, W상 중 한 상의 부하를 0으로 조정한 후 몇 분 동안 운전하는가?

① 5 ② 10
③ 20 ④ 30

풀이 소형 태양광발전용 인버터(계통연계형, 독립형)(KS C 8564 : 2020)에 따라 3상 독립형 인버터의 경우 부하 불평형 시험 시 정격 용량에 해당하는 부하를 연결한 후 U상, V상, W상 중 한 상의 부하를 0으로 조정한 후 30동안 운전한다.

58 변환효율 13[%]의 100[W] 태양광발전 모듈을 이용하여 10[kW] 태양광발전 어레이를 구성할 때 필요한 설치면적[m²]은?(단, STC 조건이다.)

① 76 ② 77
③ 78 ④ 79

풀이 STC 조건일 때 효율(η)

$$\eta = \frac{\rho_{\max}}{\text{면적} \times \text{일조강도}[1{,}000(\text{W/m}^2)]} \text{ 이므로}$$

$$\therefore \text{ 면적} = \frac{\rho_{\max}}{\eta \times 1{,}000[\text{W/m}^2]} = \frac{10 \times 10^3}{0.13 \times 1{,}000}$$

$$= 76.923 \fallingdotseq 77[\text{m}^2]$$

59 간선의 굵기를 산정하는 데 결정요소가 아닌 것은?

① 고조파 ② 허용전류
③ 전압강하 ④ 불평형 전류

풀이 간선의 굵기 산정 시 결정요소
- 허용전류
- 전압강하
- 기계적 강도
- 고조파

60 태양광발전시스템의 점검 중 일상점검에 관한 내용으로 틀린 것은?

① 이상 상태를 발견한 경우 배전반 등의 문을 열고 이상 정도를 확인한다.
② 주로 점검자의 감각(오감)을 통해서 실시하는 것으로 이상한 소리, 냄새, 손상 등을 점검항목에 따라서 행하여야 한다.
③ 원칙적으로 정전을 시켜놓고 무전압 상태에서 기기의 이상상태를 점검하고 필요에 따라서는 기기를 분리하여 점검한다.
④ 이상 상태가 직접 운전을 하지 못할 정도로 전개된 경우를 제외하고는 이상 상태의 내용을 정기점검 시에 참고자료로 활용한다.

풀이 ③은 태양광발전시스템의 정기점검에 관한 내용이다.

정답 57 ④ 58 ② 59 ④ 60 ③

참고문헌

1. 알기 쉬운 태양광발전, 박종화, 문운당
2. 태양광발전시스템 설계 및 시공, 일본태양광발전협회(이현화 외 역), 인포더북스
3. 태양광발전(알기 쉬운 태양광발전의 원리와 응용), 태양광발전연구회(이영재 외 역), 기문당
4. 태양광발전설비 점검 · 검사, 기술지침, 한국전기안전공사
5. 산업통상자원부 기술표준원, 태양광발전용어 모음
6. 법제처(moleg.go.kr) – 관련 법규
7. 신재생에너지설비의 지원 등에 관한 기준 및 지침, 산업통상자원부, 에너지관리공단 신재생센터
8. 한국전력분산형 전원, 계통연계기준, 한국전력
9. 신재생에너지발전설비(태양광)기사 · 산업기사 실기, 봉우근 외, 엔트미디어
10. 전기설비기술기준
11. KEC 한국전기설비규정

신재생에너지발전설비
기능사 필기 태양광

발행일 | 2019. 7. 5 초판발행
2020. 8. 20 초판 2쇄
2021. 6. 30 개정 1판1쇄
2023. 8. 20 개정 2판1쇄
2024. 3. 20 개정 3판1쇄

저 자 | 박 문 환
발행인 | 정 용 수
발행처 | 예문사

주 소 | 경기도 파주시 직지길 460(출판도시) 도서출판 예문사
TEL | 031) 955 – 0550
FAX | 031) 955 – 0660
등록번호 | 11 – 76호

정가 : 25,000원

ISBN 978-89-274-5388-8 13560